Pré-cálculo

Demana
Waits
Foley
Kennedy

Pré-cálculo

2ª edição

Franklin D. Demana
The Ohio State University

Bert K. Waits
The Ohio State University

Gregory D. Foley
Liberal Arts and Science Academy of Austin

Daniel Kennedy
Baylor School

Revisão técnica
Daniela Barude Fernandes
Mestre em telecomunicações pelo Inatel

Pearson

©2009, 2013 by Pearson Education do Brasil
Tradução autorizada a partir da edição original em inglês,
Precalculus: graphical, numerical, algebraic, 7. ed., publicada pela
Pearson Education, Inc., sob o selo Addison-Wesley

Todos os direitos reservados. Nenhuma parte desta publicação poderá ser reproduzida ou transmitida de qualquer modo ou por qualquer outro meio, eletrônico ou mecânico, incluindo fotocópia, gravação ou qualquer outro tipo de sistema de armazenamento e transmissão de informação, sem prévia autorização, por escrito, da Pearson Education do Brasil.

Diretor editorial e de conteúdo	Roger Trimer
Gerente editorial	Kelly Tavares
Supervisora de produção editorial	Silvana Afonso
Coordenação de desenvolvimento	Danielle Sales
Coordenador de produção editorial	Sérgio Nascimento
Supervisora de arte e produção gráfica	Tatiane Romano
Editor de aquisições	Vinícius Souza
Editoras de desenvolvimento	Gabrielle Navarro e Simone Politi
Editora de texto	Ana Mendes
Editores assistentes	Luiz Salla e Marcos Guimarães
Tradução	Sônia Midori Yamamoto
Consultoria técnica	Thaícia Stona de Almeida
Preparação	Silvia Mourão
Revisão	Rebeca Michelotti
Capa	Solange Rennó (sob o projeto original)
Projeto gráfico e diagramação	ERJ Composição Editorial

Dados Internacionais de Catalogação na Publicação (CIP)
(Câmara Brasileira do Livro, SP, Brasil)

Pré-cálculo / Franklin D. Demana...[et al.];
consultoria técnica Thaícia Stona. – 2. ed. –
São Paulo: Pearson Education do Brasil, 2013.

Outros autores: Bert K. Waits, Gregory D. Foley, Daniel Kennedy
Título original: Precalculus
ISBN 978-85-8143-096-6

1. Álgebra 2. Matemática 3. Trigonometria
I. Demana, Franklin D.,1938-. II. Waits, Bert K.
III. Foley, Gregory D. IV. Kennedy, Daniel.

12-14016 CDD-516.24

Índice para catálogo sistemático:
1. Pré-cálculo: Matemática 516.24

Printed in Brazil by Reproset RPPZ 216272

Direitos exclusivos cedidos à
Pearson Education do Brasil Ltda.,
uma empresa do grupo Pearson Education
Avenida Santa Marina, 1193
CEP 05036-001 - São Paulo - SP - Brasil
Fone: 11 2178-8609 e 11 2178-8653
pearsonuniversidades@pearson.com

Distribuição
Grupo A Educação
www.grupoa.com.br
Fone: 0800 703 3444

Sumário

Parte 1 – Introdução 1

Capítulo 1 – Conjuntos numéricos e os números reais 3
Representação dos números reais 3
A ordem na reta e a notação de intervalo 4
Propriedades básicas da álgebra 7
Potenciação com expoentes inteiros 9
Notação científica 10
    REVISÃO RÁPIDA 11
    EXERCÍCIOS 11

Parte 2 – Álgebra 15

Capítulo 2 – Radiciação e potenciação 17
Radicais 17
Simplificação de expressões com radicais 18
Racionalização 19
Potenciação com expoentes racionais 19
    EXERCÍCIOS 21

Capítulo 3 – Polinômios e fatoração 23
Adição, subtração e multiplicação de polinômios 23
Produtos notáveis 24
Fatoração de polinômios com produtos notáveis 25
Fatoração de trinômios 27
Fatoração por agrupamento 28
Algumas fórmulas importantes de álgebra 29
    EXERCÍCIOS 30

Capítulo 4 – Expressões fracionárias **33**

Domínio de uma expressão algébrica 33

Simplificação de expressões racionais 34

Operações com expressões racionais 34

Expressões racionais compostas 36

    Exercícios 38

Capítulo 5 – Equações **41**

Definição e propriedades 41

Resolução de equações 41

Equações lineares com uma variável 42

Solução de equações por meio de gráficos 43

Solução de equações quadráticas 45

    Revisão Rápida 50

    Exercícios 50

Capítulo 6 – Inequações **55**

Inequações lineares com uma variável 55

Solução de inequações com valor absoluto 57

Solução de inequações quadráticas 60

Aproximação de soluções para inequações 62

    Revisão Rápida 63

    Exercícios 64

Parte 3 – Funções 67

Capítulo 7 – Funções e suas propriedades **69**

Definição de função e notação 69

Domínio e imagem 71

Continuidade de uma função 74

Funções crescentes e decrescentes 76

Funções limitadas 79

Extremo local e extremo absoluto 80

Simetria 81

Assíntotas 85

Comportamento da função nas extremidades do eixo horizontal 87

    REVISÃO RÁPIDA.. 88

    EXERCÍCIOS... 88

Capítulo 8 – Funções do primeiro e do segundo graus 93

Função polinomial 93

Funções do primeiro grau e seus gráficos 94

Funções do segundo grau e seus gráficos 96

    REVISÃO RÁPIDA.. 100

    EXERCÍCIOS... 101

Capítulo 9 – Funções potência 105

Definição... 105

Funções monomiais e seus gráficos 107

Gráficos de funções potência 109

    REVISÃO RÁPIDA.. 111

    EXERCÍCIOS... 111

Capítulo 10 – Funções polinomiais 115

Gráficos de funções polinomiais 115

Comportamento das funções polinomiais nos extremos do domínio 119

Raízes das funções polinomiais 121

Divisão longa e o algoritmo da divisão 124

Teorema do resto e teorema de D'Alembert 125

Divisão de polinômios pelo método de Briot Ruffini 127

Teorema das raízes racionais 127

Limites superior e inferior das raízes de uma função polinomial 129

    REVISÃO RÁPIDA.. 133

    EXERCÍCIOS... 133

Capítulo 11 – Funções exponenciais 139

Gráficos de funções exponenciais 139

A base da função dada pelo número e 144

Funções de crescimento logístico 146
Taxa percentual constante e funções exponenciais 147
Modelos de crescimento e decaimento exponencial 148
    REVISÃO RÁPIDA 150
    EXERCÍCIOS 151

Capítulo 12 – Funções logarítmicas 157
Inversas das funções exponenciais 157
Logaritmos com base 10 159
Logaritmos com base e 160
Propriedades dos logaritmos 161
Mudança de base 162
Gráficos de funções logarítmicas 163
Resolução de equações exponenciais 167
Resolução de equações logarítmicas 168
Ordens de grandeza (ou magnitude) e modelos logarítmicos 169
    REVISÃO RÁPIDA 171
    EXERCÍCIOS 172

Capítulo 13 – Funções compostas 179
Operações com funções 179
Composição de funções 180
Relações e funções definidas implicitamente 182
    REVISÃO RÁPIDA 184
    EXERCÍCIOS 185

Capítulo 14 – Funções inversas 187
Relações definidas parametricamente 187
Relações inversas e funções inversas 189
    REVISÃO RÁPIDA 196
    EXERCÍCIOS 197

Parte 4 – Introdução ao cálculo 199

Capítulo 15 – Noções de trigonometria e funções trigonométricas 201

Graus e radianos 201
Comprimento de arco 202
Algumas medidas trigonométricas 203
O círculo trigonométrico 207
Funções trigonométricas 208
Função cotangente 210
Função secante 210
Função cossecante 211
Arcos trigonométricos inversos 211
Identidades fundamentais 214
Identidades pitagóricas 214
Outras identidades úteis 215
Soma e diferença de arcos 216
Arcos múltiplos 218
Lei dos senos 221
Resolução de triângulos (AAL, ALA) 221
O caso ambíguo (LLA) 222
Área do triângulo 228
    Exercícios 229

Capítulo 16 – Limites 233

Velocidade média e velocidade instantânea 233
Velocidade instantânea 235
Distância de uma velocidade variável 237
Limites no infinito 238
Definição informal de um limite 238
Propriedades de limites 240
Limites de funções contínuas 242

Limites unilaterais e bilaterais 243

Limites envolvendo o infinito 246

    Exercícios 251

Capítulo 17 – Derivada e integral de uma função 255

Retas tangentes a um gráfico 255

Derivada 257

Regras de derivação 260

Introdução à integral de uma função 260

Integral definida e indefinida 263

Regras de integração 266

    Revisão Rápida 266

    Exercícios 267

Apêndice A – Sistemas e matrizes 273

Sistemas de duas equações: solução pelo método da substituição 273

O método da adição (ou do cancelamento) 277

Caso de aplicação 279

Matrizes 279

Soma e subtração de matrizes 280

Multiplicação de matrizes 281

Matriz identidade e matriz inversa 283

Determinante de uma matriz quadrada 284

    Exercícios 287

Apêndice B – Análise combinatória e teorema binomial 293

Características do discreto e do contínuo 293

A importância da contagem 293

Princípio da multiplicação ou princípio fundamental da contagem 294

Permutações 295

Combinações 297

Quantidade de subconjuntos de um conjunto 298

Coeficiente binomial 299

Triângulo de Pascal 300
O teorema binomial 301
    Exercícios 301

Apêndice C – Secções cônicas 305

Secções cônicas 305
Geometria de uma parábola 306
Translações de parábolas 309
Elipses 311
Translações de elipses 315
Hipérboles 317
Translações de hipérboles 321
    Revisão Rápida 323
    Exercícios 324

Respostas 331

Índice remissivo 443

Sobre os autores 451

Franklin D. Demana 451
Bert K. Waits 451
Gregory D. Foley 452
Daniel Kennedy 452

Apresentação

Embora muita atenção tenha sido dada à estrutura dos cursos de cálculo na última década, pouco se fala a respeito do pré-calculo. A fim de atender às necessidades do público brasileiro, esta edição de *Pré-cálculo* foi adaptada e estruturada com o objetivo de estimular o pensamento crítico e fornecer ferramentas básicas aos alunos que iniciam os estudos de cálculo diferencial e integral, apresentando conceitos, teorias e problemáticas de maneira objetiva, clara e bastante prática. A utilização frequente de gráficos na resolução dos exercícios é outra característica predominante em todo o livro, e na elaboração preocupamo-nos em unir a álgebra das funções ao raciocínio lógico intuitivo, a partir da visualização gráfica.

Abordagem

Uma das principais características desta obra é o equilíbrio entre os métodos algébrico, numérico e gráfico na resolução de problemas. Por exemplo: para cada situação, um ou mais métodos são aplicados com o objetivo de apresentar uma solução completa e facilitar a compreensão. Ou seja, guiamos o leitor de forma que ele utilize um método específico para resolver uma questão e, depois, mostramos outras técnicas para confirmar suas soluções.

Acreditamos que, além de saber aplicar cada método, o aluno precisa entender a complexidade do problema para decidir qual é o caminho ideal a ser seguido. Ao longo de todo o livro, exemplos e exercícios promovem esse processo de compreensão do problema e análise dos dados, elaboração de um modelo matemático a ser aplicado, desenvolvimento da solução e, por fim, a representação gráfica para confirmação e interpretação do resultado.

Outro recurso utilizado é a inserção de tabelas no decorrer dos exemplos e problemas, com o intuito de auxiliar o leitor a construir uma conexão entre números e gráficos, permitindo que todos os métodos de resolução sejam reconhecidos. Um aspecto que também merece destaque é a preocupação em tornar todo o vocabulário de funções compreensível, garantindo o entendimento da obra.

Novidades para esta edição

Durante a preparação desta segunda edição, a estrutura básica do conteúdo foi mantida com o objetivo de preservar a curva de aprendizagem, a abordagem de temas essenciais para o estudo do pré-cálculo e os recursos didáticos já utilizados. Contudo, a fim de tornar esta obra ainda mais completa, algumas inserções foram feitas. Esta edição contempla um novo capítulo sobre limites, no qual são apresentados assuntos como velocidade média, instantânea e variável, distância, limites no infinito, limites de funções contínuas e limites unilaterais e bilaterais.

Outros dois capítulos também tiveram seu conteúdo complementado e atualizado, apresentando mais exemplos e exercícios. O apêndice sobre funções trigonométricas foi consideravelmente ampliado e, hoje, traz noções de funções cotangente, secante e cossecante, arcos, identidades fundamentais e pitagóricas, lei dos senos e dos cossenos, além do conteúdo da primeira edição, que contempla graus e radianos, medidas e funções trigonométricas. Por fim, o capítulo sobre derivada e integral de uma função teve um ganho significativo na parte de exercícios.

A linguagem apresentada nesta edição foi cuidadosamente reformulada para garantir total compreensão dos conceitos, fórmulas e exemplos, facilitando a utilização da obra e melhorando a qualidade do ensino e da aprendizagem.

Estrutura

Dividida em quatro partes, a obra organiza os temas referentes ao pré-cálculo da seguinte forma: introdução, álgebra, funções e introdução ao cálculo. A primeira parte traz o Capítulo 1, que tem caráter introdutório e trata dos conjuntos numéricos, enfatizando o conjunto dos números reais, suas operações e propriedades.

A segunda parte contempla a álgebra e apresenta os capítulos 2 a 6. No decorrer dela, são trabalhados conceitos de manipulação algébrica, destacando o uso da potenciação e da radiciação, seguidos da definição de polinômios e técnicas de fatoração, além de problemas com expressões fracionárias, estudo de equações e inequações.

Na terceira parte do livro, os capítulos 7 a 15 reúnem os principais aspectos das funções. Passando pela noção de função e sua linguagem, funções do primeiro e do segundo graus, funções potência, funções polinomiais, funções exponenciais, funções logarítmicas, funções compostas, funções inversas e funções trigonométricas, contempla o conteúdo fundamental para iniciar o estudo do cálculo.

Considerando o progresso do leitor com o decorrer da obra, a última parte tem como objetivo apresentar uma introdução ao cálculo. Dessa forma, os últimos dois capítulos tratam sobre limites e tópicos relacionados à derivada e à integral da função. A fim de complementar o conteúdo, também são abordados temas como sistemas e matrizes, análise combinatória, teorema binomial e secções cônicas nos três apêndices finais.

Recursos didáticos

Para tornar o livro ainda mais didático, além de o texto ser objetivo e de fácil compreensão, alguns recursos gráficos foram empregados a fim de possibilitar que o leitor perceba rapidamente que tipo de informação será apresentado.

Exemplo Análise das formas decimais de números racionais

Determine a forma decimal de $\dfrac{1}{16}$, $\dfrac{55}{27}$ e $\dfrac{1}{17}$.

SOLUÇÃO

$$\dfrac{1}{16} = 0{,}0625 \quad \text{e} \quad \dfrac{55}{27} = 2{,}037037037\ldots$$

É correto dizer que $\dfrac{1}{17} \cong 0{,}0588235294$. O símbolo $\cong$ significa "é aproximadamente igual a".

Nesse caso, pelo fato de o número ser racional, ele tem uma sequência de algarismos que se repete infinitamente. Como essa sequência tem muitos elementos, não escrevemos com a notação da barra sobre ela. Por essa razão, utilizamos o símbolo $\cong$.

Note que os exemplos aparecem destacados em quadros à parte. Definições, fórmulas e outras explicações especiais também são apresentados dentro de quadros, com o título em evidência, facilitando o processo de ensino e aprendizagem. Além disso, pequenas caixas com dicas estão distribuídas por todo o texto, com informações adicionais sobre o assunto que está sendo tratado.

DEFINIÇÃO   Raiz n-ésima de um número real

Dado um número n inteiro, maior do que 1, e a e b são números reais, temos:
1. Se $b^n = a$, então b é uma **raiz n-ésima** de a. Escrevemos:
$$\sqrt[n]{a} = b \Leftrightarrow b^n = a \text{ e } b \geq 0$$
2. O símbolo $\sqrt{}$ é conhecido por **radical**, a é o **radicando** e n é o **índice**.
3. Se a tem uma raiz n-ésima, então sua **principal raiz n-ésima** terá o mesmo sinal de a.

A finalização de cada capítulo é composta por uma lista de exercícios bastante diversificada, envolvendo questões abertas, de múltipla escolha e de verdadeiro ou falso – é válido ressaltar que os diferentes tipos de atividade também são sinalizados de forma destacada no início de cada enunciado, a fim de situar o leitor e prepará-lo para a solução do problema. Os exercícios que compõem esta obra procuram testar a compreensão das informações, a manipulação algébrica e analítica dos dados, a representação numérica das funções, a conexão da álgebra com a geometria e a representação e interpretação dos gráficos. Para a resolução dessas atividades, também é permitida a utilização de ferramentas, como calculadoras com recursos gráficos. Além dos exercícios, alguns capítulos apresentam atividades prévias, com o objetivo de realizar uma revisão rápida de tópicos essenciais, antes de partir para os exercícios de fixação referentes ao capítulo específico.

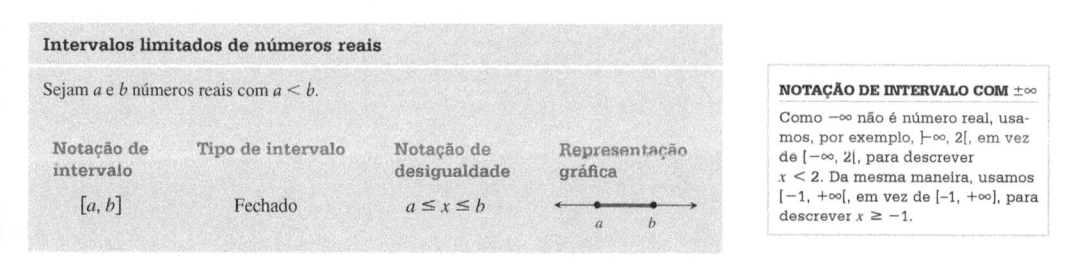

Intervalos limitados de números reais

Sejam a e b números reais com $a < b$.

Notação de intervalo	Tipo de intervalo	Notação de desigualdade	Representação gráfica
$[a, b]$	Fechado	$a \leq x \leq b$	←——•——•——→ a b

NOTAÇÃO DE INTERVALO COM $\pm\infty$

Como $-\infty$ não é número real, usamos, por exemplo, $\left]-\infty, 2\right[$, em vez de $\left[-\infty, 2\right[$, para descrever $x < 2$. Da mesma maneira, usamos $\left[-1, +\infty\right[$, em vez de $\left[-1, +\infty\right]$, para descrever $x \geq -1$.

Material de apoio do livro

No site www.grupoa.com.br professores e alunos podem acessar os seguintes materiais adicionais:

- *Para o professor:* apresentações em PowerPoint.
  Esse material é de uso exclusivo para professores e está protegido por senha. Para ter acesso a ele, os professores que adotam o livro devem entrar em contato através do e-mail divulgacao@grupoa.com.br.
- *Para o estudante:* exercícios adicionais.

MyMathLab Brasil

MyMathLab é um ambiente virtual de aprendizagem que permite ao **professor** avaliar a frequência e o progresso dos **alunos**, que, por sua vez, têm acesso a testes, exercícios complementares ao livro, plano de estudos e evolução dos resultados. Durante a realização das atividades, são disponibilizados exemplos, instruções e vídeos sobre como chegar ao resultado correto, além do conteúdo do livro correspondente ao exercício e um feedback explicativo a cada resposta, orientando o aluno na resolução do problema.

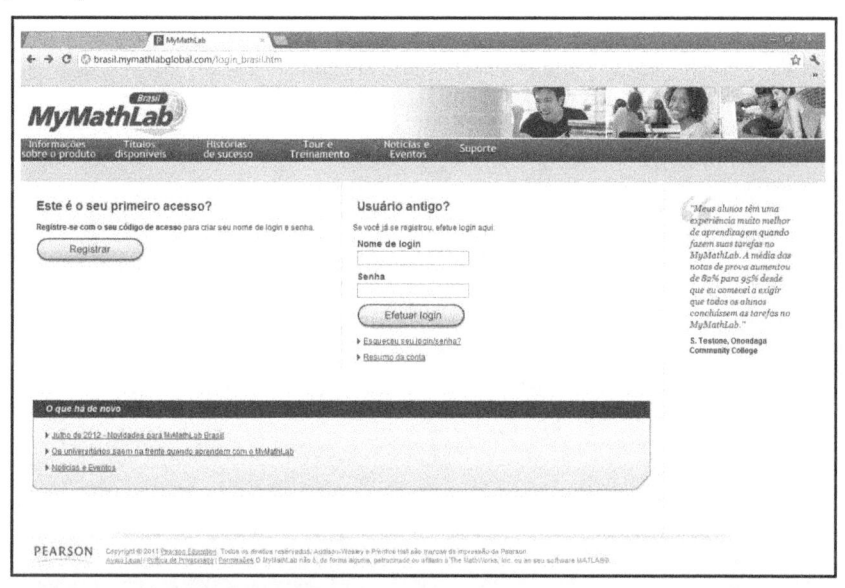

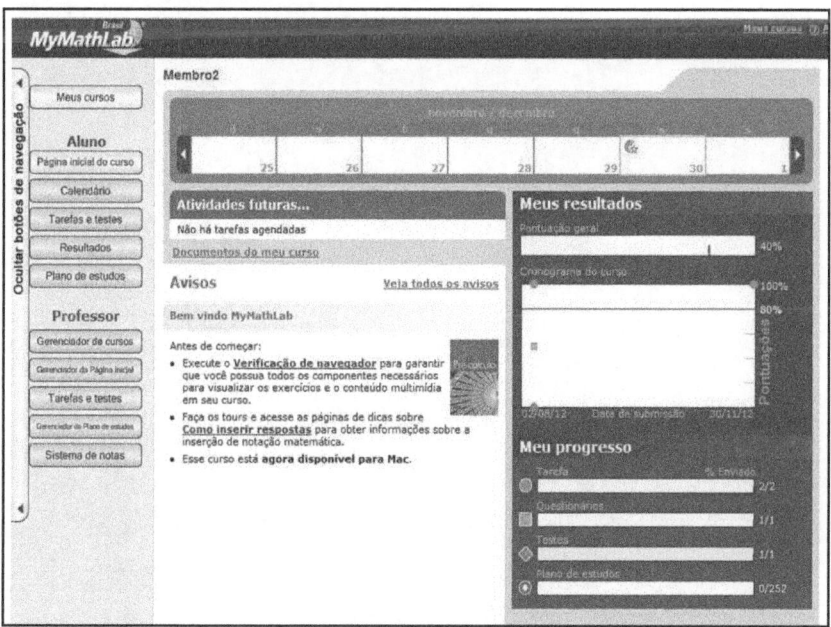

Para mais informações sobre o **MyMathLab**, consulte seu representante Pearson.

Agradecimentos

Gostaríamos de expressar nossa gratidão aos revisores técnicos que nos ofereceram comentários, opiniões e sugestões de valor inestimável. Agradecimentos especiais são dedicados a nossa consultora Cynthia Schimek, *Secondary Mathematics Curriculum Specialist*, do Katy Independent School District, Texas, por sua orientação e valiosas sugestões para esta edição.

Judy Ackerman
Montgomery College

Ignacio Alarcon
Santa Barbara City College

Ray Barton
Olympus High School

Nicholas G. Belloit
Florida Community College at Jacksonville

Margaret A. Blumberg
University of Southwestern Louisiana

Ray Cannon
Baylor University

Marilyn P. Carlson
Arizona State University

Edward Champy
Northern Essex Community College

Janis M. Cimperman
Saint Cloud State University

Wil Clarke
La Sierra University

Marilyn Cobb
Lake Travis High School

Donna Costello
Plano Senior High School

Gerry Cox
Lake Michigan College

Deborah A. Crocker
Appalachian State University

Marian J. Ellison
University of Wisconsin — Stout

Donna H. Foss
University of Central Arkansas

Betty Givan
Eastern Kentucky University

Brian Gray
Howard Community College

Daniel Harned
Michigan State University

Vahack Haroutunian
Fresno City College

Celeste Hernandez
Richland College

Rich Hoelter
Raritan Valley Community College

Dwight H. Horan
Wentworth Institute of Technology

Margaret Hovde
Grossmont College

Miles Hubbard
Saint Cloud State University

Sally Jackman
Richland College

T. J. Johnson
Hendrickson High School

Stephen C. King
University of South Carolina — Aiken

Jeanne Kirk
William Howard Taft High School

Georgianna Klein
Grand Valley State University

Deborah L. Kruschwitz-List
University of Wisconsin — Stout

Carlton A. Lane
Hillsborough Community College

James Larson
Lake Michigan University

Edward D. Laughbaum
Columbus State Community College

Ron Marshall
Western Carolina University

Janet Martin
Lubbock High School

Beverly K. Michael
University of Pittsburgh

Paul Mlakar
St. Mark's School of Texas

John W. Petro
Western Michigan University

Cynthia M. Piez
University of Idaho

Debra Poese
Montgomery College

Jack Porter
University of Kansas

Antonio R. Quesada
The University of Akron

Hilary Risser
Plano West Senior High

Thomas H. Rousseau
Siena College

David K. Ruch
Sam Houston State University

Sid Saks
Cuyahoga Community College

Mary Margaret Shoaf-Grubbs
College of New Rochelle

Malcolm Soule
California State University, Northridge

Sandy Spears
Jefferson Community College

Shirley R. Stavros
Saint Cloud State University

Stuart Thomas
University of Oregon

Janina Udrys
Schoolcraft College

Mary Voxman
University of Idaho

Eddie Warren
University of Texas at Arlington

Steven J. Wilson
Johnson County Community College

Gordon Woodward
University of Nebraska

Cathleen Zucco-Teveloff
Trinity College

Agradecemos especialmente a Chris Brueningsen, Linda Antinone e Bill Bower por seu trabalho nos projetos dos capítulos. Também gostaríamos de agradecer a Perian Herring, Frank Purcell e Tom Wegleitner pela meticulosa precisão na verificação do texto. Somos gratos a Nesbitt Graphics, que realizou um trabalho incrível na diagramação e revisão, e, especificamente, a Kathy Smith e Harry Druding pelo excelente trabalho na coordenação de todo o processo de produção. Por fim, nossos agradecimentos à notável e profissional equipe da Addison-Wesley, pelos conselhos e apoio na revisão do texto, em particular a Anne Kelly, Becky Anderson, Greg Tobin, Rich Williams, Neil Heyden, Gary Schwartz, Marnie Greenhut, Joanne Ha, Karen Wernholm, Jeffrey Holcomb, Barbara Atkinson, Evelyn Beaton, Beth Anderson, Maureen McLaughlin e Michelle Murray. Agradecemos também a Elka Block, que nos ajudou incansavelmente ao longo do desenvolvimento e produção deste livro.

— F. D. D.
— B. K. W.
— G. D. F.
— D. K.

Parte 1

Introdução

Capítulo 1
Conjuntos numéricos e os números reais

Capítulo 1

Conjuntos numéricos e os números reais

Objetivos de aprendizagem
- Representação dos números reais.
- A ordem na reta e a notação de intervalo.
- Propriedades básicas da álgebra.
- Potenciação com expoentes inteiros.
- Notação científica.

Esses tópicos são fundamentais para o estudo da matemática e da ciência como um todo.

Representação dos números reais

Número real é todo aquele que pode ser escrito na forma decimal. Os números reais são representados por símbolos, por exemplo: $-8, 0, 1{,}75, 2{,}333\ldots, 0{,}\overline{36}, \dfrac{8}{5}, \sqrt{3}, \sqrt[3]{16}, e$ e π.

Da mesma forma que objetos com alguma relação entre si são reunidos em uma coleção, os números com características semelhantes também são agrupados em **conjuntos**. Uma das formas de representar os conjuntos é enumerando seus elementos e colocando-os entre chaves { }.

O conjunto dos números reais contém vários subconjuntos importantes:

- o conjunto dos **números naturais**: $\{0, 1, 2, 3, \ldots\}$
- o conjunto dos **números inteiros**: $\{\ldots, -3, -2, -1, 0, 1, 2, 3, \ldots\}$

Outros subconjuntos importantes dos números reais são os **números racionais** e os **números irracionais**. **Número racional** é todo aquele que pode ser escrito como uma razão $\dfrac{a}{b}$ de dois números inteiros, onde $b \neq 0$. Podemos usar outra notação de conjunto em que é considerada uma propriedade para descrever os números racionais:

$$\left\{\dfrac{a}{b} \,\middle|\, a, b \text{ são inteiros, e } b \neq 0\right\}$$

A barra vertical que segue $\dfrac{a}{b}$ é lida como "tal que".

A forma decimal de um número racional pode ter uma quantidade finita de casas após a vírgula, como $\dfrac{7}{4} = 1{,}75$, ou não, como em $\dfrac{4}{11} = 0{,}363636\ldots\, 0{,}\overline{36}$. Esse número é chamado **dízima periódica**, pois contém a repetição infinita de uma mesma sequência de algarismos. A barra sobre o 36 indica qual sequência se repete. Por outro lado, um número real é **irracional** quando sua forma decimal tem infinitas casas não periódicas depois da vírgula, isto é, não tem uma sequência de algarismos que se repete infinitamente. Por exemplo, $\sqrt{3} = 1{,}7320508\ldots$ e $\pi = 3{,}14159265\ldots$

EXEMPLO 1 Análise das formas decimais de números racionais

Determine a forma decimal de $\dfrac{1}{16}$, $\dfrac{55}{27}$ e $\dfrac{1}{17}$.

SOLUÇÃO

$$\frac{1}{16} = 0{,}0625 \quad \text{e} \quad \frac{55}{27} = 2{,}037037037\ldots$$

É correto dizer que $\dfrac{1}{17} \cong 0{,}0588235294$. O símbolo $\cong$ significa "é aproximadamente igual a". Nesse caso, pelo fato de o número ser racional, ele tem uma sequência de algarismos que se repetem infinitamente. Como essa sequência tem muitos elementos, não a escrevemos com a notação da barra sobre ela. Por essa razão, utilizamos o símbolo $\cong$.

Para representar os números reais, marcamos o número real 0 (zero), que representa a **origem**, em uma reta horizontal. Os **números positivos** estão à direita da origem e os **números negativos**, à esquerda, como se vê na Figura 1.1.

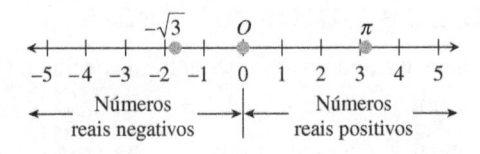

Figura 1.1 A reta de números reais.

Todo número real corresponde a um único ponto na reta, e cada ponto corresponde a somente um número real. Entre dois números reais na reta, existem infinitos números reais.

O número associado ao ponto é a **coordenada do ponto**. Ao longo do texto, seguiremos a convenção de usar o número real para as duas situações, tanto para o nome do ponto como para sua coordenada.

A ordem na reta e a notação de intervalo

O conjunto dos números reais é **ordenado**. Isso significa que podemos comparar quaisquer dois números reais que não são iguais usando desigualdades; dessa forma, podemos dizer que um é "menor do que" ou "maior do que" o outro.

Ordem dos números reais		
Sejam a e b dois números reais quaisquer.		
Símbolo	**Definição**	**Leitura**
$a > b$	$a - b$ é positivo	a é maior que b
$a < b$	$a - b$ é negativo	a é menor que b
$a \geq b$	$a - b$ é positivo ou zero	a é maior ou igual a b
$a \leq b$	$a - b$ é negativo ou zero	a é menor ou igual a b
Os símbolos $>$, $<$, $\geq$ e $\leq$ são **símbolos de desigualdade**.		

Geometricamente, $a > b$ significa que a está à direita de b (de modo equivalente, b está à esquerda de a) na reta dos números reais.

Podemos comparar dois números reais quaisquer em virtude da seguinte propriedade:

> **Lei da tricotomia**
>
> Sejam a e b dois números reais quaisquer. Somente uma das seguintes expressões é verdadeira:
>
> $$a < b, \qquad a = b \qquad \text{ou} \qquad a > b$$

Desigualdades podem ser usadas para descrever **intervalos** de números reais, como ilustrado no Exemplo 2.

EXEMPLO 2 Interpretação das desigualdades

Descreva e represente graficamente os intervalos de números reais para as desigualdades:
- (a) $x < 3$
- (b) $-1 < x \leq 4$

SOLUÇÃO

(a) A desigualdade $x < 3$ descreve todos os números reais menores do que 3 (Figura 1.2(a)).

(b) A *dupla desigualdade* $-1 < x \leq 4$ representa todos os números reais entre -1 e 4, excluindo -1 e incluindo 4 (Figura 1.2(b)).

EXEMPLO 3 Descrição das desigualdades

Escreva os intervalos de números reais usando desigualdades e represente-os graficamente:
- (a) Os números reais entre -4 e $-0,5$.
- (b) Os números reais maiores ou iguais a zero.

SOLUÇÃO

(a) $-4 < x < -0,5$ (Figura 1.2(c)).
(b) $x \geq 0$ (Figura 1.2(d)).

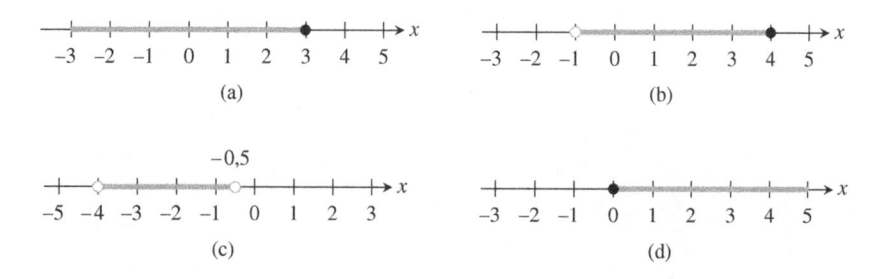

Figura 1.2 Nas representações gráficas das desigualdades, bolinhas vazias correspondem a $<$ e $>$ e bolinhas cheias a $\leq$ e $\geq$.

Como foi mostrado no Exemplo 2, desigualdades definem *intervalos* sobre a reta real. Nós usamos a notação exemplificada por [2, 5] para descrever um *intervalo limitado* que representa o conjunto $\{x \in R \mid 2 \leq x \leq 5\}$. Além de limitado, esse intervalo é **fechado** porque contém os extremos 2 e 5. Existem quatro tipos de **intervalos limitados**.

Intervalos limitados de números reais

Sejam a e b números reais com $a < b$.

Notação de intervalo	Tipo de intervalo	Notação de desigualdade	Representação gráfica
[a, b]	Fechado	$a \leq x \leq b$	●———● a b
]a, b[	Aberto	$a < x < b$	○———○ a b
[a, b[	Fechado à esquerda e aberto à direita	$a \leq x < b$	●———○ a b
]a, b]	Aberto à esquerda e fechado à direita	$a < x \leq b$	○———● a b

Os números a e b são os **extremos** de cada intervalo.

NOTAÇÃO DE INTERVALO COM ±∞

O intervalo sempre será aberto nos extremos que representam o infinito (+∞ e −∞).
Como −∞ não é número real, usamos, por exemplo,]−∞, 2[, em vez de [−∞, 2[, para descrever $x < 2$.
Da mesma maneira, usamos [−1, +∞[, em vez de [−1, +∞], para descrever $x \geq -1$.

O intervalo de números reais determinado pela desigualdade $x < 2$ pode ser descrito pelo *intervalo infinito*]−∞, 2[. Esse intervalo é **aberto**, pois não contém seu extremo 2.

Usamos a notação de intervalo]−∞, +∞[para representar todo o conjunto dos números reais. Os símbolos −∞ (*infinito negativo*) e +∞ (*infinito positivo*) nos permitem usar essa mesma notação para intervalos não limitados e que *não* são números reais. Existem quatro tipos de **intervalos não limitados** (ou intervalos infinitos).

Intervalos não limitados de números reais

Sejam a e b números reais.

Notação de intervalo	Tipo de intervalo	Notação de desigualdade	Representação gráfica
[a, +∞[	Fechado	$x \geq a$	●——→ a
]a, +∞[	Aberto	$x > a$	○——→ a
]−∞, b]	Fechado	$x \leq b$	←——● b
]−∞, b[	Aberto	$x < b$	←——○ b

Cada intervalo tem exatamente um extremo, que é a ou b.

EXEMPLO 4   Conversão entre intervalos e desigualdades

Converta a notação de intervalo para desigualdade e vice-versa. Verifique sua representação gráfica, seu tipo, se o intervalo é limitado e encontre os extremos:

(a) $[-6, 3[$ **(b)** $]-\infty, -1[$ **(c)** $-2 \leq x \leq 3$

SOLUÇÃO

(a) O intervalo $[-6, 3[$ corresponde a $-6 \leq x < 3$, é do tipo fechado à esquerda e aberto à direita e é limitado (veja a Figura 1.3(a)). Os extremos são -6 e 3.
(b) O intervalo $]-\infty, -1[$ corresponde a $x < -1$, é do tipo aberto e não é limitado (veja a Figura 1.3(b)). O extremo é somente -1.
(c) A desigualdade $-2 \leq x \leq 3$ corresponde a $[-2, 3]$, que é um intervalo do tipo fechado e limitado (veja a Figura 1.3(c)). Os extremos são -2 e 3.

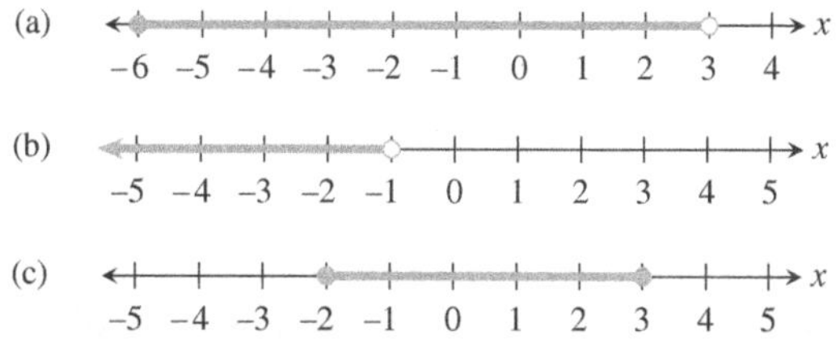

Figura 1.3 Representações gráficas dos intervalos de números reais do Exemplo 4.

Propriedades básicas da álgebra

A álgebra envolve o uso de letras e outros símbolos para representar números reais. Uma **variável** é uma letra ou um símbolo (por exemplo, x, y, t, θ) que representa um número real não específico. Uma **constante** é uma letra ou um símbolo (por exemplo, $-2, 0, \sqrt{3}, \pi$) que representa um número real específico. Uma **expressão algébrica** é a combinação de variáveis e constantes que envolvem adição, subtração, multiplicação, divisão, potências e raízes.

Apresentamos algumas propriedades das operações aritméticas de adição, subtração, multiplicação e divisão, representadas respectivamente pelos símbolos $+, -, \times$ (ou $\cdot$) e $\div$ (ou $/$). Adição e multiplicação são as operações primárias. Subtração e divisão são definidas nos termos da adição e da multiplicação.

Subtração: $a - b = a + (-b)$

Divisão: $\dfrac{a}{b} = a \cdot \left(\dfrac{1}{b}\right), b \neq 0$

Nas duas definições, $-b$ é a **inversa aditiva** ou **oposto** de b, e $\dfrac{1}{b}$ é a **inversa multiplicativa** ou **recíproca** de b. As inversas aditivas nem sempre são números negativos. Por exemplo, a inversa aditiva de 5 é o número negativo -5. Porém, a inversa aditiva de -3 é o número positivo 3.

> **SUBTRAÇÃO *VERSUS* NÚMEROS NEGATIVOS**
>
> Atenção! Em muitas calculadoras existem duas teclas "−", uma para subtração e outra para números negativos ou opostos.

As seguintes propriedades são válidas para números reais, variáveis e expressões algébricas.

Propriedades da álgebra

Sejam u, v e w números reais, variáveis ou expressões algébricas.

1. Propriedade comutativa
Adição: $u + v = v + u$
Multiplicação: $uv = vu$

2. Propriedade associativa
Adição: $(u + v) + w = u + (v + w)$
Multiplicação: $(uv)w = u(vw)$

3. Propriedade do elemento neutro
Adição: $u + 0 = u$
Multiplicação: $u \cdot 1 = u$

4. Propriedade do elemento inverso
Adição: $u + (-u) = 0$
Multiplicação: $u \cdot \dfrac{1}{u} = 1$, $u \neq 0$

5. Propriedade distributiva
Multiplicação com relação à adição:
$u(v + w) = uv + uw$
$(u + v)w = uw + vw$

Multiplicação com relação à subtração:
$u(v - w) = uv - uw$
$(u - v)w = uw - vw$

Perceba que, na propriedade distributiva, o lado esquerdo das equações mostra a **forma fatorada** das expressões algébricas, e o lado direito mostra a **forma expandida**.

EXEMPLO 5 Uso da propriedade distributiva

(a) Escreva a forma expandida de $(a + 2)x$.
(b) Escreva a forma fatorada de $3y - by$.

SOLUÇÃO

(a) $(a + 2)x = ax + 2x$ **(b)** $3y - by = (3 - b)y$

Veja algumas propriedades da inversa aditiva e exemplos que ajudam a ilustrar seus significados.

Propriedades da inversa aditiva

Sejam u e v números reais, variáveis ou expressões algébricas.

Propriedade	Exemplo
1. $-(-u) = u$	$-(-3) = 3$
2. $(-u)v = u(-v) = -(uv)$	$(-4)3 = 4(-3) = -(4 \cdot 3) = -12$
3. $(-u)(-v) = uv$	$(-6)(-7) = 6 \cdot 7 = 42$
4. $(-1)u = -u$	$(-1)5 = -5$
5. $-(u + v) = (-u) + (-v)$	$-(7 + 9) = (-7) + (-9) = -16$

Potenciação com expoentes inteiros

A notação exponencial é usada para encurtar produtos de fatores que se repetem, facilitando o seu cálculo. Vejamos:

$$(-3)(-3)(-3)(-3) = (-3)^4 \quad \text{e} \quad (2x+1)(2x+1) = (2x+1)^2$$

> **Notação exponencial**
>
> Sejam a um número real, uma variável ou uma expressão algébrica, e n um número inteiro positivo. Então:
>
> $$a^n = \underbrace{a \cdot a \cdot \ldots \cdot a}_{n \text{ fatores}},$$
>
> onde n é o **expoente**, a é a **base** e a^n é a **n-ésima potência de a** (lê-se "a elevado a n").

No Exemplo 6, as duas expressões exponenciais têm o mesmo valor, porém com bases diferentes.

> **EXEMPLO 6** Identificação da base
>
> **(a)** Em $(-3)^5$, a base é -3.
> **(b)** Em -3^5, a base é 3.

Abaixo estão as propriedades básicas de potenciação e exemplos que auxiliam a compreensão de seus significados.

> **Propriedades de potenciação**
>
> Sejam u e v números reais, variáveis ou expressões algébricas, com todas as bases diferentes de zero, e m e n números inteiros.
>
> | Propriedade | Exemplo |
> |---|---|
> | 1. $u^m u^n = u^{m+n}$ | $5^3 \cdot 5^4 = 5^{3+4} = 5^7$ |
> | 2. $\dfrac{u^m}{u^n} = u^{m-n}$ | $\dfrac{x^9}{x^4} = x^{9-4} = x^5$ |
> | 3. $u^0 = 1$ | $8^0 = 1$ |
> | 4. $u^{-n} = \dfrac{1}{u^n}$ | $y^{-3} = \dfrac{1}{y^3}$ |
> | 5. $(uv)^m = u^m v^m$ | $(2z)^5 = 2^5 z^5 = 32 z^5$ |
> | 6. $(u^m)^n = u^{mn}$ | $(x^2)^3 = x^{2 \cdot 3} = x^6$ |
> | 7. $\left(\dfrac{u}{v}\right)^m = \dfrac{u^m}{v^m}$ | $\left(\dfrac{a}{b}\right)^7 = \dfrac{a^7}{b^7}$ |

EXEMPLO 7 Simplificação de expressões que envolvem potências

(a) $(2ab^3)(5a^2b^5) = 10(aa^2)(b^3b^5) = 10a^3b^8$

(b) $\dfrac{u^2v^{-2}}{u^{-1}v^3} = \dfrac{u^2u^1}{v^2v^3} = \dfrac{u^3}{v^5}$

(c) $\left(\dfrac{x^2}{2}\right)^{-3} = \dfrac{(x^2)^{-3}}{2^{-3}} = \dfrac{x^{-6}}{2^{-3}} = \dfrac{2^3}{x^6} = \dfrac{8}{x^6}$

Notação científica

Todo número positivo pode ser escrito em **notação científica**:

$$c \times 10^m, \text{ onde } 1 \leq c < 10 \text{ e } m \text{ é um número inteiro.}$$

Essa notação pode ser uma alternativa para representar números muito grandes ou muito pequenos. Por exemplo, a distância entre a Terra e o Sol é de 149.597.870,691 quilômetros. Em notação científica,

$$149.597.870{,}691 \text{ km} \cong 1{,}5 \cdot 10^8 \text{ km}.$$

O *expoente positivo* 8 indica que, ao mover a vírgula do número decimal 8 casas para a direita, temos a forma original dele.

Em outro caso, a massa de uma molécula de oxigênio é de aproximadamente

$$0{,}000\,000\,000\,000\,000\,000\,000\,053 \text{ gramas.}$$

Em notação científica,

$$0{,}000\,000\,000\,000\,000\,000\,000\,053 \text{ g} = 5{,}3 \times 10^{-23} \text{ g}.$$

O e*xpoente negativo* -23 indica que, ao mover a vírgula do número decimal 23 casas para a esquerda, temos a forma original dele.

EXEMPLO 8 Conversão da notação científica

(a) $2{,}375 \times 10^8 = 237.500.000$

(b) $0{,}000000349 = 3{,}49 \times 10^{-7}$

EXEMPLO 9 Uso da notação científica

Simplifique $\dfrac{(370.000)(4.500.000.000)}{18.000}$ *

SOLUÇÃO

$$\dfrac{(370.000)(4.500.000.000)}{18.000} = \dfrac{(3{,}7 \times 10^5)(4{,}5 \times 10^9)}{1{,}8 \times 10^4} = \dfrac{(3{,}7)\,(4{,}5)}{1{,}8} \times 10^{5+9-4}$$

$$= 9{,}25 \times 10^{10}$$

$$= 92.500.000.000$$

---

* Vale observar que os parênteses serviram apenas para separar os números que são valores altos. (N. do T.)

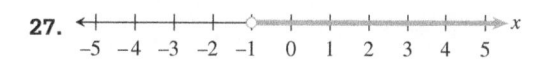

CAPÍTULO 1 Conjuntos numéricos e os números reais

REVISÃO RÁPIDA

1. Escreva os números inteiros positivos entre -3 e 7.
2. Indique quais são os números inteiros entre -3 e 7.
3. Determine todos os números inteiros negativos maiores do que -4.
4. Obtenha todos os números inteiros positivos menores do que 5.

Nos exercícios 5 e 6, utilize a calculadora para auxiliá-lo. Deixe o resultado com duas casas após a vírgula.

5. (a) $4(-3,1)^3 - (-4,2)^5$ (b) $\dfrac{2(-5,5) - 6}{7,4 - 3,8}$

6. (a) $5[3(-1,1)^2 - 4(-0,5)^3]$ (b) $5^{-2} + 2^{-4}$

Nos exercícios 7 e 8, calcule o valor da expressão algébrica para os valores das variáveis dadas.

7. $x^3 - 2x + 1$, $x = -2$ e $x = 1,5$
8. $a^2 + ab + b^2$, $a = -3$ e $b = 2$

EXERCÍCIOS

Nos exercícios de 1 a 4, encontre a forma decimal para o número racional. Indique também se há finitas ou infinitas casas após a vírgula.

1. $-\dfrac{37}{8}$

2. $\dfrac{15}{99}$

3. $-\dfrac{13}{6}$

4. $\dfrac{5}{37}$

Nos exercícios de 5 a 10, escreva e represente graficamente o intervalo de números reais.

5. $x \leq 2$
6. $-2 \leq x < 5$
7. $]-\infty, 7[$
8. $[-3, 3]$
9. x é negativo.
10. x é maior ou igual a 2 e menor ou igual a 6.

Nos exercícios de 11 a 16, use o conceito da desigualdade para descrever o intervalo de números reais.

11. $[-1, 1[$
12. $]-\infty, 4]$
13. ← | | | | | | | | | | | → x
    $-5\ -4\ -3\ -2\ -1\ \ 0\ \ 1\ \ 2\ \ 3\ \ 4\ \ 5$

14. ← | | ◆ | | | ○ | | | → x
    $-5\ -4\ -3\ -2\ -1\ \ 0\ \ 1\ \ 2\ \ 3\ \ 4\ \ 5$

15. x está entre -1 e 2.
16. x é maior ou igual a 5.

Nos exercícios de 17 a 22, use notação de intervalo para escrever o intervalo dos números reais.

17. $x > -3$
18. $-7 < x < -2$
19. ← | | ○ | | ○ | | | | → x
    $-5\ -4\ -3\ -2\ -1\ \ 0\ \ 1\ \ 2\ \ 3\ \ 4\ \ 5$
20. ← | | | | ◆ | | | | | → x
    $-5\ -4\ -3\ -2\ -1\ \ 0\ \ 1\ \ 2\ \ 3\ \ 4\ \ 5$
21. x é maior do que -3 e menor ou igual a 4.
22. x é positivo.

Nos exercícios de 23 a 28, escreva o intervalo de números reais.

23. $4 < x \leq 9$
24. $x \geq -1$
25. $[-3, +\infty[$
26. $]-5, 7[$
27. ← | | | | ○ | | | | | → x
    $-5\ -4\ -3\ -2\ -1\ \ 0\ \ 1\ \ 2\ \ 3\ \ 4\ \ 5$
28. ← | ◆ | | ◆ | | | | | → x
    $-5\ -4\ -3\ -2\ -1\ \ 0\ \ 1\ \ 2\ \ 3\ \ 4\ \ 5$

Nos exercícios de 29 a 32, converta cada notação de intervalo em notação de desigualdade. Depois, encontre seus extremos, verifique se o intervalo é limitado ou não e qual o seu tipo.

29. $]-3, 4]$
30. $]-3, -1[$
31. $]-\infty, 5[$
32. $[-6, \infty[$

Nos exercícios de 33 a 36, use tanto o conceito da desigualdade como o de notação de intervalo para escrever o conjunto de números. Também escreva o significado de quaisquer variáveis que você usar.

33. Bill tem pelo menos 29 anos.
34. Nenhum item na loja custa mais de R$ 2,00.
35. O preço do litro de gasolina varia de R$ 2,20 a R$ 2,90.
36. A taxa de juros ficará entre 2% e 6,5%.

Nos exercícios de 37 a 40, use a propriedade distributiva para escrever a forma fatorada ou a forma expandida da expressão dada.

37. $a(x^2 + b)$
38. $(y - z^3)c$
39. $ax^2 + dx^2$
40. $a^3z + a^3w$

Nos exercícios 41 e 42, encontre a inversa aditiva dos números.

41. $6 - \pi$
42. -7

Nos exercícios 43 e 44, identifique a base da potência.

43. -5^2
44. $(-2)^7$

Nos exercícios de 45 a 50, simplifique a expressão. Leve em consideração que as variáveis nos denominadores são diferentes de zero.

45. $\dfrac{x^4 y^3}{x^2 y^5}$

46. $\dfrac{(3x^2)^2 y^4}{3y^2}$

47. $\left(\dfrac{4}{x^2}\right)^2$

48. $\left(\dfrac{2}{xy}\right)^{-3}$

49. $\dfrac{(x^{-3}y^2)^{-4}}{(y^6 x^{-4})^{-2}}$

50. $\left(\dfrac{4a^3 b}{a^2 b^3}\right)\left(\dfrac{3b^2}{2a^2 b^4}\right)$

Nos exercícios 51 e 52, escreva o número em notação científica.

51. A distância média de Júpiter até o Sol é de aproximadamente 780.000.000 quilômetros.
52. A carga elétrica de um elétron, em Coulombs, é de aproximadamente $-0,00000000000000000016$.

Nos exercícios de 53 a 56, escreva o número na forma original.

53. $3,33 \times 10^{-8}$
54. $6,73 \times 10^{11}$
55. A distância que a luz viaja em um ano (*um ano-luz*) é de aproximadamente $9,5 \cdot 10^{12}$ quilômetros.
56. A massa de um nêutron é de aproximadamente $1,6747 \times 10^{-24}$ gramas.

Nos exercícios 57 e 58, use notação científica para simplificar.

57. $\dfrac{(1,35 \times 10^{-7})(2,41 \times 10^8)}{1,25 \times 10^9}$

58. $\dfrac{(3,7 \times 10^{-7})(4,3 \times 10^6)}{2,5 \times 10^7}$

59. Para inteiros positivos m e n, podemos usar a definição a fim de mostrar que $a^m \cdot a^n = a^{m+n}$.
 (a) Analise a equação $a^m \cdot a^n = a^{m+n}$ para $n = 0$ e explique por que é razoável definir $a^0 = 1$ para $a \neq 0$.
 (b) Analise a equação $a^m \cdot a^n = a^{m+n}$ para $n = -m$ e explique por que é razoável definir $a^{-m} = \dfrac{1}{a^m}$ para $a \neq 0$.

60. Verdadeiro ou falso? A inversa aditiva de um número real precisa ser negativa. Justifique a sua resposta.

61. Verdadeiro ou falso? A recíproca de um número real positivo precisa ser menor do que 1. Justifique a sua resposta.

62. Qual das seguintes desigualdades corresponde ao intervalo [−2, 1[?

(a) $x \leq -2$ (b) $-2 \leq x \leq 1$
(c) $-2 < x < 1$ (d) $-2 < x \leq 1$
(e) $-2 \leq x < 1$

63. Qual é o valor de $(-2)^4$?

(a) 16   (b) 8
(c) 6   (d) −8
(e) −16

64. Qual é a base da potência -7^2?

(a) −7   (b) 7
(c) −2   (d) 2
(e) 1

65. Qual das seguintes alternativas é a forma simplificada de $\dfrac{x^6}{x^2}$, $x \neq 0$?

(a) x^{-4} (b) x^2
(c) x^3 (d) x^4
(e) x^8

Para os exercícios de 66 a 68, considere a informação a seguir: a magnitude de um número real é sua distância da origem.

66. Identifique todos os números reais cujas magnitudes são menores do que 7.

67. Escreva todos os números naturais cujas magnitudes são menores do que 7.

68. Cite todos os números inteiros cujas magnitudes são menores do que 7.

Parte 2

Álgebra

Capítulo 2
Radiciação e potenciação

Capítulo 3
Polinômios e fatoração

Capítulo 4
Expressões fracionárias

Capítulo 5
Equações

Capítulo 6
Inequações

Capítulo 2

Radiciação e potenciação

Objetivos de aprendizagem
- Radicais.
- Simplificação de expressões com radicais.
- Racionalização.
- Potenciação com expoentes racionais.

Radicais

Se $b^2 = a$, então b é a **raiz quadrada** de a. Por exemplo, 2 e -2 são raízes quadradas de 4 porque $2^2 = (-2)^2 = 4$. Da mesma maneira, se $b^3 = a$, então b é a **raiz cúbica** de a. Por exemplo, 2 é a raiz cúbica de 8 porque $2^3 = 8$.

DEFINIÇÃO Raiz n-ésima de um número real

Dado um número n inteiro, maior do que 1, e a e b como números reais, temos:

1. Se $b^n = a$, então b é uma **raiz n-ésima** de a. Escrevemos:

$$\sqrt[n]{a} = b \Leftrightarrow b^n = a \text{ e } b \geq 0$$

2. O símbolo $\sqrt{}$ é conhecido por **radical**, a é o **radicando** e n é o **índice**.

3. Se a tem uma raiz n-ésima, então sua **principal raiz n-ésima** terá o mesmo sinal de a.

Se n for ímpar, qualquer número real tem apenas uma *raiz n-ésima* real. Por exemplo, 2 é a única raiz cúbica real de 8.

Se n for par, os números reais positivos têm duas *raízes n-ésimas* reais. Por exemplo, 4 ou -4 são raízes quadradas reais de 16. Os números reais negativos não têm raízes n-ésimas reais. Por exemplo, não existe $b^2 = -9$.

Quando $n = 2$, em geral, omitimos o índice na representação da raiz e escrevemos $\sqrt{a}$, em vez de $\sqrt[2]{a}$.

Se a é um número real positivo e n é um inteiro par positivo, suas duas raízes n-ésimas são denotadas por $\sqrt[n]{a}$ e $-\sqrt[n]{a}$.

EXEMPLO 1 Verificação das raízes n-ésimas principais

(a) $\sqrt{36} = 6$, porque $6^2 = 36$.

(b) $\sqrt[3]{\dfrac{27}{8}} = \dfrac{3}{2}$, porque $\left(\dfrac{3}{2}\right)^3 = \dfrac{27}{8}$.

(c) $\sqrt[3]{-\dfrac{27}{8}} = -\dfrac{3}{2}$, porque $\left(-\dfrac{3}{2}\right)^3 = -\dfrac{27}{8}$.

(d) $\sqrt[4]{-625}$ não é um número real porque o índice 4 é par, e o radicando -625 é negativo (*não* existe número real cuja quarta potência seja negativa).

Veja algumas propriedades de radicais e exemplos que ilustram seu significado.

Propriedades dos radicais

Considere u e v números reais, variáveis ou expressões algébricas, e m e n números positivos inteiros maiores do que 1. Convencionamos que todas as raízes são números reais e todos os denominadores são diferentes de zero.

Propriedade

1. $\sqrt[n]{uv} = \sqrt[n]{u} \cdot \sqrt[n]{v}$

2. $\sqrt[n]{\dfrac{u}{v}} = \dfrac{\sqrt[n]{u}}{\sqrt[n]{v}}$

3. $\sqrt[m]{\sqrt[n]{u}} = \sqrt[m \cdot n]{u}$

4. $(\sqrt[n]{u})^n = u$

5. $\sqrt[n]{u^m} = (\sqrt[n]{u})^m$

6. $\sqrt[n]{u^n} = \begin{cases} |u| & \text{para } n \text{ par} \\ u & \text{para } n \text{ ímpar} \end{cases}$

Exemplo

$\sqrt{75} = \sqrt{25 \cdot 3}$
$\phantom{\sqrt{75}} = \sqrt{25} \cdot \sqrt{3} = 5\sqrt{3}$

$\dfrac{\sqrt[4]{96}}{\sqrt[4]{6}} = \sqrt[4]{\dfrac{96}{6}} = \sqrt[4]{16} = 2$

$\sqrt{\sqrt[3]{7}} = \sqrt[2 \cdot 3]{7} = \sqrt[6]{7}$

$(\sqrt[4]{5})^4 = 5$

$\sqrt[3]{27^2} = (\sqrt[3]{27})^2 = 3^2 = 9$

$\sqrt{(-6)^2} = |-6| = 6$
$\sqrt[3]{(-6)^3} = -6$

Simplificação de expressões com radicais

Muitas técnicas de simplificação de raízes de números reais não são mais usadas em virtude da facilidade das calculadoras. No entanto, vamos mostrar alguns exemplos de como podemos solucionar tais questões na ausência dessas máquinas.

EXEMPLO 2   Remoção de fatores dos radicandos

(a) $\sqrt[4]{80} = \sqrt[4]{16 \cdot 5}$
$= \sqrt[4]{2^4 \cdot 5}$
$= \sqrt[4]{2^4} \cdot \sqrt[4]{5}$
$= 2\sqrt[4]{5}$

(b) $\sqrt{18x^5} = \sqrt{9x^4 \cdot 2x}$
$= \sqrt{(3x^2)^2 \cdot 2x}$
$= 3x^2\sqrt{2x}$

(c) $\sqrt[4]{x^4 y^4} = \sqrt[4]{(xy)^4}$
$= |xy|$

(d) $\sqrt[3]{-24y^6} = \sqrt[3]{(-2y^2)^3 \cdot 3}$
$= -2y^2\sqrt[3]{3}$

Racionalização

A **racionalização** é o processo de retirar as raízes do denominador das frações. Quando o denominador tem a forma $\sqrt[n]{u^k}$, multiplicamos o numerador e o denominador por $\sqrt[n]{u^{n-k}}$ para eliminar o radical do denominador. Veja:

$$\sqrt[n]{u^k} \cdot \sqrt[n]{u^{n-k}} = \sqrt[n]{u^k \cdot u^{n-k}} = \sqrt[n]{u^{k+n-k}} = \sqrt[n]{u^n} = u.$$

O Exemplo 3 ilustra o processo.

EXEMPLO 3   Racionalização

(a) $\sqrt{\dfrac{2}{3}} = \dfrac{\sqrt{2}}{\sqrt{3}} = \dfrac{\sqrt{2}}{\sqrt{3}} \cdot \dfrac{\sqrt{3}}{\sqrt{3}} = \dfrac{\sqrt{6}}{3}$

(b) $\dfrac{1}{\sqrt[4]{x}} = \dfrac{1}{\sqrt[4]{x}} \cdot \dfrac{\sqrt[4]{x^3}}{\sqrt[4]{x^3}} = \dfrac{\sqrt[4]{x^3}}{\sqrt[4]{x^4}} = \dfrac{\sqrt[4]{x^3}}{|x|}$

(c) $\sqrt[5]{\dfrac{x^2}{y^3}} = \dfrac{\sqrt[5]{x^2}}{\sqrt[5]{y^3}} = \dfrac{\sqrt[5]{x^2}}{\sqrt[5]{y^3}} \cdot \dfrac{\sqrt[5]{y^2}}{\sqrt[5]{y^2}} = \dfrac{\sqrt[5]{x^2 y^2}}{\sqrt[5]{y^5}} = \dfrac{\sqrt[5]{x^2 y^2}}{y}$

Potenciação com expoentes racionais

Sabemos como manipular expressões exponenciais com expoentes inteiros. Por exemplo, $x^3 \cdot x^4 = x^7$, $(x^3)^2 = x^6$, $\dfrac{x^5}{x^2} = x^3$, $x^{-2} = \dfrac{1}{x^2}$. Mas os expoentes também podem ser números racionais. Como deveríamos determinar, por exemplo, $x^{1/2}$? Para começar, podemos supor que as mesmas regras que aplicamos para expoentes inteiros também se aplicam para expoentes racionais.

> **DEFINIÇÃO** Expoentes racionais
>
> Seja u um número real, variável ou expressão algébrica, e n um inteiro maior do que 1. Então:
>
> $$u^{1/n} = \sqrt[n]{u}.$$
>
> Se m é um inteiro positivo, m/n está na forma reduzida e todas as raízes são números reais. Assim:
>
> $$u^{m/n} = (u^{1/n})^m = (\sqrt[n]{u})^m \quad \text{e} \quad u^{m/n} = (u^m)^{1/n} = \sqrt[n]{u^m}.$$

O numerador de um expoente racional é a *potência* para a qual a base está elevada, e o denominador é o índice da *raiz*. A fração m/n precisa estar na forma reduzida, caso contrário, isso pode ocasionar algum problema de definição. Vejamos:

$$u^{2/3} = (\sqrt[3]{u})^2$$

e essa expressão está definida para todo número u real, mas:

$$u^{4/6} = (\sqrt[6]{u})^4$$

está definida somente para $u \geq 0$.

> **EXEMPLO 4** Conversão de radicais para potências, e vice-versa
>
> **(a)** $\sqrt{(x+y)^3} = (x+y)^{3/2}$ **(b)** $3x\sqrt[5]{x^2} = 3x \cdot x^{2/5} = 3x^{7/5}$
>
> **(c)** $x^{2/3}y^{1/3} = (x^2y)^{1/3} = \sqrt[3]{x^2y}$ **(d)** $z^{-3/2} = \dfrac{1}{z^{3/2}} = \dfrac{1}{\sqrt{z^3}}$

Uma expressão envolvendo potências está *simplificada* se cada fator aparece somente uma vez e todos os expoentes são positivos.

> **EXEMPLO 5** Simplificação de expressões com potências
>
> **(a)** $(x^2y^9)^{1/3}(xy^2) = (x^{2/3}y^3)(xy^2) = x^{5/3}y^5$ **(b)** $\left(\dfrac{3x^{2/3}}{y^{1/2}}\right)\left(\dfrac{2x^{-1/2}}{y^{2/5}}\right) = \dfrac{6x^{1/6}}{y^{9/10}}$

O Exemplo 6 sugere uma forma de simplificar uma soma ou uma diferença de radicais.

EXEMPLO 6 Simplificação de expressões com radicais

(a) $2\sqrt{80} - \sqrt{125} = 2\sqrt{16 \cdot 5} - \sqrt{25 \cdot 5}$
$= 8\sqrt{5} - 5\sqrt{5}$
$= 3\sqrt{5}$

(b) $\sqrt{4x^2y} - \sqrt{y^3} = \sqrt{(2x)^2 y} - \sqrt{y^2 y}$
$= 2|x|\sqrt{y} - |y|\sqrt{y}$
$= (2|x| - |y|)\sqrt{y}$

Segue um resumo dos procedimentos usados para *simplificar expressões* que envolvem radicais.

Simplificação de expressões com radicais
1. Remover os fatores dos radicais (Exemplo 2).
2. Eliminar os radicais dos denominadores, e os denominadores dos radicandos (Exemplo 3).
3. Combinar somas e diferenças dos radicais, se possível (Exemplo 6).

EXERCÍCIOS

Nos exercícios de 1 a 6, encontre as raízes reais indicadas.

1. Raiz quadrada de 81.
2. Raiz quarta de 81.
3. Raiz cúbica de 64.
4. Raiz quinta de 243.
5. Raiz quadrada de $\dfrac{16}{9}$.
6. Raiz cúbica de $\dfrac{-27}{8}$.

Nos exercícios de 7 a 12, calcule a expressão sem usar a calculadora.

7. $\sqrt{144}$
8. $\sqrt{-16}$
9. $\sqrt[3]{-216}$
10. $\sqrt[3]{216}$
11. $\sqrt[3]{-\dfrac{64}{27}}$
12. $\sqrt{\dfrac{64}{25}}$

Nos exercícios de 13 a 22, use uma calculadora para encontrar o valor da expressão.

13. $\sqrt[4]{256}$
14. $\sqrt[5]{3125}$
15. $\sqrt[3]{15{,}625}$
16. $\sqrt{12{,}25}$
17. $81^{3/2}$
18. $16^{5/4}$
19. $32^{-2/5}$
20. $27^{-4/3}$
21. $\left(-\dfrac{1}{8}\right)^{-1/3}$
22. $\left(-\dfrac{125}{64}\right)^{-1/3}$

Nos exercícios de 23 a 32, simplifique a expressão removendo fatores do radicando.

23. $\sqrt{288}$
24. $\sqrt[3]{500}$
25. $\sqrt[3]{-250}$
26. $\sqrt[4]{192}$
27. $\sqrt{2x^3y^4}$
28. $\sqrt[3]{-27x^3y^6}$
29. $\sqrt[4]{3x^8y^6}$
30. $\sqrt[3]{8x^6y^4}$
31. $\sqrt[5]{96x^{10}}$
32. $\sqrt{108x^4y^9}$

Nos exercícios de 33 a 38, racionalize o denominador.

33. $\dfrac{4}{\sqrt[3]{2}}$
34. $\dfrac{1}{\sqrt{5}}$
35. $\dfrac{1}{\sqrt[5]{x^2}}$
36. $\dfrac{2}{\sqrt[4]{y}}$
37. $\sqrt[3]{\dfrac{x^2}{y}}$
38. $\sqrt[5]{\dfrac{a^3}{b^2}}$

Nos exercícios de 39 a 42, converta para a forma exponencial (forma de potência).

39. $\sqrt[3]{(a+2b)^2}$
40. $\sqrt[5]{x^2y^3}$
41. $2x\sqrt[3]{x^2y}$
42. $xy\sqrt[4]{xy^3}$

Nos exercícios de 43 a 46, converta para a forma radical.

43. $a^{3/4}b^{1/4}$
44. $x^{2/3}y^{1/3}$
45. $x^{-5/3}$
46. $(xy)^{-3/4}$

Nos exercícios de 47 a 52, escreva usando um radical simples.

47. $\sqrt{\sqrt{2x}}$
48. $\sqrt{\sqrt[3]{3x^2}}$
49. $\sqrt[4]{\sqrt{xy}}$
50. $\sqrt[3]{\sqrt{ab}}$
51. $\dfrac{\sqrt[5]{a^2}}{\sqrt[3]{a}}$
52. $\sqrt{a}\sqrt[3]{a^2}$

Nos exercícios de 53 a 60, simplifique as expressões exponenciais.

53. $\dfrac{a^{3/5}a^{1/3}}{a^{3/2}}$
54. $(x^2y^4)^{1/2}$
55. $(a^{5/3}b^{3/4})(3a^{1/3}b^{5/4})$
56. $\left(\dfrac{x^{1/2}}{y^{2/3}}\right)^6$
57. $\left(\dfrac{-8x^6}{y^{-3}}\right)^{2/3}$
58. $\dfrac{(p^2q^4)^{1/2}}{(27q^3p^6)^{1/3}}$
59. $\dfrac{(x^9y^6)^{-1/3}}{(x^6y^2)^{-1/2}}$
60. $\left(\dfrac{2x^{1/2}}{y^{2/3}}\right)\left(\dfrac{3x^{-2/3}}{y^{1/2}}\right)$

Nos exercícios de 61 a 70, simplifique as expressões radicais.

61. $\sqrt{9x^{-6}y^4}$
62. $\sqrt{16y^8z^{-2}}$
63. $\sqrt[4]{\dfrac{3x^8y^2}{8x^2}}$
64. $\sqrt[5]{\dfrac{4x^6y}{9x^3}}$
65. $\sqrt[3]{\dfrac{4x^2}{y^2}} \cdot \sqrt[3]{\dfrac{2x^2}{y}}$
66. $\sqrt[5]{9ab^6} \cdot \sqrt[5]{27a^2b^{-1}}$
67. $3\sqrt{48} - 2\sqrt{108}$
68. $2\sqrt{175} - 4\sqrt{28}$
69. $\sqrt{x^3} - \sqrt{4xy^2}$
70. $\sqrt{18x^2y} + \sqrt{2y^3}$

Nos exercícios de 71 a 78, substitua ○ por <, = ou > para tornar a expressão verdadeira.

71. $\sqrt{2+6}$ ○ $\sqrt{2} + \sqrt{6}$
72. $\sqrt{4} + \sqrt{9}$ ○ $\sqrt{4+9}$
73. $(3^{-2})^{-1/2}$ ○ 3
74. $(2^{-3})^{1/3}$ ○ 2
75. $\sqrt[4]{(-2)^4}$ ○ -2
76. $\sqrt[3]{(-2)^3}$ ○ -2
77. $2^{2/3}$ ○ $3^{3/4}$
78. $4^{-2/3}$ ○ $3^{-3/4}$

79. O tempo t (em segundos) que uma pedra leva para cair de uma distância d (em metros) é aproximadamente $t = 0{,}45 \cdot \sqrt{d}$. Quanto tempo uma pedra leva para cair de uma distância de 200 metros?

Capítulo 3

Polinômios e fatoração

Objetivos de aprendizagem
- Adição, subtração e multiplicação de polinômios.
- Produtos notáveis.
- Fatoração de polinômios usando produtos notáveis.
- Fatoração de trinômios.
- Fatoração por agrupamento.

Adição, subtração e multiplicação de polinômios

Um **polinômio em** x é qualquer expressão que pode ser escrita na forma

$$a_n x^n + a_{n-1} x^{n-1} + \ldots + a_1 x + a_0,$$

onde n é um inteiro não negativo e $a_n \neq 0$. Os números $a_n, a_{n-1}, \ldots, a_1, a_0$ são números reais chamados **coeficientes**, e $a_n x^n, a_{n-1} x^{n-1}, \ldots, a_1 x, a_0$ são os números chamados **termos**.

O **grau do polinômio** é n, e o **coeficiente principal** é o número real a_n. Polinômios com um, dois e três termos são chamados **monômios**, **binômios** e **trinômios**, respectivamente.

Um polinômio escrito com as potências de x na *ordem decrescente* está na **forma padrão**.

Para adicionar ou subtrair polinômios, nós adicionamos ou subtraímos os termos com o mesmo expoente na variável, chamados *termos semelhantes*. Caso haja termos que não sejam semelhantes, basta adicioná-los ou subtraí-los de 0 (zero).

EXEMPLO 1 Adição e subtração de polinômios

(a) $(2x^3 - 3x^2 + 4x - 1) + (x^3 + 2x^2 - 5x + 3)$

(b) $(4x^2 + 3x - 4) - (2x^3 + x^2 - x + 2)$

SOLUÇÃO

(a) Agrupamos os termos semelhantes e então os combinamos, como segue:

$$(2x^3 + x^3) + (-3x^2 + 2x^2) + (4x + (-5x)) + (-1 + 3)$$
$$= 3x^3 - x^2 - x + 2$$

(b) Agrupamos os termos semelhantes e então os combinamos, como segue:

$$(0 - 2x^3) + (4x^2 - x^2) + (3x - (-x)) + (-4 - 2)$$
$$= -2x^3 + 3x^2 + 4x - 6$$

Para **calcular o produto** de dois polinômios, usamos a propriedade distributiva, por exemplo:

$$(3x + 2)(4x - 5) =$$
$$= 3x(4x - 5) + 2(4x - 5)$$
$$= (3x)(4x) - (3x)(5) + (2)(4x) - (2)(5)$$
$$= \underbrace{12x^2}_{\text{produto dos primeiros termos}} - \underbrace{15x}_{\text{produto dos termos externos}} + \underbrace{8x}_{\text{produto dos termos internos}} - \underbrace{10}_{\text{produto dos últimos termos}}$$

Os produtos dos termos externos e dos termos internos são termos semelhantes e podem ser adicionados, como na expressão a seguir:

$$(3x + 2)(4x - 5) = 12x^2 - 7x - 10$$

Como observamos, a multiplicação de dois polinômios requer a multiplicação de cada termo de um polinômio por todos os termos do outro.

Uma maneira conveniente de desenvolver o produto, para facilitar sua resolução, é organizar os polinômios na forma padrão, um sobre o outro, de modo que os termos iguais fiquem alinhados verticalmente, como no Exemplo 2.

EXEMPLO 2 **Multiplicação de polinômios na forma vertical**

Escreva $(x^2 - 4x + 3)(x^2 + 4x + 5)$ na forma padrão.

SOLUÇÃO

$$\begin{array}{r} x^2 - 4x + 3 \\ x^2 + 4x + 5 \\ \hline x^4 - 4x^3 + 3x^2 \\ 4x^3 - 16x^2 + 12x \\ 5x^2 - 20x + 15 \\ \hline x^4 + 0x^3 - 8x^2 - 8x + 15 \end{array}$$

Assim:

$$(x^2 - 4x + 3)(x^2 + 4x + 5) = x^4 - 8x^2 - 8x + 15$$

Produtos notáveis

Alguns produtos são úteis quando, por exemplo, precisamos fatorar polinômios. Observe os principais produtos notáveis:

Alguns produtos notáveis

Sejam u e v números reais, variáveis ou expressões algébricas.

1. Produto de uma soma e de uma diferença: $(u+v)(u-v) = u^2 - v^2$
2. Quadrado de uma soma de dois termos: $(u+v)^2 = u^2 + 2uv + v^2$
3. Quadrado de uma diferença de dois termos: $(u-v)^2 = u^2 - 2uv + v^2$
4. Cubo de uma soma de dois termos: $(u+v)^3 = u^3 + 3u^2v + 3uv^2 + v^3$
5. Cubo de uma diferença de dois termos: $(u-v)^3 = u^3 - 3u^2v + 3uv^2 - v^3$

EXEMPLO 3 Uso dos produtos notáveis

Calcule os produtos:

(a) $(3x+8)(3x-8) = (3x)^2 - 8^2$
$= 9x^2 - 64$

(b) $(5y-4)^2 = (5y)^2 - 2(5y)(4) + 4^2$
$= 25y^2 - 40y + 16$

(c) $(2x-3y)^3 = (2x)^3 - 3(2x)^2(3y)$
$\quad + 3(2x)(3y)^2 - (3y)^3$
$= 8x^3 - 36x^2y + 54xy^2 - 27y^3$

Fatoração de polinômios com produtos notáveis

Fatorar um polinômio é escrever um produto de dois ou mais **fatores polinomiais**. Um polinômio que não pode ser fatorado com o uso de coeficientes inteiros é um **polinômio irredutível**.

Um polinômio está **fatorado completamente** se estiver escrito como um produto de seus fatores irredutíveis. Por exemplo,

$$2x^2 + 7x - 4 = (2x-1)(x+4)$$

e

$$x^3 + x^2 + x + 1 = (x+1)(x^2+1)$$

estão fatorados completamente (pode ser mostrado que $x^2 + 1$ é irredutível). Mas,

$$x^3 - 9x = x(x^2 - 9)$$

não está fatorado completamente porque $(x^2 - 9)$ *não é* irredutível. De fato,

$$x^2 - 9 = (x-3)(x+3)$$

e

$$x^3 - 9x = x(x-3)(x+3).$$

Agora o polinômio está fatorado completamente.

O primeiro passo na fatoração de um polinômio é colocar em evidência fatores comuns de seus termos, usando a propriedade distributiva, como no Exemplo 4.

EXEMPLO 4 Colocação dos fatores comuns em evidência

(a) $2x^3 + 2x^2 - 6x = 2x(x^2 + x - 3)$

(b) $u^3v + uv^3 = uv(u^2 + v^2)$

Reconhecer a forma expandida dos cinco produtos notáveis citados nos auxiliará a fatorar uma expressão algébrica.

Dos produtos notáveis, a forma mais fácil de ser identificada é a diferença de dois quadrados.

EXEMPLO 5 Fatoração da diferença de dois quadrados

(a) $25x^2 - 36 = (5x)^2 - 6^2$
$= (5x + 6)(5x - 6)$

(b) $4x^2 - (y + 3)^2 = (2x)^2 - (y + 3)^2$
$= [2x + (y + 3)][2x - (y + 3)]$
$= (2x + y + 3)(2x - y - 3)$

Um trinômio quadrado perfeito é o quadrado de um binômio e tem uma das duas formas observadas anteriormente. O primeiro e o último termo são quadrados de u e v, e o termo central é duas vezes o produto de u e v. Os sinais da operação antes do termo central e no binômio são os mesmos.

EXEMPLO 6 Fatoração de trinômios quadrados perfeitos

(a) $9x^2 + 6x + 1 = (3x)^2 + 2(3x)(1) + 1^2$
$= (3x + 1)^2$

(b) $4x^2 - 12xy + 9y^2 = (2x)^2 - 2(2x)(3y) + (3y)^2$
$= (2x - 3y)^2$

Observe agora a soma e a diferença de dois cubos (mais dois casos de produtos notáveis).

Mesmos sinais   Mesmos sinais

$u^3 + v^3 = (u + v)(u^2 - uv + v^2)$ $u^3 - v^3 = (u - v)(u^2 + uv + v^2)$

Sinais opostos   Sinais opostos

> **EXEMPLO 7 Fatoração da soma e da diferença de dois cubos**
>
> (a) $x^3 - 64 = x^3 - 4^3$
> $= (x - 4)(x^2 + 4x + 16)$
>
> (b) $8x^3 + 27 = (2x)^3 + 3^3$
> $= (2x + 3)(4x^2 - 6x + 9)$

Fatoração de trinômios

Fatorar o trinômio $ax^2 + bx + c$ como um produto de binômios com coeficientes inteiros requer fatorar os inteiros a e c, isto é, transformá-los em produtos de 2 números. Vejamos:

$$ax^2 + bx + c = (\Box x + \Box)(\Box x + \Box)$$

Fatores de a (sobre) — Fatores de c (sob)

A quantidade de pares formados fatorando-se a e c é finito. Então, podemos listar todos os possíveis fatores binomiais, isto é, os possíveis fatores formados pela soma de dois monômios. Para isso, iniciamos checando cada par encontrado até descobrir um que funcione (se nenhum par funcionar, então o trinômio é irredutível).

Vejamos o Exemplo 8.

> **EXEMPLO 8 Fatoração de um trinômio com coeficiente principal igual a 1**
>
> Fatore $x^2 + 5x - 14$.
>
> **SOLUÇÃO**
>
> O inteiro que representa a nesse trinômio é o 1. Fatorando o 1, o único par de fatores que pode existir é 1 e 1, pois não existe nenhum outro par de números cujo produto resulte em 1.
> O inteiro que representa c nesse trinômio é o 14. Os únicos pares de fatores são 1 e 14, e também 2 e 7. Então, substituindo os números encontrados, as quatro possíveis fatorações do trinômio são:
>
> $(x + 1)(x - 14)$ $(x - 1)(x + 14)$
> $(x + 2)(x - 7)$ $(x - 2)(x + 7)$
>
> Ao comparar a soma dos produtos dos termos externos e internos da forma fatorada com o termo central do trinômio, vemos que o correto é:
>
> $$x^2 + 5x - 14 = (x - 2)(x + 7)$$

Com a prática, você verá que não é necessário listar todos os possíveis fatores binomiais para fatorar um trinômio. Muitas vezes, podemos testar as possibilidades mentalmente.

EXEMPLO 9 Fatoração de um trinômio com coeficiente principal diferente de 1

Fatore $35x^2 - x - 12$.

SOLUÇÃO

Os pares de fatores do coeficiente principal são 1 e 35, e também 5 e 7. Os pares de fatores de 12 são 1 e 12, 2 e 6, e também 3 e 4. Portanto, as possíveis fatorações precisam ser da forma:

$$(x - *)(35x + ?) \qquad (x + *)(35x - ?)$$
$$(5x - *)(7x + ?) \qquad (5x + *)(7x - ?)$$

onde * e ? são um dos pares de fatores de 12. Como os dois fatores binomiais têm sinais opostos, existem seis possibilidades para cada uma das quatro formas, um total de 24 possibilidades. Se você tentar, mental e sistematicamente, deverá encontrar:

$$35x^2 - x - 12 = (5x - 3)(7x + 4).$$

Outra opção para fatorar o trinômio é utilizar o seguinte resultado:

$$ax^2 + bx + c = a(x - x_1)(x - x_2),$$

sendo x_1 e x_2 soluções da equação $ax^2 + bx + c = 0$ (veremos a resolução dessa equação no Capítulo 5).

Podemos estender a técnica dos Exemplos 8 e 9 para trinômios com duas variáveis, como temos no Exemplo 10.

EXEMPLO 10 Fatoração de trinômios em x e y

Fatore $3x^2 - 7xy + 2y^2$.

SOLUÇÃO

A única maneira de obter $-7xy$ como termo central é com $3x^2 - 7xy + 2y^2 = (3x - ?y)(x - ?y)$. Os sinais nos binômios precisam ser negativos, porque o coeficiente de y^2 é positivo e o coeficiente do termo central é negativo. Conferindo as duas possibilidades, $(3x - y)(x - 2y)$ e $(3x - 2y)(x - y)$, temos que:

$$3x^2 - 7xy + 2y^2 = (3x - y)(x - 2y).$$

Fatoração por agrupamento

Note que $(a + b)(c + d) = ac + ad + bc + bd$. Se um polinômio com quatro termos é o produto de dois binômios, podemos agrupar os termos para fatorar. Para isso, utilizamos a fatoração colocando o termo comum em evidência duas vezes.

EXEMPLO 11 Fatoração por agrupamento

(a) $3x^3 + x^2 - 6x - 2$
$= (3x^3 + x^2) - (6x + 2)$
$= x^2(3x + 1) - 2(3x + 1)$
$= (3x + 1)(x^2 - 2)$

(b) $2ac - 2ad + bc - bd$
$= (2ac - 2ad) + (bc - bd)$
$= 2a(c - d) + b(c - d)$
$= (c - d)(2a + b)$

Abaixo temos algumas orientações para fatorar polinômios:

Fatoração de polinômios

1. Observar os fatores comuns.
2. Observar as formas especiais dos polinômios.
3. Usar pares de fatores.
4. Se existirem quatro termos, tentar agrupá-los.

Algumas fórmulas importantes de álgebra

Para facilitar o estudo, reunimos a seguir as principais fórmulas dos conteúdos vistos até o momento.

Potências

Se todas as bases são diferentes de zero:

$u^m u^n = u^{m+n}$

$u^0 = 1$

$(uv)^m = u^m v^m$

$\left(\dfrac{u}{v}\right)^m = \dfrac{u^m}{v^m}$

$\dfrac{u^m}{u^n} = u^{m-n}$

$u^{-n} = \dfrac{1}{u^n}$

$(u^m)^n = u^{mn}$

Radicais e expoentes racionais

Se todas as raízes são números reais:

$\sqrt[n]{uv} = \sqrt[n]{u} \cdot \sqrt[n]{v}$

$\sqrt[n]{\dfrac{u}{v}} = \dfrac{\sqrt[n]{u}}{\sqrt[n]{v}}$ $(v \neq 0)$

$\sqrt[m]{\sqrt[n]{u}} = \sqrt[mn]{u}$

$(\sqrt[n]{u})^n = u$

$\sqrt[n]{u^m} = (\sqrt[n]{u})^m$

$\sqrt[n]{u^n} = \begin{cases} |u| & n \text{ par} \\ u & n \text{ ímpar} \end{cases}$

$u^{1/n} = \sqrt[n]{u}$

$u^{m/n} = (u^{1/n})^m = (\sqrt[n]{u})^m$

$u^{m/n} = (u^m)^{1/n} = \sqrt[n]{u^m}$

Produtos notáveis e fatoração de polinômios

$(u + v)(u - v) = u^2 - v^2$

$(u + v)^2 = u^2 + 2uv + v^2$

$(u - v)^2 = u^2 - 2uv + v^2$

$(u + v)^3 = u^3 + 3u^2v + 3uv^2 + v^3$

$(u - v)^3 = u^3 - 3u^2v + 3uv^2 - v^3$

$(u + v)(u^2 - uv + v^2) = u^3 + v^3$

$(u - v)(u^2 + uv + v^2) = u^3 - v^3$

Exercícios

Nos exercícios de 1 a 4, escreva o polinômio na forma padrão e verifique o seu grau.

1. $2x - 1 + 3x^2$
2. $x^2 - 2x - 2x^3 + 1$
3. $1 - x^7$
4. $x^2 - x^4 + x - 3$

Nos exercícios de 5 a 8, verifique se a expressão é um polinômio.

5. $x^3 - 2x^2 + x^{-1}$
6. $\dfrac{2x - 4}{x}$
7. $(x^2 + x + 1)^2$
8. $1 - 3x + x^4$

Nos exercícios de 9 a 18, simplifique a expressão. Escreva sua resposta na forma padrão.

9. $(x^2 - 3x + 7) + (3x^2 + 5x - 3)$
10. $(-3x^2 - 5) - (x^2 + 7x + 12)$
11. $(4x^3 - x^2 + 3x) - (x^3 + 12x - 3)$
12. $-(y^2 + 2y - 3) + (5y^2 + 3y + 4)$
13. $2x(x^2 - x + 3)$
14. $y^2(2y^2 + 3y - 4)$
15. $-3u(4u - 1)$
16. $-4v(2 - 3v^3)$
17. $(2 - x - 3x^2)(5x)$
18. $(1 - x^2 + x^4)(2x)$

Nos exercícios de 19 a 40, calcule o produto. Use alinhamento vertical nos exercícios 33 e 34.

19. $(x - 2)(x + 5)$
20. $(2x + 3)(4x + 1)$
21. $(3x - 5)(x + 2)$
22. $(2x - 3)(2x + 3)$
23. $(3x - y)(3x + y)$
24. $(3 - 5x)^2$
25. $(3x + 4y)^2$
26. $(x - 1)^3$
27. $(2u - v)^3$
28. $(u + 3v)^3$
29. $(2x^3 - 3y)(2x^3 + 3y)$
30. $(5x^3 - 1)^2$
31. $(x^2 - 2x + 3)(x + 4)$
32. $(x^2 + 3x - 2)(x - 3)$
33. $(x^2 + x - 3)(x^2 + x + 1)$
34. $(2x^2 - 3x + 1)(x^2 - x + 2)$
35. $(x - \sqrt{2})(x + \sqrt{2})$
36. $(x^{1/2} - y^{1/2})(x^{1/2} + y^{1/2})$
37. $(\sqrt{u} + \sqrt{v})(\sqrt{u} - \sqrt{v})$
38. $(x^2 - \sqrt{3})(x^2 + \sqrt{3})$
39. $(x - 2)(x^2 + 2x + 4)$
40. $(x + 1)(x^2 - x + 1)$

Nos exercícios de 41 a 44, fatore colocando o fator comum em evidência.

41. $5x - 15$
42. $5x^3 - 20x$
43. $yz^3 - 3yz^2 + 2yz$
44. $2x(x + 3) - 5(x + 3)$

Nos exercícios de 45 a 48, fatore as diferenças de dois quadrados.

45. $z^2 - 49$
46. $9y^2 - 16$
47. $64 - 25y^2$
48. $16 - (x + 2)^2$

Nos exercícios de 49 a 52, fatore o trinômio quadrado perfeito.

49. $y^2 + 8y + 16$
50. $36y^2 + 12y + 1$
51. $4z^2 - 4z + 1$
52. $9z^2 - 24z + 16$

Nos exercícios de 53 a 58, fatore a soma ou a diferença de dois cubos.

53. $y^3 - 8$
54. $z^3 + 64$
55. $27y^3 - 8$
56. $64z^3 + 27$
57. $1 - x^3$
58. $27 - y^3$

Nos exercícios de 59 a 68, fatore o trinômio.

59. $x^2 + 9x + 14$
60. $y^2 - 11y + 30$
61. $z^2 - 5z - 24$
62. $6t^2 + 5t + 1$
63. $14u^2 - 33u - 5$
64. $10v^2 + 23v + 12$
65. $12x^2 + 11x - 15$
66. $2x^2 - 3xy + y^2$
67. $6x^2 + 11xy - 10y^2$
68. $15x^2 + 29xy - 14y^2$

Nos exercícios de 69 a 74, fatore por agrupamento.

69. $x^3 - 4x^2 + 5x - 20$
70. $2x^3 - 3x^2 + 2x - 3$
71. $x^6 - 3x^4 + x^2 - 3$
72. $x^6 + 2x^4 + x^2 + 2$
73. $2ac + 6ad - bc - 3bd$
74. $3uw + 12uz - 2vw - 8vz$

Nos exercícios de 75 a 90, fatore completamente.

75. $x^3 + x$
76. $4y^3 - 20y^2 + 25y$
77. $18y^3 + 48y^2 + 32y$
78. $2x^3 - 16x^2 + 14x$
79. $16y - y^3$
80. $3x^4 + 24x$
81. $5y + 3y^2 - 2y^3$
82. $z - 8z^4$

83. $2(5x + 1)^2 - 18$ **84.** $5(2x - 3)^2 - 20$

85. $12x^2 + 22x - 20$ **86.** $3x^2 + 13xy - 10y^2$

87. $2ac - 2bd + 4ad - bc$

88. $6ac - 2bd + 4bc - 3ad$

89. $x^3 - 3x^2 - 4x + 12$

90. $x^4 - 4x^3 - x^2 + 4x$

91. Mostre que o agrupamento $(2ac + bc) - (2ad + bd)$ leva à mesma fatoração que no Exemplo 11b. Explique por que a terceira possibilidade, $(2ac - bd) + (-2ad + bc)$ não leva a uma fatoração.

Capítulo 4

Expressões fracionárias

Objetivos de aprendizagem
- Domínio de uma expressão algébrica.
- Simplificação de expressões racionais.
- Operações com expressões racionais.
- Expressões racionais compostas.

Domínio de uma expressão algébrica

Expressões algébricas são expressões matemáticas formadas por números e letras, ou somente letras. Um quociente de duas expressões algébricas, além de ser outra expressão algébrica, é uma **expressão fracionária**, ou simplesmente uma fração. Se o quociente pode ser escrito como a razão de dois polinômios, então a expressão fracionária é também chamada **expressão racional**. Vejamos:

$$\frac{x^2 - 5x + 2}{\sqrt{x^2 + 1}} \qquad \frac{2x^3 - x^2 + 1}{5x^2 - x - 3}.$$

Observe que o primeiro exemplo é uma expressão fracionária, mas não é uma expressão racional, pois o denominador não é um polinômio. O segundo é tanto uma expressão fracionária como uma expressão racional, pois é formado pela razão de dois polinômios.

Os polinômios são definidos para todos os números reais, porém determinadas expressões algébricas não podem ser definidas para alguns valores. Então, chamamos **domínio da expressão algébrica** os números reais para os quais essa expressão algébrica é definida.

EXEMPLO 1 Verificação do domínio de expressões algébricas

(a) $3x^2 - x + 5$ (b) $\sqrt{x - 1}$ (c) $\dfrac{x}{x - 2}$

SOLUÇÃO

(a) O domínio de $3x^2 - x + 5$, como de qualquer polinômio, é o conjunto de todos os números reais.

(b) Como a raiz quadrada está definida para números reais não negativos, então essa expressão algébrica deve ter $x - 1 \geq 0$, isto é, $x \geq 1$. Em notação de intervalo, o domínio é $[1, +\infty[$.

(c) Como não existe divisão por zero, então a expressão racional deve ter $x - 2 \neq 0$, isto é, $x \neq 2$. Portanto, o domínio é todo o conjunto dos números reais, com exceção do 2.

Simplificação de expressões racionais

Para simplificar uma expressão racional (ou número racional), eliminamos todos os fatores comuns do numerador e denominador até que a expressão fique em uma forma mais simples, isto é, em **forma reduzida**.

Em algumas expressões, temos primeiramente que deixar os fatores comuns evidentes, fatorando o numerador e o denominador em números primos. Lembre-se de que números primos são aqueles que só podem ser divididos por 1 ou por eles mesmos. Um produto de números primos é chamado de fator primo.

EXEMPLO 2 Simplificação de expressões racionais

Escreva $\dfrac{x^2 - 3x}{x^2 - 9}$ na forma reduzida e verifique seu domínio.

SOLUÇÃO

$$\frac{x^2 - 3x}{x^2 - 9} = \frac{x(x - 3)}{(x + 3)(x - 3)}$$

$$= \frac{x}{x + 3}, \quad x \neq 3 \text{ e } x \neq -3$$

Pela forma reduzida, vemos que x não pode ser -3, mas incluímos a condição $x \neq 3$ porque 3 não está no domínio da expressão racional original. Dessa forma, não deve estar também no domínio da expressão racional final. Portanto, o domínio dessa expressão racional é o conjunto dos números reais, exceto 3 e -3.

Duas expressões racionais são consideradas **equivalentes** quando elas tiverem o mesmo domínio e os mesmos valores para todos os números no domínio. Isto é, a forma reduzida de uma expressão racional precisa ter o mesmo domínio que a sua expressão original. Essa é a razão que nos levou a adicionar a restrição $x \neq 3$ para a forma reduzida no Exemplo 2.

Operações com expressões racionais

Como mencionamos no início deste capítulo, as expressões racionais são frações. Portanto, as operações com essas expressões seguem as mesmas propriedades das operações com frações.

Observe que duas frações são **iguais** $\dfrac{u}{v} = \dfrac{z}{w}$, se, e somente se, $uw = vz$.

Operações com frações

Sejam u, v, w e z números reais, variáveis ou expressões algébricas. Considerando todos os denominadores diferentes de zero, temos:

Operação

1. $\dfrac{u}{v} + \dfrac{w}{v} = \dfrac{u+w}{v}$
2. $\dfrac{u}{v} + \dfrac{w}{z} = \dfrac{uz+vw}{vz}$
3. $\dfrac{u}{v} \cdot \dfrac{w}{z} = \dfrac{uw}{vz}$
4. $\dfrac{u}{v} \div \dfrac{w}{z} = \dfrac{u}{v} \cdot \dfrac{z}{w} = \dfrac{uz}{vw}$

Exemplo

$\dfrac{2}{3} + \dfrac{5}{3} = \dfrac{2+5}{3} = \dfrac{7}{3}$

$\dfrac{2}{3} + \dfrac{4}{5} = \dfrac{2 \cdot 5 + 3 \cdot 4}{3 \cdot 5} = \dfrac{22}{15}$

$\dfrac{2}{3} \cdot \dfrac{4}{5} = \dfrac{2 \cdot 4}{3 \cdot 5} = \dfrac{8}{15}$

$\dfrac{2}{3} \div \dfrac{4}{5} = \dfrac{2}{3} \cdot \dfrac{5}{4} = \dfrac{10}{12} = \dfrac{5}{6}$

5. Para subtração, substitua "+" por "−" em 1 e 2.

Veja alguns exemplos da aplicação dessas propriedades nas operações com expressões racionais.

EXEMPLO 3 Multiplicação e divisão de expressões racionais

(a) $\dfrac{(2x^2 + 11x - 21)}{(x^3 + 2x^2 + 4x)} \cdot \dfrac{(x^3 - 8)}{(x^2 + 5x - 14)}$

$= \dfrac{(2x-3)\cancel{(x+7)}}{x\cancel{(x^2+2x+4)}} \cdot \dfrac{\cancel{(x-2)}\cancel{(x^2+2x+4)}}{\cancel{(x-2)}\cancel{(x+7)}} = \dfrac{2x-3}{x}$, $\quad x \neq 2, \quad x \neq -7, \quad x \neq 0$

(b) $\dfrac{(x^3 + 1)}{(x^2 - x - 2)} \div \dfrac{(x^2 - x + 1)}{(x^2 - 4x + 4)}$

$= \dfrac{(x^3+1)(x^2-4x+4)}{(x^2-x-2)(x^2-x+1)}$

$= \dfrac{\cancel{(x+1)}\cancel{(x^2-x+1)}(x-2)^2}{\cancel{(x+1)}\cancel{(x-2)}\cancel{(x^2-x+1)}}$

$= x - 2, \quad x \neq -1, \quad x \neq 2$

EXEMPLO 4 Soma de expressões racionais

$\dfrac{x}{3x-2} + \dfrac{3}{x-5} = \dfrac{x(x-5) + 3(3x-2)}{(3x-2)(x-5)}$

$= \dfrac{x^2 - 5x + 9x - 6}{(3x-2)(x-5)}$

$= \dfrac{x^2 + 4x - 6}{(3x-2)(x-5)}$

> **OBSERVE UM EXEMPLO**
> Vale notar que a expressão $x^2 + 4x - 6$ é um polinômio primo, portanto, não é possível fatorá-lo.

Se os denominadores das frações têm fatores comuns, então podemos encontrar o mínimo múltiplo comum desses polinômios. O **mínimo múltiplo comum** é o produto de todos os fatores primos encontrados nos denominadores, onde cada fator está elevado à sua maior potência.

EXEMPLO 5 Redução ao mesmo denominador (mínimo múltiplo comum)

Escreva a seguinte expressão como uma fração na forma reduzida.

$$\frac{2}{x^2 - 2x} + \frac{1}{x} - \frac{3}{x^2 - 4}$$

SOLUÇÃO

Os denominadores fatorados são $x(x - 2)$, x e $(x - 2)(x + 2)$, respectivamente. O menor denominador comum é $x(x - 2)(x + 2)$.

$$\frac{2}{x^2 - 2x} + \frac{1}{x} - \frac{3}{x^2 - 4}$$

$$= \frac{2}{x(x - 2)} + \frac{1}{x} - \frac{3}{(x - 2)(x + 2)}$$

$$= \frac{2(x + 2)}{x(x - 2)(x + 2)} + \frac{(x - 2)(x + 2)}{x(x - 2)(x + 2)} - \frac{3x}{x(x - 2)(x + 2)}$$

$$= \frac{2(x + 2) + (x - 2)(x + 2) - 3x}{x(x - 2)(x + 2)}$$

$$= \frac{2x + 4 + x^2 - 4 - 3x}{x(x - 2)(x + 2)}$$

$$= \frac{x^2 - x}{x(x - 2)(x + 2)}$$

$$= \frac{x(x - 1)}{x(x - 2)(x + 2)}$$

$$= \frac{x - 1}{(x - 2)(x + 2)}, \quad x \neq 0, \; x \neq -2 \text{ e } x \neq 2$$

Expressões racionais compostas

Em alguns casos, a expressão algébrica aparece em uma forma tão complicada que precisa ser antes transformada para uma forma mais fácil de ser trabalhada. Trata-se da **fração composta**, às vezes chamada **fração complexa**.

Esse tipo de expressão contém frações no numerador e no denominador, tal como no exemplo a seguir. Uma maneira de simplificar uma fração composta é escrever o numerador e o denominador como frações simples e aplicar as propriedades da divisão de frações, isto é, inverter e multiplicar. Com a forma de uma expressão racional, basta escrever essa expressão na forma reduzida ou na forma mais simples.

EXEMPLO 6 Simplificação de uma fração composta

$$\frac{3 - \dfrac{7}{x+2}}{1 - \dfrac{1}{x-3}} = \frac{\dfrac{3(x+2) - 7}{x+2}}{\dfrac{(x-3) - 1}{x-3}}$$

$$= \frac{\dfrac{3x - 1}{x+2}}{\dfrac{x - 4}{x-3}}$$

$$= \frac{(3x-1)(x-3)}{(x+2)(x-4)}, \quad x \neq 3,\ x \neq -2 \text{ e } x \neq 4$$

Outra forma de simplificar uma fração composta é multiplicar o numerador e o denominador pelo mínimo múltiplo comum de todas as frações existentes na expressão, como ilustrado no Exemplo 7.

EXEMPLO 7 Simplificação de outra fração composta

Simplifique a fração composta utilizando o mínimo múltiplo comum.

$$\frac{\dfrac{1}{a^2} - \dfrac{1}{b^2}}{\dfrac{1}{a} - \dfrac{1}{b}}$$

SOLUÇÃO

O menor denominador comum das quatro frações no numerador e no denominador é a^2b^2.

$$\frac{\dfrac{1}{a^2} - \dfrac{1}{b^2}}{\dfrac{1}{a} - \dfrac{1}{b}} = \frac{\left(\dfrac{1}{a^2} - \dfrac{1}{b^2}\right)a^2b^2}{\left(\dfrac{1}{a} - \dfrac{1}{b}\right)a^2b^2}$$

$$= \frac{b^2 - a^2}{ab^2 - a^2b}$$

$$= \frac{(b+a)(b-a)}{ab(b-a)}$$

$$= \frac{b+a}{ab}, \quad a \neq b$$

Exercícios

Nos exercícios de 1 a 8, reescreva como uma única fração.

1. $\dfrac{5}{9} + \dfrac{10}{9}$
2. $\dfrac{17}{32} - \dfrac{9}{32}$
3. $\dfrac{20}{21} \cdot \dfrac{9}{22}$
4. $\dfrac{33}{25} \cdot \dfrac{20}{77}$
5. $\dfrac{2}{3} \div \dfrac{4}{5}$
6. $\dfrac{9}{4} \div \dfrac{15}{10}$
7. $\dfrac{1}{14} + \dfrac{4}{15} - \dfrac{5}{21}$
8. $\dfrac{1}{6} + \dfrac{6}{35} - \dfrac{4}{15}$

Nos exercícios de 9 a 18, indique o domínio da expressão algébrica. Os exercícios 15 e 16 contêm uma restrição da expressão racional original.

9. $5x^2 - 3x - 7$
10. $2x - 5$
11. $\sqrt{x - 4}$
12. $\dfrac{2}{\sqrt{x + 3}}$
13. $\dfrac{2x + 1}{x^2 + 3x}$
14. $\dfrac{x^2 - 2}{x^2 - 4}$
15. $\dfrac{x}{x - 1}$, $x \neq 2$
16. $\dfrac{3x - 1}{x - 2}$, $x \neq 0$
17. $x^2 + x^{-1}$
18. $x(x + 1)^{-2}$

Nos exercícios de 19 a 26, encontre o numerador ou o denominador que está faltando, de modo que as duas expressões racionais sejam equivalentes.

19. $\dfrac{2}{3x} = \dfrac{?}{12x^3}$
20. $\dfrac{5}{2y} = \dfrac{15y}{?}$
21. $\dfrac{x - 4}{x} = \dfrac{x^2 - 4x}{?}$
22. $\dfrac{x}{x + 2} = \dfrac{?}{x^2 - 4}$
23. $\dfrac{x + 3}{x - 2} = \dfrac{?}{x^2 + 2x - 8}$
24. $\dfrac{x - 4}{x + 5} = \dfrac{x^2 - x - 12}{?}$
25. $\dfrac{x^2 - 3x}{?} = \dfrac{x - 3}{x^2 + 2x}$
26. $\dfrac{?}{x^2 - 9} = \dfrac{x^2 + x - 6}{x - 3}$

Nos exercícios de 27 a 32, considere a fração original e sua forma reduzida do exemplo especificado. Explique por que a restrição dada é necessária na forma reduzida.

27. Exemplo 3a, $x \neq 2$, $x \neq -7$.
28. Exemplo 3b, $x \neq -1$, $x \neq 2$.
29. Exemplo 4, nenhum.
30. Exemplo 5, $x \neq 0$.
31. Exemplo 6, $x \neq 3$.
32. Exemplo 7, $a \neq b$.

Nos exercícios de 33 a 44, escreva a expressão na forma reduzida.

33. $\dfrac{18x^3}{15x}$
34. $\dfrac{75y^2}{9y^4}$
35. $\dfrac{x^3}{x^2 - 2x}$
36. $\dfrac{2y^2 + 6y}{4y + 12}$
37. $\dfrac{z^2 - 3z}{9 - z^2}$
38. $\dfrac{x^2 + 6x + 9}{x^2 - x - 12}$
39. $\dfrac{y^2 - y - 30}{y^2 - 3y - 18}$
40. $\dfrac{y^3 + 4y^2 - 21y}{y^2 - 49}$
41. $\dfrac{8z^3 - 1}{2z^2 + 5z - 3}$
42. $\dfrac{2z^3 + 6z^2 + 18z}{z^3 - 27}$
43. $\dfrac{x^3 + 2x^2 - 3x - 6}{x^3 + 2x^2}$
44. $\dfrac{y^2 + 3y}{y^3 + 3y^2 - 5y - 15}$

Nos exercícios de 45 a 62, simplifique.

45. $\dfrac{3}{x - 1} \cdot \dfrac{x^2 - 1}{9}$
46. $\dfrac{x + 3}{7} \cdot \dfrac{14}{2x + 6}$
47. $\dfrac{x + 3}{x - 1} \cdot \dfrac{1 - x}{x^2 - 9}$
48. $\dfrac{18x^2 - 3x}{3xy} \cdot \dfrac{12y^2}{6x - 1}$
49. $\dfrac{x^3 - 1}{2x^2} \cdot \dfrac{4x}{x^2 + x + 1}$
50. $\dfrac{y^3 + 2y^2 + 4y}{y^3 + 2y^2} \cdot \dfrac{y^2 - 4}{y^3 - 8}$
51. $\dfrac{2y^2 + 9y - 5}{y^2 - 25} \cdot \dfrac{y - 5}{2y^2 - y}$
52. $\dfrac{y^2 + 8y + 16}{3y^2 - y - 2} \cdot \dfrac{3y^2 + 2y}{y + 4}$
53. $\dfrac{1}{2x} \div \dfrac{1}{4}$
54. $\dfrac{4x}{y} \div \dfrac{8y}{x}$
55. $\dfrac{x^2 - 3x}{14y} \div \dfrac{2xy}{3y^2}$
56. $\dfrac{7x - 7y}{4y} \div \dfrac{14x - 14y}{3y}$
57. $\dfrac{\dfrac{2x^2y}{(x - 3)^2}}{\dfrac{8xy}{x - 3}}$
58. $\dfrac{\dfrac{x^2 - y^2}{2xy}}{\dfrac{y^2 - x^2}{4x^2y}}$
59. $\dfrac{2x + 1}{x + 5} - \dfrac{3}{x + 5}$
60. $\dfrac{3}{x - 2} + \dfrac{x + 1}{x - 2}$

61. $\dfrac{3}{x^2+3x} - \dfrac{1}{x} - \dfrac{6}{x^2-9}$

62. $\dfrac{5}{x^2+x-6} - \dfrac{2}{x-2} + \dfrac{4}{x^2-4}$

Nos exercícios de 63 a 70, simplifique a fração composta.

63. $\dfrac{\dfrac{x}{y^2} - \dfrac{y}{x^2}}{\dfrac{1}{y^2} - \dfrac{1}{x^2}}$

64. $\dfrac{\dfrac{1}{x} + \dfrac{1}{y}}{\dfrac{1}{x^2} - \dfrac{1}{y^2}}$

65. $\dfrac{2x + \dfrac{13x-3}{x-4}}{2x + \dfrac{x+3}{x-4}}$

66. $\dfrac{2 - \dfrac{13}{x+5}}{2 + \dfrac{3}{x-3}}$

67. $\dfrac{\dfrac{1}{(x+h)^2} - \dfrac{1}{x^2}}{h}$

68. $\dfrac{\dfrac{x+h}{x+h+2} - \dfrac{x}{x+2}}{h}$

69. $\dfrac{\dfrac{b}{a} - \dfrac{a}{b}}{\dfrac{1}{a} - \dfrac{1}{b}}$

70. $\dfrac{\dfrac{1}{a} + \dfrac{1}{b}}{\dfrac{b}{a} - \dfrac{a}{b}}$

Nos exercícios de 71 a 74, escreva com expoentes positivos e simplifique.

71. $\left(\dfrac{1}{x} + \dfrac{1}{y}\right)(x+y)^{-1}$

72. $\dfrac{(x+y)^{-1}}{(x-y)^{-1}}$

73. $x^{-1} + y^{-1}$

74. $(x^{-1} + y^{-1})^{-1}$

Capítulo 5

Equações

Objetivos de aprendizagem
- Definição e propriedades.
- Resolução de equações.
- Equações lineares com uma variável.
- Solução de equações por meio de gráficos.
- Solução de equações quadráticas.
- Resoluções aproximadas das equações por meio de gráfico.

Esses tópicos suprem alguns fundamentos das técnicas de álgebra, e também mostram a utilidade das representações gráficas para resolver equações.

Definição e propriedades

Uma **equação** é uma sentença matemática expressa por uma igualdade entre duas expressões algébricas. Para resolver essas equações, utilizamos algumas propriedades da igualdade. Vejamos as principais propriedades no quadro a seguir.

Propriedades	
Sendo u, v, w e z números reais, variáveis ou expressões algébricas, temos:	
1. **Reflexiva**	$u = u$
2. **Simétrica**	Se $u = v$, então $v = u$
3. **Transitiva**	Se $u = v$ e $v = w$, então $u = w$
4. **Adição**	Se $u = v$ e $w = z$, então $u + w = v + z$
5. **Multiplicação**	Se $u = v$ e $w = z$, então $u \cdot w = v \cdot z$

Resolução de equações

Resolver uma equação em x significa encontrar todos os valores de x para os quais a equação é verdadeira, isto é, encontrar todas as soluções da equação.

EXEMPLO 1 Verificação de uma solução

Prove que $x = -2$ é uma solução da equação $x^3 - x + 6 = 0$.

SOLUÇÃO

$$(-2)^3 - (-2) + 6 \stackrel{?}{=} 0$$
$$-8 + 2 + 6 \stackrel{?}{=} 0$$
$$0 = 0$$

Equações lineares com uma variável

A equação mais básica na álgebra é a *equação linear*.

DEFINIÇÃO   Equação linear em x

Uma **equação linear em** x é aquela que pode ser escrita na forma:

$$ax + b = 0,$$

onde a e b são números reais com $a \neq 0$.

A letra x não é a única que pode ser incógnita de uma equação. Podemos usar qualquer letra do alfabeto como variável. Por exemplo, a equação $2z - 4 = 0$ é linear na variável z.

Outra característica da equação linear é que ela tem apenas uma solução. A equação $3u^2 - 12 = 0$ *não* é linear na variável u, pois tem mais de uma solução.

Para resolver uma equação linear, nós a transformamos em uma *equação equivalente* cuja solução é óbvia. Duas ou mais equações são **equivalentes** se elas têm as mesmas soluções. Por exemplo, as equações $2z - 4 = 0$, $2z = 4$ e $z = 2$ são todas equivalentes. Vejamos algumas operações que transformam as equações em equivalentes:

Operações para equações equivalentes

Uma equação equivalente é obtida se uma ou mais das seguintes operações são aplicadas.

Operação	Equação dada	Equação equivalente
1. Combinar termos semelhantes, simplificar frações e remover símbolos por meio de agrupamento.	$2x + x = \dfrac{3}{9}$	$3x = \dfrac{1}{3}$
2. Aplicar a mesma operação em ambos os lados.		
(a) Adicionar (-3).	$x + 3 = 7$	$x = 4$
(b) Subtrair $(2x)$.	$5x = 2x + 4$	$3x = 4$
(c) Multiplicar por uma constante diferente de zero $(1/3)$.	$3x = 12$	$x = 4$
(d) Dividir por uma constante diferente de zero (3).	$3x = 12$	$x = 4$

EXEMPLO 2 Resolução de uma equação linear

Resolva $2(2x - 3) + 3(x + 1) = 5x + 2$.

SOLUÇÃO

$$2(2x - 3) + 3(x + 1) = 5x + 2$$
$$4x - 6 + 3x + 3 = 5x + 2$$
$$7x - 3 = 5x + 2$$
$$2x = 5$$
$$x = 2,5$$

Para conferir a solução apresentada, substitua x por 2,5 na equação original, utilizando uma calculadora. Dessa forma, é possível concluir que os dois lados da equação são iguais.

Se uma equação envolve frações, encontramos o mínimo múltiplo comum dos denominadores das frações e multiplicamos ambos os lados pelo valor encontrado. O Exemplo 3 ilustra isso.

EXEMPLO 3 Resolvendo uma equação linear que envolve frações

Resolva $\dfrac{5y - 2}{8} = 2 + \dfrac{y}{4}$.

SOLUÇÃO

Os denominadores são 8, 1 e 4. O mínimo múltiplo comum é 8.

$$\frac{5y - 2}{8} = 2 + \frac{y}{4}$$
$$8\left(\frac{5y - 2}{8}\right) = 8\left(2 + \frac{y}{4}\right)$$
$$8 \cdot \frac{5y - 2}{8} = 8 \cdot 2 + 8 \cdot \frac{y}{4}$$
$$5y - 2 = 16 + 2y$$
$$5y = 18 + 2y$$
$$3y = 18$$
$$y = 6$$

Agora você pode conferir o resultado usando lápis e papel ou uma calculadora.

Solução de equações por meio de gráficos

Outro meio de resolver uma equação é esboçando um **gráfico**. As soluções de uma equação de duas incógnitas são pares ordenados representados graficamente por pontos no sistema cartesiano de coordenadas.

Vejamos o gráfico da equação $y = 2x - 5$, que pode ser usado para resolver a equação $2x - 5 = 0$ (em x), onde y é igual a 0. Podemos mostrar que $x = \frac{5}{2}$ é a solução de $2x - 5 = 0$. Portanto, o par ordenado $(\frac{5}{2}, 0)$ é a solução de $y = 2x - 5$.

A Figura 5.1 confirma isso, pois indica que o ponto por onde a reta intercepta o eixo x é o par ordenado $(\frac{5}{2}, 0)$.

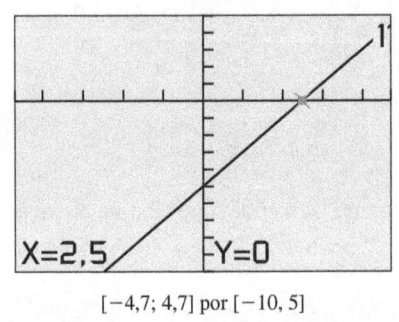

[−4,7; 4,7] por [−10, 5]

Figura 5.1 Gráfico de $y = 2x - 5$.

Para resolver uma equação graficamente, é preciso encontrar os valores de x por onde a reta intercepta o eixo horizontal x. Esses valores, que são as soluções das equações, são chamados de raízes. Existem muitas técnicas gráficas que podem ser usadas para encontrar esses valores.

EXEMPLO 4 Resolução gráfica e algébrica

Resolva a equação $2x^2 - 3x - 2 = 0$ algébrica e graficamente.

SOLUÇÃO

Solução algébrica Neste caso, podemos fatorar para encontrar os valores exatos.

$$2x^2 - 3x - 2 = 0$$
$$(2x + 1)(x - 2) = 0$$

Podemos concluir que:

$$2x + 1 = 0 \text{ ou } x - 2 = 0$$

ou seja,

$$x = -\frac{1}{2} \text{ ou } x = 2$$

Assim, $x = -\frac{1}{2}$ e $x = 2$ são as soluções exatas da equação original.

Solução gráfica Encontrar os valores por onde o gráfico de $y = 2x^2 - 3x - 2$ intercepta o eixo x (Figura 5.2). Usamos o gráfico para ver que $(-0,5; 0)$ e $(2, 0)$ são pontos do gráfico que estão no eixo x. Assim, as soluções desta equação são $x = -0,5$ e $x = 2$.

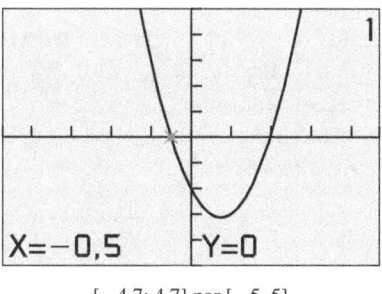

[−4,7; 4,7] por [−5, 5]

Figura 5.2 Gráfico de $y = 2x^2 - 3x - 2$.

O procedimento usado na resolução algébrica do Exemplo 4 é um caso especial da seguinte propriedade:

> **Propriedade do fator zero**
>
> Sejam a e b números reais.
>
> $$\text{Se } ab = 0, \text{ então } a = 0 \text{ ou } b = 0.$$

Solução de equações quadráticas

Além das equações lineares ($ax + b = 0$), existem outros tipos de *equações polinomiais*. Um item desses tipos de equação são as *equações quadráticas*.

> **DEFINIÇÃO** Equação quadrática em x
>
> Uma **equação quadrática em** x é aquela que pode ser escrita na forma:
>
> $$ax^2 + bx + c = 0$$
>
> onde a, b e c são números reais, com $a \neq 0$.

Uma das técnicas algébricas básicas para resolver equações quadráticas é a *fatoração*, usada no Exemplo 1. Ilustraremos, no Exemplo 5, a resolução de equações quadráticas da forma $(ax + b)^2 = c$.

> **EXEMPLO 5** Solução por meio de raízes quadradas
>
> Resolva $(2x - 1)^2 = 9$ algebricamente.
>
> SOLUÇÃO
>
> $$(2x - 1)^2 = 9$$
> $$2x - 1 = \pm 3$$
> $$2x = 4 \text{ ou } 2x = -2$$
> $$x = 2 \text{ ou } x = -1$$

A técnica do Exemplo 5 é mais geral do que pensamos, pois toda equação quadrática pode ser escrita na forma $(x + b)^2 = c$. Porém, existem equações que não deixam essa forma tão evidente. Nesses casos, o procedimento que precisamos executar é o de *completar o quadrado*.

> **UTILIZAMOS O SEGUINTE RESULTADO**
>
> Se $t^2 = k > 0$, então $t = \sqrt{k}$ ou $t = -\sqrt{k}$.

Completando o quadrado

Para resolver $x^2 + bx = c$ por meio do procedimento de **completar o quadrado**, adicionamos $\left(\dfrac{b}{2}\right)^2$ a ambos os lados da equação e fatoramos o lado esquerdo da nova equação.

$$x^2 + bx + \left(\frac{b}{2}\right)^2 = c + \left(\frac{b}{2}\right)^2$$

$$\left(x + \frac{b}{2}\right)^2 = c + \frac{b^2}{4}$$

Percebemos também que, para resolver a equação quadrática completando o quadrado, primeiramente temos que deixar o coeficiente do x^2 igual a 1. Portanto, dividimos ambos os lados pelo coeficiente de x^2 e completamos o quadrado, como ilustrado no Exemplo 6.

EXEMPLO 6 Resolução pelo procedimento de completar o quadrado

Resolva $4x^2 - 20x + 17 = 0$ pelo procedimento de completar o quadrado.

SOLUÇÃO

$$4x^2 - 20x + 17 = 0$$
$$x^2 - 5x + \frac{17}{4} = 0$$
$$x^2 - 5x = -\frac{17}{4}$$

Completando o quadrado na equação:

$$x^2 - 5x + \left(-\frac{5}{2}\right)^2 = -\frac{17}{4} + \left(-\frac{5}{2}\right)^2$$

$$\left(x - \frac{5}{2}\right)^2 = 2$$

$$x - \frac{5}{2} = \pm\sqrt{2}$$

$$x = \frac{5}{2} \pm \sqrt{2}$$

$$x = \frac{5}{2} + \sqrt{2} \cong 3{,}91 \text{ ou } x \cong \frac{5}{2} - \sqrt{2} \cong 1{,}09$$

O método utilizado no Exemplo 6 pode ser aplicado para a equação quadrática geral $ax^2 + bx + c = 0$ a fim de construir a fórmula quadrática ou fórmula de Bhaskara, que é o método mais conhecido de resolução de equações quadráticas. Vejamos:

Fórmula quadrática (também conhecida como fórmula de Bhaskara)

As soluções da equação quadrática $ax^2 + bx + c = 0$, onde $a \neq 0$, são dadas pela **fórmula**:

$$x = \frac{-b \pm \sqrt{b^2 - 4ac}}{2a}$$

EXEMPLO 7 Resolução usando a fórmula quadrática (de Bhaskara)

Resolva a equação $3x^2 - 6x = 5$.

SOLUÇÃO

Em primeiro lugar, subtraímos 5 de ambos os lados da equação para colocá-la na forma $ax^2 + bx + c = 0$ e obtemos: $3x^2 - 6x - 5 = 0$. Podemos observar que $a = 3$, $b = -6$ e $c = -5$.

$$x = \frac{-b \pm \sqrt{b^2 - 4ac}}{2a}$$

$$x = \frac{-(-6) \pm \sqrt{(-6)^2 - 4(3)(-5)}}{2(3)}$$

$$x = \frac{6 \pm \sqrt{96}}{6}$$

$$x = \frac{6 + \sqrt{96}}{6} \cong 2{,}63 \quad \text{ou} \quad x = \frac{6 - \sqrt{96}}{6} \cong -0{,}63$$

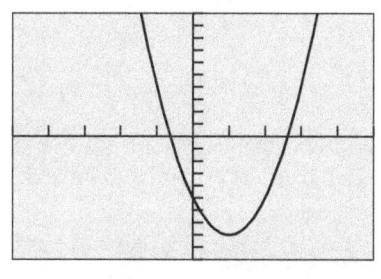

[−5, 5] por [−10, 10]

Figura 5.3 Gráfico de $y = 3x^2 - 6x - 5$.

O gráfico de $y = 3x^2 - 6x - 5$, na Figura 5.3, mostra que os valores por onde a parábola passa no eixo x são aproximadamente $-0{,}63$ e $2{,}63$.

Resolução algébrica de equações quadráticas

Existem quatro caminhos básicos para resolver equações quadráticas algebricamente.
1. **Fatoração** (veja o Exemplo 4)
2. **Extração de raízes quadradas** (veja o Exemplo 5)
3. **Procedimento de completar o quadrado** (veja o Exemplo 6)
4. **Uso da fórmula quadrática, conhecida como fórmula de Bhaskara** (veja o Exemplo 7)

Soluções aproximadas das equações por meio de gráfico

Como mencionamos anteriormente, os gráficos também nos fornecem soluções para as equações, porém em alguns casos esses valores são aproximados.

O Exemplo 8 ilustra a construção de um gráfico com a ajuda de uma calculadora adequada, onde poderemos encontrar o valor de x, que é a solução de uma equação. Lembre-se de que a solução da equação $x^3 - x - 1 = 0$ é o valor de x que torna o valor de y igual a zero.

EXEMPLO 8   Resolução gráfica

Resolva a equação $x^3 - x - 1 = 0$ graficamente.

SOLUÇÃO

A Figura 5.4 sugere que $x = 1{,}324718$ é a solução que procuramos.

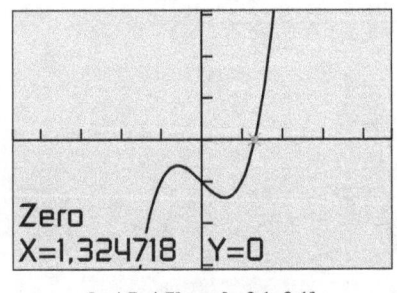

[−4,7; 4,7] por [−3,1; 3,1]

Figura 5.4 Gráfico de $y = x^3 - x - 1$.

Quando resolvemos equações graficamente, usamos soluções aproximadas, e não soluções exatas. Portanto, empregaremos o seguinte critério sobre aproximação:

Critério sobre soluções aproximadas

Devemos fazer a aproximação para um valor que seja razoável ao contexto do problema. Em todas as outras situações, devemos aproximar a variável com pelo menos duas casas decimais após a vírgula.

Utilizando esse critério, poderíamos então concluir que a solução encontrada no Exemplo 8 é aproximadamente 1,32.

Outro método para resolver uma equação graficamente é a identificação dos *pontos de intersecção* de dois gráficos. Um ponto (a, b) é um **ponto da intersecção** se ele pertence, por exemplo, aos dois gráficos envolvidos. Ilustraremos esse procedimento com a **equação do valor absoluto** (também conhecida como **equação modular**) no Exemplo 9.

EXEMPLO 9 Resolução pelo encontro das intersecções (em gráficos)

Resolva a equação $|2x - 1| = 6$.

SOLUÇÃO

Por esse método, consideramos duas equações: $y = |2x - 1|$ e $y = 6$. As duas barras paralelas representam o módulo ou valor absoluto. É importante ter em mente que o módulo de um número real é sempre positivo ou nulo, pois ele representa a distância desse número até a origem O.

A Figura 5.5 sugere que o gráfico de $y = |2x - 1|$ em forma de "V" intersecciona duas vezes o gráfico da linha horizontal $y = 6$. Os dois pontos da intersecção têm as coordenadas $(-2,5; 6)$ e $(3,5; 6)$. Isso significa que a equação original tem duas soluções: $-2,5$ e $3,5$. Podemos usar a álgebra para encontrar as soluções exatas. Os números reais que têm valor absoluto igual a 6 são -6 e 6. Assim, se $|2x - 1| = 6$, então:

$$2x - 1 = 6 \text{ ou } 2x - 1 = -6$$

$$x = \frac{7}{2} = 3,5 \quad \text{ou} \quad x = -\frac{5}{2} = -2,5$$

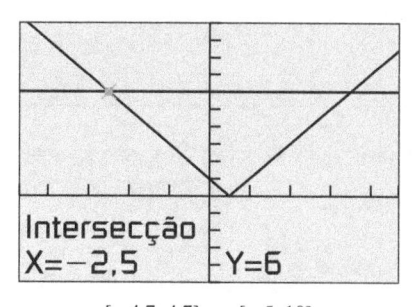

[−4,7; 4,7] por [−5, 10]

Figura 5.5 Gráficos de $y = |2x - 1|$ e $y = 6$.

Revisão Rápida

Nos exercícios 1 e 2, simplifique a expressão combinando termos equivalentes.

1. $2x + 5x + 7 + y - 3x + 4y + 2$

2. $4 + 2x - 3z + 5y - x + 2y - z - 2$

Nos exercícios 3 e 4, use a propriedade distributiva para expandir os produtos. Simplifique a expressão resultante combinando termos semelhantes.

3. $3(2x - y) + 4(y - x) + x + y$

4. $5(2x + y - 1) + 4(y - 3x + 2) + 1$

Nos exercícios de 5 a 10, reduza as frações ao mesmo denominador para operá-las. Simplifique a fração resultante.

5. $\dfrac{2}{y} + \dfrac{3}{y}$

6. $\dfrac{1}{y-1} + \dfrac{3}{y-2}$

7. $2 + \dfrac{1}{x}$

8. $\dfrac{1}{x} + \dfrac{1}{y} - x$

9. $\dfrac{x+4}{2} + \dfrac{3x-1}{5}$

10. $\dfrac{x}{3} + \dfrac{x}{4}$

Nos exercícios de 11 a 14, faça a expansão do produto.

11. $(3x - 4)^2$

12. $(2x + 3)^2$

13. $(2x + 1)(3x - 5)$

14. $(3y - 1)(5y + 4)$

Nos exercícios de 15 a 18, fatore completamente.

15. $25x^2 - 20x + 4$

16. $15x^3 - 22x^2 + 8x$

17. $3x^3 + x^2 - 15x - 5$

18. $y^4 - 13y^2 + 36$

Nos exercícios 19 e 20, opere com as frações e reduza a fração resultante para termos de expoentes mais baixos.

19. $\dfrac{x}{2x+1} - \dfrac{2}{x+3}$

20. $\dfrac{x+1}{x^2-5x+6} - \dfrac{3x+11}{x^2-x-6}$

Exercícios

Nos exercícios de 1 a 4, encontre quais valores de x são soluções da equação.

1. $2x^2 + 5x = 3$

   (a) $x = -3$ **(b)** $x = -\dfrac{1}{2}$ **(c)** $x = \dfrac{1}{2}$

2. $\dfrac{x}{2} + \dfrac{1}{6} = \dfrac{x}{3}$

   (a) $x = -1$ **(b)** $x = 0$ **(c)** $x = 1$

3. $\sqrt{1 - x^2} + 2 = 3$

   (a) $x = -2$ **(b)** $x = 0$ **(c)** $x = 2$

4. $(x - 2)^{1/3} = 2$

   (a) $x = -6$ **(b)** $x = 8$ **(c)** $x = 10$

Nos exercícios de 5 a 10, determine se a equação é linear em x.

5. $5 - 3x = 0$

6. $5 = \dfrac{10}{2}$

7. $x + 3 = x - 5$

8. $x - 3 = x^2$

9. $2\sqrt{x} + 5 = 10$

10. $x + \dfrac{1}{x} = 1$

Nos exercícios de 11 a 24, resolva a equação.

11. $3x = 24$

12. $4x = -16$

13. $3t - 4 = 8$

14. $2t - 9 = 3$

15. $2x - 3 = 4x - 5$

16. $4 - 2x = 3x - 6$

17. $4 - 3y = 2(y + 4)$

18. $4(y - 2) = 5y$

19. $\dfrac{1}{2}x = \dfrac{7}{8}$

20. $\dfrac{2}{3}x = \dfrac{4}{5}$

21. $\dfrac{1}{2}x + \dfrac{1}{3} = 1$ 22. $\dfrac{1}{3}x + \dfrac{1}{4} = 1$

23. $2(3 - 4z) - 5(2z + 3) = z - 17$

24. $3(5z - 3) - 4(2z + 1) = 5z - 2$

Nos exercícios de 25 a 28, resolva a equação. Você pode conferir a resposta com uma calculadora que tenha recurso gráfico.

25. $\dfrac{2x - 3}{4} + 5 = 3x$ 26. $2x - 4 = \dfrac{4x - 5}{3}$

27. $\dfrac{t + 5}{8} - \dfrac{t - 2}{2} = \dfrac{1}{3}$ 28. $\dfrac{t - 1}{3} + \dfrac{t + 5}{4} = \dfrac{1}{2}$

Nos exercícios 29 e 30, explique como a segunda equação foi obtida da primeira.

29. $x - 3 = 2x + 3, \quad 2x - 6 = 4x + 6$

30. $2x - 1 = 2x - 4, \quad x - \dfrac{1}{2} = x - 2$

Nos exercícios 31 e 32, determine se as duas equações são equivalentes.

31. (a) $3x = 6x + 9, \; x = 2x + 9$
    (b) $6x + 2 = 4x + 10, \; 3x + 1 = 2x + 5$

32. (a) $3x + 2 = 5x - 7, \; -2x + 2 = -7$
    (b) $2x + 5 = x - 7, \; 2x = x - 7$

33. **Múltipla escolha** Qual das seguintes equações é equivalente à $3x + 5 = 2x + 1$?
    (a) $3x = 2x$ (b) $3x = 2x + 4$
    (c) $\dfrac{3}{2}x + \dfrac{5}{2} = x + 1$ (d) $3x + 6 = 2x$
    (e) $3x = 2x - 4$

34. **Múltipla escolha** Em qual das seguintes alternativas temos a solução da equação $x(x + 1) = 0$?
    (a) $x = 0$ ou $x = -1$ (b) $x = 0$ ou $x = 1$
    (c) somente $x = -1$ (d) somente $x = 0$
    (e) somente $x = 1$

35. **Múltipla escolha** Em qual das seguintes alternativas temos uma equação equivalente à:
$$\dfrac{2x}{3} + \dfrac{1}{2} = \dfrac{x}{4} - \dfrac{1}{3}?$$
    (a) $2x + 1 = x - 1$ (b) $8x + 6 = 3x - 4$
    (c) $4x + 3 = \dfrac{3}{2}x - 2$ (d) $4x + 3 = 3x - 4$
    (e) $4x + 6 = 3x - 4$

36. **Perímetro de um retângulo** A fórmula para o perímetro P de um retângulo é

$$P = 2(b + h)$$

onde b é a medida da base, e h, a medida da altura. Resolva essa equação isolando h.

37. **Área de um trapézio** A fórmula para a área A de um trapézio é:

$$A = \dfrac{1}{2}h(b_1 + b_2),$$

onde b_1 e b_2 são medidas das bases, e h é a medida da altura. Resolva essa equação isolando b_1.

38. **Volume de uma esfera** A fórmula para o volume V de uma esfera é:

$$V = \dfrac{4}{3}\pi r^3,$$

onde r é o raio. Resolva essa equação isolando r.

39. **Celsius e Fahrenheit** A fórmula para temperatura Celsius (°C), em termos de temperatura Fahrenheit (°F), é:

$$C = \dfrac{5}{9}(F - 32).$$

Resolva essa equação isolando F.

Nos exercícios de 40 a 45, resolva a equação graficamente encontrando os valores que interceptam o eixo horizontal x.

40. $x^2 - x - 20 = 0$ 41. $2x^2 + 5x - 3 = 0$

42. $4x^2 - 8x + 3 = 0$ 43. $x^2 - 8x = -15$

44. $x(3x - 7) = 6$ 45. $x(3x + 11) = 20$

Nos exercícios de 46 a 51, resolva a equação extraindo as raízes quadradas.

46. $4x^2 = 25$ 47. $2(x - 5)^2 = 17$

48. $3(x + 4)^2 = 8$ 49. $4(u + 1)^2 = 18$

50. $2y^2 - 8 = 6 - 2y^2$ 51. $(2x + 3)^2 = 169$

Nos exercícios de 52 a 57, resolva a equação completando o quadrado.

52. $x^2 + 6x = 7$ 53. $x^2 + 5x - 9 = 0$

54. $x^2 - 7x + \dfrac{5}{4} = 0$ 55. $4 - 6x = x^2$

56. $2x^2 - 7x + 9 = (x - 3)(x + 1) + 3x$

57. $3x^2 - 6x - 7 = x^2 + 3x - x(x + 1) + 3$

Nos exercícios de 58 a 63, resolva a equação usando a fórmula de Bhaskara.

58. $x^2 + 8x - 2 = 0$

59. $2x^2 - 3x + 1 = 0$

60. $3x + 4 = x^2$

61. $x^2 - 5 = \sqrt{3}x$

62. $x(x + 5) = 12$

63. $x^2 - 2x + 6 = 2x^2 - 6x - 26$

Nos exercícios de 64 a 67, estime os valores por onde os gráficos interceptam os eixos x e y:

64.

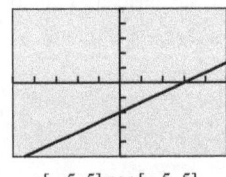

$[-5, 5]$ por $[-5, 5]$

65.

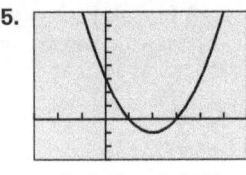

$[-3, 6]$ por $[-3, 8]$

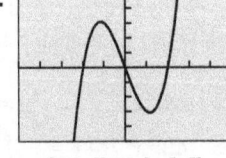

66.

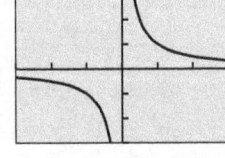

$[-5, 5]$ por $[-5, 5]$

67.

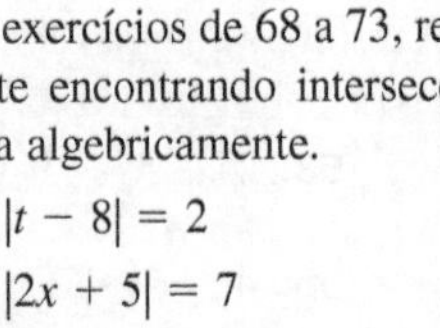

$[-3, 3]$ por $[-3, 3]$

Nos exercícios de 68 a 73, resolva a equação graficamente encontrando intersecções. Confirme sua resposta algebricamente.

68. $|t - 8| = 2$

69. $|x + 1| = 4$

70. $|2x + 5| = 7$

71. $|3 - 5x| = 4$

72. $|2x - 3| = x^2$

73. $|x + 1| = 2x - 3$

74. Interpretando gráficos Os gráficos a seguir podem ser usados para resolver graficamente a equação $3\sqrt{x + 4} = x^2 - 1$.

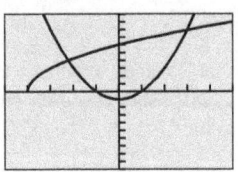

$[-5, 5]$ por $[-10, 10]$
(a)

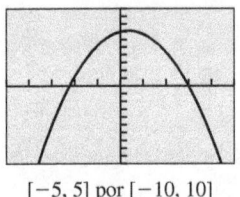

$[-5, 5]$ por $[-10, 10]$
(b)

(a) O gráfico em (a) ilustra o método da intersecção. Identifique as duas equações que estão representadas.

(b) O gráfico em (b) ilustra o método de analisar onde o gráfico intercepta o eixo horizontal x.

(c) Como estão os pontos de intersecção em (a) relacionados com os valores por onde o gráfico intercepta o eixo horizontal x em (b)?

Nos exercícios de 75 a 84, utilize o método da sua preferência para resolver a equação.

75. $x^2 + x - 2 = 0$

76. $x^2 - 3x = 12 - 3(x - 2)$

77. $|2x - 1| = 5$

78. $x + 2 - 2\sqrt{x + 3} = 0$

79. $x^3 + 4x^2 - 3x - 2 = 0$

80. $x^3 - 4x + 2 = 0$

81. $|x^2 + 4x - 1| = 7$

82. $|x + 5| = |x - 3|$

83. $|0{,}5x + 3| = x^2 - 4$

84. $\sqrt{x + 7} = -x^2 + 5$

85. Discriminante de uma expressão quadrática O radicando $b^2 - 4ac$ na fórmula quadrática é chamado de **discriminante** do polinômio quadrático $ax^2 + bx + c$, porque ele pode ser utilizado para descrever a origem dos zeros (ou raízes).

(a) Se $b^2 - 4ac > 0$, o que você pode dizer sobre os zeros (raízes) do polinômio quadrático $ax^2 + bx + c$? Explique sua resposta.

(b) Se $b^2 - 4ac = 0$, o que você pode dizer sobre os zeros (raízes) do polinômio quadrático $ax^2 + bx + c$? Explique sua resposta.

(c) Se $b^2 - 4ac < 0$, o que você pode dizer sobre os zeros (raízes) do polinômio quadrático $ax^2 + bx + c$? Explique sua resposta.

86. **Discriminante de uma expressão quadrática** Use o que você aprendeu no exercício anterior para criar um polinômio quadrático com os seguintes números de zeros (ou raízes). Justifique sua resposta graficamente.

(a) Dois zeros (ou duas raízes) reais.

(b) Exatamente um zero (ou uma raiz) real.

(c) Nenhum zero (ou raiz) real.

87. **Tamanho de um campo de futebol** *(as medidas estão em jardas [yd], e 1 m equivale a 1,0936 yd)* Vários jogos da Copa do Mundo de 1994 ocorreram no estádio da Universidade de Stanford, na Califórnia. O campo tem 30 yd a mais de comprimento em relação à sua largura, e a área do campo é de 8.800 yd². Quais são as dimensões desse campo de futebol?

88. **Comprimento de uma escada** *(a medida está em pés [ft], e 1 m equivale a 3,2808 ft)* João sabe que sua escada de 18 ft fica estável quando a distância do chão até o topo dela é de 5 ft a mais do que a distância da construção até a base da escada (como vemos na figura). Nessa posição, qual a altura que a escada alcança na construção?

89. **Dimensões de uma janela** *(a medida está em pés [ft], e 1 m equivale a 3,2808 ft)* Essa janela tem a forma de um quadrado com um semicírculo sobre ele. Encontre as dimensões da janela se a área total do quadrado e do semicírculo é dada por 200 ft².

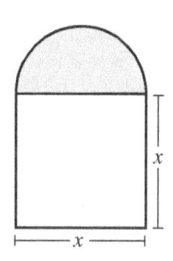

90. **Verdadeiro ou falso?** Se o gráfico de $y = ax^2 + bx + c$ intercepta o eixo horizontal x em 2, então 2 é a solução da equação $ax^2 + bx + c = 0$. Justifique a sua resposta.

91. **Verdadeiro ou falso?** Se $2x^2 = 18$, então x precisa ser igual a 3. Justifique a sua resposta.

92. **Múltipla escolha** Qual das seguintes alternativas é a solução da equação $x(x - 3) = 0$?

(a) Somente $x = 3$.

(b) Somente $x = -3$.

(c) $x = 0$ e $x = -3$.

(d) $x = 0$ e $x = 3$.

(e) Não existem soluções.

93. **Múltipla escolha** Qual dos seguintes substitutos para ? faz $x^2 - 5x + ?$ ser um quadrado perfeito?

(a) $-\dfrac{5}{2}$ (b) $\left(-\dfrac{5}{2}\right)^2$

(c) $(-5)^2$ (d) $\left(-\dfrac{2}{5}\right)^2$

(e) -6

94. **Múltipla escolha** Qual das seguintes alternativas é a solução da equação $2x^2 - 3x - 1 = 0$?

(a) $\dfrac{3}{4} \pm \sqrt{17}$ (b) $\dfrac{3 \pm \sqrt{17}}{4}$

(c) $\dfrac{3 \pm \sqrt{17}}{2}$ (d) $\dfrac{-3 \pm \sqrt{17}}{4}$

(e) $\dfrac{3 \pm 1}{4}$

95. Múltipla escolha Qual das seguintes alternativas é a solução da equação $|x - 1| = -3$?

(a) Somente $x = 4$ (b) Somente $x = -2$

(c) Somente $x = 2$ (d) $x = 4$ e $x = -2$

(e) Não existem soluções.

96. Dedução da fórmula quadrática ou de Bhaskara Siga estes passos de completar o quadrado para resolver $ax^2 + bx + c = 0$, $a \neq 0$.

(a) Subtraia c de ambos os lados da equação original e divida ambos os lados da equação resultante por a para obter

$$x^2 + \frac{b}{a}x = -\frac{c}{a}$$

(b) Adicione o quadrado da metade do coeficiente de x em (a) em ambos os lados e simplifique para obter

$$\left(x + \frac{b}{2a}\right)^2 = \frac{b^2 - 4ac}{4a^2}$$

(c) Extraia raízes quadradas em (b) e isole x para obter a fórmula

$$x = \frac{-b \pm \sqrt{b^2 - 4ac}}{2a}$$

97. Considere a equação $|x^2 - 4| = c$.

(a) Encontre o valor de c para o qual essa equação tenha quatro soluções. (Existem vários valores com essas condições.)

(b) Encontre o valor de c para o qual essa equação tenha três soluções. (Existe somente um valor com essas condições.)

(c) Encontre o valor de c para o qual essa equação tenha duas soluções. (Existem vários valores com essas condições.)

(d) Encontre o valor de c para o qual essa equação não tenha soluções. (Existem vários valores com essas condições.)

(e) Existem outros possíveis números de soluções dessa equação? Explique.

98. Somas e produtos das soluções de $ax^2 + bx + c = 0$, $a \neq 0$ Suponha que temos $b^2 - 4ac > 0$.

(a) Mostre que a soma das duas soluções dessa equação é $-\left(\frac{b}{a}\right)$.

(b) Mostre que o produto das duas soluções dessa equação é $\frac{c}{a}$.

99. Continuação do exercício anterior A equação $2x^2 + bx + c = 0$ tem duas soluções, x_1 e x_2. Se $x_1 + x_2 = 5$ e $x_1 \cdot x_2 = 3$, encontre as duas soluções.

Capítulo 6

Inequações

Objetivos de aprendizagem

- Inequações lineares com uma variável.
- Solução de inequações com valor absoluto.
- Solução de inequações quadráticas.
- Aproximação de soluções para inequações.

Esses tópicos suprem alguns fundamentos das técnicas de álgebra e mostram a utilidade das representações gráficas para resolver inequações.

Inequações lineares com uma variável

Inequações são todas as sentenças matemáticas expressas por uma desigualdade. As inequações, assim como as equações, podem ter uma ou mais incógnitas.

Os sinais que representam uma desigualdade são: $>$ (maior), $<$ (menor), $\geq$ (maior ou igual), $\leq$ (menor ou igual) e $\neq$ (diferente).

Usamos essas desigualdades para descrever, por exemplo, a ordem dos números sobre a reta dos números reais.

DEFINIÇÃO Inequação linear em x

Uma **inequação linear em x** pode ser escrita nas seguintes formas:

$$ax + b < 0, ax + b \leq 0, ax + b > 0 \text{ ou } ax + b \geq 0,$$

onde a e b são números reais com $a \neq 0$.

Achar as soluções de uma inequação em x significa encontrar todos os valores de x para os quais a inequação é verdadeira. O conjunto de todas as soluções de uma inequação é o que chamamos de **conjunto solução**. Observe a seguir a lista de propriedades que usamos para **resolver inequações**.

Propriedades das inequações

Sejam u, v, w e z números reais, variáveis ou expressões algébricas, e c um número real.

1. **Transitiva** Se $u < v$ e $v < w$, então $u < w$.
2. **Adição** Se $u < v$, então $u + w < v + w$.
   Se $u < v$ e $w < z$, então $u + w < v + z$.
3. **Multiplicação** Se $u < v$ e $c > 0$, então $uc < vc$.
   Se $u < v$ e $c < 0$, então $uc > vc$.

Isso quer dizer que a multiplicação (ou divisão) de uma inequação por um número positivo preserva a desigualdade. Já a multiplicação (ou divisão) de uma inequação por um número negativo inverte a desigualdade.

As propriedades acima também são verdadeiras se o símbolo $<$ é substituído por $\leq$. Existem propriedades similares para $>$ e $\geq$.

O conjunto das soluções de uma inequação linear com uma variável forma um intervalo de números reais. Da mesma forma que resolvemos as equações lineares, podemos resolver uma inequação; basta transformá-la em uma *inequação equivalente*. Duas ou mais inequações são **equivalentes** quando elas têm o mesmo conjunto solução.

As propriedades das inequações citadas no quadro descrevem operações que transformam uma inequação em outra equivalente.

EXEMPLO 1 Resolução de uma inequação linear

Resolva $3(x - 1) + 2 \leq 5x + 6$.

SOLUÇÃO

$$3(x - 1) + 2 \leq 5x + 6$$
$$3x - 3 + 2 \leq 5x + 6 \quad \text{Propriedade distributiva}$$
$$3x - 1 \leq 5x + 6 \quad \text{Simplificação}$$
$$3x \leq 5x + 7 \quad \text{Adição de 1}$$
$$-2x \leq 7 \quad \text{Subtração de } 5x$$
$$\left(-\frac{1}{2}\right) \cdot (-2x) \geq \left(-\frac{1}{2}\right) \cdot 7 \quad \text{Multiplicação por } -\frac{1}{2} \text{ (desigualdade inverte)}$$
$$x \geq -3,5$$

Nesse caso, o conjunto solução da desigualdade é o conjunto de todos os números reais maiores ou iguais a $-3,5$. Em notação de intervalo, o conjunto solução é $[-3,5, +\infty[$.

Podemos apresentar o conjunto solução por meio da representação gráfica da reta real, pelo fato de ele ser um intervalo de números reais, como mostrado no Exemplo 2.

EXEMPLO 2 Resolução de uma inequação linear e representação gráfica do conjunto solução

Resolva a inequação e represente graficamente seu conjunto solução.

$$\frac{x}{3} + \frac{1}{2} > \frac{x}{4} + \frac{1}{3}$$

SOLUÇÃO

O mínimo múltiplo comum dos denominadores das frações é 12.

$$\frac{x}{3} + \frac{1}{2} > \frac{x}{4} + \frac{1}{3}$$
$$12 \cdot \left(\frac{x}{3} + \frac{1}{2}\right) > 12 \cdot \left(\frac{x}{4} + \frac{1}{3}\right) \quad \text{Multiplicando pelo mínimo múltiplo comum 12}$$
$$4x + 6 > 3x + 4 \quad \text{Simplificando}$$
$$x + 6 > 4 \quad \text{Subtraindo por } 3x$$
$$x > -2 \quad \text{Subtraindo por 6}$$

O conjunto solução é o intervalo $]-2, +\infty[$. Sua representação gráfica é:

Figura 6.1 Gráfico do conjunto solução da inequação do Exemplo 2.

Às vezes, duas inequações são combinadas em uma **inequação dupla**, que são inequações com duas desigualdades simultâneas. Para resolver esse tipo de inequação, basta isolar x como termo central. O conjunto solução é a desigualdade dupla que obtemos. O Exemplo 3 ilustra isso.

EXEMPLO 3 Resolução de uma inequação dupla

Resolva a inequação e represente graficamente seu conjunto solução.

$$-3 < \frac{2x+5}{3} \leq 5$$

SOLUÇÃO

$$-3 < \frac{2x+5}{3} \leq 5$$

$-9 < 2x + 5 \leq 15$ \quad Multiplicação por 3

$-14 < 2x \leq 10$ \quad Subtração por 5

$-7 < x \leq 5$ \quad Divisão por 2

O conjunto solução é o conjunto de todos os números reais maiores do que -7 e menores ou iguais a 5. Em notação de intervalo, a solução é o conjunto $]-7, 5]$. Sua representação gráfica é mostrada a seguir.

Figura 6.2 Gráfico do conjunto solução da inequação dupla do Exemplo 3.

Solução de inequações com valor absoluto

O **valor absoluto** de um número indica a distância desse número à origem da reta real. Uma inequação que contém o valor absoluto de uma variável é chamada **inequação com valor absoluto**. Observem duas regras básicas que aplicamos para resolver inequações com valor absoluto.

Solução de inequações com valor absoluto

Seja u uma expressão algébrica em x e a um número real com $a \geq 0$.

1. Se $|u| < a$, então u está no intervalo $]-a, a[$, isto é,

$$|u| < a \text{ se, e somente se, } -a < u < a.$$

2. Se $|u| > a$, então u está no intervalo $]-\infty, -a[$ ou $]a, +\infty[$, isto é,

$$|u| > a \text{ se, e somente se, } u < -a \text{ ou } u > a.$$

As desigualdades $<$ e $>$ podem ser substituídas por $\leq$ e $\geq$, respectivamente. Veja a Figura 6.3.

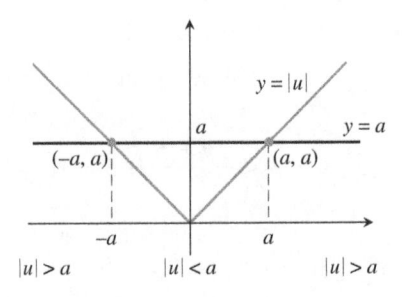

Figura 6.3 Gráficos de $y = a$ e $y = |u|$.

A solução de $|u| < a$ está representada pela parte do eixo horizontal correspondente à região onde os valores de x do gráfico de $y = |u|$ estão abaixo do gráfico de $y = a$. Na Figura 6.3, essa solução está no intervalo $]-a, a[$.

A solução de $|u| > a$ está representada pela parte do eixo horizontal correspondente à região onde os valores de x dos pontos do gráfico de $y = |u|$ estão acima do gráfico de $y = a$. Na mesma figura, essa solução está no intervalo $]-\infty, -a[$ ou $]a, +\infty[$.

EXEMPLO 4 Resolução de uma inequação com valor absoluto

Resolva $|x - 4| < 8$.

SOLUÇÃO

$$|x - 4| < 8$$
$$-8 < x - 4 < 8 \qquad \text{Inequação dupla equivalente}$$
$$-4 < x < 12 \qquad \text{Adição de 4}$$

A solução é dada pelo intervalo $]-4, 12[$.
Na Figura 6.4, concluímos que os pontos sobre o gráfico de $y = |x - 4|$ que estão abaixo do gráfico de $y = 8$ são aqueles em que os valores de x estão entre -4 e 12.

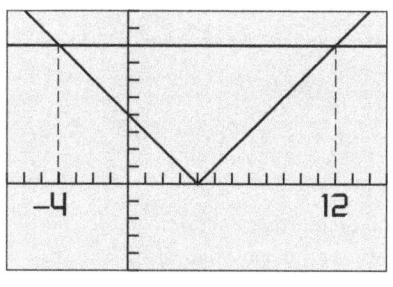

[−7, 15] por [−5, 10]

Figura 6.4 Gráficos de $y = |x - 4|$ e $y = 8$.

EXEMPLO 5 Resolução de outra inequação com valor absoluto

Resolva $|3x - 2| \geq 5$.

SOLUÇÃO

A resolução dessa inequação com valor absoluto consiste nas soluções das duas desigualdades.

$$3x - 2 \leq -5 \quad \text{ou} \quad 3x - 2 \geq 5$$

$$3x \leq -3 \quad \text{ou} \quad 3x \geq 7 \qquad \text{Adição de 2}$$

$$x \leq -1 \quad \text{ou} \quad x \geq \frac{7}{3} \qquad \text{Divisão por}$$

A solução dessa inequação é dada pela união, representada por "∪", dos dois intervalos encontrados: $]-\infty, -1]$ e $[\frac{7}{3}, +\infty[$, a qual pode ser escrita como $]-\infty, -1] \cup [\frac{7}{3}, +\infty[$.

A Figura 6.5 mostra que os pontos do gráfico de $y = |3x - 2|$ que estão acima ou sobre os pontos do gráfico de $y = 5$ são tais que os valores de x são menores ou iguais a -1, como também são maiores ou iguais a $\frac{7}{3}$.

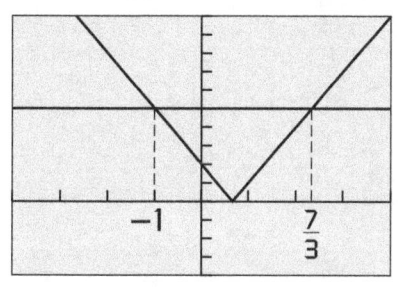

[−4, 4] por [−4, 10]

Uma observação: a união de dois conjuntos A e B, denotada por $A \cup B$, é o conjunto de todos os elementos que pertencem a A, a B ou a ambos.

Figura 6.5 Gráficos de $y = |3x - 2|$ e $y = 5$.

Solução de inequações quadráticas

As inequações quadráticas são as do tipo:

$$ax^2 + bx + c < 0, \quad ax^2 + bx + c \leq 0, \quad ax^2 + bx + c > 0 \quad \text{ou} \quad ax^2 + bx + c \geq 0,$$

onde a, b e c são números reais com $a \neq 0$

Para resolver uma inequação quadrática, tal como $x^2 - x - 12 > 0$, substituímos a desigualdade pelo sinal de igual e resolvemos a equação quadrática $x^2 - x - 12 = 0$.

Então, determinamos os valores de x para os quais o gráfico de $y = x^2 - x - 12$ está acima do eixo horizontal x (pelo fato de a desigualdade ser "maior do que zero"). Vejamos a seguir:

EXEMPLO 6 Resolução de uma inequação quadrática

Resolva $x^2 - x - 12 > 0$.

SOLUÇÃO

Em primeiro lugar, resolvemos a equação correspondente $x^2 - x - 12 = 0$.

$$x^2 - x - 12 = 0$$
$$(x - 4)(x + 3) = 0$$
$$x - 4 = 0 \quad \text{ou} \quad x + 3 = 0$$
$$x = 4 \quad \text{ou} \quad x = -3$$

As soluções obtidas da equação do segundo grau são -3 e 4, porém, essas não são as soluções da inequação original, porque, ao substituirmos esses resultados na inequação, chegamos à conclusão $0 > 0$, o que é falso.

A Figura 6.6 mostra que os pontos do gráfico de $y = x^2 - x - 12$ que estão acima do eixo horizontal x são os valores de x que estão à esquerda de -3 ou à direita de 4. A solução da inequação original é $]-\infty, -3[\cup]4, +\infty[$.

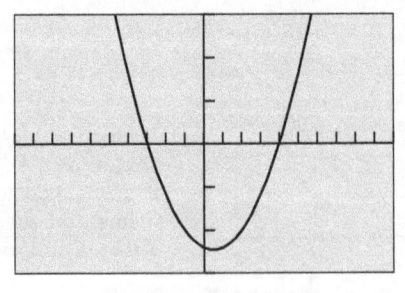

[−10, 10] por [−15, 15]

Figura 6.6 Gráfico de $y = x^2 - x - 12$ que cruza o eixo x em $x = -3$ e $x = 4$.

No Exemplo 7, a inequação quadrática envolve o símbolo $\leq$. Nesse caso, as soluções da correspondente equação quadrática são também soluções da inequação.

EXEMPLO 7 Resolução de uma inequação quadrática

Resolva $2x^2 + 3x \le 20$.

SOLUÇÃO

Em primeiro lugar, subtraímos 20 dos dois lados da inequação para obter $2x^2 + 3x - 20 \le 0$. Depois, resolvemos a correspondente equação quadrática $2x^2 + 3x - 20 = 0$.

$$2x^2 + 3x - 20 = 0$$
$$(x + 4)(2x - 5) = 0$$
$$x + 4 = 0 \quad \text{ou} \quad 2x - 5 = 0$$
$$x = -4 \quad \text{ou} \quad x = \frac{5}{2}$$

As soluções da correspondente equação quadrática são -4 e $\frac{5}{2} = 2,5$, que são também soluções da inequação.

A Figura 6.7 mostra que os pontos do gráfico de $y = 2x^2 + 3x - 20$ que estão abaixo do eixo horizontal x são os valores de x que estão entre -4 e $2,5$. Portanto, a solução da inequação original é dada pelo intervalo $[-4; 2,5]$. Usamos o intervalo fechado, pois -4 e $2,5$ também são soluções da inequação.

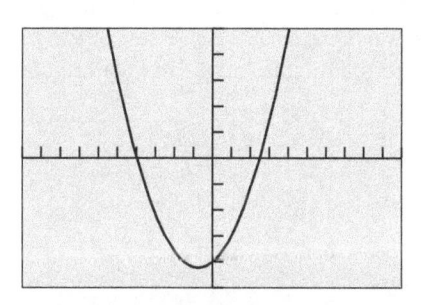

[−10, 10] por [−25, 25]

Figura 6.7 Gráfico de $y = 2x^2 + 3x - 20$, cuja parte que está abaixo do eixo x são os pontos cujos respectivos valores de x obedecem à inequação dupla $-4 < x < 2,5$.

Pode ocorrer de o extremo de algum intervalo não ser um número inteiro. Caso isso aconteça, podemos deixar na forma fracionária ou aproximar o valor, utilizando decimal com duas casas após a vírgula.

EXEMPLO 8 Resolução somente gráfica de uma inequação quadrática

Resolva $x^2 - 4x + 1 \ge 0$ graficamente.

SOLUÇÃO

Podemos utilizar os gráficos de $y = x^2 - 4x + 1$, na Figura 6.8, para verificar que as soluções da equação $x^2 - 4x + 1 = 0$ são aproximadamente 0,27 e 3,73. Assim, a solução da inequação original é $]-\infty; 0,27] \cup [3,73; +\infty[$. Usamos os intervalos fechado à direita no primeiro caso e fechado à esquerda no segundo porque as soluções da equação quadrática são da inequação, embora tenhamos usado aproximação para seus valores.

[−3, 7] por [−4, 6]   [−3, 7] por [−4, 6]

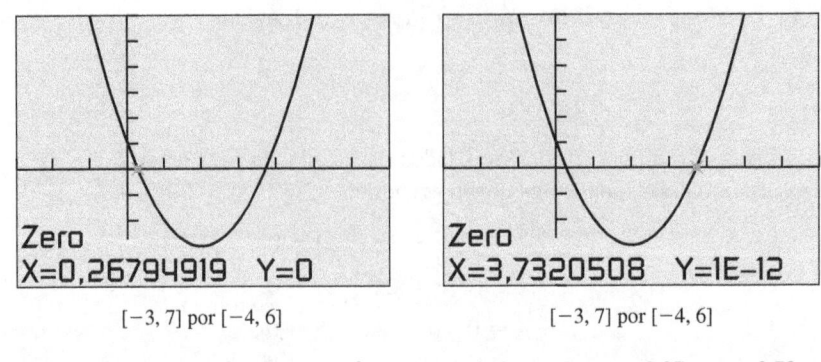

Figura 6.8 Esta figura sugere que $y = x^2 - 4x + 1$ é zero para $x \cong 0{,}27$ e $x \cong 3{,}73$.

EXEMPLO 9 Inequação quadrática sem solução

Resolva $x^2 + 2x + 2 < 0$.

SOLUÇÃO

A Figura 6.9 mostra que o gráfico de $y = x^2 + 2x + 2$ está acima do eixo horizontal x para todos os valores de x. Dessa forma, a inequação $x^2 + 2x + 2 < 0$ *não* tem solução, pois nenhum valor desse gráfico é menor do que zero. Portanto, ela é dada por um conjunto vazio.

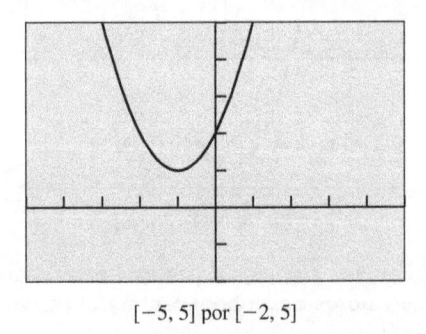

[−5, 5] por [−2, 5]

Figura 6.9 Os valores de $y = x^2 + 2x + 2$ não são negativos.

Se pensarmos agora na inequação $x^2 + 2x + 2 > 0$, vemos na Figura 6.9 que as soluções são todos os números reais. Além dos dois tipos de soluções apresentados nesse exemplo — que são inequações sem solução ou cuja solução são todos os números reais —, há inequações quadráticas com apenas uma solução.

Aproximação de soluções para inequações

Para resolver uma inequação tal como no Exemplo 10, estimamos as raízes do correspondente gráfico. Então, determinamos os valores de x para os quais o gráfico está acima ou sobre o eixo horizontal x.

CAPÍTULO 6 Inequações

EXEMPLO 10 Resolução de uma inequação cúbica

Resolva $x^3 + 2x^2 - 1 \geq 0$ graficamente.

SOLUÇÃO

Podemos usar o gráfico de $y = x^3 + 2x^2 - 1$ como na Figura 6.10 para mostrar que as soluções da correspondente equação $x^3 + 2x^2 - 1 = 0$ são aproximadamente $-1,62$, -1 e $0,62$. Os pontos do gráfico de $y = x^3 + 2x^2 - 1$, que estão sobre e acima do eixo horizontal x, são aqueles cujos valores x estão entre $-1,62$ e -1 (incluindo os extremos), e também à direita de $0,62$ (incluindo o extremo). A solução da inequação é $[-1,62; -1] \cup [0,62; +\infty[$. Vale observar que as soluções da equação também fazem parte das soluções da inequação, pois a desigualdade dessa inequação é maior ou igual.

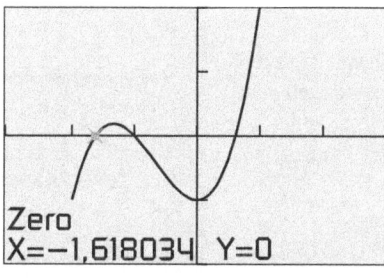

$[-3, 3]$ por $[-2, 2]$

Figura 6.10 O gráfico de $y = x^3 + 2x^2 - 1$ apresenta os pontos que estão acima do eixo horizontal x com seus valores de x entre dois números negativos ou à direita de um número positivo.

REVISÃO RÁPIDA

Nos exercícios de 1 a 3, resolva as equações ou as inequações.

1. $-7 < 2x - 3 < 7$ **2.** $5x - 2 \geq 7x + 4$
3. $|x + 2| = 3$

Nos exercícios de 4 a 6, fatore a expressão completamente.

4. $4x^2 - 9$ **5.** $x^3 - 4x$
6. $9x^2 - 16y^2$

Nos exercícios 7 e 8, simplifique a fração com termos de menores expoentes.

7. $\dfrac{z^2 - 25}{z^2 - 5z}$ **8.** $\dfrac{x^2 + 2x - 35}{x^2 - 10x + 25}$

Nos exercícios 9 e 10, faça a soma das frações e simplifique-as.

9. $\dfrac{x}{x - 1} + \dfrac{x + 1}{3x - 4}$ **10.** $\dfrac{2x - 1}{x^2 - x - 2} + \dfrac{x - 3}{x^2 - 3x + 2}$

Exercícios

Nos exercícios de 1 a 4, encontre quais valores de x são soluções da inequação.

1. $2x - 3 < 7$
   (a) $x = 0$ (b) $x = 5$ (c) $x = 6$
2. $3x - 4 \geq 5$
   (a) $x = 0$ (b) $x = 3$ (c) $x = 4$
3. $-1 < 4x - 1 \leq 11$
   (a) $x = 0$ (b) $x = 2$ (c) $x = 3$
4. $-3 \leq 1 - 2x \leq 3$
   (a) $x = -1$ (b) $x = 0$ (c) $x = 2$

Nos exercícios de 5 a 12, resolva a inequação e represente o conjunto solução graficamente na reta real.

5. $x - 4 < 2$
6. $x + 3 > 5$
7. $2x - 1 \leq 4x + 3$
8. $3x - 1 \geq 6x + 8$
9. $2 \leq x + 6 < 9$
10. $-1 \leq 3x - 2 < 7$
11. $2(5 - 3x) + 3(2x - 1) \leq 2x + 1$
12. $4(1 - x) + 5(1 + x) > 3x - 1$

Nos exercícios de 13 a 24, resolva a inequação.

13. $\dfrac{5x + 7}{4} \leq -3$
14. $\dfrac{3x - 2}{5} > -1$
15. $4 \geq \dfrac{2y - 5}{3} \geq -2$
16. $1 > \dfrac{3y - 1}{4} > -1$
17. $0 \leq 2z + 5 < 8$
18. $-6 < 5t - 1 < 0$
19. $\dfrac{x - 5}{4} + \dfrac{3 - 2x}{3} < -2$
20. $\dfrac{3 - x}{2} + \dfrac{5x - 2}{3} < -1$
21. $\dfrac{2y - 3}{2} + \dfrac{3y - 1}{5} < y - 1$
22. $\dfrac{3 - 4y}{6} - \dfrac{2y - 3}{8} \geq 2 - y$
23. $\dfrac{1}{2}(x - 4) - 2x \leq 5(3 - x)$
24. $\dfrac{1}{2}(x + 3) + 2(x - 4) < \dfrac{1}{3}(x - 3)$

25. **Verdadeiro ou falso?** Analise a desigualdade $-6 > -2$ e verifique se é verdadeira ou falsa. Justifique a sua resposta.

26. **Verdadeiro ou falso?** Analise a desigualdade $2 \leq \dfrac{6}{3}$ e verifique se é verdadeira ou falsa. Justifique sua resposta.

Nos exercícios de 27 a 34, resolva as inequações algebricamente. Escreva a solução com a notação de intervalo e faça a representação gráfica na reta real.

27. $|x + 4| \geq 5$
28. $|2x - 1| > 3,6$
29. $|x - 3| < 2$
30. $|x + 3| \leq 5$
31. $|4 - 3x| - 2 < 4$
32. $|3 - 2x| + 2 > 5$
33. $\left|\dfrac{x + 2}{3}\right| \geq 3$
34. $\left|\dfrac{x - 5}{4}\right| \leq 6$

Nos exercícios de 35 a 42, resolva as inequações. Inicie resolvendo as correspondentes equações.

35. $2x^2 + 17x + 21 \leq 0$
36. $6x^2 - 13x + 6 \geq 0$
37. $2x^2 + 7x > 15$
38. $4x^2 + 2 < 9x$
39. $2 - 5x - 3x^2 < 0$
40. $21 + 4x - x^2 > 0$
41. $x^3 - x \geq 0$
42. $x^3 - x^2 - 30x \leq 0$

Nos exercícios de 43 a 52, resolva as inequações graficamente.

43. $x^2 - 4x < 1$
44. $12x^2 - 25x + 12 \geq 0$
45. $6x^2 - 5x - 4 > 0$
46. $4x^2 - 1 \leq 0$
47. $9x^2 + 12x - 1 \geq 0$
48. $4x^2 - 12x + 7 < 0$
49. $4x^2 + 1 > 4x$
50. $x^2 + 9 \leq 6x$
51. $x^2 - 8x + 16 < 0$
52. $9x^2 - 12x + 4 \geq 0$

Nos exercícios de 53 a 56, resolva as inequações cúbicas graficamente.

53. $3x^3 - 12x + 2 \geq 0$
54. $8x - 2x^3 - 1 < 0$
55. $2x^3 + 2x > 5$
56. $4 \leq 2x^3 + 8x$

57. Dê um exemplo de uma inequação quadrática com a solução indicada para cada caso.
    (a) Todos os números reais.
    (b) Nenhuma solução.
    (c) Exatamente uma solução.
    (d) $[-2, 5]$
    (e) $]-\infty, -1[\cup]4, +\infty[$
    (f) $]-\infty, 0] \cup [4, +\infty[$

58. Uma pessoa quer dirigir 105 km em não mais do que duas horas. Qual é a menor velocidade média que ela deve manter enquanto dirige?

59. Considere a coleção de todos os retângulos com um comprimento 2 cm menor do que duas vezes sua largura.

(a) Encontre as possíveis larguras (em centímetros) desses retângulos, se seus perímetros são menores do que 200 cm.

(b) Encontre as possíveis larguras (em centímetros) desses retângulos, se suas áreas são menores ou iguais a 1.200 centímetros quadrados.

60. Para certo gás, $P = \dfrac{400}{V}$, onde P é pressão e V é volume. Se $20 \leq V \leq 40$, qual a correspondente variação para P?

61. Verdadeiro ou falso? A inequação com valor absoluto $|x - a| < b$, onde a e b são números reais, sempre tem ao menos uma solução. Justifique sua resposta.

62. Verdadeiro ou falso? Todo número real é a solução da inequação com valor absoluto $|x - a| \geq 0$, em que a é um número real. Justifique sua resposta.

63. Múltipla escolha Qual das seguintes alternativas é a solução da inequação $|x - 2| < 3$?

(a) $x = -1$ ou $x = 5$
(b) $[-1, 5]$
(c) $]-1, 5]$
(d) $]-\infty, -1[\cup]5, +\infty[$
(e) $]-1, 5[$

64. Múltipla escolha Qual das seguintes alternativas é a solução da inequação $x^2 - 2x + 2 \geq 0$?

(a) $[0, 2]$ (b) $]-\infty, 0[\cup]2, +\infty[$
(c) $]-\infty, 0] \cup [2, \infty[$
(d) Todos os números reais.
(e) Não existe solução.

65. Múltipla escolha Qual das seguintes alternativas é a solução da inequação $x^2 > x$?

(a) $]-\infty, 0[\cup]1, +\infty[$
(b) $]-\infty, 0] \cup [1, \infty[$
(c) $]1, \infty[$
(d) $]0, +\infty[$
(e) Não existe solução.

66. Múltipla escolha Qual das seguintes alternativas é a solução da inequação $x^2 \leq 1$?

(a) $]-\infty, 1]$ (b) $]-1, 1[$
(c) $[1, +\infty[$ (d) $[-1, 1]$

67. Construindo uma caixa sem tampa Uma caixa aberta é formada por um retângulo sem pequenos quadrados nos cantos, de modo que seja feita dobra nos pontilhados.

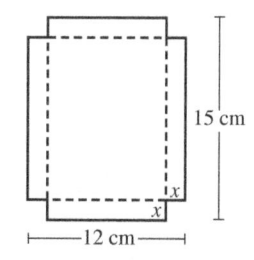

(a) Qual o valor de x para que a caixa tenha um volume de 125 centímetros cúbicos?

(b) Qual o valor de x para que a caixa tenha um volume maior do que 125 centímetros cúbicos?

Nos exercícios 68 e 69, use uma combinação de técnicas algébrica e gráfica para resolver as inequações.

68. $|2x^2 + 7x - 15| < 10$

69. $|2x^2 + 3x - 20| \geq 10$

Parte 3

Funções

Capítulo 7
Funções e suas propriedades

Capítulo 8
Funções do primeiro e do segundo graus

Capítulo 9
Funções potência

Capítulo 10
Funções polinomiais

Capítulo 11
Funções exponenciais

Capítulo 12
Funções logarítmicas

Capítulo 13
Funções compostas

Capítulo 14
Funções inversas

Capítulo 7

Funções e suas propriedades

Objetivos de aprendizagem
- Definições de função e notação.
- Domínio e imagem.
- Continuidade de uma função.
- Funções crescentes e decrescentes.
- Funções limitadas.
- Extremos local e absoluto.
- Simetria.
- Assíntotas.
- Comportamento da função nas extremidades do eixo horizontal.

As funções e os gráficos são os assuntos que formam a base para entender a matemática e as aplicações matemáticas, que podem ser vistas em diversas áreas do conhecimento, como a variação da arrecadação de impostos em bilhões de reais em função do tempo, o valor da conta de luz em reais em função da quantidade de energia gasta, ou até a variação do comprimento da coluna de mercúrio em um termômetro em função da temperatura.

Definição de função e notação

Neste capítulo, veremos a definição de função, bem como sua linguagem e notação. Essa ferramenta auxilia o trabalho com a matemática e suas aplicações.

> **DEFINIÇÃO** Função, conjunto domínio (ou simplesmente domínio) e conjunto imagem (ou simplesmente imagem)
>
> Uma função de um conjunto A em um conjunto B é uma lei, isto é, uma regra de formação que associa todo elemento em A a um único elemento em B. Sendo assim, o conjunto A é o **domínio** da função, e o conjunto B, formado por todos os valores produzidos por essa associação, é o conjunto **imagem**. Essa mesma função pode ser definida para um conjunto A em um conjunto C, de modo que esse conjunto C não seja o conjunto imagem, e sim um conjunto que contém os elementos do conjunto imagem. Esse conjunto C é então conhecido como **contradomínio**. Neste texto, falaremos da função definida por um conjunto em outro, sendo o segundo considerado o conjunto imagem.

Existem várias maneiras de observar uma função. Uma das mais intuitivas é a ideia de uma "máquina" (veja a Figura 7.1), na qual valores x do domínio são colocados dentro dela, representando a função, para produzir valores y da imagem. A notação utilizada para indicar que y vem de uma função que atua sobre x é a **notação de função** de Euler, dada por $y = f(x)$ (podemos ler como "**y igual a f de x**" ou "**o valor de f em x**"), onde x é a **variável independente** e $y = f(x)$ é a **variável dependente**.

Figura 7.1 Diagrama de uma "máquina" para compreender função.

A função também pode ser vista como uma relação dos elementos do domínio com os elementos da imagem. A Figura 7.2(a) mostra uma função que relaciona os elementos do domínio X com os elementos da imagem Y. A Figura 7.2(b) mostra outra relação, porém *essa não é de uma função*, uma vez que o elemento x_1 não é associado a um *único* elemento de Y, contrariando a regra vista anteriormente.

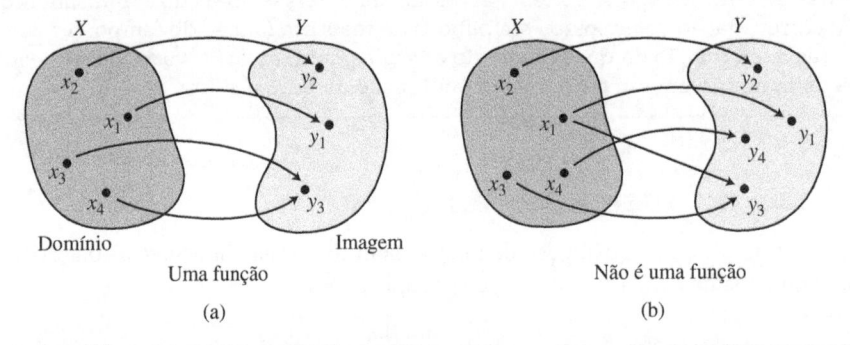

Figura 7.2 O diagrama em (a) retrata a relação de X em Y que é uma função. O diagrama em (b) retrata uma relação de X em Y que não é uma função.

A unicidade do valor da imagem é importante para estudarmos o seu comportamento. Verificar que $f(2) = 8$ e, posteriormente, que $f(2) = 4$ é uma contradição. Jamais teremos uma função definida por uma fórmula ambígua como $f(x) = 3x \pm 2$.

EXEMPLO 1   Verificando se é ou não é uma função

A fórmula $y = x^2$ define y como uma função de x?

SOLUÇÃO

Sim, y é uma função de x. De fato, podemos escrever essa fórmula com a notação $f(x) = x^2$. Quando substituímos x na função, o quadrado de x será o resultado, e não existe ambiguidade quanto a esse valor.

Outra forma de observar funções é graficamente. O **gráfico da função** $y = f(x)$ é o conjunto de todos os pontos $(x, f(x))$, com x pertencente ao domínio da função. No gráfico, visualizamos os valores do domínio sobre o eixo horizontal *x*, e os valores da imagem sobre o eixo vertical *y*, tomando como referência os pares ordenados (*x*, *y*) do gráfico de $y = f(x)$.

EXEMPLO 2 Verificando se é ou não é uma função

Dos três gráficos mostrados na Figura 7.3, qual deles *não* é gráfico de uma função? Como podemos explicar?

SOLUÇÃO

O gráfico em (c) não é de uma função. Verificamos isso porque há três pontos no gráfico com a mesma coordenada $x = 0$, não existindo, dessa forma, um *único* valor de *y* para esse valor $x = 0$. Notamos que isso também ocorre para outros valores de *x* (aproximadamente entre -2 e 2). Perceba que nos outros dois gráficos, nenhuma linha vertical (imaginária) os cruza em mais de um ponto. Sendo assim, os gráficos que passam por esse *teste da linha vertical* são gráficos de funções.

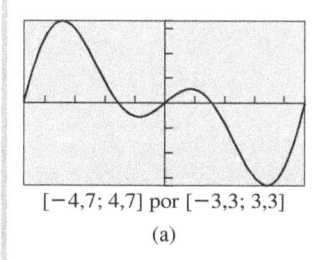

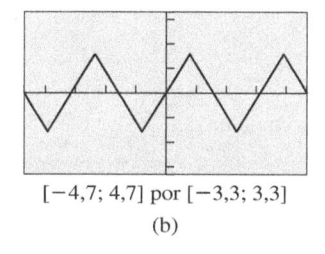

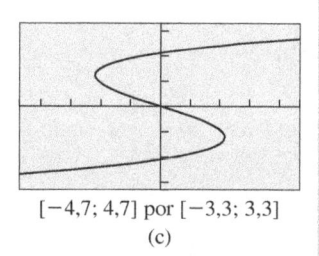

[−4,7; 4,7] por [−3,3; 3,3]
(a)

[−4,7; 4,7] por [−3,3; 3,3]
(b)

[−4,7; 4,7] por [−3,3; 3,3]
(c)

Figura 7.3 Um destes não é gráfico de função.

Teste da linha vertical

Para verificar se um gráfico no plano cartesiano define *y* como uma função de *x*, traçamos uma linha vertical imaginária e observamos se ela cruza o gráfico em somente um ponto. Se ela cruzar em mais de um ponto, esse gráfico não define uma função.

Domínio e imagem

Definimos algebricamente uma função por meio de uma regra (ou lei) em termos da variável *x* do domínio. No entanto, é necessário definir o domínio, pois essa regra não nos fornece todos os dados para a formação da função. Por exemplo, podemos definir o volume de uma esfera como uma função do seu raio, pela fórmula:

$$V(r) = \frac{4}{3}\pi r^3 \text{ (Observe que temos ``V de r'', e não ``V} \cdot r\text{'')}$$

Essa *fórmula* está definida para todos os números reais, mas a *função* volume não está definida para valores negativos de r. Se a intenção é estudar a função volume, devemos então restringir o domínio para todo $r \geq 0$.

Observação

A menos que tenhamos um modelo (como o volume citado agora) que necessita de um domínio restrito (no caso, somente os números reais positivos), adotaremos que o domínio da função definida por uma expressão algébrica é o mesmo que o domínio da própria expressão algébrica.

EXEMPLO 3 Verificação do domínio de uma função

Encontre o domínio de cada função:

(a) $f(x) = \sqrt{x+3}$

(b) $g(x) = \dfrac{\sqrt{x}}{x-5}$

(c) $A(s) = \dfrac{\sqrt{3}}{4} s^2$, onde $A(s)$ é a área de um triângulo equilátero com lados de comprimento s.

SOLUÇÃO

Solução algébrica

(a) A expressão dentro do radical não pode ser negativa. Como devemos ter $x + 3 \geq 0$, então $x \geq -3$. O domínio de f é o intervalo $[-3, +\infty[$.

(b) A expressão dentro do radical não pode ser negativa; portanto, $x \geq 0$. O denominador de uma fração não pode ser zero; portanto, $x \neq 5$. O domínio de g é o intervalo $[0, +\infty[$ com o número 5 removido, o qual podemos escrever como a *união* de dois intervalos: $[0, 5[\cup]5, +\infty[$.

(c) A expressão algébrica tem como domínio todos os números reais, mas, pelo que a função representa (comprimento do lado de um triângulo), s não pode ser negativo. Portanto, o domínio de A é o intervalo $[0, +\infty[$.

Suporte gráfico

Podemos justificar algebricamente nossas respostas em (a) e (b) a seguir. Uma calculadora ou um software que fazem gráficos não fornecem pontos com valores de x impossíveis de efetuar contas.

(a) Na Figura 7.4(a), observe que o gráfico de $y = \sqrt{x+3}$ mostra pontos somente para $x \geq -3$, como era esperado.

(b) Na Figura 7.4(b), o gráfico de $y = \dfrac{\sqrt{x}}{x-5}$ mostra pontos somente para $x \geq 0$, como era esperado. Porém, exibe uma reta vertical que corta o eixo x em $x = 5$. Essa reta não faz parte da representação gráfica, é apenas uma maneira de mostrar que o 5 não está no domínio.

(c) Na Figura 7.4(c), o gráfico de $y = \dfrac{\sqrt{3}}{4} s^2$ mostra o domínio não restrito da expressão algébrica: o conjunto de todos os números reais. Essa é a conclusão a que chegamos somente observando a função e o que ela significa, pois até então podemos não saber que s é o comprimento do lado do triângulo.

CAPÍTULO 7 Funções e suas propriedades 73

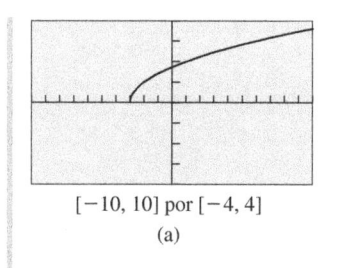

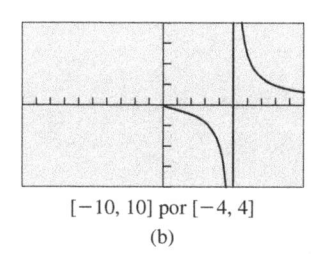

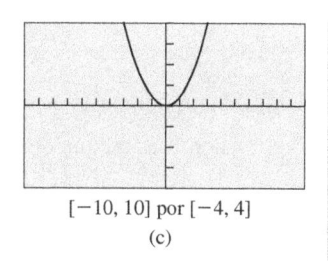

[−10, 10] por [−4, 4]
(a)

[−10, 10] por [−4, 4]
(b)

[−10, 10] por [−4, 4]
(c)

Figura 7.4 Gráficos das funções do Exemplo 3.

Encontrar algebricamente a imagem de uma função é muitas vezes mais complexo do que encontrar o domínio, embora graficamente as identificações de domínio e imagem sejam similares. Para encontrar o *domínio,* devemos observar os *valores no eixo horizontal x*, que são as primeiras coordenadas dos pontos do gráfico. Para encontrar a *imagem*, devemos observar os *valores no eixo vertical y*, que são as segundas coordenadas dos pontos do gráfico. Podemos utilizar os recursos algébricos e gráficos novamente.

EXEMPLO 4 Verificação da imagem de uma função

Encontre a imagem da função $f(x) = \dfrac{2}{x}$.

SOLUÇÃO

Solução gráfica

O gráfico de $y = \dfrac{2}{x}$ está representado na Figura 7.5.

[−5, 5] por [−3, 3]

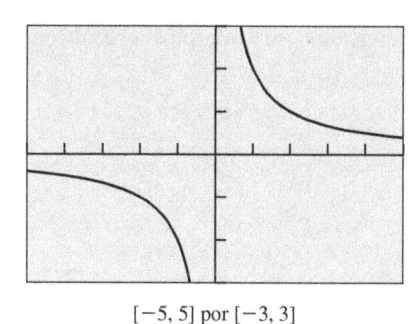

Figura 7.5 Gráfico de $y = \dfrac{2}{x}$.

O gráfico não está definido para $x = 0$, uma vez que o denominador da função não pode ser 0. Observamos também que a imagem é o conjunto de todos os números reais diferentes de 0.

> Solução algébrica
>
> Confirmamos que 0 não está na imagem ao tentar resolver $\frac{2}{x} = 0$. A proposta é verificar se existe algum valor de x, tal que $\frac{2}{x}$ seja 0, isto é, se $f(x) = y = 0$.
>
> $$\frac{2}{x} = 0$$
> $$2 = 0 \cdot x$$
> $$2 = 0$$
>
> Como a equação $2 = 0$ não é verdadeira, $\frac{2}{x} = 0$ não tem solução e, consequentemente, $y = 0$ não está na imagem. Então, como concluimos que todos os outros números reais estão na imagem? Seja k um número real qualquer, diferente de 0, resolvemos $\frac{2}{x} = k$:
>
> $$\frac{2}{x} = k$$
> $$2 = k \cdot x$$
> $$x = \frac{2}{k}$$
>
> Concluímos que não existe problema em encontrar valores de x (que depende de k), e que a imagem é dada por $]-\infty, 0[\cup]0, +\infty[$.

Continuidade de uma função

Graficamente falando, diz-se que uma função é *contínua* em um ponto se o gráfico não apresenta falha (do tipo "quebra", "pulo" etc.). Essa é uma das mais importantes propriedades da maioria das funções. Podemos ilustrar o conceito com exemplos de gráficos (veja a Figura 7.6):

Continuidade em todos os valores x | Descontinuidade removível | Descontinuidade removível

Descontinuidade de pulo (ou salto) | Descontinuidade infinita

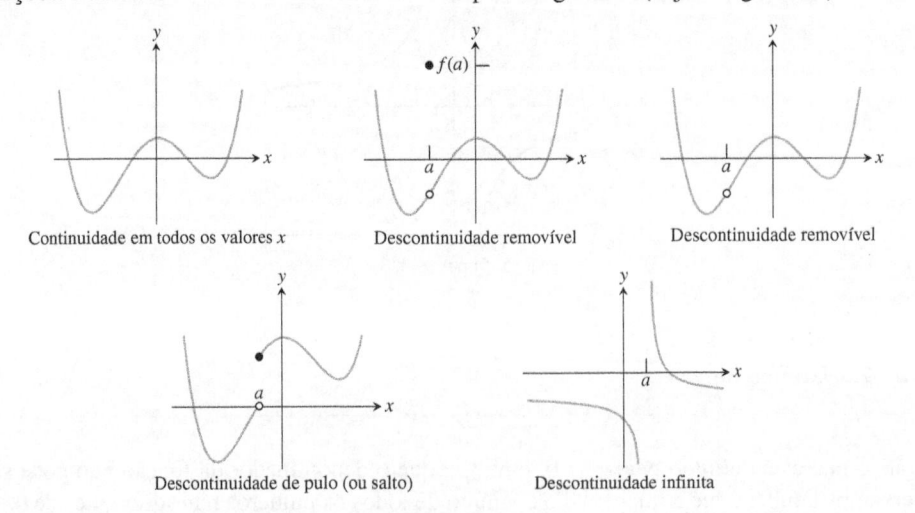

Figura 7.6 Alguns casos de pontos de descontinuidade.

CAPÍTULO 7 Funções e suas propriedades

Vamos observar cada caso individualmente.

Este gráfico é **contínuo em todo** x. Note que o gráfico não tem quebra. Isso significa que, se estamos estudando o comportamento da função f para valores de x próximos a qualquer número real a, podemos assegurar que os valores $f(x)$ estarão próximos a $f(a)$.

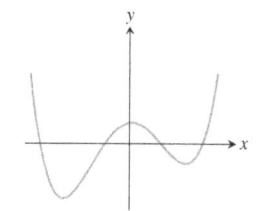

Continuidade em todos os valores x

Este gráfico não é contínuo, pois existe um "buraco" em $x = a$. Portanto, se estamos estudando o comportamento dessa função f para valores de x próximos de a, *não* podemos assegurar que os valores $f(x)$ estarão próximos a $f(a)$. Nesse caso, $f(x)$ é menor do que $f(a)$ para x próximo de a.

Isso é chamado de **descontinuidade removível** porque o gráfico pode ser "remendado" (ou "consertado"), redefinindo $f(a)$.

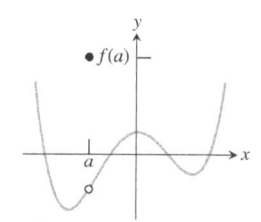

Descontinuidade removível

Este gráfico também apresenta uma **descontinuidade removível** em $x = a$. Se estamos estudando o comportamento dessa função f para valores de x próximos de a, continuamos sem poder assegurar que os valores $f(x)$ estarão próximos a $f(a)$, porque, neste caso, $f(a)$ não existe. É removível porque poderíamos redefinir $f(a)$ completando o "buraco" e fazer f contínua em a.

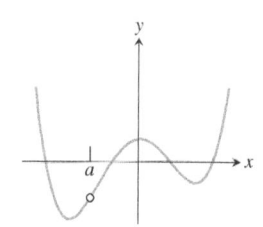

Descontinuidade removível

Neste exemplo, está uma descontinuidade que não é removível. É uma **descontinuidade de pulo** porque existe mais de um "buraco" em $x = a$. Existe um *pulo* (ou *salto*) nos valores da função que fazem com que o espaço seja impossível de completar com um simples ponto $(a, f(a))$.

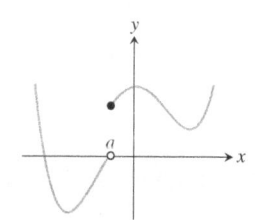

Descontinuidade de pulo (ou salto)

Esta é uma função com uma **descontinuidade infinita** em $x = a$. Não é possível fazer nada do que citamos anteriormente.

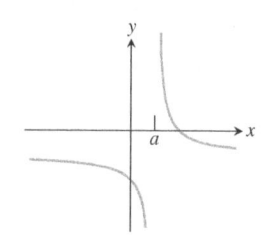

Descontinuidade infinita

Não é fácil explicar na linguagem algébrica o simples conceito geométrico de um gráfico que não esteja "quebrado" em um ponto $(a, f(a))$. A principal ideia é perceber que os pontos $(x, f(x))$ estão sobre o gráfico da função e se aproximam de $(a, f(a))$, por qualquer um dos lados, sem, necessariamente, atingir $(a, f(a))$. Uma função é **contínua** em $x = a$ se $\lim_{x \to a} f(x) = f(a)$. Uma função f é **descontínua** em $x = a$ se não é contínua em $x = a$, ou seja, a forma de provar a descontinuidade de uma função é comprovar que ela não é contínua.

EXEMPLO 5 Verificação de pontos de descontinuidade

Analise os gráficos e verifique qual das seguintes figuras mostra funções descontínuas em $x = 2$. Indique se a descontinuidade apresentada é do tipo removível.

SOLUÇÃO

A Figura 7.7 mostra uma função que não está definida em $x = 2$ e, portanto, não é contínua para esse valor. A descontinuidade em $x = 2$ não é removível, sendo do tipo descontinuidade infinita.
O gráfico da Figura 7.8 é de uma função do segundo grau cuja representação é uma parábola, ou seja, é um gráfico que não tem "quebra" porque seu domínio inclui todos os números reais. É contínua para todo x.
O gráfico da Figura 7.9 é de uma função que não está definida em $x = 2$ e, consequentemente, não é contínua para esse valor. O gráfico parece uma reta, que é a representação de uma função do primeiro grau, dada por $y = x + 2$, com exceção de um "buraco" no local do ponto (2, 4). Essa é uma descontinuidade removível.

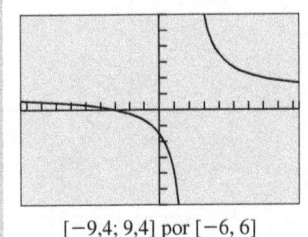

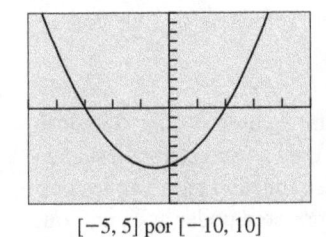

[−9,4; 9,4] por [−6, 6]   [−5, 5] por [−10, 10]   [−9,4; 9,4] por [−6,2; 6,2]

Figura 7.7 $f(x) = \dfrac{x + 3}{x - 2}$.   **Figura 7.8** $g(x) = (x + 3)(x - 2)$.   **Figura 7.9** $h(x) = \dfrac{x^2 - 4}{x - 2}$.

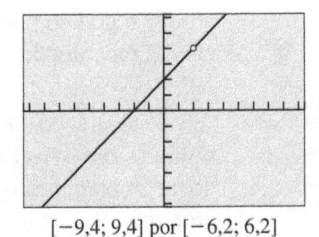

Funções crescentes e decrescentes

Outro conceito de função, fácil de entender graficamente, é a propriedade de ser crescente, decrescente ou constante sobre um intervalo. Ilustramos o conceito com alguns exemplos de gráficos (veja a Figura 7.10):

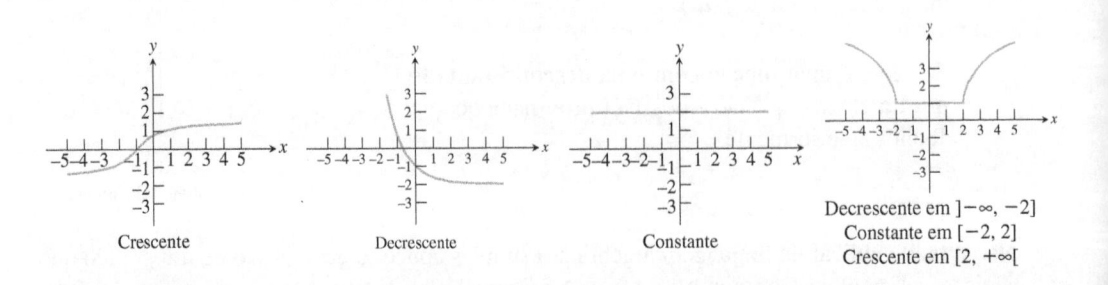

Crescente   Decrescente   Constante   Decrescente em $]-\infty, -2]$
                                                        Constante em $[-2, 2]$
                                                        Crescente em $[2, +\infty[$

Figura 7.10 Exemplos de funções crescente, decrescente ou constante sobre um intervalo.

Vejamos alguns casos com números.

1. Das três tabelas de dados numéricos abaixo, qual poderia ser modelada por uma função que seja (a) crescente, (b) decrescente ou (c) constante?

x	y1
−2	12
−1	12
0	12
1	12
3	12
7	12

x	y2
−2	3
−1	1
0	0
1	−2
3	−6
7	−12

x	y3
−2	−5
−1	−3
0	−1
1	1
3	4
7	10

2. $\Delta y1$ significa a *variação* nos valores de $y1$ quando os valores de x variam de modo crescente. Na mudança de $y1 = a$ para $y1 = b$, a variação é $\Delta y1 = b - a$. O mesmo ocorre com os valores de $y2$ e $y3$.

x move para	Δx	$\Delta y1$
−2 para −1	1	0
−1 para 0	1	0
0 para 1	1	0
1 para 3	2	0
3 para 7	4	0

x move para	Δx	$\Delta y2$
−2 para −1	1	−2
−1 para 0	1	−1
0 para 1	1	−2
1 para 3	2	−4
3 para 7	4	−6

x move para	Δx	$\Delta y3$
−2 para −1	1	2
−1 para 0	1	2
0 para 1	1	2
1 para 3	2	3
3 para 7	4	6

3. Quando a função é constante, o quociente $\Delta y/\Delta x$ é 0.
Quando a função é decrescente, o quociente $\Delta y/\Delta x$ é negativo.
Quando a função é crescente, o quociente $\Delta y/\Delta x$ é positivo.

Essa análise dos quocientes $\Delta y/\Delta x$ pode nos ajudar a compreender a seguinte definição:

DEFINIÇÃO **Funções crescente, decrescente e constante sobre um intervalo**

Uma função f é **crescente** sobre um intervalo se, para quaisquer dois valores de x no intervalo, uma variação positiva em x resulta em uma variação positiva em $f(x)$. Isto é, $x_1 < x_2 \Rightarrow f(x_1) < f(x_2)$ (ou seja, $x_2 - x_1 > 0 \Rightarrow f(x_2) - f(x_1) > 0$). Quando isso ocorre para todos os valores x do domínio f, dizemos que a função é estritamente crescente.

Uma função f é **decrescente** sobre um intervalo se, para quaisquer dois valores de x no intervalo, uma variação positiva em x resulta em uma variação negativa em $f(x)$. Isto é, $x_1 < x_2 \Rightarrow f(x_1) > f(x_2)$ (ou seja, $x_2 - x_1 > 0 \Rightarrow f(x_2) - f(x_1) < 0$). Quando isso ocorre para todos os valores x do domínio f, dizemos que a função é estritamente decrescente.

Uma função f é **constante** sobre um intervalo se, para quaisquer dois valores de x no intervalo, uma variação positiva em x resulta em uma variação nula em $f(x)$. Isto é, $x_1 < x_2 \Rightarrow f(x_1) = f(x_2)$ (ou seja, $x_2 - x_1 > 0 \Rightarrow f(x_2) - f(x_1) = 0$).

EXEMPLO 6 Análise do comportamento de uma função crescente/decrescente

Para cada caso, verifique se a função é crescente ou decrescente em cada um dos seus intervalos.

(a) $f(x) = (x + 2)^2$

(b) $g(x) = \dfrac{x^2}{x^2 - 1}$

SOLUÇÃO

Solução gráfica

(a) Vemos no gráfico da Figura 7.11 que f é decrescente sobre o intervalo $]-\infty, -2]$ e crescente sobre o intervalo $[-2, +\infty[$. Observe que incluímos -2 nos dois intervalos; isso não acarreta contradição porque falamos de funções crescente ou decrescente sobre *intervalos*, e -2 não é um intervalo.

[−5, 5] por [−3, 5]

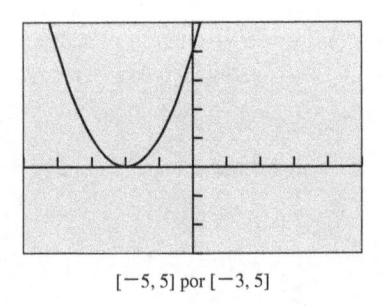

Figura 7.11 Função $f(x) = (x + 2)^2$.

(b) Vemos no gráfico da Figura 7.12 que g é crescente sobre o intervalo $]-\infty, -1[$, crescente novamente sobre $]-1, 0]$, decrescente sobre $[0, 1[$ e decrescente novamente sobre o intervalo $]1, +\infty[$.

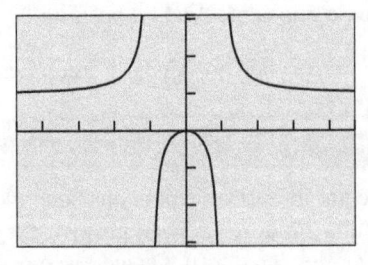

[−4,7; 4,7] por [−3,1; 3,1]

Figura 7.12 Função $g(x) = \dfrac{x^2}{x^2 - 1}$.

Vale observar que fizemos algumas suposições sobre os gráficos. Como sabemos que os gráficos não retornam ao eixo x em algum lugar que não aparece nas representações? Desenvolveremos algumas maneiras para responder à questão, porém a teoria a esse respeito é estudada em cálculo.

Funções limitadas

O conceito de *função limitada* é simples de entender, tanto gráfica como algebricamente. Veremos a definição algébrica após introduzirmos o conceito com alguns gráficos típicos (veja a Figura 7.13).

Não limitado superiormente
Não limitado inferiormente

Não limitado superiormente
Limitado inferiormente

Limitado superiormente
Não limitado inferiormente

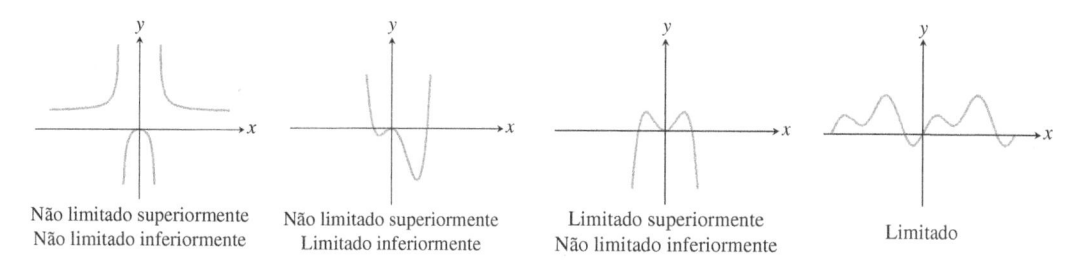

Limitado

Figura 7.13 Alguns exemplos de gráficos limitados e não limitados superior e inferiormente.

DEFINIÇÃO   Limite inferior e limite superior da função e da função limitada

Uma função f é **limitada inferiormente** se existe algum número b que seja menor ou igual a todos os números da imagem de f. Qualquer que seja o número b, ele é chamado **limite inferior** de f.
Uma função f é **limitada superiormente** se existe algum número B que seja maior ou igual a todos os números da imagem de f. Qualquer que seja o número B, ele é chamado **limite superior** de f.
Uma função f é **limitada** quando ela é limitada das duas formas, superior e inferiormente.

Podemos estender a definição anterior para a ideia de **limitação da função para x em um intervalo**, restringindo o domínio no intervalo de interesse. Por exemplo, a função $f(x) = \dfrac{1}{x}$ é limitada superiormente sobre o intervalo $]-\infty, 0[$ e é limitada inferiormente sobre o intervalo $]0, +\infty[$.

EXEMPLO 7   Verificação do limite de função

Identifique se cada função é limitada inferiormente, limitada superiormente ou limitada.

(a) $w(x) = 3x^2 - 4$ **(b)** $p(x) = \dfrac{x}{1 + x^2}$

SOLUÇÃO

Solução gráfica

Observando os dois gráficos demonstrados na Figura 7.14, podemos verificar que w é uma função limitada inferiormente e que p é uma função limitada.

Verificação

Podemos confirmar que w é uma função limitada inferiormente encontrando o limite inferior, como segue:

$$x^2 \geq 0$$
$$3x^2 \geq 0$$
$$3x^2 - 4 \geq 0 - 4$$
$$3x^2 - 4 \geq -4$$

Assim, -4 é o limite inferior para $w(x) = 3x^2 - 4$. Deixamos como um exercício verificar que p é uma função limitada.

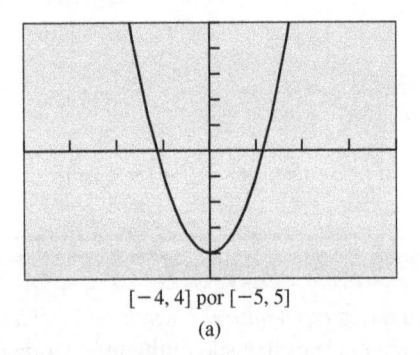

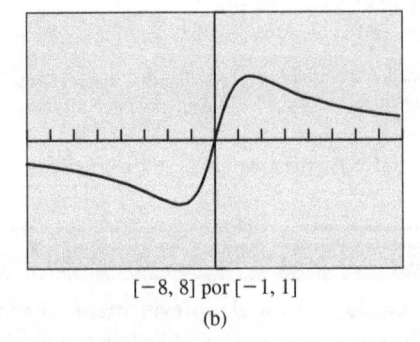

[−4, 4] por [−5, 5]
(a)

[−8, 8] por [−1, 1]
(b)

Figura 7.14 Gráficos para o Exemplo 7.

Extremo local e extremo absoluto

Muitos gráficos são caracterizados por "altos e baixos" quando mudam o comportamento de crescente para decrescente, e vice-versa. Os valores extremos da função, também chamados *extremo local*, podem ser caracterizados como *máximo local* ou *mínimo local*. A distinção pode ser verificada facilmente pelo gráfico. A Figura 7.15 mostra um gráfico com três extremos locais: máximo local nos pontos P e R, além de mínimo local em Q.

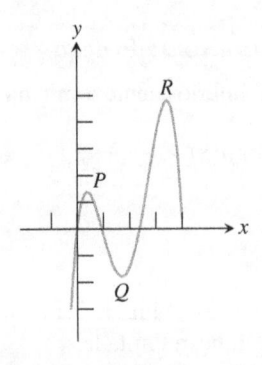

Figura 7.15 Gráfico com máximo local nos pontos P e R, e mínimo local em Q.

Este conceito também é mais fácil de observar graficamente do que de descrever na forma algébrica. Observe que um máximo local não tem que ser o valor máximo de uma função; ele precisa ser somente um valor máximo para x pertencente a *algum* intervalo pequeno dessa função.

CAPÍTULO 7 Funções e suas propriedades   81

Já mencionamos que o melhor método para analisar o comportamento crescente e decrescente envolve ferramentas de cálculo. O mesmo vale para os extremos locais. É suficiente compreender esses conceitos por meio do gráfico, embora uma confirmação algébrica possa ser necessária quando aprendermos mais algumas funções específicas.

DEFINIÇÃO   Extremo local e extremo absoluto

Um **máximo local** de uma função f é o valor $f(c)$ que é maior ou igual a todos os valores da imagem de f sobre algum intervalo aberto contendo c. Se $f(c)$ é maior ou igual a todos os valores da imagem de f, então $f(c)$ é o **valor máximo, também chamado máximo absoluto** de f.
Um **mínimo local** de uma função f é o valor $f(c)$ que é menor ou igual a todos os valores da imagem de f sobre algum intervalo aberto contendo c. Se $f(c)$ é menor ou igual a todos os valores da imagem de f, então $f(c)$ é o **valor mínimo** ou **mínimo absoluto** de f. Extremos locais são chamados também de **extremos relativos**.

EXEMPLO 8   Identificação de extremos locais

Verifique se $f(x) = x^4 - 7x^2 + 6x$ tem máximo local ou mínimo local. Caso isso se confirme, encontre cada valor máximo ou mínimo local, e o respectivo valor de x.

SOLUÇÃO

O gráfico de $y = x^4 - 7x^2 + 6x$ (veja a Figura 7.16) sugere que existem dois valores mínimos locais e um valor máximo local. Usamos uma calculadora que faz gráficos para aproximar o mínimo local como $-24,06$ (que ocorre quando temos $x \cong -2,06$) e $-1,77$ (que ocorre quando temos $x \cong 1,60$). De maneira similar, identificamos o máximo local como aproximadamente $1,32$ (que ocorre quando $x \cong 0,46$).

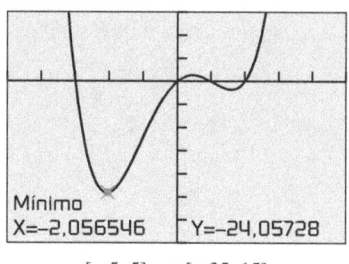

Mínimo
X=-2,056546   Y=-24,05728

[-5, 5] por [-35, 15]

Figura 7.16 Gráfico de $y = x^4 - 7x^2 + 6x$.

Simetria

Em matemática, a simetria pode ser caracterizada numérica e algebricamente. Veremos três tipos particulares de simetria e analisaremos cada tipo a partir de um gráfico, de uma tabela de valores e de uma fórmula algébrica, uma vez conhecido o que se deve observar.

Simetria com relação ao eixo vertical y

EXEMPLO: $f(x) = x^2$

Graficamente

Numericamente

x	$f(x)$
-3	9
-2	4
-1	1
1	1
2	4
3	9

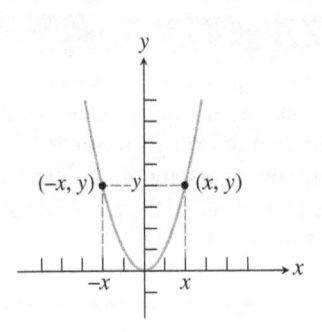

Figura 7.17 O gráfico parece o mesmo quando olhamos do lado esquerdo e do lado direito do eixo vertical y.

Algebricamente

Para todos os valores x do domínio de f temos $f(-x) = f(x)$. Funções com essa propriedade (por exemplo, x^n com n sendo um número par) são funções **pares**.

Simetria com relação ao eixo horizontal x

EXEMPLO: $x = y^2$

Graficamente

Numericamente

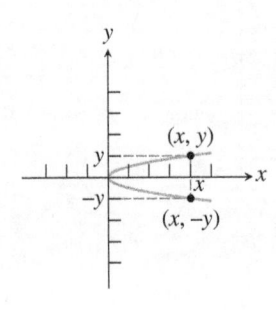

x	y
9	-3
4	-2
1	-1
1	1
4	2
9	3

Figura 7.18 O gráfico parece o mesmo quando olhamos acima e abaixo do eixo horizontal x.

Algebricamente

Gráficos com esse tipo de simetria não são de funções, mas podemos dizer que $(x, -y)$ está sobre o gráfico quando (x, y) também está.

CAPÍTULO 7 Funções e suas propriedades   83

Simetria com relação à origem

EXEMPLO: $f(x) = x^3$

Graficamente

Numericamente

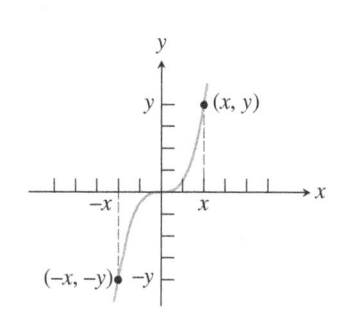

x	y
−3	−27
−2	−8
−1	−1
1	1
2	8
3	27

Figura 7.19 O gráfico parece o mesmo quando olhamos tanto seu lado esquerdo inferior, como seu lado direito superior.

Algebricamente

Para todos os valores x do domínio de f, temos $f(-x) = -f(x)$. Funções com essa propriedade (por exemplo, x^n com n sendo um número ímpar) são funções **ímpares**.

EXEMPLO 9 Análise de funções pela simetria

Verifique se cada uma das funções é par, ímpar ou nenhum desses casos.

(a) $f(x) = x^2 - 3$ **(b)** $g(x) = x^2 - 2x - 2$ **(c)** $h(x) = \dfrac{x^3}{4 - x^2}$

SOLUÇÃO

(a) Solução gráfica

A solução gráfica é demonstrada na Figura 7.20.

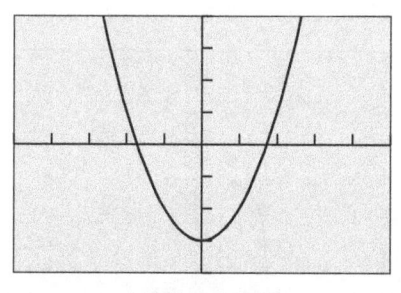

[−5, 5] por [−4, 4]

Figura 7.20 Este gráfico parece ser simétrico com relação ao eixo vertical y, assim podemos supor que f é uma função par.

Confirmação algébrica

Precisamos verificar que $f(-x) = f(x)$ para todos os valores x do domínio de f.

$$f(-x) = (-x)^2 - 3 = x^2 - 3 = f(x)$$

Desde que isso seja verdade para todo x, a função f é de fato par.

(b) Solução gráfica

A solução gráfica é demonstrada na Figura 7.21.

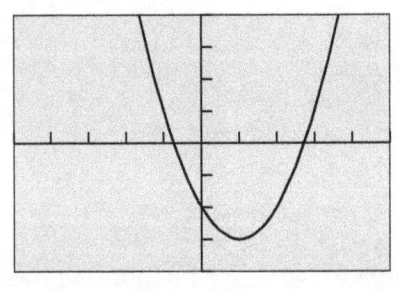

[−5, 5] por [−4, 4]

Figura 7.21 Este gráfico não parece ser simétrico com relação ao eixo vertical y ou com a origem, assim podemos supor que g não é uma função par nem ímpar.

Confirmação algébrica

Precisamos verificar que:

$$g(-x) \neq g(x) \text{ e } g(-x) \neq -g(x)$$
$$g(-x) = (-x)^2 - 2(-x) - 2 = x^2 + 2x - 2$$
$$g(x) = x^2 - 2x - 2$$
$$-g(x) = -x^2 + 2x + 2$$

Assim, $g(-x) \neq g(x)$ e $g(-x) \neq -g(x)$.
Concluímos que g não é par nem ímpar.

(c) Solução gráfica

A solução gráfica é demonstrada na Figura 7.22.

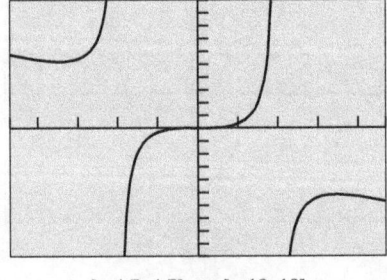

[−4,7; 4,7] por [−10, 10]

Figura 7.22 Este gráfico parece ser simétrico com relação à origem; assim, podemos supor que h é uma função ímpar.

CAPÍTULO 7 Funções e suas propriedades 85

> Confirmação algébrica
> Precisamos verificar que
> $$h(-x) = -h(x)$$
> para todos os valores x do domínio de h.
> $$h(-x) = \frac{(-x)^3}{4-(-x)^2} = \frac{-x^3}{4-x^2} = -h(x)$$
> Desde que isso seja verdade para todo x, exceto ± 2 (os quais não estão no domínio de h), a função h é ímpar.

Assíntotas

Considere o gráfico da função $f(x) = \dfrac{2x^2}{4-x^2}$ na Figura 7.23.

O gráfico parece ficar cada vez mais próximo da reta horizontal $y = -2$ quando observamos a parte abaixo do eixo x. Chamamos essa reta de *assíntota horizontal*. De maneira similar, o gráfico parece ficar cada vez mais próximo tanto da reta vertical $x = -2$ como da reta $x = 2$. Chamamos essas retas de *assíntotas verticais*. Na Figura 7.23, traçamos as assíntotas e podemos verificar que elas formam uma barreira, assim como observamos o comportamento limite do gráfico. (Veja a Figura 7.24.)

Figura 7.23 Gráfico de $f(x) = \dfrac{2x^2}{4-x^2}$.

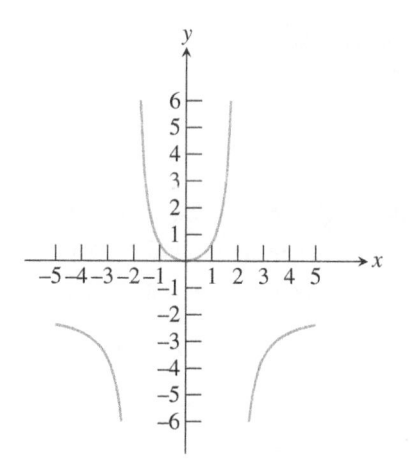

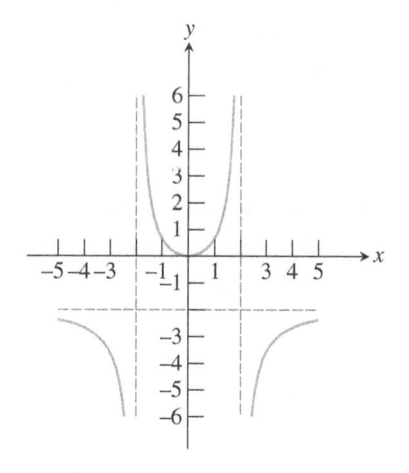

Figura 7.24 Gráfico de $f(x) = \dfrac{2x^2}{4-x^2}$ com as assíntotas mostradas pelas retas tracejadas.

Desde que as assíntotas também descrevam o comportamento do gráfico nas suas extremidades tanto horizontal como vertical, a definição de uma assíntota pode ser estabelecida com a notação de limite. O limite de função será abordado no Capítulo 17, porém, para podermos explicar o comportamento da função neste caso específico, usaremos essa notação. Nesta definição, note que $x \to a_-$ significa "x se aproxima de a pela esquerda", enquanto $x \to a_+$ significa "x se aproxima de a pela direita".

DEFINIÇÃO Assíntotas horizontal e vertical

A reta $y = b$ é uma **assíntota horizontal** do gráfico de uma função $y = f(x)$, se $f(x)$ se aproxima do limite b quando x tende a $+\infty$ ou $-\infty$. Na notação de limite:

$$\lim_{x \to -\infty} f(x) = b \quad \text{ou} \quad \lim_{x \to +\infty} f(x) = b$$

A reta $x = a$ é uma **assíntota vertical** do gráfico de uma função $y = f(x)$, se $f(x)$ tende a $+\infty$ ou $-\infty$ quando x se aproxima de a, tanto pela esquerda como pela direita. Na notação de limite:

$$\lim_{x \to a_-} f(x) = \pm\infty \quad \text{ou} \quad \lim_{x \to a_+} f(x) = \pm\infty$$

EXEMPLO 10 Identificação das assíntotas de um gráfico

Identifique as assíntotas, horizontais ou verticais, do gráfico de $y = \dfrac{x}{x^2 - x - 2}$.

SOLUÇÃO

O quociente $\dfrac{x}{x^2 - x - 2} = \dfrac{x}{(x+1)(x-2)}$ não está definido em $x = -1$ e $x = 2$, fazendo com que estes sejam os valores por onde teremos as assíntotas verticais. O gráfico da Figura 7.25 dá esse suporte, mostrando as assíntotas verticais em $x = -1$ e $x = 2$.

Para valores altos de x, o numerador (que já é um número muito grande) fica menor do que o denominador (que é o *produto de dois* números grandes), sugerindo que $\lim\limits_{x \to +\infty} \dfrac{x}{(x+1)(x-2)} = 0$.

Isso indica uma assíntota horizontal em $y = 0$. O gráfico (veja a Figura 7.25) dá esse suporte, mostrando uma assíntota horizontal em $y = 0$ quando $x \to +\infty$. De maneira similar, podemos concluir que $\lim\limits_{x \to -\infty} \dfrac{x}{(x+1)(x-2)} = -0 = 0$, indicando a mesma assíntota horizontal quando $x \to -\infty$.

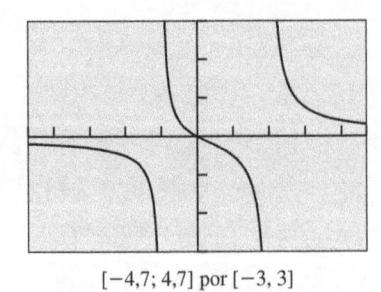

[−4,7; 4,7] por [−3, 3]

Figura 7.25 Gráfico de $y = \dfrac{x}{x^2 - x - 2}$.

Comportamento da função nas extremidades do eixo horizontal

Uma assíntota horizontal, para valores de x que tendem a $+\infty$ ou $-\infty$, mostra como a função se comporta para valores de x nos extremos do eixo horizontal. Nem todos os gráficos se aproximam de retas nessas condições (para valores de x nos extremos do eixo horizontal), mas é interessante saber o que ocorre além do que estamos visualizando.

EXEMPLO 11 Análise de funções por meio do comportamento nos extremos do eixo horizontal

Associe cada função a um dos gráficos da Figura 7.26, considerando o comportamento nos extremos do eixo horizontal. Todos os gráficos são mostrados com as mesmas dimensões.

(a) $y = \dfrac{3x}{x^2+1}$ (b) $y = \dfrac{3x^2}{x^2+1}$ (c) $y = \dfrac{3x^3}{x^2+1}$ (d) $y = \dfrac{3x^4}{x^2+1}$

SOLUÇÃO

Quando x assume um valor muito grande, o denominador $x^2 + 1$, em cada uma dessas funções, assume quase o mesmo valor de x^2. Se trocarmos $x^2 + 1$, em cada denominador, por x^2 e simplificarmos as frações, teremos funções mais simples:

(a) $y = \dfrac{3}{x}$ (fica próximo de 0 quando x é grande) (b) $y = 3$

(c) $y = 3x$ (d) $y = 3x^2$

Para valores de x nos extremos do eixo horizontal, temos que:

- $y = \dfrac{3}{x}$ tende a 0, o que nos permite associar a função (a) com o gráfico (iv).
- $y = 3$ mantém esse comportamento constante, o que nos permite associar (b) com (iii).
- $y = 3x$ tende para $+\infty$ quando x tende para $+\infty$, e essa função tende para $-\infty$ quando x tende a $-\infty$, o que nos permite associar (c) com (ii).
- $y = 3x^2$ tende para $+\infty$ quando x tende a $+\infty$ ou $-\infty$, o que nos permite associar (d) com (i).

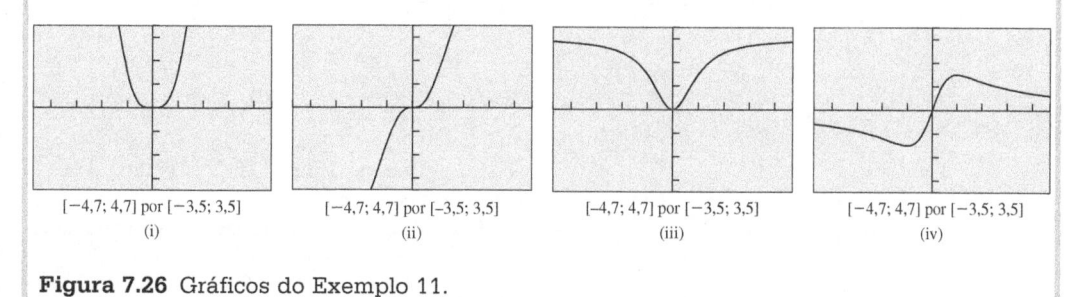

[−4,7; 4,7] por [−3,5; 3,5]
(i)

[−4,7; 4,7] por [−3,5; 3,5]
(ii)

[−4,7; 4,7] por [−3,5; 3,5]
(iii)

[−4,7; 4,7] por [−3,5; 3,5]
(iv)

Figura 7.26 Gráficos do Exemplo 11.

Para funções mais complicadas, é satisfatório saber se o comportamento nos extremos do eixo horizontal é limitado ou não limitado em qualquer direção.

REVISÃO RÁPIDA

Nos exercícios de 1 a 4, resolva a equação ou a inequação.
1. $x^2 - 16 = 0$
2. $9 - x^2 = 0$
3. $x - 10 < 0$
4. $5 - x \leq 0$

Nos exercícios de 5 a 10, encontre algebricamente todos os valores de x para os quais a expressão algébrica *não* está definida.

5. $\dfrac{x}{x - 16}$
6. $\dfrac{x}{x^2 - 16}$
7. $\sqrt{x - 16}$
8. $\dfrac{\sqrt{x^2 + 1}}{x^2 - 1}$
9. $\dfrac{\sqrt{x + 2}}{\sqrt{3 - x}}$
10. $\dfrac{x^2 - 2x}{x^2 - 4}$

EXERCÍCIOS

Nos exercícios de 1 a 4, determine se a fórmula define y como uma função de x. Caso a resposta seja não, justifique.
1. $y = \sqrt{x - 4}$
2. $y = x^2 \pm 3$
3. $x = 2y^2$
4. $x = 12 - y$

Nos exercícios de 5 a 8, use o teste da reta vertical para determinar se a curva corresponde ao gráfico de uma função.

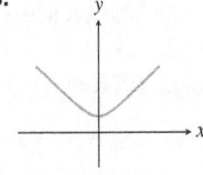

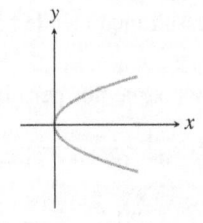

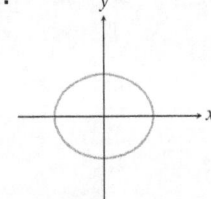

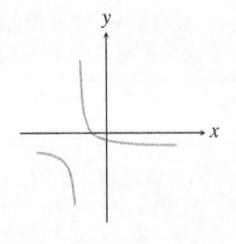

5.
6.
7.
8.

Nos exercícios de 9 a 16, encontre algebricamente o domínio da função e verifique sua conclusão graficamente.

9. $f(x) = x^2 + 4$
10. $h(x) = \dfrac{5}{x - 3}$
11. $f(x) = \dfrac{3x - 1}{(x + 3)(x - 1)}$
12. $f(x) = \dfrac{1}{x} + \dfrac{5}{x - 3}$
13. $g(x) = \dfrac{x}{x^2 - 5x}$
14. $h(x) = \dfrac{\sqrt{4 - x^2}}{x - 3}$
15. $h(x) = \dfrac{\sqrt{4 - x}}{(x + 1)(x^2 + 1)}$
16. $f(x) = \sqrt{x^4 - 16x^2}$

Nos exercícios de 17 a 20, encontre a imagem da função.

17. $f(x) = 10 - x^2$
18. $g(x) = 5 + \sqrt{4 - x}$
19. $f(x) = \dfrac{x^2}{1 - x^2}$
20. $g(x) = \dfrac{3 + x^2}{4 - x^2}$

Nos exercícios de 21 a 24, faça o gráfico de cada função e conclua se ela tem ou não um ponto de descontinuidade em $x = 0$. Se existe uma descontinuidade, verifique se é removível ou não removível.

21. $g(x) = \dfrac{3}{x}$
22. $h(x) = \dfrac{x^3 + x}{x}$
23. $f(x) = \dfrac{|x|}{x}$
24. $g(x) = \dfrac{x}{x - 2}$

Nos exercícios de 25 a 28, conclua se cada ponto identificado no gráfico é um mínimo local, um máximo local ou nenhum dos dois. Identifique os intervalos nos quais temos a função crescente ou a decrescente.

25.

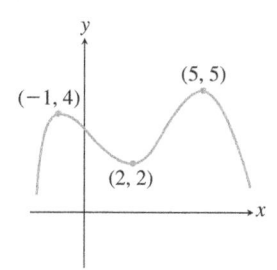

Gráfico com pontos $(-1, 4)$, $(2, 2)$, $(5, 5)$.

26.

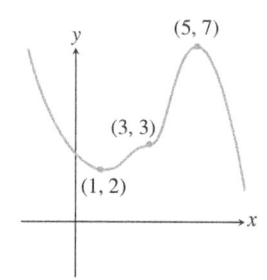

Gráfico com pontos $(1, 2)$, $(3, 3)$, $(5, 7)$.

27.

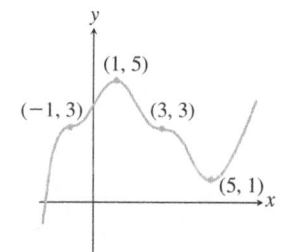

Gráfico com pontos $(-1, 3)$, $(1, 5)$, $(3, 3)$, $(5, 1)$.

28.

Gráfico com pontos $(-1, 1)$, $(1, 6)$, $(3, 1)$, $(5, 4)$.

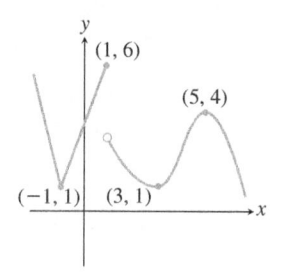

Nos exercícios de 29 a 34, faça o gráfico de cada função e identifique os intervalos nos quais temos uma função crescente, decrescente ou constante.

29. $f(x) = |x + 2| - 1$
30. $f(x) = |x + 1| + |x - 1| - 3$
31. $g(x) = |x + 2| + |x - 1| - 2$
32. $h(x) = 0{,}5(x + 2)^2 - 1$
33. $g(x) = 3 - (x - 1)^2$
34. $f(x) = x^3 - x^2 - 2x$

Nos exercícios de 35 a 40, determine se a função é limitada superiormente, limitada inferiormente ou limitada sobre o seu domínio.

35. $y = 32$
36. $y = 2 - x^2$
37. $y = 2^x$
38. $y = 2^{-x}$
39. $y = \sqrt{1 - x^2}$
40. $y = x - x^3$

Nos exercícios de 41 a 46, a sugestão é analisar o gráfico que pode ser feito utilizando uma calculadora com esse recurso. Se possível, encontrar todos os máximos locais, os mínimos locais e os valores de x para os quais isso ocorre. Você pode concluir os valores aproximando com duas casas decimais após a vírgula.

41. $f(x) = 4 - x + x^2$
42. $g(x) = x^3 - 4x + 1$
43. $h(x) = -x^3 + 2x - 3$
44. $f(x) = (x + 3)(x - 1)^2$
45. $h(x) = x^2\sqrt{x + 4}$
46. $g(x) = x|2x + 5|$

Nos exercícios de 47 a 54, indique se a função é ímpar, par ou nenhum dos dois. Verifique sua conclusão graficamente e confirme-a algebricamente.

47. $f(x) = 2x^4$
48. $g(x) = x^3$
49. $f(x) = \sqrt{x^2 + 2}$
50. $g(x) = \dfrac{3}{1 + x^2}$
51. $f(x) = -x^2 + 0{,}03x + 5$
52. $f(x) = x^3 + 0{,}04x^2 + 3$
53. $g(x) = 2x^3 - 3x$
54. $h(x) = \dfrac{1}{x}$

Nos exercícios de 55 a 62, use o método de sua escolha para encontrar todas as assíntotas horizontais e verticais das funções.

55. $f(x) = \dfrac{x}{x - 1}$
56. $q(x) = \dfrac{x - 1}{x}$
57. $g(x) = \dfrac{x + 2}{3 - x}$
58. $q(x) = 1{,}5^x$
59. $f(x) = \dfrac{x^2 + 2}{x^2 - 1}$
60. $p(x) = \dfrac{4}{x^2 + 1}$
61. $g(x) = \dfrac{4x - 4}{x^3 - 8}$
62. $h(x) = \dfrac{2x - 4}{x^2 - 4}$

Nos exercícios de 63 a 66, associe cada função ao gráfico correspondente, considerando o comportamento nos extremos do eixo horizontal e as assíntotas. Todos os gráficos são mostrados com as mesmas dimensões.

63. $y = \dfrac{x+2}{2x+1}$

64. $y = \dfrac{x^2+2}{2x+1}$

65. $y = \dfrac{x+2}{2x^2+1}$

66. $y = \dfrac{x^3+2}{2x^2+1}$

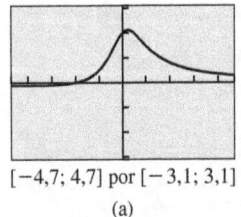

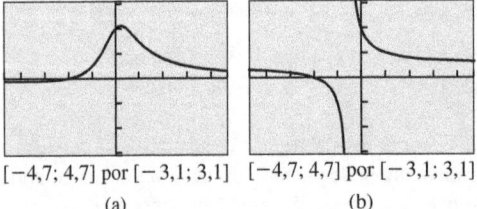

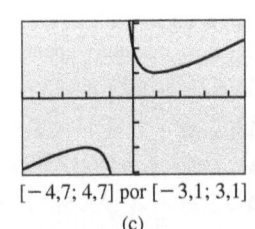

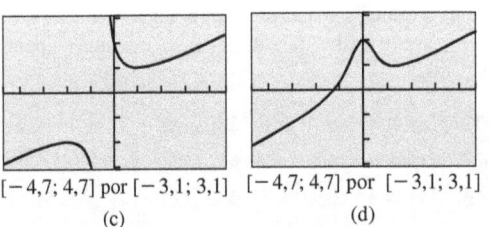

[−4,7; 4,7] por [−3,1; 3,1]
(a)

[−4,7; 4,7] por [−3,1; 3,1]
(b)

[−4,7; 4,7] por [−3,1; 3,1]
(c)

[−4,7; 4,7] por [−3,1; 3,1]
(d)

67. Um gráfico pode cruzar sua própria assíntota? A origem grega da palavra assíntota significa "sem encontro", o que mostra que os gráficos tendem a se aproximar, mas não encontrar suas assíntotas. Quais das seguintes funções têm gráficos que podem interseccionar suas assíntotas horizontais?

(a) $f(x) = \dfrac{x}{x^2-1}$ (b) $g(x) = \dfrac{x}{x^2+1}$

(c) $h(x) = \dfrac{x^2}{x^3+1}$

68. Um gráfico pode ter duas assíntotas horizontais? Embora muitos gráficos tenham no máximo uma assíntota horizontal, é possível para um gráfico ter mais do que uma. Quais das seguintes funções têm gráficos com mais de uma assíntota horizontal?

(a) $f(x) = \dfrac{|x^3+1|}{8-x^3}$ (b) $g(x) = \dfrac{|x-1|}{x^2-4}$

(c) $h(x) = \dfrac{x}{\sqrt{x^2-4}}$

69. Um gráfico pode interseccionar sua própria assíntota vertical? Seja a função $f(x) = \dfrac{x-|x|}{x^2} + 1$. Se possível, construa o gráfico dessa função.

(a) O gráfico dessa função não intersecciona sua assíntota vertical. Explique por que isso não ocorre.

(b) Mostre como você pode adicionar um único ponto no gráfico de f e obter um gráfico que interseccione sua assíntota vertical.

(c) O gráfico em (b) é de uma função?

70. Explique por que um gráfico não pode ter mais do que duas assíntotas horizontais.

71. Verdadeiro ou falso? O gráfico de uma função f é definido como o conjunto de todos os pontos $(x, f(x))$ onde x está no domínio de f. Justifique sua resposta.

72. Verdadeiro ou falso? Uma relação simétrica que envolve o eixo x não pode ser uma função. Justifique sua resposta.

73. Múltipla escolha Qual função é contínua?

(a) O número de crianças inscritas em uma escola particular, como uma função do tempo.

(b) A temperatura externa, como uma função do tempo.

(c) O custo para postar uma carta, como uma função do seu peso.

(d) O valor de uma ação, em função do tempo.

(e) O número de bebidas não alcoólicas vendidas, como uma função da temperatura externa.

74. Múltipla escolha Qual das funções *não* é contínua?

(a) Sua altitude, como uma função do tempo enquanto viaja, voando de um lugar para outro.

(b) O tempo de viagem de um lugar para outro, como uma função da velocidade da viagem.

(c) O número de bolas que podem ser colocadas até o preenchimento total de uma caixa, como uma função do raio das bolas.

(d) A área de um círculo, como uma função do raio.

(e) A massa de um bebê, como uma função do tempo após seu nascimento.

75. Função decrescente Qual das funções é decrescente?

(a) A temperatura externa, como uma função do tempo.

(b) A média do índice Dow Jones, como uma função do tempo.

(c) A pressão do ar na atmosfera terrestre, como uma função da altitude.

(d) A população mundial desde 1900, como uma função do tempo.

(e) A pressão da água no oceano, como uma função da profundidade.

76. **Crescente ou decrescente** Qual das funções não pode ser classificada como crescente ou decrescente?

(a) A massa de um bloco de chumbo, como uma função do volume.

(b) A altura em que uma bola foi lançada para cima, como uma função do tempo.

(c) O tempo de viagem de um lugar para outro, como uma função da velocidade da viagem.

(d) A área de um quadrado, como uma função do comprimento do lado.

(e) O peso de um pêndulo balançando, em função do tempo.

77. Mostre a função algebricamente, agora que $p(x) = \dfrac{x}{1 + x^2}$ é limitada.

(a) Faça o gráfico da função e encontre o menor valor inteiro de k que parece ser um limite superior.

(b) Verifique que $\dfrac{x}{1 + x^2} < k$ provando a inequação equivalente $kx^2 - x + k > 0$. (Você pode resolver a equação para mostrar que não existe solução real.)

(c) Do gráfico, encontre o menor valor inteiro de k que parece ser um limite inferior.

(d) Verifique $\dfrac{x}{1 + x^2} > k$ provando a inequação equivalente $kx^2 - x + k < 0$.

78. Com base na tabela com valores x e y:

x	y
60	0,00
65	1,00
70	2,05
75	2,57
80	3,00
85	3,36
90	3,69
95	4,00
100	4,28

Considerando y como uma função de x, ela é crescente, decrescente, constante ou nenhuma das situações?

79. Esboce um gráfico de uma função f com domínio como o conjunto de todos os números reais que satisfazem todas as seguintes condições:

(a) f é contínua para todo x;

(b) f é crescente nos intervalos $]-\infty, 0]$ e $[3, 5]$;

(c) f é decrescente nos intervalos $[0, 3]$ e $[5, +\infty[$;

(d) $f(0) = f(5) = 2$;

(e) $f(3) = 0$.

80. Esboce um gráfico de uma função f com domínio como o conjunto de todos os números reais que satisfazem as seguintes condições:

(a) f é decrescente nos intervalos $]-\infty, 0[$ e $]0, +\infty[$;

(b) f tem um ponto não removível de descontinuidade em $x = 0$;

(c) f tem uma assíntota horizontal em $y = 1$;

(d) $f(0) = 0$;

(e) f tem uma assíntota vertical em $x = 0$.

81. Esboce um gráfico de uma função f com domínio como o conjunto de todos os números reais que satisfazem as seguintes condições:

(a) f é contínua para todo x;

(b) f é uma função par;

(c) f é crescente no intervalo $[0, 2]$ e decrescente no intervalo $[2, +\infty[$;

(d) $f(2) = 3$.

82. Uma função limitada superiormente tem um número infinito de limites superiores, mas existe sempre um *menor limite superior*, isto é, um limite superior que é o menor de todos os outros. Esse menor limite superior poderia ou não estar na imagem de f. Para cada função a seguir,

encontre o menor limite superior e conclua se está ou não na imagem da função.

(a) $f(x) = 2 - 0{,}8x^2$

(b) $g(x) = \dfrac{3x^2}{3 + x^2}$

(c) $h(x) = \dfrac{1 - x}{x^2}$

(d) $q(x) = \dfrac{4x}{x^2 + 2x + 1}$

83. Uma função contínua f tem como domínio o conjunto de todos os números reais. Se $f(-1) = 5$ e $f(1) = -5$, explique por que f precisa ter pelo menos uma raiz no intervalo $[-1, 1]$ (isso generaliza uma propriedade de função contínua, conhecida em cálculo como teorema do valor intermediário).

84. Mostre que o gráfico de toda função ímpar, cujo domínio tem todos os números reais, passa necessariamente pela origem.

85. Se possível, analise o gráfico da função $f(x) = \dfrac{3x^2 - 1}{2x^2 + 1}$ no intervalo $[-6, 6]$ por $[-2, 2]$.

(a) Qual é a aparente assíntota horizontal do gráfico?

(b) Baseado no gráfico, conclua qual é a aparente imagem de f.

(c) Mostre algebricamente que $-1 \leq \dfrac{3x^2 - 1}{2x^2 + 1} < 1{,}5$ para todo x, confirmando assim sua suposição no item (b).

Capítulo 8

Funções do primeiro e do segundo graus

Objetivos de aprendizagem
- Função polinomial.
- Funções do primeiro grau e seus gráficos.
- Funções do segundo grau e seus gráficos.

Muitos problemas econômicos e da área de negócios são modelados por funções do primeiro grau, como a despesa mensal de uma pequena empresa com encargos sociais, em que a regra desse gasto é uma função de primeiro grau $f(x)$, representando a despesa, e x é o número de funcionários.

Funções do segundo grau e funções polinomiais de graus mais altos também têm algumas aplicações, a exemplo da área industrial, em que a função do segundo grau $f(x)$ representa o custo de uma empresa para produzir certa quantidade de unidades do seu produto por mês.

Função polinomial

As funções polinomiais estão entre as mais conhecidas de todas as funções.

> **DEFINIÇÃO** Função polinomial
>
> Seja n um número inteiro não negativo, e sejam $a_0, a_1, a_2, a_3, \ldots a_{n-1}, a_n$ números reais com $a_n \neq 0$. A função dada por
>
> $$f(x) = a_n x^n + a_{n-1} x^{n-1} + \cdots + a_2 x^2 + a_1 x + a_0$$
>
> é uma **função polinomial de grau n**, em que $a_n, a_{n-1}, \ldots + a_2, a_1, a_0$ são os coeficientes. O **coeficiente principal** é a_n.
> A função zero dada por $f(x) = 0$ é uma função polinomial que não tem grau nem coeficiente principal.

Para ser uma função polinomial, ela tem que ser expressa por um polinômio. Portanto, todas as funções polinomiais são contínuas e definidas sobre o conjunto de todos os números reais. É importante saber reconhecer uma função polinomial.

EXEMPLO 1 Verificando se as funções são polinomiais

Quais dos seguintes exemplos são funções polinomiais? Para os que são funções polinomiais, defina o grau e o coeficiente principal. Para os que não são, justifique.

(a) $f(x) = 4x^3 - 5x - \dfrac{1}{2}$

(b) $g(x) = 6x^{-4} + 7$

(c) $h(x) = \sqrt{9x^4 + 16x^2}$

(d) $k(x) = 15x - 2x^4$

SOLUÇÃO

(a) f é uma função polinomial de grau 3 e com coeficiente principal 4.
(b) g não é uma função polinomial por causa do expoente -4.
(c) h não é uma função polinomial porque ela não pode ser simplificada na forma polinomial. Observe que $\sqrt{9x^4 + 16x^2} \neq 3x^2 + 4x$.
(d) k é uma função polinomial de grau 4 e com coeficiente principal -2.

A função zero, como mencionado anteriormente, e todas as funções constantes são polinomiais. Algumas outras funções familiares são também polinomiais, como mostramos a seguir.

Funções polinomiais de grau indefinido ou de grau baixo

Nome	Forma	Grau
Função zero	$f(x) = 0$	Indefinido
Função constante	$f(x) = a\ (a \neq 0)$	0
Função do primeiro grau	$f(x) = ax + b\ (a \neq 0)$	1
Função do segundo grau	$f(x) = ax^2 + bx + c\ (a \neq 0)$	2

Funções do primeiro grau e seus gráficos

Uma **função do primeiro grau** é uma função polinomial de grau 1, e tem a forma:

$$f(x) = ax + b, \text{ onde } a \text{ e } b \text{ são constantes e } a \neq 0.$$

Se, em vez de a, utilizarmos m como coeficiente principal e considerarmos a notação $y = f(x)$, obtemos:

$$y = mx + b$$

Essa equação representa uma reta inclinada. O coeficiente angular m de uma reta não vertical que passa pelos pontos (x_1, y_1) e (x_2, y_2) é dado por $m = \dfrac{y_2 - y_1}{x_2 - x_1}$.

A equação da reta que passa pelo ponto (x_1, y_1) e tem coeficiente angular m é $y - y_1 = m(x - x_1)$. Essa equação é chamada de *equação geral da reta*.

No plano cartesiano, uma reta é o gráfico de uma função do primeiro grau somente se ela for uma **reta inclinada** ou uma **reta horizontal**. Retas verticais não são gráficos de funções porque elas falham no teste da linha vertical, que é feito para analisar se um gráfico é ou não de uma função.

CAPÍTULO 8 Funções do primeiro e do segundo graus

EXEMPLO 2 Verificação da lei de uma função do primeiro grau

Encontre a lei para a função do primeiro grau f, tal que $f(-1) = 2$ e $f(3) = -2$.

SOLUÇÃO

Solução algébrica

Queremos encontrar uma reta que passe pelos pontos $(-1, 2)$ e $(3, -2)$. O coeficiente angular é:

$$m = \frac{y_2 - y_1}{x_2 - x_1} = \frac{-2 - 2}{3 - (-1)} = \frac{-4}{4} = -1$$

Usando esse valor m e as coordenadas $(-1, 2)$, a equação é dada por:

$$y - y_1 = m(x - x_1)$$
$$y - 2 = -1(x - (-1))$$
$$y - 2 = -x - 1$$
$$y = -x + 1$$

Convertendo para a notação de função, temos a lei procurada:

$$f(x) = -x + 1$$

Suporte gráfico

Podemos fazer o gráfico de $y = -x + 1$ e observar que inclui os pontos $(-1, 2)$ e $(3, -2)$. (Veja Figura 8.1.)

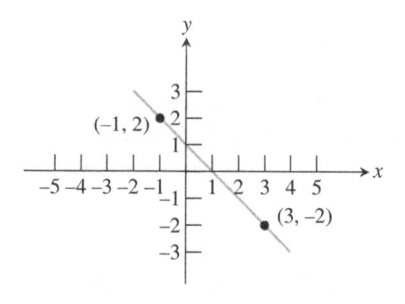

Figura 8.1 O gráfico de $y = -x + 1$ passa por $(-1, 2)$ e $(3, -2)$.

Confirmação numérica

Usando $f(x) = -x + 1$, provamos que $f(-1) = 2$ e $f(3) = -2$:

$$f(-1) = -(-1) + 1 = 1 + 1 = 2 \text{ e } f(3) = -3 + 1 = -2$$

A **taxa média de variação** de uma função $y = f(x)$ entre $x = a$ e $x = b$, com $a \neq b$, é:

$$\frac{f(b) - f(a)}{b - a}$$

Ela determina a variação média sofrida pelos valores da função $f(x)$ entre os pontos a e b. Trataremos melhor desse assunto no Capítulo 17.

A função do primeiro grau definida para todos os números reais tem uma taxa média de variação constante, diferente de zero, entre quaisquer dois pontos sobre seu gráfico. Pelo fato de essa taxa ser constante, ela é chamada simplesmente **taxa de variação** da função do primeiro grau.

Quando a função está definida para valores de x que sejam maiores ou iguais a zero, então podemos dizer que o valor inicial da função, $x = 0$, é dado por $f(0)$. Nesse caso, se $f(0) = b$, isto é, $y = b$, então o início do gráfico está no ponto $(0, b)$, localizado no eixo vertical y.

O coeficiente angular m na fórmula $f(x) = mx + b$ é a taxa de variação da função do primeiro grau.

Resumo do que aprendemos sobre funções do primeiro grau

Características de uma função do primeiro grau

	Caracterização
Definição	polinomial de grau 1
Algébrica	$f(x) = mx + b$ ($m \neq 0$)
Gráfica	reta inclinada com coeficiente angular m e intersecção no eixo y dado por b
Analítica	função com taxa de variação m constante e diferente de zero: f é crescente se $m > 0$, e decrescente se $m < 0$

Funções do segundo grau e seus gráficos

Uma **função de segundo grau** (também conhecida como **função quadrática**) é uma função polinomial de grau 2 dada pela forma $f(x) = ax^2 + bx + c$, onde a, b e c são constantes reais e $a \neq 0$.

O gráfico de toda função do segundo grau é uma parábola de concavidade para cima ou para baixo, dependendo do coeficiente principal, conforme veremos a seguir. Qualquer gráfico de uma função do segundo grau pode ser obtido do gráfico da função $f(x) = x^2$ por uma sequência de transformações, a saber: translações, reflexões, "esticamentos" e "encolhimentos".

EXEMPLO 3 **Transformação da função $f(x) = x^2$**

Descreva como transformar o gráfico de $f(x) = x^2$ em um gráfico da função dada e esboce-o.

(a) $g(x) = -\left(\dfrac{1}{2}\right)x^2 + 3$

(b) $h(x) = 3(x + 2)^2 - 1$

SOLUÇÃO

(a) O gráfico de $g(x) = -\left(\dfrac{1}{2}\right)x^2 + 3$ é obtido pelas seguintes transformações: "encolhendo" verticalmente o gráfico de $f(x) = x^2$ por meio da multiplicação pelo fator $\dfrac{1}{2}$, refletindo no gráfico resultante com relação ao eixo horizontal x (por causa do sinal negativo do coeficiente principal) e transladando o gráfico refletido três unidades de medida para cima. Veja a Figura 8.2(a).

(b) O gráfico de $h(x) = 3(x + 2)^2 - 1$ é obtido "esticando" verticalmente o gráfico de $f(x) = x^2$ por meio da multiplicação pelo fator 3, e transladando o gráfico resultante duas unidades para a esquerda e uma unidade para baixo. Veja a Figura 8.2(b).

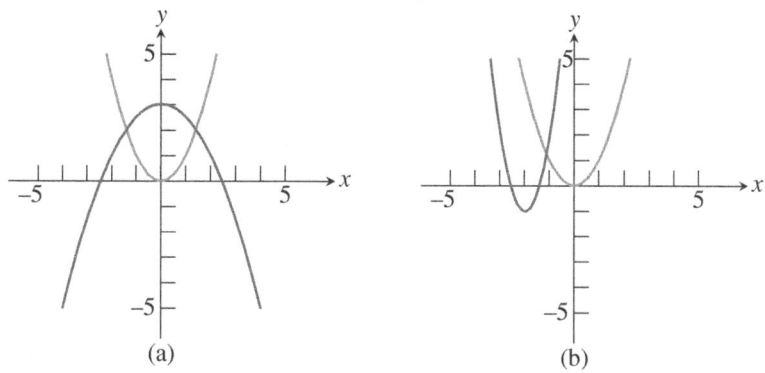

Figura 8.2 Gráfico de $f(x) = x^2$ mostrado com (a) $g(x) = -\left(\dfrac{1}{2}\right)x^2 + 3$ e (b) $h(x) = 3(x + 2)^2 - 1$.

O gráfico de $f(x) = ax^2$, com $a > 0$, é uma parábola com concavidade para cima. Quando $a < 0$, o gráfico é uma parábola com concavidade para baixo. Independente do sinal de a, o eixo vertical y é a reta de simetria para o gráfico de $f(x) = ax^2$.

A reta de simetria para uma parábola é seu **eixo de simetria**. O ponto sobre a parábola que cruza seu eixo de simetria é o **vértice** da parábola, e ele é sempre o ponto mais baixo da parábola com concavidade para cima ou o ponto mais alto da parábola com concavidade para baixo. O vértice de $f(x) = ax^2$ é sempre a origem, como pode ser visto na Figura 8.3.

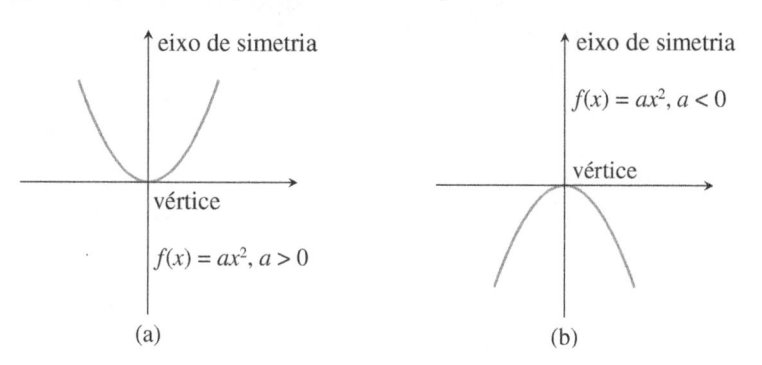

Figura 8.3 Gráfico de $f(x) = ax^2$ para (a) $a > 0$ e (b) $a < 0$.

Expandindo $f(x) = a(x - h)^2 + k$ e comparando os coeficientes resultantes com a **forma quadrática padrão** $ax^2 + bx + c$, em que os expoentes de x são organizados em ordem decrescente, podemos obter as fórmulas para h e k.

$$f(x) = a(x - h)^2 + k$$
$$= a(x^2 - 2hx + h^2) + k$$
$$= ax^2 + (-2ah)x + (ah^2 + k)$$
$$= ax^2 + bx + c$$

Como $b = -2ah$ e $c = ah^2 + k$, temos que $h = -\dfrac{b}{2a}$ e $k = c - ah^2$.

Usando essas fórmulas, qualquer função do segundo grau $f(x) = ax^2 + bx + c$ pode ser reescrita na forma:

$$f(x) = a(x - h)^2 + k$$

Essa é a *forma canônica* para uma função do segundo grau. Ela é usada para facilitar a identificação do vértice e do eixo de simetria do gráfico da função.

Forma canônica de uma função do segundo grau

Toda função do segundo grau $f(x) = ax^2 + bx + c$, sendo $a \neq 0$, pode ser escrita na **forma canônica**

$$f(x) = a(x - h)^2 + k.$$

O gráfico de f é uma parábola com vértice (h, k) e eixo de simetria $x = h$, com $h = -\dfrac{b}{2a}$ e $k = c - ah^2$. Se $a > 0$, então a parábola tem concavidade para cima; se $a < 0$, então a parábola tem concavidade para baixo (veja a Figura 8.4).

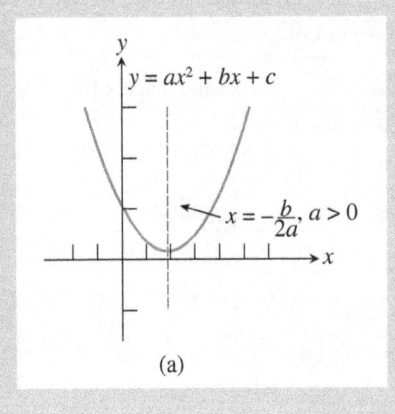

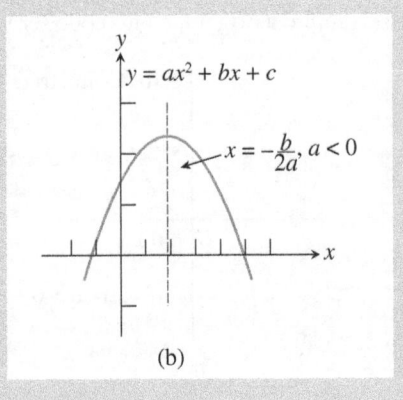

Figura 8.4 O vértice está em $x = -\dfrac{b}{2a}$, cujo valor descreve o eixo de simetria.

O valor de k também é conhecido como $\dfrac{-(b^2 + 4ac)}{2a}$.

EXEMPLO 4 Verificação do vértice e do eixo de simetria de uma função do segundo grau

Encontre o vértice e o eixo de simetria do gráfico de $f(x) = 6x - 3x^2 - 5$. Reescreva a equação na forma canônica.

SOLUÇÃO

A forma polinomial padrão de f é $f(x) = -3x^2 + 6x - 5$.
Temos $a = -3$, $b = 6$ e $c = -5$. Assim, as coordenadas do vértice são:

$$h = -\frac{b}{2a} = -\frac{6}{2(-3)} = 1 \text{ e}$$

$$k = f(h) = f(1) = -3 \cdot 1^2 + 6 \cdot 1 - 5 = -2$$

$k = f(h)$, pois é a segunda coordenada de um ponto cuja primeira coordenada é h.
A equação do eixo de simetria é $x = 1$, o vértice é $(1, -2)$ e a forma canônica de f é:

$$f(x) = -3(x - 1)^2 + (-2).$$

EXEMPLO 5 Uso da álgebra para descrever o gráfico de uma função do segundo grau

Utilize o recurso de completar o quadrado de uma expressão algébrica para descrever o gráfico de $f(x) = 3x^2 + 12x + 11$. Confira sua resposta graficamente.

SOLUÇÃO

Solução algébrica

$$\begin{aligned} f(x) &= 3x^2 + 12x + 11 \\ &= 3(x^2 + 4x) + 11 \\ &= 3(x^2 + 4x + (\ ) - (\ )) + 11 \\ &= 3(x^2 + 4x + (2^2) - (2^2)) + 11 \\ &= 3(x^2 + 4x + 4) - 3(4) + 11 \\ &= 3(x + 2)^2 - 1 \end{aligned}$$

O gráfico de f é uma parábola de concavidade para cima com vértice $(-2, -1)$, eixo de simetria $x = -2$ e que cruza o eixo x nos valores dados aproximadamente por $-2,577$ e $-1,423$. Os valores exatos das raízes são $x = -2 \pm \sqrt{3}/3$.

Solução gráfica

O gráfico na Figura 8.5 mostra esses resultados.

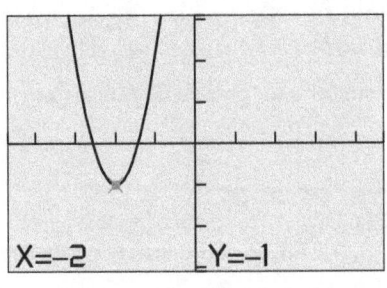

[−4,7; 4,7] por [−3,1; 3,1]

Figura 8.5 Os gráficos de $f(x) = 3x^2 + 12x + 11$ e $f(x) = 3(x + 2)^2 - 1$ são os mesmos.

Resumo do que aprendemos sobre funções do segundo grau

Características de uma função do segundo grau

	Caracterização
Definição	polinomial de grau 2
Algébrica	$f(x) = ax^2 + bx + c$ ou $a(x - h)^2 + k$ $(a \neq 0)$
Gráfica	parábola com vértice (h, k) e eixo de simetria $x = h$; a concavidade é para cima se $a > 0$, e para baixo se $a < 0$; o valor onde corta o eixo vertical y é a intersecção $y = f(0) = c$, e as raízes são os valores que passam pelo eixo horizontal x, que são: $$\frac{-b \pm \sqrt{b^2 - 4ac}}{2a}$$

REVISÃO RÁPIDA

Nos exercícios 1 e 2, escreva na forma da equação geral da reta, e para cada caso a reta tem coeficiente angular m e cruza o eixo vertical y em b.

1. $m = 8$, $b = 3,6$ **2.** $m = -1,8$, $b = -2$

Nos exercícios 3 e 4, escreva uma equação para a reta que contém os pontos dados. Represente graficamente a reta com os pontos.

3. $(-2, 4)$ e $(3, 1)$ **4.** $(1, 5)$ e $(-2, -3)$

Nos exercícios de 5 a 8, faça a expansão de cada expressão.

5. $(x + 3)^2$ **6.** $(x - 4)^2$
7. $3(x - 6)^2$ **8.** $-3(x + 7)^2$

Nos exercícios 9 e 10, fatore o trinômio.

9. $2x^2 - 4x + 2$ **10.** $3x^2 + 12x + 12$

> Podemos nos referir ao quadrante I do plano cartesiano quando $x > 0$ e $y > 0$; ao quadrante II, quando $x < 0$ e $y > 0$; ao quadrante III, quando $x < 0$ e $y < 0$; e ao quadrante IV, quando $x > 0$ e $y < 0$.

Exercícios

Nos exercícios de 1 a 6, determine quais são funções polinomiais. Para as que são, identifique o grau e o coeficiente principal. Para as que não são, justifique.

1. $f(x) = 3x^{-5} + 17$
2. $f(x) = -9 + 2x$
3. $f(x) = 2x^5 - \frac{1}{2}x + 9$
4. $f(x) = 13$
5. $h(x) = \sqrt[3]{27x^3 + 8x^6}$
6. $k(x) = 4x - 5x^2$

Nos exercícios de 7 a 12, escreva uma equação para a função de primeiro grau f, satisfazendo as condições dadas. Represente as funções graficamente.

7. $f(-5) = -1$ e $f(2) = 4$
8. $f(-3) = 5$ e $f(6) = -2$
9. $f(-4) = 6$ e $f(-1) = 2$
10. $f(1) = 2$ e $f(5) = 7$
11. $f(0) = 3$ e $f(3) = 0$
12. $f(-4) = 0$ e $f(0) = 2$

Nos exercícios de 13 a 18, associe um gráfico a uma função. Explique a sua escolha.

13. $f(x) = 2(x + 1)^2 - 3$
14. $f(x) = 3(x + 2)^2 - 7$
15. $f(x) = 4 - 3(x - 1)^2$
16. $f(x) = 12 - 2(x - 1)^2$
17. $f(x) = 2(x - 1)^2 - 3$
18. $f(x) = 12 - 2(x + 1)^2$

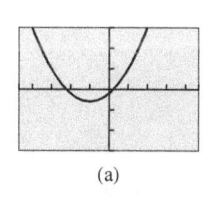

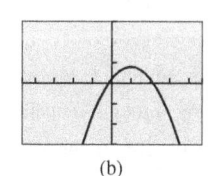

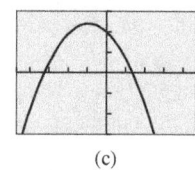

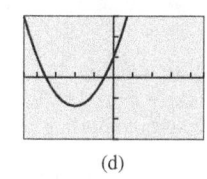

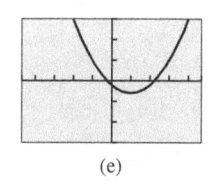

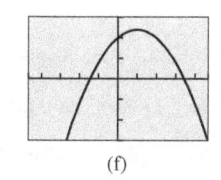

(a) (b)

(c) (d)

(e) (f)

Nos exercícios de 19 a 22, descreva como transformar o gráfico de $f(x) = x^2$ no gráfico das funções dadas. Faça o esboço de cada gráfico.

19. $g(x) = (x - 3)^2 - 2$
20. $h(x) = \frac{1}{4}x^2 - 1$
21. $g(x) = \frac{1}{2}(x + 2)^2 - 3$
22. $h(x) = -3x^2 + 2$

Nos exercícios de 23 a 26, encontre o vértice e o eixo de simetria do gráfico de cada função.

23. $f(x) = 3(x - 1)^2 + 5$
24. $g(x) = -3(x + 2)^2 - 1$
25. $f(x) = 5(x - 1)^2 - 7$
26. $g(x) = 2(x - \sqrt{3})^2 + 4$

Nos exercícios de 27 a 32, encontre o vértice e o eixo de simetria do gráfico de cada função. Reescreva a função na forma canônica.

27. $f(x) = 3x^2 + 5x - 4$
28. $f(x) = -2x^2 + 7x - 3$
29. $f(x) = 8x - x^2 + 3$
30. $f(x) = 6 - 2x + 4x^2$
31. $g(x) = 5x^2 + 4 - 6x$
32. $h(x) = -2x^2 - 7x - 4$

Nos exercícios de 33 a 38, use o recurso de completar o quadrado de uma expressão algébrica para descrever o gráfico de cada função. Prove suas respostas graficamente.

33. $f(x) = x^2 - 4x + 6$
34. $g(x) = x^2 - 6x + 12$
35. $f(x) = 10 - 16x - x^2$
36. $h(x) = 8 + 2x - x^2$
37. $f(x) = 2x^2 + 6x + 7$
38. $g(x) = 5x^2 - 25x + 12$

Nos exercícios de 39 a 42, escreva uma equação para cada parábola, sabendo que um dos pontos do gráfico é o vértice.

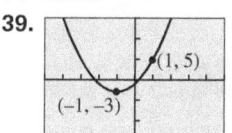

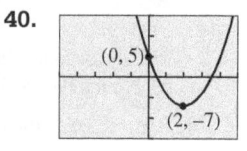

39. (1, 5); (−1, −3)
[−5, 5] por [−15, 15]

40. (0, 5); (2, −7)
[−5, 5] por [−15, 15]

41. 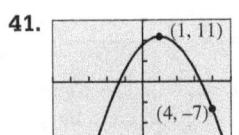
[gráfico com vértice (1, 11) e ponto (4, −7)]
[−5, 5] por [−15, 15]

42. 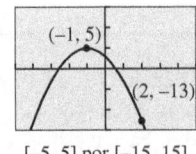
[gráfico com vértice (−1, 5) e ponto (2, −13)]
[−5, 5] por [−15, 15]

Nos exercícios 43 e 44, escreva uma equação para a função do segundo grau cujo gráfico contém o vértice e o ponto dados.

43. Vértice (1, 3) e ponto (0, 5).

44. Vértice (−2, −5) e ponto (−4, −27).

45. Uma pequena empresa fabrica bonecas e semanalmente arca com um custo fixo de R$ 350,00. Se o custo para o material é de R$ 4,70 por boneca e seu custo total na semana é uma média de R$ 500,00, quantas bonecas essa pequena empresa produz por semana?

46. Entre todos os retângulos cujos perímetros são iguais a 100 metros, encontre as dimensões do que tem a área máxima.

47. O preço p por unidade de um produto, quando x unidades (em milhares) são produzidas, é modelado pela função:

$$preço = p = 12 - 0{,}025x$$

A receita (em milhões de reais) é o produto do preço por unidade pela quantidade (em milhares) vendida. Isto é,

$$receita = xp = x\,(12 - 0{,}025x)$$

(a) Represente graficamente a receita para uma produção de 0 a 100.000 unidades.

(b) Quantas unidades deveriam ser produzidas para a receita total ser de R$ 1.000.000,00?

48. Uma imobiliária tem 1.600 unidades de imóveis para alugar, das quais 800 já estão alugadas por R$ 300,00 mensais. Uma pesquisa de mercado indica que, para cada diminuição de R$ 5,00 no valor do aluguel mensal, 20 novos contratos são assinados.

(a) Encontre a função receita que modela o total arrecadado, em que x é o número de descontos de R$ 5,00 no aluguel mensal.

(b) Represente graficamente a receita para valores de aluguel entre R$ 175,00 e R$ 300,00 (isto é, para $0 \leq x \leq 25$), que mostra a receita máxima.

(c) Qual valor de aluguel permite que a imobiliária tenha receita mensal máxima?

Nos exercícios 49 e 50, complete a análise para cada função dada.

49. Analisando uma função Complete:

A função $f(x) = x$ chamada função identidade.

Domínio:

Imagem:

Continuidade:

Comportamento crescente/decrescente:

Simetria:

Limite:

Extremo local:

Assíntotas horizontais:

Assíntotas verticais:

Comportamento nos extremos do domínio:

50. Analisando uma função Complete:

A função de segundo grau $f(x) = x^2$

Domínio:

Imagem:

Continuidade:

Comportamento crescente/decrescente:

Simetria:

Limite:

Extremo local:

Assíntotas horizontais:

Assíntotas verticais:

Comportamento nos extremos do domínio:

51. Verdadeiro ou falso? O valor inicial de $f(x) = 3x^2 + 2x - 3$ é 0. Justifique sua resposta.

52. Verdadeiro ou falso? O gráfico da função $f(x) = x^2 - x + 1$ não tem raiz, isto é, não passa pelo eixo horizontal x. Justifique sua resposta.

Nos exercícios 53 e 54, considere $f(x) = mx + b$, $f(-2) = 3$ e $f(4) = 1$.

53. Múltipla escolha Qual é o valor de m?

(a) 3 (b) −3 (c) −1 (d) $\dfrac{1}{3}$ (e) $-\dfrac{1}{3}$

54. Múltipla escolha Qual é o valor de b?

(a) 4 (b) $\dfrac{11}{3}$ (c) $\dfrac{7}{3}$ (d) 1 (e) $-\dfrac{1}{3}$

Nos exercícios 55 e 56, seja $f(x) = 2(x + 3)^2 - 5$.

55. Múltipla escolha Qual é o eixo de simetria do gráfico de f?

(a) $x = 3$ (b) $x = -3$ (c) $y = 5$
(d) $y = -5$ (e) $y = 0$

56. Múltipla escolha Qual é o vértice de f?

(a) $(0, 0)$ (b) $(3, 5)$ (c) $(3, -5)$
(d) $(-3, 5)$ (e) $(-3, -5)$

57. Identifique gráficos de funções do primeiro grau

(a) Quais das representações gráficas de retas são gráficos de funções do primeiro grau? Justifique sua resposta.

(b) Quais das representações gráficas de retas são gráficos de funções? Justifique sua resposta.

(c) Quais das representações gráficas de retas não são gráficos de funções? Justifique sua resposta.

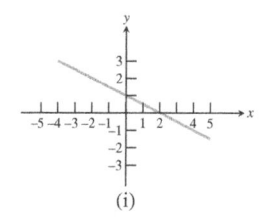

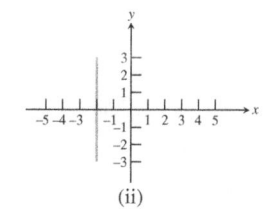

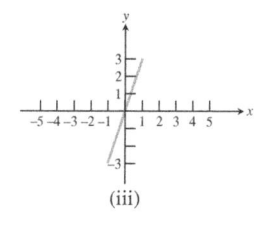

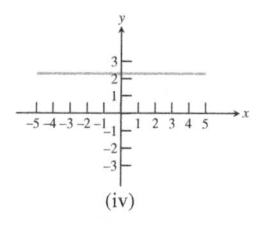

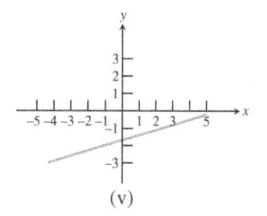

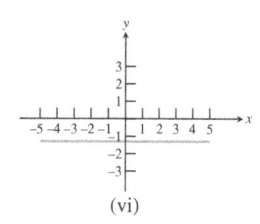

(i)

(ii)

(iii)

(iv)

(v)

(vi)

58. Seja $f(x) = x^2$, $g(x) = 3x + 2$, $h(x) = 7x - 3$, $k(x) = mx + b$ e $l(x) = x^3$.

(a) Calcule a taxa média de variação de f de $x = 1$ a $x = 3$.

(b) Calcule a taxa média de variação de f de $x = 2$ a $x = 5$.

(c) Calcule a taxa média de variação de f de $x = a$ a $x = c$.

(d) Calcule a taxa média de variação de g de $x = 1$ a $x = 3$.

(e) Calcule a taxa média de variação de g de $x = 1$ a $x = 4$.

(f) Calcule a taxa média de variação de g de $x = a$ a $x = c$.

(g) Calcule a taxa média de variação de h de $x = a$ a $x = c$

(h) Calcule a taxa média de variação de k de $x = a$ a $x = c$.

(i) Calcule a taxa média de variação de l de $x = a$ a $x = c$.

59. Suponha que $b^2 - 4ac > 0$ para a equação $ax^2 + bx + c = 0$.

(a) Mostre que a soma das duas soluções dessa equação é $-\dfrac{b}{a}$.

(b) Mostre que o produto das duas soluções dessa equação é $\dfrac{c}{a}$.

60. Prove que o eixo de simetria do gráfico de $f(x) = (x - a)(x - b)$ é $x = \dfrac{a+b}{2}$, onde a e b são números reais.

61. Identifique o vértice do gráfico de $f(x) = (x - a)(x - b)$ é $x = \dfrac{a+b}{2}$, onde a e b são quaisquer números reais.

62. Prove que se x_1 e x_2 são números reais e são as raízes da função do segundo grau dada por $f(x) = ax^2 + bx + c$, então o eixo de simetria do gráfico de f é $x = \dfrac{(x_1 + x_2)}{2}$.

Capítulo 9
Funções potência

Objetivos de aprendizagem
- Definição.
- Funções monomiais e seus gráficos.
- Gráficos de funções potência.

As funções potência podem descrever as relações proporcionais existentes, por exemplo, na geometria, na química e na física.

Definição

As funções potência formam um importante grupo de funções por sua própria estrutura, além de fazerem parte de outras funções. Vejamos a seguir sua definição.

> **DEFINIÇÃO** Função potência
>
> **Função potência** é qualquer função que pode ser escrita na forma
>
> $$f(x) = k \cdot x^a,$$
>
> onde k e a são constantes diferentes de zero. Perceba que a constante a é a **potência** (ou o **expoente**), e k é a constante de variação ou constante de proporção. Dizemos que $f(x)$ **varia como** a a-*ésima* potência de x ou que $f(x)$ **é proporcional à** a-*ésima* potência de x.

Em geral, se $y = f(x)$ varia como uma potência constante de x, então y é uma função potência de x. As fórmulas mais comuns em geometria e ciência são funções potência, por exemplo:

Nome	Fórmula	Potência ou expoente	Constante de variação
Comprimento da circunferência	$C = 2\pi r$	1	2π
Área de um círculo	$A = \pi r^2$	2	π
Força da gravidade	$F = \dfrac{k}{d^2}$	-2	k
Lei de Boyle	$V = \dfrac{k}{P}$	-1	k

Esses exemplos de funções potência envolvem relações que podem ser uma *variação* ou uma *proporção*. Vejamos:

- O comprimento da circunferência varia diretamente com o seu raio.
- A área dentro de um círculo é diretamente proporcional ao quadrado do seu raio.
- A força de gravidade agindo sobre um objeto é inversamente proporcional ao quadrado da distância do objeto ao centro da Terra.

■ A lei de Boyle afirma que o volume de um gás armazenado (em uma temperatura constante) varia inversamente à pressão aplicada.

As fórmulas de função potência com expoentes positivos (potências positivas) são exemplos de **variação direta**, e as com expoentes negativos (potências negativas) são exemplos de **variação inversa**. A variação sempre é assumida como direta, a menos que a palavra *inversamente* esteja incluída em seu contexto.

EXEMPLO 1 Análise de funções potência

Verifique a potência (ou o expoente) e a constante de variação para cada função, represente-a graficamente e analise-a.

(a) $f(x) = \sqrt[3]{x}$ (b) $g(x) = \dfrac{1}{x^2}$

SOLUÇÃO

(a) Como $f(x) = \sqrt[3]{x} = x^{1/3} = 1 \cdot x^{1/3}$, então seu expoente é $\dfrac{1}{3}$ e sua constante de variação é 1.
O gráfico de f é demonstrado na Figura 9.1(a).
Domínio: conjunto de todos os números reais.
Imagem: conjunto de todos os números reais.
É contínua.
É crescente para todo x.
É simétrica com relação à origem (uma função ímpar).
Não é limitada nem superior, nem inferiormente.
Não tem extremo local.
Não tem assíntotas.
Comportamento nos extremos do domínio: $\lim_{x \to -\infty} \sqrt[3]{x} = -\infty$ e $\lim_{x \to +\infty} \sqrt[3]{x} = +\infty$.

Fato interessante: a função raiz cúbica $f(x) = \sqrt[3]{x}$ é a inversa da função cúbica ($f(x) = x^3$).

(b) Como $g(x) = \dfrac{1}{x^2} = x^{-2} = 1 \cdot x^{-2}$, então seu expoente é -2 e sua constante de variação é 1.
O gráfico de g é demonstrado na Figura 9.1(b).
Domínio: $]-\infty, 0[\cup]0, +\infty[$.
Imagem: $]0, +\infty[$.
É contínua sobre seu domínio.
É descontínua em $x = 0$.
É crescente sobre $]-\infty, 0[$.
É decrescente sobre $]0, +\infty[$.
É simétrica com relação ao eixo y (uma função par).
É limitada inferior, mas não superiormente.
Não tem extremo local.
Assíntota horizontal $y = 0$. Assíntota vertical: $x = 0$.
Comportamento nos extremos do domínio: $\lim_{x \to -\infty} \left(\dfrac{1}{x^2}\right) = 0$ e $\lim_{x \to +\infty} \left(\dfrac{1}{x^2}\right) = 0$

Fato interessante: $g(x) = \dfrac{1}{x^2}$ é a base das *leis científicas com inverso de um quadrado*, como o princípio gravitacional com quadrado inverso dado por $F = \dfrac{k}{d^2}$, mencionado anteriormente.

Assim, $g(x) = \dfrac{1}{x^2}$ é chamada às vezes de função do quadrado inverso. Mas perceba que ela *não* é a inversa da função quadrática, e sim sua inversa *multiplicativa*.

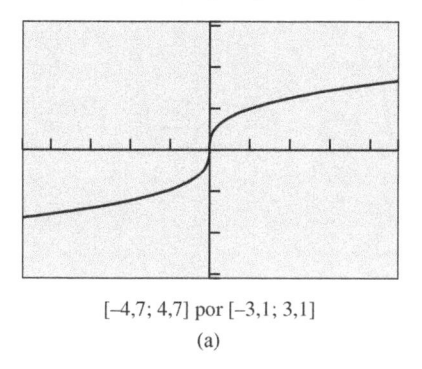

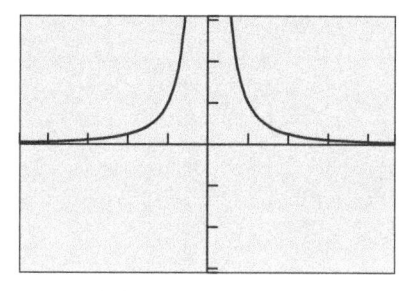

[−4,7; 4,7] por [−3,1; 3,1]	[−4,7; 4,7] por [−3,1; 3,1]
(a)	(b)

Figura 9.1 Gráficos de (a) $f(x) = \sqrt[3]{x} = x^{1/3}$ e (b) $g(x) = \dfrac{1}{x^2} = x^{-2}$.

Funções monomiais e seus gráficos

A função polinomial de um único termo é uma função potência, também chamada *função monomial*.

DEFINIÇÃO   Função monomial

Função monomial é qualquer função que pode ser escrita como:

$$f(x) = k \text{ ou } f(x) = k \cdot x^n,$$

onde k é uma constante e n é um número inteiro positivo.

Perceba que a função zero e as funções constantes são funções monomiais. Mas a função monomial mais típica é uma função potência com um expoente inteiro positivo, expoente esse que indica o grau do monômio. As funções básicas x, x^2 e x^3 são funções monomiais típicas. É importante entender os gráficos das funções monomiais porque toda função polinomial é uma função monomial ou uma soma de funções monomiais.

Vamos analisar a função cúbica

$f(x) = x^3, x \in \mathbb{R}$
Domínio: conjunto de todos os números reais.
Imagem: conjunto de todos os números reais.
É contínua.
É crescente para todo x.
É simétrica com relação à origem (uma função ímpar).

Não é limitada nem superior, nem inferiormente.
Não tem extremo local.
Não tem assíntotas nem horizontais nem verticais.
Comportamento nos extremos do domínio: $\lim_{x \to -\infty} x^3 = -\infty$ e $\lim_{x \to +\infty} x^3 = +\infty$.

[−4,7; 4,7] por [−3,1; 3,1]

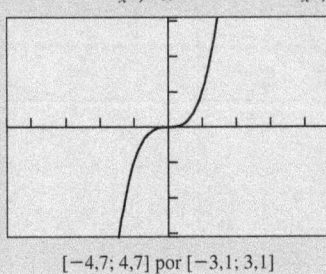

Figura 9.2 Gráfico de $f(x) = x^3$.

EXEMPLO 2 Representação gráfica de funções monomiais

Descreva como obter o gráfico das funções dadas a partir do gráfico de $g(x) = x^n$ (observe que o valor do expoente das funções é mantido). Você pode esboçar o gráfico e conferir com uma calculadora apropriada.

(a) $f(x) = 2x^3$

(b) $f(x) = -\dfrac{2}{3} x^4$

SOLUÇÃO

(a) Obtemos o gráfico de $f(x) = 2x^3$ "esticando" verticalmente o gráfico de $g(x) = x^3$ por meio da multiplicação pelo fator 2. Ambas são funções ímpares. Veja a Figura 9.3(a).

(b) Obtemos o gráfico de $f(x) = -\left(\dfrac{2}{3}\right) x^4$ "encolhendo" verticalmente o gráfico de $g(x) = x^4$ por meio da multiplicação pelo fator $\dfrac{2}{3}$ e, então, refletindo-o com relação ao eixo x por causa do sinal negativo. Ambas são funções pares. Veja a Figura 9.3(b).

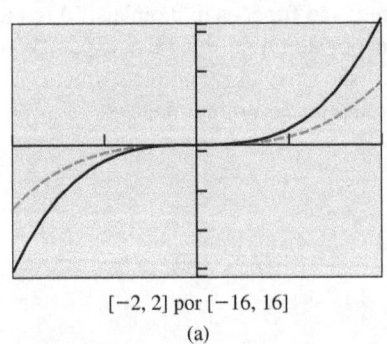

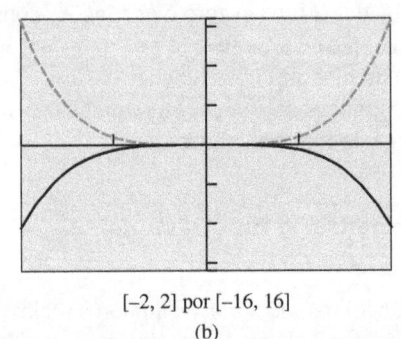

[−2, 2] por [−16, 16]
(a)

[−2, 2] por [−16, 16]
(b)

Figura 9.3 Gráficos de (a) $f(x) = 2x^3$ com função monomial básica $g(x) = x^3$ e (b) $f(x) = -(2/3) \left(\dfrac{2}{3}\right) x^4$ com função monomial básica $g(x) = x^4$.

Gráficos de funções potência

Os gráficos da Figura 9.4 representam as quatro formas possíveis para funções potência em geral, como $f(x) = k \cdot x^a$, para $x \geq 0$.

Observe que o gráfico de f sempre contém o ponto $(1, k)$. As funções que apresentam expoentes positivos também passam pelo ponto $(0, 0)$. Aquelas com expoentes negativos são assintóticas para os dois eixos, isto é, não cruzam nenhum deles.

Quando $k > 0$, temos o gráfico no primeiro quadrante, mas quando $k < 0$ o gráfico está no quarto quadrante.

Em geral, para qualquer função potência $f(x) = k \cdot x^a$, quando $x < 0$, ocorre uma das três situações a seguir:

- f é indefinida para $x < 0$, como em $f(x) = x^{1/2}$ e $f(x) = x^\pi$.
- f é uma função par; assim, f é simétrica com relação ao eixo vertical y, como em $f(x) = x^{-2}$ e $f(x) = x^{2/3}$.
- f é uma função ímpar; assim, f é simétrica com relação à origem, como em $f(x) = x^{-1}$ e $f(x) = x^{7/3}$.

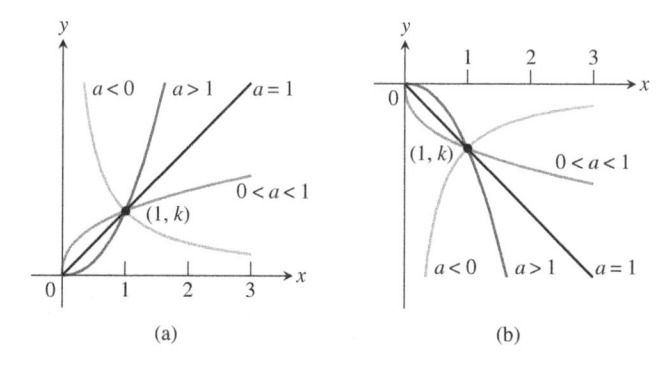

Figura 9.4 Gráficos de $f(x) = k \cdot x^a$, para $x \geq 0$. (a) $k > 0$, (b) $k < 0$.

O próximo exemplo ilustra o processo em dois passos para a representação gráfica da função potência.

EXEMPLO 3 **Representação gráfica de funções potência da forma $f(x) = k \cdot x^a$**

Encontre os valores das constantes k e a. Descreva a parte da curva que está no primeiro ou no quarto quadrante. Determine se f é par, ímpar ou indefinida para $x < 0$. Descreva o restante da curva nos demais quadrantes. Esboce o gráfico para verificar a descrição.

(a) $f(x) = 2x^{-3}$ (b) $f(x) = -0{,}4x^{1{,}5}$ (c) $f(x) = -x^{0{,}4}$

SOLUÇÃO

(a) Como $k = 2$ é positivo e $a = -3$ é negativo, então o gráfico passa pelo par ordenado $(1, 2)$ e é assintótico em ambos os eixos. O gráfico é de uma função decrescente no primeiro quadrante. A função f é ímpar porque:

$$f(-x) = 2(-x)^{-3} = \frac{2}{(-x)^3} = -\frac{2}{x^3} = -2x^{-3} = -f(x)$$

Assim, o gráfico é simétrico com relação à origem. O gráfico na Figura 9.5(a) nos orienta sobre todos os aspectos dessa descrição.

(b) Como $k = -0,4$ é negativo e $a = 1,5 > 1$, então o gráfico contém o par ordenado $(0, 0)$ e passa pelo par ordenado $(1; -0,4)$. O gráfico é de uma função decrescente no quarto quadrante. A função f não está definida para $x < 0$ porque:

$$f(x) = -0,4x^{1,5} = -\frac{2}{5}x^{3/2} = -\frac{2}{5}(\sqrt{x})^3$$

Repare que a função raiz quadrada não está definida para $x < 0$. Assim, o gráfico de f não tem pontos no segundo e no terceiro quadrantes. O gráfico na Figura 9.5(b) nos orienta sobre todos os aspectos dessa descrição.

(c) Como $k = -1$ é negativo e $0 < a < 1$, então o gráfico contém o par ordenado $(0, 0)$ e passa pelo par ordenado $(1, -1)$. O gráfico é de uma função decrescente no quarto quadrante. A função f é par porque:

$$f(-x) = -(-x)^{0,4} = -(-x)^{2/5} = -(\sqrt[5]{-x})^2 = -(-\sqrt[5]{x})^2$$
$$= -(\sqrt[5]{x})^2 = -x^{0,4} = f(x)$$

Assim, o gráfico de f é simétrico com relação ao eixo vertical y. O gráfico na Figura 9.5(c) confirma a descrição.

[−4,7; 4,7] por [−3,1; 3,1]
(a)

[−4,7; 4,7] por [−3,1; 3,1]
(b)

[−4,7; 4,7] por [−3,1; 3,1]
(c)

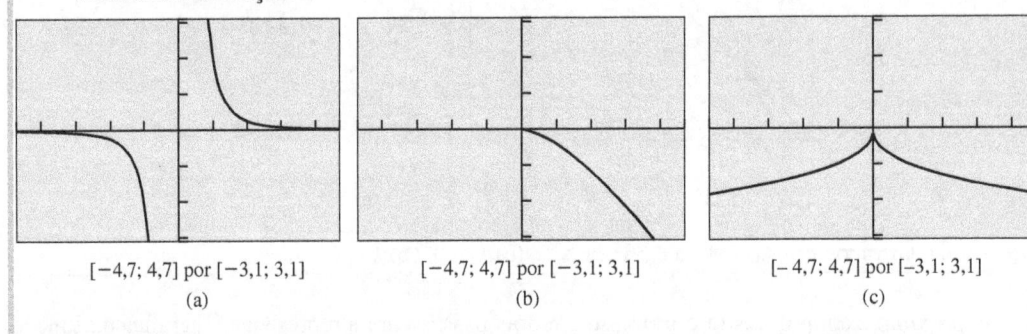

Figura 9.5 Gráficos de (a) $f(x) = 2x^{-3}$; (b) $f(x) = -0,4x^{1,5}$; e (c) $f(x) = -x^{0,4}$.

Vamos analisar a função raiz quadrada

$f(x) = \sqrt{x}$, $x \geq 0$
Domínio: $[0, +\infty[$.
Imagem: $[0, +\infty[$.
É contínua sobre $[0, +\infty[$.
É crescente sobre $[0, +\infty[$.
Não apresenta simetria.
Limitada inferiormente, mas não superiormente.
Mínimo local em $x = 0$.
Não tem assíntotas horizontais nem verticais.
Comportamento nos extremos do domínio: $\lim_{x \to +\infty} \sqrt{x} = +\infty$.

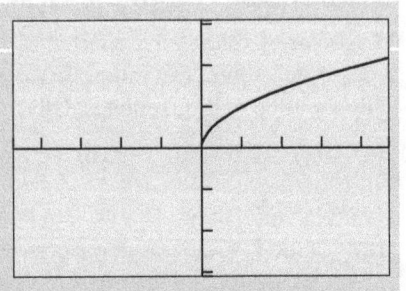

[−4,7; 4,7] por [−3,1; 3,1]

Figura 9.6 Gráfico de $f(x) = \sqrt{x}$.

Revisão Rápida

Nos exercícios de 1 a 6, escreva as seguintes expressões usando somente expoentes inteiros positivos.

1. $x^{2/3}$
2. $p^{5/2}$
3. d^{-2}
4. x^{-7}
5. $q^{-4/5}$
6. $m^{-1/5}$

Nos exercícios de 7 a 10, escreva as seguintes expressões na forma $k \cdot x^a$ usando um único número racional para o expoente.

7. $\sqrt{9x^3}$
8. $\sqrt[3]{8x^5}$
9. $\sqrt[3]{\dfrac{5}{x^4}}$
10. $\dfrac{4x}{\sqrt{32x^3}}$

Exercícios

Nos exercícios de 1 a 10, determine se a função é uma função potência, dado que c, g, k e π representam constantes. Para aquelas que são funções potência, verifique o expoente e a constante de variação.

1. $f(x) = -\dfrac{1}{2}x^5$
2. $f(x) = 9x^{5/3}$
3. $f(x) = 3 \cdot 2^x$
4. $f(x) = 13$
5. $E(m) = mc^2$
6. $KE(v) = \dfrac{1}{2}kv^5$
7. $d = \dfrac{1}{2}gt^2$
8. $V = \dfrac{4}{3}\pi r^3$
9. $I = \dfrac{k}{d^2}$
10. $F(a) = m \cdot a$

Nos exercícios de 11 a 16, determine se a função é dada por um monômio, sabendo que l e π representam constantes. Para aquelas que são funções monomiais, verifique o grau e o coeficiente principal. Para aquelas que não são, justifique.

11. $f(x) = -4$
12. $f(x) = 3x^{-5}$
13. $y = -6x^7$
14. $y = -2 \cdot 5^x$
15. $S = 4\pi r^2$
16. $A = lw$

Nos exercícios de 17 a 22, escreva uma equação com função potência para cada um dos problemas. Utilize k como a constante de variação, se nenhuma for dada.

17. A área A de um triângulo equilátero varia diretamente com o quadrado do comprimento s dos seus lados.

18. O volume V de um cilindro circular com peso fixado é proporcional ao quadrado do seu raio r.

19. A corrente I em um circuito elétrico é inversamente proporcional à resistência R, com constante de variação V.

20. A lei de Charles (conhecida como lei de Gay-Lussac) diz que o volume V de um gás ideal, à pressão constante, varia diretamente com a temperatura absoluta T.

21. A energia E produzida em uma reação nuclear é proporcional à massa m, com a constante de variação sendo c^2, o quadrado da velocidade da luz.

22. A velocidade p de um objeto em queda livre que foi lançado varia com a raiz quadrada da distância percorrida d, com a constante de variação $k = \sqrt{2g}$.

Nos exercícios de 23 a 25, escreva uma sentença que expresse o que ocorre na fórmula, usando a linguagem de variação ou proporção.

23. $w = mg$, onde w e m são o peso e a massa de um objeto, respectivamente, e g é a constante de aceleração por causa da gravidade.

24. $C = \pi D$, onde C e D representam o comprimento e o diâmetro de um círculo, respectivamente, e π é a constante.

25. $d = \dfrac{p^2}{2g}$, onde d é a distância percorrida de um objeto lançado em queda livre, p é a velocidade do objeto e g é a constante de aceleração por causa da gravidade.

Nos exercícios de 26 a 29, verifique a potência e a constante de variação para a função, esboce-a graficamente e faça uma análise completa.

26. $f(x) = 2x^4$
27. $f(x) = -3x^3$
28. $f(x) = \dfrac{1}{2}\sqrt[4]{x}$
29. $f(x) = -2x^{-3}$

Nos exercícios de 30 a 35, descreva como obter o gráfico da função monomial dada a partir do gráfico de $g(x) = x^n$ com o mesmo expoente n. Verifique se a função é par ou ímpar. Esboce o gráfico e, caso queira, verifique-o com uma calculadora adequada.

30. $f(x) = \dfrac{2}{3}x^4$

31. $f(x) = 5x^3$

32. $f(x) = -1{,}5x^5$

33. $f(x) = -2x^6$

34. $f(x) = \dfrac{1}{4}x^8$

35. $f(x) = \dfrac{1}{8}x^7$

Nos exercícios de 36 a 41, associe cada função a uma das curvas no gráfico.

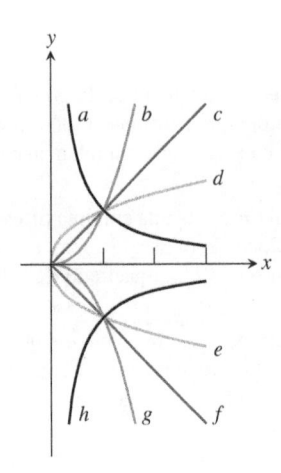

36. $f(x) = -\dfrac{2}{3}x^4$

37. $f(x) = \dfrac{1}{2}x^{-5}$

38. $f(x) = 2x^{1/4}$

39. $f(x) = -x^{5/3}$

40. $f(x) = -2x^{-2}$

41. $f(x) = 1{,}7x^{2/3}$

Nos exercícios de 42 a 47, verifique os valores das constantes k e a para a função $f(x) = k \cdot x^a$. Descreva a parte da curva que pertence ao primeiro e ao quarto quadrantes. Determine se f é par, ímpar ou indefinida para $x < 0$. Descreva a parte restante da curva. Esboce graficamente a função para verificar os itens da descrição.

42. $f(x) = 3x^{1/4}$

43. $f(x) = -4x^{2/3}$

44. $f(x) = -2x^{4/3}$

45. $f(x) = \dfrac{2}{5}x^{5/2}$

46. $f(x) = \dfrac{1}{2}x^{-3}$

47. $f(x) = -x^{-4}$

Nos exercícios 48 e 49, os valores são dados para y como uma função potência de x. Escreva uma equação potência e verifique seu expoente e a constante de variação.

48.

x	2	4	6	8	10
y	2	0,5	0,222...	0,125	0,08

49.

x	1	4	9	16	25
y	-2	-4	-6	-8	-10

50. Se n é um número inteiro, $n \geq 1$, prove que $f(x) = x^n$ é uma função ímpar, se n for ímpar, e é uma função par, se n for par.

51. Verdadeiro ou falso? A função $f(x) = x^{-2/3}$ é par. Justifique sua resposta.

52. Verdadeiro ou falso? O gráfico da função $f(x) = x^{1/3}$ é simétrico com relação ao eixo vertical y. Justifique sua resposta.

Nos exercícios de 53 a 56, resolva o problema sem usar calculadora.

53. Múltipla escolha Seja $f(x) = 2x^{-1/2}$. Qual é o valor de $f(4)$?

(a) 1 **(b)** -1 **(c)** $2\sqrt{2}$

(d) $\dfrac{1}{2\sqrt{2}}$ **(e)** 4

54. Múltipla escolha Seja $f(x) = -3x^{-1/3}$. Qual das alternativas é verdadeira?

(a) $f(0) = 0$ **(b)** $f(-1) = -3$ **(c)** $f(1) = 1$

(d) $f(3) = 3$ **(e)** $f(0)$ é indefinido

55. Múltipla escolha Seja $f(x) = x^{2/3}$. Qual das alternativas é verdadeira?

(a) f é uma função ímpar.

(b) f é uma função par.

(c) f não é uma função par, nem uma função ímpar.

(d) O gráfico de f é simétrico com relação ao eixo horizontal x.

(e) O gráfico de f é simétrico com relação à origem.

56. Múltipla escolha Qual dos seguintes conjuntos é o domínio da função $f(x) = x^{3/2}$?

(a) O conjunto de todos os números reais.

(b) $[0, +\infty[$

(c) $]0, +\infty[$

(d) $]-\infty, 0[$

(e) $]-\infty, 0[\cup]0, +\infty[$

57. Prove que $g(x) = \dfrac{1}{f(x)}$ é par, se, e somente se, $f(x)$ for par, e que $g(x) = \dfrac{1}{f(x)}$ é ímpar, se, e somente se, $f(x)$ for ímpar.

58. Use os resultados do exercício anterior para provar que $g(x) = x^{-a}$ é par, se, e somente se, $f(x) = x^a$ for par, e que $g(x) = x^{-a}$ é ímpar, se, e somente se, $f(x) = x^a$ for ímpar.

Capítulo 10

Funções polinomiais

Objetivos de aprendizagem
- Gráficos de funções polinomiais.
- Comportamento das funções polinomiais nos extremos do domínio.
- Raízes das funções polinomiais.
- Divisão longa e algoritmo da divisão.
- Teorema do resto e teorema de D'Alembert.
- Divisão de polinômios pelo método de Briot Ruffini.
- Teorema das raízes racionais.
- Limites superior e inferior das raízes de uma função polinomial.

Esses tópicos são importantes quando fazemos modelagem de problemas e podem ser usados para melhorar as aproximações de funções mais complicadas.

Gráficos de funções polinomiais

No Capítulo 8, recordamos que uma função polinomial de grau zero é uma função constante, e o gráfico é representado por uma reta horizontal, paralela ao eixo x. Já uma função polinomial de grau 1 é uma função do primeiro grau, e seu gráfico é representado por uma reta inclinada. Por fim, uma função polinomial de grau 2 é uma função do segundo grau, e seu gráfico é representado por uma parábola.

Neste capítulo, vamos considerar funções polinomiais de graus mais altos. Estas incluem as **funções cúbicas** (polinomiais de grau 3) e as **funções quárticas** (polinomiais de grau 4). Já vimos que uma função polinomial de grau n pode ser escrita na forma:

$$f(x) = a_n x^n + a_{n-1} x^{n-1} + \ldots + a_2 x^2 + a_1 x + a_0, \text{ com } a_n \neq 0.$$

Observe algumas definições importantes associadas às funções polinomiais.

> **DEFINIÇÃO** O vocabulário dos polinômios
> - Cada monômio na soma $(a_n x^n + a_{n-1} x^{n-1}, \ldots, a_0)$ é um **termo** do polinômio.
> - A **forma padrão** de escrever uma função polinomial é com seus termos apresentando graus decrescentes.
> - As constantes $a_n, a_{n-1}, \ldots, a_0$ são os **coeficientes** do polinômio.
> - O termo $a_n x^n$ é o **termo principal**, e a_0 é o **termo constante**.

No Exemplo 1, veremos que o termo constante a_0 de uma função polinomial p é tanto o valor inicial da função $p(0)$ como o valor por onde o gráfico corta o eixo vertical y, chamado de intercepto.

116 Pré-cálculo

EXEMPLO 1 Transformações no gráfico das funções monomiais

Descreva como transformar o gráfico de uma função monomial $f(x) = a_n x^n$ em um gráfico das funções dadas abaixo. Esboce o gráfico transformado e verifique a resposta, se possível, em calculadora com esse recurso. Calcule a localização do intercepto, o valor por onde o gráfico passa no eixo vertical y, como forma de conferir o gráfico transformado.

(a) $g(x) = 4(x + 1)^3$
(b) $h(x) = -(x - 2)^4 + 5$

SOLUÇÃO

(a) Você pode obter o gráfico de $g(x) = 4(x + 1)^3$ deslocando o gráfico de $f(x) = 4x^3$ uma unidade para a esquerda, como mostrado na Figura 10.1(a). O intercepto do gráfico de g é $g(0) = 4(0 + 1)^3 = 4$, que coincide com o valor observado no gráfico transformado.

(b) Você pode obter o gráfico de $h(x) = -(x - 2)^4 + 5$ deslocando o gráfico de $f(x) = -x^4$ duas unidades para a direita e cinco unidades para cima, como mostrado na Figura 10.1(b). O intercepto do gráfico de h é $h(0) = -(0 - 2)^4 + 5 = -16 + 5 = -11$, que coincide com o valor observado no gráfico transformado.

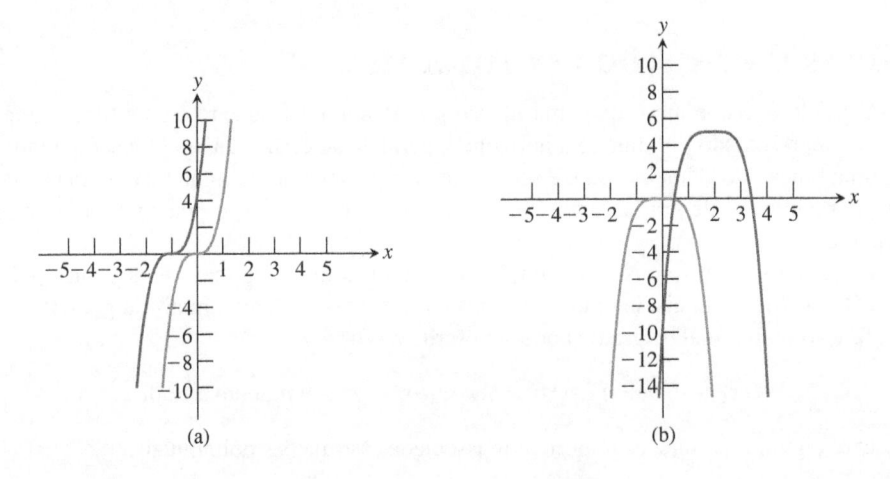

Figura 10.1 (a) Gráficos de $g(x) = 4(x + 1)^3$ e $f(x) = 4x^3$. (b) Gráficos de $h(x) = -(x - 2)^4 + 5$ e $f(x) = -x^4$.

O Exemplo 2 mostra o que pode acontecer quando funções monomiais são combinadas para obter funções polinomiais, chegando à conclusão de que os polinômios resultantes *não* são meros deslocamentos de funções monomiais.

EXEMPLO 2 Combinações de gráficos de funções monomiais

Represente graficamente a função polinomial, localize seus extremos e raízes e explique como ela está relacionada com as funções monomiais utilizadas para sua construção.
(a) $f(x) = x^3 + x$
(b) $g(x) = x^3 - x$

SOLUÇÃO

(a) O gráfico de $f(x) = x^3 + x$ é demonstrado na Figura 10.2(a). A função f é crescente sobre $]-\infty, +\infty[$ e não tem extremos (nem valores máximo e mínimo). A função fatorada é $f(x) = x(x^2 + 1)$ e tem raiz em $x = 0$. A forma geral do gráfico é muito parecida com o gráfico de seu termo principal, que é x^3, porém, próxima da origem, a função f se comporta como o outro termo dado por x, como observamos na Figura 10.2(b). A função f é ímpar, assim como cada parcela, isto é, cada monômio.

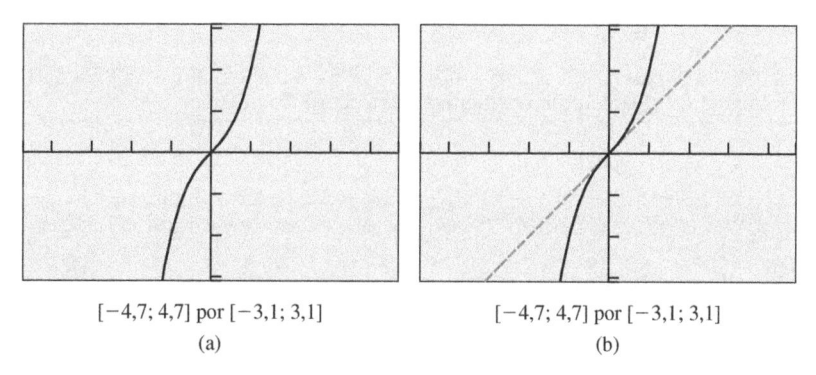

[−4,7; 4,7] por [−3,1; 3,1]   [−4,7; 4,7] por [−3,1; 3,1]
(a)   (b)

Figura 10.2 Gráfico de $f(x) = x^3 + x$ (a) sozinha e (b) com a função $y = x$.

(b) O gráfico de $g(x) = x^3 - x$ é demonstrado na Figura 10.3(a). A função g tem um máximo local dado por $\cong 0{,}38$, quando $x \cong -0{,}58$, e um mínimo local dado por $\cong -0{,}38$, quando $x \cong 0{,}58$. A função fatorada é $g(x) = x(x + 1)(x - 1)$ e tem raízes em $x = -1$, $x = 0$ e $x = 1$. A forma geral do gráfico é muito parecida com o gráfico do seu termo principal, que é x^3, mas, próxima da origem, a função g se comporta como o outro termo dado por $-x$, como vemos na Figura 10.3(b). A função g é ímpar, assim como cada parcela, isto é, cada monômio.

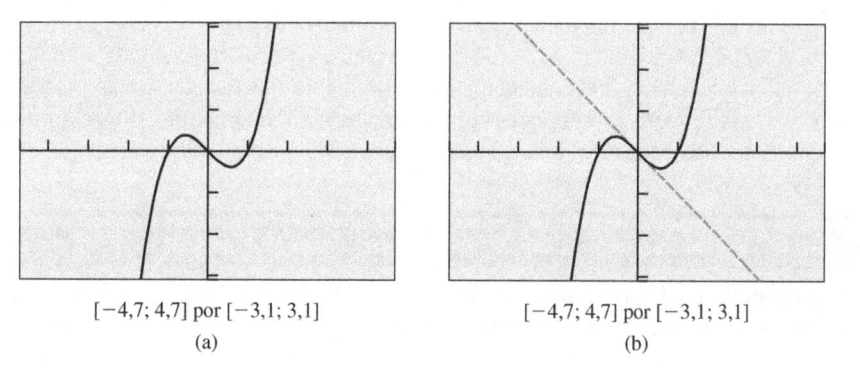

[−4,7; 4,7] por [−3,1; 3,1]   [−4,7; 4,7] por [−3,1; 3,1]
(a)   (b)

Figura 10.3 Gráfico de $g(x) = x^3 - x$ (a) sozinha e (b) com a função $y = -x$.

Toda função polinomial está definida e é contínua para todos os números reais. Além de os gráficos serem sem quebra e sem "buraco", eles também não têm "bicos". Gráficos típicos de funções cúbicas e quárticas são mostrados nas Figuras 10.4 e 10.5.

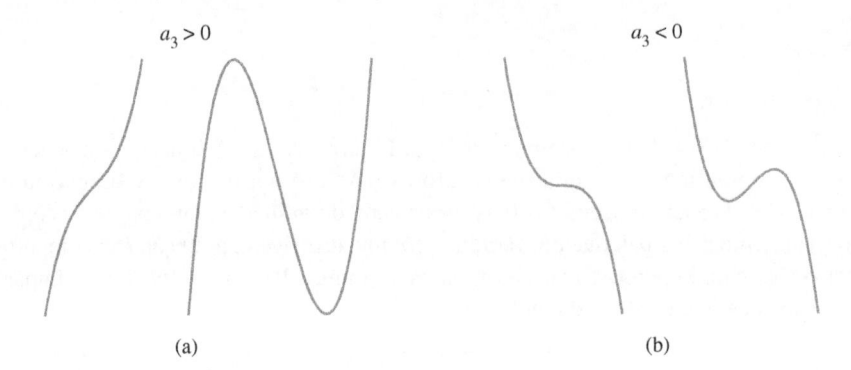

Figura 10.4 Gráficos de quatro funções cúbicas típicas: (a) dois com coeficiente principal positivo e (b) dois com coeficiente principal negativo.

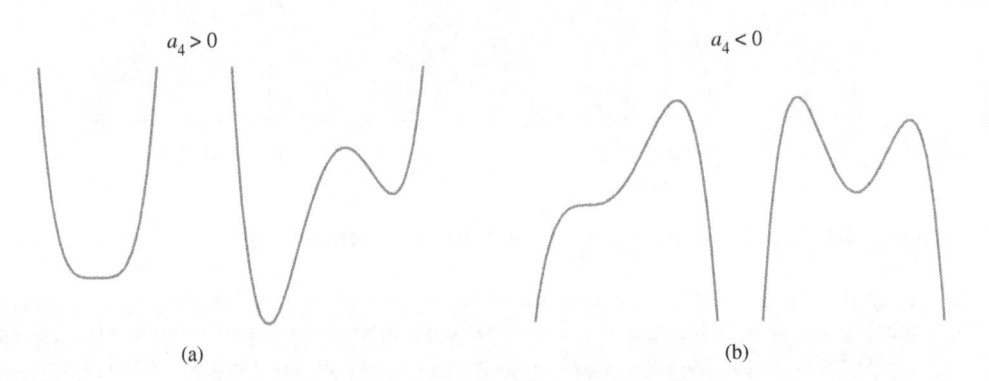

Figura 10.5 Gráficos de quatro funções quárticas típicas: (a) dois com coeficiente principal positivo e (b) dois com coeficiente principal negativo.

Imagine retas horizontais passando através dos gráficos nas Figuras 10.4 e 10.5, como se fossem o eixo horizontal x. Cada intersecção do gráfico com esse eixo corresponde a uma raiz da função. Podemos concluir que as funções cúbicas têm, no máximo, três raízes, e as funções quárticas têm, no máximo, quatro raízes. As funções cúbicas apresentam, no máximo, dois extremos locais, e as funções quárticas, três extremos locais. Essas observações generalizam o resultado:

TEOREMA Extremos locais e raízes de funções polinomiais

Uma função polinomial de grau n tem, no máximo, $n - 1$ extremos locais e, no máximo, n raízes.

Comportamento das funções polinomiais nos extremos do domínio

Uma característica importante das funções polinomiais é o seu comportamento nos extremos do domínio. Esse comportamento está relacionado com o comportamento do termo principal, que será analisado no Exemplo 3.

EXEMPLO 3 Comparação dos gráficos de um polinômio e do seu termo principal

Vamos comparar os gráficos das funções $f(x) = x^3 - 4x^2 - 5x - 3$ e $g(x) = x^3$, que estão no mesmo plano cartesiano, porém em escalas diferentes. Podemos observá-los a seguir:

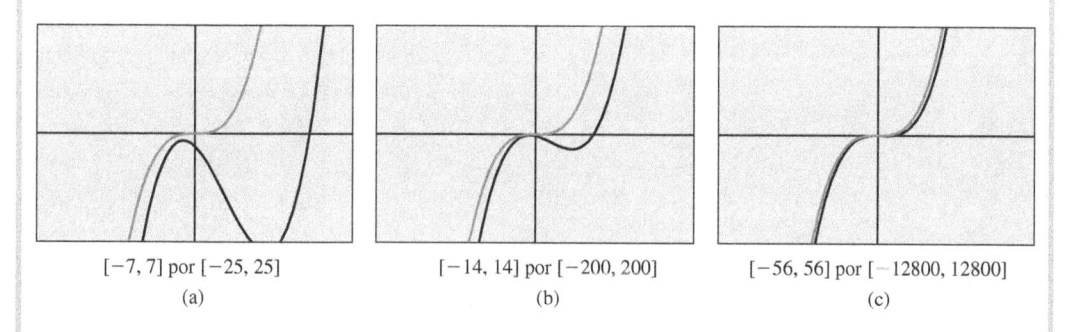

[−7, 7] por [−25, 25]
(a)

[−14, 14] por [−200, 200]
(b)

[−56, 56] por [−12800, 12800]
(c)

Figura 10.6 Gráficos das funções $f(x) = x^3 - 4x^2 - 5x - 3$ e $g(x) = x^3$, que estão no mesmo plano cartesiano e em escalas diferentes.

SOLUÇÃO

A Figura 10.6 mostra os gráficos das funções citadas em dimensões cada vez maiores. Percebemos que os gráficos vão ficando cada vez mais parecidos. Logo, as conclusões são:

$$\lim_{x \to +\infty} f(x) = \lim_{x \to +\infty} g(x) = +\infty \text{ e } \lim_{x \to -\infty} f(x) = \lim_{x \to -\infty} g(x) = -\infty$$

Ao analisar o Exemplo 3, é possível chegar a uma conclusão válida para todos os polinômios: *em escalas suficientemente grandes, o gráfico de um polinômio e o gráfico do seu termo principal parecem idênticos.* Isso significa que o termo principal *domina* o comportamento do polinômio quando $|x| \to +\infty$. Baseados nisso, existem quatro padrões possíveis nos extremos do domínio de uma função polinomial. O expoente e o coeficiente do termo principal nos indicam qual padrão ocorre.

Teste do termo principal para comportamento das funções polinomiais nos extremos do domínio

Para qualquer função polinomial $f(x) = a_n x^n + a_{n-1} x^{n-1} + \cdots + a_2 x^2 + a_1 x + a_0$ os limites $\lim_{x \to +\infty} f(x)$ e $\lim_{x \to -\infty} f(x)$ são determinados pelo grau n do polinômio e seu coeficiente principal a_n.

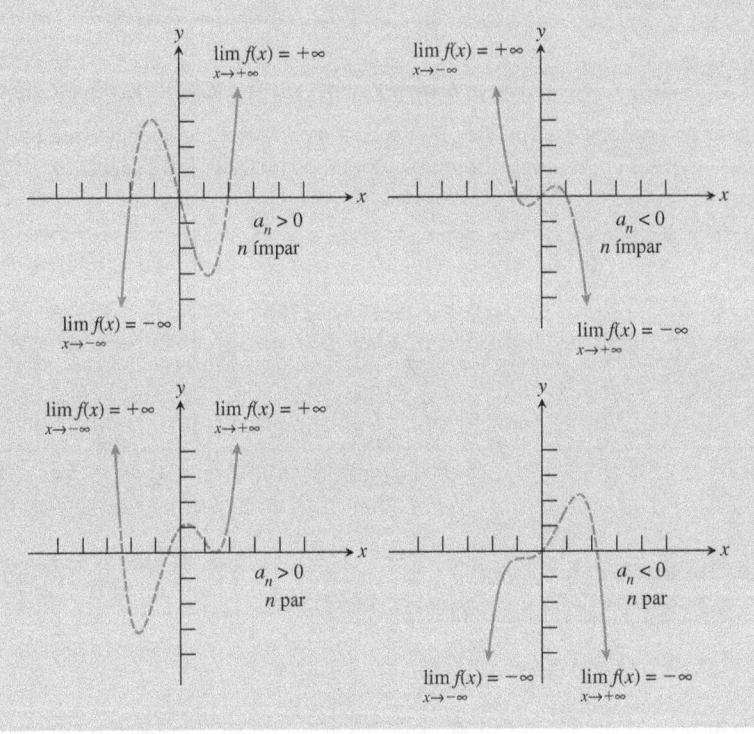

EXEMPLO 4 Análise das funções polinomiais nos extremos do domínio

Descreva o comportamento das funções polinomiais nos extremos do domínio:

(a) $f(x) = x^3 + 2x^2 - 11x - 12$

(b) $g(x) = 2x^4 + 2x^3 - 22x^2 - 18x + 35$

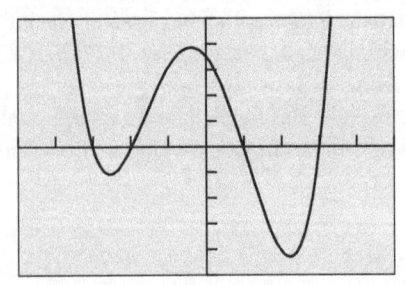

[-5, 5] por [-25, 25]
(a)

[-5, 5] por [-50, 50]
(b)

Figura 10.7 (a) $f(x) = x^3 + 2x^2 - 11x - 12$ e (b) $g(x) = 2x^4 + 2x^3 - 22x^2 - 18x + 35$.

SOLUÇÃO

(a) O gráfico de $f(x) = x^3 + 2x^2 - 11x - 12$ é demonstrado na Figura 10.7(a). A função f tem dois extremos locais e três raízes, que é o número máximo possível para esse polinômio. Os limites são $\lim\limits_{x \to +\infty} f(x) = \lim\limits_{x \to +\infty} x^3 = +\infty$ e $\lim\limits_{x \to -\infty} f(x) = \lim\limits_{x \to -\infty} x^3 = -\infty$.

(b) O gráfico de $g(x) = 2x^4 + 2x^3 - 22x^2 - 18x + 35$ é demonstrado na Figura 10.7(b). A função g tem três extremos locais e quatro raízes, que é o número máximo possível para esse polinômio. Os limites são $\lim\limits_{x \to +\infty} g(x) = \lim\limits_{x \to +\infty} 2x^4 = +\infty$ e $\lim\limits_{x \to -\infty} g(x) = \lim\limits_{x \to -\infty} 2x^4 = +\infty$.

Raízes das funções polinomiais

Encontrar as raízes de uma função f é equivalente a encontrar os valores de x por onde o gráfico de $y = f(x)$ passa no eixo horizontal x, que são as soluções da equação $f(x) = 0$. Uma ideia é fatorar a função polinomial, como observaremos no exemplo a seguir.

EXEMPLO 5   Raízes de uma função polinomial

Encontre as raízes da função $f(x) = x^3 - x^2 - 6x$.

SOLUÇÃO

Solução algébrica

Resolvemos a equação $f(x) = 0$ fatorando:

$$x^3 - x^2 - 6x = 0$$
$$x(x^2 - x - 6) = 0$$
$$x(x-3)(x+2) = 0$$
$$x = 0 \text{ ou } x - 3 = 0 \text{ ou } x + 2 = 0$$
$$x = 0 \text{ ou } x = 3 \text{ ou } x = -2$$

As raízes de f são $0, 3$ e -2.

Solução gráfica

Você pode usar uma calculadora com esse recurso ou esboçar manualmente o gráfico da função. Confira na Figura 10.8.

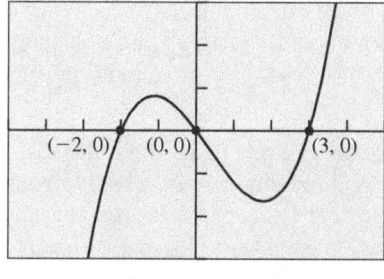

[−5, 5] por [−15, 15]

Figura 10.8 Gráfico de $y = x^3 - x^2 - 6x$.

Do Exemplo 5, vemos que, se uma função polinomial f é apresentada na forma fatorada, cada fator $(x - k)$ corresponde a uma raiz $x = k$, e, se k é um número real, então o par ordenado $(k, 0)$ é um ponto por onde o gráfico passa no eixo horizontal x.

Quando o fator é repetido, como na função $f(x) = (x - 2)^3(x + 1)^2$, dizemos que a função polinomial tem uma *raiz repetida*. A função f tem duas raízes repetidas. Em razão de o fator $x - 2$ ocorrer três vezes, então 2 é uma raiz de *multiplicidade* 3. De maneira similar, -1 é uma raiz de multiplicidade 2. A definição seguinte generaliza esse conceito.

DEFINIÇÃO Multiplicidade de uma raiz de uma função polinomial

Se f é uma função polinomial e $(x - c)^m$ é um fator de f, mas $(x - c)^{m+1}$ não o é, então c é uma raiz de **multiplicidade** m de f, isto é, m é o número de vezes que c é raiz dessa função.

Uma raiz de multiplicidade $m \geq 2$ é uma **raiz repetida**. Observe na Figura 10.9 que o gráfico de $f(x) = (x - 2)^3(x + 1)^2$ *encosta* no eixo horizontal x no par ordenado $(-1, 0)$ e cruza o mesmo eixo no par ordenado $(2, 0)$. Isso também pode ser generalizado.

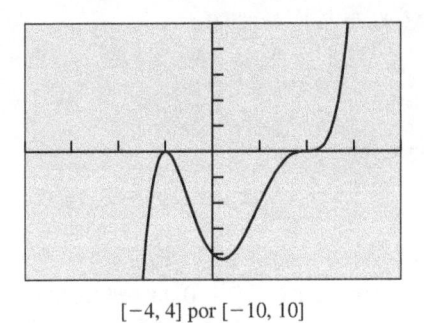

[−4, 4] por [−10, 10]

Figura 10.9 Gráfico de $f(x) = (x - 2)^3(x + 1)^2$.

Raízes de multiplicidade ímpar e par

Se uma função polinomial f tem uma raiz real c de multiplicidade ímpar, então o gráfico de f cruza o eixo horizontal x em $(c, 0)$, e o valor de f muda de sinal em $x = c$.

Se uma função polinomial f tem uma raiz real c de multiplicidade par, então o gráfico de f não cruza o eixo horizontal x em $(c, 0)$, e o valor de f não muda de sinal em $x = c$.

No Exemplo 5, nenhuma das raízes é repetida. Em virtude disso, cada raiz tem multiplicidade 1 (que é ímpar); o gráfico da função polinomial cruza o eixo horizontal x e tem mudança de sinal em todas as raízes (Figura 10.8).

Saber onde o gráfico cruza e onde ele não cruza o eixo horizontal x é importante para esboçar gráficos e resolver inequações.

EXEMPLO 6 Esboço do gráfico de um polinômio fatorado

Verifique o grau e relacione as raízes da função $f(x) = (x + 2)^3(x - 1)^2$. Verifique a multiplicidade de cada raiz e se o gráfico cruza o eixo horizontal x na raiz analisada. Esboce o gráfico da função.

SOLUÇÃO

O grau de f é 5, e as raízes são $x = -2$ e $x = 1$. O gráfico cruza o eixo x em $x = -2$, pois a multiplicidade é 3 (que é ímpar). O gráfico não cruza o eixo x em $x = 1$, pois a multiplicidade é 2 (que é par). Observe que os valores de f são positivos para $x > 1$, como também para $-2 < x < 1$; agora, para $x < -2$ os valores de f são negativos. Você pode conferir o esboço do gráfico na Figura 10.10.

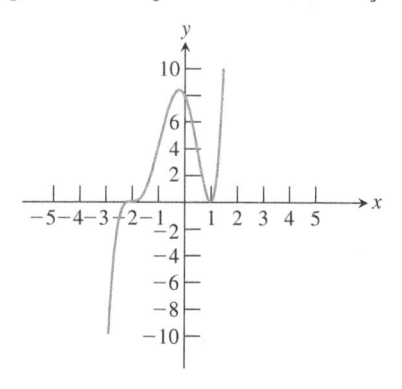

Figura 10.10 Gráfico de $f(x) = (x + 2)^3(x - 1)^2$.

O *teorema do valor intermediário* nos diz que a mudança de sinal da função implica a existência de uma raiz real dessa função.

TEOREMA Teorema do valor intermediário

Se a e b são números reais, com $a < b$, e se f é contínua no intervalo $[a, b]$, então f assume todos os valores reais entre $f(a)$ e $f(b)$. Em outras palavras, se y_0 está entre $f(a)$ e $f(b)$, então $y_0 = f(c)$ para algum número c em $[a, b]$.
Em particular, se $f(a)$ e $f(b)$ têm sinais opostos (isto é, um é positivo e o outro é negativo), então $f(c) = 0$ para algum número c em $[a, b]$. Veja a Figura 10.11.

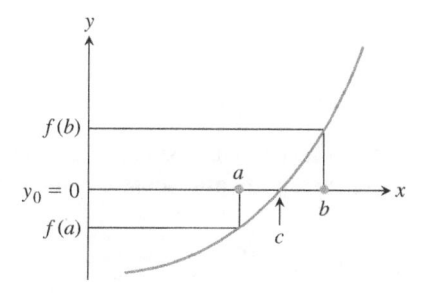

Figura 10.11 Se $f(a) < 0 < f(b)$, então existe uma raiz $x = c$ entre a e b.

EXEMPLO 7   Uso do teorema do valor intermediário

Explique por que uma função polinomial de grau ímpar tem ao menos uma raiz real.

SOLUÇÃO

Seja f uma função polinomial de grau ímpar. Como o grau é ímpar, o teste do termo principal nos diz que $\lim_{x \to +\infty} f(x) = -\lim_{x \to -\infty} f(x)$, isto é, o gráfico da função cruza o eixo x e tem mudança de sinal na raiz, correspondendo ao termo principal. Assim, existem números reais a e b, com $a < b$, e tais que $f(a)$ e $f(b)$ têm sinais opostos. Pelo fato de toda função polinomial ser definida e contínua para todos os números reais, f é contínua também no intervalo $[a, b]$. Portanto, pelo teorema do valor intermediário, $f(c) = 0$ para algum número c em $[a, b]$ e, assim, c é uma raiz real de f.

Divisão longa e o algoritmo da divisão

Ao fatorar um polinômio, descobrimos suas raízes e as características da representação gráfica.

Veremos uma maneira de fatorar um polinômio utilizando a divisão de polinômios, bastante semelhante à divisão de números inteiros. Observe os exemplos a seguir:

$$\begin{array}{r|l} 3587 & \underline{32} \\ -\underline{32} & 112 \\ \hline 387 & \\ -\underline{32} & \\ \hline 67 & \\ -\underline{64} & \\ \hline 3 & \end{array}$$

$$1x^2 \cdot (3x + 2) \to \begin{array}{r|l} 3x^3 + 5x^2 + 8x + 7 & \underline{3x + 2} \\ -3x^3 - 2x^2 & x^2 + x + 2 \\ \hline 3x^2 + 8x + 7 & \\ -3x^2 - 2x & \\ \hline 6x + 7 & \\ -6x - 4 & \\ \hline 3 & \end{array}$$

A divisão, seja de um número inteiro ou de um polinômio, envolve um *dividendo* dividido por um *divisor* para obter um *quociente* e um *resto*. Podemos verificar e resumir nosso resultado com uma equação da forma

$$(\text{Divisor})(\text{Quociente}) + \text{Resto} = \text{Dividendo}$$

Das divisões longas expostas, são verdades:

$$32 \cdot 112 + 3 = 3.587 \qquad (3x + 2)(x^2 + x + 2) + 3 = 3x^3 + 5x^2 + 8x + 7$$

Vejamos o *algoritmo da divisão*:

Algoritmo da divisão para polinômios

Sejam $f(x)$ e $d(x)$ polinômios com o grau de f maior ou igual ao grau de d, com $d(x) \neq 0$. Existem os únicos polinômios $q(x)$ e $r(x)$, chamados de **quociente** e **resto**, respectivamente, tais que:

$$f(x) = d(x) \cdot q(x) + r(x),$$

onde $r(x) = 0$ ou o grau de r é menor do que o grau de d.

A função $f(x)$ no algoritmo da divisão é o **dividendo**, e $d(x)$ é o **divisor**. Seja o resto $r(x) = 0$, então dizemos que $d(x)$ **divide exatamente** $f(x)$. A equação dada no algoritmo da divisão pode ser escrita na *forma de fração* como:

$$\frac{f(x)}{d(x)} = q(x) + \frac{r(x)}{d(x)},$$

pois $d(x) \cdot q(x) + r(x) = f(x)$.

EXEMPLO 8 Uso da divisão longa com polinômios

Use a divisão longa para encontrar o quociente e o resto quando $2x^4 - x^3 - 2$ é dividido por $2x^2 + x + 1$. Escreva com a notação do algoritmo da divisão e na forma de fração.

SOLUÇÃO

Vamos considerar $2x^4 - x^3 - 2$ como $2x^4 - x^3 + 0x^2 + 0x - 2$.

$$\begin{array}{r|l}
2x^4 - x^3 + 0x^2 + 0x - 2 & \underline{2x^2 + x + 1} \\
\underline{-2x^4 - x^3 - x^2} & x^2 - x \\
-2x^3 - x^2 + 0x - 2 & \\
\underline{+2x^3 + x^2 + x} & \\
x - 2 &
\end{array}$$

O algoritmo da divisão produz a forma polinomial:

$$2x^4 - x^3 - 2 = (2x^2 + x + 1)(x^2 - x) + (x - 2).$$

Na forma de fração, temos:

$$\frac{2x^4 - x^3 - 2}{2x^2 + x + 1} = x^2 - x + \frac{x - 2}{2x^2 + x + 1}.$$

Teorema do resto e teorema de D'Alembert

Um caso especial do algoritmo da divisão ocorre quando o divisor é da forma $d(x) = x - k$, onde k é um número real. Pelo fato de o grau de $d(x) = x - k$ ser 1, o resto é um número real. Assim, obtemos o resumo simplificado do algoritmo da divisão:

$$f(x) = (x - k) \cdot q(x) + r$$

Veja que, se colocarmos k no lugar de x, então:

$$f(k) = (k - k) \cdot q(k) + r = 0 \cdot q(k) + r = 0 + r = r,$$

onde r é o resto.

TEOREMA Teorema do resto

Se um polinômio $f(x)$ é dividido por $x - k$, então o resto é $r = f(k)$.

EXEMPLO 9 Uso do teorema do resto

Encontre o resto quando $f(x) = 3x^2 + 7x - 20$ é dividido por:

(a) $x - 2$ (b) $x + 1$ (c) $x + 4$

SOLUÇÃO

(a) Podemos encontrar o resto sem usar a divisão longa, e sim o teorema do resto com k = 2:
$r = f(2) = 3 \cdot 2^2 + 7 \cdot 2 - 20 = 12 + 14 - 20 = 6$

(b) $r = f(-1) = 3 \cdot (-1)^2 + 7 \cdot (-1) - 20 = 3 - 7 - 20 = -24$

(c) $r = f(-4) = 3 \cdot (-4)^2 + 7 \cdot (-4) - 20 = 48 - 28 - 20 = 0$

INTERPRETAÇÃO DO CASO QUANDO O RESTO É ZERO

Como em (c) o resto é 0, concluímos que $x + 4$ divide $f(x) = 3x^2 + 7x - 20$. Dessa forma, $x + 4$ é um fator de $f(x) = 3x^2 + 7x - 20$; logo -4 é uma solução de $3x^2 + 7x - 20 = 0$. Portanto, -4 é um valor do eixo horizontal x por onde o gráfico de $y = 3x^2 + 7x - 20$ passa. Podemos chegar a essa conclusão sem dividir, fatorar ou esboçar o gráfico.

TEOREMA Teorema de D'Alembert

O teorema de D'Alembert é uma consequência imediata do teorema do resto. Uma função polinomial $f(x)$ tem um fator $x - k$ se, e somente se, $f(k) = 0$, isto é, a divisão de $f(x)$ por $x - k$ é exata se, e somente se, $f(k) = 0$.

Aplicando as ideias do teorema de D'Alembert ao Exemplo 9, podemos fatorar $f(x) = 3x^2 + 7x - 20$ dividindo pelo fator $x + 4$.

$$\begin{array}{r|l} 3x^2 + 7x - 20 & \,x + 4 \\ -3x^2 - 12x & \\ \hline -5x - 20 & 3x - 5 \\ +5x + 20 & \\ \hline 0 & \end{array}$$

Assim, $f(x) = 3x^2 + 7x - 20 = (x + 4)(3x - 5)$.

Resultados para funções polinomiais

Para uma função polinomial f e um número real k, as afirmações são equivalentes:

1. $x = k$ é uma solução da equação $f(x) = 0$.
2. k é uma raiz da função f.
3. k é um valor por onde o gráfico passa no eixo horizontal x.
4. $x - k$ é um fator de $f(x)$.

Divisão de polinômios pelo método de Briot Ruffini

Continuamos com um caso especial de divisão de polinômio, com o divisor $x - k$. O teorema do resto nos dá uma maneira de encontrar o resto sem a técnica da divisão longa. Esse método mais curto para a divisão de um polinômio pelo divisor $x - k$ é chamado método de **Briot Ruffini**.

Divisão longa

$$\begin{array}{r|l} 2x^3 - 3x^2 - 5x - 12 & x - 3 \\ -2x^3 + 6x^2 & \overline{2x^2 + 3x + 4} \\ \hline 3x^2 - 5x - 12 & \\ -3x^2 + 9x & \\ \hline 4x - 12 & \\ -4x + 12 & \\ \hline 0 & \end{array}$$

Briot Ruffini
O esquema inicial é

$$\begin{array}{c|c} & \text{coeficientes do polinômio} \\ \hline k & \end{array}$$

Repetimos o coeficiente do termo de maior grau embaixo dele mesmo. Multiplicamos esse número pelo k e somamos com o próximo coeficiente da primeira linha; o resultado fica embaixo desse próximo coeficiente. Repetimos esses passos até o final:

$$\begin{array}{c|cccc} & 2 & -3 & -5 & -12 \\ \hline 3 & 2 & 3 & 4 & 0 \end{array}$$

Observe que os coeficientes obtidos na segunda linha do esquema são os mesmos da expressão do quociente conseguida com a divisão longa, e o último algarismo na linha é o resto. Logo, temos que:

$$2x^3 - 3x^2 - 5x - 12 = (2x^2 + 3x + 4)(x - 3)$$

Teorema das raízes racionais

As raízes reais das funções polinomiais são **raízes racionais** (raízes que são números racionais) ou **raízes irracionais** (raízes que são números irracionais). Por exemplo,

$$f(x) = 4x^2 - 9 = (2x + 3)(2x - 3)$$

tem as raízes racionais $-\frac{3}{2}$ e $\frac{3}{2}$.

Outro caso:

$$f(x) = x^2 - 2 = (x + \sqrt{2})(x - \sqrt{2})$$

tem as raízes irracionais $-\sqrt{2}$ e $\sqrt{2}$.

TEOREMA Teorema das raízes racionais

Seja f uma função polinomial de grau $n \geq 1$ da forma:

$$f(x) = a_n x^n + a_{n-1} x^{n-1} + \ldots + a_0$$

com todos os coeficientes como números inteiros e $a_0 \neq 0$. Se $x = \dfrac{p}{q}$ é uma raiz racional de f, onde p e q são primos entre si, então:
- p é um fator inteiro do termo independente a_0;
- q é um fator inteiro do coeficiente principal a_n.

EXEMPLO 10   Análise das raízes da função

Encontre as raízes racionais de $f(x) = x^3 - 3x^2 + 1$.

SOLUÇÃO

Como o coeficiente principal e o termo independente são ambos iguais a 1, de acordo com o teorema das raízes racionais, as raízes que f pode ter são 1 e -1. Verificando se são raízes de f, obtemos:

$$f(1) = (1)^3 - 3(1)^2 + 1 = -1 \neq 0$$

$$f(-1) = (-1)^3 - 3(-1)^2 + 1 = -3 \neq 0$$

Logo, conclui-se que f não tem raízes racionais. Portanto, suas raízes, caso existam, são irracionais. A Figura 10.12 mostra que existem três raízes, e a nossa conclusão é que elas são irracionais.

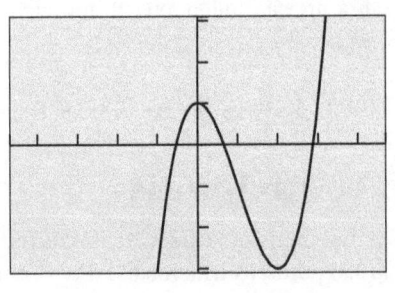

$[-4{,}7; 4{,}7]$ por $[-3{,}1; 3{,}1]$

Figura 10.12 Gráfico da função $f(x) = x^3 - 3x^2 + 1$.

Vimos no Exemplo 10 apenas dois valores candidatos a serem raízes racionais do polinômio. Às vezes, esse número é maior, como veremos no Exemplo 11.

EXEMPLO 11   Análise das raízes da função

Encontre as raízes racionais de $f(x) = 3x^3 + 4x^2 - 5x - 2$.

SOLUÇÃO

Como o coeficiente principal é 3 e o termo independente é -2, pelo teorema das raízes racionais temos vários candidatos para serem essas raízes.

As possibilidades são:

$$\frac{\text{Fatores de } -2}{\text{Fatores de } 3} : \frac{\pm 1, \pm 2}{\pm 1, \pm 3} : \pm 1, \pm 2, \pm \frac{1}{3}, \pm \frac{2}{3}$$

A Figura 10.13 sugere, entre todos os valores candidatos, as raízes 1, -2 e, possivelmente, $-\frac{1}{3}$ ou $-\frac{2}{3}$.

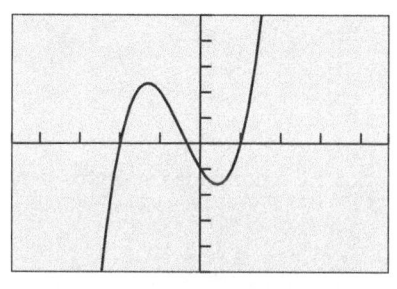

[−4,7; 4,7] por [−10, 10]

Figura 10.13 Gráfico da função $f(x) = 3x^3 + 4x^2 - 5x - 2$.

Vejamos pelo método de Briot Ruffini se 1 é raiz de f.

	3	4	−5	−2
1	3	7	2	0

Como o último número na segunda linha é 0, então $x - 1$ é um fator de $f(x)$, e 1 é uma raiz de f. Calculando as outras raízes pelo algoritmo da divisão e usando fatoração, temos:

$$f(x) = 3x^3 + 4x^2 - 5x - 2$$

$$= (x - 1)(3x^2 + 7x + 2)$$

$$= (x - 1)(3x + 1)(x + 2)$$

Assim, as raízes racionais de f são 1, $-\frac{1}{3}$ e -2.

Limites superior e inferior das raízes de uma função polinomial

Um número k é um **limite superior para raízes reais** de f, se $f(x) = y$ não for zero, quando x for maior do que k. De outra forma, um número k é um **limite inferior para raízes reais** de f, se $f(x) = y$ não for zero, quando x for menor do que k. Assim, se c é um limite inferior e d é um limite superior para as raízes reais de uma função f, então todas as raízes reais de f precisam estar no intervalo $[c, d]$. A Figura 10.14 ilustra essa situação.

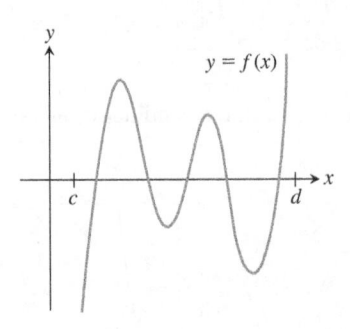

Figura 10.14 c é um limite inferior e d é um limite superior para as raízes reais de f.

Teste dos limites superior e inferior de raízes reais

Seja f uma função polinomial de grau $n \geq 1$ com um coeficiente principal positivo. Suponha $f(x)$ dividido por $x - k$, usando o método de Briot Ruffini.
- Se $k \geq 0$ e todos os números na segunda linha não são negativos (sendo positivos ou zero), então k é um *limite superior* para as raízes reais de f.
- Se $k \leq 0$ e os números na segunda linha são alternadamente não negativos e não positivos, então k é um *limite inferior* para as raízes reais de f.

EXEMPLO 12 Verificação dos limites das raízes reais de uma função

Prove que todas as raízes reais de $f(x) = 2x^4 - 7x^3 - 8x^2 + 14x + 8$ pertencem ao intervalo $[-2, 5]$.

SOLUÇÃO

Precisamos provar que 5 é um limite superior e -2 é um limite inferior para as raízes reais de f. A função f tem um coeficiente principal positivo, assim, podemos aplicar o teste dos limites superior e inferior de raízes reais e usar o método de Briot Ruffini.

	2	−7	−8	14	8			2	−7	−8	14	8
5	2	3	7	49	253		−2	2	−11	14	−14	36

Como na segunda linha da primeira divisão temos todos os números não negativos, então 5 é um limite superior. Como na segunda linha da segunda divisão temos números alternando o sinal, então -2 é um limite inferior. Portanto, todas as raízes reais de f precisam estar no intervalo fechado $[-2, 5]$.

Veremos a seguir quais são essas raízes.

EXEMPLO 13 Cálculo das raízes reais de uma função polinomial

Encontre todas as raízes reais de $f(x) = 2x^4 - 7x^3 - 8x^2 + 14x + 8$.

SOLUÇÃO

Do Exemplo 12, sabemos que todas as raízes reais de f estão no intervalo fechado $[-2, 5]$. Usando o teorema das raízes racionais, temos:

$$\frac{\text{Fatores de 8}}{\text{Fatores de 2}} : \frac{\pm 1, \pm 2, \pm 4, \pm 8}{\pm 1, \pm 2} : \pm 1, \pm 2, \pm 4, \pm 8, \pm \frac{1}{2}$$

Podemos comparar esses valores, que são candidatos, com os valores do gráfico por onde a curva passa no eixo horizontal x (Figura 10.15).

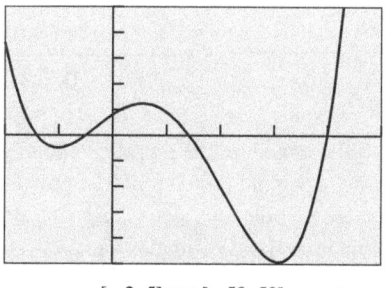

$[-2, 5]$ por $[-50, 50]$

Figura 10.15 O gráfico de $f(x) = 2x^4 - 7x^3 - 8x^2 + 14x + 8$.

Os valores que parecem ser raízes são 4 e $-\frac{1}{2}$. Aplicando o método de Briot Ruffini para 4, temos:

	2	−7	−8	14	8
4	2	1	−4	−2	0

Assim, $f(x) = 2x^4 - 7x^3 - 8x^2 + 14x + 8 = (x - 4)(2x^3 + x^2 - 4x - 2)$. Vamos aplicar o método novamente para $-\frac{1}{2}$.

	2	1	−4	−2
$-\frac{1}{2}$	2	0	−4	0

Dessa forma:

$$f(x) = (x - 4)(2x^3 + x^2 - 4x - 2) = (x - 4)\left(x + \frac{1}{2}\right)(2x^2 - 4) =$$

$$= 2(x - 4)\left(x + \frac{1}{2}\right)(x^2 - 2) = (x - 4)(2x + 1)(x + \sqrt{2})(x - \sqrt{2})$$

Assim, as raízes de f são os números racionais 4 e $-\frac{1}{2}$ e os números irracionais $-\sqrt{2}$ e $\sqrt{2}$.

Uma função polinomial não pode ter mais raízes reais do que o seu grau, mas pode ter menos.

Quando uma função polinomial tem menos raízes reais do que o seu grau, o teste dos limites superior e inferior de raízes reais nos auxilia para saber se encontramos todas elas.

EXEMPLO 14 Cálculo das raízes reais de uma função polinomial

Prove que todas as raízes reais de $f(x) = 10x^5 - 3x^2 + x - 6$ pertencem ao intervalo [0, 1].

SOLUÇÃO

Precisamos provar que 1 é o limite superior e 0 é o limite inferior para todas as raízes reais de f. A função f tem um coeficiente principal positivo, então, vamos usar a divisão pelo método de Briot Ruffini e o teste dos limites superior e inferior de raízes reais.

	10	0	0	−3	1	−6		10	0	0	−3	1	−6
1	10	10	10	7	8	2	0	10	0	0	−3	1	−6

Na primeira divisão, a segunda linha tem somente números não negativos; logo, 1 é o limite superior das raízes. Na segunda divisão, a segunda linha tem números alternados positivos e negativos; logo, 0 é o limite inferior das raízes. Todas as raízes reais de f pertencem ao intervalo fechado [0, 1]. Pelo teste das raízes racionais, as possibilidades são:

$$\frac{\text{Fatores de } -6}{\text{Fatores de } 10} : \frac{\pm 1, \pm 2, \pm 3, \pm 6}{\pm 1, \pm 2, \pm 5, \pm 10} : \pm 1, \pm 2, \pm 3, \pm 6, \pm \frac{1}{2}, \pm \frac{3}{2}, \pm \frac{1}{5}, \pm \frac{2}{5}, \pm \frac{3}{5}, \pm \frac{6}{5}, \pm \frac{1}{10}, \pm \frac{3}{10}.$$

Podemos comparar esses valores, que são candidatos, com os valores do gráfico por onde a curva passa no eixo horizontal x (Figura 10.16).

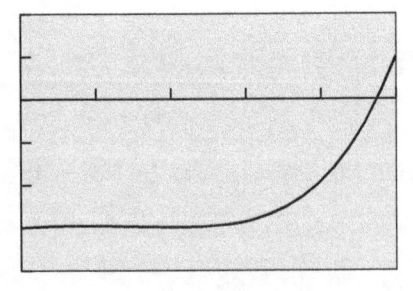

[0, 1] por [−8, 4]

Figura 10.16 Gráfico de $y = 10x^5 - 3x^2 + x - 6$.

Portanto, conclui-se que f não tem raízes racionais. Podemos verificar também que f muda de sinal sobre o intervalo [0,8; 1], e isso mostra que existe uma raiz real nesse intervalo (pelo teorema do valor intermediário), que, no caso, é uma raiz irracional.

REVISÃO RÁPIDA

Nos exercícios de 1 a 4, reescreva a expressão como um polinômio na forma padrão.

1. $\dfrac{x^3 - 4x^2 + 7x}{x}$
2. $\dfrac{2x^3 - 5x^2 - 6x}{2x}$
3. $\dfrac{x^4 - 3x^2 + 7x^5}{x^2}$
4. $\dfrac{6x^4 - 2x^3 + 7x^2}{3x^2}$

Nos exercícios de 5 a 16, fatore o polinômio em fatores lineares.

5. $x^3 - 4x$
6. $6x^2 - 54$
7. $4x^2 + 8x - 60$
8. $15x^3 - 22x^2 + 8x$
9. $x^3 + 2x^2 - x - 2$
10. $x^4 + x^3 - 9x^2 - 9x$
11. $x^2 - x - 12$
12. $x^2 - 11x + 28$
13. $3x^2 - 11x + 6$
14. $6x^2 - 5x + 1$
15. $3x^3 - 5x^2 + 2x$
16. $6x^3 - 22x^2 + 12x$

Nos exercícios de 17 a 20, escreva apenas a solução da equação (pode-se resolver sem escrever).

17. $x(x - 1) = 0$
18. $x(x + 2)(x - 5) = 0$
19. $(x + 6)^3(x + 3)(x - 1{,}5) = 0$
20. $(x + 6)^2(x + 4)^4(x - 5)^3 = 0$

EXERCÍCIOS

Nos exercícios de 1 a 6, descreva como transformar o gráfico de uma função monomial $f(x) = x^n$ em um gráfico da função polinomial dada. Você pode esboçar o gráfico da função ou utilizar uma calculadora apropriada. Verifique onde o gráfico passa no eixo vertical y (o intercepto).

1. $g(x) = 2(x - 3)^3$
2. $g(x) = -(x + 5)^3$
3. $g(x) = -\dfrac{1}{2}(x + 1)^3 + 2$
4. $g(x) = \dfrac{2}{3}(x - 3)^3 + 1$
5. $g(x) = -2(x + 2)^4 - 3$
6. $g(x) = 3(x - 1)^4 - 2$

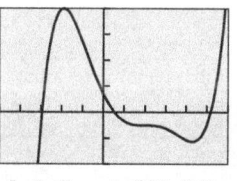

$[-5, 6]$ por $[-200, 400]$
(a)

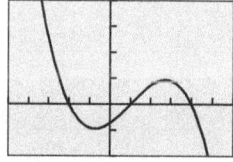

$[-5, 6]$ por $[-200, 400]$
(b)

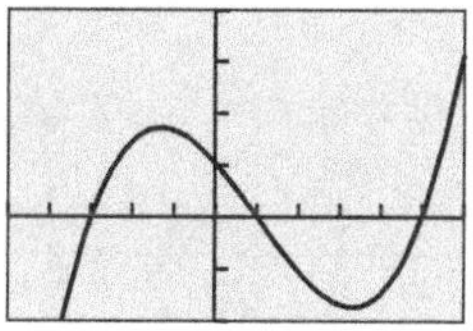

$[-5, 6]$ por $[-200, 400]$
(c)

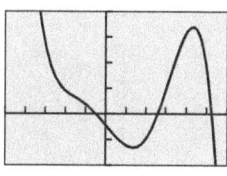

$[-5, 6]$ por $[-200, 400]$
(d)

Nos exercícios 7 e 8, esboce o gráfico da função polinomial e localize seus extremos locais e raízes.

7. $f(x) = -x^4 + 2x$
8. $g(x) = 2x^4 - 5x^2$

Nos exercícios de 9 a 12, associe a função polinomial a seu gráfico. Explique a sua escolha.

9. $f(x) = 7x^3 - 21x^2 - 91x + 104$
10. $f(x) = -9x^3 + 27x^2 + 54x - 73$
11. $f(x) = x^5 - 8x^4 + 9x^3 + 58x^2 - 164x + 69$
12. $f(x) = -x^5 + 3x^4 + 16x^3 - 2x^2 - 95x - 44$

Nos exercícios de 13 a 20, esboce o gráfico da função, de modo que seja possível visualizar seus extremos e raízes. Descreva o comportamento da função nos extremos do domínio.

13. $f(x) = (x - 1)(x + 2)(x + 3)$
14. $f(x) = (2x - 3)(4 - x)(x + 1)$
15. $f(x) = -x^3 + 4x^2 + 31x - 70$
16. $f(x) = x^3 - 2x^2 - 41x + 42$
17. $f(x) = (x - 2)^2(x + 1)(x - 3)$
18. $f(x) = (2x + 1)(x - 4)^3$
19. $f(x) = 2x^4 - 5x^3 - 17x^2 + 14x + 41$
20. $f(x) = -3x^4 - 5x^3 + 15x^2 - 5x + 19$

Nos exercícios 21 a 24, descreva o comportamento da função polinomial nos extremos do domínio usando $\lim_{x \to +\infty} f(x)$ e $\lim_{x \to -\infty} f(x)$.

21. $f(x) = 3x^4 - 5x^2 + 3$
22. $f(x) = -x^3 + 7x^2 - 4x + 3$
23. $f(x) = 7x^2 - x^3 + 3x - 4$
24. $f(x) = x^3 - x^4 + 3x^2 - 2x + 7$

Nos exercícios de 25 a 28, associe a função polinomial a seu gráfico. Dê o valor aproximado das raízes da função. Use uma calculadora como recurso gráfico.

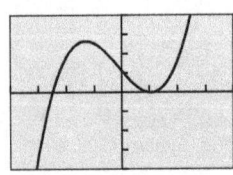

[−4, 4] por [−200, 200]
(a)

[−4, 4] por [−200, 200]
(b)

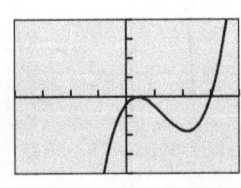

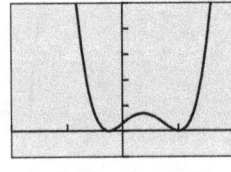

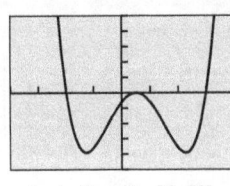

[−2, 2] por [−10, 50]
(c)

[−4, 4] por [−50, 50]
(d)

25. $f(x) = 20x^3 + 8x^2 - 83x + 55$
26. $f(x) = 35x^3 - 134x^2 + 93x - 18$
27. $f(x) = 44x^4 - 65x^3 + x^2 + 17x + 3$
28. $f(x) = 4x^4 - 8x^3 - 19x^2 + 23x - 6$

Nos exercícios de 29 a 34, encontre as raízes da função algebricamente.

29. $f(x) = x^2 + 2x - 8$
30. $f(x) = 3x^2 + 4x - 4$
31. $f(x) = 9x^2 - 3x - 2$
32. $f(x) = x^3 - 25x$
33. $f(x) = 3x^3 - x^2 - 2x$
34. $f(x) = 5x^3 - 5x^2 - 10x$

Nos exercícios de 35 a 38, defina o grau e as raízes da função polinomial. Verifique a multiplicidade de cada raiz e se o gráfico cruza ou não o eixo x no valor analisado. Você pode esboçar o gráfico da função polinomial.

35. $f(x) = x(x - 3)^2$
36. $f(x) = -x^3(x - 2)$
37. $f(x) = (x - 1)^3(x + 2)^2$
38. $f(x) = 7(x - 3)^2(x + 5)^4$

Nos exercícios de 39 a 42, encontre as raízes da função algébrica ou graficamente (com uma calculadora apropriada).

39. $f(x) = x^3 - 36x$
40. $f(x) = x^3 + 2x^2 - 109x - 110$
41. $f(x) = x^3 - 7x^2 - 49x + 55$
42. $f(x) = x^3 - 4x^2 - 44x + 96$

Nos exercícios de 43 a 46, encontre algebricamente uma função cúbica com as raízes dadas. Você pode conferir a função obtida esboçando o gráfico manualmente ou com uma calculadora apropriada.

43. 3, −4, 6
44. −2, 3, −5
45. $\sqrt{3}, -\sqrt{3}, 4$
46. $1, 1 + \sqrt{2}, 1 - \sqrt{2}$

Nos exercícios 47 e 48, explique por que a função tem no mínimo uma raiz real.

47. $f(x) = x^7 + x + 100$
48. $f(x) = x^9 - x + 50$

49. Economistas determinaram que as funções receita total e custo total referentes ao período de um ano de uma pequena empresa são dadas, respectivamente, por $R(x) = 0,0125x^2 + 412x$ e $C(x) = 12.225 + 0,00135x^3$, onde x é o número de clientes.

   (a) Quantos clientes são necessários para que exista lucro na pequena empresa?

(b) Quantos clientes são necessários para que haja um lucro anual de R$ 60.000,00?

50. Uma caixa sem tampa será feita apenas removendo-se um quadrado de tamanho x dos cantos de uma peça de papelão, com medidas de 15 cm por 60 cm.

(a) Mostre que o volume da caixa é dado por $V(x) = x(60 - 2x)(15 - 2x)$.

(b) Determine o valor de x, de modo que o volume da caixa seja de no mínimo 450 cm^3.

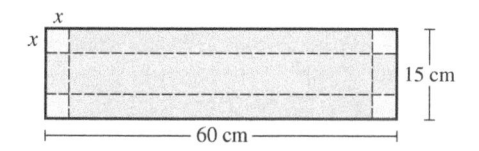

51. Quadrados de tamanho x são removidos de uma peça de papelão de 10 cm por 25 cm para obter uma caixa sem tampa. Determine todos os valores de x, tais que o volume da caixa resultante seja de no mínimo 175 cm^3.

52. A função $V(x) = 2.666x - 210x^2 + 4x^3$ representa o volume de uma caixa que foi feita removendo-se quadrados de tamanho x de cada canto de uma peça retangular. Quais valores são possíveis para x?

53. **Verdadeiro ou falso?** O gráfico de $f(x) = x^3 - x^2 - 2$ cruza o eixo horizontal x entre $x = 1$ e $x = 2$. Justifique sua resposta.

54. **Verdadeiro ou falso?** Se o gráfico de $g(x) = (x + a)^2$ é obtido deslocando-se o gráfico de $f(x) = x^2$ para a direita, então a precisa ser positivo. Justifique sua resposta.

Nos exercícios 55 e 56, resolva o problema sem usar uma calculadora.

55. **Múltipla escolha** Qual é o valor por onde o gráfico de $f(x) - 2(x - 1)^3 + 5$ passa no eixo vertical y?

(a) 7 (b) 5 (c) 3
(d) 2 (e) 1

56. **Múltipla escolha** Qual é a multiplicidade da raiz $x = 2$ em $f(x) = (x - 2)^2(x + 2)^3(x + 3)^7$?

(a) 1 (b) 2 (c) 3
(d) 5 (e) 7

57. **Múltipla escolha** O gráfico a seguir pertence a qual função?

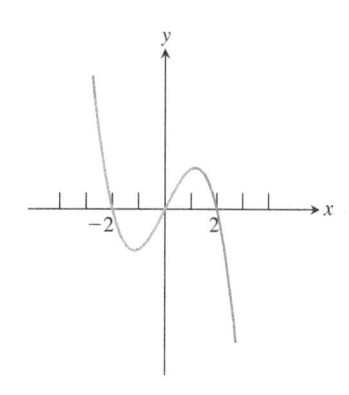

(a) $f(x) = -x(x + 2)(2 - x)$
(b) $f(x) = -x(x + 2)(x - 2)$
(c) $f(x) = -x^2(x + 2)(x - 2)$
(d) $f(x) = -x(x + 2)^2(x - 2)$
(e) $f(x) = -x(x + 2)(x - 2)^2$

58. **Múltipla escolha** O gráfico a seguir pertence a qual função?

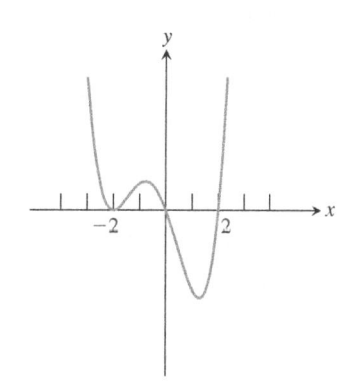

(a) $f(x) = x(x + 2)^2(x - 2)$
(b) $f(x) = x(x + 2)^2(2 - x)$
(c) $f(x) = x^2(x + 2)(x - 2)$
(d) $f(x) = x(x + 2)(x - 2)^2$
(e) $f(x) = x^2(x + 2)(x - 2)^2$

Nos exercícios 59 e 60, a mesma função é representada graficamente em escalas diferentes.

59. Descreva por que cada representação da função

$$f(x) = x^5 - 10x^4 + 2x^3 + 64x^2 - 3x - 55$$

pode ser considerada inadequada.

[−5, 10] por [−7.500, 7.500]
(a)

[−3, 4] por [−250, 100]
(b)

60. Descreva por que cada representação da função

$$f(x) = 10x^4 + 19x^3 - 121x^2 + 143x - 51$$

pode ser considerada inadequada.

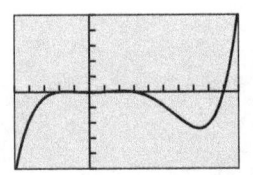

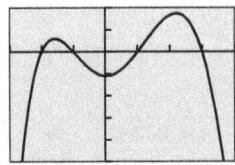

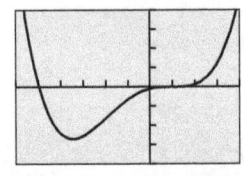

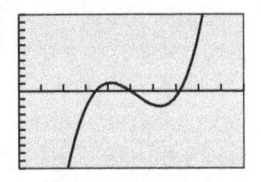

[−6, 4] por [−2.000, 2.000]
(a)

[0,5; 1,5] por [−1, 1]
(b)

Nos exercícios de 61 a 66, divida $f(x)$ por $d(x)$ e reescreva a função como consequência do algoritmo da divisão e também na forma de fração.

61. $f(x) = x^2 - 2x + 3; d(x) = x - 1$

62. $f(x) = x^3 - 1; d(x) = x + 1$

63. $f(x) = x^3 + 4x^2 + 7x - 9; d(x) = x + 3$

64. $f(x) = 4x^3 - 8x^2 + 2x - 1; d(x) = 2x + 1$

65. $f(x) = x^4 - 2x^3 + 3x^2 - 4x + 6;$
$d(x) = x^2 + 2x - 1$

66. $f(x) = x^4 - 3x^3 + 6x^2 - 3x + 5; d(x) = x^2 + 1$

Nos exercícios de 67 a 72, faça a divisão pelo método de Briot Ruffini e escreva a função na forma de fração.

67. $\dfrac{x^3 - 5x^2 + 3x - 2}{x + 1}$

68. $\dfrac{2x^4 - 5x^3 + 7x^2 - 3x + 1}{x - 3}$

69. $\dfrac{9x^3 + 7x^2 - 3x}{x - 10}$

70. $\dfrac{3x^4 + x^3 - 4x^2 + 9x - 3}{x + 5}$

71. $\dfrac{5x^4 - 3x + 1}{4 - x}$

72. $\dfrac{x^8 - 1}{x + 2}$

Nos exercícios de 73 a 78, use o teorema do resto para encontrar o valor do resto quando $f(x)$ está dividido por $x - k$.

73. $f(x) = 2x^2 - 3x + 1; k = 2$

74. $f(x) = x^4 - 5; k = 1$

75. $f(x) = x^3 - x^2 + 2x - 1; k = -3$

76. $f(x) = x^3 - 3x + 4; k = -2$

77. $f(x) = 2x^3 - 3x^2 + 4x - 7; k = 2$

78. $f(x) = x^5 - 2x^4 + 3x^2 - 20x + 3; k = -1$

Nos exercícios de 79 a 84, use o teorema de D'Alembert para determinar se o primeiro polinômio é um fator do segundo polinômio.

79. $x - 1; x^3 - x^2 + x - 1$

80. $x - 3; x^3 - x^2 - x - 15$

81. $x - 2; x^3 + 3x - 4$

82. $x - 2; x^3 - 3x - 2$

83. $x + 2; 4x^3 + 9x^2 - 3x - 10$

84. $x + 1; 2x^{10} - x^9 + x^8 + x^7 + 2x^6 - 3$

Nos exercícios 85 e 86, use o gráfico para deduzir possíveis fatores lineares de $f(x)$. Fatore a função utilizando o método de Briot Ruffini.

85. $f(x) = 5x^3 - 7x^2 - 49x + 51$

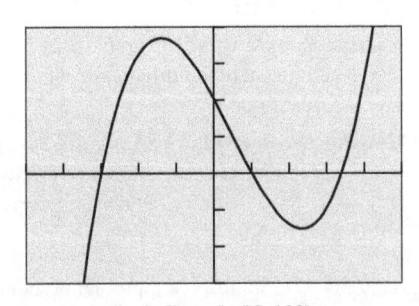

[−5, 5] por [−75, 100]

86. $f(x) = 5x^3 - 12x^2 - 23x + 42$

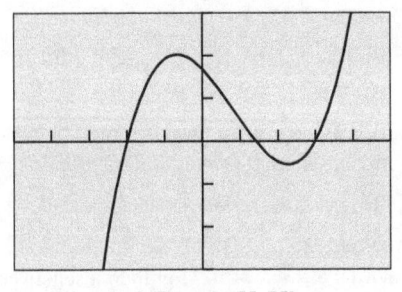

[−5, 5] por [−75, 75]

Nos exercícios de 87 a 90, encontre a função polinomial com coeficiente principal 2 e com as raízes e grau dados.

87. Grau 3, com -2, 1 e 4 como raízes.
88. Grau 3, com -1, 3 e -5 como raízes.
89. Grau 3, com 2, $\dfrac{1}{2}$ e $\dfrac{3}{2}$ como raízes.
90. Grau 4, com -3, -1, 0 e $\dfrac{5}{2}$ como raízes.

Nos exercícios 91 e 92, usando somente métodos algébricos, encontre a função cúbica com os valores dados nas tabelas.

91.

x	-4	0	3	5
$f(x)$	0	180	0	0

92.

x	-2	-1	1	5
$f(x)$	0	24	0	0

Nos exercícios de 93 a 96, use o teorema das raízes racionais para escrever uma lista de todas as raízes racionais candidatas.

93. $f(x) = 6x^3 - 5x - 1$
94. $f(x) = 3x^3 - 7x^2 + 6x - 14$
95. $f(x) = 2x^3 - x^2 - 9x + 9$
96. $f(x) = 6x^4 - x^3 - 6x^2 - x - 12$

Nos exercícios de 97 a 100, use a divisão pelo método de Briot Ruffini para provar que k é um limite superior para as raízes reais da função f.

97. $k = 3; f(x) = 2x^3 - 4x^2 + x - 2$
98. $k = 5; f(x) = 2x^3 - 5x^2 - 5x - 1$
99. $k = 2; f(x) = x^4 - x^3 + x^2 + x - 12$
100. $k = 3; f(x) = 4x^4 - 6x^3 - 7x^2 + 9x + 2$

Nos exercícios de 101 a 104, use a divisão pelo método de Briot Ruffini para provar que k é um limite inferior para as raízes reais da função f.

101. $k = -1; f(x) = 3x^3 - 4x^2 + x + 3$
102. $k = -3; f(x) = x^3 + 2x^2 + 2x + 5$
103. $k = 0; f(x) = x^3 - 4x^2 + 7x - 2$
104. $k = -4; f(x) = 3x^3 - x^2 - 5x - 3$

Nos exercícios de 105 a 108, use o teste dos limites superior e inferior das raízes para decidir se existem raízes reais para a função que estejam fora da região do gráfico exposta.

105. $f(x) = 6x^4 - 11x^3 - 7x^2 + 8x - 34$

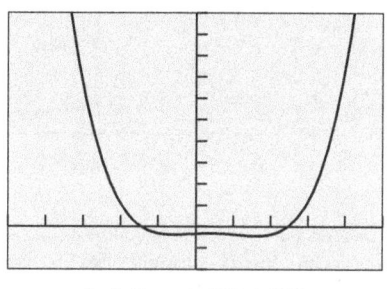

$[-5, 5]$ por $[-200, 1.000]$

106. $f(x) = x^5 - x^4 + 21x^2 + 19x - 3$

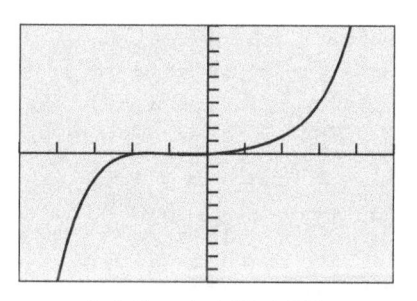

$[-5, 5]$ por $[-1.000, 1.000]$

107. $f(x) = x^5 - 4x^4 - 129x^3 + 396x^2 - 8x + 3$

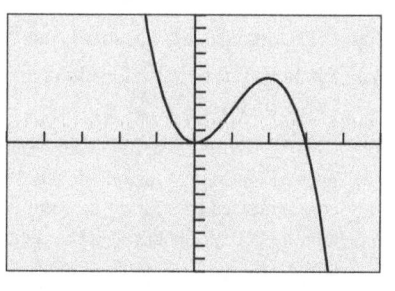

$[-5, 5]$ por $[-1.000, 1.000]$

108. $f(x) = 2x^5 - 5x^4 - 141x^3 + 216x^2 - 91x + 25$

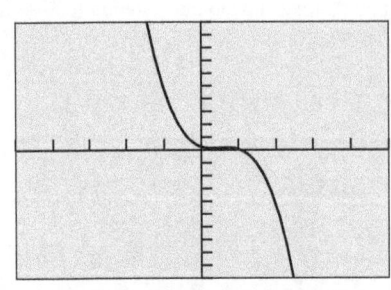

[−5, 5] por [−1.000, 1.000]

Nos exercícios de 109 a 116, encontre todas as raízes reais da função (e seus valores exatos), se possível. Analise se cada raiz é racional ou irracional.

109. $f(x) = 2x^3 - 3x^2 - 4x + 6$
110. $f(x) = x^3 + 3x^2 - 3x - 9$
111. $f(x) = x^3 + x^2 - 8x - 6$
112. $f(x) = x^3 - 6x^2 + 7x + 4$
113. $f(x) = x^4 - 3x^3 - 6x^2 + 6x + 8$
114. $f(x) = x^4 - x^3 - 7x^2 + 5x + 10$
115. $f(x) = 2x^4 - 7x^3 - 2x^2 - 7x - 4$
116. $f(x) = 3x^4 - 2x^3 + 3x^2 + x - 2$

117. Encontre o resto quando $x^{40} - 3$ está dividido por $x + 1$.

118. Encontre o resto quando $x^{63} - 17$ está dividido por $x - 1$.

119. Seja $f(x) = x^4 + 2x^3 - 11x^2 - 13x + 38$.
   (a) Use o teste dos limites superior e inferior das raízes para provar que todas as raízes reais de f pertencem ao intervalo $[-5, 4]$.
   (b) Encontre todas as raízes racionais de f.
   (c) Fatore $f(x)$ usando as raízes racionais encontradas em (b).
   (d) Aproxime todas as raízes irracionais de f.
   (e) Faça a divisão pelo método de Briot Ruffini com as raízes irracionais do item (d) para continuar a fatoração de $f(x)$ até ficar como em (c).

120. Verdadeiro ou falso? A função polinomial $f(x)$ tem um fator $x + 2$ se, e somente se, $f(2) = 0$. Justifique sua resposta.

121. Verdadeiro ou falso? Se $f(x) = (x - 1)(2x^2 - x + 1) + 3$, então quando $f(x)$ é dividido por $x - 1$ o resto é 3. Justifique sua resposta.

122. Múltipla escolha Seja f uma função polinomial com $f(3) = 0$. Qual das seguintes alternativas não é verdadeira?
   (a) $x + 3$ é um fator de $f(x)$.
   (b) $x - 3$ é um fator de $f(x)$.
   (c) $x = 3$ é uma raiz de $f(x)$.
   (d) 3 corta o eixo horizontal x em 3.
   (e) Quando $f(x)$ é dividido por $x - 3$, o resto é zero.

123. Múltipla escolha Seja $f(x) = 2x^3 + 7x^2 + 2x - 3$. Qual das seguintes alternativas não tem uma possível raiz racional de f?
   (a) −3   **(b)** −1   **(c)** 1
   (d) $\dfrac{1}{2}$ **(e)** $\dfrac{2}{3}$

124. Múltipla escolha Seja $f(x) = (x + 2)(x^2 + x - 1) - 3$. Qual das seguintes alternativas não é verdadeira?
   (a) Quando $f(x)$ é dividido por $x + 2$, o resto é −3.
   (b) Quando $f(x)$ é dividido por $x - 2$, o resto é −3.
   (c) Quando $f(x)$ é dividido por $x^2 + x - 1$, o resto é −3.
   (d) $x + 2$ não é um fator de $f(x)$.
   (e) $f(x)$ não é completamente divisível por $x + 2$.

125. Múltipla escolha Seja $f(x) = (x^2 + 1)(x - 2) + 7$. Qual das seguintes alternativas não é verdadeira?
   (a) Quando $f(x)$ é dividido por $x^2 + 1$, o resto é 7.
   (b) Quando $f(x)$ é dividido por $x - 2$, o resto é 7.
   (c) $f(2) = 7$.
   (d) $f(0) = 5$.
   (e) f não tem uma raiz real.

Capítulo 11

Funções exponenciais

Objetivos de aprendizagem
- Gráficos de funções exponenciais.
- A base da função dada pelo número e.
- Funções de crescimento e decaimento logístico.
- Taxa percentual constante e funções exponenciais.
- Modelos de crescimento e de decaimento exponencial.

As funções exponenciais modelam muitos padrões de crescimento, incluindo pesquisas de crescimento populacionais.

Gráficos de funções exponenciais

As funções $f(x) = x^2$ e $g(x) = 2^x$ envolvem uma base e uma potência, porém com características diferentes. Vejamos:

- Para $f(x) = x^2$, a base é a variável x, e o expoente é a constante 2; f é tanto uma *função potência* como uma função monomial, como vimos no Capítulo 9.
- Para $g(x) = 2^x$, a base é a constante 2, e o expoente é a variável x; g, portanto, é uma *função exponencial*. Veja a Figura 11.1.

A função exponencial é uma das mais importantes ferramentas da matemática e está presente na análise de muitos fenômenos da vida real, como cálculos financeiros, datação de materiais arqueológicos, estudos populacionais, entre outros.

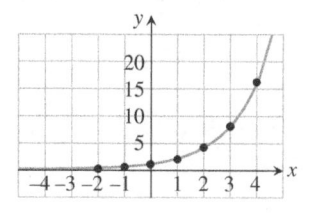

Figura 11.1 Esboço de $g(x) = 2^x$.

> **DEFINIÇÃO** Funções exponenciais
>
> Sendo a e b constantes reais, uma **função exponencial** em x é a função que pode ser escrita na forma $f(x) = a \cdot b^x$, onde a é diferente de zero, b é positivo e $b \neq 1$. A constante a é o *valor* de f quando $x = 0$ e b é a **base**.

Funções exponenciais estão definidas e são contínuas para todos os números reais. Sendo assim, primeiro é importante reconhecer se uma função é, de fato, uma função exponencial.

EXEMPLO 1 Identificação de funções exponenciais

(a) $f(x) = 3^x$ é uma função exponencial, com um valor a igual a 1 e base igual a 3.

(b) $g(x) = 6x^{-4}$ *não* é uma função exponencial porque a base x é uma variável, e o expoente é uma constante; portanto, g é uma função potência.

(c) $h(x) = -2 \cdot 1{,}5^x$ é uma função exponencial, com um valor a igual a -2 e base igual a 1,5.

(d) $k(x) = 7 \cdot 2^{-x}$ é uma função exponencial, com um valor a igual a 7 e base igual a $\frac{1}{2}$, pois $2^{-x} = (2^{-1})^x = \left(\frac{1}{2}\right)^x$.

(e) $q(x) = 5 \cdot 6^\pi$ *não* é uma função exponencial porque o expoente π é uma constante; portanto, q é uma função constante.

EXEMPLO 2 Cálculo dos valores de uma função exponencial para alguns números racionais

Para $f(x) = 2^x$, temos:

(a) $f(4) = 2^4 = 2 \cdot 2 \cdot 2 \cdot 2 = 16$

(b) $f(0) = 2^0 = 1$

(c) $f(-3) = 2^{-3} = \dfrac{1}{2^3} = \dfrac{1}{8} = 0{,}125$

(d) $f\left(\dfrac{1}{2}\right) = 2^{1/2} = \sqrt{2} = 1{,}4142\ldots$

(e) $f\left(-\dfrac{3}{2}\right) = 2^{-3/2} = \dfrac{1}{2^{3/2}} = \dfrac{1}{\sqrt{2^3}} = \dfrac{1}{\sqrt{8}} = 0{,}35355\ldots$

Quando o expoente é *irracional*, não existe uma propriedade de potenciação para expressar o valor de uma função exponencial. Por exemplo, se $f(x) = 2^x$, então $f(\pi) = 2^\pi$, porém o que 2^π significa? O que podemos fazer são apenas aproximações, como mostra a Tabela 11.1.

Tabela 11.1 Valores de $f(x) = 2^x$ para números racionais aproximando π de 3,14159265...

x	3	3,1	3,14	3,141	3,1415	3,14159
2^x	8	8,5...	8,81...	8,821...	8,8244...	8,82496...

EXEMPLO 3 Identificação da lei de uma função exponencial a partir de alguns valores tabelados

Determine fórmulas para as funções exponenciais g e h, cujos valores são dados na Tabela 11.2.

Tabela 11.2 Alguns valores para duas funções exponenciais

x	$g(x)$	$h(x)$
-2	$\dfrac{4}{9}$	128
-1	$\dfrac{4}{3}$	32
0	4	8
1	12	2
2	36	$\dfrac{1}{2}$

(g: $\times 3$ entre linhas consecutivas; h: $\times \dfrac{1}{4}$ entre linhas consecutivas)

SOLUÇÃO

Como g é uma função exponencial, então $g(x) = a \cdot b^x$. Como $g(0) = 4$, então o valor de a é igual a 4. Como $g(1) = 4 \cdot b^1 = 12$, então a base b é igual a 3. Assim:

$$g(x) = 4 \cdot 3^x$$

Como h é uma função exponencial, então $h(x) = a \cdot b^x$. Como $h(0) = 8$, então o valor de a é igual a 8. Como $h(1) = 8 \cdot b^1 = 2$, então a base b é igual a $\frac{1}{4}$. Assim:

$$h(x) = 8 \cdot \left(\frac{1}{4}\right)^x$$

A Figura 11.2 mostra os gráficos dessas funções, e os pontos destacados são os pares ordenados mostrados na Tabela 11.2.

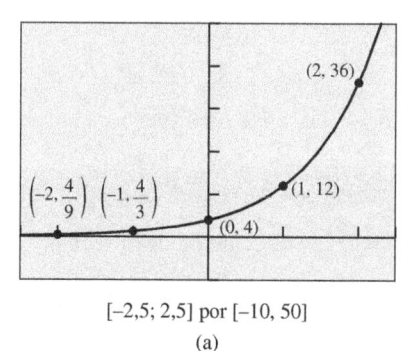

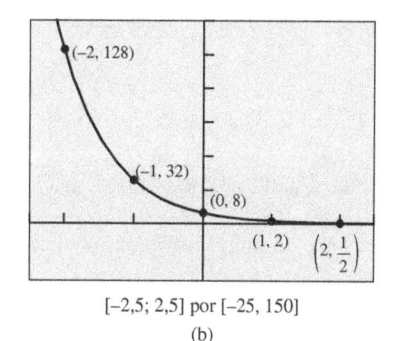

[−2,5; 2,5] por [−10, 50]
(a)

[−2,5; 2,5] por [−25, 150]
(b)

Figura 11.2 Gráficos de (a) $g(x) = 4 \cdot 3^x$ e (b) $h(x) = 8 \cdot \left(\frac{1}{4}\right)^x$.

Na Tabela 11.2, podemos verificar que os valores da função $g(x)$ crescem com fator de multiplicação igual a 3, e os da função $h(x)$ decrescem com fator de multiplicação igual a $\frac{1}{4}$. Além disso, a variação dos valores de x é de uma unidade, e o fator de multiplicação é a base da função exponencial. Esse padrão generaliza todas as funções exponenciais, como vemos na Tabela 11.3.

Tabela 11.3 Valores para uma função exponencial $f(x) = a \cdot b^x$

x	$a \cdot b^x$	
−2	ab^{-2}	
		$\times b$
−1	ab^{-1}	
		$\times b$
0	a	
		$\times b$
1	ab	
		$\times b$
2	ab^2	

Na Tabela 11.3, vemos que, quando x cresce uma unidade, o valor da função é multiplicado pela base b. Essa relação acarreta a seguinte *fórmula recursiva*:

$$f(x) = a \cdot b^x.$$

Crescimento e decrescimento exponencial

Para qualquer função exponencial $f(x) = a \cdot b^x$ e qualquer número real x,

$$f(x + 1) = b \cdot f(x).$$

Se $a > 0$ e $b > 1$, então a função f é crescente, sendo uma **função de crescimento exponencial**. A base b é o seu **fator de crescimento**.

Se $a > 0$ e $b < 1$, então a função f é decrescente, sendo uma **função de decaimento exponencial**. A base b é o seu **fator de decaimento**.

No Exemplo 3, g é uma função de crescimento exponencial, e h é uma função de decaimento exponencial. Quando x cresce por 1, $g(x) = 4 \cdot 3^x$ cresce pelo fator 3, e $h(x) = 8 \cdot \left(\dfrac{1}{4}\right)^x$ decresce pelo fator $\dfrac{1}{4}$. A base de uma função exponencial nos diz se a função é crescente ou decrescente.

Vamos resumir o que aprendemos sobre funções exponenciais com um valor de a igual a 1.

Função exponencial $f(x) = b^x$

Domínio: conjunto de todos os números reais.

Imagem: $]0, +\infty[$.

É contínua.

Não é simétrica: não é função par, não é função ímpar.

Limitada inferiormente, mas não superiormente.

Não tem extremos locais.

Assíntota horizontal: $y = 0$.

Não tem assíntotas verticais.

Se $b > 1$ (veja a Figura 11.3(a)), então:

- f é uma função crescente
- $\lim\limits_{x \to -\infty} f(x) = 0$ e $\lim\limits_{x \to +\infty} f(x) = +\infty$

Se $0 < b < 1$ (veja a Figura 11.3(b)), então:

- f é uma função decrescente
- $\lim\limits_{x \to -\infty} f(x) = +\infty$ e $\lim\limits_{x \to +\infty} f(x) = 0$

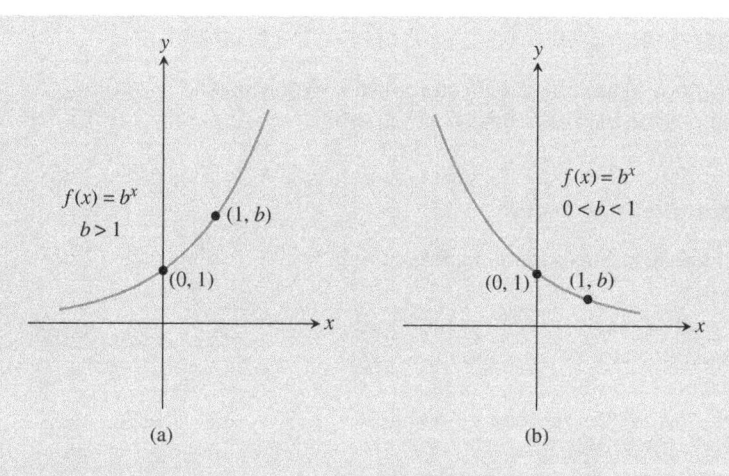

Figura 11.3 Gráficos de $f(x) = b^x$, para (a) $b > 1$ e (b) $0 < b < 1$.

Observe o que podemos fazer também com as funções exponenciais.

EXEMPLO 4 Transformação de funções exponenciais

Descreva como transformar o gráfico de $f(x) = 2^x$ no gráfico da função dada.
(a) $g(x) = 2^{x-1}$ **(b)** $h(x) = 2^{-x}$ **(c)** $k(x) = 3 \cdot 2^x$

SOLUÇÃO

(a) O gráfico de $g(x) = 2^{x-1}$ é obtido deslocando o gráfico de $f(x) = 2^x$ uma unidade para a direita (Figura 11.4(a)).

(b) Podemos obter o gráfico de $h(x) = 2^{-x}$ refletindo o gráfico de $f(x) = 2^x$ com relação ao eixo vertical y (Figura 11.4(b)). Como $2^{-x} = (2^{-1})^x = \left(\dfrac{1}{2}\right)^x$, então podemos pensar em h como uma função exponencial com um valor de a igual a 1 e uma base igual a $\dfrac{1}{2}$.

(c) Podemos obter o gráfico de $k(x) = 3 \cdot 2^x$ esticando verticalmente o gráfico de $f(x) = 2^x$ pelo fator 3 (Figura 11.4(c)).

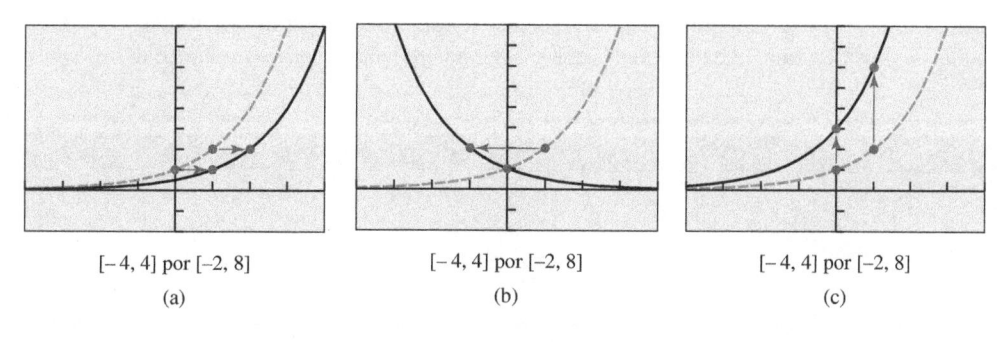

Figura 11.4 Gráfico de $f(x) = 2^x$ com (a) $g(x) = 2^{x-1}$, (b) $h(x) = 2^{-x}$ e (c) $k(x) = 3 \cdot 2^x$.

A base da função dada pelo número e

A função $f(x) = e^x$ é uma função de crescimento exponencial.
Vejamos um resumo para essa função exponencial.

Função exponencial $f(x) = e^x$

Domínio: conjunto de todos os números reais.
Imagem: $]0, +\infty[$.
É contínua.
É crescente para todo valor de x do domínio.
Não é simétrica.
Limitada inferiormente, mas não superiormente.
Não tem extremos locais.
Assíntota horizontal: $y = 0$.
Não tem assíntotas verticais.
Comportamento nos extremos do domínio: $\lim_{x \to -\infty} e^x = 0$ e $\lim_{x \to +\infty} e^x = +\infty$.

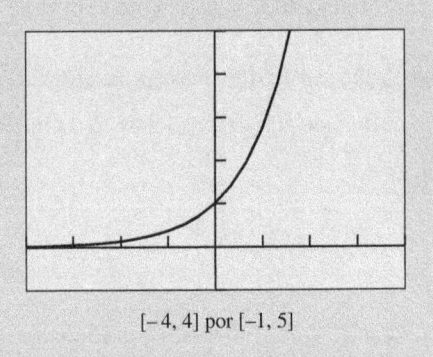

[-4, 4] por [-1, 5]

Figura 11.5 Gráfico de $f(x) = e^x$.

Como $f(x) = e^x$ é crescente, então é uma função de crescimento exponencial; logo $e > 1$. Mas o que é o número e?

A letra e é a inicial do sobrenome de Leonhard Euler (1707-1783), que foi quem introduziu a notação. Como $f(x) = e^x$ tem propriedades especiais de cálculo que simplificam muitas contas, então e é a *base natural* da função exponencial, que é chamada *função exponencial natural*.

DEFINIÇÃO A base natural e

$$e = \lim_{x \to +\infty} \left(1 + \frac{1}{x}\right)^x$$

Não podemos calcular o número irracional *e* diretamente, mas usando essa definição podemos obter, sucessivamente, aproximações cada vez melhores para *e*, como mostrado na Tabela 11.4.

Tabela 11.4 Aproximações para a base natural *e*

x	1	10	100	1.000	10.000	100.000
$\left(1 + \dfrac{1}{x}\right)^x$	2	2,5...	2,70...	2,716...	2,7181...	2,71826...

Em geral, interessam mais a função exponencial $f(x) = e^x$ e variações dessa função do que o número irracional *e*. De fato, *qualquer* função exponencial pode ser expressa em termos da base natural *e*.

TEOREMA Funções exponenciais e a base *e*

Qualquer função exponencial $f(x) = a \cdot b^x$ pode ser reescrita como

$$f(x) = a \cdot e^{kx}$$

para uma constante k, sendo um número real apropriadamente escolhido.

Se $a > 0$ e $k > 0$, então $f(x) = a \cdot e^{kx}$ é uma função de crescimento exponencial (veja a Figura 11.6(a)). Se $a > 0$ e $k < 0$, então $f(x) = a \cdot e^{kx}$ é uma função de decaimento exponencial (veja a Figura 11.6(b)).

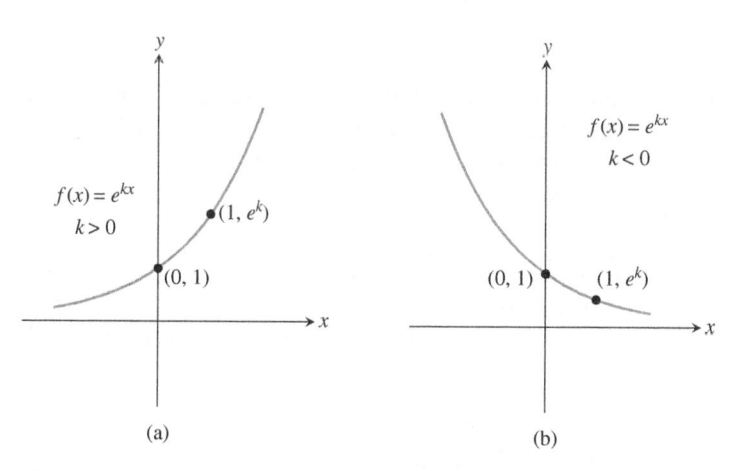

Figura 11.6 Gráficos de $f(x) = e^{kx}$ para (a) $k > 0$ e (b) $k < 0$.

EXEMPLO 5 Transformação de funções exponenciais

Descreva como transformar o gráfico de $f(x) = e^x$ no gráfico da função dada.

(a) $g(x) = e^{2x}$ **(b)** $h(x) = e^{-x}$ **(c)** $k(x) = 3e^x$

SOLUÇÃO

(a) O gráfico de $g(x) = e^{2x}$ é obtido encolhendo horizontalmente o gráfico de $f(x) = e^x$ por meio do fator 2 (Figura 11.7(a)).

(b) Podemos obter o gráfico de $h(x) = e^{-x}$ refletindo o gráfico de $f(x) = e^x$ com relação ao eixo vertical y (Figura 11.7(b)).

(c) Podemos obter o gráfico de $k(x) = 3 \cdot e^x$ esticando verticalmente o gráfico de $f(x) = e^x$ pelo fator 3 (Figura 11.7(c)).

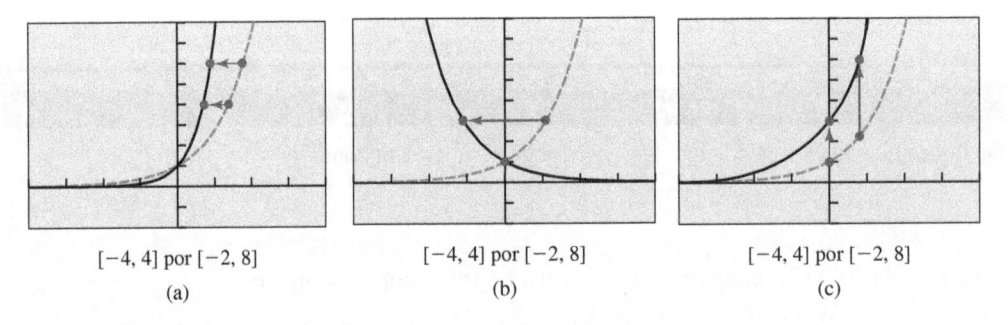

[−4, 4] por [−2, 8]   [−4, 4] por [−2, 8]   [−4, 4] por [−2, 8]
      (a)   (b)   (c)

Figura 11.7 Gráfico de $f(x) = e^x$, com (a) $g(x) = e^{2x}$, (b) $h(x) = e^{-x}$ e (c) $k(x) = 3e^x$.

Funções de crescimento logístico

Uma função de crescimento logístico mostra seu comportamento a uma taxa crescente e não é limitada superiormente. A limitação acaba existindo por razões de capacidade física ou de volume máximo. Com isso, por causa das situações reais, a função de crescimento é limitada tanto inferior como superiormente por assíntotas horizontais.

DEFINIÇÃO Funções de crescimento logístico

Sejam a, b, c e k constantes positivas, com $b < 1$. Uma **função de crescimento logístico** em x é uma função que pode ser escrita na forma

$$f(x) = \frac{c}{1 + a \cdot b^x} \text{ ou } f(x) = \frac{c}{1 + a \cdot e^{-kx}},$$

onde a constante c é o **limite de crescimento**.

Se $b > 1$ ou $k < 0$, então as fórmulas serão de **funções de decaimento logístico**.

As funções de crescimento logístico têm comportamento nos extremos do domínio (conjunto dos números reais), dado por:

$$\lim_{x \to -\infty} f(x) = 0 \text{ e } \lim_{x \to +\infty} f(x) = c,$$

onde c é o limite de crescimento.

Taxa percentual constante e funções exponenciais

Suponha que uma população está se modificando a uma **taxa percentual constante** r, onde r é a taxa percentual da mudança em forma decimal. A população então segue o seguinte padrão:

Tempo em anos	População
0	$P(0) = P_0 =$ população inicial
1	$P(1) = P_0 + P_0 r = P_0(1 + r)$
2	$P(2) = P(1) \cdot (1 + r) = P_0(1 + r)^2$
3	$P(3) = P(2) \cdot (1 + r) = P_0(1 + r)^3$
⋮	⋮
t	$P(t) = P_0(1 + r)^t$

Assim, nesse caso, a população é expressa como uma função exponencial do tempo.

Modelo de crescimento exponencial de uma população

Se uma população P está se modificando a uma taxa percentual constante r a cada ano, então:

$$P(t) = P_0(1 + r)^t,$$

onde P_0 é a população inicial, r é expresso como um número decimal e t é o tempo em anos.

Por um lado, se $r > 0$, então $P(t)$ é uma função de crescimento exponencial, e seu *fator de crescimento* é a base da função exponencial, dada por $1 + r$.

Por outro lado, se $r < 0$, então a base $1 + r < 1$, $P(t)$ é uma função de decaimento exponencial, e $1 + r$ é o *fator de decaimento* para a população.

EXEMPLO 6 Verificação das taxas de crescimento e decaimento

Conclua se o modelo da população é uma função de crescimento ou decaimento exponencial e encontre a taxa percentual constante de crescimento ou decaimento.

(a) São José: $P(t) = 782.248 \cdot 1{,}0136^t$ **(b)** Detroit: $P(t) = 1.203.368 \cdot 0{,}9858^t$

SOLUÇÃO

(a) Como $1 + r = 1{,}0136$, então $r = 0{,}0136 > 0$. Assim, P é uma função de crescimento exponencial com a taxa de crescimento de 1,36%.

(b) Como $1 + r = 0{,}9858$, então $r = -0{,}0142 < 0$. Assim, P é uma função de decaimento exponencial com a taxa de decaimento de 1,42%.

EXEMPLO 7 Identificação da lei de função exponencial

Determine a função exponencial com valor inicial igual a 12 e taxa de crescimento de 8% ao ano.

SOLUÇÃO

Como $P_0 = 12$ e $r = 8\% = 0{,}08$, então $P(t) = 12(1 + 0{,}08)^t$ ou $P(t) = 12 \cdot 1{,}08^t$. Poderíamos escrever essa função como $f(x) = 12 \cdot 1{,}08^x$, onde x representa o tempo.

Modelos de crescimento e decaimento exponencial

Os modelos de crescimento e decaimento exponencial são usados para populações, por exemplo, de animais, bactérias e átomos radioativos. Esses modelos se aplicam em qualquer situação na qual o crescimento ou o decrescimento é proporcional ao tamanho atual da quantidade de interesse.

EXEMPLO 8 Modelagem do crescimento de bactérias

Suponha que há uma cultura de 100 bactérias localizadas em um objeto, de modo que o número de bactérias dobra a cada hora. Conclua quando esse número chegará em 350.000 unidades.

SOLUÇÃO

Modelo

$200 = 100 \cdot 2$	Total de bactérias após 1 hora
$400 = 100 \cdot 2^2$	Total de bactérias após 2 horas
$800 = 100 \cdot 2^3$	Total de bactérias após 3 horas
$\vdots$	
$P(t) = 100 \cdot 2^t$	Total de bactérias após t horas

Assim, a função $P(t) = 100 \cdot 2^t$ representa a população de bactérias t horas após a verificação inicial no objeto.

Solução gráfica

A Figura 11.8 mostra que a função da população intersecciona $y = 350.000$ quando $t \cong 11,77$.

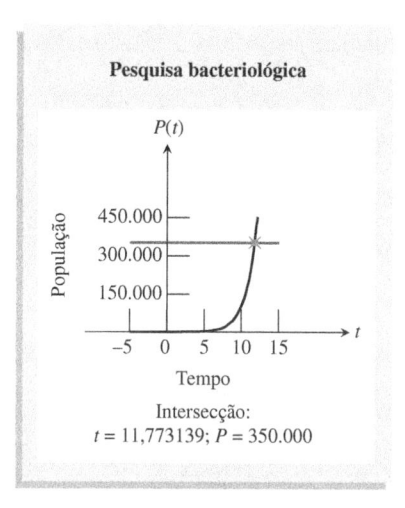

Pesquisa bacteriológica

P(t)

População: 450.000, 300.000, 150.000
Tempo: −5, 0, 5, 10, 15

Intersecção:
$t = 11,773139$; $P = 350.000$

Figura 11.8 Crescimento exponencial de uma população de bactérias.

INTERPRETAÇÃO

A população de bactérias será de 350.000 em, aproximadamente, 11 horas e 46 minutos.

As funções de decaimento exponencial modelam a quantidade de uma substância radioativa presente em uma amostra. O número de átomos de um elemento específico que se modifica de um estado radioativo para um estado não radioativo é uma fração fixada por unidade de tempo. O processo é chamado **decaimento radioativo**, e o tempo que ele leva para que metade da amostra mude de estado é chamado **meia-vida** da substância radioativa.

EXEMPLO 9   Modelagem do decaimento radioativo

Suponha que a meia-vida de certa substância radioativa é de 20 dias e que existem 5 gramas presentes inicialmente. Encontre o tempo até existir 1 grama da substância.

SOLUÇÃO

Modelo

Se t é o tempo em dias, o tempo de meias-vidas será $\dfrac{t}{20}$.

$$\frac{5}{2} = 5\left(\frac{1}{2}\right)^{20/20} \quad \text{Gramas após 20 dias}$$

$$\frac{5}{4} = 5\left(\frac{1}{2}\right)^{40/20} \quad \text{Gramas após } 2 \cdot 20 = 40 \text{ dias}$$

$$\vdots$$

$$f(t) = 5\left(\frac{1}{2}\right)^{t/20} \quad \text{Gramas após } t \text{ dias}$$

Assim, a função $f(t) = 5 \cdot 0{,}5^{t/20}$ modela a massa, em gramas, da substância radioativa no tempo t.

Solução gráfica

A Figura 11.9 mostra que o gráfico de $f(t) = 5 \cdot 0{,}5^{t/20}$ intersecciona $y = 1$ quando $t \cong 46{,}44$.

Decrescimento radioativo

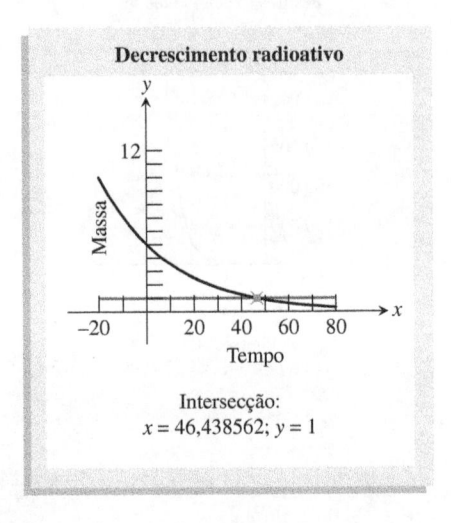

Intersecção: $x = 46{,}438562; y = 1$

Figura 11.9 Decaimento radioativo.

INTERPRETAÇÃO

Existirá 1 grama da substância radioativa após, aproximadamente, 46,44 dias, ou seja, 46 dias e 11 horas.

REVISÃO RÁPIDA

Nos exercícios de 1 a 4, desenvolva a expressão sem usar a calculadora.

1. $\sqrt[3]{-216}$
2. $\sqrt[3]{\dfrac{125}{8}}$
3. $27^{2/3}$
4. $4^{5/2}$

Nos exercícios de 5 a 8, reescreva a expressão usando um único expoente positivo.

5. $(2^{-3})^4$
6. $(3^4)^{-2}$
7. $(a^{-2})^3$
8. $(b^{-3})^{-5}$

Nos exercícios 9 e 10, converta a porcentagem para a forma decimal ou a decimal em uma porcentagem.

9. 15%
10. 0,04
11. Mostre como aumentar 23 em 7% usando uma simples multiplicação.
12. Mostre como diminuir 52 em 4% usando uma simples multiplicação.

Nos exercícios 13 e 14, resolva a equação algebricamente.

13. $40 \cdot b^2 = 160$
14. $243 \cdot b^3 = 9$

Nos exercícios de 15 a 18, resolva a equação numericamente.

15. $782b^6 = 838$ **16.** $93b^5 = 521$
17. $672b^4 = 91$ **18.** $127b^7 = 56$

Exercícios

Nos exercícios de 1 a 6, identifique as funções exponenciais. Para aquelas que são funções exponenciais da forma $f(x) = ab^x$, determine o valor de a e o valor da base b. Para aquelas que não são, explique por que não.

1. $y = x^8$
2. $y = 3^x$
3. $y = 5^x$
4. $y = 4^2$
5. $y = x^{\sqrt{x}}$
6. $y = x^{1,3}$

Nos exercícios de 7 a 10, calcule o valor exato da função para o valor de x dado.

7. $f(x) = 3 \cdot 5^x$, para $x = 0$
8. $f(x) = 6 \cdot 3^x$, para $x = -2$
9. $f(x) = -2 \cdot 3^x$, para $x = \dfrac{1}{3}$
10. $f(x) = 8 \cdot 4^x$, para $x = -\dfrac{3}{2}$

Nos exercícios 11 e 12, determine uma fórmula para a função exponencial cujos valores são dados na Tabela 11.5.

11. $f(x)$
12. $g(x)$

Tabela 11.5 Valores para duas funções exponenciais

x	$f(x)$	$g(x)$
-2	6	108
-1	3	36
0	$\dfrac{3}{2}$	12
1	$\dfrac{3}{4}$	4
2	$\dfrac{3}{8}$	$\dfrac{4}{3}$

Nos exercícios 13 e 14, determine uma fórmula para a função exponencial, cujo gráfico é demonstrado na figura.

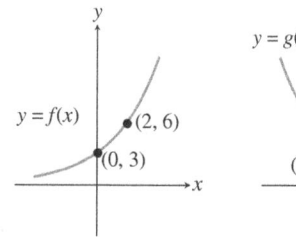

13. $f(x)$ **14.** $g(x)$

Nos exercícios de 15 a 24, descreva como transformar o gráfico de f no gráfico de g.

15. $f(x) = 2^x$, $g(x) = 2^{x-3}$
16. $f(x) = 3^x$, $g(x) = 3^{x+4}$
17. $f(x) = 4^x$, $g(x) = 4^{-x}$
18. $f(x) = 2^x$, $g(x) = 2^{5-x}$
19. $f(x) = 0,5^x$, $g(x) = 3 \cdot 0,5^x + 4$
20. $f(x) = 0,6^x$, $g(x) = 2 \cdot 0,6^{3x}$
21. $f(x) = e^x$, $g(x) = e^{-2x}$
22. $f(x) = e^x$, $g(x) = -e^{-3x}$
23. $f(x) = e^x$, $g(x) = 2e^{3-3x}$
24. $f(x) = e^x$, $g(x) = 3e^{2x} - 1$

Nos exercícios de 25 a 30, associe a função dada a seu gráfico e explique como fazer a escolha.

25. $y = 3^x$
26. $y = 2^{-x}$
27. $y = -2^x$
28. $y = -0,5^x$
29. $y = 3^{-x} - 2$
30. $y = 1,5^x - 2$

(a)

(b)

(c)

(d)

(e)

(f)

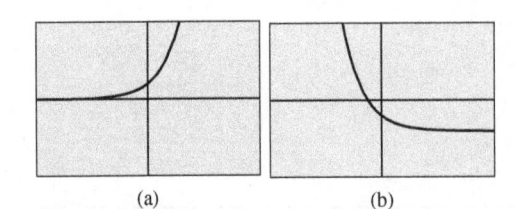

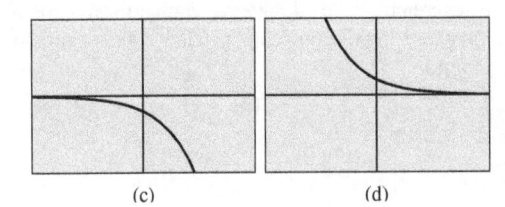

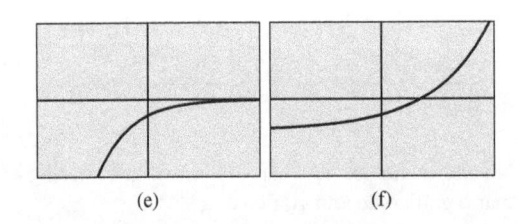

Nos exercícios de 31 a 34, verifique se a função é de crescimento ou de decaimento exponencial; descreva o comportamento de cada função nos extremos do domínio (aqui usamos limite de função).

31. $f(x) = 3^{-2x}$

32. $f(x) = \left(\dfrac{1}{e}\right)^x$

33. $f(x) = 0{,}5^x$

34. $f(x) = 0{,}75^{-x}$

Nos exercícios de 35 a 38, resolva cada desigualdade graficamente.

35. $9^x < 4^x$

36. $6^{-x} > 8^{-x}$

37. $\left(\dfrac{1}{4}\right)^x > \left(\dfrac{1}{3}\right)^x$

38. $\left(\dfrac{1}{3}\right)^x < \left(\dfrac{1}{2}\right)^x$

Nos exercícios 39 e 40, use as propriedades de potenciação para provar que duas das três funções exponenciais dadas são idênticas.

39. (a) $y_1 = 3^{2x+4}$

(b) $y_2 = 3^{2x} + 4$

(c) $y_3 = 9^{x+2}$

40. (a) $y_1 = 4^{3x-2}$

(b) $y_2 = 2(2^{3x-2})$

(c) $y_3 = 2^{3x-1}$

Nos exercícios de 41 a 44, você pode usar uma calculadora como suporte para fazer gráficos. Encontre o valor por onde o gráfico passa no eixo vertical y e as assíntotas horizontais.

41. $f(x) = \dfrac{12}{1 + 2 \cdot 0{,}8^x}$

42. $f(x) = \dfrac{18}{1 + 5 \cdot 0{,}2^x}$

43. $f(x) = \dfrac{16}{1 + 3e^{-2x}}$

44. $g(x) = \dfrac{9}{1 + 2e^{-x}}$

Nos exercícios de 45 a 50, esboce o gráfico da função e analise domínio, imagem, continuidade, crescimento/decrescimento, extremos, assíntotas e comportamento nos extremos do domínio.

45. $f(x) = 3 \cdot 2^x$

46. $f(x) = 4 \cdot 0{,}5^x$

47. $f(x) = 4 \cdot e^{3x}$

48. $f(x) = 5 \cdot e^{-x}$

49. $f(x) = \dfrac{5}{1 + 4 \cdot e^{-2x}}$

50. $f(x) = \dfrac{6}{1 + 2 \cdot e^{-x}}$

Tabela 11.6 População de duas cidades norte-americanas

Cidade	População em 1990	População em 2000
Austin, Texas	465.622	656.562
Columbus, Ohio	632.910	711.265

Fonte: *World Almanac and Book of Facts 2005.*

51. A população de Ohio pode ser modelada por $P(t) = \dfrac{12{,}79}{1 + 2{,}402 \cdot e^{-0{,}0309t}}$, onde P é a população em milhões de pessoas e t é o número de anos desde 1900. Baseado nesse modelo, quando a população de Ohio será de 10 milhões?

52. A população de Nova York pode ser modelada por:

$$P(t) = \frac{19{,}875}{1 + 57{,}993 \cdot e^{-0{,}035005t}},$$

onde P é a população em milhões de pessoas e t é o número de anos desde 1800. Baseado nesse modelo:

(a) Qual foi a população de Nova York em 1850?

(b) Qual será a população em 2020?

(c) Qual é a população máxima sustentável de Nova York (limite para crescimento)?

53. O número B de bactérias em um dado local após t horas é dada por $B = 100 \cdot e^{0{,}693t}$.

(a) Qual foi o número inicial de bactérias presentes?

(b) Quantas bactérias estão presentes após 6 horas?

54. Verdadeiro ou falso? Toda função exponencial é estritamente crescente. Justifique sua resposta.

55. Múltipla escolha Qual das seguintes funções é exponencial?

(a) $f(x) = a^2$
(b) $f(x) = x^3$
(c) $f(x) = x^{2/3}$
(d) $f(x) = \sqrt[3]{x}$
(e) $f(x) = 8^x$

56. Múltipla escolha Qual é o ponto que todas as funções da forma $f(x) = b^x$ $(b > 0)$ têm em comum?

(a) $(1, 1)$
(b) $(1, 0)$
(c) $(0, 1)$
(d) $(0, 0)$
(e) $(-1, -1)$

57. Múltipla escolha O fator de crescimento para $f(x) = 4 \cdot 3^x$ é:

(a) 3 (b) 4
(c) 12 (d) 64
(e) 81

58. Múltipla escolha Para $x > 0$, qual das seguintes alternativas é **verdadeira**?

(a) $3^x > 4^x$
(b) $7^x > 5^x$
(c) $\left(\dfrac{1}{6}\right)^x > \left(\dfrac{1}{2}\right)^x$
(d) $9^{-x} > 8^{-x}$
(e) $0{,}17^x > 0{,}32^x$

Nos exercícios de 59 a 64, verifique se a função é de crescimento ou decaimento exponencial e encontre a taxa percentual constante de crescimento ou decaimento.

59. $P(t) = 3{,}5 \cdot 1{,}09^t$

60. $P(t) = 4{,}3 \cdot 1{,}018^t$

61. $f(x) = 78{,}963 \cdot 0{,}968^x$

62. $f(x) = 56{,}07 \cdot 0{,}9968^x$

63. $g(t) = 247 \cdot 2^t$

64. $g(t) = 43 \cdot 0{,}05^t$

Nos exercícios de 65 a 76, determine a função exponencial que satisfaz as condições dadas.

65. Valor inicial igual a 5, crescente, com taxa de 17% ao ano.

66. Valor inicial igual a 52, crescente, com taxa de 2,3% ao dia.

67. Valor inicial igual a 16, decrescente, com taxa de 50% ao mês.

68. Valor inicial igual a 5, decrescente, com taxa de 0,59% por semana.

69. Valor inicial da população igual a 28.900, decrescente, com taxa de 2,6% ao ano.

70. Valor inicial da população igual a 502.000, crescente, com taxa de 1,7% ao ano.

71. Valor inicial do comprimento igual a 18 cm, crescendo a uma taxa de 5,2% por semana.

72. Valor inicial da massa igual a 15 gramas, decrescente a uma taxa de 4,6% ao dia.

73. Valor inicial da massa igual a 0,6 grama, dobrando a cada 3 dias.

74. Valor inicial da população igual a 250, dobrando a cada 7,5 horas.

75. Valor inicial da massa igual a 592 gramas, caindo pela metade a cada 6 anos.

76. Valor inicial da massa igual a 17 gramas, caindo pela metade a cada 32 horas.

Nos exercícios 77 e 78, determine uma fórmula para a função exponencial cujos valores são dados na Tabela 11.7.

77. $f(x)$

78. $g(x)$

Tabela 11.7 Valores para duas funções exponenciais

x	$f(x)$	$g(x)$
-2	1,472	$-9{,}0625$
-1	1,84	$-7{,}25$
0	2,3	$-5{,}8$
1	2,875	$-4{,}64$
2	3,59375	$-3{,}7123$

Nos exercícios 79 e 80, determine uma fórmula para a função exponencial cujo gráfico é demonstrado na figura.

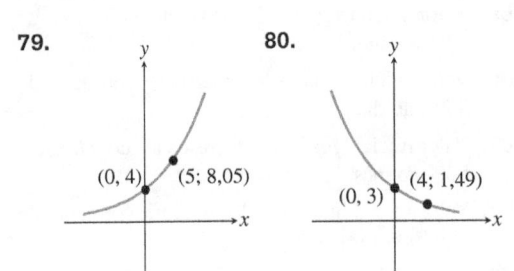

79. (gráfico com pontos $(0, 4)$ e $(5; 8{,}05)$)

80. (gráfico com pontos $(0, 3)$ e $(4; 1{,}49)$)

Nos exercícios de 81 a 84, encontre a função logística que satisfaz as condições dadas.

81. $f(0) = 10$, limite para crescimento igual a 40, passando através de $(1, 20)$.

82. $f(0) = 12$, limite para crescimento igual a 60, passando através de $(1, 24)$.

83. $f(0) = 16$, população máxima sustentável igual a 128, passando através de $(5, 32)$.

84. $f(0) = 5$, limite para altura igual a 30, passando através de $(3, 15)$.

Nos exercícios 85 e 86, determine uma função para a função logística cujo gráfico é mostrado na figura.

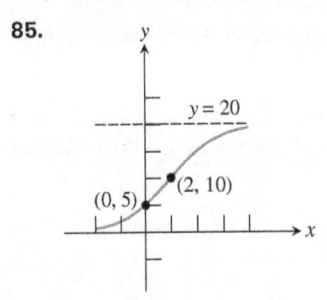

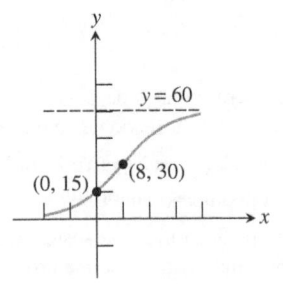

85. (gráfico com $y = 20$, $(0, 5)$ e $(2, 10)$)

86. (gráfico com $y = 60$, $(0, 15)$ e $(8, 30)$)

87. Em 2000, a população de Jacksonville era de 736.000 e crescia a uma taxa de 1,49% ao ano. A essa taxa, quando a população será de 1 milhão?

88. Em 2000, a população de Las Vegas era de 478.000 e está crescendo a uma taxa de 6,28% ao ano. A essa taxa, quando a população será de 1 milhão?

89. A população de Smallville no ano de 1890 era igual a 6.250. Suponha que a população cresceu a uma taxa de 2,75% ao ano.

(a) Estime a população em 1915 e em 1940.

(b) Estime quando a população alcançará 50.000.

90. A população de River City em 1910 era de 4.200. Suponha que a população cresce a uma taxa de 2,25% ao ano.

(a) Estime a população em 1930 e em 1945.

(b) Estime quando a população alcançará 20.000.

91. A meia-vida de certa substância radioativa é igual a 14 dias. Existem 6,6 gramas presentes inicialmente.

(a) Expresse a quantidade da substância remanescente como uma função do tempo t.

(b) Quando existirá menos de 1 grama?

92. A meia-vida de certa substância radioativa é igual a 65 dias. Existem 3,5 gramas presentes inicialmente.

(a) Expresse a quantidade da substância remanescente como uma função do tempo t.

(b) Quando existirá menos de 1 grama?

93. O número B de bactérias em um local após t horas é dado por $B = 100 \cdot e^{0{,}693t}$. Quando o número de bactérias será 200? Estime o tempo para dobrar a quantidade de bactérias.

94. Verdadeiro ou falso? Se a taxa percentual constante de uma função exponencial é negativa, então a base da função é negativa. Justifique a sua resposta.

95. Múltipla escolha Qual é a taxa percentual de crescimento constante de $P(t) = 1{,}23 \cdot 1{,}049^t$?
(a) 49%
(b) 23%
(c) 4,9%
(d) 2,3%
(e) 1,23%

96. Múltipla escolha Qual é a taxa percentual de decaimento constante de $P(t) = 22{,}7 \cdot 0{,}834^t$?
(a) 22,7%
(b) 16,6%
(c) 8,34%
(d) 2,27%
(e) 0,834%

97. Múltipla escolha Uma única célula de ameba duplica a cada 4 horas. Quanto tempo uma célula de ameba levará para produzir uma população de 1.000?
(a) 10 dias
(b) 20 dias
(c) 30 dias
(d) 40 dias
(e) 50 dias

Capítulo 12
Funções logarítmicas

Objetivos de aprendizagem
- Inversas das funções exponenciais.
- Logaritmos com base 10.
- Logaritmos com base e.
- Propriedade dos logaritmos.
- Mudança de base.
- Gráficos de funções logarítmicas.
- Resolução de equações exponenciais.
- Resolução de equações logarítmicas.
- Ordens de grandeza (ou magnitude) e modelos logarítmicos.

Funções logarítmicas são usadas em muitas aplicações, como em estudos de multiplicação de células por divisões sucessivas ou juros em aplicações financeiras. Por isso iniciamos com toda a parte de fundamentação, além de aplicações de logaritmos, que também são baseadas nas propriedades dos logaritmos.

Inversas das funções exponenciais

Apesar de as funções exponenciais serem objetos de estudo do Capítulo 11, por meio delas podemos compreender as primeiras ideias das funções logarítmicas.

Uma função exponencial $f(x) = b^x$ tem uma inversa que também é função. Essa inversa é a **função logarítmica de base b**, denotada por $\log_b x$, isto é, se $f(x) = b^x$, com $b > 0$ e $b \neq 1$, então $f^{-1}(x) = \log_b x$. Veja a Figura 12.1.

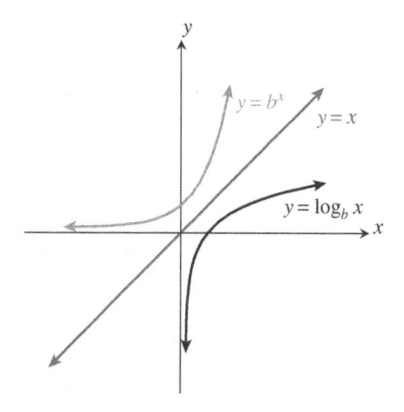

Figura 12.1 A função exponencial e sua inversa, que é a função logarítmica (no caso de função crescente).

Essa transformação nos diz que um *logaritmo está vinculado a uma potência, ou seja, é um expoente da potência*. Com isso, podemos desenvolver expressões logarítmicas usando nossos conhecimentos sobre potenciação.

Transformação entre a forma logarítmica e a forma exponencial

Se $x > 0$ e $0 < b \neq 1$, então $y = \log_b(x)$, se, e somente se, $b^y = x$.

EXEMPLO 1   Cálculo de logaritmos

(a) $\log_2 8 = 3$, porque $2^3 = 8$

(b) $\log_2 \sqrt{3} = \dfrac{1}{2}$, porque $3^{1/2} = \sqrt{3}$

(c) $\log_5 \dfrac{1}{25} = -2$, porque $5^{-2} = \dfrac{1}{5^2} = \dfrac{1}{25}$

(d) $\log_4 1 = 0$, porque $4^0 = 1$

(e) $\log_7 7 = 1$, porque $7^1 = 7$

Podemos generalizar os resultados observados no Exemplo 1. Vejamos:

Propriedades básicas de logaritmos

Para $x > 0$, $b > 0$, $b \neq 1$ e y como um número real qualquer:

- $\log_b 1 = 0$, porque $b^0 = 1$
- $\log_b b = 1$, porque $b^1 = b$
- $\log_b b^y = y$, porque $b^y = b^y$
- $b^{\log_b x} = x$, porque $\log_b x = \log_b x$

Vale observar que, em geral, nas situações práticas, as bases dos logaritmos são quase sempre maiores do que 1.

Essas propriedades nos dão suporte para calcular logaritmos e algumas expressões exponenciais. Temos, a seguir, casos que já apareceram no Exemplo 1, mas agora com destaque para algumas das propriedades listadas anteriormente.

EXEMPLO 2   Cálculo de logaritmos

(a) $\log_2 8 = \log_2 2^3 = 3$

(b) $\log_3 \sqrt{3} = \log_3 3^{1/2} = \dfrac{1}{2}$

(c) $6^{\log_6 11} = 11$

Como já citamos, as funções logarítmicas são inversas das funções exponenciais. Com as propriedades citadas, podemos compreender os cálculos apresentados na Tabela 12.1, tanto para a função $f(x) = 2^x$ como para $f^{-1}(x) = \log_2 x$.

Tabela 12.1 Uma função exponencial e sua inversa

x	$f(x) = 2^x$	x	$f^{-1}(x) = \log_2 x$
−3	$\frac{1}{8}$	$\frac{1}{8}$	−3
−2	$\frac{1}{4}$	$\frac{1}{4}$	−2
−1	$\frac{1}{2}$	$\frac{1}{2}$	−1
0	1	1	0
1	2	2	1
2	4	4	2
3	8	8	3

Logaritmos com base 10

Quando a base do logaritmo é 10, não precisamos escrever o número, e denotamos a função logarítmica por $f(x) = \log x$. Lembre-se de que essa função é a inversa da função exponencial $f(x) = 10^x$. Assim:

$$y = \log x, \text{ se, e somente se, } 10^y = x.$$

Podemos obter resultados para logaritmos com base 10.

Propriedades básicas para logaritmos com base 10

Sejam x e y números reais, e x é maior do que 0.
- $\log 1 = 0$, porque $10^0 = 1$
- $\log 10 = 1$, porque $10^1 = 10$
- $\log 10^y = y$, porque $10^y = 10^y$
- $10^{\log x} = x$, porque $\log x = \log x$

Com mais essas propriedades, podemos calcular outros logaritmos e expressões exponenciais com base 10.

EXEMPLO 3 Cálculo de logaritmos com base 10

(a) $\log 100 = \log_{10} 100 = 2$, porque $10^2 = 100$

(b) $\log \sqrt[5]{10} = \log 10^{1/5} = \dfrac{1}{5}$

(c) $\log \dfrac{1}{1.000} = \log \dfrac{1}{10^3} = \log 10^{-3} = -3$

(d) $10^{\log 6} = 6$

Transformar uma forma logarítmica em uma forma exponencial, na maioria das vezes, já é o suficiente para resolver uma equação envolvendo funções logarítmicas.

EXEMPLO 4 Resolução de equações logarítmicas

Resolva cada equação transformando-a para a forma exponencial.
(a) $\log x = 3$ (b) $\log_2 x = 5$

SOLUÇÃO

(a) Transformando para a forma exponencial, temos $x = 10^3 = 1.000$.

(b) Transformando para a forma exponencial, temos $x = 2^5 = 32$.

Logaritmos com base e

Logaritmos com base e são chamados **logaritmos naturais**. Muitas vezes utilizamos apenas a notação "ln" para representar o logaritmo natural. Assim, a função logarítmica natural é $f(x) = \log_e x = \ln x$. Essa função é a inversa da função exponencial $f(x) = e^x$. Assim:

$$y = \ln x, \text{ se, e somente se, } e^y = x.$$

Podemos obter resultados para logaritmos com base e.

Propriedades básicas para logaritmos com base e (logaritmos naturais)

Sejam x e y números reais, e x é maior do que 0.
- $\ln 1 = 0$, porque $e^0 = 1$
- $\ln e = 1$, porque $e^1 = e$
- $\ln e^y = y$, porque $e^y = e^y$
- $e^{\ln x} = x$, porque $\ln x = \ln x$

Usando a definição de logaritmo natural e suas propriedades, podemos calcular expressões envolvendo a base natural e.

EXEMPLO 5 Cálculo de logaritmos com base e

(a) $\ln \sqrt{e} = \log_e \sqrt{e} = \dfrac{1}{2}$, porque $e^{1/2} = \sqrt{e}$
(b) $\ln e^5 = \log_e e^5 = 5$
(c) $e^{\ln 4} = 4$

Propriedades dos logaritmos

As propriedades são utilizadas nas resoluções de equações logarítmicas e de problemas.

Propriedades dos logaritmos

Sejam b, R e S números reais positivos com $b \neq 1$ e c como um número real qualquer.

Regra do produto: $\log_b (RS) = \log_b R + \log_b S$

Regra do quociente: $\log_b \dfrac{R}{S} = \log_b R - \log_b S$

Regra da potência: $\log_b R^c = c \log_b R$

A propriedade de mudança de base será tratada na próxima seção.
As propriedades de potenciação apresentadas a seguir são fundamentais para as três propriedades de logaritmos listadas acima. Por enquanto, a primeira propriedade de potenciação é a que dá suporte para a regra do produto, que provaremos a seguir.

Sejam b, x e y números reais com $b > 0$.

1. $b^x \cdot b^y = b^{x+y}$ **2.** $\dfrac{b^x}{b^y} = b^{x-y}$ **3.** $(b^x)^y = b^{xy}$

EXEMPLO 6 Demonstração da regra do produto para logaritmos

Prove que $\log_b (RS) = \log_b R + \log_b S$.

SOLUÇÃO

Sejam $x = \log_b R$ e $y = \log_b S$. As respectivas expressões com potenciação são $b^x = R$ e $b^y = S$. Portanto:

$$RS = b^x \cdot b^y$$
$$= b^{x+y}$$
$$\log_b (RS) = x + y$$
$$= \log_b R + \log_b S$$

Quando resolvemos equações que envolvem logaritmos, muitas vezes precisamos reescrever expressões usando suas propriedades. Outras vezes, precisamos expandir ou condensar até onde for possível. Os próximos exemplos mostram como as propriedades de logaritmos podem ser usadas para mudar a forma das expressões envolvendo logaritmos.

EXEMPLO 7 Expansão do logaritmo de um produto

Supondo que x e y são positivos, use as propriedades de logaritmos para escrever $\log(8xy^4)$ como uma soma de logaritmos ou múltiplo de logaritmos.

SOLUÇÃO

$$\log(8xy^4) = \log 8 + \log x + \log y^4$$
$$= \log 2^3 + \log x + \log y^4$$
$$= 3\log 2 + \log x + 4\log y$$

EXEMPLO 8 Expansão do logaritmo de um quociente

Supondo que x é positivo, use as propriedades de logaritmos para escrever $\ln\left(\dfrac{\sqrt{x^2+5}}{x}\right)$ como uma soma ou uma diferença de logaritmos, ou mesmo como um múltiplo de logaritmos.

SOLUÇÃO

$$\ln\frac{\sqrt{x^2+5}}{x} = \ln\frac{(x^2+5)^{1/2}}{x}$$
$$= \ln(x^2+5)^{1/2} - \ln x$$
$$= \frac{1}{2}\ln(x^2+5) - \ln x$$

EXEMPLO 9 Notação de logaritmo

Supondo que x e y são positivos, escreva $\ln x^5 - 2\cdot\ln(xy)$ como um único logaritmo.

SOLUÇÃO

$$\ln x^5 - 2\ln(xy) = \ln x^5 - \ln(xy)^2$$
$$= \ln x^5 - \ln(x^2 y^2)$$
$$= \ln\frac{x^5}{x^2 y^2}$$
$$= \ln\frac{x^3}{y^2}$$

Mudança de base

Quando trabalhamos com uma expressão logarítmica, com uma base que não seja adequada para o momento, é possível modificar a expressão em um quociente de logaritmos com uma base diferente. Por exemplo, é difícil desenvolver $\log_4 7$ porque 7 não é uma potência de 4 e não existe a tecla "$\log_4$" na calculadora. Podemos trabalhar com esse problema da seguinte forma:

$$y = \log_4 7$$
$$4^y = 7$$
$$\ln 4^y = \ln 7$$
$$y \ln 4 = \ln 7$$
$$y = \frac{\ln 7}{\ln 4}$$

Para finalizar, podemos utilizar uma calculadora e, assim, $\log_4 7 = \frac{\ln 7}{\ln 4} \cong 1{,}4037$.

Podemos generalizar o resultado obtido após aplicar o logaritmo em ambos os lados da expressão, como a fórmula de mudança de base.

Fórmula de mudança de base para logaritmos

Para números reais positivos a, b e x, com $a \neq 1$ e $b \neq 1$, temos:

$$\log_b x = \frac{\log_a x}{\log_a b}.$$

As calculadoras, em geral, têm duas teclas para logaritmo que são "LOG" e "LN", as quais correspondem às bases 10 e e, respectivamente. Assim, utilizamos a fórmula de mudança de base com uma das formas:

$$\log_b x = \frac{\log x}{\log b} \quad \text{ou} \quad \log_b x = \frac{\ln x}{\ln b}.$$

EXEMPLO 10 Desenvolvimento do logaritmo por meio da mudança de base

(a) $\log_3 16 = \frac{\ln 16}{\ln 3} = 2{,}523\ldots \cong 2{,}52$

(b) $\log_6 10 = \frac{\log 10}{\log 6} = \frac{1}{\log 6} = 1{,}285\ldots \cong 1{,}29$

(c) $\log_{1/2} 2 = \frac{\ln 2}{\ln \left(\frac{1}{2}\right)} = \frac{\ln 2}{\ln 1 - \ln 2} = \frac{\ln 2}{-\ln 2} = -1$

Gráficos de funções logarítmicas

Vamos listar agora as propriedades da função logarítmica natural $f(x) = \ln x$.
Domínio: $]0, +\infty[$.
Imagem: $\mathbb{R}$.

É contínua em]0, +∞[.
É crescente em]0, +∞[.
Não é simétrica.
Não é limitada inferior ou superiormente.
Não tem extremos locais.
Não tem assíntotas horizontais.
Assíntota vertical é em $x = 0$.
Comportamento no extremo do domínio: $\lim_{x \to +\infty} \ln x = +\infty$.

Qualquer função logarítmica $f(x) = \log_b x$, com $b > 1$, tem o mesmo domínio, imagem, continuidade, comportamento crescente, ausência de simetria e outras características, como vimos na função $f(x) = \ln x$. O gráfico e o comportamento de $f(x) = \ln x$ é típico das funções logarítmicas mais usadas.

A Figura 12.2(a) a seguir mostra que os gráficos de $y = \ln x$ e $y = e^x$ são simétricos com relação à reta $y = x$. A Figura 12.2(b) mostra que os gráficos de $y = \log x$ e $y = 10^x$ também são simétricos com relação à mesma reta $y = x$.

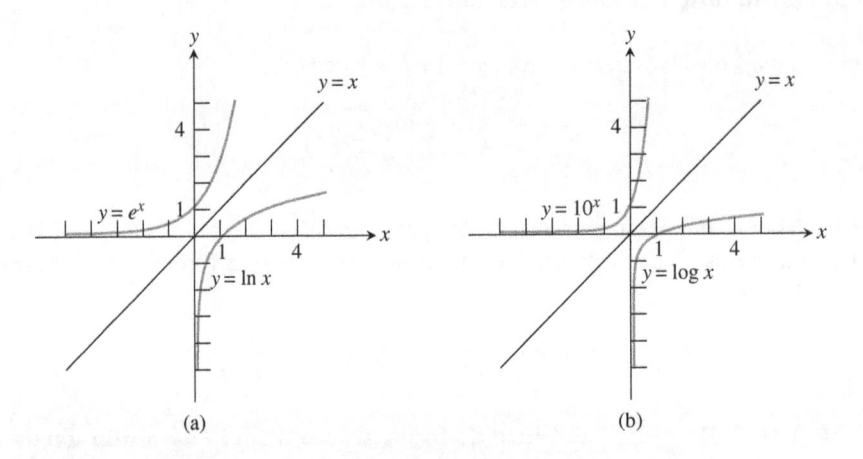

Figura 12.2 Funções logarítmicas e exponenciais como funções inversas.

A Figura 12.3 mostra a comparação entre os gráficos de $y = \log x$ e $y = \ln x$.

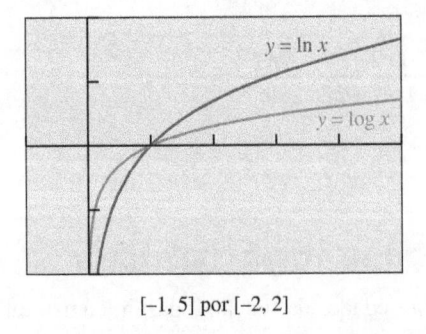

[–1, 5] por [–2, 2]

Figura 12.3 Gráficos de $y = \log x$ e $y = \ln x$.

CAPÍTULO 12 Funções logarítmicas   165

Vejamos agora alguns casos de transformações geométricas das funções logarítmicas.

EXEMPLO 11 Transformação dos gráficos de funções logarítmicas

Descreva como transformar o gráfico de $y = \ln x$ ou $y = \log x$ em um gráfico das funções apresentadas a seguir.

(a) $g(x) = \ln(x + 2)$
(b) $h(x) = \ln(3 - x)$
(c) $g(x) = 3 \log x$
(d) $h(x) = 1 + \log x$

SOLUÇÃO

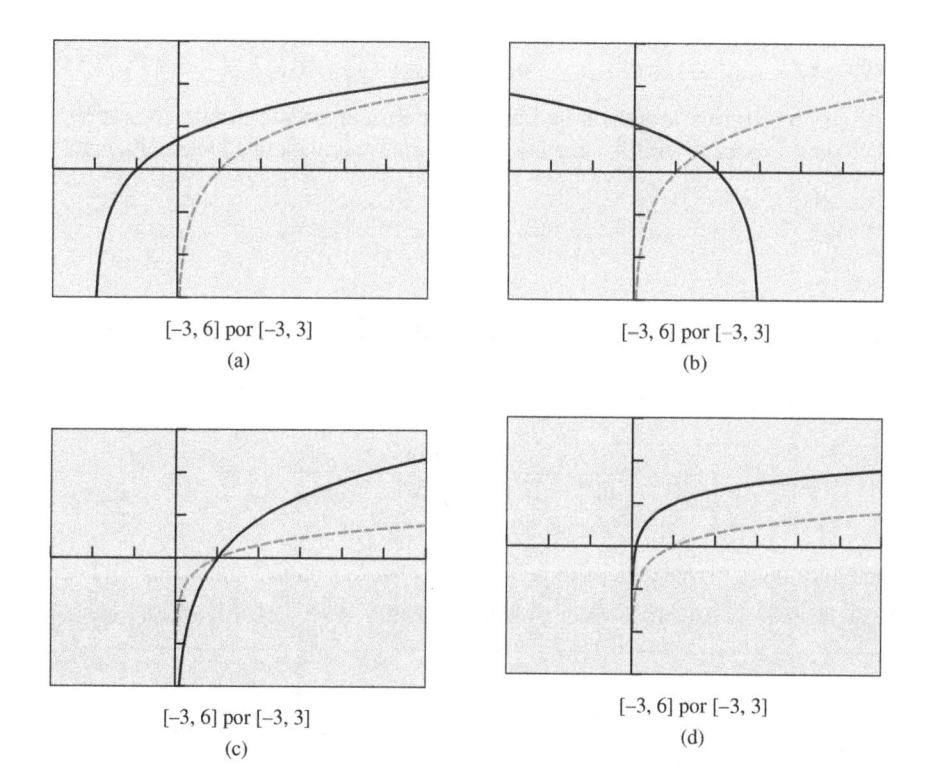

[−3, 6] por [−3, 3]
(a)

[−3, 6] por [−3, 3]
(b)

[−3, 6] por [−3, 3]
(c)

[−3, 6] por [−3, 3]
(d)

Figura 12.4 Transformação dos gráficos das funções logarítmicas (a, b) $y = \ln x$ e (c, d) $y = \log x$.

(a) O gráfico de $g(x) = \ln(x + 2)$ é obtido deslocando o gráfico de $y = \ln x$ duas unidades para a esquerda. Veja a Figura 12.4(a).
(b) $h(x) = \ln(3 - x) = \ln[-(x - 3)]$. Assim, obtemos o gráfico de $h(x) = \ln(3 - x)$ do gráfico de $y = \ln x$ aplicando, nessa ordem, uma reflexão com relação ao eixo vertical y, seguida de um deslocamento de três unidades para a direita. Veja a Figura 12.4(b).
(c) O gráfico de $g(x) = 3 \log x$ é obtido esticando verticalmente o gráfico de $f(x) = \log x$ pela multiplicação dos valores de y pelo fator 3. Veja a Figura 12.4(c).
(d) Podemos obter o gráfico de $h(x) = 1 + \log x$ do gráfico de $f(x) = \log x$ deslocando uma unidade para cima. Veja a Figura 12.4(d).

Usando a fórmula de mudança de base, podemos reescrever qualquer função logarítmica $g(x) = \log_b x$ como:

$$g(x) = \frac{\ln x}{\ln b} = \frac{1}{\ln b} \ln x$$

Assim, toda função logarítmica é uma constante multiplicada pela função logaritmo natural dada por $f(x) = \ln x$. Se a base é $b > 1$, então o gráfico de $g(x) = \log_b x$ é obtido esticando ou encolhendo o gráfico de $f(x) = \ln x$ com a multiplicação pelo fator $\frac{1}{\ln} b$. Se $0 < b < 1$, é necessária também uma reflexão do gráfico com relação ao eixo x.

EXEMPLO 12 Esboço do gráfico das funções logarítmicas

Descreva como transformar o gráfico de $f(x) = \ln x$ em um gráfico das funções apresentadas a seguir. Você pode esboçar o gráfico ou conferir com uma calculadora com esse recurso.

(a) $g(x) = \log_5 x$

(b) $h(x) = \log_{1/4} x$

SOLUÇÃO

(a) Como $g(x) = \log_5 x = \dfrac{\ln x}{\ln 5}$, então o gráfico é obtido esticando verticalmente o gráfico de $f(x) = \ln x$ por meio do fator $\dfrac{1}{\ln 5} \cong 0{,}62$. Veja a Figura 12.5(a).

(b) $h(x) = \log_{1/4} x = \dfrac{\ln x}{\ln \frac{1}{4}} = \dfrac{\ln x}{\ln 1 - \ln 4} = \dfrac{\ln x}{-\ln 4} = -\dfrac{1}{\ln 4} \ln x$

Assim, podemos obter o gráfico de h do gráfico de $f(x) = \ln x$ aplicando, na ordem, uma reflexão com relação ao eixo x e esticando verticalmente pelo fator $\dfrac{1}{\ln 4} \cong 0{,}72$. Veja a Figura 12.5(b).

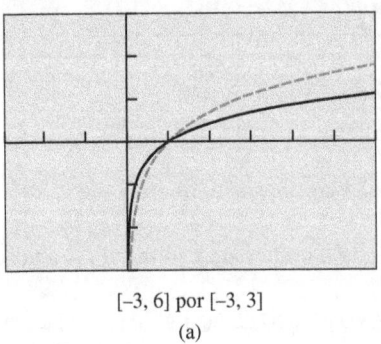

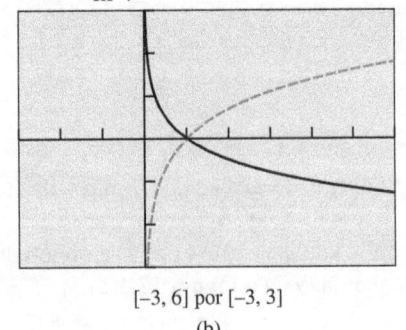

[−3, 6] por [−3, 3]
(a)

[−3, 6] por [−3, 3]
(b)

Figura 12.5 Gráficos das funções logarítmicas (a) $g(x) = \log_5 x$ e (b) $h(x) = \log \frac{1}{4} x$.

Podemos generalizar o Exemplo 12(b) da seguinte maneira: se $b > 1$, então $0 < \dfrac{1}{b} < 1$ e $\log_{1/b} x = -\log_b x$.

CAPÍTULO 12 Funções logarítmicas

Encerramos esta seção analisando a função logarítmica $f(x) = \log_b x$, com $b > 1$. Já falamos sobre essa função quando analisamos a função $f(x) = \ln x$ no início desta seção.

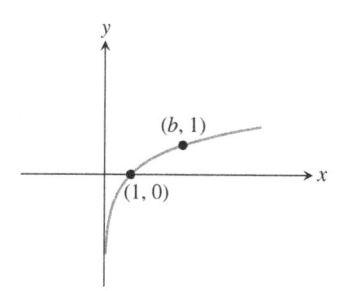

Figura 12.6 $f(x) = \log_b x$, com $b > 1$.

Domínio: $]0, +\infty[$.
Imagem: $\mathbb{R}$.
É contínua em $]0, +\infty[$.
É crescente em $]0, +\infty[$.
Não é simétrica: não é uma função par, nem ímpar.
Não é limitada inferior ou superiormente.
Não tem extremos locais.
Não tem assíntotas horizontais.
Assíntota vertical é em $x = 0$.
Comportamento no extremo do domínio: $\lim_{x \to +\infty} \log_b x = +\infty$.

Resolução de equações exponenciais

As propriedades descritas a seguir, partindo das funções exponencial e logarítmica, são muito úteis para resolver equações.

Propriedades

Para qualquer função exponencial $f(x) = b^x$:

- Se $b^u = b^v$, então $u = v$.

Para qualquer função logarítmica $f(x) = \log_b x$:

- Se $\log_b u = \log_b v$, então $u = v$.

Os exemplos a seguir mostram a utilização dessas propriedades.

EXEMPLO 13 Resolução algébrica de uma equação exponencial

Resolva $20\left(\dfrac{1}{2}\right)^{x/3} = 5$.

SOLUÇÃO

$$20\left(\frac{1}{2}\right)^{x/3} = 5$$

$$\left(\frac{1}{2}\right)^{x/3} = \frac{1}{4}$$

$$\left(\frac{1}{2}\right)^{x/3} = \left(\frac{1}{2}\right)^2$$

$$\frac{x}{3} = 2$$

$$x = 6$$

Resolução de equações logarítmicas

Quando as equações logarítmicas são resolvidas algebricamente, é importante verificar o domínio de cada expressão na equação, para que não haja perda nem acréscimo de soluções no desenvolvimento.

EXEMPLO 14 Resolução de uma equação logarítmica

Resolva $\log x^2 = 2$.

SOLUÇÃO

Podemos usar a propriedade citada anteriormente.

$$\log x^2 = 2$$
$$\log x^2 = \log 10^2$$
$$x^2 = 10^2$$
$$x^2 = 100$$
$$x = 10 \text{ ou } x = -10$$

Podemos mudar a equação da forma logarítmica para a forma exponencial.

$$\log x^2 = 2$$
$$x^2 = 10^2$$
$$x^2 = 100$$
$$x = 10 \text{ ou } x = -10$$

Observe que, usando a propriedade da potência, acabamos chegando a um resultado incorreto.

$$\log x^2 = 2$$
$$2 \log x = 2$$
$$\log x = 1$$
$$x = 10$$

Vendo a Figura 12.7, é verdade que os gráficos de $f(x) = \log x^2$ e $y = 2$ se interseccionam quando $x = -10$ e quando $x = 10$.

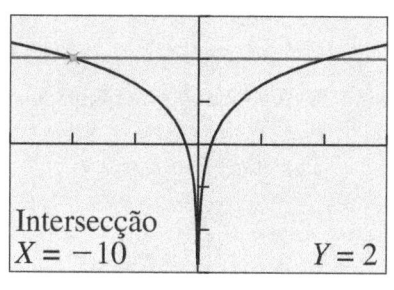

[−15, 15] por [−3, 3]

Figura 12.7 Gráficos de $f(x) = \log x^2$ e $y = 2$.

Os métodos 1 e 2 estão corretos. O método 3 falhou porque o domínio de $\log x^2$ é o conjunto de todos os números reais diferentes de zero, mas o domínio de $\log x$ é o conjunto dos números reais positivos diferentes de zero.
A solução correta inclui 10 e −10 na resposta, pois os dois valores fazem a equação original ser verdadeira.

O método 3 violou um detalhe da regra da potência para logaritmos, pois $\log_b R^c = c \log_b R$ somente quando R é *positivo*. Na expressão $\log x^2$, vemos que x pode ser positivo ou negativo.

Por causa da manipulação algébrica de uma equação logarítmica, podemos obter expressões com diferentes domínios, e é por isso que a resolução gráfica está menos sujeita a erros.

Ordens de grandeza (ou magnitude) e modelos logarítmicos

O logaritmo na base 10 de uma quantidade positiva é sua **ordem de grandeza** (ou **ordem de magnitude**). Ordens de grandeza (ou ordens de magnitude) podem ser usadas para comparar quaisquer quantidades:

- Um quilômetro é 3 ordens de grandeza maior que um metro.
- Um cavalo pesando 400 kg é 4 ordens de grandeza mais pesado que um rato pesando 40 g.

Ordens de grandeza são usadas para comparar, por exemplo, a força dos terremotos e a acidez de um líquido, como veremos a seguir.

A grandeza R de um terremoto, medido pela *escala Richter*, é $R = \log \dfrac{a}{T} + B$, onde a é a amplitude (em micrômetros, μm) do movimento vertical do solo, que é informado em um sismógrafo; T é o período do abalo sísmico em segundos; e B é a amplitude do abalo sísmico, com distância crescente partindo do epicentro do terremoto.

EXEMPLO 15 Comparação das intensidades de terremotos

Com relação ao terremoto de 1999, em Atenas, na Grécia ($R_2 = 5,9$), o quanto mais forte foi o terremoto de 2001, em Gujarat, na Índia ($R_1 = 7,9$)?

SOLUÇÃO

Sendo a_1 a amplitude do terremoto de Gujarat e a_2 a amplitude do terremoto de Atenas, temos:

$$R_1 = \log \frac{a_1}{T} + B = 7,9$$

$$R_2 = \log \frac{a_2}{T} + B = 5,9$$

$$\left(\log \frac{a_1}{T} + B\right) - \left(\log \frac{a_2}{T} + B\right) = R_1 - R_2$$

$$\log \frac{a_1}{T} - \log \frac{a_2}{T} = 7,9 - 5,9$$

$$\log \frac{a_1}{a_2} = 2$$

$$\frac{a_1}{a_2} = 10^2 = 100$$

Portanto, podemos concluir que o terremoto de Gujarat foi 100 vezes mais forte que o de Atenas.

Em química, a acidez de uma solução líquida é medida pela concentração de íons de hidrogênio nessa solução (a título de informação, a unidade de medida é "moles por litro"). A concentração de hidrogênio é denotada por [H^+].

Como tais concentrações geralmente envolvem expoentes *negativos* de 10, ordens de grandeza *negativas* são usadas para comparar os níveis de acidez. A medida de acidez usada é **pH** e é o oposto do logaritmo na base 10 da concentração de hidrogênio:

$$pH = -\log [H^+]$$

Soluções mais ácidas têm concentrações de íons de hidrogênio mais altos e valores de pH mais baixos.

EXEMPLO 16 Comparação da acidez química

Temos vinagres com pH 2,4 e recipientes com bicarbonato de sódio cujo pH é 8,4.
(a) Quais são as concentrações de íons de hidrogênio?
(b) Quantas vezes a concentração de íons de hidrogênio no vinagre é maior que no bicarbonato de sódio?
(c) Que ordem de grandeza difere um produto do outro?

SOLUÇÃO

(a) Vinagre

$-\log[H^+] = 2{,}4$
$\log[H^+] = -2{,}4$
$[H^+] = 10^{-2,4} \cong 3{,}98 \cdot 10^{-3}$ moles por litro

Bicarbonato de sódio

$-\log[H^+] = 8{,}4$
$\log[H^+] = -8{,}4$
$[H^+] = 10^{-8,4} \cong 3{,}98 \cdot 10^{-9}$ moles por litro

(b) $\dfrac{[H^+] \text{ de vinagre}}{[H^+] \text{ de bicarbonato de sódio}} = \dfrac{10^{-2,4}}{10^{-8,4}} = 10^{(-2,4)-(-8,4)} = 10^6$

(c) A concentração de íons de hidrogênio do vinagre tem sua ordem de grandeza 6 vezes maior que a do bicarbonato de sódio, exatamente a diferença entre os níveis de pH.

REVISÃO RÁPIDA

Nos exercícios de 1 a 10, calcule o valor da expressão sem usar a calculadora.

1. 5^{-2}

2. 10^{-3}

3. $\dfrac{4^0}{5}$

4. $\dfrac{1^0}{2}$

5. $\dfrac{8^{11}}{2^{28}}$

6. $\dfrac{9^{13}}{27^8}$

7. $\log 10^2$

8. $\ln e^3$

9. $\ln e^{-2}$

10. $\log 10^{-3}$

Nos exercícios de 11 a 14, reescreva a expressão como uma potência com expoente racional.

11. $\sqrt{5}$

12. $\sqrt[3]{10}$

13. $\dfrac{1}{\sqrt{e}}$

14. $\dfrac{1}{\sqrt[3]{e^2}}$

Nos exercícios de 15 a 20, simplifique a expressão.

15. $\dfrac{x^5 y^{-2}}{x^2 y^{-4}}$

16. $\dfrac{u^{-3} v^7}{u^{-2} v^2}$

17. $(x^6 y^{-2})^{1/2}$

18. $(x^{-8} y^{12})^{3/4}$

19. $\dfrac{(u^2 v^{-4})^{1/2}}{(27 u^6 v^{-6})^{1/3}}$

20. $\dfrac{(x^{-2} y^3)^{-2}}{(x^3 y^{-2})^{-3}}$

Nos exercícios 21 e 22, escreva o número em notação científica (potência de base 10).

21. A distância média de Júpiter até o Sol é de aproximadamente 778.300.000 quilômetros.

22. Um núcleo atômico tem um diâmetro de aproximadamente 0,000000000000001 metro.

Nos exercícios 23 e 24, escreva o número na forma original.

23. O número de Avogadro é aproximadamente $6{,}02 \cdot 10^{23}$.

24. A massa atômica é aproximadamente $1{,}66 \cdot 10^{-27}$ quilos.

Nos exercícios 25 e 26, use a notação científica para simplificar a expressão; deixe sua resposta em notação.

25. $(186.000)(31.000.000)$ **26.** $\dfrac{0{,}0000008}{0{,}000005}$

Exercícios

Nos exercícios de 1 a 18, calcule os logaritmos sem usar calculadora.

1. $\log_4 4$
2. $\log_6 1$
3. $\log_2 32$
4. $\log_3 81$
5. $\log_5 \sqrt[3]{25}$
6. $\log_6 \dfrac{1}{\sqrt[5]{36}}$
7. $\log 10^3$
8. $\log 10.000$
9. $\log 100.000$
10. $\log 10^{-4}$
11. $\log \sqrt[3]{10}$
12. $\log \dfrac{1}{\sqrt{1.000}}$
13. $\ln e^3$
14. $\ln e^{-4}$
15. $\ln \dfrac{1}{e}$
16. $\ln 1$
17. $\ln \sqrt[4]{e}$
18. $\ln \dfrac{1}{\sqrt{e^7}}$

Nos exercícios de 19 a 24, calcule o valor exato da expressão sem usar calculadora.

19. $7^{\log_7 3}$
20. $5^{\log_5 8}$
21. $10^{\log (0{,}5)}$
22. $10^{\log 14}$
23. $e^{\ln 6}$
24. $e^{\ln(1/5)}$

Nos exercícios de 25 a 32, use uma calculadora para resolver o logaritmo, caso ele esteja definido, e faça a conferência usando expressão exponencial.

25. $\log 9{,}43$
26. $\log 0{,}908$
27. $\log (-14)$
28. $\log (-5{,}14)$
29. $\ln 4{,}05$
30. $\ln 0{,}733$
31. $\ln (-0{,}49)$
32. $\ln (-3{,}3)$

Nos exercícios de 33 a 36, resolva a equação modificando-a para uma forma exponencial.

33. $\log x = 2$
34. $\log x = 4$
35. $\log x = -1$
36. $\log x = -3$

Nos exercícios de 37 a 40, associe a função a seu gráfico.

37. $f(x) = \log (1 - x)$
38. $f(x) = \log (x + 1)$
39. $f(x) = -\ln (x - 3)$
40. $f(x) = -\ln (4 - x)$

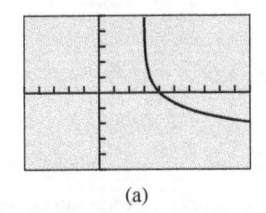

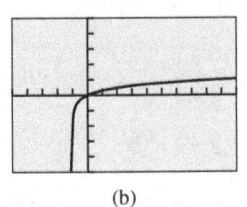

(a) (b)

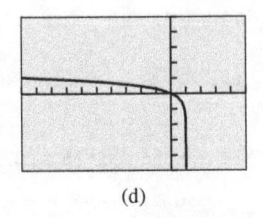

(c) (d)

Nos exercícios de 41 a 46, descreva como transformar o gráfico de $y = \ln x$ no gráfico das funções apresentadas. Você pode fazer o esboço do gráfico ou utilizar uma calculadora com esse recurso.

41. $f(x) = \ln (x + 3)$
42. $f(x) = \ln (x) + 2$
43. $f(x) = \ln (-x) + 3$
44. $f(x) = \ln (-x) - 2$

45. $f(x) = \ln(2 - x)$

46. $f(x) = \ln(5 - x)$

Nos exercícios de 47 a 52, descreva como transformar o gráfico de $y = \log x$ no gráfico das funções apresentadas. Você pode fazer o esboço do gráfico ou utilizar uma calculadora com esse recurso.

47. $f(x) = -1 + \log(x)$

48. $f(x) = \log(x - 3)$

49. $f(x) = -2 \log(-x)$

50. $f(x) = -3 \log(-x)$

51. $f(x) = 2 \log(3 - x) - 1$

52. $f(x) = -3 \log(1 - x) + 1$

Nos exercícios de 53 a 58, esboce o gráfico da função e analise seu domínio, sua imagem, a continuidade, o comportamento de crescimento/decrescimento, se é limitada, se tem extremos, a simetria, as assíntotas e o comportamento nos extremos do domínio.

53. $f(x) = \log(x - 2)$

54. $f(x) = \ln(x + 1)$

55. $f(x) = -\ln(x - 1)$

56. $f(x) = -\log(x + 2)$

57. $f(x) = 3 \log(x) - 1$

58. $f(x) = 5 \ln(2 - x) - 3$

59. Múltipla escolha Qual é o valor aproximado do logaritmo de 2?

(a) 0,10523

(b) 0,20000

(c) 0,30103

(d) 0,69315

(e) 3,32193

60. Múltipla escolha Qual afirmativa é **falsa**?

(a) $\log 5 = 2{,}5 \log 2$

(b) $\log 5 = 1 - \log 2$

(c) $\log 5 > \log 2$

(d) $\log 5 < \log 10$

(e) $\log 5 = \log 10 - \log 2$

61. Múltipla escolha Qual afirmativa é **falsa** sobre $y = \ln x$?

(a) É crescente sobre o seu domínio.

(b) É simétrica com relação à origem.

(c) É contínua sobre o seu domínio.

(d) É limitada.

(e) Tem uma assíntota vertical.

62. Múltipla escolha Qual das seguintes funções é a inversa de $f(x) = 2 \cdot 3^x$? (Estudaremos mais sobre isso no Capítulo 14).

(a) $f^{-1}(x) = \log_3\left(\dfrac{x}{2}\right)$

(b) $f^{-1}(x) = \log_2\left(\dfrac{x}{3}\right)$

(c) $f^{-1}(x) = 2 \log_3(x)$

(d) $f^{-1}(x) = 3 \log_2(x)$

(e) $f^{-1}(x) = 0{,}5 \log_3(x)$

Nos exercícios 63 e 64 descreva, para cada função, o domínio, a imagem, o valor do intercepto (valor onde o gráfico passa no eixo vertical), além de uma análise a respeito da existência de assíntota.

63. $f(x) = \log_3 x$

64. $f(x) = \log_{1/3} x$

65. Encontre o número $b > 1$, de modo que os gráficos de $f(x) = b^x$ e sua inversa $f^{-1}(x) = \log_b x$ tenham exatamente um ponto de intersecção. Qual ponto é comum aos dois gráficos?

66. Descreva como transformar o gráfico de $f(x) = \ln x$ no gráfico de $g(x) = \log_{1/e} x$.

67. Descreva como transformar o gráfico de $f(x) = \log x$ no gráfico de $g(x) = \log_{0{,}1} x$.

Nos exercícios de 68 a 79, assumindo que x e y são números positivos, use as propriedades de logaritmos para escrever a expressão como uma soma ou diferença de logaritmos, ou como um múltiplo de logaritmos.

68. $\ln 8x$

69. $\ln 9y$

70. $\log \dfrac{3}{x}$

71. $\log \dfrac{2}{y}$

72. $\log_2 y^5$

73. $\log_2 x^{-2}$

74. $\log x^3 y^2$

75. $\log xy^3$

76. $\ln \dfrac{x^2}{y^3}$

77. $\log 1{.}000x^4$

78. $\log \sqrt[4]{\dfrac{x}{y}}$

79. $\ln \dfrac{\sqrt[3]{x}}{\sqrt[3]{y}}$

Nos exercícios de 80 a 89, assumindo que x, y e z são números positivos, use as propriedades de logaritmos para escrever a expressão como um único logaritmo.

80. $\log x + \log y$

81. $\log x + \log 5$

82. $\ln y - \ln 3$

83. $\ln x - \ln y$

84. $\dfrac{1}{3} \log x$

85. $\dfrac{1}{5} \log z$

86. $2 \ln x + 3 \ln y$

87. $4 \log y - \log z$

88. $4 \log (xy) - 3 \log (yz)$

89. $3 \ln (x^3 y) + 2 \ln (yz^2)$

Nos exercícios de 90 a 95, use a fórmula de mudança de base e sua calculadora para encontrar o valor de cada logaritmo.

90. $\log_2 7$
91. $\log_5 19$
92. $\log_8 175$
93. $\log_{12} 259$
94. $\log_{0,5} 12$
95. $\log_{0,2} 29$

Nos exercícios de 96 a 99, escreva a expressão usando somente logaritmos naturais.

96. $\log_3 x$
97. $\log_7 x$
98. $\log_2 (a + b)$
99. $\log_5 (c - d)$

Nos exercícios de 100 a 103, escreva a expressão usando somente logaritmo de base 10.

100. $\log_2 x$
101. $\log_4 x$
102. $\log_{1/2} (x + y)$
103. $\log_{1/3} (x - y)$
104. Prove a regra do quociente dos logaritmos.
105. Prove a regra do produto dos logaritmos.

Nos exercícios de 106 a 109, descreva como transformar o gráfico de $g(x) = \ln x$ no gráfico da função dada. Você pode fazer o esboço do gráfico ou utilizar uma calculadora com esse recurso.

106. $f(x) = \log_4 x$
107. $f(x) = \log_7 x$
108. $f(x) = \log_{1/3} x$
109. $f(x) = \log_{1/5} x$

Nos exercícios de 110 a 113, associe cada função a seu gráfico.

110. $f(x) = \log_4 (2 - x)$
111. $f(x) = \log_6 (x - 3)$
112. $f(x) = \log_{0,5} (x - 2)$
113. $f(x) = \log_{0,7} (3 - x)$

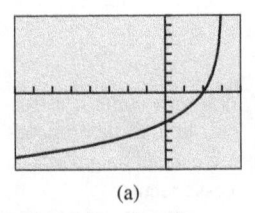

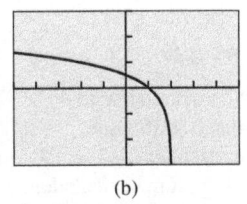

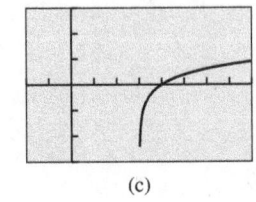

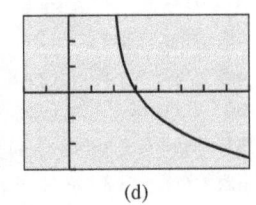

(a)

(b)

(c)

(d)

Nos exercícios de 114 a 117, esboce o gráfico da função e analise seu domínio, sua imagem, a continuidade, o comportamento de crescimento/decrescimento, as assíntotas e o comportamento nos extremos do domínio.

114. $f(x) = \log_2 (8x)$
115. $f(x) = \log_{1/3} (9x)$
116. $f(x) = \log (x^2)$
117. $f(x) = \ln (x^3)$
118. **Verdadeiro ou falso?** O logaritmo do produto de dois números positivos é a soma dos logaritmos dos números. Justifique sua resposta.
119. **Verdadeiro ou falso?** O logaritmo de um número positivo é positivo. Justifique sua resposta.
120. **Múltipla escolha** $\log 12 =$
    (a) $3 \log 4$
    (b) $\log 3 + \log 4$
    (c) $4 \log 3$
    (d) $\log 3 \cdot \log 4$
    (e) $2 \log 6$
121. **Múltipla escolha** $\log_9 64 =$
    (a) $5 \log_3 2$
    (b) $(\log_3 8)^2$
    (c) $\dfrac{(\ln 64)}{(\ln 9)}$
    (d) $2 \log_9 32$
    (e) $\dfrac{(\log 64)}{9}$

122. Múltipla escolha $\ln x^5 =$
   (a) $5 \ln x$
   (b) $2 \ln x^3$
   (c) $x \ln 5$
   (d) $3 \ln x^2$
   (e) $\ln x^2 \cdot \ln x^3$

123. Múltipla escolha $\log_{1/2} x^2 =$
   (a) $-2 \log_2 x$
   (b) $2 \log_2 x$
   (c) $-0{,}5 \log_2 x$
   (d) $0{,}5 \log_2 x$
   (e) $-2 \log_2 |x|$

124. Sejam $a = \log 2$ e $b = \log 3$. É verdade que $\log 6 = a + b$. Liste os logaritmos na base 10 de todos os números inteiros positivos menores que 100 que podem ser expressos em termos de a e b, escrevendo equações como $\log 6 = a + b$ para cada caso.

125. Resolva $\ln x > \sqrt[3]{x}$.

126. Resolva $1{,}2^x \le \log_{1,2} x$.

127. Compare os domínios das funções presentes em cada item a seguir.
   (a) $f(x) = 2\ln x + \ln(x-3)$ e $g(x) = \ln x^2(x-3)$
   (b) $f(x) = \ln(x+5) - \ln(x-5)$
   e $g(x) = \ln \dfrac{x+5}{x-5}$
   (c) $f(x) = \log(x+3)^2$ e $g(x) = 2\log(x+3)$

128. Prove a fórmula de mudança de base dos logaritmos.

129. Use uma calculadora para resolver os logaritmos (com até cinco casas após a vírgula), onde alguns itens exemplificam as propriedades citadas:
   (a) $\log(2 \cdot 4) = \log 2 + \log 4$
   (b) $\log\left(\dfrac{8}{2}\right) = \log 8 - \log 2$
   (c) $\log 2^3 = 3 \cdot \log 2$
   (d) $\log 5$ (use o fato de que $5 = \dfrac{10}{2}$)
   (e) $\log 16$ (use 16 como potência de base 2)
   (f) $\log 40$

130. Das oito expressões a seguir, verifique quais são verdadeiras e quais são falsas.
   (a) $\ln(x+2) = \ln x + \ln 2$
   (b) $\log_3(7x) = 7 \log_3 x$
   (c) $\log_2(5x) = \log_2 5 + \log_2 x$
   (d) $\ln \dfrac{x}{5} = \ln x - \ln 5$
   (e) $\log \dfrac{x}{4} = \dfrac{\log x}{\log 4}$
   (f) $\log_4 x^3 = 3 \log_4 x$
   (g) $\log_5 x^2 = (\log_5 x)(\log_5 x)$
   (h) $\log |4x| = \log 4 + \log |x|$

Nos exercícios de 131 a 140, encontre algebricamente a solução exata e verifique o resultado substituindo-o na equação original.

131. $36\left(\dfrac{1}{3}\right)^{x/5} = 4$

132. $32\left(\dfrac{1}{4}\right)^{x/3} = 2$

133. $2 \cdot 5^{x/4} = 250$

134. $3 \cdot 4^{x/2} = 96$

135. $2\left(10^{-x/3}\right) = 20$

136. $3\left(5^{-x/4}\right) = 15$

137. $\log x = 4$

138. $\log_7 x = 5$

139. $\log_4(x-5) = -1$

140. $\log_4(1-x) = 1$

Nos exercícios de 141 a 148, resolva cada equação algebricamente. Você pode obter uma aproximação para a solução e checar o resultado pela substituição na equação original.

141. $1{,}06^x = 4{,}1$

142. $0{,}98^x = 1{,}6$

143. $50e^{0,035x} = 200$

144. $80e^{0,045x} = 240$

145. $3 + 2e^{-x} = 6$

146. $7 - 3e^{-x} = 2$

147. $3\ln(x-3) + 4 = 5$

148. $3 - \log(x+2)$

Nos exercícios de 149 a 154, verifique o domínio de cada função. Depois associe cada uma a seu gráfico.

149. $f(x) = \log[x(x+1)]$

150. $g(x) = \log x + \log(x+1)$

151. $f(x) = \ln \dfrac{x}{x+1}$

152. $g(x) = \ln x - \ln(x+1)$
153. $f(x) = 2\ln x$
154. $g(x) = \ln x^2$

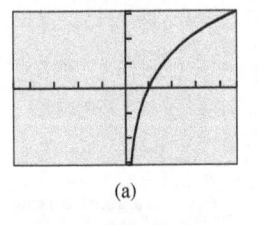

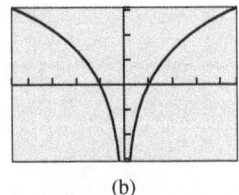

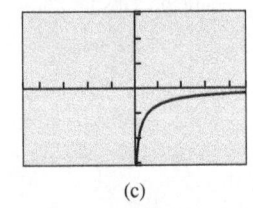

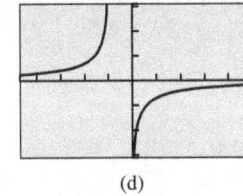

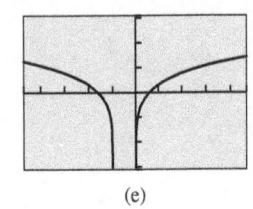

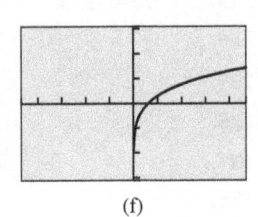

(a) (b) (c) (d) (e) (f)

Nos exercícios de 155 a 167, resolva cada equação.

155. $\log x^2 = 6$
156. $\ln x^2 = 4$
157. $\log x^4 = 2$
158. $\dfrac{2^x - 2^{-x}}{3} = 4$
159. $\dfrac{2^x + 2^{-x}}{2} = 3$
160. $\dfrac{e^x + e^{-x}}{2} = 4$
161. $2e^{2x} + 5e^x - 3 = 0$
162. $\dfrac{500}{1 + 25e^{0,3x}} = 200$
163. $\dfrac{400}{1 + 95e^{-0,6x}} = 150$
164. $\dfrac{1}{2}\ln(x+3) - \ln x = 0$
165. $\log x - \dfrac{1}{2}\log(x+4) = 1$
166. $\ln(x-3) + \ln(x+4) = 3\ln 2$
167. $\log(x-2) + \log(x+5) = 2\log 3$

Nos exercícios de 168 a 171, determine quantas ordens de grandeza diferem uma quantidade da outra.

168. R\$ 100.000.000.000,00 e R\$ 0,10.
169. Um canário pesando 20 gramas e uma galinha pesando 2 quilos.
170. Um terremoto com 7 pontos na escala Richter e outro com 5,5 pontos.
171. Um suco de limão com pH = 2,3 e uma cerveja com pH = 4,1.
172. Quantas vezes o terremoto da Cidade do México, em 1978, (R = 7,9) foi mais forte do que o terremoto de Los Angeles, em 1994 (R = 6,6)?
173. Quantas vezes o terremoto de Kobe, no Japão, em 1995 (R = 7,2) foi mais forte do que o de Los Angeles, em 1994 (R = 6,6)?
174. O pH da água com gás é 3,9, e o pH do amoníaco é 11,9.

(a) Quais são as concentrações de íons de hidrogênio?

(b) Quantas vezes a concentração de íons de hidrogênio da água com gás é maior do que a do amoníaco?

(c) Que ordem de grandeza difere um produto do outro?

175. O pH do ácido do estômago é aproximadamente 2 e o pH do sangue é 7,4.

(a) Quais são as concentrações de íons de hidrogênio?

(b) Quantas vezes a concentração de íons de hidrogênio do ácido do estômago é maior do que a do sangue?

(c) Que ordem de grandeza difere um produto do outro?

176. Verdadeiro ou falso? A ordem de grandeza de um número positivo é seu logaritmo natural. Justifique sua resposta.

177. Múltipla escolha Resolva $2^{3x-1} = 32$.

(a) $x = 1$
(b) $x = 2$
(c) $x = 4$
(d) $x = 11$
(e) $x = 13$

178. Múltipla escolha Resolva $\ln x = -1$.
(a) $x = -1$
(b) $x = \dfrac{1}{e}$
(c) $x = 1$
(d) $x = e$
(e) Não há solução possível.

179. Múltipla escolha Quantas vezes foi mais forte o terremoto em Arequipa, no Peru, em 2001 (8,1 na escala Richter) com relação ao terremoto na Província Takhar, no Afeganistão, em 1998 (6,1 na escala Richter)?
(a) 2
(b) 6,1
(c) 8,1
(d) 14,2
(e) 100

180. Prove que, se $\dfrac{u}{v} = 10^n$ para $u > 0$ e $v > 0$, então $\log u - \log v = n$. Explique como esse resultado relaciona a potência de 10 com a ordem de grandeza.

Nos exercícios de 181 a 186, resolva a equação ou a inequação.

181. $e^x + x = 5$

182. $e^{2x} - 8x + 1 = 0$

183. $e^x < 5 + \ln x$

184. $\ln |x| - e^{2x} \geq 3$

185. $2 \log x - 4 \log 3 > 0$

186. $2 \log (x + 1) - 2 \log 6 < 0$

Nos exercícios de 187 a 193, a seguir, vamos utilizar o conceito $M = C(1 + i)^n$, onde C é o capital (representa o valor inicial), M é o montante (representa o valor futuro), i é a taxa de juros no período de interesse e n é a quantidade de períodos (referentes à taxa de juros) no prazo de uma aplicação financeira (vamos supor que a capitalização em um período seja calculada a partir do valor obtido no período imediatamente anterior).

187. Um valor inicial de R$ 500,00 será aplicado a uma taxa de juros anual de 7%. Qual será o investimento dez anos mais tarde?

188. Um valor inicial de R$ 500,00 será aplicado a uma taxa de juros anual. Qual deve ser a taxa de juros para que o valor inicial dobre em dez anos?

189. Um investimento de R$ 2.300,00 ocorre a uma taxa de juros de 9% ao trimestre. Qual deve ser o prazo da aplicação para que esse investimento atinja o valor de R$ 4.150,00?

190. Um valor inicial de R$ 1.250,00 será aplicado a uma taxa de juros bimestral de 2,5%. Qual será o investimento um ano e meio mais tarde?

191. Qual valor deve ser investido a uma taxa de juros de 1,2% ao mês para obter, ao final de um semestre e meio, o montante de R$ 3.500,00?

192. Um valor inicial de R$ 2.350,00 será aplicado a uma taxa de juros semestral. Qual deve ser a taxa de juros para que o valor inicial atinja R$ 3.200,00 em dois anos?

193. Um investimento de R$ 8.700,00 ocorre a uma taxa de juros de 3% ao mês. Qual deve ser o prazo da aplicação para que esse investimento atinja o valor de R$ 11.000,00?

Capítulo 13

Funções compostas

Objetivos de aprendizagem
- Operações com funções.
- Composição de funções.
- Relações e funções definidas implicitamente.

Muitas funções que estudamos e trabalhamos nas aplicações podem ser criadas modificando-se ou combinando-se outras funções.

Operações com funções

Uma maneira de construir novas funções é aplicar as operações usuais (adição, subtração, multiplicação e divisão), empregando a seguinte definição.

> **DEFINIÇÃO** Soma, diferença, produto e quociente de funções
>
> Sejam f e g duas funções com domínios que têm valores comuns. Então, para todos os valores de x na intersecção desses domínios, as combinações algébricas de f e g são definidas pelas seguintes regras:
>
> **Soma:** $(f + g)(x) = f(x) + g(x)$
> **Diferença:** $(f - g)(x) = f(x) - g(x)$
> **Produto:** $(fg)(x) = f(x)g(x)$
>
> **Quociente:** $\left(\dfrac{f}{g}\right)(x) = \dfrac{f(x)}{g(x)}$, desde que $g(x) \neq 0$
>
> Em cada caso, o domínio da nova função consiste em todos os números que pertencem ao domínio de f e ao domínio de g. Como vemos, as raízes da função do denominador são excluídas do domínio do quociente.

> **EXEMPLO 1** Definições algébricas de novas funções
>
> Sejam $f(x) = x^2$ e $g(x) = \sqrt{x + 1}$
> Encontre fórmulas para as funções $f + g, f - g, fg, \dfrac{f}{g}, gg$. Descreva o domínio de cada uma.
>
> **SOLUÇÃO**
>
> O domínio de f é o conjunto de todos os números reais, e o domínio de g pode ser representado pelo intervalo $[-1, +\infty[$. Como eles se sobrepõem, então a intersecção desses conjuntos resulta no conjunto dado pelo intervalo $[-1, +\infty[$. Assim:
>
> $$(f + g)(x) = f(x) + g(x) = x^2 + \sqrt{x + 1} \quad \text{com domínio} \quad [-1, +\infty[$$

$(f-g)(x) = f(x) - g(x) = x^2 - \sqrt{x+1}$ com domínio $[-1, +\infty[$

$(fg)(x) = f(x)g(x) = x^2\sqrt{x+1}$ com domínio $[-1, +\infty[$

$\left(\dfrac{f}{g}\right)(x) = \dfrac{f(x)}{g(x)} = \dfrac{x^2}{\sqrt{x+1}}$ com domínio $]-1, +\infty[$

$(gg)(x) = g(x)g(x) = (\sqrt{x+1})^2$ com domínio $[-1, +\infty[$

Note que podemos expressar $(gg)(x)$ simplesmente por $x + 1$. Essa simplificação não muda o fato de que o domínio de $(gg)(x)$ é o intervalo $[-1, +\infty[$. A função $x + 1$, fora desse contexto, tem como domínio o conjunto dos números reais. Sob essas circunstâncias, a função $(gg)(x)$ é o produto de duas funções com domínio restrito e, portanto, também terá o domínio restrito.

Composição de funções

Existem situações em que uma função não é construída combinando-se operações entre duas funções; uma função pode ser construída aplicando-se as leis envolvidas, primeiro uma e depois a outra. Essa operação para combinar funções, que não está baseada nas operações numéricas, é chamada *composição de função*.

> **DEFINIÇÃO** Composição de funções
>
> Sejam f e g duas funções tais que o domínio de f intersecciona com a imagem de g. A **composição** f **de** g, representada por $f \circ g$, é definida pela regra:
>
> $$(f \circ g)(x) = f(g(x))$$
>
> O domínio de $f \circ g$ consiste em todos os valores de x que estão no domínio de g, cujo valor $g(x)$ está no domínio de f. Veja a Figura 13.1.

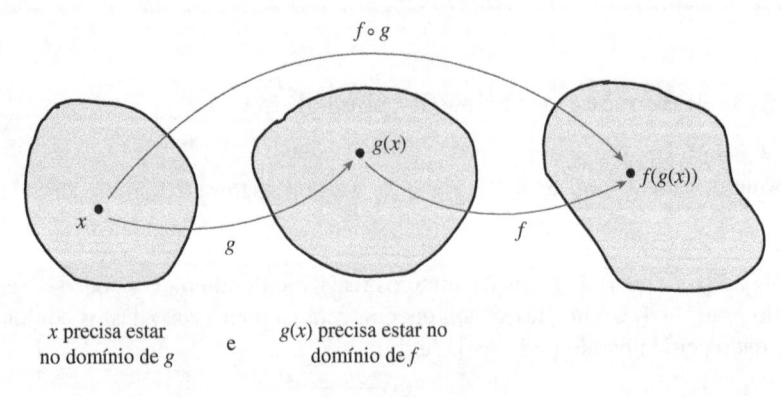

Figura 13.1 Na composição $f \circ g$, primeiro é aplicada a função g, e depois a f.

A composição *g* de *f*, denotada por *g* ∘ *f*, é definida de maneira similar. Em muitos casos, *f* ∘ *g* e *g* ∘ *f* são funções diferentes. Em linguagem técnica, dizemos que *a composição de funções não é comutativa*.

EXEMPLO 2 Composição de funções

Sejam $f(x) = e^x$ e $g(x) = \sqrt{x}$. Encontre as funções $(f \circ g)(x)$ e $(g \circ f)(x)$. Verifique se essas funções não são as mesmas.

SOLUÇÃO

$$(f \circ g)(x) = f(g(x)) = f(\sqrt{x}) = e^{\sqrt{x}}$$
$$(g \circ f)(x) = g(f(x)) = g(e^x) = \sqrt{e^x}$$

Uma forma de verificar que essas funções não são as mesmas é concluindo que não têm domínios iguais: $f \circ g$ é definida somente para $x \geq 0$, enquanto $g \circ f$ é definida para todos os números reais. Poderíamos também considerar seus gráficos (Figura 13.2) que interseccionam apenas em $x = 0$ e $x = 4$.

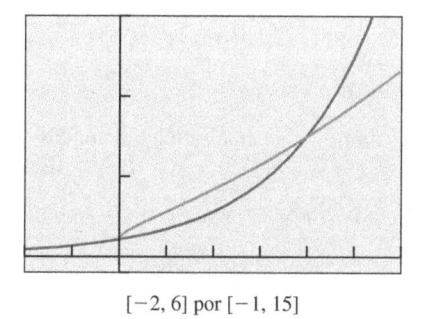

[−2, 6] por [−1, 15]

Figura 13.2 Os gráficos de $y = e^{\sqrt{x}}$ e $y = \sqrt{e^x}$ não são os mesmos.

Para finalizar, os gráficos sugerem uma verificação numérica: vamos citar um valor de *x* para o qual $f(g(x))$ e $g(f(x))$ têm valores diferentes. Podemos verificar isso, por exemplo, para $x = 1$: $f(g(1)) = e$ e $g(f(1)) = \sqrt{e}$. O gráfico nos ajuda a fazer a escolha adequada de *x*, pois escolher *x* = 0 e *x* = 4 levaria à conclusão de que elas são iguais.

EXEMPLO 3 Verificação do domínio de funções compostas

Sejam $f(x) = x^2 - 1$ e $g(x) = \sqrt{x}$. Encontre os domínios das funções compostas.

(a) $g \circ f$ **(b)** $f \circ g$

SOLUÇÃO

(a) Comporemos as funções na ordem especificada:

$$(g \circ f)(x) = g(f(x))$$
$$= \sqrt{x^2 - 1}$$

Para x estar no domínio de $g \leqslant f$, primeiro analisa-se a função $f(x) = x^2 - 1$. Nesse caso, x pode ser qualquer número real. Depois, é calculada a raiz quadrada desse resultado, então $x^2 - 1$ pode ter apenas valores não negativos. Portanto, o domínio de $g \leqslant f$ consiste em todos os números reais para os quais $x^2 - 1 \geq 0$, isto é, o conjunto $]-\infty, -1] \cup [1, +\infty[$.

(b) Novamente, comporemos as funções na ordem especificada: $(f \circ g)\, x = f(g(x)) = (\sqrt{x}\,)^2 - 1$. Para x estar no domínio de $f \leqslant g$, primeiro deve-se analisar a função $g(x) = \sqrt{x}$. Nesse caso, x deve ser qualquer número real não negativo. Como depois é calculado o quadrado desse resultado e subtraído o valor 1, então o próprio resultado de $\sqrt{x}$ pode ser qualquer número real. Portanto, o domínio de $f \leqslant g$ consiste em todos os números do conjunto $[0, +\infty[$.

Nos exemplos 2 e 3, vimos que duas funções foram *compostas* para formar uma nova função. Há momentos em que precisamos do processo inverso. Isso significa que, partindo de uma função, podemos ter a necessidade de encontrar aquelas que, ao serem compostas, resultam na que temos.

EXEMPLO 4 Decomposição de funções

Para cada função h, encontre as funções f e g, tais que $h(x) = f(g(x))$

(a) $h(x) = (x + 1)^2 - 3(x + 1) + 4$ (b) $h(x) = \sqrt{x^3 + 1}$

SOLUÇÃO

(a) Podemos observar que h é uma função quadrática em função de $x + 1$. Portanto, as funções procuradas são $f(x) = x^2 - 3x + 4$ e $g(x) = x + 1$. Conferindo:

$$h(x) = f(g(x)) = f(x + 1) = (x + 1)^2 - 3(x + 1) + 4$$

(b) Podemos observar que h é a raiz quadrada da função $x^3 + 1$. Logo, as funções procuradas são $f(x) = \sqrt{x}$ e $g(x) = x^3 + 1$. Conferindo:

$$h(x) = f(g(x)) = f(x^3 + 1) = \sqrt{x^3 + 1}$$

Muitas vezes existe mais de uma maneira para decompor uma função. Por exemplo, uma alternativa para decompor $h(x) = \sqrt{x^3 + 1}$ no Exemplo 4(b) é fazer $f(x) = \sqrt{x + 1}$ e $g(x) = x^3$. De fato, $h(x) = f(g(x)) = f(x^3) = \sqrt{x^3 + 1}$

Relações e funções definidas implicitamente

O termo geral que relaciona as variáveis dos pares ordenados (x, y) é uma **relação**. Se ocorrer de existir um *único* valor de y para cada valor de x, então a relação também é uma função, e seu gráfico satisfaz o teste da linha vertical (Capítulo 7). No caso da equação de um círculo definida, por exemplo, por $x^2 + y^2 = 4$, os pares ordenados $(0, 2)$ e $(0, -2)$ satisfazem a lei da relação; porém, y não é uma função de x, pois existe mais de um valor de y para cada valor de x.

EXEMPLO 5 Verificação de pares ordenados de uma relação

Determine quais dos pares ordenados dados por $(2, -5)$, $(1, 3)$ e $(2, 1)$ estão na relação definida por $x^2y + y^2 = 5$. A relação é uma função?

CAPÍTULO 13 Funções compostas   183

SOLUÇÃO
Nós simplesmente substituímos os valores das coordenadas x e y dos pares ordenados em $x^2 y + y^2$ e vemos se o resultado é 5.

(2, −5): $(2)^2(-5) + (-5)^2 = 5$
(1, 3): $(1)^2(3) + (3)^2 = 12 \neq 5$
(2, 1): $(2)^2(1) + (1)^2 = 5$

Assim, (2, −5) e (2, 1) estão na relação, mas (1, 3) não está.
Como a relação está satisfeita para pares ordenados com diferentes valores de y, porém para o mesmo valor de x, a relação não pode ser uma função.

Seja novamente a equação do círculo dada por $x^2 + y^2 = 4$. Essa equação não define uma função, porém podemos reescrevê-la em duas equações, de modo que cada uma delas *seja* uma função:

$$x^2 + y^2 = 4$$
$$y^2 = 4 - x^2$$
$$y = +\sqrt{4 - x^2} \text{ ou } y = -\sqrt{4 - x^2}$$

Os gráficos dessas duas funções são, respectivamente, os semicírculos superior e inferior do círculo da Figura 13.3. Eles são mostrados na Figura 13.4. Desde que os pares ordenados dessas funções satisfaçam a equação $x^2 + y^2 = 4$, dizemos que a relação dada pela equação define duas funções **implicitamente**.

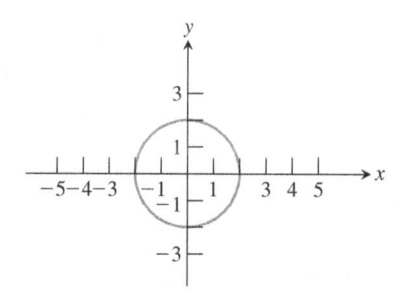

Figura 13.3 Círculo de raio 2 centralizado na origem (0, 0), com equação $x^2 + y^2 = 4$.

(a)

(b)

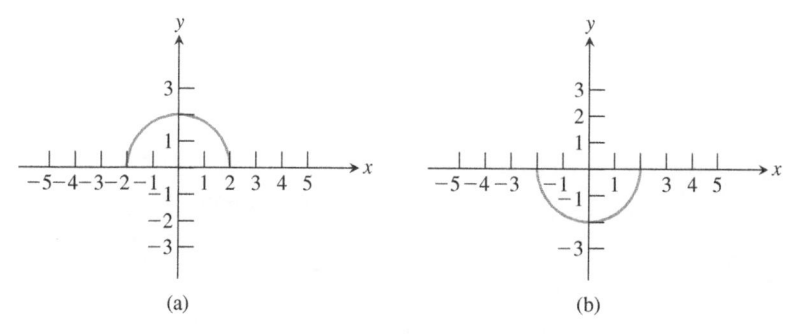

Figura 13.4 Gráficos de (a) $y = +\sqrt{4 - x^2}$ e (b) $y = -\sqrt{4 - x^2}$.

EXEMPLO 6 Uso das funções definidas implicitamente

Descreva o gráfico da relação $x^2 + 2xy + y^2 = 1$.

SOLUÇÃO

Observe que a expressão do lado esquerdo da equação pode ser fatorada. Isso permite que a equação seja escrita como duas funções definidas implicitamente, como seguem:

$$x^2 + 2xy + y^2 = 1$$
$$(x+y)^2 = 1$$
$$x+y = \pm 1$$
$$x+y = 1 \text{ ou } x+y = -1$$
$$y = -x+1 \text{ ou } y = -x-1$$

O gráfico consiste em duas retas paralelas (Figura 13.5), cada uma referente a uma função definida implicitamente.

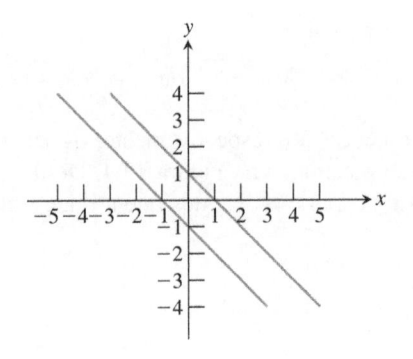

Figura 13.5 Gráfico da relação $x^2 + 2xy + y^2 = 1$.

Revisão Rápida

Nos exercícios de 1 a 10, encontre o domínio de cada função e expresse-o com a notação de intervalo.

1. $f(x) = \dfrac{x-2}{x+3}$

2. $g(x) = \ln(x-1)$

3. $f(t) = \sqrt{5-t}$

4. $g(x) = \dfrac{3}{\sqrt{2x-1}}$

5. $f(x) = \sqrt{\ln(x)}$

6. $h(x) = \sqrt{1-x^2}$

7. $f(t) = \dfrac{t+5}{t^2+1}$

8. $g(t) = \ln(|t|)$

9. $f(x) = \dfrac{1}{\sqrt{1-x^2}}$

10. $g(x) = 2$

Exercícios

Nos exercícios de 1 a 3, encontre as fórmulas para as funções $f + g$, $f - g$ e fg. Determine o domínio de cada uma delas.

1. $f(x) = 2x - 1$; $g(x) = x^2$
2. $f(x) = (x - 1)^2$; $g(x) = 3 - x$
3. $f(x) = \sqrt{x + 5}$; $g(x) = |x + 3|$

Nos exercícios de 4 a 9, encontre as fórmulas para as funções $\frac{f}{g}$ e $\frac{g}{f}$. Determine o domínio de cada uma delas.

4. $f(x) = \sqrt{x + 3}$; $g(x) = x^2$
5. $f(x) = \sqrt{x - 2}$; $g(x) = \sqrt{x + 4}$
6. $f(x) = x^2$; $g(x) = \sqrt{1 - x^2}$
7. $f(x) = x^3$; $g(x) = \sqrt[3]{1 - x^3}$
8. $f(x) = x^2$ e $g(x) = \dfrac{1}{x}$ são mostradas no gráfico a seguir. Esboce o gráfico da soma $(f + g)(x)$ manualmente ou com uma calculadora que tenha esse recurso.

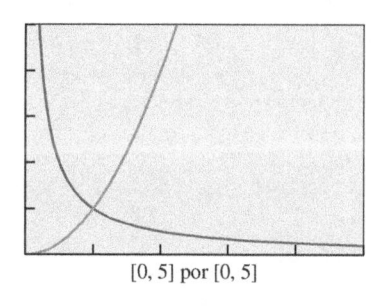

[0, 5] por [0, 5]

9. $f(x) = x^2$ e $g(x) = 4 - 3x$ são mostradas no gráfico a seguir. Esboce o gráfico da diferença $(f - g)(x)$ manualmente ou com uma calculadora que tenha esse recurso.

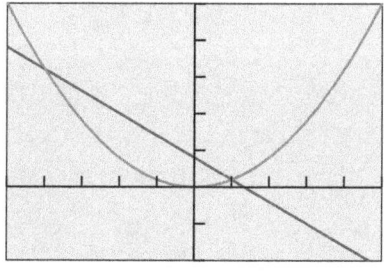

[−5, 5] por [−10, 25]

Nos exercícios de 10 a 13, encontre $(f \circ g)(3)$ e $(g \circ f)(-2)$.

10. $f(x) = 2x - 3$; $g(x) = x + 1$
11. $f(x) = x^2 - 1$; $g(x) = 2x - 3$
12. $f(x) = x^2 + 4$; $g(x) = \sqrt{x + 1}$
13. $f(x) = \dfrac{x}{x + 1}$; $g(x) = 9 - x^2$

Nos exercícios de 14 a 21, encontre $f(g(x))$ e $g(f(x))$. Determine o domínio de cada função.

14. $f(x) = 3x + 2$; $g(x) = x - 1$
15. $f(x) = x^2 - 1$; $g(x) = \dfrac{1}{x - 1}$
16. $f(x) = x^2 - 2$; $g(x) = \sqrt{x + 1}$
17. $f(x) = \dfrac{1}{x - 1}$; $g(x) = \sqrt{x}$
18. $f(x) = x^2$; $g(x) = \sqrt{1 - x^2}$
19. $f(x) = x^3$; $g(x) = \sqrt[3]{1 - x^3}$
20. $f(x) = \dfrac{1}{2x}$; $g(x) = \dfrac{1}{3x}$
21. $f(x) = \dfrac{1}{x + 1}$; $g(x) = \dfrac{1}{x - 1}$

Nos exercícios de 22 a 26, encontre $f(x)$ e $g(x)$, de modo que a função possa ser escrita como $y = f(g(x))$ (pode existir mais de uma maneira de decompor a função).

22. $y = \sqrt{x^2 - 5x}$
23. $y = (x^3 + 1)^2$
24. $y = |3x - 2|$
25. $y = \dfrac{1}{x^3 - 5x + 3}$
26. $y = (x - 3)^5 + 2$

27. Quais pares ordenados entre $(1, 1)$, $(4, -2)$ e $(3, -1)$ satisfazem a relação dada por $3x + 4y = 5$?
28. Quais pares ordenados entre $(5, 1)$, $(3, 4)$ e $(0, -5)$ satisfazem a relação dada por $x^2 + y^2 = 25$?

Nos exercícios de 29 a 36, encontre duas funções definidas implicitamente, partindo das relações apresentadas.

29. $x^2 + y^2 = 25$
30. $x + y^2 = 25$
31. $x^2 - y^2 = 25$
32. $3x^2 - y^2 = 25$
33. $x + |y| = 1$
34. $x - |y| = 1$
35. $y^2 = x^2$
36. $y^2 = x$

37. **Verdadeiro ou falso?** O domínio da função quociente $\left(\dfrac{f}{g}\right)(x)$ (que significa $\dfrac{f(x)}{g(x)}$) consiste em todos os números que pertencem aos dois domínios, que são os de f e de g. Justifique sua resposta.

38. **Verdadeiro ou falso?** O domínio da função produto $(fg)(x)$ (que significa $f(x)g(x)$) consiste em todos os números que pertencem ao domínio de f ou ao de g. Justifique sua resposta.

39. **Múltipla escolha** Suponha que f e g são funções cujo domínio é o conjunto de todos os números reais. Qual das seguintes alternativas *não é* necessariamente verdadeira?
    - (a) $(f+g)(x) = (g+f)(x)$
    - (b) $(fg)(x) = (gf)(x)$
    - (c) $f(g(x)) = g(f(x))$
    - (d) $(f-g)(x) = -(g-f)(x)$
    - (e) $(f \circ g)(x) = f(g(x))$

40. **Múltipla escolha** Se $f(x) = x - 7$ e $g(x) = \sqrt{4-x}$, então qual é o domínio da função $\dfrac{f}{g}$?
    - (a) $]-\infty, 4[$
    - (b) $]-\infty, 4]$
    - (c) $]4, \infty[$
    - (d) $[4, \infty[$
    - (e) $]4, 7[\cup]7, +\infty[$

41. **Múltipla escolha** Se $f(x) = x^2 + 1$, então $(f \circ f)(x) =$
    - (a) $2x^2 + 2$
    - (b) $2x^2 + 1$
    - (c) $x^4 + 1$
    - (d) $x^4 + 2x^2 + 1$
    - (e) $x^4 + 2x^2 + 2$

42. **Múltipla escolha** Qual das seguintes relações define a função $y = |x|$ implicitamente?
    - (a) $y = x$
    - (b) $y^2 = x^2$
    - (c) $y^3 = x^3$
    - (d) $x^2 + y^2 = 1$
    - (e) $x = |y|$

43. Associe cada função f a uma função g, e também a um domínio D, tal que tenhamos $(f \circ g)(x) = x^2$ com domínio D.

f	g	D
e^x	$\sqrt{2-x}$	$]-\infty, 0[\cup]0, +\infty[$
$(x^2 + 2)^2$	$x + 1$	$]-\infty, 1[\cup]1, +\infty[$
$(x^2 - 2)^2$	$2 \ln x$	$]0, +\infty[$
$\dfrac{1}{(x-1)^2}$	$\dfrac{1}{x-1}$	$[2, +\infty[$
$x^2 - 2x + 1$	$\sqrt{x-2}$	$]-\infty, 2]$
$\left(\dfrac{x+1}{x}\right)^2$	$\dfrac{x+1}{x}$	$]-\infty, +\infty[$

44. Seja $f(x) = x^2 + 1$. Encontre uma função g tal que:
    - (a) $(fg)(x) = x^4 - 1$
    - (b) $(f+g)(x) = 3x^2$
    - (c) $\left(\dfrac{f}{g}\right)(x) = 1$
    - (d) $f(g(x)) = 9x^4 + 1$
    - (e) $g(f(x)) = 9x^4 + 1$

Capítulo 14

Funções inversas

Objetivos de aprendizagem
- Relações definidas parametricamente.
- Relações inversas e funções inversas.

Há funções e gráficos que podem ser definidos parametricamente, enquanto outros podem ser entendidos como inversas das funções que já conhecemos.

Relações definidas parametricamente

Uma maneira de definir funções ou, de forma mais generalizada, relações, é definir *os dois* elementos do par ordenado (x, y) em termos de outra variável, que representaremos por t, chamada **parâmetro**. Vejamos um exemplo.

EXEMPLO 1 Definição de uma função feita parametricamente

Considere o conjunto de todos os pares ordenados (x, y) definidos pelas equações:

$$x = t + 1$$
$$y = t^2 + 2t,$$

onde t é um número real qualquer.

(a) Encontre os pontos determinados por $t = -3, -2, -1, 0, 1, 2$ e 3.
(b) Encontre uma relação algébrica entre x e y (chamada de "eliminação do parâmetro"). Temos y como uma função de x?
(c) Esboce o gráfico da relação no plano cartesiano.

SOLUÇÃO

(a) Substitua cada valor de t nas fórmulas que definem x e y para encontrar o ponto que esse valor de t determina parametricamente.

t	$x = t + 1$	$y = t^2 + 2t$	(x, y)
-3	-2	3	$(-2, 3)$
-2	-1	0	$(-1, 0)$
-1	0	-1	$(0, -1)$
0	1	0	$(1, 0)$
1	2	3	$(2, 3)$
2	3	8	$(3, 8)$
3	4	15	$(4, 15)$

(b) Podemos encontrar a relação entre x e y algebricamente pelo método da substituição. Começamos com t em termos de x para obtermos $t = x - 1$ e fazemos a substituição na expressão $y = t^2 + 2t$.

$$y = t^2 + 2t$$
$$y = (x - 1)^2 + 2(x - 1)$$
$$= x^2 - 2x + 1 + 2x - 2$$
$$= x^2 - 1$$

Isso é consistente com os pares ordenados encontrados na tabela. Como t varia em todo o conjunto dos números reais, obteremos todos os pares ordenados da relação $y = x^2 - 1$, o que de fato faz y ser definido como função de x.

(c) Desde que a relação definida parametricamente consista em todos os pares ordenados na relação $y = x^2 - 1$, podemos obter o gráfico esboçando a parábola, como na Figura 14.1.

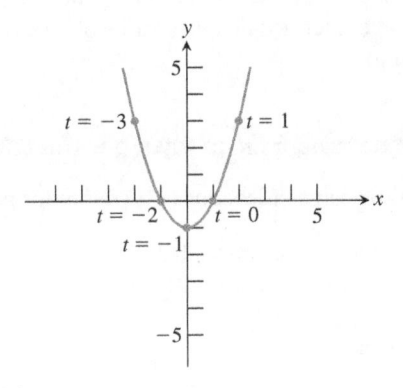

Figura 14.1 Gráfico de $y = x^2 - 1$.

EXEMPLO 2 **Definição de uma função feita parametricamente**

Considere o conjunto de todos os pares ordenados (x, y) definidos pelas equações:

$$x = t^2 + 2t$$
$$y = t + 1,$$

onde t é um número real qualquer.
(a) Encontre os pontos determinados por $t = -3, 2, -1, 0, 1, 2$ e 3.
(b) Esboce o gráfico da relação no plano cartesiano.
(c) y é uma função de x?
(d) Encontre uma relação algébrica entre x e y.

SOLUÇÃO

(a) Substitua cada valor de t nas fórmulas que definem x e y, para encontrar o ponto que esse valor de t determina parametricamente.

t	(x, y)
−3	(3, −2)
−2	(0, −1)
−1	(−1, 0)
0	(0, 1)
1	(3, 2)
2	(8, 3)
3	(15, 4)

(b) Podemos obter o gráfico manualmente ou conferi-lo na Figura 14.2.

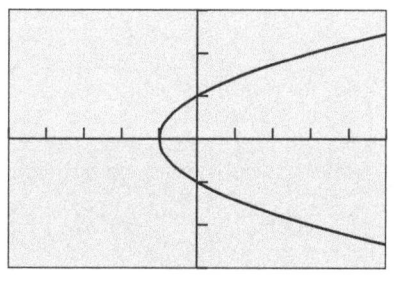

[−5, 5] por [−3, 3]

Figura 14.2 Gráfico de uma parábola no modo paramétrico.

(c) y não é uma função de x. No item (a) já vemos que existem pares ordenados diferentes com valores de x iguais; além disso, no item (b) vemos que o gráfico falha no teste da linha vertical porque temos dois valores diferentes de y para o mesmo valor de x.

(d) De forma análoga ao que foi feito no Exemplo 1, temos $x = y^2 - 1$.

Relações inversas e funções inversas

O que acontece quando invertemos as coordenadas de todos os pares ordenados na relação?

Obviamente obtemos outra relação, já que existe outro conjunto de pares ordenados; mas qual semelhança observamos com a relação original? Se a relação original é uma função, a nova relação também será uma função?

Podemos ter ideia do que ocorre analisando os exemplos 1 e 2. Os pares ordenados no Exemplo 2 podem ser obtidos simplesmente invertendo-se as coordenadas dos pares ordenados no Exemplo 1 (isso porque as definições de x e y estão trocadas nos dois exemplos). Então, dizemos que a relação no Exemplo 2 é a *relação inversa* da relação no Exemplo 1.

DEFINIÇÃO   Relação inversa

O par ordenado (a, b) pertence a uma relação somente se o par ordenado (b, a) está na **relação inversa**.

Estudaremos a conexão entre uma relação e sua inversa e, dessa forma, analisaremos as relações inversas e o que ocorre para elas serem *funções*. Observe que, no Exemplo 2, o gráfico da relação inversa falha no teste da linha vertical e, portanto, não é o gráfico de uma função. A questão é: podemos predizer essa falha apenas considerando o gráfico da relação original? A Figura 14.3 sugere que sim.

O gráfico da inversa na Figura 14.3(b) falha no teste da linha vertical porque temos dois valores diferentes de y para o mesmo valor de x. Isso é uma consequência direta do fato de a relação original na Figura 14.3(a) ter dois valores diferentes de x com o mesmo valor de y. O gráfico da inversa falha no teste da linha *vertical* precisamente porque o gráfico original falha no teste da linha *horizontal* (falaremos a respeito logo a seguir). Isso nos dá um teste para relações cujas inversas são funções.

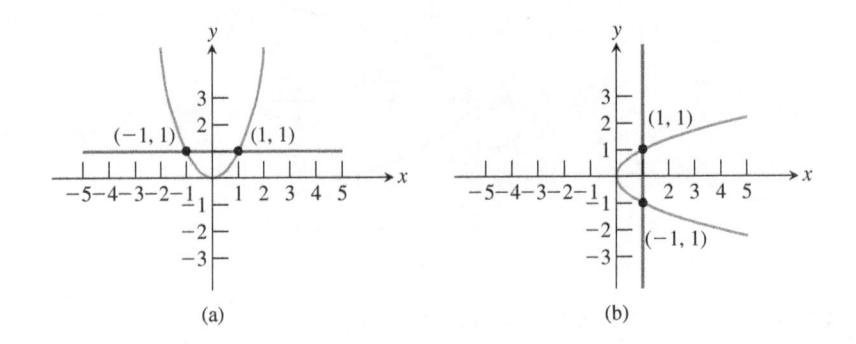

Figura 14.3 (a) Relação original e o teste da linha horizontal. (b) Relação inversa e o teste da linha vertical.

Teste da linha horizontal

Apesar de esse teste não ter sido citado anteriormente, ele parte da mesma ideia do teste da linha vertical. A inversa de uma relação é uma função somente se cada linha horizontal intersecciona o gráfico da relação original no máximo em um ponto.

EXEMPLO 3   Aplicação do teste da linha horizontal

Quais dos gráficos de (1) a (4) na Figura 14.4 são gráficos de:
- **(a)** relações que são funções?
- **(b)** relações que têm inversas que são funções?

SOLUÇÃO

(a) Os gráficos (1) e (4) são gráficos de funções porque satisfazem o teste da linha vertical. Já os gráficos (2) e (3) não são gráficos de funções porque falham no teste da linha vertical.

(b) Os gráficos (1) e (2) são gráficos de relações cujas inversas são funções porque satisfazem o teste da linha horizontal. Os gráficos (3) e (4) falham no teste da linha horizontal; assim, suas relações inversas não são funções.

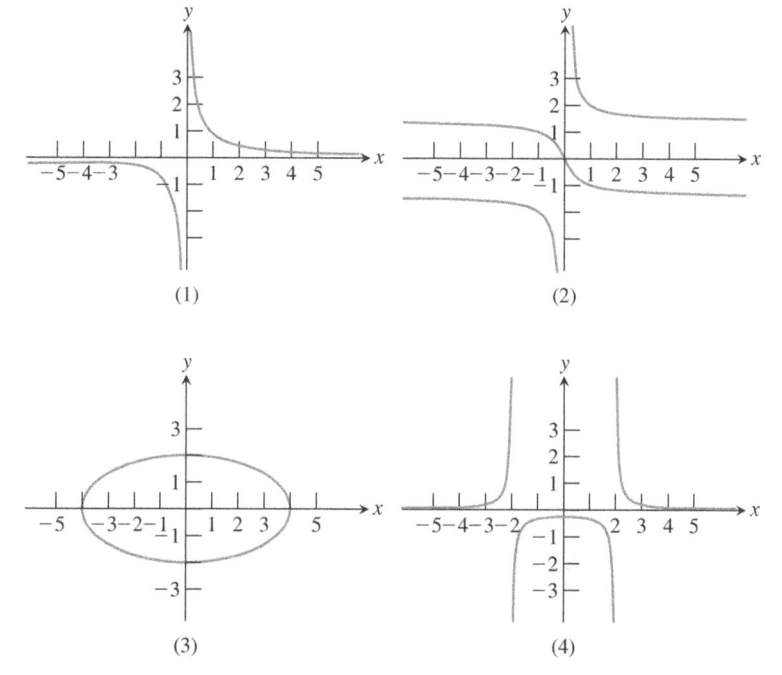

Figura 14.4 Gráficos do Exemplo 3.

Uma *função* cuja inversa também é uma função tem o gráfico que satisfaz tanto o teste da linha horizontal como o teste da linha vertical (tal como o Gráfico 1 do Exemplo 3). Tal função é **bijetora**, desde que todo x seja a primeira coordenada de um único y, e todo y seja a única segunda coordenada de um único x.

> **DEFINIÇÃO Função inversa**
>
> Se f é uma função bijetora com domínio A e imagem B, então a **função inversa de** f, denotada por f^{-1}, é a função com domínio B e imagem A definida por $f^{-1}(b) = a$, se, e somente se, $f(a) = b$.

O que é uma função bijetora

Para determinarmos isso, daremos outras definições antes.

Uma função f de A em B é **injetora** se quaisquer dois elementos distintos do domínio de f (que é o conjunto A) tiverem imagens diferentes em B.

CUIDADO SOBRE A NOTAÇÃO DE FUNÇÃO

O símbolo f^{-1} deve ser lido como "função inversa" e jamais deve ser confundido com a recíproca de f. Se f é uma função, o símbolo f^{-1} pode significar somente a inversa de f. A recíproca de f deve ser escrita como $\dfrac{1}{f}$.

Uma função f de A em B é **sobrejetora** se seu conjunto imagem for igual ao seu contradomínio, isto é, se seu conjunto imagem resultar em todo o conjunto B (B é o contradomínio).

Uma função f de A em B é **bijetora** se for injetora e sobrejetora.

EXEMPLO 4 Verificação da função inversa algebricamente

Encontre uma equação para $f^{-1}(x)$ se $f(x) = \dfrac{x}{(x+1)}$

SOLUÇÃO

O gráfico de f na Figura 14.5 sugere que f é bijetora. A função original satisfaz a equação $y = \dfrac{x}{(x+1)}$. Se, de fato, f é bijetora, então a inversa f^{-1} irá satisfazer a equação $x = \dfrac{y}{(y+1)}$ (observe que apenas trocamos x por y e y por x).

Se resolvermos essa nova equação escrevendo y em função de x, então teremos uma fórmula para $f^{-1}(x)$:

$$x = \frac{y}{y+1}$$
$$x(y+1) = y$$
$$xy + x = y$$
$$xy - y = -x$$
$$y(x-1) = -x$$
$$y = \frac{-x}{x-1}$$
$$y = \frac{x}{1-x}$$

Portanto, $f^{-1}(x) = \dfrac{x}{(1-x)}$.

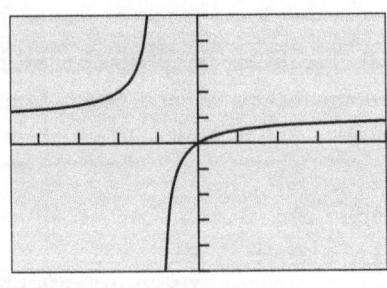

[−4,7; 4,7] por [−5, 5]

Figura 14.5 O gráfico de $f(x) = \dfrac{x}{(x+1)}$.

Muitas funções não são bijetoras e, assim, não têm funções inversas. O último exemplo apresentou uma maneira de encontrar a função inversa. Porém, dependendo do caso, o desenvolvimento algébrico pode tornar-se difícil. O que ocorre é que acabamos encontrando poucas inversas dessa forma.

É possível usar o gráfico de f para produzir um gráfico de f^{-1} sem nenhum desenvolvimento algébrico, bastando utilizar a seguinte propriedade geométrica: os pontos (a, b) e (b, a) são simétricos no plano cartesiano com relação à reta $y = x$. Ou seja, os pontos (a, b) e (b, a) são **reflexões** um do outro com relação à reta $y = x$.

EXEMPLO 5 Verificação da função inversa graficamente

O gráfico de uma função $y = f(x)$ é demonstrado na Figura 14.6. Esboce o gráfico da função $y = f^{-1}(x)$. Podemos dizer que f é uma função bijetora?

SOLUÇÃO

Observe que não precisamos encontrar uma fórmula para $f^{-1}(x)$. Basta encontrar a reflexão do gráfico dado com relação à reta $y = x$. Isso pode ser feito geometricamente. Imagine um espelho ao longo da reta $y = x$ e desenhe a reflexão do gráfico dado no espelho (veja a Figura 14.7).

Outra maneira de visualizar esse processo é imaginar o gráfico desenhado em uma janela de vidro. Imagine esse vidro girando ao redor da reta $y = x$, de modo que os valores *positivos* de x ocupem os lugares dos valores *positivos* de y. O gráfico de f então passará a ser o gráfico de f^{-1}. Desde que a inversa de f tenha um gráfico que satisfaça os testes da linha vertical e da linha horizontal, f é uma função bijetora. Vejamos nos gráficos a seguir:

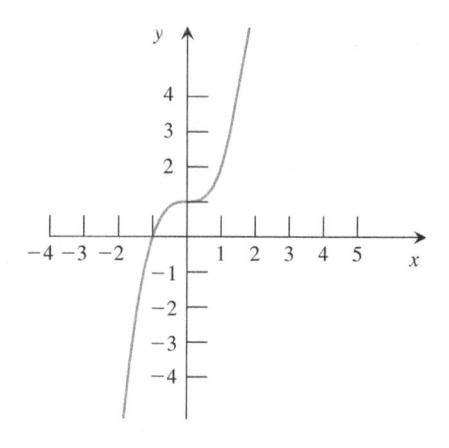

Figura 14.6 O gráfico de uma função bijetora.

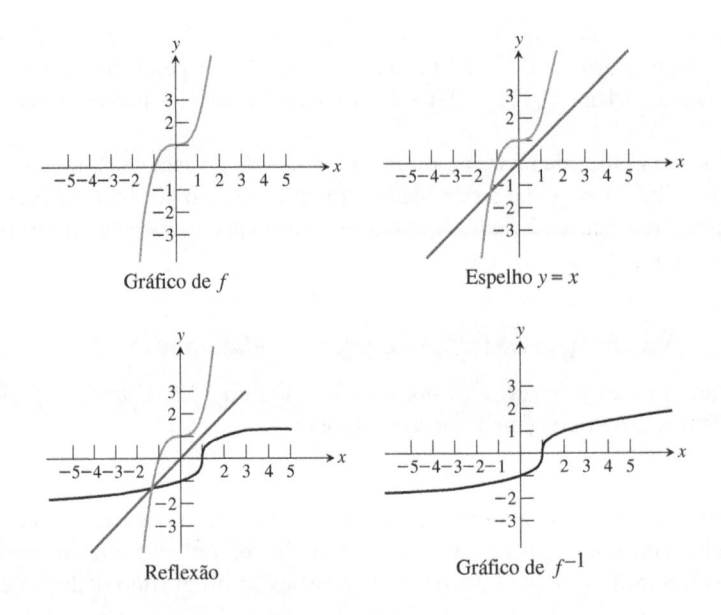

Figura 14.7 Reflexão do gráfico com relação à reta $y = x$.

Existe uma conexão natural entre inversas e composição de funções, e isso dá uma ideia do que uma inversa faz: desfaz a ação da função original.

Regra da composição para função inversa

Uma função f é bijetora com função inversa g, se, e somente se:
$f(g(x)) = x$, para todo x no domínio da função g, e
$g(f(x)) = x$, para todo x no domínio de f.

EXEMPLO 6 Verificação de funções inversas

Mostre algebricamente que $f(x) = x^3 + 1$ e $g(x) = \sqrt[3]{x-1}$ são funções inversas.

SOLUÇÃO

Vamos usar a regra citada anteriormente:

$$f(g(x)) = f(\sqrt[3]{x-1}) = (\sqrt[3]{x-1})^3 + 1 = x - 1 + 1 = x$$

$$g(f(x)) = g(x^3 + 1) = \sqrt[3]{(x^3 + 1) - 1} = \sqrt[3]{x^3} = x$$

Desde que essas equações sejam verdadeiras para todo x, a regra garante que f e g são inversas. Saiba que os gráficos dessas funções são os mesmos que foram utilizados no Exemplo 5.

Algumas funções são importantes, de modo que precisamos estudar suas inversas, mesmo não sendo funções bijetoras. Um bom exemplo é a função da raiz quadrada, que é a "inversa" da função quadrática. A inversa não dá a função quadrática *completa*, pois, se for dessa forma, ela falha no teste da linha horizontal. A Figura 14.8 mostra que a função $y = \sqrt{x}$ é realmente a inversa de $y = x^2$ com um "domínio restrito", isto é, definida somente para $x \geq 0$. Observe os gráficos:

Gráfico de $y = x^2$ (não é bijetora)

Relação inversa de $y = x^2$ (não é uma função)

Gráfico de $y = \sqrt{x}$ (é uma função)

Gráfico da função cuja inversa é $y = \sqrt{x}$

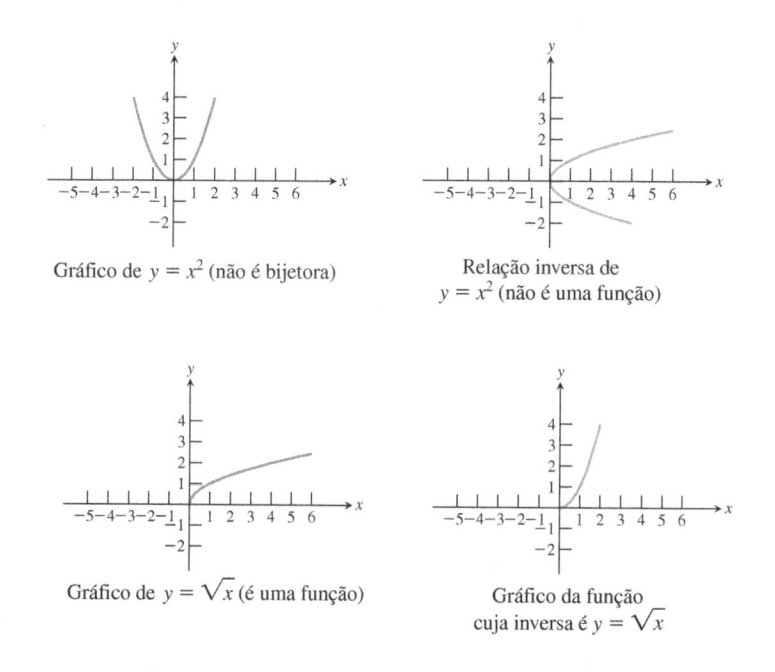

Figura 14.8 A função $y = x^2$ com domínio não restrito e também restrito.

A questão do domínio acrescenta refinamento para o método algébrico, resumido a seguir:

Como encontrar uma função inversa algebricamente

Dada uma fórmula para uma função f, proceda da seguinte maneira para encontrá-la:
1. Determine que existe uma função f^{-1}, verificando que f é bijetora. Estabeleça restrições sobre o domínio de f, de modo que ela seja bijetora.
2. Troque x e y na fórmula $y = f(x)$.
3. Resolva isolando y para obter $y = f^{-1}(x)$. Veja que o domínio de f^{-1} é uma consequência do primeiro procedimento.

EXEMPLO 7 Verificação de uma função inversa

Mostre que $f(x) = \sqrt{x+3}$ tem uma função inversa e encontre uma regra para $f^{-1}(x)$. Estabeleça quaisquer restrições sobre os domínios de f e de f^{-1}.

SOLUÇÃO

O gráfico de f satisfaz o teste da linha horizontal, assim f tem uma função inversa (Figura 14.9). Observe que f tem domínio $[-3, +\infty[$ e imagem $[0, +\infty[$.
Para encontrar f^{-1}, escrevemos

$$y = \sqrt{x + 3} \qquad \text{onde } x \geq -3, y \geq 0$$
$$x = \sqrt{y + 3} \qquad \text{onde } y \geq -3, x \geq 0$$
$$x^2 = y + 3 \qquad \text{onde } y \geq -3, x \geq 0$$
$$y = x^2 - 3 \qquad \text{onde } y \geq -3, x \geq 0$$

Assim, $f^{-1}(x) = x^2 - 3$ com um domínio restrito dado por $\mathrm{IR}^+ = \{x \in \mathrm{IR} \mid x \geq 0\}$ (herdado da imagem da função f). A Figura 14.9 mostra as duas funções.

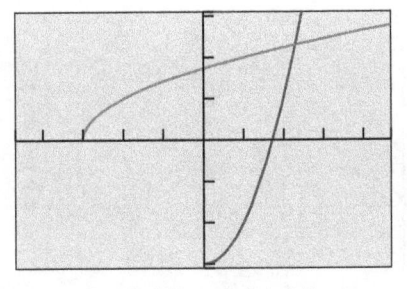

[−4,7; 4,7] por [−3,1; 3,1]

Figura 14.9 O gráfico de $f(x) = \sqrt{x+3}$ e sua inversa.

REVISÃO RÁPIDA

Nos exercícios de 1 a 10, resolva a equação para y.

1. $x = 3y - 6$

2. $x = 0{,}5y + 1$

3. $x = y^2 + 4$

4. $x = y^2 - 6$

5. $x = \dfrac{y - 2}{y + 3}$

6. $x = \dfrac{3y - 1}{y + 2}$

7. $x = \dfrac{2y + 1}{y - 4}$

8. $x = \dfrac{4y + 3}{3y - 1}$

9. $x = \sqrt{y + 3},\ y \geq -3$

10. $x = \sqrt{y - 2},\ y \geq 2$

Exercícios

Nos exercícios de 1 a 4, encontre o par (x, y) para o valor do parâmetro.

1. $x = 3t$ e $y = t^2 + 5$, para $t = 2$
2. $x = 5t - 7$ e $y = 17 - 3t$, para $t = -2$
3. $x = t^3 - 4t$ e $y = \sqrt{t+1}$, para $t = 3$
4. $x = |t + 3|$ e $y = \dfrac{1}{t}$, para $t = -8$

Nos exercícios de 5 a 8:

(a) Encontre os pontos determinados por $t = -3, -2, -1, 0, 1, 2$ e 3.

(b) Encontre uma relação algébrica entre x e y e determine se as equações paramétricas definem y como uma função de x.

(c) Esboce o gráfico no plano cartesiano.

5. $x = 2t$ e $y = 3t - 1$
6. $x = t + 1$ e $y = t^2 - 2t$
7. $x = t^2$ e $y = t - 2$
8. $x = \sqrt{t}$ e $y = 2t - 5$

Nos exercícios de 9 a 12, são mostrados gráficos de relações.

(a) A relação é uma função?

(b) A relação tem uma inversa que é uma função?

9.

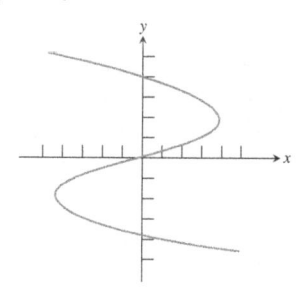

10.

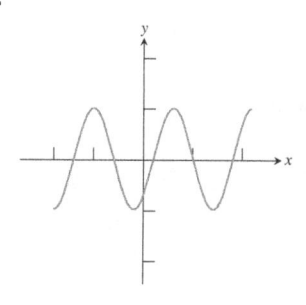

11.

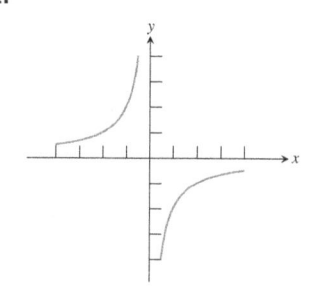

12.

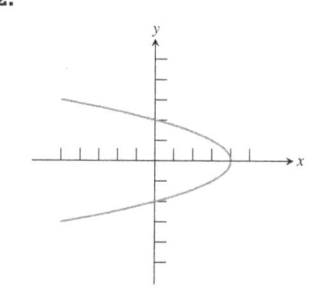

Nos exercícios de 13 a 22, encontre uma fórmula para $f^{-1}(x)$. Determine o domínio de f^{-1}, incluindo todas as restrições herdadas de f.

13. $f(x) = 3x - 6$
14. $f(x) = 2x + 5$
15. $f(x) = \dfrac{2x - 3}{x + 1}$
16. $f(x) = \dfrac{x + 3}{x - 2}$
17. $f(x) = \sqrt{x - 3}$
18. $f(x) = \sqrt{x + 2}$
19. $f(x) = x^3$
20. $f(x) = x^3 + 5$
21. $f(x) = \sqrt[3]{x + 5}$
22. $f(x) = \sqrt[3]{x - 2}$

Nos exercícios de 23 a 26, determine se a função é bijetora. Se for, esboce o gráfico da função inversa.

23.

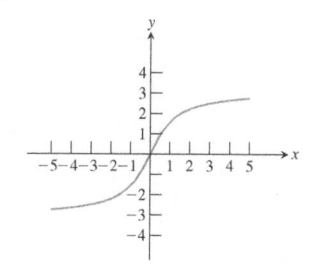

24.

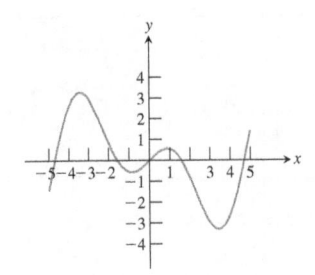

25.

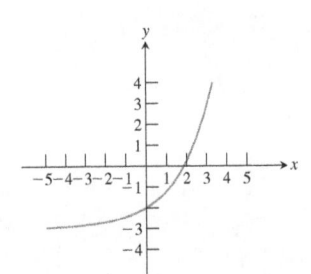

26.

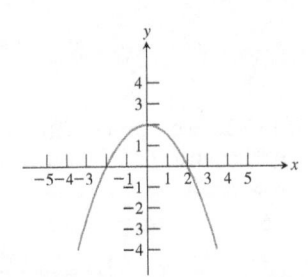

Nos exercícios de 27 a 32, confirme que f e g são inversas, mostrando que $f(g(x)) = x$ e $g(f(x)) = x$.

27. $f(x) = 3x - 2$ e $g(x) = \dfrac{x+2}{3}$

28. $f(x) = \dfrac{x+3}{4}$ e $g(x) = 4x - 3$

29. $f(x) = x^3 + 1$ e $g(x) = \sqrt[3]{x-1}$

30. $f(x) = \dfrac{7}{x}$ e $g(x) = \dfrac{7}{x}$

31. $f(x) = \dfrac{x+1}{x}$ e $g(x) = \dfrac{1}{x-1}$

32. $f(x) = \dfrac{x+3}{x-2}$ e $g(x) = \dfrac{2x+3}{x-1}$

33. A fórmula para converter a temperatura Celsius x em temperatura Kelvin é $k(x) = x + 273{,}16$. A fórmula para converter a temperatura Fahrenheit x em temperatura Celsius é
$$c(x) = \dfrac{5(x-32)}{9}$$

(a) Encontre uma fórmula para $c^{-1}(x)$. Para que é usada essa fórmula?

(b) Encontre $(k \circ c)(x)$. Para que é usada essa fórmula?

34. Verdadeiro ou falso? Se f é uma função bijetora com domínio A e imagem B, então f^{-1} é uma função bijetora com domínio B e imagem A. Justifique sua resposta.

35. Múltipla escolha Qual par ordenado está na *inversa* da relação dada por $x^2y + 5y = 9$?

(a) (2, 1)   (b) (−2, 1)   (c) (−1, 2)
(d) (2, −1)   (e) (1, −2)

36. Múltipla escolha Qual par ordenado não está na *inversa* da relação dada por $xy^2 - 3x = 12$?

(a) (0, −4)   (b) (4, 1)   (c) (3, 2)
(d) (2, 12)   (e) (1, −6)

37. Múltipla escolha Qual função é a *inversa* da função $f(x) = 3x - 2$?

(a) $g(x) = \dfrac{x}{3} + 2$

(b) $g(x) = 2 - 3x$

(c) $g(x) = \dfrac{x+2}{3}$

(d) $g(x) = \dfrac{x-3}{2}$

(e) $g(x) = \dfrac{x-2}{3}$

38. Múltipla escolha Qual função é a *inversa* de $f(x) = x^3 + 1$?

(a) $g(x) = \sqrt[3]{x-1}$
(b) $g(x) = \sqrt[3]{x} - 1$
(c) $g(x) = x^3 - 1$
(d) $g(x) = \sqrt[3]{x+1}$
(e) $g(x) = 1 - x^3$

Parte 4

Introdução ao cálculo

Capítulo 15
Noções de trigonometria e funções trigonométricas

Capítulo 16
Limites

Capítulo 17
Derivada e integral de uma função

Apêndice A
Sistemas e matrizes

Apêndice B
Análise combinatória e teorema binomial

Apêndice C
Secções cônicas

Capítulo 15

Noções de trigonometria e funções trigonométricas

Objetivos de aprendizagem
- Graus e radianos.
- Comprimento de arco.
- Algumas medidas trigonométricas.
- O círculo trigonométrico.
- Algumas funções trigonométricas.
- Arcos trigonométricos inversos.
- Identidades fundamentais.

Os ângulos são os elementos do domínio das funções trigonométricas. Neste capítulo, você conhecerá as noções essenciais para possíveis aplicações, por exemplo em fenômenos físicos como a acústica.

Graus e radianos

O **grau** é representado pelo símbolo "°" e é o ângulo cuja medida é igual a $\frac{1}{180}$ de um ângulo raso. O **radiano** é o ângulo central formado quando um arco de comprimento s tem a mesma medida do raio r do círculo, no qual está inserido.

EXEMPLO 1 Graus e radianos

(a) Quantos radianos existem em 90 graus?

(b) Quantos graus existem em $\frac{\pi}{3}$ radianos?

(c) Encontre o comprimento de um arco interceptado por um ângulo central de $\frac{1}{2}$ radiano em um círculo com raio de 5 polegadas.

(d) Encontre a medida em radianos de um ângulo central que intercepta um arco de comprimento s em um círculo de raio r.

SOLUÇÃO

(a) Desde que π radianos e $180°$ representam o mesmo ângulo, podemos usar o fator de conversão $\frac{(\pi \text{ radianos})}{(180°)} = 1$ para converter graus em radianos.

$$90° \left(\frac{\pi \text{ radianos}}{180°} \right) = \frac{90\pi}{180} \text{ radianos} = \frac{\pi}{2} \text{ radianos}$$

(b) Nesse caso, usamos o fator de conversão $\dfrac{(180°)}{(\pi \text{ radianos})} = 1$ para converter radianos em graus:

$$\left(\dfrac{\pi}{3}\text{ radianos}\right)\left(\dfrac{180°}{\pi\text{ radianos}}\right) = \dfrac{180°}{3} = 60°$$

(c) Um ângulo central de 1 radiano intercepta um arco de comprimento de um raio, que é de 5 polegadas. Portanto, o ângulo central de $\dfrac{1}{2}$ radiano intercepta um arco de comprimento de $\dfrac{1}{2}$ raio, isto é, de 2,5 polegadas.

(d) Podemos resolver esse problema com raios:

$$\dfrac{x \text{ radianos}}{s \text{ unidades}} = \dfrac{1 \text{ radiano}}{r \text{ unidades}}$$

$$xr = s$$

$$x = \dfrac{s}{r}$$

Conversão de grau-radiano

Para converter radianos em graus, multiplicamos por $\dfrac{180°}{\pi \text{ radianos}}$.

Para converter graus em radianos, multiplicamos por $\dfrac{\pi \text{ radianos}}{180°}$.

Comprimento de arco

Como um ângulo central de um radiano sempre intercepta um arco de comprimento de mesma medida que o raio do círculo, podemos afirmar que um ângulo central de θ radianos em um círculo de raio r intercepta um arco de comprimento θr.

Fórmula do comprimento do arco (medida em radianos)

Se θ é um ângulo central em um círculo de raio r, e se θ é medido em radianos, então o comprimento s do arco interceptado é dado por:

$$s = r\theta$$

Fórmula do comprimento do arco (medida em graus)

Se θ é um ângulo central em um círculo de raio r, e se θ é medido em graus, então o comprimento s do arco interceptado é dado por:

$$s = \frac{\pi r \theta}{180}$$

EXEMPLO 2 Perímetro de uma fatia de pizza

Encontre o perímetro de uma fatia de pizza de ângulo central igual a 60°, e a pizza tem raio de 7 polegadas.

SOLUÇÃO

O perímetro é 7 polegadas + 7 polegadas + s polegadas (como se vê na Figura 15.1), em que s é o comprimento do arco da pizza. Pela fórmula de comprimento do arco:

$$s = \frac{\pi(7)(60)}{180} = \frac{7\pi}{3} \cong 7{,}3$$

O perímetro é de aproximadamente 21 polegadas.

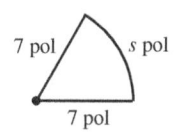

Figura 15.1 O pedaço de pizza do exemplo.

Algumas medidas trigonométricas

Seja o triângulo (retângulo, pois a medida entre os catetos é de 90°) determinado pelos vértices ABC, como na Figura 15.2.

$$\textbf{seno } (\theta) = \operatorname{sen} \theta = \frac{\text{medida do lado (ou cateto) oposto}}{\text{medida da hipotenusa}}$$

$$\textbf{cosseno } (\theta) = \cos \theta = \frac{\text{medida do lado (ou cateto) adjacente}}{\text{medida da hipotenusa}}$$

$$\textbf{tangente } (\theta) = \operatorname{tg} \theta = \frac{\text{medida do lado (ou cateto) oposto}}{\text{medida do lado (ou cateto) adjacente}}$$

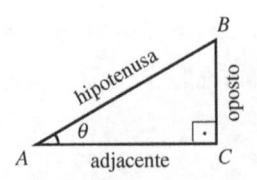

Figura 15.2 Triângulo de vértices ABC e medidas trigonométricas do ângulo θ.

EXEMPLO 3   Cálculo de medidas trigonométricas para ângulo de 45°

Encontre os valores do seno, cosseno e tangente do ângulo de 45°.

SOLUÇÃO

Imagine um triângulo com dois dos três lados iguais (*triângulo isósceles*) com dois ângulos internos de 45° e um com 90°.

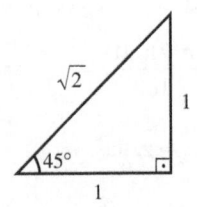

Figura 15.3 Triângulo retângulo isósceles.

Aplicando as definições, temos:

$$\text{sen } 45° = \frac{\text{medida do lado (ou cateto) oposto}}{\text{medida da hipotenusa}} = \frac{1}{\sqrt{2}} = \frac{\sqrt{2}}{2}$$

$$\cos 45° = \frac{\text{medida do lado (ou cateto) adjacente}}{\text{medida da hipotenusa}} = \frac{1}{\sqrt{2}} = \frac{\sqrt{2}}{2}$$

$$\text{tg } 30° = \frac{\text{medida do lado (ou cateto) oposto}}{\text{medida do lado (ou cateto) adjacente}} = \frac{1}{1} = 1$$

EXEMPLO 4   Cálculo de medidas trigonométricas para ângulo de 30°

Encontre os valores do seno, do cosseno e da tangente do ângulo de 30°.

SOLUÇÃO

Suponha um triângulo retângulo com ângulos internos com valores de 30°, 60° e 90°.

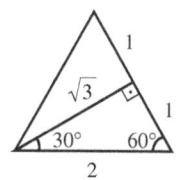

Figura 15.4 Triângulo obtido de um triângulo equilátero de lado 2.

$$\text{tg } 30° = \frac{\text{medida do lado (ou cateto) oposto}}{\text{medida do lado (ou cateto) adjacente}} = \frac{1}{\sqrt{3}} = \frac{\sqrt{3}}{3}$$

$$\text{sen } 30° = \frac{\text{medida do lado (ou cateto) oposto}}{\text{medida da hipotenusa}} = \frac{1}{2}$$

$$\cos 30° = \frac{\text{medida do lado (ou cateto) adjacente}}{\text{medida da hipotenusa}} = \frac{\sqrt{3}}{2}$$

EXEMPLO 5   Aplicação

Um triângulo retângulo com hipotenusa de medida 8 tem um ângulo interno de 37°. Encontre as medidas dos outros dois ângulos e dos outros dois lados.

SOLUÇÃO

Desde que o triângulo é retângulo, então um dos outros dois ângulos é de 90° e o outro é de $180° - 90° - 37° = 53°$.

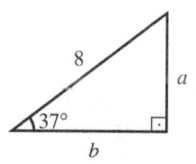

$$\text{sen } 37° = \frac{a}{8} \qquad e \qquad \cos 37° = \frac{b}{8}$$

$$a = 8 \text{ sen } 37° \qquad\qquad\qquad b = 8 \cos 37°$$

$$a \cong 4{,}81 \qquad\qquad\qquad\qquad b \cong 6{,}39$$

Em geometria pensamos o ângulo como uma união de dois raios (ou semirretas) com um vértice em comum. A trigonometria nos leva a um ponto de vista mais dinâmico, pensando o ângulo em termos de um raio de rotação. A posição inicial do raio, o **lado inicial**, é girado em torno de sua extremidade, chamada de **vértice**. A posição final é chamada de **lado terminal**. A medida de um ângulo é um número que descreve a quantidade de rotação do lado inicial ao lado terminal do ângulo. **Ângulos positivos** são gerados por rotações no sentido anti-horário, e **ângulos negativos** são gerados por rotações no sentido horário. A Figura 15.5 mostra um ângulo de medida α, onde α é um número positivo.

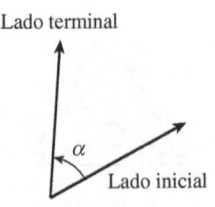

Figura 15.5 Um ângulo com medida positiva α.

Para trazermos o poder da geometria coordenada para a figura (literalmente), geralmente colocamos um ângulo na **posição padrão** no plano cartesiano, com o vértice do ângulo na origem e seu lado inicial sobre o eixo x positivo. A Figura 15.6 mostra dois ângulos na posição padrão, um com medida α positiva e o outro com medida β negativa.

Um ângulo positivo (anti-horário)
(a)

Um ângulo negativo (horário)
(b)

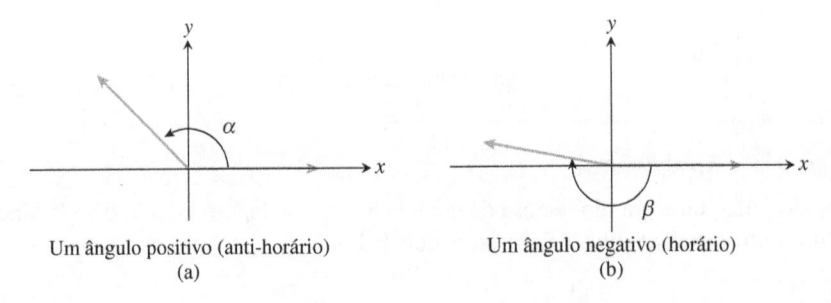

Figura 15.6 Dois ângulos na posição padrão. Em (a) a rotação anti-horária gera um ângulo com medida positiva. Em (b) a rotação horária gera um ângulo com medida negativa.

Dois ângulos no sistema de medida de ângulo podem ter o mesmo lado inicial e o mesmo lado terminal, e ainda assim terem medidas diferentes. Chamamos tais ângulos de **ângulos equivalentes**. (Veja a Figura 15.7) Por exemplo, ângulos de 90°, 450° e −270° são todos equivalentes, assim como ângulos de π radiano, 3π radianos e -99π radianos. De fato, ângulos são equivalentes sempre que eles diferem de um inteiro múltiplo de 360° ou um inteiro múltiplo de 2π radianos.

Ângulos equivalentes
positivo e negativo
(a)

Dois ângulos
equivalentes positivos
(b)

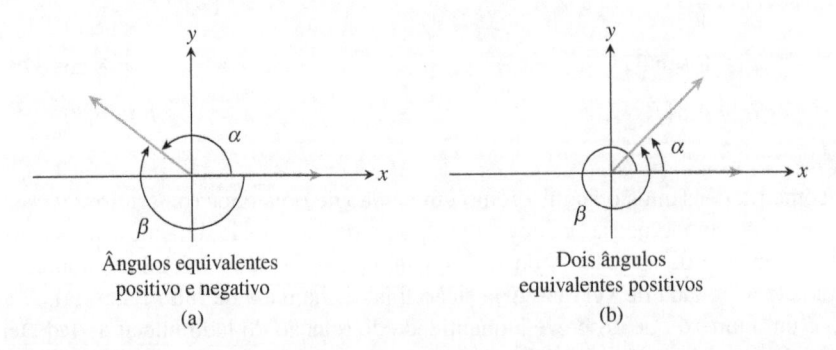

Figura 15.7 Ângulos equivalentes. Em (a) um ângulo positivo e um ângulo negativo são equivalentes, enquanto em (b) ambos os ângulos equivalentes são positivos.

DEFINIÇÃO Funções trigonométricas de qualquer ângulo

Seja θ um ângulo qualquer na posição padrão (determinado do eixo horizontal x no sentido anti-horário), e seja $P(x, y)$ um ponto qualquer sobre o lado que determina a abertura do ângulo (que não seja a origem). Se r denota a distância de $P(x, y)$ até a origem, isto é, $r = \sqrt{x^2 + y^2}$, então:

$$\operatorname{sen} \theta = \frac{y}{r} \qquad \cos \theta = \frac{x}{r} \qquad \operatorname{tg} \theta = \frac{y}{x} \, (x \neq 0)$$

EXEMPLO 6 Cálculo do seno, do cosseno e da tangente para 315°

Calcule os valores do seno, do cosseno e da tangente do ângulo de 315°.

SOLUÇÃO

Supondo que o ângulo está na sua posição padrão, um par ordenado que está no segmento que o limita é $(1, -1)$. Logo, se $x = 1$ e $y = -1$, então $r = \sqrt{2}$ é:

$$\operatorname{sen} 315° = \frac{-1}{\sqrt{2}} = -\frac{\sqrt{2}}{2} \qquad \cos 315° = \frac{1}{\sqrt{2}} = \frac{\sqrt{2}}{2} \qquad \operatorname{tg} 315° = \frac{-1}{1} = -1$$

Aqui utilizamos o fato de que, se um triângulo retângulo tem medida dos catetos dados por a e b, e a medida da hipotenusa é igual a c, então é verdade que $a^2 + b^2 = c^2$ (conhecido como teorema de Pitágoras).

O círculo trigonométrico

Temos a seguir o círculo de raio 1; o eixo horizontal x fornece a medida do cosseno do ângulo formado, partindo do 0 no sentido anti-horário, e o eixo vertical y fornece a medida do seno do mesmo ângulo.

É verdade que: $\operatorname{sen}^2 \theta + \cos^2 \theta = 1^2 = 1$ (consequência do teorema de Pitágoras).

Funções trigonométricas

A função seno (Figura 15.8):

$f(x) = \text{sen } x$ ou $f(x) = \text{sen}(x)$

Domínio: conjunto de todos os números reais.

Imagem: $[-1, 1]$. A função é contínua.

É alternadamente crescente e decrescente. É periódica de período 2π (o comportamento da função é repetitivo para cada intervalo de comprimento 2π no eixo horizontal).
É simétrica com relação à origem (é uma função ímpar).
É limitada.
O máximo absoluto é 1.
O mínimo absoluto é -1.
Não tem assíntotas horizontais.
Não tem assíntotas verticais.
Comportamento nos extremos do domínio: $\lim_{x \to +\infty}$ e $\lim_{x \to -\infty}$ não existem.
Os valores da função oscilam de -1 até 1.

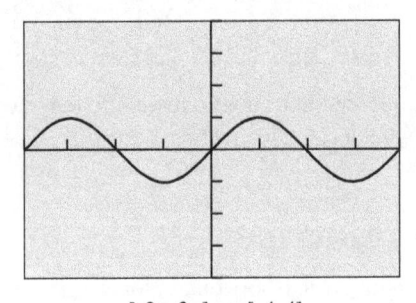

$[-2\pi, 2\pi]$ por $[-4, 4]$

Figura 15.8 Gráfico da função seno.

A função cosseno (Figura 15.9):

$f(x) = \cos x$ ou $f(x) = \cos(x)$

Domínio: conjunto de todos os números reais.
Imagem: $[-1, 1]$.
A função é contínua.
É alternadamente crescente e decrescente.
É periódica de período 2π (o comportamento da função é repetitivo para cada intervalo de comprimento 2π no eixo horizontal).
É simétrica com relação ao eixo vertical y (é uma função par).
É limitada.
O máximo absoluto é 1.
O mínimo absoluto é -1.
Não tem assíntotas horizontais.
Não tem assíntotas verticais. Comportamento nos extremos do domínio: $\lim_{x \to +\infty}$ e $\lim_{x \to -\infty}$ não existem.
Os valores da função oscilam de -1 até 1.

CAPÍTULO 15 Noções de trigonometria e funções trigonométricas

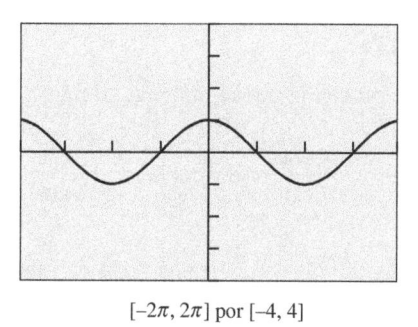

[−2π, 2π] por [−4, 4]

Figura 15.9 Gráfico da função cosseno.

A função tangente (Figura 15.10):

$$f(x) = \text{tg } x = \frac{\text{sen } x}{\cos x} \text{ ou } f(x) = \text{tg }(x) = \frac{\text{sen }(x)}{\cos (x)}$$

Domínio: conjunto dos números reais sem os múltiplos ímpares de $\frac{\pi}{2}$.
Imagem: conjunto de todos os números reais.
A função é contínua sobre o seu domínio.
É crescente em cada intervalo do domínio.
É simétrica com relação à origem (é uma função ímpar).
Não é limitada superior nem inferiormente.
Não tem extremos locais.
Não tem assíntotas horizontais.
As assíntotas verticais são da forma $x = k \cdot \left(\frac{\pi}{2}\right)$ para todo k ímpar.

Comportamento nos extremos do domínio $\lim\limits_{x \to +\infty}$ e $\lim\limits_{x \to -\infty}$ não existem.

Os valores da função oscilam no intervalo $]-\infty, +\infty[$.

$\left[\frac{\sqrt{-3\pi}}{2}, \frac{3\pi}{2}\right]$ por [−4, 4]

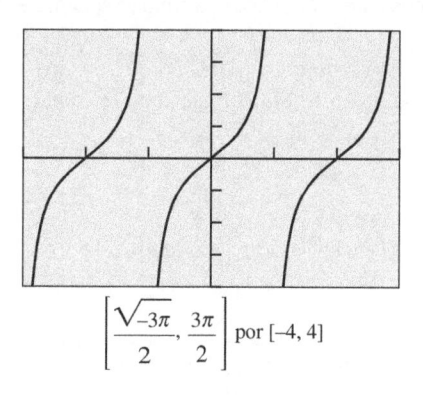

Figura 15.10 Gráfico da função tangente.

Função cotangente

A função cotangente é a recíproca da função tangente. Então:

$$\cot x = \frac{\cos x}{\sen x} \text{ ou } \cot(x) = \frac{\cos(x)}{\sen(x)}$$

O gráfico de $y = \cot x$ terá assíntotas verticais nos zeros da função seno e zeros nos zeros da função cosseno (Figura 15.11).

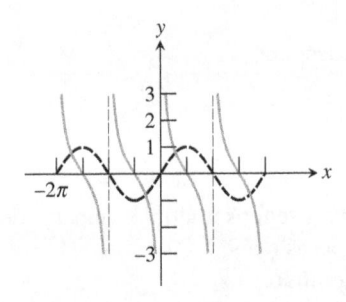

Figura 15.11 A cotangente tem assíntotas nos zeros da função seno e zeros nos zeros da função cosseno.

Função secante

Características importantes da função secante podem ser identificadas partindo do fato de ela ser a recíproca da função cosseno.

Onde $\cos x = 1$, sua recíproca $\sec x$ também é 1. O gráfico da função secante tem assíntotas verticais nos zeros da função cosseno. O período da função secante é 2π, o mesmo da sua recíproca, a função cosseno.

O gráfico de $y = \sec x$ é mostrado com o gráfico de $y = \cos x$ na Figura 15.12. Um máximo local de $y = \cos x$ corresponde a um mínimo local de $y = \sec x$, enquanto um mínimo local de $y = \cos x$ corresponde a um máximo local de $y = \sec x$.

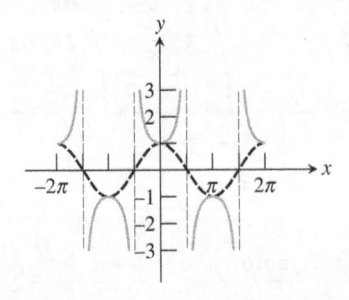

Figura 15.12 As características da função secante são concluídas a partir do fato de ela ser a recíproca da função cosseno.

Função cossecante

Características importantes da função cscante podem ser identificadas partindo do fato de ela ser a recíproca da função seno.

Sendo sen $x = 1$, sua recíproca csc x é também 1. O gráfico da função cscante tem assíntotas verticais nos zeros da função seno. O período da função cossecante é 2π, o mesmo que a função seno.

O gráfico de $y = \csc x$ é mostrado com o gráfico de sen x na Figura 15.13. Um máximo local de $y = \text{sen } x$ corresponde a um mínimo local de $y = \csc x$, enquanto um mínimo local de $y = \text{sen } x$ corresponde a um máximo local de $y = \csc x$.

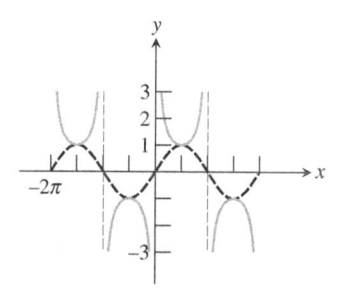

Figura 15.13 Características da função cscante são concluídas a partir do fato de ela ser a recíproca da função seno.

Arcos trigonométricos inversos

Cada função tem uma relação inversa. Essa relação também é uma função apenas se a original for injetora. As seis funções trigonométricas básicas, sendo periódicas, falham no teste da reta horizontal para saber se são injetoras. Contudo, algumas funções são importantes o suficiente a ponto de estudarmos o comportamento das suas inversas, independentemente do fato de serem injetoras. Fazemos isso restringindo o domínio da função original para um intervalo em que ela é injetora e, então, encontrando a inversa da função restrita.

Se você restringir o domínio de $y = \text{sen } x$ ao intervalo $\left[-\dfrac{\pi}{2}, \dfrac{\pi}{2}\right]$, como mostrado na Figura 15.14(a), a função restrita é injetora. **A inversa da função seno**, $y = \text{sen}^{-1} x$, é a inversa dessa porção restrita da função seno, vista na Figura 15.14(b).

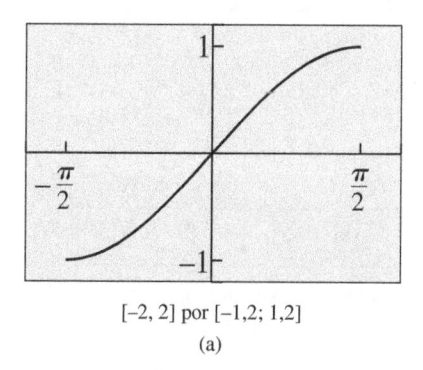

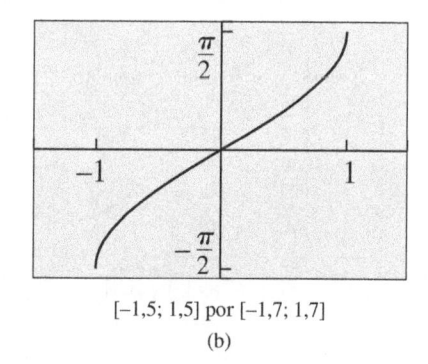

[−2, 2] por [−1,2; 1,2]
(a)

[−1,5; 1,5] por [−1,7; 1,7]
(b)

Figura 15.14 (a) A restrição de $y = \text{sen } x$ é injetora e (b) tem uma inversa, $y = \text{sen}^{-1} x$.

Pela relação inversa usual, as afirmações

$$y = \operatorname{sen}^{-1} x \quad \text{e} \quad x = \operatorname{sen} y$$

são equivalentes para valores de y no domínio restrito $\left[-\dfrac{\pi}{2}, \dfrac{\pi}{2}\right]$ e para valores de x em $[-1, 1]$. Isso significa que $\operatorname{sen}^{-1} x$ pode ser pensado como o ângulo entre $-\dfrac{\pi}{2}$ e $\dfrac{\pi}{2}$, cujo seno é x. Como os ângulos e os arcos orientados no círculo unitário têm a mesma medida, o ângulo $\operatorname{sen}^{-1} x$ também é chamado arco-seno de x.

> **Função seno inverso (função arco-seno)**
>
> O único ângulo y no intervalo $\left[-\dfrac{\pi}{2}, \dfrac{\pi}{2}\right]$ tal que sen y 5 x é o **seno inverso** (ou **arco-seno**) de x, denotado $\operatorname{sen}^{-1} x$ ou **arc sen** x.
>
> O domínio de $y = \operatorname{sen}^{-1} x$ é $[-1, 1]$, e a imagem é $\left[-\dfrac{\pi}{2}, \dfrac{\pi}{2}\right]$.

Se você restringir o domínio de $y = \cos x$ ao intervalo $[0, \pi]$, como mostrado na Figura 15.15(a), a função restrita é injetora. **A inversa da função cosseno**, $y = \cos^{-1} x$, é a inversa da porção restrita da função cosseno, vista na Figura 15.15(b). Pelas relações inversas usuais, as sentenças

$$y = \cos^{-1} x \quad \text{e} \quad x = \cos y$$

são equivalentes para valores de y no domínio restrito $[0, \pi]$ e para valores de x em $[-1, 1]$. Isso significa que $\cos^{-1} x$ pode ser pensado como o ângulo entre 0 e π, cujo cosseno é x. O ângulo $\cos^{-1} x$ é também o arco-cosseno de x.

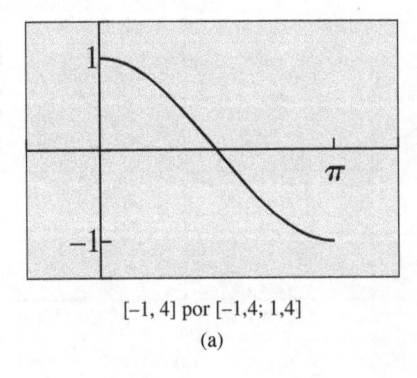

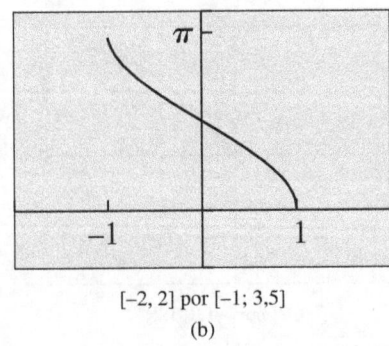

[-1, 4] por [-1,4; 1,4]
(a)

[-2, 2] por [-1; 3,5]
(b)

Figura 15.15 (a) A restrição de $y = \cos x$ é injetora e (b) tem uma inversa, $y = \cos^{-1} x$.

CAPÍTULO 15   Noções de trigonometria e funções trigonométricas   213

Função cosseno inverso (função arco-cosseno)

O único ângulo y no intervalo $[0, \pi]$, tal que $\cos y = x$, é a inversa do cosseno (ou arco-cosseno) de x, denotada $\cos^{-1} x$ ou arc cos x.
O domínio de $y = \cos^{-1} x$ é $[-1, 1]$, e a imagem é $[0, \pi]$.

Se você restringir o domínio de $y = \operatorname{tg} x$ ao intervalo $\left(-\dfrac{\pi}{2}, \dfrac{\pi}{2}\right)$, como mostrado na Figura 15.16(a), a função restrita é injetora. **A inversa da função tangente**, $y = \operatorname{tg}^{-1} x$, é a inversa dessa porção restrita da função tangente, vista na Figura 15.16(b).

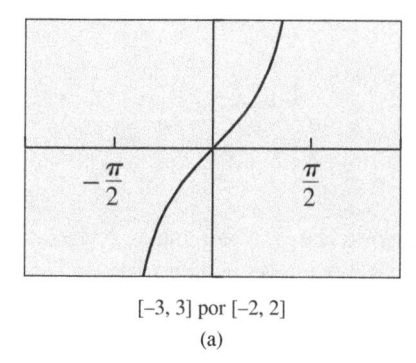

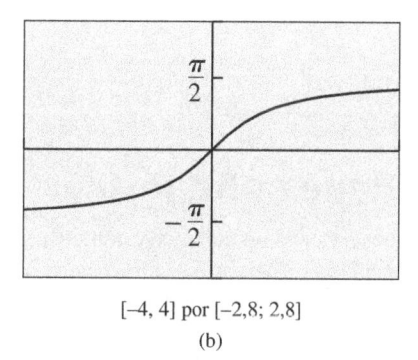

[-3, 3] por [-2, 2]
(a)

[-4, 4] por [-2,8; 2,8]
(b)

Figura 15.16 A (a) restrição de $y = \operatorname{tg} x$ é injetora e (b) tem uma inversa, $y = \operatorname{tg}^{-1} x$.

Pela relação inversa usual, as sentenças

$$y = \operatorname{tg}^{-1} x \quad \text{e} \quad x = \operatorname{tg} y$$

são equivalentes para valores de y no domínio restrito $\left(-\dfrac{\pi}{2}, \dfrac{\pi}{2}\right)$ e para valores de x em $(-\infty, \infty)$. Isso significa que $\operatorname{tg}^{-1} x$ pode ser pensado como o ângulo entre $-\dfrac{\pi}{2}$ e $\dfrac{\pi}{2}$, cuja tangente é x. O ângulo $\operatorname{tg}^{-1} x$ é também o arco-tangente de x.

Função tangente inversa (função arco-tangente)

O único ângulo y no intervalo $\left(-\dfrac{\pi}{2}, \dfrac{\pi}{2}\right)$, tal que $\operatorname{tg} y = x$, é a tangente inversa (ou arco-tangente) de x, denotado $\operatorname{tg}^{-1} x$ ou arc tg x.
O domínio de $y = \operatorname{tg}^{-1} x$ é $(-\infty, \infty)$, e a imagem é $\left(-\dfrac{\pi}{2}, \dfrac{\pi}{2}\right)$.

Identidades fundamentais

Identidades trigonométricas básicas

Identidades recíprocas:

$$\csc\theta = \frac{1}{\operatorname{sen}\theta} \qquad \sec\theta = \frac{1}{\cos\theta} \qquad \cot\theta = \frac{1}{\operatorname{tg}\theta}$$

$$\operatorname{sen}\theta = \frac{1}{\csc\theta} \qquad \cos\theta = \frac{1}{\sec\theta} \qquad \operatorname{tg}\theta = \frac{1}{\cot\theta}$$

Identidades de quociente:

$$\operatorname{tg}\theta = \frac{\operatorname{sen}\theta}{\cos\theta} \qquad \cot\theta = \frac{\cos\theta}{\operatorname{sen}\theta}$$

Identidades pitagóricas

Como observamos no ciclo trigonométrico, podemos aplicar o teorema de Pitágoras a qualquer triângulo formado no ciclo com lados sen(x), cos(x) e hipotenusa igual ao raio da circunferência. Assim, obtemos a identidade fundamental da trigonometria:

$$\operatorname{sen}^2(x) + \cos^2(x) = 1$$

A partir dessa identidade, podemos deduzir as identidades pitagóricas. Se dividirmos cada termo da identidade por $(\cos x)^2$, obtemos uma identidade que envolve tangente e secante:

$$\frac{(\cos x)^2}{(\cos x)^2} + \frac{(\operatorname{sen} x)^2}{(\cos x)^2} = \frac{1}{(\cos x)^2}$$

$$1 + (\operatorname{tg} x)^2 = (\sec x)^2$$

Se dividirmos cada termo da identidade por $(\operatorname{sen} x)^2$, obtemos uma identidade que envolve cotangente e cossecante:

$$\frac{(\cos x)^2}{(\operatorname{sen} x)^2} + \frac{(\operatorname{sen} x)^2}{(\operatorname{sen} x)^2} = \frac{1}{(\operatorname{sen} x)^2}$$

$$(\cot x)^2 + 1 = (\csc x)^2$$

Essas três identidades são chamadas identidades pitagóricas, que reafirmaremos usando a notação abreviada para potências de funções trigonométricas.

Identidades pitagóricas

$$\cos^2\theta + \operatorname{sen}^2\theta = 1$$
$$1 + \operatorname{tg}^2\theta = \sec^2\theta$$
$$\cot^2\theta + 1 = \csc^2\theta$$

Outras identidades úteis

Se C for o ângulo reto no triângulo retângulo $\triangle ABC$, então os ângulos A e B são complementares. Note o que acontece se usarmos as razões de triângulos usuais para definir as seis funções trigonométricas dos ângulos A e B (Figura 15.17).

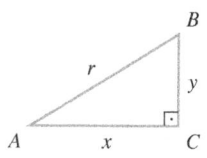

Figura 15.17 Os ângulos A e B são complementares no triângulo retângulo $\triangle ABC$.

Ângulo A: $\quad \operatorname{sen} A = \dfrac{y}{r} \qquad \operatorname{tg} A = \dfrac{y}{x} \qquad \sec A = \dfrac{r}{x}$

$\qquad\qquad\quad \cos A = \dfrac{x}{r} \qquad \cot A = \dfrac{x}{y} \qquad \csc A = \dfrac{r}{y}$

Ângulo B: $\quad \operatorname{sen} B = \dfrac{x}{r} \qquad \operatorname{tg} B = \dfrac{x}{y} \qquad \sec B = \dfrac{r}{y}$

$\qquad\qquad\quad \cos B = \dfrac{y}{r} \qquad \cot B = \dfrac{y}{x} \qquad \csc B = \dfrac{r}{x}$

Você percebe o que acontece? Em cada caso, o valor de uma função em A é o mesmo que o valor da sua cofunção em B. Isso sempre acontece com ângulos complementares; de fato, esse é o fenômeno que dá à "cofunção" seu nome. O "co" vem de "complementar".

Identidades de cofunções

$$\operatorname{sen}\left(\dfrac{\pi}{2}+\theta\right)=\cos\theta \qquad\qquad \cos\left(\dfrac{\pi}{2}-\theta\right)=\operatorname{sen}\theta$$

$$\operatorname{tg}\left(\dfrac{\pi}{2}+\theta\right)=\cot\theta \qquad\qquad \cot\left(\dfrac{\pi}{2}-\theta\right)=\operatorname{tg}\theta$$

$$\sec\left(\dfrac{\pi}{2}-\theta\right)=\csc\theta \qquad\qquad \csc\left(\dfrac{\pi}{2}-\theta\right)=\sec\theta$$

Identidades de cofunções 2 paridade e imparidade

$\operatorname{sen}(-x) = -\operatorname{sen}(x) \qquad \cos(-x) = \cos(x) \qquad \operatorname{tg}(-x) = -\operatorname{tg}(x)$

$\csc(-x) = -\csc(x) \qquad \sec(-x) = \sec(x) \qquad \cot(-x) = -\cot(x)$

Soma e diferença de arcos

Seno de uma soma ou diferença

sen $(u \pm v)$ = sen u cos $v \pm$ cos u sen v
Note que o sinal não troca em nenhum dos casos.

Cosseno de uma soma ou diferença

cos $(u \pm v)$ = cos u cos $v \mp$ sen u sen v
Note a mudança de sinal nos dois casos.

EXEMPLO 7 Usando as fórmulas de soma/diferença

Escreva cada uma das expressões a seguir como o seno ou o cosseno de um ângulo.

(a) sen 22° cos 13° + cos 22° sen 13°

(b) $\cos \dfrac{\pi}{3} \cos \dfrac{\pi}{4} +$ sen $\dfrac{\pi}{3}$ sen $\dfrac{\pi}{4}$

(c) sen x sen $2x -$ cos x cos $2x$

SOLUÇÃO

A ideia em cada caso é reconhecer qual fórmula aplicar. (De fato, o objetivo principal de tais exercícios é ajudá-lo a se lembrar das fórmulas.)

(a) sen 22° cos 13° + cos 22° sen 13°

$=$ sen $(22° + 13°)$

$=$ sen 35°

(b) $\cos \dfrac{\pi}{3} \cos \dfrac{\pi}{4} +$ sen $\dfrac{\pi}{3}$ sen $\dfrac{\pi}{4}$

$= \cos \left(\dfrac{\pi}{3} - \dfrac{\pi}{4} \right)$

$= \cos \dfrac{\pi}{12}$

(c) sen x sen $2x -$ cos x cos $2x$

$= -(\cos x \cos 2x -$ sen x sen $2x)$

$= -\cos (x + 2x)$

$= -\cos 3x$

EXEMPLO 8 Confirmando identidades de cofunção

Prove as identidades (a) $\cos\left(\left(\dfrac{\pi}{2}\right)-x\right)= \operatorname{sen} x$ e (b) $\operatorname{sen}\left(\left(\dfrac{\pi}{2}\right)-x\right) = \cos x$

SOLUÇÃO

(a) $\cos\left(\dfrac{\pi}{2} - x\right) = \cos\left(\dfrac{\pi}{2}\right) \cos x + \operatorname{sen}\left(\dfrac{\pi}{2}\right) \operatorname{sen} x$

$= 0 \cdot \cos x + 1 \cdot \operatorname{sen} x$

$= \operatorname{sen} x$

(b) $\operatorname{sen}\left(\dfrac{\pi}{2} - x\right) = \operatorname{sen}\left(\dfrac{\pi}{2}\right) \cdot \cos x - \operatorname{sen} x \cdot \cos\left(\dfrac{\pi}{2}\right)$

$= 1 \cdot \cos x - \operatorname{sen} x \cdot 0$

$= \cos x$

Tangente de uma soma ou diferença

$$\operatorname{tg}(u \pm v) = \frac{\operatorname{sen}(u \pm v)}{\cos(u \pm v)} = \frac{\operatorname{sen} u \cos v \pm \cos u \operatorname{sen} v}{\cos u \cos v \mp \operatorname{sen} u \operatorname{sen} v}$$

Existe também uma fórmula para $\operatorname{tg}(u \pm v)$, que é escrita inteiramente em termos de funções tangente.

$$\operatorname{tg}(u \pm v) = \frac{\operatorname{tg} u \pm \operatorname{tg} v}{1 \mp \operatorname{tg} u \cdot \operatorname{tg} v}$$

EXEMPLO 9 Provando uma fórmula de redução de tangente

Prove a fórmula de redução: $\operatorname{tg}\left(\theta - \left(\dfrac{3\pi}{2}\right)\right) = -\cot\theta$.

SOLUÇÃO

Não podemos usar a fórmula só de tangentes, pois um dos valores é múltiplo ímpar de $\left(\dfrac{\pi}{2}\right)$. Sendo assim, converteremos para senos e cossenos.

$$\operatorname{tg}\left(\theta - \frac{3\pi}{2}\right) = \frac{\operatorname{sen}\left(\theta - \left(\frac{3\pi}{2}\right)\right)}{\cos\left(\theta - \left(\frac{3\pi}{2}\right)\right)}$$

$$= \frac{\operatorname{sen}\theta \cos\left(\frac{3\pi}{2}\right) - \cos\theta \operatorname{sen}\left(\frac{3\pi}{2}\right)}{\cos\theta \cos\left(\frac{3\pi}{2}\right) + \operatorname{sen}\theta \operatorname{sen}\left(\frac{3\pi}{2}\right)}$$

$$= \frac{\operatorname{sen}\theta \cdot 0 - \cos\theta \cdot (-1)}{\cos\theta \cdot 0 + \operatorname{sen}\theta \cdot (-1)}$$

$$= -\cot\theta$$

Arcos múltiplos

As fórmulas que resultam ao fazer $u = v$ no ângulo da identidade da soma são chamadas identidade de ângulo duplo. Afirmaremos e provaremos uma, deixando as demais provas como exercícios.

Identidades de ângulo duplo

$$\operatorname{sen} 2u = 2 \operatorname{sen} u \cos u$$

$$\cos 2u = \begin{cases} \cos^2 u - \operatorname{sen}^2 u \\ 2\cos^2 u - 1 \\ 1 - 2\operatorname{sen}^2 u \end{cases}$$

$$\operatorname{tg} 2u = \frac{2\operatorname{tg} u}{1 - \operatorname{tg}^2 u}$$

EXEMPLO 10 Provando uma identidade de ângulo duplo

Prove a identidade: $\operatorname{sen} 2u = 2 \operatorname{sen} u \cos u$.

SOLUÇÃO

$$\operatorname{sen} 2u = \operatorname{sen}(u + u)$$
$$= \operatorname{sen} u \cos u + \cos u \operatorname{sen} u$$
$$= 2 \operatorname{sen} u \cos u$$

Identidades de redução de potência

$$\text{sen}^2 u = \frac{1 - \cos 2u}{2}$$

$$\cos^2 u = \frac{1 + \cos 2u}{2}$$

$$\text{tg}^2 u = \frac{1 - \cos 2u}{1 + \cos 2u}$$

EXEMPLO 11 Provando uma identidade

Prove a identidade: $\cos^4 \theta - \text{sen}^4 \theta = \cos 2\theta$.

SOLUÇÃO

$$\cos^4 \theta - \text{sen}^4 \theta = (\cos^2 \theta + \text{sen}^2 \theta)(\cos^2 \theta - \text{sen}^2 \theta)$$

$$= 1 \cdot (\cos^2 \theta - \text{sen}^2 \theta)$$

$$= \cos 2\theta$$

EXEMPLO 12 Reduzindo uma potência de 4

Reescreva $\cos^4 x$ em termos de funções trigonométricas com potências não maiores do que 1.

SOLUÇÃO

$$\cos^4 x = (\cos^2 x)^2$$

$$= \left(\frac{1 + \cos 2x}{2}\right)^2$$

$$= \left(\frac{1 + 2\cos 2x + \cos^2 2x}{4}\right)$$

$$= \frac{1}{4} + \frac{1}{2}\cos 2x + \frac{1}{4}\left(\frac{1 + \cos 4x}{2}\right)$$

$$= \frac{1}{4} + \frac{1}{2}\cos 2x + \frac{1}{8} + \frac{1}{8}\cos 4x$$

$$= \frac{1}{8}(3 + 4\cos 2x + \cos 4x)$$

Identidades de metade de ângulo

$$\operatorname{sen}\frac{u}{2} = \pm\sqrt{\frac{1-\cos u}{2}}$$

$$\cos\frac{u}{2} = \pm\sqrt{\frac{1+\cos u}{2}}$$

$$\operatorname{tg}\frac{u}{2} = \begin{cases} \pm\sqrt{\dfrac{1-\cos u}{1+\cos u}} \\ \dfrac{1-\cos u}{\operatorname{sen} u} \\ \dfrac{\operatorname{sen} u}{1+\cos u} \end{cases}$$

EXEMPLO 13 Usando identidades de metade de ângulo

Resolva $\operatorname{sen}^2 x = 2\operatorname{sen}^2\left(\dfrac{x}{2}\right)$.

SOLUÇÃO

O gráfico de $y = \operatorname{sen}^2 x - 2\operatorname{sen}^2\left(\dfrac{x}{2}\right)$ na Figura 15.18 sugere que essa função é periódica com período 2π, e que a equação $\operatorname{sen}^2 x = 2\operatorname{sen}^2\left(\dfrac{x}{2}\right)$ tem três soluções em $[0, 2\pi]$.

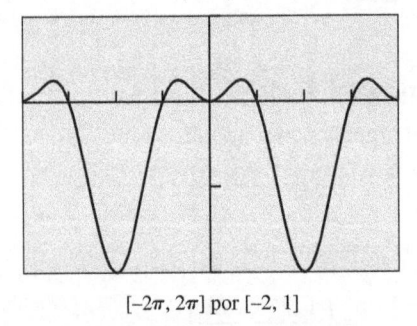

[−2π, 2π] por [−2, 1]

Figura 15.18 O gráfico de $y = \operatorname{sen}^2 x - 2\operatorname{sen}^2\left(\dfrac{x}{2}\right)$ sugere que $\operatorname{sen}^2 x = 2\operatorname{sen}^2\left(\dfrac{x}{2}\right)$ tem três soluções em $[0, 2\pi]$.

Resolução algébrica

$$\operatorname{sen}^2 x = 2\operatorname{sen}^2\frac{x}{2}$$

$$\operatorname{sen}^2 x = 2\left(\frac{1-\cos x}{2}\right)$$

$$1 - \cos^2 x = 1 - \cos x$$

$$\cos x - \cos^2 x = 0$$

$$\cos x\,(1 - \cos x) = 0$$

CAPÍTULO 15 Noções de trigonometria e funções trigonométricas

$$\cos x = 0 \quad \text{ou} \quad \cos x = 1$$

$$x = \frac{\pi}{2} \quad \text{ou} \quad \frac{3\pi}{2} \quad \text{ou} \quad 0$$

O resto das soluções é obtido por periodicidade:

$$x = 2n\pi, \quad x = \frac{\pi}{2} + 2n\pi, \quad x = \frac{3\pi}{2} + 2n\pi, \quad n = 0, \pm 1, \pm 2, \ldots$$

Lei dos senos

Lembre-se da geometria, em que um triângulo tem seis partes (três lados (L), três ângulos (A)), mas seu tamanho e formato podem ser determinados completamente fixando apenas três dessas partes, desde que sejam as três certas. Essas triplas são conhecidas por suas siglas: AAL, ALA, LAL e LLL.

Os outros dois acrônimos não funcionam bem: AAA determina apenas similaridade, enquanto LLA não determina sequer similaridade.

Com trigonometria podemos encontrar as outras partes do triângulo, uma vez que a congruência é estabelecida. As ferramentas que precisamos são a lei dos senos e a lei dos cossenos, o assunto das últimas duas seções de trigonometria. A lei dos senos afirma que a razão do seno de um ângulo em relação ao comprimento do seu lado oposto é a mesma para todos os três ângulos de qualquer triângulo.

Lei dos senos

Em qualquer $\triangle ABC$ com ângulos A, B e C e lados opostos a, b e c, respectivamente, a equação a seguir é verdadeira:

$$\frac{\operatorname{sen} A}{a} = \frac{\operatorname{sen} B}{b} = \frac{\operatorname{sen} C}{c}.$$

Resolução de triângulos (AAL, ALA)

Dois ângulos e um lado de um triângulo, em qualquer ordem, determinam o tamanho e a forma de um triângulo. É claro, dois ângulos de um triângulo determinam o terceiro, assim, obtemos uma das três partes faltantes de graça. Resolvemos as duas partes restantes (os dois lados desconhecidos) com a lei dos senos.

EXEMPLO 14 **Resolvendo um triângulo, dados dois ângulos e um lado**

Resolva $\triangle ABC$, dado que $\angle A = 36°$, $\angle B = 48°$ e $a = 8$ (veja a Figura 15.19).

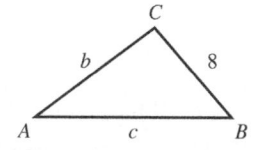

Figura 15.19 Um triângulo determinado por AAL.

SOLUÇÃO

Primeiro, notamos que $\angle C = 180° - 36° - 48° = 96°$.
Então, aplicamos a lei dos senos:

$$\frac{\operatorname{sen} A}{a} = \frac{\operatorname{sen} B}{b} \qquad \text{e} \qquad \frac{\operatorname{sen} A}{a} = \frac{\operatorname{sen} C}{c}$$

$$\frac{\operatorname{sen} 36°}{8} = \frac{\operatorname{sen} 48°}{b} \qquad\qquad \frac{\operatorname{sen} 36°}{8} = \frac{\operatorname{sen} 96°}{c}$$

$$b = \frac{8 \operatorname{sen} 48°}{\operatorname{sen} 36°} \qquad\qquad c = \frac{8 \operatorname{sen} 96°}{\operatorname{sen} 36°}$$

$$b \approx 10{,}115 \qquad\qquad c \approx 13{,}536$$

As seis partes do triângulo são:

$\angle A = 36°$ $\qquad\qquad a = 8$

$\angle B = 48°$ $\qquad\qquad b \approx 10{,}115$

$\angle C = 96°$ $\qquad\qquad c \approx 13{,}536$

O caso ambíguo (LLA)

Enquanto dois ângulos e um lado de um triângulo são suficientes para determinar seu tamanho e forma, o mesmo não pode ser dito para dois lados e um ângulo. Isso depende de onde o ângulo está. Se o ângulo estiver incluído entre os dois lados (o caso LAL), então o triângulo será unicamente determinado a menos de congruência. Se o ângulo for oposto a um dos lados (o caso LLA), então poderão existir um, dois ou zero triângulos determinados.

EXEMPLO 15 Resolvendo um triângulo, dados dois lados e um ângulo

Resolva $\triangle ABC$, dado que $a = 7$, $b = 6$ e $\angle A = 26{,}3°$ (veja a Figura 15.20).

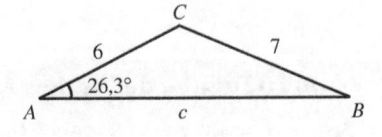

Figura 15.20 Um triângulo determinado por LLA.

SOLUÇÃO

Desenhando um esboço razoável (Figura 15.20), podemos nos certificar de que esse não é o caso ambíguo. Comece resolvendo o ângulo agudo B, usando a lei dos senos:

$$\frac{\operatorname{sen} A}{a} = \frac{\operatorname{sen} B}{b}$$

$$\frac{\operatorname{sen} 26{,}3°}{7} = \frac{\operatorname{sen} B}{6}$$

$$\operatorname{sen} B = \frac{6 \operatorname{sen} 26{,}3°}{7}$$

$$B = \operatorname{sen}^{-1}\left(\frac{6 \operatorname{sen} 26{,}3°}{7}\right)$$

$$B = 22{,}3°$$

Então, encontre o ângulo obtuso C pela subtração:

$$C = 180° - 26{,}3° - 22{,}3° = 131{,}4°$$

Finalmente, encontre o lado c:

$$\frac{\operatorname{sen} A}{a} = \frac{\operatorname{sen} C}{c}$$

$$\frac{\operatorname{sen} 26{,}3°}{7} = \frac{\operatorname{sen} 131{,}4°}{c}$$

$$c = \frac{7 \operatorname{sen} 131{,}4°}{\operatorname{sen} 26{,}3°}$$

$$c \approx 11{,}9$$

As seis partes do triângulo são:

$\angle A = 26{,}3°$ $a = 7$

$\angle B = 22{,}3°$ $b = 6$

$\angle C = 131{,}4°$ $c \approx 11{,}9$

EXEMPLO 16 Lidando com o caso ambíguo

Resolva $\triangle ABC$, dado que $a = 6$, $b = 7$ e $\angle A = 30°$.

SOLUÇÃO

Desenhando um esboço razoável (Figura 15.21), podemos ver que são possíveis dois triângulos com as informações dadas. Iremos nos lembrar disso à medida que prosseguirmos.

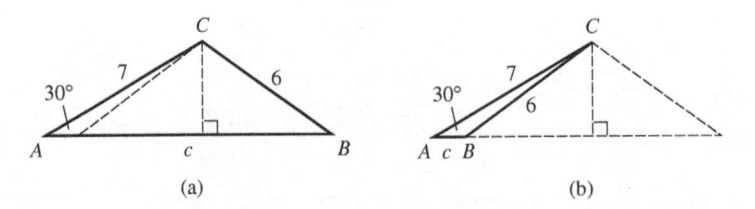

Figura 15.21 Dois triângulos determinados pelos mesmos valores de LLA.

Começaremos usando a lei dos senos para encontrar o ângulo B.

$$\frac{\operatorname{sen} A}{a} = \frac{\operatorname{sen} B}{b}$$

$$\frac{\operatorname{sen} 30°}{6} = \frac{\operatorname{sen} B}{7}$$

$$\operatorname{sen} B = \frac{7 \operatorname{sen} 30°}{6}$$

$$B = \operatorname{sen}^{-1}\left(\frac{7 \operatorname{sen} 30°}{6}\right)$$

$$B = 35{,}7°$$

Note que a calculadora nos dá um valor de B, não dois. Isso ocorre porque usamos a função sen^{-1}, que não pode dar dois valores de saída para o mesmo valor de entrada. De fato, a função sen^{-1} nunca dará um ângulo obtuso, por isso escolhemos começar com o ângulo agudo no Exemplo 15. Nesse caso, a calculadora encontrou o ângulo B mostrado na Figura 15.21(a).

Encontre o ângulo obtuso C por subtração:

$$C = 180° - 30{,}0° - 35{,}7° = 114{,}3°.$$

Finalmente, encontre o lado c:

$$\frac{\operatorname{sen} A}{a} = \frac{\operatorname{sen} C}{c}$$

$$\frac{\operatorname{sen} 30{,}0°}{6} = \frac{\operatorname{sen} 114{,}3°}{c}$$

$$c = \frac{6 \operatorname{sen} 114{,}3°}{\operatorname{sen} 30°}$$

$$c \approx 10{,}9$$

Assim, assumindo que o ângulo B é agudo (veja a Figura 15.21(a)), as seis partes do triângulo são:

$$\angle A = 30{,}0° \qquad a = 6$$

$$\angle B = 35{,}7° \qquad b = 7$$

$$\angle C = 114{,}3° \qquad c \approx 10{,}9$$

Se o ângulo B for obtuso, podemos ver na Figura 15.19b que este mede $180° - 35{,}7° = 144{,}3°$. Por subtração, o ângulo agudo $C = 180° - 30{,}0° - 144{,}3° = 5{,}7°$. Então, recalculamos c:

$$c = \frac{6 \operatorname{sen} 5{,}7°}{\operatorname{sen} 30°} \approx 1{,}2$$

Assim, assumindo que o ângulo B é obtuso (veja a Figura 15.21(b)), as seis partes do triângulo são:

$$\angle A = 30{,}0° \qquad a = 6$$

$$\angle B = 144{,}3° \qquad b = 7$$

$$\angle C = 5{,}7° \qquad c \approx 1{,}2$$

Lei dos cossenos

Tendo visto a lei dos senos, você provavelmente não se surpreenderá ao saber que existe uma lei dos cossenos. Há muitos desses paralelos em matemática. O que você pode achar surpreendente é que a lei dos cossenos não tem semelhança com a lei dos senos. Em vez disso, ela lembra o teorema de Pitágoras. De fato, a lei dos cossenos é frequentemente chamada "teorema de Pitágoras generalizado", porque contém o teorema clássico como um caso especial.

Lei dos cossenos

Seja $\triangle ABC$ qualquer triângulo com lados e ângulos indicados de modo usual (veja a Figura 15.22). Então:

$$a^2 = b^2 + c^2 - 2bc \cos A$$

$$b^2 = a^2 + c^2 - 2ac \cos B$$

$$c^2 = a^2 + b^2 - 2ab \cos C$$

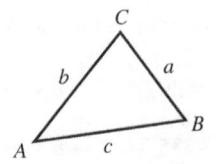

Figura 15.22 Um triângulo com as notações usuais (ângulos A, B, C; lados opostos a, b, c).

Enquanto a lei dos senos é a ferramenta que usamos para resolver triângulos nos casos AAL e ALA, a lei dos cossenos é a ferramenta necessária para LAL e LLL. (Ambos os métodos podem ser usados no caso LLA, mas lembre-se de que pode haver 0, 1 ou 2 triângulos.)

EXEMPLO 17 Resolvendo um triângulo (LAL)

Resolva $\triangle ABC$, dado que $a = 11$, $b = 5$ e $C = 20°$ (veja a Figura 15.23).

SOLUÇÃO

$$c^2 = a^2 + b^2 - 2ab \cos C$$
$$= 11^2 + 5^2 - 2(11)(5) \cos 20°$$
$$= 42{,}6338\ldots$$
$$c = \sqrt{42{,}6338\ldots} \approx 6{,}5$$

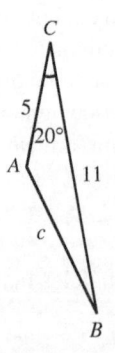

Figura 15.23 Um triângulo com dois lados e um ângulo incluso conhecido.

Poderíamos utilizar a lei dos cossenos ou a lei dos senos para encontrar um dos dois ângulos desconhecidos. Como regra geral, é melhor usar a lei dos cossenos para encontrar ângulos, pois a função arco-cosseno distingue ângulos obtusos de ângulos agudos.

$$a^2 = b^2 + c^2 - 2bc \cos A$$

$$11^2 = 5^2 + (6{,}529\ldots)^2 - 2(5)(6{,}529\ldots) \cos A$$

$$\cos A = \frac{5^2 + (6{,}529\ldots)^2 - 11^2}{2(5)(6{,}529\ldots)}$$

$$A = \cos^{-1}\left(\frac{5^2 + (6{,}529\ldots)^2 - 11^2}{2(5)(6{,}529\ldots)}\right)$$

$$\approx 144{,}8°$$

$$B = 180° - 144{,}8° - 20°$$

$$= 15{,}2°$$

Assim, as seis partes do triângulo são:

$$A = 144{,}8° \qquad a = 11$$
$$B = 15{,}2° \qquad b = 5$$
$$C = 20° \qquad c \approx 6{,}5$$

EXEMPLO 18 Resolvendo um triângulo (LLL)

Resolva $\triangle ABC$, se $a = 9$, $b = 7$ e $c = 5$ (veja a Figura 15.24).

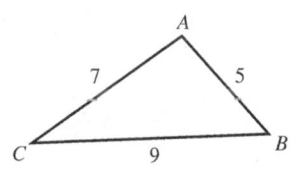

Figura 15.24 Um triângulo com três lados conhecidos.

SOLUÇÃO

Usaremos a lei dos cossenos para encontrar dois dos ângulos. O terceiro ângulo pode ser encontrado por subtração de 180°.

$$a^2 = b^2 + c^2 - 2bc \cos A \qquad\qquad b^2 = a^2 + c^2 - 2ac \cos B$$

$$9^2 = 7^2 + 5^2 - 2(7)(5) \cos A \qquad\qquad 7^2 = 9^2 + 5^2 - 2(9)(5) \cos B$$

$$70 \cos A = -7 \qquad\qquad\qquad\qquad 90 \cos B = 57$$

$$A = \cos^{-1}(-0{,}1) \qquad\qquad\qquad B = \cos^{-1}(57/90)$$

$$\approx 95{,}7° \qquad\qquad\qquad\qquad\qquad \approx 50{,}7°$$

Então $C = 180° - 95{,}7° - 50{,}7° = 33{,}6°$.

Área do triângulo

As mesmas partes que determinam um triângulo também determinam sua área. Se as partes forem dois lados e um ângulo incluso (LAL), obtemos uma fórmula simples de área, em termos dessas três partes, que não requer encontrar a altura. Aplicando a fórmula de área padrão, temos:

$$\triangle \text{Área} = \frac{1}{2}(base)(altura) = \frac{1}{2}(c)(b \operatorname{sen} A) = \frac{1}{2}bc \operatorname{sen} A.$$

Isso são, na verdade, três fórmulas em uma, e não importa qual lado usamos como a base.

Área de um triângulo

$$\triangle \text{Área} = \frac{1}{2}bc \operatorname{sen} A = \frac{1}{2}ac \operatorname{sen} B = \frac{1}{2}ab \operatorname{sen} C$$

EXEMPLO 19 Encontrando a área de um polígono regular

Encontre a área de um octógono regular (8 lados iguais, 8 ângulos iguais) inscrito dentro de um círculo de raio de 9 polegadas.

SOLUÇÃO

A Figura 15.25 mostra que podemos dividir o octógono em 8 triângulos congruentes. Cada triângulo tem dois lados de 9 polegadas, com um ângulo incluso de $\theta = \frac{360}{8} = 45°$. A área de cada triângulo é:

$$\triangle \text{Área} = \left(\frac{1}{2}\right)(9)(9) \operatorname{sen} 45° = \left(\frac{81}{2}\right) \operatorname{sen} 45° = \frac{81\sqrt{2}}{4}$$

Portanto, a área do octógono é:

$$\triangle \text{Área} = 8 \triangle \text{Área} = 162\sqrt{2} \approx 229 \text{ polegadas quadradas.}$$

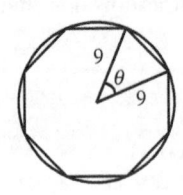

Figura 15.25 Um octógono regular inscrito em um círculo de raio de 9 polegadas.

Existe também uma fórmula de área que pode ser usada quando os três lados do triângulo são conhecidos. Embora Herão tenha provado esse teorema usando apenas métodos de geometria clássica, provaremos, como a maioria das pessoas faz hoje em dia, usando as ferramentas de trigonometria.

CAPÍTULO 15 Noções de trigonometria e funções trigonométricas   229

TEOREMA Fórmula de Herão

Sejam a, b e c os lados do $\triangle ABC$, e seja s o semiperímetro:

$$\frac{(a+b+c)}{2}.$$

então, a área de $\triangle ABC$ é dada por Área $= \sqrt{s(s-a)(s-b)(s-c)}$.

EXEMPLO 20 Usando a fórmula de Herão

Encontre a área de um triângulo com lados 13, 15, 18.

SOLUÇÃO

Primeiro calcularemos o semiperímetro: $s = \frac{(13+15+18)}{2} = 23$.
Então, usaremos a fórmula de Herão.

$$\text{Área} = \sqrt{23\,(23-13)(23-15)(23-18)}$$
$$= \sqrt{23 \cdot 10 \cdot 8 \cdot 5} = \sqrt{9200} = 20\sqrt{23}.$$

A área aproximada é 96 unidades quadradas.

Exercícios

Nos exercícios 1 a 8, converta de radianos para graus.

1. $\frac{\pi}{6}$
2. $\frac{\pi}{4}$
3. $\frac{\pi}{10}$
4. $\frac{3\pi}{5}$
5. $\frac{7\pi}{9}$
6. $\frac{13\pi}{20}$
7. 2
8. 1,3

Nos exercícios de 9 a 12, use as fórmulas para cálculo do comprimento do arco para completar com as informações que estão faltando.

	s	r	θ
9.	?	1 cm	70 rad
10.	2,5 cm	?	$\frac{\pi}{3}$ rad
11.	3 m	1 m	?
12.	40 cm	?	20°

13. **Múltipla escolha** Qual é a medida em radianos de um ângulo de x graus?

(a) πx (b) $\frac{x}{180}$

(c) $\frac{\pi x}{180}$ (d) $\frac{180x}{\pi}$

(e) $\frac{180}{x\pi}$

14. **Múltipla escolha** Se o perímetro de um setor é 4 vezes seu raio, então a medida em radianos do ângulo central do setor é:

(a) 2   (b) 4

(c) $\frac{2}{\pi}$ (d) $\frac{4}{\pi}$

(e) impossível determinar sem saber o raio.

O teorema de Pitágoras diz que, em um triângulo retângulo, o quadrado da medida da hipotenusa é a soma dos quadrados das medidas dos outros dois lados. Entende-se hipotenusa como o lado oposto ao ângulo de 90°. Nos exercícios de 15 a 18, use esse teorema para encontrar x.

15.

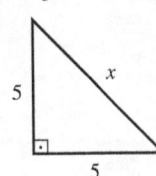

16.

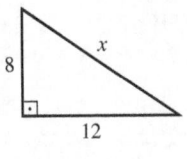

17.

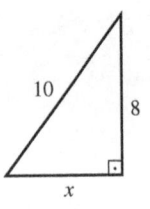

18.

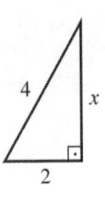

Nos exercícios de 19 a 26, encontre o valor do seno, do cosseno e da tangente do ângulo θ.

19.

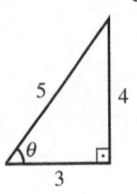

20.

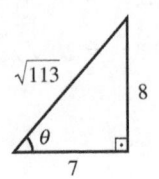

21.

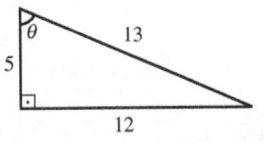

22.

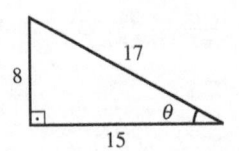

23.

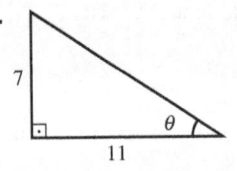

24.

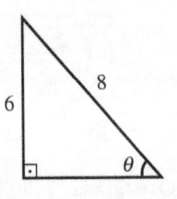

25.

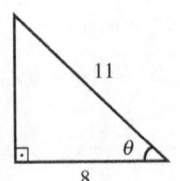

26.

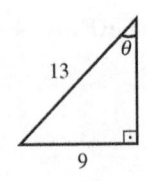

Nos exercícios de 27 a 32, encontre as outras medidas dos ângulos que faltam (sabemos calcular seno, cosseno e tangente).

27. $\operatorname{sen} \theta = \dfrac{3}{7}$

28. $\operatorname{sen} \theta = \dfrac{2}{3}$

29. $\cos \theta = \dfrac{5}{11}$

30. $\cos \theta = \dfrac{5}{8}$

31. $\operatorname{tg} \theta = \dfrac{5}{9}$

32. $\operatorname{tg} \theta = \dfrac{12}{13}$

Nos exercícios de 33 a 38, encontre o valor da variável indicada.

33.

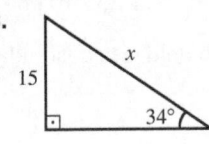

34.

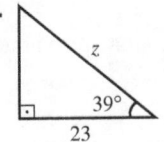

35.

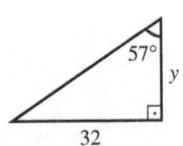

36.

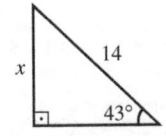

37.

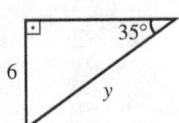

38.

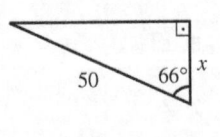

Nos exercícios de 39 a 42, dê o valor do ângulo θ em graus.

39. $\theta = -\dfrac{\pi}{6}$

40. $\theta = -\dfrac{5\pi}{6}$

41. $\theta = \dfrac{25\pi}{4}$

42. $\theta = \dfrac{16\pi}{3}$

Nos exercícios de 43 a 46, calcule o seno, o cosseno e a tangente do ângulo.

43.

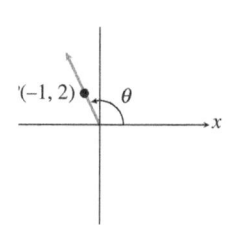

[Figura: ângulo θ com ponto (−1, 2)]

44.

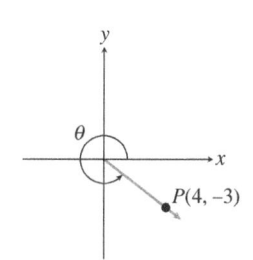

[Figura: ângulo θ com P(4, −3)]

45.

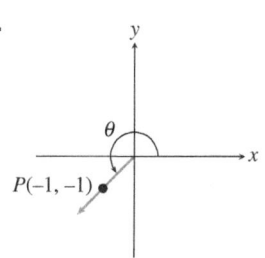

[Figura: ângulo θ com P(−1, −1)]

46.

[Figura: ângulo θ com P(3, −5)]

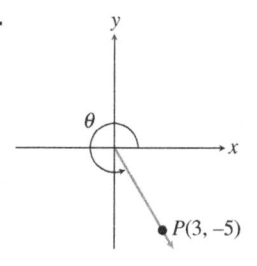

Nos exercícios de 47 a 52, o ponto P está na reta que determina a abertura do ângulo. Encontre o seno, o cosseno e a tangente do ângulo θ.

47. $P(3, 4)$ **48.** $P(-4, -6)$
49. $P(0, 5)$ **50.** $P(-3, 0)$
51. $P(5, -2)$ **52.** $P(22, -22)$

Nos exercícios de 53 a 58, encontre sen θ, cos θ e tg θ para o ângulo dado.

53. $-450°$ **54.** $-270°$

55. 7π **56.** $\dfrac{11\pi}{2}$

57. $-\dfrac{7\pi}{2}$ **58.** -4π

59. Encontre cos θ, se sen $\theta = \dfrac{1}{4}$ e tg θ < 0.

60. Encontre tg θ, se sen $\theta = -\dfrac{2}{5}$ e cos θ > 0.

61. Verdadeiro ou falso? Se θ é um ângulo na posição padrão determinado pelo ponto (θ, −6), então sen θ = −0,6. Justifique sua resposta.

62. Múltipla escolha Se $\cos \theta = \dfrac{5}{13}$ e tg θ > 0, então sen θ =

(a) $-\dfrac{12}{13}$ (b) $-\dfrac{5}{12}$ (c) $\dfrac{5}{13}$

(d) $\dfrac{5}{12}$ (e) $\dfrac{12}{13}$

No exercício 63, identifique o gráfico de cada função.

63. Gráficos de dois períodos de 0,5 tg x e 5 tg x são mostrados.

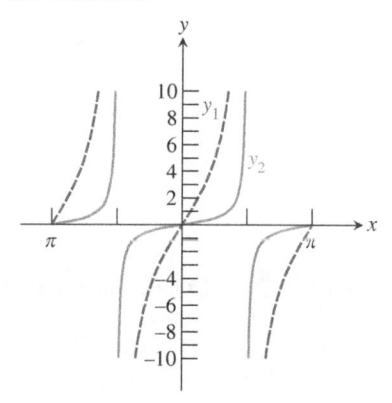

[Gráfico com y_1 e y_2]

No exercício 64, analise a função quanto a: domínio, imagem, continuidade, comportamento crescente ou decrescente, se é limitada e se é simétrica; analise extremos, assíntotas e comportamento nos extremos do domínio.

64. $f(x) = \text{tg}\,\dfrac{x}{2}$

Nos exercícios de 65 a 67, avalie *sem* o uso de uma calculadora.

65. $\operatorname{sen}\left(\dfrac{\pi}{3}\right)$

66. $\cot\left(\dfrac{\pi}{6}\right)$

67. $\cos\left(\dfrac{\pi}{4}\right)$

Nos exercícios de 68 a 73, avalie sem usar uma calculadora, mas usando índices em um triângulo de referência.

68. $\cos 120°$

69. $\sec\dfrac{\pi}{3}$

70. $\operatorname{sen}\dfrac{13\pi}{6}$

71. $\operatorname{tg}\dfrac{15\pi}{4}$

72. $\cos\dfrac{23\pi}{6}$

73. $\operatorname{sen}\dfrac{11\pi}{3}$

Nos exercícios de 74 a 79, determine o valor exato.

74. $\operatorname{sen}^{-1}\left(\dfrac{\sqrt{3}}{2}\right)$

75. $\operatorname{tg}^{-1}(0)$

76. $\cos^{-1}\left(\dfrac{1}{2}\right)$

77. $\operatorname{tg}^{-1}(-1)$

78. $\operatorname{sen}^{-1}\left(-\dfrac{1}{\sqrt{2}}\right)$

79. $\cos^{-1}(0)$

Nos exercícios 80 e 81, use identidades para determinar o valor da expressão.

80. Se $\operatorname{sen}\theta = 0{,}45$, determine $\cos\left(\dfrac{\pi}{2} - \theta\right)$.

81. Se $\operatorname{sen}\left(\theta - \dfrac{\pi}{2}\right) = 0{,}73$, determine $\cos(-\theta)$.

Nos exercícios de 82 a 85, use identidades básicas para simplificar a expressão.

82. $\operatorname{tg} x \cdot \cos x$

83. $\sec y \operatorname{sen}\left(\dfrac{\pi}{2} - y\right)$

84. $\dfrac{1 + \operatorname{tg}^2 x}{\csc^2 x}$

85. $\cos x - \cos^3 x$

Nos exercícios de 86 a 88, simplifique a expressão para 1 ou -1.

86. $\operatorname{sen} x \csc(-x)$

87. $\cot(-x) \cdot \cot\left(\dfrac{\pi}{2} - x\right)$

88. $\operatorname{sen}^2(-x) + \cos^2(-x)$

Nos exercícios de 89 a 93, use uma identidade de soma ou diferença para determinar um valor exato.

89. $\operatorname{sen} 15°$

90. $\operatorname{sen} 75°$

91. $\cos\dfrac{\pi}{12}$

92. $\operatorname{tg}\dfrac{5\pi}{12}$

93. $\cos\dfrac{7\pi}{12}$

Nos exercícios de 94 a 96, escreva a expressão como o seno, o cosseno ou a tangente de um ângulo.

94. $\operatorname{sen} 42° \cos 17° - \cos 42° \operatorname{sen} 17°$

95. $\operatorname{sen}\dfrac{\pi}{5}\cos\dfrac{\pi}{2} + \operatorname{sen}\dfrac{\pi}{2}\cos\dfrac{\pi}{5}$

96. $\dfrac{\operatorname{tg} 19° + \operatorname{tg} 47°}{1 - \operatorname{tg} 19° \operatorname{tg} 47°}$

Nos exercícios de 97 a 98, determine todas as soluções para a equação no intervalo $[0, 2\pi]$.

97. $\operatorname{sen} 2x = 2 \operatorname{sen} x$

98. $\operatorname{sen} 2x - \operatorname{tg} x = 0$

Nos exercícios de 99 a 101, utilize identidades de meio ângulo para encontrar um valor exato sem auxílio de calculadora.

99. $\operatorname{sen} 15°$

100. $\cos 75°$

101. $\operatorname{tg}\left(\dfrac{7\pi}{12}\right)$

Capítulo 16

Limites

Objetivos de aprendizagem
- Velocidade média e velocidade instantânea.
- Distância com velocidade variável.
- Limites no infinito.
- Propriedades dos limites.
- Limites de funções contínuas.
- Limites unilaterais e bilaterais.
- Limites envolvendo o infinito.

Velocidade média e velocidade instantânea

Velocidade média é o valor da variação da posição de um objeto (ou dizemos "variação do espaço percorrido") dividido pelo valor da variação do tempo, como podemos ver no Exemplo 1.

EXEMPLO 1 Cálculo da velocidade média

Um automóvel viaja 200 quilômetros em 2 horas e 30 minutos. Qual é a velocidade média desse automóvel, após transcorrido esse intervalo de tempo?

SOLUÇÃO

A velocidade média é o valor da variação da posição (200 quilômetros) dividido pelo valor da variação do tempo (2,5 horas). Se denotarmos a posição por s e o tempo por t, temos:

$$\text{Velocidade média} = \frac{\Delta s}{\Delta t} = \frac{200 \text{ quilômetros}}{2,5 \text{ horas}} = 80 \text{ quilômetros por hora}$$

Note que a velocidade média não nos informa quão rápido o automóvel está viajando em um momento qualquer durante o intervalo de tempo. Ele poderia ter viajado a uma velocidade constante de 80 quilômetros por hora durante todo o tempo ou poderia ter aumentado a velocidade, como também ter diminuído ou até parado momentaneamente várias vezes. Veremos a seguir o conceito de velocidade instantânea.

EXEMPLO 2 Cálculo da velocidade instantânea

Uma bola desce uma rampa, tal que sua distância s do topo da rampa após t segundos é exatamente t^2 centímetros. Qual é sua velocidade instantânea após 3 segundos?

SOLUÇÃO

Poderíamos tentar responder a essa questão calculando a velocidade média sobre intervalos de tempo cada vez menores. Sobre o intervalo [3; 3,1]:

$$\frac{\Delta s}{\Delta t} = \frac{(3,1)^2 - 3^2}{3,1 - 3} = \frac{0,61}{0,1} = 6,1 \text{ centímetros por segundo}$$

Sobre o intervalo [3; 3,05]:

$$\frac{\Delta s}{\Delta t} = \frac{(3,05)^2 - 3^2}{3,05 - 3} = \frac{0,3025}{0,05} = 6,05 \text{ centímetros por segundo}$$

Continuando esse processo, concluímos eventualmente que a **velocidade instantânea** é de 6 centímetros por segundo. Portanto, podemos ver *diretamente* o que está acontecendo com o quociente (que resulta na velocidade média) por meio do que chamamos *limite* da velocidade média sobre o intervalo [3, t], quando t se aproxima de 3 (esse limite estuda a tendência da velocidade média na medida que t se aproxima de 3).

$$v = \lim_{\Delta t \to 0} \frac{\Delta s}{\Delta t} = \lim_{t \to a} \frac{s(t) - s(a)}{t - a}$$

Para t se aproximando de 3:

$$= \lim_{t \to 3} \frac{s(t) - s(3)}{t - 3}$$

$$= \lim_{t \to 3} \frac{t^2 - 3^2}{t - 3}$$

$$= \lim_{t \to 3} \frac{(t + 3)(t - 3)}{t - 3}$$

$$= \lim_{t \to 3} (t + 3) \cdot \frac{t - 3}{t - 3}$$

$$= \lim_{t \to 3} (t + 3) \qquad \text{Desde que } t \neq 3, \text{ então } \frac{t - 3}{t - 3} = 1$$

$$= 6$$

Note que t *não é igual a* 3, mas se *aproxima* de 3 como um limite, o que nos permite fazer o cancelamento no Exemplo 2. Se t fosse igual a 3, o desenvolvimento feito nos levaria a uma conclusão incorreta, que é a de que $\frac{0}{0} = 6$. A diferença entre igualar a 3 e se aproximar de 3 como um limite é sutil, mas algebricamente ela é relevante.

Não é simples a definição algébrica formal de um limite. Temos utilizado a ideia intuitiva (desde o Capítulo 7) e podemos usar o seguinte resultado, digamos *informal*.

DEFINIÇÃO Limite em a

Quando escrevemos "$\lim_{x \to a} f(x) = L$", temos de fato que $f(x)$ se aproxima de L na medida em que x se aproxima de a.

Velocidade instantânea

Galileu fez experiências com a gravidade rolando uma bola em um plano inclinado e registrando sua velocidade aproximada como uma função do tempo decorrido. Aqui está o que ele pode ter se perguntado quando começou seus experimentos:

> **Uma questão de velocidade**
>
> Uma bola rola uma distância de 16 pés em 4 segundos. Qual é a velocidade instantânea da bola no instante de tempo 3 segundos depois de ter começado a rolar?

Você pode querer visualizar a bola sendo congelada naquele momento e, assim, tentar determinar sua velocidade. Bem, então a bola teria velocidade zero porque está congelada! Essa abordagem parece insignificante, já que, evidentemente, a bola está se movendo.

Essa é uma pergunta complicada? Ao contrário, é na verdade uma pergunta profunda; é exatamente a que Galileu (entre muitos outros) estava tentando responder. Note como é fácil achar a velocidade média:

$$v_{\text{média}} = \frac{\Delta s}{\Delta t} = \frac{16 \text{ pés}}{4 \text{ segundos}} = 4 \text{ pés por segundo}$$

Agora, note como a nossa álgebra se torna inadequada quando tentamos aplicar a mesma fórmula para a velocidade instantânea:

$$v_{\text{instantânea}} = \frac{\Delta s}{\Delta t} = \frac{0 \text{ pés}}{0 \text{ segundo}}$$

Ela envolve divisão por zero e é, portanto, indefinida. Assim Galileu fez o melhor que pôde para tornar Δt o menor possível experimentalmente, medindo os valores pequenos de Δs, e então encontrando os quocientes.

Isto é apenas a velocidade instantânea aproximada, mas encontrar o valor exato parecia ser algebricamente fora de questão, já que a divisão por zero era impossível.

> **EXEMPLO 3   Usando limites para evitar divisão por zero**
>
> Uma bola rola para baixo em uma rampa, de modo que a distância s a partir do topo da rampa depois de t segundos é exatamente t^2 pés. Qual é a velocidade instantânea depois de 3 segundos?
>
> **SOLUÇÃO**
>
> Podemos tentar responder a essa questão calculando a velocidade média em intervalos de tempo cada vez menores.
> No intervalo [3; 3,1]:
>
> $$\frac{\Delta s}{\Delta t} = \frac{(3,1)^2 - 3^2}{3,1 - 3} = \frac{0,61}{0,1} = 6,1 \text{ pés por segundo.}$$

No intervalo [3; 3,05]:

$$\frac{\Delta s}{\Delta t} = \frac{(3,05)^2 - 3^2}{3,05 - 3} = \frac{0,3025}{0,05} = 6,05 \text{ pés por segundo.}$$

Continuando esse processo concluímos que a velocidade instantânea deve ser 6 pés por segundo. Entretanto, podemos ver diretamente o que está acontecendo no quociente tratando-o como um limite da velocidade média no intervalo [3, t], quando t se aproxima de 3:

$$v = \lim_{\Delta t \to 0} \frac{\Delta s}{\Delta t} = \lim_{t \to a} \frac{s(t) - s(a)}{t - a}$$

Para t se aproximando de 3:

$$\lim_{t \to 3} \frac{s(t) - s(3)}{t - 3}$$

$$\lim_{t \to 3} \frac{\Delta s}{\Delta t} = \lim_{t \to 3} \frac{t^2 - 3^2}{t - 3}$$

$$= \lim_{t \to 3} \frac{(t + 3)(t - 3)}{t - 3} \qquad \text{Fatore o numerador.}$$

$$= \lim_{t \to 3} (t + 3) \cdot \frac{t - 3}{t - 3}$$

$$= \lim_{t \to 3} (t + 3) \qquad \text{Como } t \neq 3, \frac{t - 3}{t - 3} = 1$$

$$= 6$$

DEFINIÇÃO Limite em a (informal)

Quando escrevemos "$\lim_{x \to a} f(x) = L$", queremos dizer que $f(x)$ se aproxima de L à medida que x se aproxima (sem "encostar") de a.

EXEMPLO 4 Cálculo da distância percorrida

Um automóvel trafega a uma velocidade constante de 48 milhas por hora, durante 2 horas e 30 minutos. Qual é a distância percorrida pelo automóvel?

SOLUÇÃO

Aplicamos a fórmula $d = vt$:

$$d = (48 \text{ mph})(2,5 \text{ h}) = 120 \text{ milhas}$$

Se representarmos a distância percorrida, isto é, a mudança de posição, por Δs e o intervalo de tempo por Δt, a fórmula torna-se:

$$\Delta s = 48 \text{ mph} \cdot \Delta t,$$

que equivale a:

$$\frac{\Delta s}{\Delta t} = 48 \text{ mph}$$

EXEMPLO 5 Cálculo da distância percorrida

Um automóvel desloca-se a uma velocidade *média* de 48 milhas por hora, durante 2 horas e 30 minutos. Qual é a distância percorrida pelo automóvel?

SOLUÇÃO

A distância percorrida é Δs, o intervalo de tempo possui extensão de Δt e $\Delta s/\Delta t$ representa a velocidade média.
Logo,

$$\Delta s = \frac{\Delta s}{\Delta t} \cdot \Delta t = (48 \text{ mph})(2,5 \text{ h}) = 120 \text{ milhas}$$

Portanto, dada a velocidade média durante um intervalo de tempo, podemos encontrar facilmente a distância percorrida. Mas vamos supor que temos uma função de velocidade $v(t)$, que dá a velocidade instantânea como uma função variável do tempo. Como podemos usar a função de velocidade instantânea para encontrar a distância percorrida em um intervalo de tempo? Esse era o outro problema sobre velocidade instantânea que intrigava os cientistas do século XVII – e, mais uma vez, a álgebra foi insuficiente para resolvê-lo, como veremos.

Distância de uma velocidade variável

Quando Galileu começou seus experimentos, eis aqui o que ele pode ter-se perguntado sobre utilizar uma velocidade variável para determinar a distância: suponha que uma bola role por uma rampa e sua velocidade seja sempre $2t$ pés por segundo, onde t é o número de segundos decorridos após ela ter começado a rolar. Qual é a distância percorrida pela bola nos primeiros três segundos?

Pode-se tentar oferecer a seguinte "solução":

Velocidade vezes Δt dá Δs. Mas a velocidade instantânea ocorre em um instante de tempo, de modo que $\Delta t = 0$. Isso significa que $\Delta s = 0$. Então, em um dado instante de tempo, a bola não se move. Uma vez que qualquer intervalo de tempo consiste em instantes de tempo, a bola nunca se move!

Esse exemplo aparentemente simples esconde um dilema algébrico muito sutil, e longe de ser uma "pegadinha", trata-se exatamente da questão que precisa ser respondida para calcular a distância percorrida por um objeto cuja velocidade varia em função do tempo.

Os cientistas que estavam trabalhando no problema da linha tangente perceberam que o problema da distância percorrida devia estar relacionada a ela, mas, surpreendentemente, a geometria levou-os em outra direção. O problema da distância percorrida levou-os não às linhas tangentes, mas às áreas.

Limites no infinito

Antes de examinarmos essa conexão com áreas, vamos rever outro conceito de limite que tornará mais fácil lidar com a velocidade instantânea, assim como na última seção.

> **DEFINIÇÃO Limite no infinito (informal)**
>
> Quando escrevemos "$\lim_{x \to \infty} f(x) = L$," queremos dizer que $f(x)$ aproxima-se de L à medida que x se torna arbitrariamente grande.

Sabemos que, ao dividir 1 litro de leite em 10 xícaras, teremos uma quantidade maior do que temos ao dividir 1 litro de leite em 100 xícaras: o volume de leite que há em cada xícara no primeiro caso é 10 vezes maior do que o volume de leite em cada xícara no segundo caso.

Mas o que aconteceria se tentássemos dividir 1 litro de leite por infinitas xícaras? Teoricamente seria zero, o que é exatamente o motivo pelo qual a experiência real não pode ser executada (além do fato de não existirem infinitas xícaras). Na linguagem dos limites, a quantidade total de leite no número infinito de xícaras ficaria assim:

$$\lim_{n \to \infty} \left(n \cdot \frac{1}{n} \right) = \lim_{n \to \infty} \frac{n}{n} = 1 \text{ litro}$$

Enquanto a quantidade total em cada xícara de chá seria:

$$\lim_{n \to \infty} \frac{1}{n} = 0 \text{ litro}$$

Somar um número infinito de coisa nenhuma para obter alguma coisa é misterioso o suficiente quando usamos limites, uma vez que *sem* limites, parece ser uma impossibilidade algébrica.

Esse foi o dilema enfrentado pelos cientistas do século XVII que tentavam trabalhar com a velocidade instantânea. Mais uma vez, foi a geometria que mostrou o caminho a seguir, quando a álgebra falhou.

Definição informal de um limite

Não há dificuldade alguma nas declarações sobre limite, a seguir:

$$\lim_{x \to 3} (2x - 1) = 5 \qquad \lim_{x \to \infty} (x^2 + 3) = \infty \qquad \lim_{n \to \infty} \frac{1}{n} = \infty$$

Por isso, utilizamos a notação de limite ao longo deste livro. Sobretudo quando gráficos eletrônicos estão disponíveis, analisar o comportamento-limite das funções de modo algébrico, numérico e gráfico pode nos ajudar muito sobre o que é preciso saber a respeito delas.

A real dificuldade consiste em chegar a uma definição, difícil de ser compreendida, do que é realmente um limite. Se fosse fácil, não teria levado 150 anos. As sutilezas de uma definição "epsilon-delta" de Weierstrass e Heine são tão belas quanto profundas, mas não se trata de matéria para um curso de pré-cálculo.

Portanto, embora analisemos mais a fundo os limites e suas propriedades nesta seção, vamos continuar a recorrer à nossa definição "informal" de limite (essencialmente a de d'Alembert). Nós a repetimos aqui para facilitar a consulta:

CAPÍTULO 16 Limites

DEFINIÇÃO (informal) de limite em a

Quando escrevemos "$\lim_{x \to a} f(x) = L$," queremos dizer que $f(x)$ aproxima-se de L à medida que x aproxima-se arbitrariamente (mas não se iguala) a a.

EXEMPLO 6 Cálculo de limite

Determine: $\lim_{t \to 1} \dfrac{(x^3-1)}{(x-1)}$.

SOLUÇÃO (GRÁFICA)

O gráfico da Figura 16.1(a) sugere que o limite existe e é de cerca de 3.

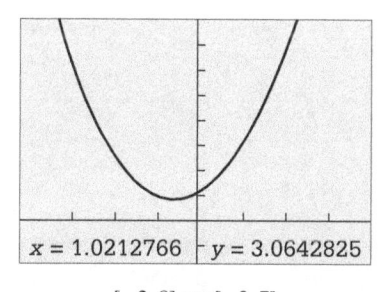

$x = 1.0212766 \quad y = 3.0642825$

$[-2, 8]$ por $[-3, 7]$

(a)

Figura 16.1(a) Um gráfico de $f(x) = \dfrac{(x^3 - 1)}{(x - 1)}$.

SOLUÇÃO (NUMÉRICA)

A tabela também apresenta forte evidência de que o limite é 3.

x	$f(x)$
.997	2.991
.998	2.994
.999	2.997
1	Erro: a função $f(x) = \dfrac{(x^3 - 1)}{(x - 1)}$ não está definida para $x = 1$
1.001	3.003
1.002	3.006
1.003	3.009

$$f(x) = \frac{(x^3 - 1)}{(x - 1)}$$

(b)

Figura 16.1(b) Uma tabela de valores para $f(x) = \dfrac{(x^3 - 1)}{(x - 1)}$.

SOLUÇÃO (ALGÉBRICA)

$$\lim_{x \to 1} \frac{x^3 - 1}{x - 1}$$

$$= \lim_{x \to 1} \frac{(x - 1)(x^2 + x + 1)}{x - 1} \quad \text{Fatore o numerador.}$$

$$= \lim_{x \to 1} (x^2 + x + 1) \quad \text{Como } x \neq 1, \frac{x - 1}{x - 1} = 1$$

$$= 1 + 1 + 1$$

$$= 3$$

Por mais convincentes que sejam as evidências gráfica e numérica, a melhor delas é a algébrica. O limite é 3.

Propriedades de limites

Quando existem limites, não há nada de incomum na forma como eles interagem algebricamente entre si. Pode-se prever facilmente que as propriedades descritas a seguir são mantidas. Trata-se de teoremas que se provam com uma definição rigorosa de limite, mas devemos apresentá-las aqui sem nenhuma evidência.

Propriedades dos limites

Se tanto $\lim_{x \to c} f(x)$ como $\lim_{x \to c} g(x)$, existem, então:

1. Regra da soma
$$\lim_{x \to c} (f(x) + g(x)) = \lim_{x \to c} f(x) + \lim_{x \to c} g(x)$$

2. Regra da diferença
$$\lim_{x \to c} (f(x) - g(x)) = \lim_{x \to c} f(x) - \lim_{x \to c} g(x)$$

3. Regra do produto
$$\lim_{x \to c} (f(x) \cdot g(x)) = \lim_{x \to c} f(x) \cdot \lim_{x \to c} g(x)$$

4. Regra do múltiplo constante
$$\lim_{x \to c} (k \cdot f(x)) = k \cdot \lim_{x \to c} f(x), \text{ onde } k \in \mathbb{R}$$

5. Regra do quociente
$$\lim_{x \to c} \frac{f(x)}{g(x)} = \frac{\lim_{x \to c} f(x)}{\lim_{x \to c} g(x)}$$
desde que $\lim_{x \to c} g(x) \neq 0$

6. Regra da potência $\lim_{x \to c} (f(x))^n = (\lim_{x \to c} (f(x))^n$ para n um inteiro positivo

7. Regra da raiz $\lim_{x \to c} \sqrt[n]{f(x)} = \sqrt[n]{\lim_{x \to c} f(x)}$ para $n \geq 2$ um inteiro positivo, desde que $\sqrt[n]{\lim_{x \to c} f(x)}$ e $\lim_{x \to c} \sqrt[n]{f(x)}$ sejam números reais

EXEMPLO 7 Uso das propriedades dos limites

Se $\lim_{x \to 0} \dfrac{\operatorname{sen} x}{x} = 1$, considere as propriedades dos limites para determinar os seguintes limites:

(a) $\lim_{x \to 0} \dfrac{x + \operatorname{sen} x}{x}$ (b) $\lim_{x \to 0} \dfrac{1 - \cos^2 x}{x^2}$ (c) $\lim_{x \to 0} \dfrac{\sqrt[3]{\operatorname{sen} x}}{\sqrt[3]{x}}$

SOLUÇÃO

(a) $\lim_{x \to 0} \dfrac{x + \operatorname{sen} x}{x} = \lim_{x \to 0} \left(\dfrac{x}{x} + \dfrac{\operatorname{sen} x}{x} \right)$

$= \lim_{x \to 0} \dfrac{x}{x} + \lim_{x \to 0} \dfrac{\operatorname{sen} x}{x}$ Regra da soma

$= 1 + 1$

$= 2$

(b) $\lim_{x \to 0} \dfrac{1 - \cos^2 x}{x^2} = \lim_{x \to 0} \dfrac{\operatorname{sen}^2 x}{x^2}$ Identidade pitagoriana

$= \lim_{x \to 0} \left(\dfrac{\operatorname{sen} x}{x} \right)\left(\dfrac{\operatorname{sen} x}{x} \right)$

$= \lim_{x \to 0} \left(\dfrac{\operatorname{sen} x}{x} \right) \cdot \lim_{x \to 0} \left(\dfrac{\operatorname{sen} x}{x} \right)$ Regra do produto

$= 1 \cdot 1$

$= 1$

(c) $\lim_{x \to 0} \dfrac{\sqrt[3]{\operatorname{sen} x}}{\sqrt[3]{x}} = \lim_{x \to 0} \sqrt[3]{\dfrac{\operatorname{sen} x}{x}}$

$= \sqrt[3]{\lim_{x \to 0} \dfrac{\operatorname{sen} x}{x}}$ \hfill Regra da raiz

$= \sqrt[3]{1}$

$= 1$

Limites de funções contínuas

Considerando que uma função é contínua em a, se $\lim_{x \to a} f(x) = f(a)$, isso significa que o limite (em a) de uma função pode ser encontrado estabelecendo-se uma "ligação em a", desde que a função seja contínua em a. A condição de continuidade é essencial quando se aplica essa estratégia. Por exemplo, fazer "ligação em 0" não funciona em nenhum dos limites visto no Exemplo 7.

EXEMPLO 8 **Cálculo de limites por substituição**

Determine os limites.

(a) $\lim_{x \to 0} \dfrac{e^x - \operatorname{tg} x}{\cos^2 x}$ \qquad (b) $\lim_{x \to 16} \dfrac{\sqrt{n}}{\log_2 n}$

SOLUÇÃO
Essas funções podem não ser reconhecidas como contínuas, mas é possível usar as propriedades dos limites para escrevê-las em termos de limites de funções básicas.

(a) $\lim_{x \to 0} \dfrac{e^x - \operatorname{tg} x}{\cos^2 x} = \dfrac{\lim_{x \to 0} (e^x - \operatorname{tg} x)}{\lim_{x \to 0} (\cos^2 x)}$ \hfill Regra do quociente

$= \dfrac{\lim_{x \to 0} e^x - \lim_{x \to 0} \operatorname{tg} x}{(\lim_{x \to 0} \cos x)^2}$ \hfill Regra da diferença e da potência

$= \dfrac{e^0 - \operatorname{tg} 0}{(\cos 0)^2}$ \hfill Limites de funções contínuas

$= \dfrac{1 - 0}{1}$

$= 1$

(b) $\displaystyle\lim_{x\to 16}\frac{\sqrt{n}}{\log_2 n} = \frac{\displaystyle\lim_{x\to 16}\sqrt{n}}{\displaystyle\lim_{x\to 16}\log_2 n}$ Regra do quociente

$\displaystyle = \frac{\sqrt{16}}{\log_2 16}$ Limites de funções contínuas

$\displaystyle = \frac{4}{4}$

$= 1$

Limites de funções contínuas

O Exemplo 8 indica algumas propriedades importantes de funções contínuas que decorrem das propriedades de limites. Se f e g são ambos contínuos em $x = a$, então também o são $f + g$, $f - g$, $f \cdot g$, e $\dfrac{f}{g}$ (supondo-se que $g(a)$ não crie um denominador igual a zero no quociente). Além disso, a enésima potência e a enésima raiz de uma função que é contínua em a também serão contínuas em a (supondo-se que $\sqrt[n]{f(a)}$ seja real).

Limites unilaterais e bilaterais

Podemos ver que o limite da função na Figura 16.1 é 3, não importando se x aproxima-se de 1 pela esquerda ou pela direita.

O limite de f à medida que x se aproxima de c a partir da esquerda é o **limite do lado esquerdo** de f em c, ao passo que o limite de f quando x se aproxima de c a partir da direita é o **limite do lado direito** de f em c. A notação que usamos é esta:

Lado esquerdo: $\displaystyle\lim_{x\to c^-} f(x)$. O limite de f à medida que x se aproxima de c a partir da esquerda. Também chamado limite lateral à esquerda.

Lado direito: $\displaystyle\lim_{x\to c^+} f(x)$. O limite de f quando x se aproxima de c a partir da direita. Também chamado limite lateral à direita.

Algumas vezes, os valores de uma função f podem se aproximar de valores diferentes quando x se aproxima de c de lados opostos.

EXEMPLO 9   Cálculo dos limites à esquerda e à direita

Determine $\displaystyle\lim_{x\to 2^-} f(x)$ e $\displaystyle\lim_{x\to 2^+} f(x)$, onde $f(x) = \begin{cases} -x^2 + 4x - 1, & \text{se } x \leq 2 \\ 2x - 3, & \text{se } x > 2. \end{cases}$

SOLUÇÃO

A Figura 16.2 sugere que os limites à esquerda e à direita de f existem, mas não são iguais.

[−2, 8] por [−3, 7]

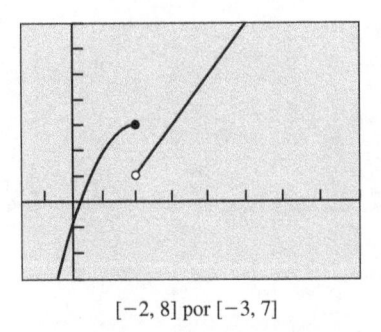

Figura 16.2 Gráfico de função definida por partes $\begin{cases} -x^2 + 4x - 1, & \text{se } x \leq 2 \\ 2x - 3, & \text{se } x > 2 \end{cases}$.

Usando álgebra, encontramos:

$$\lim_{x \to 2^-} f(x) = \lim_{x \to 2^-} (-x^2 + 4x - 1) \qquad \text{Definição de } f$$

$$= -2^2 + 4 \cdot 2 - 1$$

$$= 3$$

$$\lim_{x \to 2^+} f(x) = \lim_{x \to 2^+} (2x - 3) \qquad \text{Definição de } f$$

$$= 2 \cdot 2 - 3$$

$$= 1$$

Pode-se usar tabelas para comprovar esses resultados.

O limite $\lim_{x \to c} f(x)$ pode ser chamado **limite bilateral**, ou apenas o **limite** de f em c para distingui-lo dos limites *unilaterais* à esquerda e à direita de f em c. O teorema a seguir indica como esses limites estão relacionados.

TEOREMA Limites unilateral e bilateral

A função $f(x)$ tem um limite à medida que x se aproxima de c, se, e somente se, os limites à esquerda e à direita em c existem e são iguais. Isto é,

$$\lim_{x \to c} f(x) = L \Leftrightarrow \lim_{x \to c^-} f(x) = L \text{ e } \lim_{x \to c^+} f(x) = L.$$

O limite da função f do Exemplo 9 à medida que x se aproxima de 2 não existe, portanto f é descontínua em $x = 2$. No entanto, as funções descontínuas podem ter um limite em um ponto de descontinuidade. A função f do Exemplo 6 é descontínua em $x = 1$ porque $f(1)$ não existe, mas tem o limite de 3 à medida que x se aproxima de 1. O Exemplo 10 ilustra outra forma em que uma função pode ter um limite e, ainda assim, ser descontínua.

EXEMPLO 10 Cálculo de um limite em um ponto de descontinuidade

Seja $f(x) = \begin{cases} \dfrac{x^2+9}{x-3}, & \text{se } x \neq 3 \\ 2, & \text{se } x = 3 \end{cases}$

Determine $\lim\limits_{x \to 3} f(x)$ e prove que f é descontínua em $x = 3$.

SOLUÇÃO

A Figura 16.3 sugere que o limite de f, à medida que x se aproxima de 3, existe.

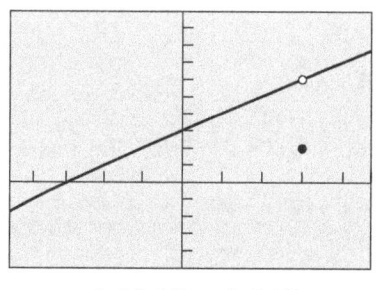

[−4.7, 4.7] por [−5, 10]

Figura 16.3 Gráfico da função.

Usando álgebra, encontramos:

$$\lim_{x \to 3} \frac{x^2-9}{x-3} = \lim_{x \to 3} \frac{(x-3)(x+3)}{x-3}$$
$$= \lim_{x \to 3} (x+3)$$
$$= 6$$

Podemos assumir que $x \neq 3$.
Visto que $f(3) = 2 \neq \lim\limits_{x \to 3} f(x)$, f é descontínua em $x = 3$.

EXEMPLO 11 Cálculo de limites unilaterais e bilaterais

Seja $f(x) = \text{int}(x)$, a maior função de inteiro. Determine:

(a) $\lim\limits_{x \to 3^-} \text{int}(x)$ **(b)** $\lim\limits_{x \to 3^+} \text{int}(x)$ **(c)** $\lim\limits_{x \to 3} \text{int}(x)$

SOLUÇÃO

Lembre-se de que int (x) é igual ao *maior inteiro, menor que ou igual a x*. Por exemplo, int $(3) = 3$. A partir da definição de f e seu gráfico na Figura 16.4, pode-se verificar que:

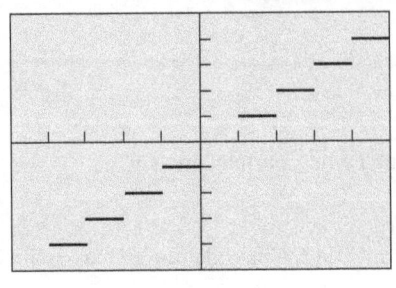

[−5, 5] por [−5, 5]

Figura 16.4 O gráfico de $f(x) = \text{int}(x)$.

(a) $\lim_{x \to 3^-} \text{int}(x) = 2$ (b) $\lim_{x \to 3^+} \text{int}(x) = 3$ (c) $\lim_{x \to 3} \text{int}(x)$ não existe

Limites envolvendo o infinito

A definição informal que temos de um limite refere-se a $\lim_{x \to a} f(x) = L$, onde tanto a como L são números reais. Anteriormente, adaptamos a definição para que se aplicasse aos limites da forma $\lim_{x \to \infty} f(x) = L$ e, assim, pudéssemos usar essa notação para descrever integrais definidas.

Trata-se de um tipo de "limite no infinito". Note que o próprio limite (L) é um número real finito, admitindo-se que o limite existe, mas que os valores de x tendem ao infinito.

DEFINIÇÃO Limites no infinito

Quando escrevemos "$\lim_{x \to} f(x) = L$", queremos dizer que $f(x)$ se aproxima de L à medida que x se torna arbitrariamente grande. Dizemos que f **tem um limite L à medida que x se aproxima de ∞**.

Quando escrevemos "$\lim_{x \to -} f(x) = L$", queremos dizer que $f(x)$ se aproxima de L à medida que $-x$ se torna arbitrariamente grande. Dizemos que f **tem um limite L à medida que x se aproxima de $-\infty$**.

Observe que os limites, seja em a ou no infinito, são sempre números reais finitos; caso contrário, os limites não existem. Por exemplo, é correto escrever:

$$\lim_{x \to 0} \frac{1}{x^2} \text{ não existe,}$$

visto que não se aproxima de nenhum número real L. Nesse caso, no entanto, é também conveniente escrever:

$$\lim_{x \to 0} \frac{1}{x^2} = \infty,$$

o que nos dá um pouco mais de informações sobre *por que* o limite deixa de existir (a função $f(x) = \frac{1}{x^2}$ aumenta sem limitação à medida que x se aproxima de 0. Ou seja, a função f tende para o infinito). De modo análogo, é conveniente escrever:

$$\lim_{x \to 0^+} \ln x = -\infty,$$

uma vez que $\ln x$ diminui sem limitação à medida que x tende a 0 a partir da direita. Nesse contexto, os símbolos "∞" e "$-\infty$" podem ser chamados de **limites infinitos** ou **singularidades**.

EXEMPLO 12 **Investigação de limites quando** $x \to \pm \infty$

Seja $f(x) = \frac{\text{sen}(x)}{x}$. Determine $\lim_{x \to \infty} f(x)$ e $\lim_{x \to -\infty} f(x)$.

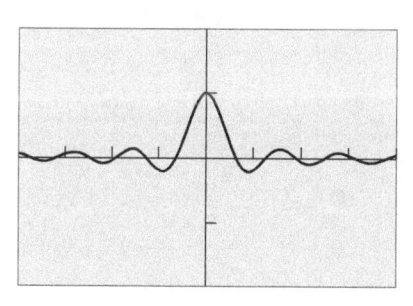

[−20, 20] por [−2, 2]

Figura 16.5 O gráfico de $f(x) = \frac{\text{sen}(x)}{x}$.

SOLUÇÃO

O gráfico de f na Figura 16.5 sugere que:

$$\lim_{x \to \infty} \frac{\text{sen}(x)}{x} = \lim_{x \to -\infty} \frac{\text{sen}(x)}{x} = 0.$$

EXEMPLO 13 Usando tabelas para investigar limites quando $x \to \pm\infty$

Seja $f(x) = xe^{-x}$. Determine $\lim_{x\to\infty} f(x)$ e $\lim_{x\to-\infty} f(x)$.

SOLUÇÃO
As tabelas na Figura 16.6 sugerem que:

$$\lim_{x\to\infty} xe^{-x} = 0 \text{ e } \lim_{x\to-\infty} xe^{-x} = -\infty.$$

x	$f(x)$
0	0
10	4.5 e −4
20	4.1 e −8
30	3 e −12
40	2 e −16
50	1 e −20
60	5 e −25

$f(x) = xe^{-x}$

(a)

x	$f(x)$
0	0
−10	−2.2 e 5
−20	−9.7 e 9
−30	−3 e 14
−40	−9 e 18
−50	−3 e 23
−60	−7 e 27

$f(x) = xe^{-x}$

(b)

Figura 16.6 A tabela em (a) sugere que os valores de $f(x) = xe^{-x}$ tendem a 0 quando $x \to \infty$, e a tabela em (b) sugere que os valores de $f(x) = xe^{-x}$ tendem a $-\infty$ quando $x \to -\infty$.

O gráfico de f na Figura 16.7 sustenta esses resultados.

[−5, 5] por [−5, 5]

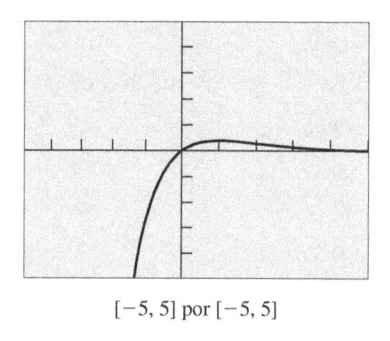

Figura 16.7 Gráfico da função $f(x) = xe^{-x}$.

EXEMPLO 14 Investigação de limites ilimitados

Determine $\lim_{x \to 2} \dfrac{1}{(x-2)^2}$.

SOLUÇÃO

O gráfico de $f(x) = \dfrac{1}{(x-2)^2}$ na Figura 16.8 sugere que:

$$\lim_{x \to 2^-} \frac{1}{(x-2)^2} = \infty \text{ e } \lim_{x \to 2^+} \frac{1}{(x-2)^2} = \infty$$

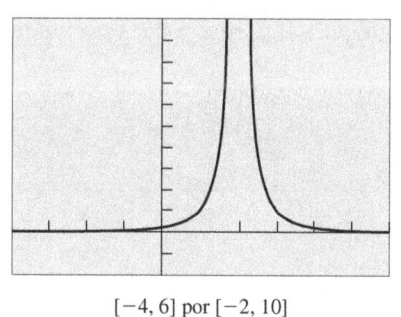

[−4, 6] por [−2, 10]

Figura 16.8 Gráfico da função $f(x) = \dfrac{1}{(x-2)^2}$.

O limite de f à medida que x tende a 2 não existe, visto que o resultado não se aproxima de nenhum número real. Entretanto, podemos escrever que $\lim_{x \to 2} \dfrac{1}{(x-2)^2} = \infty$. Isso significa que a função $f(x) = \dfrac{1}{(x-2)^2}$ tende ao infinito quando x se aproxima de 2 de qualquer lado. A tabela de valores na Figura 16.9 corresponde a essa conclusão. O gráfico de f tem uma assíntota vertical em $x = 2$.

x	$f(x)$
1.9	100
1.99	10.000
1.999	1e6
2	Erro
2.001	1e6
2.01	10.000
2.1	100

$f(2)$ não existe

$$f(x) = \frac{1}{(x-2)^2}$$

Figura 16.9 Tabela de valores para $f(x) = \dfrac{1}{(x-2)^2}$.

EXEMPLO 15   Investigação de um limite em $x = 0$

Determine $\lim\limits_{x \to 0} \dfrac{(\text{sen } x)}{x}$

SOLUÇÃO

O gráfico de $f(x) = \dfrac{(\text{sen } x)}{x}$ na Figura 16.5 sugere que esse limite existe. A tabela de valores na Figura 16.10 sugere que:

$$\lim_{x \to 0} \frac{(\text{sen } x)}{x} = 1.$$

x	$f(x)$
−.03	.99985
−.02	.99993
−.01	.99998
0	Erro
.01	.99998
.02	.99993
.03	.99985

$$f(x) = \frac{(\text{sen } x)}{x}$$

Figura 16.10 Tabela de valores para $f(x) = \dfrac{(\text{sen } x)}{x}$.

Exercícios

1. Um caminhão viaja a uma velocidade média de 85 quilômetros por hora durante 4 horas. Qual a distância percorrida?
2. Uma bomba de água funciona durante 2 horas, e sua vazão tem capacidade para encher 5 galões por minuto. Quantos galões ela consegue encher após duas horas?
3. Uma ciclista viaja 21 quilômetros em 1 hora e 45 minutos. Qual é a velocidade média dessa ciclista durante esse intervalo de tempo?
4. Um automóvel viaja 540 quilômetros em 4 horas e 30 minutos. Qual é a velocidade média desse automóvel durante todo esse intervalo de tempo?

Nos exercícios de 5 a 8, a posição de um objeto no tempo t é dada por $s(t)$. Encontre a velocidade instantânea no valor indicado de t.

5. $s(t) = 3t - 5$, em $t = 4$
6. $s(t) = \dfrac{2}{t+1}$, em $t = 2$
7. $s(t) = at^2 + 5$, em $t = 2$
8. $s(t) = \sqrt{t+1}$, em $t = 1$

Nos exercícios de 9 a 13, se houver, determine o limite por substituição direta.

9. $\lim\limits_{x \to -1} x(x-1)^2$
10. $\lim\limits_{x \to 2} (x^3 - 2x + 3)$
11. $\lim\limits_{x \to 2} \sqrt{x+5}$
12. $\lim\limits_{x \to 0} (e^x \operatorname{sen} x)$
13. $\lim\limits_{x \to a} (x^2 - 2)$

Nos exercícios de 14 a 17, (a) explique por que não se pode usar a substituição para determinar o limite e (b) calcule o limite algebricamente, se ele existir.

14. $\lim\limits_{x \to -3} \dfrac{x^2 + 7x + 12}{x^2 - 9}$
15. $\lim\limits_{x \to -1} \dfrac{x^3 + 1}{x + 1}$
16. $\lim\limits_{x \to -2} \dfrac{x^2 - 4}{x + 2}$
17. $\lim\limits_{x \to 0} \dfrac{\operatorname{sen}^2 x}{x}$

Nos exercícios 18 e 19, use o fato de que $\lim\limits_{x \to 0} \dfrac{\operatorname{sen} x}{x} = 1$, associado às propriedades do limite, para determinar os seguintes limites.

18. $\lim\limits_{x \to 0} \dfrac{\operatorname{sen} x}{2x^2 - x}$
19. $\lim\limits_{x \to 0} \dfrac{\operatorname{sen}^2 x}{x}$

Nos exercícios 20 e 21, determine os limites.

20. $\lim\limits_{x \to 0} \dfrac{e^x - \sqrt{x}}{\log_4(x+2)}$
21. $\lim\limits_{x \to \pi/2} \dfrac{\ln(2x)}{\operatorname{sen}^2 x}$

Nos exercícios 22 e 23, utilize o gráfico fornecido para determinar os limites ou explicar por que os limites não existem.

22.
(a) $\lim\limits_{x \to 2^-} f(x)$
(b) $\lim\limits_{x \to 2^+} f(x)$
(c) $\lim\limits_{x \to 2} f(x)$

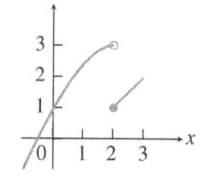

23.
(a) $\lim\limits_{x \to 3^-} f(x)$
(b) $\lim\limits_{x \to 3^+} f(x)$
(c) $\lim\limits_{x \to 3} f(x)$

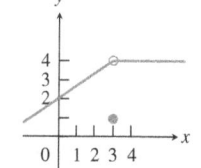

24. Considerando o gráfico da função $y = f(x)$ que é dado, quais afirmações sobre a função são verdadeiras e quais são falsas?

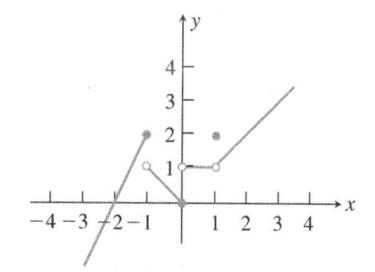

(a) $\lim\limits_{x \to -1^+} f(x) = 1$
(b) $\lim\limits_{x \to 0^-} f(x) = 0$
(c) $\lim\limits_{x \to 0^-} f(x) = 1$
(d) $\lim\limits_{x \to 0^-} f(x) = \lim\limits_{x \to 0^+} f(x)$
(e) $\lim\limits_{x \to 0} f(x)$ existe
(f) $\lim\limits_{x \to 0} f(x) = 0$
(g) $\lim\limits_{x \to 0} f(x) = 1$
(h) $\lim\limits_{x \to 1} f(x) = 1$
(i) $\lim\limits_{x \to 1} f(x) = 0$
(j) $\lim\limits_{x \to 2^-} f(x) = 2$

25. Considerando $f(x) = (1+x)^{1/x}$, use um gráfico de f para determinar se (a) $\lim\limits_{x \to 0^-} f(x)$, (b) $\lim\limits_{x \to 0^+} f(x)$ e (c) $\lim\limits_{x \to 0} f(x)$ existem.

26. Suponha que $\lim_{x\to 4} f(x) = -1$ e $\lim_{x\to 4} g(x) = 4$. Determine o limite.

(a) $\lim_{x\to 4} (g(x) + 2)$ (b) $\lim_{x\to 4} 4 \cdot f(x)$

(c) $\lim_{x\to 4} g^2(x)$ (d) $\lim_{x\to 4} \dfrac{g(x)}{f(x) - 1}$

Nos exercícios 27 e 28, complete o seguinte para a função de f definida por partes.

(a) Trace o gráfico de f.
(b) Determine $\lim_{x\to a^+} f(x)$ e $\lim_{x\to a^-} f(x)$.
(c) $\lim_{x\to a} f(x)$ existe? Se sim, determine seu valor. Se não, justifique.

27. $a = 2$, $f(x) = \begin{cases} 2 - x, & \text{se } x < 2 \\ 1, & \text{se } x = 2 \\ x^2 - 4, & \text{se } x > 2 \end{cases}$

28. $a = 0$, $f(x) = \begin{cases} |x - 3|, & \text{se } x < 0 \\ x^2 - 2x, & \text{se } x \geq 0 \end{cases}$

Nos exercícios de 29 a 31, determine o limite.

29. $\lim_{x\to 2^+} \text{int}(x)$ **30.** $\lim_{x\to 0.0001} \text{int}(x)$

31. $\lim_{x\to -3^+} \dfrac{x + 3}{|x + 3|}$

Nos exercícios de 32 a 34, use gráficos e tabelas para determinar o limite e identificar todas as assíntotas verticais.

32. $\lim_{x\to 3^-} \dfrac{1}{x - 3}$ **33.** $\lim_{x\to -2^+} \dfrac{1}{x + 2}$

34. $\lim_{x\to 5} \dfrac{1}{(x - 5)^2}$

Nos exercícios 35 e 36, determine o limite algebricamente, se possível. Sustente sua resposta graficamente.

35. $\lim_{x\to 0} \dfrac{(1 + x)^3 - 1}{x}$ **36.** $\lim_{x\to 0} \dfrac{\text{tg } x}{x}$

Nos exercícios de 37 a 40, determine o limite.

37. $\lim_{x\to 0} \dfrac{|x|}{x^2}$ **38.** $\lim_{x\to 0} \left[x \text{ sen}\left(\dfrac{1}{x}\right) \right]$

39. $\lim_{x\to 1} \dfrac{x^2 + 1}{x - 1}$ **40.** $\lim_{x\to \infty} \dfrac{\ln x}{\ln x^2}$

41. Verdadeiro ou falso? Se $f(x) = \begin{cases} x + 2, & \text{se} \leq 3 \\ 8 - x, & \text{se} > 3 \end{cases}$, então $\lim_{x\to 3} f(x)$ não existe. Justifique sua resposta.

Nos exercícios 42 e 43, complete o seguinte para função de f definida por partes.

(a) Trace o gráfico de f.
(b) Em que pontos c no domínio de f $\lim_{x\to c} f(x)$ existe?
(c) Em que pontos c existe somente o limite do lado esquerdo?
(d) Em que pontos c existe somente o limite do lado direito?

42. $f(x) = \begin{cases} \cos x, & \text{se } -\pi \leq x < 0 \\ -\cos x, & \text{se } 0 \leq x < \pi \end{cases}$

43. $f(x) = \begin{cases} \sqrt{1 - x^2}, & \text{se } -1 \leq x < 0 \\ x, & \text{se } 0 \leq x < 1 \\ 2, & \text{se } x = 1 \end{cases}$

44. População de coelhos A população de coelhos em um período de dois anos em determinado município é apresentada na Tabela 16.1. Com base nos dados:

Tabela 16.1 População de coelhos

Início do mês	Número (em milhares)
0	10
2	12
4	14
6	16
8	22
10	30
12	35
14	39
16	44
18	48
20	50
22	51

(a) Trace um gráfico de dispersão dos dados da Tabela 16.1.

(b) Encontre um modelo de regressão logística para os dados. Determine o limite desse modelo quando o tempo tende ao infinito.

(c) O que se pode concluir sobre o limite de crescimento da população de coelhos no município?

Nos exercícios 45 e 46, esboce um gráfico de uma função $y = f(x)$ que satisfaça as condições apresentadas. Inclua todas as assíntotas.

45. $\lim\limits_{x \to 4} f(x) = -\infty$, $\lim\limits_{x \to \infty} f(x) = -\infty$, $\lim\limits_{x \to -\infty} f(x) = 2$

46. $\lim\limits_{x \to 1} f(x) = \infty$, $\lim\limits_{x \to 2^+} f(x) = -\infty$

$\lim\limits_{x \to 2^-} f(x) = -\infty$, $\lim\limits_{x \to -\infty} f(x) = \infty$

Capítulo 17

Derivada e integral de uma função

Objetivos de aprendizagem
- Retas tangentes a um gráfico.
- A derivada.
- Regras de derivação.
- Introdução à integral de uma função.
- A integral definida e a indefinida.
- Regras de integração.

A derivada de uma função nos permite analisar taxas de variação, que são fundamentais para entender conceitos em áreas como física, economia e engenharia. A integral de uma função nos permite fazer aplicações em vários ramos da ciência, como no cálculo de áreas sob uma curva, por exemplo.

Retas tangentes a um gráfico

Retomando a experiência da bolinha rolando em um plano inclinado, vista no Capítulo 16, sobre limites, vamos supor que a inclinação do plano é tal que a relação entre o comprimento s da rampa e o tempo t gasto pela bolinha ao percorrer a rampa toda é:

$$s = t^2$$

A representação gráfica de s como função de t, onde $t \geq 0$, é a metade de uma parábola à direita, vista na Figura 17.1. Se ligarmos os pontos $(1, 1)$ e $(2, 4)$ com uma reta, construiremos então uma *reta secante* ao gráfico. Podemos encontrar a tangente do ângulo que essa reta forma com o eixo horizontal x, ou seja, a inclinação dessa reta. Esse ângulo é definido partindo da reta, no sentido horário, até o eixo horizontal x. Veja que essa conta pode ser feita com o mesmo cálculo da velocidade média da bola no intervalo de tempo $[1, 2]$.

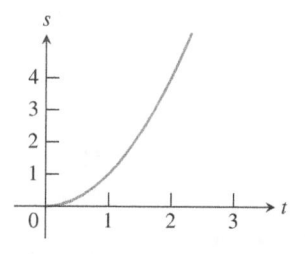

Figura 17.1 O gráfico de $s = t^2$ mostra a distância s percorrida pela bola na rampa como uma função do tempo transcorrido t.

Se $(a, s(a))$ e $(b, s(b))$ são dois pontos do gráfico, então a *velocidade média* sobre o intervalo $[a, b]$ pode ser interpretada como a *inclinação* da reta, contendo esses dois pontos. De fato, designamos as quantidades com os símbolos $\dfrac{\Delta s}{\Delta t}$.

Quando tentamos encontrar a velocidade instantânea aproximando os dois pontos, temos que $\dfrac{\Delta s}{\Delta t} = \dfrac{0}{0}$, o que é uma impossibilidade algébrica. Porém, a representação gráfica indica, geometricamente, outra relação. Se, por exemplo, tentarmos conectar pares de pontos cada vez mais próximos de $(1, 1)$, as retas secantes ficarão parecidas com uma reta que é tangente à curva no ponto $(1, 1)$, conforme a Figura 17.2.

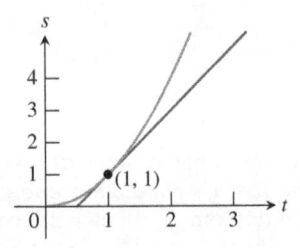

Figura 17.2 A reta tangente ao gráfico de $s = t^2$ no ponto $(1,1)$.

Podemos ver a reta tangente, mas como calcular sua inclinação evitando a divisão por zero?

EXEMPLO 1 **Cálculo da inclinação de uma reta tangente**

Use limites para encontrar a inclinação da reta tangente ao gráfico de $s = t^2$ no ponto $(1, 1)$, visto na Figura 17.2.

SOLUÇÃO
Usaremos as mesmas ideias já utilizadas no Exemplo 2, do Capítulo 16.

$$\lim_{t\to 1} \frac{\Delta s}{\Delta t} = \lim_{t\to 1} \frac{t^2 - 1^2}{t - 1}$$

$$= \lim_{t\to 1} \frac{(t + 1)(t - 1)}{t - 1}$$

$$= \lim_{t\to 1} (t + 1) \cdot \frac{t - 1}{t - 1}$$

$$= \lim_{t\to 1} (t + 1)$$

$$= 2$$

Se $t \neq 1$, então $\dfrac{t - 1}{t - 1} = 1$.

Derivada

Se $y = f(x)$ é uma função *qualquer*, então podemos dizer como y varia quando x varia.

> **DEFINIÇÃO   Taxa média de variação**
>
> Se $y = f(x)$, então a **taxa média de variação** de y com relação a x sobre o intervalo $[a, b]$ é:
>
> $$\frac{\Delta y}{\Delta x} = \frac{f(b) - f(a)}{b - a}.$$
>
> Geometricamente, essa é a inclinação da **reta secante** que passa pelos pontos $(a, f(a))$ e $(b, f(b))$.

Usando limites, podemos desenvolver a definição para a taxa *instantânea* de y com relação a x no valor de $x = a$. Essa taxa de variação instantânea é chamada *derivada*, ou seja, derivada da função $y = f(x)$ quando $x = a$.

> **DEFINIÇÃO   Derivada em um ponto**
>
> A **derivada da função f em $x = a$**, denotada por $f'(a)$ (lê-se "f linha de a") pode ser definida através do limite:
>
> $$f'(a) = \lim_{x \to a} \frac{f(x) - f(a)}{x - a},$$
>
> desde que o limite exista. Geometricamente, representa a inclinação da **reta tangente** ao gráfico de f que passa pelo ponto $(a, f(a))$.

Se considerarmos $x = a + h$, então fazer x se aproximar de a é o mesmo que fazer h tender a 0.

> **DEFINIÇÃO   Derivada em um ponto**
>
> A **derivada da função f em $x = a$**, denotada por $f'(a)$, é:
>
> $$f'(a) = \lim_{h \to 0} \frac{f(a + h) - f(a)}{h},$$
>
> desde que o limite exista.

Pelo fato de a derivada de uma função em um ponto ser vista geometricamente como a inclinação da reta tangente à curva $y = f(x)$, passando pelo próprio ponto, há a possibilidade de a derivada não existir, uma vez que essa reta tangente pode não estar bem definida.

A Figura 17.3 mostra três casos para os quais $f(0)$ existe, mas $f'(0)$, não.

[−4,7; 4,7] por [−3,1; 3,1]
(a)

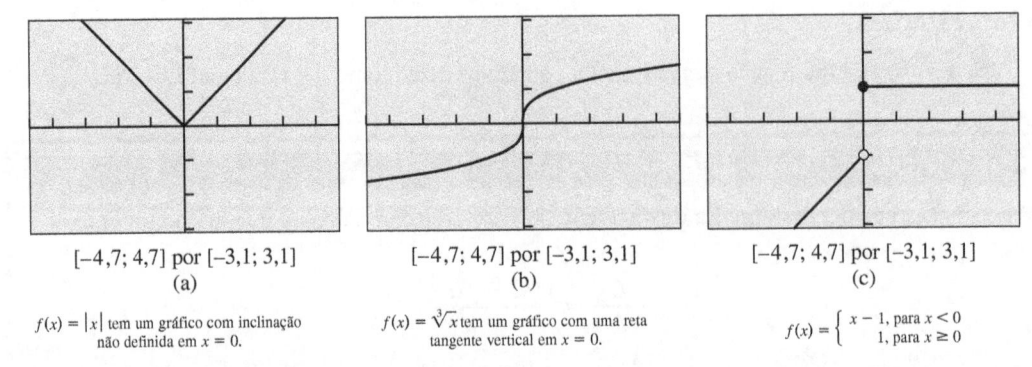

$f(x) = |x|$ tem um gráfico com inclinação não definida em $x = 0$.

[−4,7; 4,7] por [−3,1; 3,1]
(b)

$f(x) = \sqrt[3]{x}$ tem um gráfico com uma reta tangente vertical em $x = 0$.

[−4,7; 4,7] por [−3,1; 3,1]
(c)

$f(x) = \begin{cases} x - 1, & \text{para } x < 0 \\ 1, & \text{para } x \geq 0 \end{cases}$

Figura 17.3 Exemplos de funções definidas em $x = 0$, mas sem a derivada em $x = 0$.

EXEMPLO 2 Cálculo da derivada em um ponto

Encontrar $f'(4)$, se $f(x) = 2x^2 - 3$.

SOLUÇÃO

$$f'(4) = \lim_{h \to 0} \frac{f(4+h) - f(4)}{h}$$

$$= \lim_{h \to 0} \frac{2(4+h)^2 - 3 - (2 \cdot 4^2 - 3)}{h}$$

$$= \lim_{h \to 0} \frac{2(16 + 8h + h^2) - 32}{h}$$

$$= \lim_{h \to 0} \frac{16h + 2h^2}{h}$$

$$= \lim_{h \to 0} (16 + 2h)$$

$$= 16$$

A derivada também pode ser definida como uma função de x. Essa função, chamada função derivada, tem como domínio o conjunto de todos os valores do domínio de f para os quais f tem derivada, isto é, f é diferenciável. A função f' pode ser definida adaptando a definição que já vimos para $x = a$.

DEFINIÇÃO Derivada de uma função $f(x)$

Se $y = f(x)$, então a **derivada da função f com relação a x** é a função f', cujo valor em x é:

$$f'(x) = \lim_{h \to 0} \frac{f(x+h) - f(x)}{h},$$

para todos os valores de x onde o limite existe.

O Exemplo 3 nos informa sobre a notação que podemos encontrar quando o assunto é a derivada de uma função.

EXEMPLO 3 **Cálculo da derivada de uma função (com apresentação de outra notação)**

(a) Encontre $f'(x)$, se $f(x) = x^2$; isto é, encontre $\dfrac{dy}{dx}$, se $y = x^2$.

(b) Encontre $f'(x)$, se $f(x) = \dfrac{1}{x}$; isto é, encontre $\dfrac{dy}{dx}$, se $y = \dfrac{1}{x}$.

SOLUÇÃO

(a)
$$f'(x) = \lim_{h \to 0} \frac{f(x+h) - f(x)}{h}$$
$$= \lim_{h \to 0} \frac{(x+h)^2 - x^2}{h}$$
$$= \lim_{h \to 0} \frac{x^2 + 2xh + h^2 - x^2}{h}$$
$$= \lim_{h \to 0} \frac{2xh + h^2}{h}$$
$$= \lim_{h \to 0} (2x + h)$$
$$= 2x$$

Assim, $f'(x) = 2x$, isto é, $\dfrac{dy}{dx} = 2x$

(b)
$$f'(x) = \lim_{h \to 0} \frac{f(x+h) - f(x)}{h}$$
$$= \lim_{h \to 0} \frac{\dfrac{1}{x+h} - \dfrac{1}{x}}{h}$$
$$= \lim_{h \to 0} \frac{\dfrac{x - (x+h)}{x(x+h)}}{h}$$
$$= \lim_{h \to 0} \frac{-h}{x(x+h)} \cdot \frac{1}{h}$$
$$= \lim_{h \to 0} \frac{-1}{x(x+h)}$$
$$= -\frac{1}{x^2}$$

Assim, $f'(x) = \dfrac{-1}{x^2}$, isto é, $\dfrac{dy}{dx} = \dfrac{-1}{x^2}$.

Regras de derivação

Já vimos como funciona a derivada de uma função pela definição. No entanto, vale lembrar que existem regras de derivação de função para facilitar os cálculos. Os resultados podem ser demonstrados, porém citaremos somente algumas funções seguidas das respectivas derivadas.

Função constante:

$f(x) = k$
$f'(x) = 0$

Função potência:

$f(x) = x^\alpha$, e α uma constante
$f'(x) = \alpha \cdot x^{\alpha-1}$

Função produto:

$f(x) = u(x) \cdot v(x)$
$f'(x) = u'(x) \cdot v(x) + u(x) \cdot v'(x)$

Função soma:

$f(x) = u(x) + v(x)$
$f'(x) = u'(x) + v'(x)$

Função diferença:

$f(x) = u(x) - v(x)$
$f'(x) = u'(x) - v'(x)$

Função produto com um dos fatores constante (dizemos constante multiplicada por função):

$f(x) = k \cdot v(x)$
$f'(x) = k \cdot v'(x)$

Função quociente:

$f(x) = \dfrac{u(x)}{v(x)}, v(x) \neq 0$

$f'(x) = \dfrac{u'(x) \cdot v(x) - u(x) \cdot v'(x)}{[v(x)]^2}$

Função exponencial:

$f(x) = a^x, x \in \mathbb{R}, a > 0 \text{ e } a \neq 1$
$f'(x) = a^x \cdot \ln a$

Função logarítmica:

$f(x) = \log_a x, x \in \,]0, +\infty[\,, a > 0 \text{ e } a \neq 1$

$f'(x) = \dfrac{1}{x \cdot \ln a}$

Introdução à integral de uma função

Com as informações da velocidade de um objeto e do tempo transcorrido, podemos calcular a distância percorrida. Os exemplos a seguir mostram isso.

EXEMPLO 4 Cálculo da distância percorrida (com uma velocidade constante)

Um automóvel viaja a uma velocidade constante de 80 km/h durante 2h30. Qual é a distância percorrida pelo automóvel?

SOLUÇÃO

Distância = velocidade · tempo = 80 · 2,5 = 200 km

CAPÍTULO 17 Derivada e integral de uma função   261

EXEMPLO 5 Cálculo da distância percorrida (com uma velocidade média)

Um automóvel viaja a uma velocidade média de 80 km/h durante 2h30. Qual é a distância percorrida pelo automóvel?

SOLUÇÃO

Δs = velocidade média $\cdot \Delta t = 80 \cdot 2{,}5 = 200$ km

Observamos que, dada a velocidade média sobre um intervalo de tempo, podemos facilmente encontrar a distância percorrida. Mas suponha que temos uma função velocidade $v(t)$ que nos fornece a velocidade instantânea como uma função, variando com relação ao tempo: como podemos usar a função que resulta na velocidade instantânea para encontrar a distância percorrida em um determinado intervalo de tempo?

Observe a Figura 17.4. Vemos que a área do retângulo sombreado resulta no mesmo valor obtido com a multiplicação entre a distância percorrida e o tempo transcorrido.

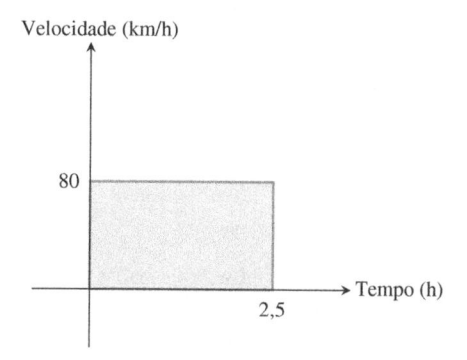

Figura 17.4 Velocidade constante do Exemplo 4 em função do tempo.

Agora suponha que a função velocidade varia constantemente como uma função do tempo, como mostrado na Figura 17.5.

Figura 17.5 Velocidade variando no intervalo de tempo $[a, b]$.

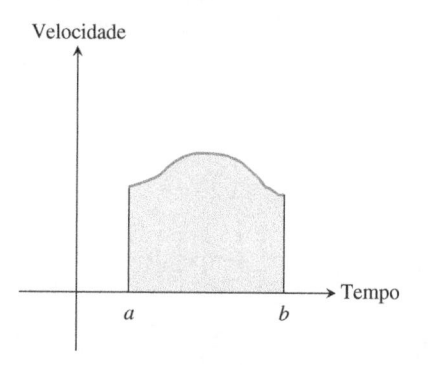

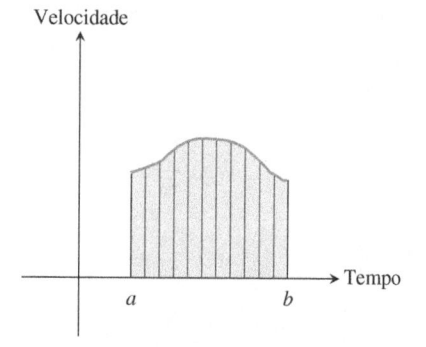

Figura 17.6 Região sob a curva partida em fatias.

De modo análogo, seria a área sob a curva entre os valores a e b o valor da distância percorrida? A resposta é sim. A ideia dessa definição é partir o intervalo de tempo em pequenos intervalos, cada um com uma velocidade praticamente constante, por causa da proximidade desse intervalo. Cada fatia, por ser estreita, parece um retângulo. Tomando como base a Figura 17.6, perceba que a soma das áreas desses retângulos resulta, então, em um valor aproximado da área sob a curva e acima do eixo horizontal. Vejamos o Exemplo 6.

EXEMPLO 6 Cálculo aproximado da área com retângulos

Use os seis retângulos na Figura 17.7 para aproximar a área da região sob o gráfico de $f(x) = x^2$ sobre o intervalo [0, 3].

SOLUÇÃO

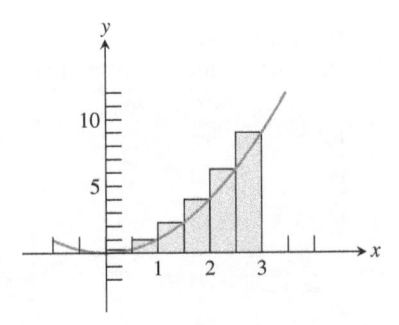

Figura 17.7 Parte do gráfico de $f(x) = x^2$ com a área sob a curva partida em aproximadamente seis retângulos.

A base de cada retângulo é $\frac{1}{2}$. A altura é determinada pela função aplicada no valor do extremo direito de cada intervalo no eixo x. As áreas dos seis retângulos e a área total foram calculadas na tabela a seguir.

Subintervalo	Base do retângulo	Altura do retângulo	Área do retângulo
$\left[0, \frac{1}{2}\right]$	$\frac{1}{2}$	$f\left(\frac{1}{2}\right) = \left(\frac{1}{2}\right)^2 = \frac{1}{4}$	$\left(\frac{1}{2}\right)\left(\frac{1}{4}\right) = 0{,}125$
$\left[\frac{1}{2}, 1\right]$	$\frac{1}{2}$	$f(1) = (1)^2 = 1$	$\left(\frac{1}{2}\right)(1) = 0{,}500$
$\left[1, \frac{3}{2}\right]$	$\frac{1}{2}$	$f\left(\frac{3}{2}\right) = \left(\frac{3}{2}\right)^2 = \frac{9}{4}$	$\left(\frac{1}{2}\right)\left(\frac{9}{4}\right) = 1{,}125$
$\left[\frac{3}{2}, 2\right]$	$\frac{1}{2}$	$f(2) = (2)^2 = 4$	$\left(\frac{1}{2}\right)(4) = 2{,}000$
$\left[2, \frac{5}{2}\right]$	$\frac{1}{2}$	$f\left(\frac{5}{2}\right) = \left(\frac{5}{2}\right)^2 = \frac{25}{4}$	$\left(\frac{1}{2}\right)\left(\frac{25}{4}\right) = 3{,}125$

continua

| | | | continuação |
Subintervalo	Base do retângulo	Altura do retângulo	Área do retângulo
$\left[\frac{5}{2}, 3\right]$	$\frac{1}{2}$	$f(3) = (3)^2 = 9$	$\left(\frac{1}{2}\right)(9) = 4,500$
			Área total: 11,375

Os seis retângulos resultam em 11,375 unidades quadradas para a área sob a curva de 0 até 3.

Vale observar que, pelo fato de termos considerado o valor de x que está no extremo direito de cada subintervalo, superestimamos a área sob a curva citada. Caso tivéssemos considerado o valor de x que está no extremo esquerdo de cada subintervalo, então teríamos subestimado esse valor de área, como vemos na Figura 17.8.

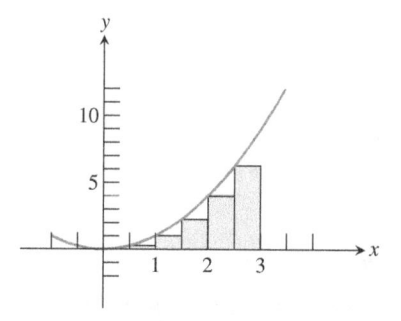

Figura 17.8 As alturas dos retângulos são determinadas pela função aplicada nos valores extremos à esquerda de cada subintervalo.

Nesse caso, a área resulta em 6,875 unidades quadradas. A média entre as duas aproximações é de 9,125 unidades quadradas, que é uma boa estimativa para a verdadeira área de 9 unidades quadradas (o resultado 9 é obtido com ferramentas do próprio cálculo diferencial e integral).

Se continuássemos nesse processo de partir em retângulos cada vez mais estreitos, poderíamos passar de um número finito de retângulos (cuja soma das áreas resulta em um valor aproximado da área sob a curva) para infinitos retângulos (cuja soma das áreas resulta no valor exato da área sob a curva). Essa conclusão serve como base para definir a integral de uma função.

Integral definida e indefinida

Seja uma função contínua $y = f(x)$ no intervalo $[a, b]$. Divida o intervalo $[a, b]$ em n subintervalos de comprimento $\Delta x = \frac{(b - a)}{n}$. Escolha um valor qualquer x_1 no primeiro subintervalo, x_2 no segundo, e assim por diante. Calcule $f(x_1), f(x_2), f(x_3), ... f(x_n)$, multiplique cada valor por Δx e faça a soma dos produtos. A notação da soma dos produtos é:

$$\sum_{i=1}^{n} f(x_i)\Delta x$$

O *limite* dessa soma, quando n tende para $+\infty$, é a solução do problema da área, e também a solução para o problema da distância percorrida. Caso exista, esse limite é chamado *integral definida*.

> **OBSERVAÇÃO**
>
> A soma da forma $\sum_{i=1}^{n} f(x_i)\Delta x$, onde x_1 está no primeiro subintervalo, x_2 está no segundo, e assim por diante, é chamada soma de Riemann, em homenagem a Georg Riemann (1826-1866), que foi quem determinou as funções para as quais tais somas têm limite quando n tende para $+\infty$.

DEFINIÇÃO   Integral definida

Seja f uma função definida sobre o intervalo $[a, b]$ e seja $\sum_{i=1}^{n} f(x_i)\Delta x$, como definida anteriormente. A integral definida de f sobre $[a, b]$ denotada por $\int_a^b f(x)dx$ é dada por:

$$\int_a^b f(x)dx = \lim_{n \to +\infty} \sum_{i=1}^{n} f(x_i)\Delta x,$$

desde que o limite exista. Se o limite existe, então dizemos que f é **integrável** sobre $[a, b]$.

> **SOBRE A NOTAÇÃO DA INTEGRAL DEFINIDA**
>
> A notação se iguala com a notação sigma da soma para a qual o limite é aplicado. O "Σ" no limite se transforma no estilizado "S" para "soma". O "Δx" torna-se "dx", e "$f(x_i)$" torna-se simplesmente "$f(x)$", afinal, estamos somando todos os valores $f(x)$ pertencentes ao intervalo, sendo os subscritos desnecessários.

Uma definição informal para limite no infinito é:

DEFINIÇÃO   Limite no infinito

Quando escrevemos $\lim_{x \to +\infty} f(x) = L$, isso significa que $f(x)$ fica cada vez mais próximo de L, na medida em que x assume valores arbitrariamente grandes.

Os exemplos a seguir utilizarão recursos da geometria para cálculo das áreas de figuras geométricas.

EXEMPLO 7   Cálculo de uma integral

Calcule $\int_1^5 2x\, dx$.

SOLUÇÃO

Essa integral será a área sob a reta que é o gráfico de $y = 2x$ sobre o intervalo [1, 5]. O gráfico na Figura 17.9 mostra que essa é a área de um trapézio. Assim:

$$\int_1^5 2x\,dx = 4\left(\frac{2\cdot 1 + 2\cdot 5}{2}\right) = 24$$

EXEMPLO 8 Cálculo de uma integral

Suponha uma bola rolando e descendo uma rampa, tal que sua velocidade após t segundos é sempre $2t$ centímetros por segundo. Qual a distância que ela percorrerá nos três primeiros segundos?

SOLUÇÃO

A distância percorrida será a mesma que a área sob o gráfico da velocidade $v(t) = 2t$, sobre o intervalo [0, 3]. O gráfico é mostrado na Figura 17.10. Desde que a região seja triangular, podemos encontrar a área $\frac{\text{base} \cdot \text{altura}}{2} = \frac{3 \cdot 6}{2}$. A distância percorrida nos três primeiros segundos, portanto, é de 9 cm.

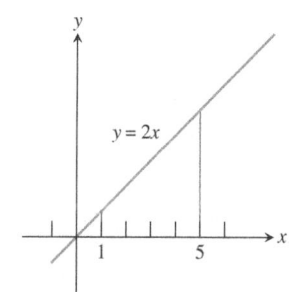

Figura 17.9 Integral do Exemplo 7 é a área sob a reta do gráfico de $y = 2x$, sobre o intervalo [1, 5].

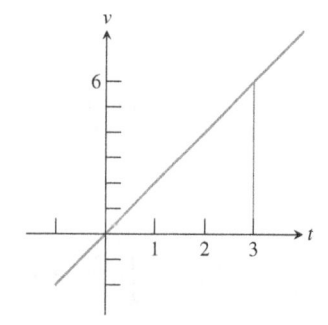

Figura 17.10 Distância percorrida é a área sob o gráfico da velocidade $v(t) = 2t$, sobre o intervalo [0, 3].

Podemos definir a integral de uma função $f(x)$ sem especificar qual é o intervalo de x que estamos considerando. O resultado disso é uma função, chamada primitiva, adicionada de uma constante C.

DEFINIÇÃO Integral indefinida

Seja f uma função. A integral indefinida de f denotada por $\int f(x)dx$ é dada por:

$$\int f(x)dx = F(x) + C,$$

de modo que a derivada de $F(x) + C$ seja $f(x)$.

Regras de integração

Já vimos como funciona a integral de uma função pela definição. No entanto, existem regras de integração de função, cujo objetivo é facilitar todo o procedimento desenvolvido até o momento (o intuito é o mesmo das regras de derivação). Todos os resultados podem ser demonstrados, porém citaremos somente alguns casos de integral de função, seguidos dos respectivos resultados. Observe que todas as regras aparecem com uma parcela C do lado direito; essa parcela representa uma constante qualquer, cuja derivada é 0.

Iniciaremos citando as propriedades de integrais indefinidas, ou seja, as propriedades das integrais sem determinação do intervalo real a que esteja fazendo referência.

$$\int (f(x) + g(x))dx = \int f(x)dx + \int g(x)dx$$

$$\int (f(x) - g(x))dx = \int f(x)dx - \int g(x)dx$$

$$\int (k \cdot f(x))dx = k \cdot \int f(x)dx$$

Algumas regras:

$$\int x^n \, dx = \frac{x^{n+1}}{n+1} + C, \text{ para } n \neq -1$$

$$\int k \, dx = k \cdot x + C$$

$$\int x^{-1} \, dx = \int \frac{1}{x} dx = \ln|x| + C$$

$$\int e^x \, dx = e^x + C$$

$$\int a^x \, dx = \frac{a^x}{\ln a} + C, \text{ com } a > 0 \text{ e } a \neq 1$$

Revisão Rápida

Nos exercícios 1 e 2, encontre a inclinação da reta determinada pelos pontos.

1. $(-2, 3), (5, -1)$ **2.** $(-3, -1), (3, 3)$

Nos exercícios de 3 a 5, escreva uma equação para a reta especificada.

3. Passa por $(-2, 3)$ com inclinação $= \frac{3}{2}$
4. Passa por $(1, 6)$ e $(4, -1)$
5. Passa por $(1, 4)$ e é paralela a $y = \left(\frac{3}{4}\right)x + 2$

Nos exercícios de 6 a 9, simplifique a expressão, supondo que h seja diferente de 0.

6. $\dfrac{(2+h)^2 - 4}{h}$

7. $\dfrac{(3+h)^2 + 3 + h - 12}{h}$

8. $\dfrac{\dfrac{1}{(2+h)} - \dfrac{1}{2}}{h}$

9. $\dfrac{\dfrac{1}{(x+h)} - \dfrac{1}{x}}{h}$

Nos exercícios 10 e 11, liste os elementos da sequência:

10. $a_k = \dfrac{1}{2}\left(\dfrac{1}{2}k\right)^2$, para $k = 1, 2, 3, 4, \ldots, 9, 10$

11. $a_k = \dfrac{1}{4}\left(2 + \dfrac{1}{4}k\right)^2$, para $k = 1, 2, 3, 4, \ldots, 9, 10$

Nos exercícios de 12 a 15, encontre a soma.

12. $\sum_{k=1}^{10} \dfrac{1}{2}(k+1)$

13. $\sum_{k=1}^{n} (k+1)$

14. $\sum_{k=1}^{10} \dfrac{1}{2}(k+1)^2$

15. $\sum_{k=1}^{n} \dfrac{1}{2}k^2$

16. Um país tem uma densidade populacional de 560 pessoas por quilômetro quadrado em uma área de 90.000 quilômetros quadrados. Qual é a população do país?

Exercícios

Nos exercícios de 1 a 4, use o gráfico para estimar a inclinação da reta tangente ao gráfico, caso ela exista, no ponto com valor x dado.

1. $x = 0$

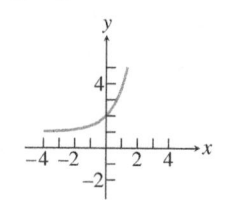

2. $x = 1$

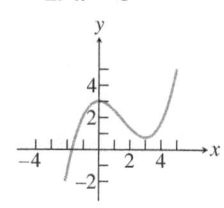

3. $x = 2$

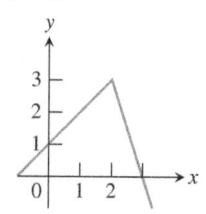

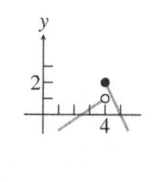

4. $x = 4$

Nos exercícios de 5 a 8, use a definição com limite para encontrar:

(a) a inclinação da reta que tangencia o gráfico da função no ponto com o valor de x dado;

(b) a equação da reta tangente que passa pelo ponto;

(c) o esboço do gráfico da curva próximo ao ponto dado.

5. $f(x) = 2x^2$, em $x = -1$

6. $f(x) = 2x - x^2$, em $x = 2$

7. $f(x) = 2x^2 - 7x + 3$, em $x = 2$

8. $f(x) = \dfrac{1}{x+2}$, em $x = 1$

Nos exercícios de 9 a 14, encontre a derivada, caso ela exista, da função no valor de x especificado.

9. $f(x) = 1 - x^2$, em $x = 2$

10. $f(x) = 2x + \dfrac{1}{2}x^2$, em $x = 2$

11. $f(x) = 3x^2 + 2$, em $x = -2$

12. $f(x) = x^2 - 3x + 1$, em $x = 1$

13. $f(x) = |x + 2|$, em $x = -2$

14. $f(x) = \dfrac{1}{x+2}$, em $x = -1$

Nos exercícios de 15 a 18, encontre a derivada de f.

15. $f(x) = 2 - 3x$ **16.** $f(x) = 2 - 3x^2$

17. $f(x) = 3x^2 + 2x - 1$ **18.** $f(x) = \dfrac{1}{x+2}$

Nos exercícios de 19 a 24, esboce um possível gráfico para uma função que tem as propriedades descritas.

19. O domínio de f é [0, 5], e a derivada em $x = 2$ é 3.

20. O domínio de f é [0, 5], e a derivada é 0 em $x = 2$.

21. O domínio de f é [0, 5], e a derivada em $x = 2$ não está definida.

22. O domínio de f é [0, 5], f não é decrescente em [0, 5] e a derivada em $x = 2$ é 0.

23. Explique por que você pode encontrar a derivada de $f(x) = ax + b$ sem fazer nenhum cálculo. Qual é a $f'(x)$?

24. Use a *primeira* definição de derivada em um ponto para expressar a derivada de $f(x) = |x|$, em $x = 0$, como um limite. Então, explique por que o limite não existe.

25. Verdadeiro ou falso? Se a derivada da função f existe em $x = a$, então a derivada é igual à inclinação da reta tangente em $x = a$. Justifique a sua resposta.

26. Múltipla escolha Se $f(x) = x^2 + 3x - 4$, então encontre $f'(x)$.

(a) $x^2 + 3$ (b) $x^2 - 4$
(c) $2x - 1$ (d) $2x + 3$
(e) $2x - 3$

27. Múltipla escolha Se $f(x) = 5x - 3x^2$, então encontre $f'(x)$.

(a) $5 - 6x$ (b) $5 - 3x$
(c) $5x - 6$ (d) $10x - 3$
(e) $5x - 6x^2$

28. Múltipla escolha Se $f(x) = x^3$, então encontre a derivada de f em $x = 2$.

(a) 3   (b) 6
(c) 12   (d) 18
(e) Não existe

29. Múltipla escolha Se $f(x) = \dfrac{1}{x-3}$, então encontre a derivada de f em $x = 1$.

(a) $-\dfrac{1}{4}$ (b) $\dfrac{1}{4}$
(c) $-\dfrac{1}{2}$ (d) $\dfrac{1}{2}$
(e) Não existe

Nos exercícios de 30 a 63, derive as funções a seguir pelas regras de derivação:

30. $f(x) = x$ **31.** $f(x) = x^5$

32. $f(x) = \sqrt{x}$ **33.** $f(x) = \sqrt[4]{x^3}$

34. $f(x) = \sqrt[6]{x}$ **35.** $f(x) = x^{-3}$

36. $f(x) = \dfrac{1}{x}$ **37.** $f(x) = 3x^2$

38. $f(x) = 5\sqrt{x}$ **39.** $f(x) = \dfrac{4}{x^2}$

40. $f(x) = \dfrac{-5}{x^9}$ **41.** $f(x) = -5x^7$

42. $f(x) = \dfrac{x}{\sqrt[5]{x}}$ **43.** $f(x) = 10x^4 - 5x^2$

44. $f(x) = 4x^3 + 5x$

45. $f(x) = 4x^3 + 6x + 1.000$

46. $f(x) = \dfrac{x^3}{3} - 6x^2 + 1$

47. $f(x) = \dfrac{x^3 - 4x^2}{8}$

48. $f(x) = \dfrac{x^5}{4}$ **49.** $f(x) = x^2 - \dfrac{10}{x^2}$

50. $f(x) = x^3 + \dfrac{15}{x}$

51. $f(x) = 4x^3 \cdot (5x^4 - 6)$

52. $f(x) = \sqrt{x} \cdot (5x^4 - 6)$

53. $f(x) = (4x^3 - 5)(x^2 + 6)$

54. $f(x) = \sqrt{x} \cdot (x^3 + x)$

55. $f(x) = (x + 1)(1 - x)$

56. $f(x) = \dfrac{x^3}{2 + x^2}$ **57.** $f(x) = \dfrac{x^3 - x^2}{3x^2 + 1}$

58. $f(x) = \dfrac{-10}{x + 4}$ **59.** $f(x) = \dfrac{2x}{x + 10}$

60. $f(x) = \dfrac{x}{1 + 2x}$ **61.** $f(x) = \dfrac{x + 1}{x - 1}$

62. $f(x) = \dfrac{-6}{4x + 3}$ **63.** $f(x) = \dfrac{10}{2 - x}$

Nos exercícios 64 e 65:

(a) Trace um gráfico da função.

(b) Determine a derivada da função no ponto dado, se ele existir.

(c) Se o derivativo não existe no ponto, explique por que não.

64. $f(x) = \begin{cases} 4 - x & \text{se } x \leq 2 \\ x + 3 & \text{se } x > 2 \end{cases}$ para $x = 2$

65. $f(x) = \begin{cases} \dfrac{|x - 2|}{x - 2} & \text{se } x \neq 2 \\ 1 & \text{se } x = 2 \end{cases}$ para $x = 2$

Nos exercícios de 66 a 70, explique como representar o problema como uma questão de cálculo de área e, então, resolva-o.

66. Um trem viaja a 120 quilômetros por hora durante 3 horas. Qual a distância percorrida?

67. Uma bomba d'água funciona durante uma hora e meia, e sua vazão tem capacidade para encher 15 galões por minuto. Quantos galões ela consegue encher após o período de uma hora e meia?

68. Uma cidade tem uma densidade populacional de 650 pessoas por quilômetro quadrado em uma área de 49 quilômetros quadrados. Qual é a população da cidade?

69. Um avião viaja a uma velocidade média de 640 quilômetros por hora durante 3 horas e 24 minutos. Qual a distância percorrida pelo avião?

70. Um trem viaja a uma velocidade média de 38 quilômetros por hora durante 4 horas e 50 minutos. Qual a distância percorrida pelo trem?

71. Verdadeiro ou falso? Quando uma bola rola por uma rampa, sua velocidade instantânea é sempre igual a zero. Justifique sua resposta.

72. Queda livre Um balão d'água atirado de uma janela cairá por uma distância de $s = 16t^2$ ft durante os primeiros t segundos. Determine:

(a) a velocidade média do balão nos primeiros três segundos da queda.

(b) a velocidade instantânea em $t = 3$.

Nos exercícios de 73 a 76, estime a área da região acima do eixo horizontal x e sob o gráfico da função de $x = 0$ até $x = 5$.

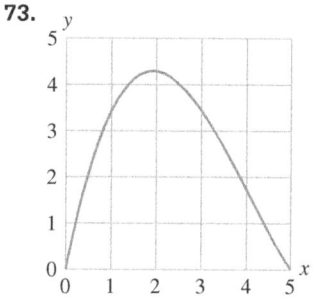

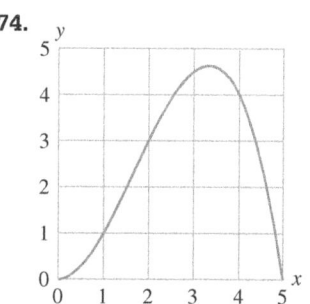

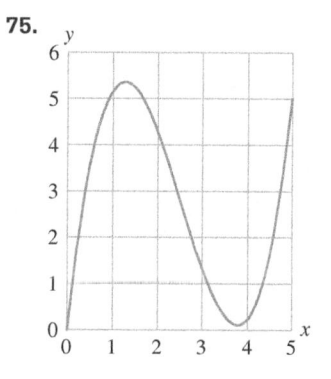

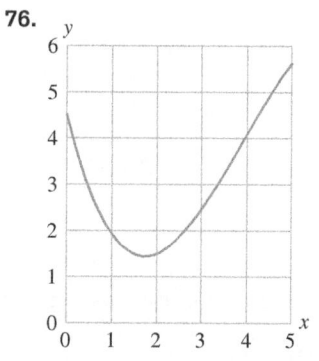

73.

74.

75.

76.

Nos exercícios 77 e 78, use os 8 retângulos mostrados para aproximar a área da região abaixo do gráfico de $f(x) = 10 - x^2$ sobre o intervalo $[-1, 3]$.

77.

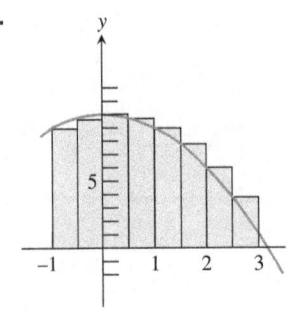

78.

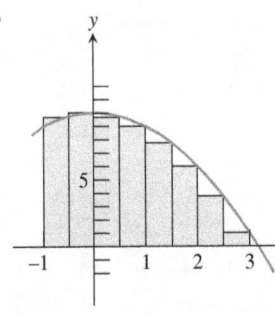

Nos exercícios de 79 a 82, divida o intervalo dado no número indicado de subintervalos.

79. [0, 2]; 4
80. [0, 2]; 8
81. [1, 4]; 6
82. [1, 5]; 8

Nos exercícios de 83 a 88, encontre a integral definida através do cálculo da área.

83. $\int_{3}^{7} 5\, dx$
84. $\int_{-1}^{4} 6\, dx$
85. $\int_{0}^{5} 3x\, dx$
86. $\int_{1}^{7} 0{,}5x\, dx$
87. $\int_{1}^{4} (x+3)\, dx$
88. $\int_{1}^{4} (3x-2)\, dx$

89. Suponha que uma bola é lançada do alto de uma torre e sua velocidade após t segundos é sempre $32t$ centímetros por segundo. Qual a distância na qual ela cairá nos primeiros 2 segundos?

90. Verdadeiro ou falso? A afirmação $\lim_{x \to \infty} f(x) = L$ significa que $f(x)$ assume valores arbitrariamente grandes quando x se aproxima de L.

Pode ser mostrado que a área da região limitada pela curva $y = \sqrt{x}$, o eixo x e a reta $x = 9$ é 18. Use esse fato nos exercícios 91 a 94 para escolher a resposta correta. Não use calculadora.

91. Múltipla escolha $\int_{0}^{9} 2\sqrt{x}\, dx$

(a) 36 (b) 27
(c) 18 (d) 9
(e) 6

92. Múltipla escolha $\int_{0}^{9} \left(\sqrt{x} + 5\right) dx$

(a) 14 (b) 23
(c) 33 (d) 45
(e) 63

93. Múltipla escolha $\int_{5}^{14} \left(\sqrt{x-5}\right) dx$

(a) 9 (b) 13
(c) 18 (d) 23
(e) 28

94. Múltipla escolha $\int_{0}^{3} \sqrt{3x}\, dx$

(a) 54 (b) 18
(c) 9 (d) 6
(e) 3

95. Seja:

$$f(x) = \begin{cases} 1, & \text{se } x < 2 \\ x, & \text{se } x > 2 \end{cases}$$

(a) Esboce o gráfico de f. Determine seu domínio e sua imagem.

(b) Você poderia definir a área sob f de $x = 0$ até $x = 4$? Faz diferença se a função não tem valor em $x = 2$?

Esboce o gráfico de cada função nos exercícios 96 e 97 e, em seguida, responda às seguintes perguntas:

(a) a função tem uma derivada em $x = 0$? Explique.

(b) a função parece ter uma reta tangente em $x = 0$? Se sim, qual é a equação da reta tangente?

96. $f(x) = |x|$

97. $f(x) = x^{1/3}$

98. Gráfico da derivada O gráfico de $f(x) = x^2 e^{-x}$ é mostrado a seguir. Use seu conhecimento sobre a interpretação geométrica da derivada para esboçar um gráfico aproximado da derivada $y = f(x)$.

[0, 10] por [−1, 1]

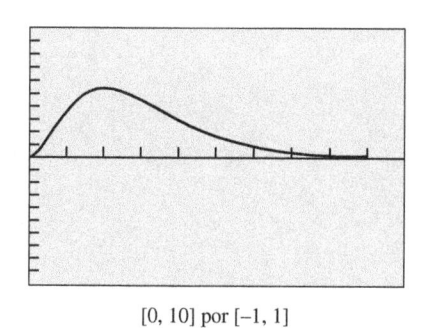

99. Integre as funções a seguir pelas regras:

(a) $\int 2x^3 \, dx$

(b) $\int (4x^2 - 3x + 5) \, dx$

(c) $\int \left(\frac{x^4 + 5}{x} \right) dx$

(d) $\int (x^5 - 2x) \, dx$

(e) $\int (7 - x) \, dx$

(f) $\int (2x^3 - 5x^2 - 6x + 7) \, dx$

(g) $\int \sqrt{x} \, dx$

(h) $\int x^{-3} \, dx$

(i) $\int (5x + \sqrt{x}) \, dx$

(j) $\int (4e^x - x + 3) \, dx$

(k) $\int 4^x \, dx$

(l) $\int (3^x - e^x) \, dx$

Apêndice A

Sistemas e matrizes

Objetivos de aprendizagem
- Sistemas de duas equações: solução pelo método da substituição.
- O método da adição (ou do cancelamento).
- Caso de aplicação.
- Matrizes.
- Soma e subtração de matrizes.
- Multiplicação de matrizes.
- Matriz identidade e matriz inversa.
- Determinante de uma matriz quadrada.

Muitas aplicações em negócios e em ciências podem ser modeladas usando sistemas de equações. A álgebra de matrizes fornece uma poderosa técnica para manipular grandes conjuntos de dados e resolver problemas relacionados à modelagem por matrizes.

Sistemas de duas equações: solução pelo método da substituição

A **solução de um sistema** de duas equações, com duas variáveis, é um par ordenado de números reais que deve satisfazer cada uma das equações. Vejamos um exemplo de um sistema de duas equações lineares com duas variáveis x e y:

$$2x - y = 10$$

$$3x + 2y = 1$$

Nesse caso, o par ordenado $(3, -4)$ é uma solução do sistema. Substituindo $x = 3$ e $y = -4$ em cada equação, obtemos:

$$2x - y = 2(3) - (-4) = 6 + 4 = 10$$

$$3x + 2y = 3(3) + 2(-4) = 9 - 8 = 1$$

Assim, ambas as equações estão satisfeitas.
Resolvemos o sistema de equações quando encontramos todas as suas soluções. No Exemplo 1, usamos o método da substituição para ver que $(3, -4)$ é a única solução desse sistema.
Algumas vezes, o método da substituição pode ser aplicado quando as equações no sistema não são lineares, como ilustrado no Exemplo 2.

EXEMPLO 1 Método da substituição

Resolva o sistema:

$$2x - y = 10$$
$$3x + 2y = 1$$

SOLUÇÃO
Solução algébrica

Podemos escolher uma das equações e, em seguida, uma das variáveis para isolar. Segue uma sugestão, que é o isolamento de y na primeira equação: $y = 2x - 10$. Substituímos essa expressão, então, na segunda equação:

$$3x + 2y = 1$$
$$3x + 2(2x - 10) = 1$$
$$3x + 4x - 20 = 1$$
$$7x = 21$$
$$x = 3$$

Substituindo $x = 3$ na primeira equação, que ficou com o y isolado, temos: $y = 2x - 10 = 2 \cdot 3 - 10 = -4$.

Suporte gráfico
Vejamos o gráfico:

```
Intersecção
X=3        Y=-4
```
[-5, 10] por [-20, 20]

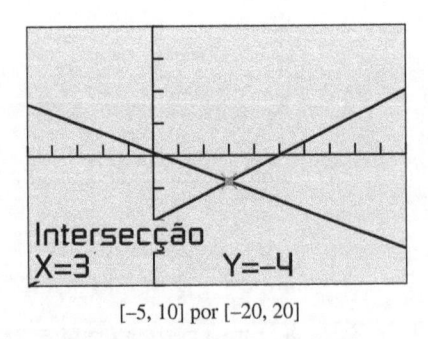

Figura A.1 Intersecção das retas $y = 2x - 10$ e $y = -1,5x + 0,5$ no ponto $(3, -4)$.

Como a primeira equação é $2x - y = 10$, consideraremos então $y = 2x - 10$; no caso da segunda, a equação é $3x + 2y = 1$ e, isolando y, temos $y = -1,5x + 0,5$. O gráfico de cada equação é uma reta. A Figura A.1 mostra que as duas retas se interseccionam no ponto $(3, -4)$.

Interpretação
A solução do sistema é $x = 3$ e $y = -4$, ou o par ordenado $(3, -4)$.

APÊNDICE A Sistemas e matrizes   275

EXEMPLO 2 Resolução de um sistema não linear pelo método da substituição

Encontre as dimensões de um jardim retangular que tem perímetro de 100 metros e área de 300 m².

SOLUÇÃO

Solução algébrica

Temos, a seguir, o modelo matemático. Sejam x e y os comprimentos dos lados adjacentes do jardim. São verdadeiras as equações:

$$2x + 2y = 100$$

$$xy = 300$$

Podemos resolver a primeira equação isolando y, isto é, fazendo $y = 50 - x$. Ao substituir essa expressão na segunda equação, temos:

$$xy = 300$$
$$x(50 - x) = 300$$
$$50x - x^2 = 300$$
$$x^2 - 50x + 300 = 0$$

$$x = \frac{50 \pm \sqrt{(-50)^2 - 4(300)}}{2}$$

$$x = 6{,}972\ldots \quad \text{ou} \quad x = 43{,}027\ldots$$

Substituindo os valores de x na primeira equação, que ficou com o y isolado, temos: $y = 50 - x = 43{,}027\ldots$ ou $y = 50 - x = 6{,}972\ldots$, respectivamente.

Suporte gráfico

Vejamos o gráfico:

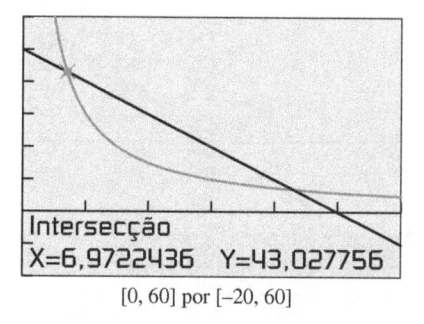

```
Intersecção
X=6,9722436   Y=43,027756
```
[0, 60] por [−20, 60]

Figura A.2 Gráficos de $y = 50 - x$ e $y = \dfrac{300}{x}$ no primeiro quadrante (afinal, x e y devem ser positivos, pois são comprimentos).

A Figura A.2 mostra que os gráficos de $y = 50 - x$ e $y = \dfrac{300}{x}$ têm dois pontos de intersecção.

Interpretação

Os dois pares ordenados (6,972...; 43,027...) e (43,027...; 6,972...) produzem o mesmo retângulo, cujas dimensões são aproximadamente 7 m por 43 m.

EXEMPLO 3 Resolução algébrica de um sistema não linear

Resolva o sistema:

$$y = x^3 - 6x$$
$$y = 3x$$

Se você quiser, pode verificar a solução graficamente.

SOLUÇÃO

Substituindo o valor de y da primeira equação na segunda, temos:

$$x^3 - 6x = 3x$$
$$x^3 - 9x = 0$$
$$x(x - 3)(x + 3) = 0$$
$$x = 0, x = 3, x = -3$$

Ao substituir os valores de x em qualquer uma das equações, por exemplo, na segunda, temos:

$$y = 0, y = 9, y = -9$$

Suporte gráfico

Vejamos o gráfico:

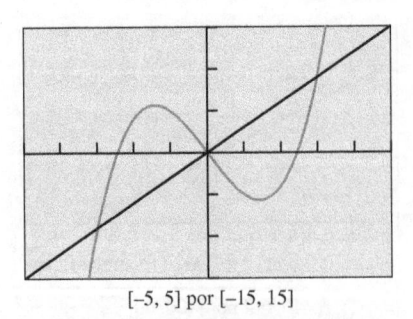

[-5, 5] por [-15, 15]

Figura A.3 Os gráficos de $y = x^3 - 6x$ e $y = 3x$ têm três pontos de intersecção.

O gráfico das duas equações na Figura A.3 sugere que as três soluções encontradas algebricamente estão corretas. Logo, o sistema de equações tem três soluções: $(-3, -9)$, $(0, 0)$ e $(3, 9)$.

O método da adição (ou do cancelamento)

Considere um sistema de duas equações lineares em x e y. Para resolvê-las pelo **método da adição (ou do cancelamento)**, devemos reescrever as duas equações como equações equivalentes, tal que uma das variáveis tenha coeficientes com sinais opostos. O próximo passo é somar as duas equações para eliminar essa variável.

EXEMPLO 4 Método da adição (ou do cancelamento)

Resolva o sistema:

$$2x + 3y = 5$$
$$-3x + 5y = 21$$

SOLUÇÃO

Solução algébrica

Multiplique a primeira equação por 3 e a segunda por 2, para deixarmos os coeficientes do x com sinais opostos:

$$6x + 9y = 15$$
$$-6x + 10y = 42$$

Então, some as duas equações para eliminar a variável x:

$$19y = 57$$
$$y = 3$$

Substitua $y = 3$ em qualquer uma das duas equações originais para encontrar $x = -2$. A solução do sistema original é $(-2, 3)$.

EXEMPLO 5 Caso sem solução

Resolva o sistema:

$$x - 3y = -2$$
$$2x - 6y = 4$$

SOLUÇÃO

Solução algébrica

Podemos usar o método da adição (ou do cancelamento):
Multiplique a primeira equação por -2: $-2x + 6y = 4$
Some com a segunda equação: $2x - 6y = 4$
O resultado é: $0 = 8$
Essa expressão *não* é verdadeira, para quaisquer valores de x e y. Logo, o sistema não tem solução.

> **Suporte gráfico**
> Da primeira equação, $y = \frac{1}{3}x + \frac{2}{3}$; da segunda, $y = \frac{1}{3}x - \frac{2}{3}$.
> Vejamos o gráfico:
>
> [−4,7; 4,7] por [−3,1; 3,1]
>
> **Figura A.4** Gráficos de $y = \frac{1}{3}x + \frac{2}{3}$ e $y = \frac{1}{3}x - \frac{2}{3}$.
>
> A Figura A.4 sugere que as duas retas, que são os gráficos das duas equações do sistema, são paralelas. As duas retas têm o mesmo coeficiente angular e são, portanto, paralelas.

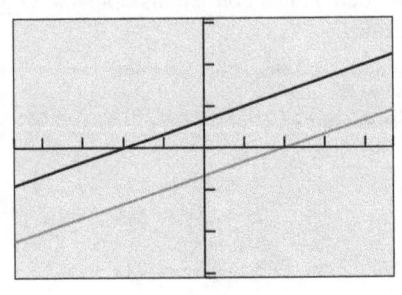

Uma maneira fácil para determinar *o número de soluções* de um sistema de duas equações lineares, com duas variáveis, é olhar os gráficos das duas retas. Existem três possibilidades: as duas retas podem ter intersecção em um único ponto, produzindo exatamente *uma* solução, como nos exemplos 1 e 4; as duas retas podem ser paralelas, *não* tendo solução, como no Exemplo 5; as duas retas podem ser as mesmas, produzindo *infinitas* soluções, como ilustrado no Exemplo 6.

EXEMPLO 6 Caso com infinitas soluções

Resolva o sistema:
$$4x - 5y = 2$$
$$-12x + 15y = -6$$

SOLUÇÃO

Multiplique a primeira equação por 3: $12x - 15y = 6$
Some com a segunda equação: $-12x + 15y = -6$
O resultado é: $0 = 0$
A última equação é verdadeira para todos os valores de x e y. Portanto, todo par ordenado que satisfaça uma das equações satisfaz também a outra equação. Logo, o sistema tem infinitas soluções. Outra forma de verificar que existem infinitas soluções é resolver cada equação isolando y. Assim, ambas as equações resultam em:

$$y = \frac{4}{5}x - \frac{2}{5}.$$

Em uma representação gráfica, concluímos que as duas retas são as mesmas.

Caso de aplicação

Em geral, a quantidade x de oferta de um produto aumenta (se for possível aumentar) o preço p de cada produto. Assim, quando uma variável aumenta, então a outra também aumenta. Na economia, é comum colocar os valores de x (oferta) no eixo horizontal e p (preço) no eixo vertical. De acordo com essa prática, escreveremos $p = f(x)$ para a **função oferta**.

Porém, a quantidade x da demanda de um produto diminui quando o preço p de cada produto aumenta. Dessa forma, quando uma variável aumenta, então a outra diminui. Novamente, economistas assumem x (demanda) no eixo horizontal e p (preço) no eixo vertical, embora seja possível p ser a variável dependente. De acordo com essa prática, escreveremos $p = g(x)$ para a **função demanda**.

Finalmente, o ponto onde a curva da oferta e a curva da demanda se interseccionam é o **ponto de equilíbrio**. O preço correspondente é o **preço de equilíbrio**.

EXEMPLO 7 Cálculo do preço de equilíbrio

Uma empresa de calçados determinou que a produção e o preço de um novo tênis devem ser obtidos do ponto de equilíbrio do sistema de equações:

Demanda: $p = 160 - 5x$

Oferta: $p = 35 + 20x$

O valor de x, que representa o ponto em que a oferta e a demanda serão iguais, pode ser interpretado como milhões de pares de tênis. Encontre o ponto de equilíbrio.

SOLUÇÃO

Usaremos o método da substituição para resolver o sistema.

$$160 - 5x = 35 + 20x$$

$$25x = 125$$

$$x = 5$$

Substitua esse valor de x na função demanda, por exemplo, e encontre p.

$$p = 160 - 5x$$

$$p = 160 - 5(5) = 135$$

O ponto de equilíbrio é (5, 135). O preço de equilíbrio é de 135 unidades monetárias, ou seja, o preço para o qual oferta e demanda serão iguais a 5 milhões de pares de tênis.

Matrizes

Uma *matriz* é uma tabela retangular de números. As matrizes oferecem uma forma eficiente tanto para resolver sistemas de equações lineares como para armazenar dados.

> **DEFINIÇÃO** Matriz
>
> Sejam m e n números inteiros positivos. Uma **matriz** $m \times n$ (lê-se: matriz m por n) é uma tabela retangular de m linhas e n colunas de números reais.
>
> $$\begin{bmatrix} a_{11} & a_{12} & \cdots & a_{1n} \\ a_{21} & a_{22} & \cdots & a_{2n} \\ \vdots & \vdots & & \vdots \\ a_{m1} & a_{m2} & \cdots & a_{mn} \end{bmatrix}$$
>
> Usaremos também a notação compacta $[a_{ij}]$ para representar toda essa matriz.

Cada **elemento** ou **entrada** a_{ij} da matriz usa a notação de *duplo índice*. O da **linha** é o primeiro índice, i, e o da **coluna** é o segundo índice, j. O elemento a_{ij} está na i-ésima linha e j-ésima coluna.

Em geral, a **ordem de uma matriz** $m \times n$ é simplesmente definida por m linhas e n colunas. Se $m = n$, a matriz é **quadrada**. Além disso, duas **matrizes são iguais** se têm a mesma ordem e os mesmos elementos correspondentes.

> **EXEMPLO 8** Determinação da ordem de uma matriz
>
> **(a)** A matriz $\begin{bmatrix} 1 & -2 & 3 \\ 2 & 0 & 4 \end{bmatrix}$ tem ordem 2×3.
>
> **(b)** A matriz $\begin{bmatrix} 1 & -1 \\ 0 & 4 \\ 2 & -1 \\ 3 & 2 \end{bmatrix}$ tem ordem 4×2.
>
> **(c)** A matriz $\begin{bmatrix} 1 & 2 & 3 \\ 4 & 5 & 6 \\ 7 & 8 & 9 \end{bmatrix}$ tem ordem 3×3 e é uma raiz quadrada.

Soma e subtração de matrizes

Somamos ou subtraímos duas matrizes de **mesma ordem** pela soma ou subtração de seus elementos correspondentes. Matrizes de ordens diferentes não podem ser somadas ou subtraídas.

> **DEFINIÇÃO** Soma e subtração de matrizes
>
> Sejam $A = [a_{ij}]$ e $B = [b_{ij}]$ matrizes de ordem $m \times n$.
>
> 1. A **soma** $A + B$ é a matriz $m \times n$ dada por $A + B = [a_{ij} + b_{ij}]$.
> 2. A **subtração** $A - B$ é a matriz $m \times n$ dada por $A - B = [a_{ij} - b_{ij}]$.

EXEMPLO 9 Soma e subtração de matrizes

Sejam as matrizes $A = \begin{bmatrix} 1 & -2 & 3 \\ 2 & 0 & 4 \end{bmatrix}$ $B = \begin{bmatrix} 2 & 2 & -4 \\ -1 & 1 & 0 \end{bmatrix}$. Encontre $A + B$ e $A - B$.

SOLUÇÃO

$$A + B = \begin{bmatrix} 1 & -2 & 3 \\ 2 & 0 & 4 \end{bmatrix} + \begin{bmatrix} 2 & 2 & -4 \\ -1 & 1 & 0 \end{bmatrix} = \begin{bmatrix} 3 & 0 & -1 \\ 1 & 1 & 4 \end{bmatrix}$$

$$A - B = \begin{bmatrix} 1 & -2 & 3 \\ 2 & 0 & 4 \end{bmatrix} - \begin{bmatrix} 2 & 2 & -4 \\ -1 & 1 & 0 \end{bmatrix} = \begin{bmatrix} -1 & -4 & 7 \\ 3 & -1 & 4 \end{bmatrix}$$

Quando trabalhamos com matrizes, os números reais são chamados **escalares**. O produto de um número real k e uma matriz $m \times n$ dada por $nA = [a_{ij}]$ é a matriz $m \times n$:

$$kA = [ka_{ij}].$$

A matriz é um **múltiplo escalar de A**.

EXEMPLO 10 Multiplicação de uma matriz por um escalar

Seja a matriz $A = \begin{bmatrix} 1 & -2 & 3 \\ 2 & 0 & 4 \end{bmatrix}$ e $k = 3$. Encontre kA.

$$kA = 3 \begin{bmatrix} 1 & -2 & 3 \\ 2 & 0 & 4 \end{bmatrix} = \begin{bmatrix} 3 & -6 & 9 \\ 6 & 0 & 12 \end{bmatrix}$$

As matrizes têm muitas propriedades inerentes aos números reais. Vejamos algumas:

Seja $A = [a_{ij}]$ uma matriz $m \times n$ qualquer. A matriz $m \times n$ dada por $O = [0]$, consistindo inteiramente em zeros, é a **matriz nula** porque $A + O = A$. Em outras palavras, O é a matriz **identidade aditiva** para o conjunto de todas as matrizes $m \times n$.

Seja $B = [-a_{ij}]$ uma matriz $m \times n$ formada pelos *valores opostos* dos elementos de A. Ela é denominada **matriz oposta** de A, pois $A + B = O$. A matriz oposta também pode ser escrita como $B = -A$. Tal como com números reais:

$$A - B = [a_{ij} - b_{ij}] = [a_{ij} + (-b_{ij})] = [a_{ij}] + [-b_{ij}] = A + (-B)$$

Multiplicação de matrizes

Para fazer o *produto AB* de duas matrizes, o número de colunas da matriz A (que é a primeira matriz) deve ser igual ao número de linhas da matriz B (que é a segunda). Cada elemento c_{ij} do produto é obtido pela soma dos produtos dos elementos de uma linha i de A pelo correspondente elemento de uma coluna j de B.

DEFINIÇÃO Multiplicação de matrizes

Seja $A = [a_{ij}]$ uma matriz de ordem $m \times r$, e $B = [b_{ij}]$ uma matriz de ordem $r \times n$. O **produto** $AB = [c_{ij}]$ é a matriz $m \times n$, onde:

$$c_{ij} = a_{i1} \cdot b_{1j} + a_{i2} \cdot b_{2j} + \cdots + a_{ir} \cdot b_{rj}$$

A forma para entender como encontrar o produto de duas matrizes quaisquer é primeiro considerar o produto de uma matriz $A = [a_{1j}]$, de ordem $1 \times r$, com uma matriz $B = [b_{j1}]$, de ordem $r \times 1$. De acordo com a definição, $AB = [c_{11}]$ é uma matriz 1×1, onde $c_{11} = a_{11} b_{11} + a_{12} b_{21} + \ldots + a_{1r} b_{r1}$. Por exemplo, o produto AB de uma matriz A de ordem 1×3 e uma matriz B de ordem 3×1, onde:

$$A = [1 \quad 2 \quad 3] \quad \text{e} \quad B = \begin{bmatrix} 4 \\ 5 \\ 6 \end{bmatrix}$$

é

$$A \cdot B = [1 \quad 2 \quad 3] \cdot \begin{bmatrix} 4 \\ 5 \\ 6 \end{bmatrix} = [1 \cdot 4 + 2 \cdot 5 + 3 \cdot 6] = [32]$$

Então, o ij-ésimo elemento do produto AB de uma matriz $m \times r$ com uma matriz $r \times n$ é o produto da i-ésima linha de A, considerada uma matriz $1 \times r$, com a j-ésima coluna de B, considerada uma matriz $r \times 1$, como ilustrado no Exemplo 11.

EXEMPLO 11 Multiplicação de duas matrizes

Encontre, se possível, o produto AB, onde:

(a) $A = \begin{bmatrix} 2 & 1 & -3 \\ 0 & 1 & 2 \end{bmatrix}$ e $B = \begin{bmatrix} 1 & -4 \\ 0 & 2 \\ 1 & 0 \end{bmatrix}$ **(b)** $A = \begin{bmatrix} 2 & 1 & -3 \\ 0 & 1 & 2 \end{bmatrix}$ e $B = \begin{bmatrix} 3 & -4 \\ 2 & 1 \end{bmatrix}$

SOLUÇÃO

(a) Como o número de colunas de A é 3, e o número de linhas de B é 3, então o produto AB está definido. O produto $AB = [c_{ij}]$ é uma matriz 2×2, onde:

$$c_{11} = [2 \quad 1 \quad -3] \begin{bmatrix} 1 \\ 0 \\ 1 \end{bmatrix} = 2 \cdot 1 + 1 \cdot 0 + (-3) \cdot 1 = -1$$

$$c_{12} = [2 \quad 1 \quad -3] \begin{bmatrix} -4 \\ 2 \\ 0 \end{bmatrix} = 2 \cdot (-4) + 1 \cdot 2 + (-3) \cdot 0 = -6$$

$$c_{21} = [0 \quad 1 \quad 2] \begin{bmatrix} 1 \\ 0 \\ 1 \end{bmatrix} = 0 \cdot 1 + 1 \cdot 0 + 2 \cdot 1 = 2$$

$$c_{22} = [0 \quad 1 \quad 2] \begin{bmatrix} -4 \\ 2 \\ 0 \end{bmatrix} = 0 \cdot (-4) + 1 \cdot 2 + 2 \cdot 0 = 2$$

Então, $AB = \begin{bmatrix} -1 & -6 \\ 2 & 2 \end{bmatrix}$.

(b) Como o número de colunas de A é 3, e o número de linhas de B é 2, então o produto AB não está definido.

Matriz identidade e matriz inversa

A matriz $n \times n$ representada por I_n, formada com 1 na diagonal principal (mais alta na esquerda e mais baixa na direita, conforme exemplos a seguir) e 0 nos demais elementos é a **matriz identidade de ordem $n \times n$**.

$$I_n = \begin{bmatrix} 1 & 0 & 0 & \cdots & 0 \\ 0 & 1 & 0 & \cdots & 0 \\ 0 & 0 & 1 & \cdots & 0 \\ \vdots & \vdots & \vdots & & \vdots \\ 0 & 0 & 0 & \cdots & 1 \end{bmatrix}$$

Por exemplo,

$$I_2 = \begin{bmatrix} 1 & 0 \\ 0 & 1 \end{bmatrix}, \quad I_3 = \begin{bmatrix} 1 & 0 & 0 \\ 0 & 1 & 0 \\ 0 & 0 & 1 \end{bmatrix} \quad \text{e} \quad I_4 = \begin{bmatrix} 1 & 0 & 0 & 0 \\ 0 & 1 & 0 & 0 \\ 0 & 0 & 1 & 0 \\ 0 & 0 & 0 & 1 \end{bmatrix}$$

Se $A = [a_{ij}]$ é uma matriz $n \times n$ qualquer, podemos provar (nos exercícios finais) que:

$$AI_n = I_n A = A.$$

Isto é, I_n é a **identidade multiplicativa** para o conjunto de matrizes $n \times n$.

Se a é um número real diferente de 0, então $a^{-1} = \dfrac{1}{a}$ é a inversa multiplicativa de a, ou seja, $aa^{-1} = a\left(\dfrac{1}{a}\right) = 1$. A definição de *inversa multiplicativa* de uma matriz quadrada é similar.

DEFINIÇÃO   **Inversa de uma matriz quadrada**

Seja $A = [a_{ij}]$ uma matriz $n \times n$. Se existe uma matriz B, tal que $AB = BA = I_n$, então B é a **inversa** da matriz A. Escrevemos $B = A^{-1}$ (lê-se: inversa de A).

Veremos, no Exemplo 13, que nem toda matriz quadrada tem uma inversa. Se uma matriz quadrada A tem uma inversa, então A é **não singular**. Se A não tem inversa, então A é **singular**.

EXEMPLO 12   **Verificação de matrizes inversas**

Prove que as matrizes a seguir são matrizes inversas:

$$A = \begin{bmatrix} 3 & -2 \\ -1 & 1 \end{bmatrix} \quad \text{e} \quad B = \begin{bmatrix} 1 & 2 \\ 1 & 3 \end{bmatrix}$$

SOLUÇÃO
Observe que:

$$AB = \begin{bmatrix} 3 & -2 \\ -1 & 1 \end{bmatrix}\begin{bmatrix} 1 & 2 \\ 1 & 3 \end{bmatrix} = \begin{bmatrix} 1 & 0 \\ 0 & 1 \end{bmatrix} = I_2 \text{ e } BA = \begin{bmatrix} 1 & 2 \\ 1 & 3 \end{bmatrix}\begin{bmatrix} 3 & -2 \\ -1 & 1 \end{bmatrix} = \begin{bmatrix} 1 & 0 \\ 0 & 1 \end{bmatrix} = I_2$$

Assim, $B = A^{-1}$ e $A = B^{-1}$.

EXEMPLO 13 Caso de uma matriz que não tem inversa

Prove que a matriz $A = \begin{bmatrix} 6 & 3 \\ 2 & 1 \end{bmatrix}$ é singular, isto é, que não tem inversa.

SOLUÇÃO
Suponha que A tenha uma inversa dada por $B = \begin{bmatrix} x & y \\ z & w \end{bmatrix}$. Então, $AB = I_2$.

$$AB = \begin{bmatrix} 6 & 3 \\ 2 & 1 \end{bmatrix}\begin{bmatrix} x & y \\ z & w \end{bmatrix} = \begin{bmatrix} 1 & 0 \\ 0 & 1 \end{bmatrix}$$

$$AB = \begin{bmatrix} 6x + 3z & 6y + 3w \\ 2x + z & 2y + w \end{bmatrix} = \begin{bmatrix} 1 & 0 \\ 0 & 1 \end{bmatrix}$$

Igualando as duas matrizes, obtemos:

$6x + 3z = 1 \qquad 6y + 3w = 0$
$2x + z = 0 \qquad 2y + w = 1$

Multiplicando ambos os lados da equação $2x + z = 0$ por 3, teremos $6x + 3z = 0$. Não existem valores para x e z para os quais o valor de $6x + 3z$ seja ao mesmo tempo 0 e 1. Isso é uma contradição. Logo, a conclusão é que A não tem inversa.

Determinante de uma matriz quadrada

O número $ad - bc$ é o **determinante** da matriz $A = \begin{bmatrix} a & b \\ c & d \end{bmatrix}$ e é representado por:

$$\det A = \begin{vmatrix} a & b \\ c & d \end{vmatrix} = ad - bc.$$

Para o cálculo desse determinante, basta multiplicar os números da diagonal principal e subtrair a multiplicação dos números da diagonal secundária (aquela que a parte mais alta está no lado direito, e a mais baixa, no esquerdo).

Nos casos de matriz quadrada de ordem superior, fica difícil calcular o determinante pelo método acima descrito. Para definir o determinante de uma matriz quadrada de ordem superior, precisamos introduzir os conceitos de *menor complementar* e de *cofatores*, associados aos elementos de uma matriz quadrada. Vejamos:

Seja $A = [a_{ij}]$ uma matriz $n \times n$. O **menor complementar** M_{ij} correspondente ao elemento a_{ij} é o determinante da matriz $(n-1) \times (n-1)$, obtido da retirada da linha e da coluna contendo a_{ij}. O **cofator** correspondente a a_{ij} é $A_{ij} = (-1)^{i+j} M_{ij}$.

> **DEFINIÇÃO** Determinante de uma matriz quadrada
>
> Seja $A = [a_{ij}]$ uma matriz de ordem $n \times n$ ($n > 2$). O determinante de A, denotado por det A ou $|A|$, é a soma dos elementos de uma linha qualquer ou de uma coluna qualquer, multiplicados por seus respectivos cofatores. Por exemplo, expandindo para a i-ésima linha, temos:
>
> $$\det A = |A| = a_{i1}A_{i1} + a_{i2}A_{i2} + \cdots + a_{in}A_{in}.$$

Costumamos considerar $i = 1$, ou seja, fazer os cálculos a partir dos elementos da primeira linha. Mas isso não é regra. Veja que, a seguir, partiremos da segunda linha.

Se $A = [a_{ij}]$ é uma matriz 3×3, então, usando a definição de determinante aplicado, por exemplo, à segunda linha, obtemos:

$$\begin{vmatrix} a_{11} & a_{12} & a_{13} \\ a_{21} & a_{22} & a_{23} \\ a_{31} & a_{32} & a_{33} \end{vmatrix} = a_{21}A_{21} + a_{22}A_{22} + a_{23}A_{23}$$

$$= a_{21}(-1)^3 \begin{vmatrix} a_{12} & a_{13} \\ a_{32} & a_{33} \end{vmatrix} + a_{22}(-1)^4 \begin{vmatrix} a_{11} & a_{13} \\ a_{31} & a_{33} \end{vmatrix}$$

$$+ a_{23}(-1)^5 \begin{vmatrix} a_{11} & a_{12} \\ a_{31} & a_{32} \end{vmatrix}$$

$$= -a_{21}(a_{12}a_{33} - a_{13}a_{32}) + a_{22}(a_{11}a_{33} - a_{13}a_{31})$$

$$- a_{23}(a_{11}a_{32} - a_{12}a_{31})$$

O determinante de uma matriz 3×3 envolve três determinantes de matrizes 2×2, o determinante de uma matriz 4×4 envolve quatro determinantes de matrizes 3×3, e assim por diante.

> **TEOREMA** Inversa de matrizes $n \times n$
>
> Uma matriz A $n \times n$ tem uma inversa, se, e somente se, det $A \neq 0$.

Existe uma maneira simples de determinar se uma matriz 2×2 tem uma inversa.

> **Inversa de uma matriz 2 × 2**
>
> Se $ad - bc \neq 0$, então:
>
> $$\begin{bmatrix} a & b \\ c & d \end{bmatrix}^{-1} = \frac{1}{ad-bc} \begin{bmatrix} d & -b \\ -c & a \end{bmatrix}.$$

Existem fórmulas complicadas para encontrar inversas de matrizes não singulares de ordem 3 × 3 ou superior.

Para o caso da matriz 3 × 3, basta encontrar a matriz dos cofatores e construir a matriz transposta dos cofatores. Para isso, a primeira linha da matriz dos cofatores passa a ser a primeira coluna da matriz transposta; a segunda linha da matriz dos cofatores passa a ser a segunda coluna da matriz transposta, e assim por diante.

Uma matriz A^T é a transposta de A se a primeira linha de A é a primeira linha de A^T, a segunda linha de A é a segunda linha de A^T, e assim por diante.

EXEMPLO 14   Encontrando inversa de matrizes

Determine se as matrizes abaixo têm uma inversa. Se existir, encontre-a.

(a) $A = \begin{bmatrix} 3 & 1 \\ 4 & 2 \end{bmatrix}$ (b) $B = \begin{bmatrix} 1 & 2 & -1 \\ 2 & -1 & 3 \\ -1 & 0 & 1 \end{bmatrix}$

SOLUÇÃO

(a) Vejamos que $\det A = ad - bc = 3 \cdot 2 - 1 \cdot 4 = 2 \neq 0$ e, portanto, concluímos que A tem uma inversa. Usando a fórmula para a inversa de uma matriz 2×2, obtemos:

$$A^{-1} = \frac{1}{ad-bc}\begin{bmatrix} d & -b \\ -c & a \end{bmatrix} = \frac{1}{2}\begin{bmatrix} 2 & -1 \\ -4 & 3 \end{bmatrix}$$

$$= \begin{bmatrix} 1 & -0{,}5 \\ -2 & 1{,}5 \end{bmatrix}$$

Você pode verificar que $AA^{-1} = A^{-1}A = I_2$

(b) Você pode verificar que $\det B = -10 \neq 0$ e

$$B^{-1} = \begin{bmatrix} 0{,}1 & 0{,}2 & -0{,}5 \\ 0{,}5 & 0 & 0{,}5 \\ 0{,}1 & 0{,}2 & 0{,}5 \end{bmatrix}$$

Logo, $B^{-1}B = BB^{-1} = I_3$

Listaremos agora algumas propriedades importantes de matrizes.

Propriedades de matrizes

Sejam A, B e C matrizes que têm ordens, tais que as operações soma, diferença e produto possam ser definidas.

1. Propriedade comutativa

Adição:
$A + B = B + A$
Multiplicação:
em geral, *não* é verdade

2. Propriedade associativa

Adição:
$(A + B) + C = A + (B + C)$
Multiplicação:
$(AB)C = A(BC)$

3. Propriedade do elemento neutro
Adição: $A + O = A$
Multiplicação (ordem de $A = n \times n$, e a identidade é multiplicativa):
$A \cdot I_n = I_n \cdot A = A$

4. Propriedade do elemento oposto
Adição: $A + (-A) = O$
Multiplicação: (ordem de A é $n \times n$):
$AA^{-1} = A^{-1}A = I_n$, $|A| \neq 0$

5. Propriedade distributiva
Multiplicação com relação à adição:
$A(B + C) = AB + AC$
$(A + B)C = AC + AB$

Multiplicação com relação à subtração:
$A(B - C) = AB - AC$
$(A - B)C = AC - AB$

Exercícios

Nos exercícios 1 e 2, resolva a equação para que y fique escrito em termos de x.

1. $2x + 3y = 5$ **2.** $xy + x = 4$

Nos exercícios de 3 a 6, resolva a equação algebricamente.

3. $3x^2 - x - 2 = 0$ **4.** $2x^2 + 5x - 10 = 0$

5. $x^3 = 4x$ **6.** $x^3 + x^2 = 6x$

7. Escreva uma equação para a reta que passa pelo par ordenado $(-1, 2)$ e que seja paralela à reta $4x + 5y = 2$.

8. Escreva uma equação equivalente a $2x + 3y = 5$ com coeficiente de x igual a -4.

9. Encontre graficamente os pontos de intersecção dos gráficos de $y = 3x$ e $y = x^3 - 6x$.

Nos exercícios 10 e 11, determine se o par ordenado é uma solução do sistema.

10. $5x - 2y = 8$
    $2x - 3y = 1$
    (a) $(0, 4)$ **(b)** $(2, 1)$ **(c)** $(-2, -9)$

11. $y = x^2 - 6x + 5$
    $y = 2x - 7$
    (a) $(2, -3)$ **(b)** $(1, -5)$ **(c)** $(6, 5)$

Nos exercícios de 12 a 21, resolva o sistema pelo método da substituição.

12. $x + 2y = 5$
    $y = -2$

13. $x = 3$
    $x - y = 20$

14. $3x + y = 20$
    $x - 2y = 10$

15. $2x - 3y = -23$
    $x + y = 0$

16. $2x - 3y = -7$
    $4x + 5y = 8$

17. $3x + 2y = -5$
    $2x - 5y = -16$

18. $x - 3y = 6$
    $-2x + 6y = 4$

19. $3x - y = -2$
    $-9x + 3y = 6$

20. $y = x^2$
    $y - 9 = 0$

21. $x = y + 3$
    $x - y^2 = 3y$

Nos exercícios de 22 a 27, resolva o sistema algebricamente. O resultado pode ser verificado graficamente.

22. $y = 6x^2$
    $7x + y = 3$

23. $y = 2x^2 + x$
    $2x + y = 20$

24. $y = x^3 - x^2$
    $y = 2x^2$

25. $y = x^3 + x^2$
    $y = -x^2$

26. $x^2 + y^2 = 9$
    $x - 3y = -1$

27. $x^2 + y^2 = 16$
    $4x + 7y = 13$

Nos exercícios de 28 a 35, resolva o sistema pelo método da adição (cancelamento).

28. $x - y = 10$
    $x + y = 6$

29. $2x + y = 10$
    $x - 2y = -5$

30. $3x - 2y = 8$
    $5x + 4y = 28$

31. $4x - 5y = -23$
    $3x + 4y = 6$

32. $2x - 4y = -10$
    $-3x + 6y = -21$

33. $2x - 4y = 8$
    $-x + 2y = -4$

34. $2x - 3y = 5$
    $-6x + 9y = -15$

35. $2x - y = 3$
    $-4x + 2y = 5$

Nos exercícios de 36 a 39, use o gráfico para encontrar as soluções do sistema.

36. $y = 1 + 2x - x^2$
$y = 1 - x$

37. $6x - 2y = 7$
$2x + y = 4$

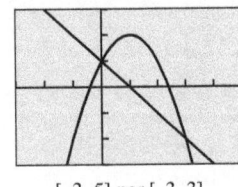

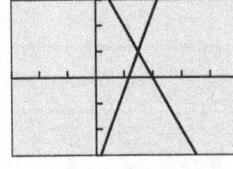

[−3, 5] por [−3, 3]

[−3, 5] por [−3, 3]

38. $x + 2y = 0$
$0{,}5x + y = 2$

39. $x^2 + y^2 = 16$
$y + 4 = x^2$

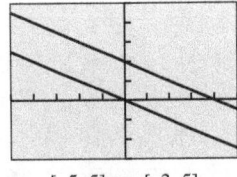

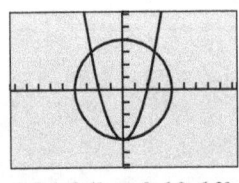

[−5, 5] por [−3, 5]

[−9,4; 9,4] por [−6,2; 6,2]

Nos exercícios de 40 a 43, use gráficos que você pode esboçar para determinar o número de soluções que o sistema tem.

40. $3x + 5y = 7$
$4x - 2y = -3$

41. $3x - 9y = 6$
$2x - 6y = 1$

42. $2x - 4y = 6$
$3x - 6y = 9$

43. $x - 7y = 9$
$3x + 4y = 1$

Nos exercícios 44 e 45, encontre o ponto de equilíbrio para as funções de demanda e oferta.

44. $p = 200 - 15x$
$p = 50 + 25x$

45. $p = 15 - \dfrac{7}{100}x$
$p = 2 + \dfrac{3}{100}x$

46. Encontre as dimensões de um retângulo com perímetro de 200 metros e área de 500 metros quadrados.

47. Determine a e b, tal que o gráfico de $y = ax + b$ contém os pontos $(-1, 4)$ e $(2, 6)$.

48. Determine a e b, tal que o gráfico de $ax + by = 8$ contém os pontos $(2, -1)$ e $(-4, -6)$.

49. Uma vendedora oferece dois possíveis planos para pagamento. Plano A: 300 unidades monetárias por semana, mais 5% do valor das vendas.

Plano B: 600 unidades monetárias por semana, mais 1% do valor das vendas.

Qual o valor das vendas que resulta na mesma quantia total nos dois planos?

50. Verdadeiro ou falso? Sejam a e b números reais. O seguinte sistema tem exatamente duas soluções:

$2x + 5y = a$
$3x - 4y = b$

Justifique sua resposta.

Nos exercícios de 51 a 54, resolva o problema sem usar calculadora.

51. Múltipla escolha Qual das seguintes alternativas é a solução do sistema $2x - 3y = 12$?
$x + 2y = -1$

(a) $(-3, 1)$ **(b)** $(-1, 0)$
(c) $(3, -2)$ **(d)** $(3, 2)$
(e) $(6, 0)$

52. Múltipla escolha Qual das seguintes alternativas não pode ser o número de soluções de um sistema de duas equações com duas variáveis, cujos gráficos são um círculo e uma parábola?

(a) 0 **(b)** 1 **(c)** 2 **(d)** 3 **(e)** 5

53. Qual das seguintes alternativas não pode ser o número de soluções de um sistema de duas equações com duas variáveis, cujos gráficos são parábolas?

(a) 1 **(b)** 2 **(c)** 4 **(d)** 5 **(e)** Infinitas

54. Qual das seguintes alternativas é o número de soluções de um sistema de duas equações lineares com duas variáveis, se a equação resultante, após usar a eliminação corretamente, é $4 = 4$?

(a) 0 **(b)** 1 **(c)** 2 **(d)** 3 **(e)** Infinitas

Nos exercícios de 55 a 60, determine a ordem da matriz e indique se é uma matriz quadrada.

55. $\begin{bmatrix} 2 & 3 & -1 \\ 1 & 0 & 5 \end{bmatrix}$

56. $\begin{bmatrix} 1 & 3 \\ -1 & 2 \end{bmatrix}$

57. $\begin{bmatrix} 5 & 6 \\ -1 & 2 \\ 0 & 0 \end{bmatrix}$

58. $\begin{bmatrix} -1 & 0 & 6 \end{bmatrix}$

59. $\begin{bmatrix} 2 \\ -1 \\ 0 \end{bmatrix}$

60. $[\,0\,]$

Nos exercícios de 61 a 64, identifique os elementos especificados na seguinte matriz.

$$[a_{33}]$$

61. a_{13}
62. a_{24}
63. a_{32}
64. a_{33}

Nos exercícios de 65 a 70, encontre **(a)** $A + B$, **(b)** $A - B$, **(c)** $3A$ e **(d)** $2A - 3B$.

65. $A = \begin{bmatrix} 2 & 3 \\ -1 & 5 \end{bmatrix}$ $B = \begin{bmatrix} 1 & -3 \\ -2 & -4 \end{bmatrix}$

66. $A = \begin{bmatrix} -1 & 0 & 2 \\ 4 & 1 & -1 \\ 2 & 0 & 1 \end{bmatrix}$ $B = \begin{bmatrix} 2 & 1 & 0 \\ -1 & 0 & 2 \\ 4 & -3 & -1 \end{bmatrix}$

67. $A = \begin{bmatrix} -3 & 1 \\ 0 & -1 \\ 2 & 1 \end{bmatrix}$ $B = \begin{bmatrix} 4 & 0 \\ -2 & 1 \\ -3 & -1 \end{bmatrix}$

68. $A = \begin{bmatrix} 5 & -2 & 3 & 1 \\ -1 & 0 & 2 & 2 \end{bmatrix}$

$B = \begin{bmatrix} -2 & 3 & 1 & 0 \\ 4 & 0 & -1 & -2 \end{bmatrix}$

69. $A = \begin{bmatrix} -2 \\ 1 \\ 0 \end{bmatrix}$ $B = \begin{bmatrix} -1 \\ 0 \\ 4 \end{bmatrix}$

70. $A = \begin{bmatrix} -1 & -2 & 0 & 3 \end{bmatrix}$ e $B = \begin{bmatrix} 1 & 2 & -2 & 0 \end{bmatrix}$

Nos exercícios de 71 a 76, use a definição de multiplicação de matrizes para encontrar **(a)** AB, **(b)** BA.

71. $A = \begin{bmatrix} 2 & 3 \\ -1 & 5 \end{bmatrix}$ $B = \begin{bmatrix} 1 & -3 \\ -2 & -4 \end{bmatrix}$

72. $A = \begin{bmatrix} 1 & -4 \\ 2 & 6 \end{bmatrix}$ $B = \begin{bmatrix} 5 & 1 \\ -2 & -3 \end{bmatrix}$

73. $A = \begin{bmatrix} 2 & 0 & 1 \\ 1 & 4 & -3 \end{bmatrix}$ $B = \begin{bmatrix} 1 & 2 \\ -3 & 1 \\ 0 & -2 \end{bmatrix}$

74. $A = \begin{bmatrix} 1 & 0 & -2 & 3 \\ 2 & 1 & 4 & -1 \end{bmatrix}$ $B = \begin{bmatrix} 5 & -1 \\ 0 & 2 \\ -1 & 3 \\ 4 & 2 \end{bmatrix}$

75. $A = \begin{bmatrix} -1 & 0 & 2 \\ 4 & 1 & -1 \\ 2 & 0 & 1 \end{bmatrix}$ $B = \begin{bmatrix} 2 & 1 & 0 \\ -1 & 0 & 2 \\ 4 & -3 & -1 \end{bmatrix}$

76. $A = \begin{bmatrix} -2 & 3 & 0 \\ 1 & -2 & 4 \\ 3 & 2 & 1 \end{bmatrix}$ $B = \begin{bmatrix} 4 & -1 & 2 \\ 0 & 2 & 3 \\ -1 & 3 & -1 \end{bmatrix}$

Nos exercícios de 77 a 82, encontre **(a)** AB e **(b)** BA ou responda que o produto não está definido.

77. $A = \begin{bmatrix} 2 & -1 & 3 \end{bmatrix}$ $B = \begin{bmatrix} -5 \\ 4 \\ 2 \end{bmatrix}$

78. $A = \begin{bmatrix} -2 \\ 3 \\ -4 \end{bmatrix}$ $B = \begin{bmatrix} -1 & 2 & 4 \end{bmatrix}$

79. $A = \begin{bmatrix} -1 & 2 \\ 3 & 4 \end{bmatrix}$ $B = \begin{bmatrix} -3 & 5 \end{bmatrix}$

80. $A = \begin{bmatrix} -1 & 3 \\ 0 & 1 \\ 1 & 0 \\ -3 & -1 \end{bmatrix}$ $B = \begin{bmatrix} 5 & -6 \\ 2 & 3 \end{bmatrix}$

81. $A = \begin{bmatrix} 0 & 0 & 1 \\ 0 & 1 & 0 \\ 1 & 0 & 0 \end{bmatrix}$ $B = \begin{bmatrix} 1 & 2 & 1 \\ 2 & 0 & 1 \\ -1 & 3 & 4 \end{bmatrix}$

82. $A = \begin{bmatrix} 0 & 0 & 1 & 0 \\ 0 & 1 & 0 & 0 \\ 1 & 0 & 0 & 0 \\ 0 & 0 & 0 & 1 \end{bmatrix}$ $B = \begin{bmatrix} -1 & 2 & 3 & -4 \\ 2 & 1 & 0 & -1 \\ -3 & 2 & 1 & 3 \\ 4 & 0 & 2 & -1 \end{bmatrix}$

Nos exercícios de 83 a 86, encontre a e b.

83. $\begin{bmatrix} a & -3 \\ 4 & 2 \end{bmatrix} = \begin{bmatrix} 5 & -3 \\ 4 & b \end{bmatrix}$

84. $\begin{bmatrix} 1 & -1 & 0 \\ a & -2 & 1 \end{bmatrix} = \begin{bmatrix} 1 & b & 0 \\ 3 & -2 & 1 \end{bmatrix}$

85. $\begin{bmatrix} 2 & a-1 \\ 2 & 3 \\ -1 & 2 \end{bmatrix} = \begin{bmatrix} 2 & -3 \\ b+2 & 3 \\ -1 & 2 \end{bmatrix}$

86. $\begin{bmatrix} a+3 & 2 \\ 0 & 5 \end{bmatrix} = \begin{bmatrix} 4 & 2 \\ 0 & b-1 \end{bmatrix}$

Nos exercícios 87 e 88, verifique se as matrizes são inversas, uma com relação à outra.

87. $A = \begin{bmatrix} 2 & 1 \\ 3 & 4 \end{bmatrix}$ $B = \begin{bmatrix} 0{,}8 & -0{,}2 \\ -0{,}6 & 0{,}4 \end{bmatrix}$

88. $A = \begin{bmatrix} -2 & 1 & 3 \\ 1 & 2 & -2 \\ 0 & 1 & -1 \end{bmatrix}$ $B = \begin{bmatrix} 0 & 1 & -2 \\ 0{,}25 & 0{,}5 & -0{,}25 \\ 0{,}25 & 0{,}5 & -1{,}25 \end{bmatrix}$

Nos exercícios de 89 a 92, encontre a inversa da matriz, se existir, ou responda que a inversa não existe.

89. $\begin{bmatrix} 2 & 3 \\ 2 & 2 \end{bmatrix}$ **90.** $\begin{bmatrix} 6 & 3 \\ 10 & 5 \end{bmatrix}$

91. $\begin{bmatrix} 1 & 2 & -1 \\ 2 & -1 & 3 \\ 3 & 1 & 2 \end{bmatrix}$ **92.** $\begin{bmatrix} 2 & 3 & -1 \\ -1 & 0 & 4 \\ 0 & 1 & 1 \end{bmatrix}$

Nos exercícios 93 e 94, use a definição para calcular o determinante da matriz.

93. $\begin{bmatrix} 2 & 1 & 1 \\ -1 & 0 & 2 \\ 1 & 3 & -1 \end{bmatrix}$ **94.** $\begin{bmatrix} 1 & 0 & 2 & 0 \\ 0 & 1 & 2 & 3 \\ 1 & -1 & 0 & 2 \\ 1 & 0 & 0 & 3 \end{bmatrix}$

Nos exercícios 95 e 96, encontre a matriz X.

95. $3X + A = B$, onde $A = \begin{bmatrix} 1 \\ 3 \end{bmatrix}$ e $B = \begin{bmatrix} 4 \\ 2 \end{bmatrix}$

96. $2X + A = B$, onde $A = \begin{bmatrix} -1 & 2 \\ 0 & 3 \end{bmatrix}$ e $B = \begin{bmatrix} 1 & 4 \\ 1 & -1 \end{bmatrix}$

97. Uma empresa tem duas fábricas que produzem três artigos. O número de unidades do artigo i produzido na fábrica j em uma semana é representado por a_{ij} na matriz:

$$A = \begin{bmatrix} 120 & 70 \\ 150 & 110 \\ 80 & 160 \end{bmatrix}$$

Se a produção cresce 10%, escreva a nova produção na matriz B. Como B está relacionado com A?

98. Uma empresa vende quatro modelos de um produto em três lojas. O estoque da loja i para o modelo j é a matriz:

$$S = \begin{bmatrix} 16 & 10 & 8 & 12 \\ 12 & 0 & 10 & 4 \\ 4 & 12 & 0 & 8 \end{bmatrix}$$

O preço no atacado do modelo i é p_{i1}, e o preço no varejo do modelo i é p_{i2}, dados na matriz:

$$P = \begin{bmatrix} \$180 & \$269{,}99 \\ \$275 & \$399{,}99 \\ \$355 & \$499{,}99 \\ \$590 & \$799{,}99 \end{bmatrix}$$

(a) Determine o produto SP.

(b) O que a matriz SP representa?

99. Uma empresa vende quatro produtos. O preço do produto tipo j está representado por a_{1j} na matriz:

$$A = [\$398 \quad \$598 \quad \$798 \quad \$998]$$

O número de produtos vendidos tipo j está representado por b_{1j} na matriz:

$$B = [35 \quad 25 \quad 20 \quad 10]$$

O custo para produzir o produto tipo j está representado por c_{1j} na matriz:

$$C = [\$199 \quad \$268 \quad \$500 \quad \$670]$$

(a) Escreva uma matriz-produto que forneça a receita total obtida com a venda dos produtos.

(b) Escreva uma expressão usando matrizes que forneça o lucro obtido com a venda dos produtos.

100. Sejam A, B e C matrizes que têm ordens tais que a soma, a diferença e o produto possam ser definidos. Prove que as seguintes propriedades são verdadeiras.

(a) $A + B = B + A$

(b) $(A + B) + C = A + (B + C)$

(c) $A(B + C) = AB + AC$

(d) $(A - B)C = AC - BC$

101. Sejam A e B matrizes $m \times n$ e c e d escalares. Prove que as seguintes propriedades são verdadeiras.

(a) $c(A + B) = cA + cB$

(b) $(c + d)A = cA + dA$

(c) $c(dA) = (cd)A$

(d) $1 \cdot A = A$

102. Seja $A = [a_{ij}]$ uma matriz $n \times n$. Prove que:

$$AI_n = I_n A = A.$$

Nos exercícios de 103 a 106, resolva o problema sem usar a calculadora.

103. Múltipla escolha Qual das seguintes alternativas é igual ao determinante de:

$$A = \begin{bmatrix} 2 & 4 \\ -3 & -1 \end{bmatrix}?$$

(a) 4 (b) −4
(c) 10 (d) −10
(e) −14

104. Múltipla escolha Seja A uma matriz de ordem 3×2, e B uma matriz de ordem 2×4. Qual das seguintes alternativas fornece a ordem do produto AB?

(a) 2×2 (b) 3×4
(c) 4×3 (d) 6×8
(e) O produto não está definido.

105. Múltipla escolha Qual das seguintes alternativas é a inversa da matriz $\begin{bmatrix} 2 & 7 \\ 1 & 4 \end{bmatrix}$?

(a) $\begin{bmatrix} -4 & 7 \\ 1 & -2 \end{bmatrix}$ (b) $\begin{bmatrix} 2 & -7 \\ -1 & 4 \end{bmatrix}$

(c) $\begin{bmatrix} 2 & -1 \\ -7 & 4 \end{bmatrix}$ (d) $\begin{bmatrix} 4 & -1 \\ -7 & 2 \end{bmatrix}$

(e) $\begin{bmatrix} 4 & -7 \\ -1 & 2 \end{bmatrix}$

106. Múltipla escolha Qual das seguintes alternativas é o valor de a_{13} na matriz $[a_{ij}] = \begin{bmatrix} 1 & 2 & 3 \\ 4 & 5 & 6 \\ 7 & 8 & 9 \end{bmatrix}$?

(a) −7 (b) 7
(c) −3 (d) 3
(e) 10

Apêndice B

Análise combinatória e teorema binomial

Objetivos de aprendizagem
- Características do discreto e do contínuo.
- A importância da contagem.
- Princípio da multiplicação ou princípio fundamental da contagem.
- Permutações.
- Combinações.
- Quantidade de subconjuntos de um conjunto.
- Coeficiente binomial.
- Triângulo de Pascal.
- O teorema binomial.

Técnicas de contagem são úteis e facilitam as contas por meio de fórmulas. O teorema binomial é uma maneira de estudar as combinações, que podem ser aplicadas em outras áreas do conhecimento.

Características do discreto e do contínuo

Vejamos um exemplo desses tipos de características dos dados quantitativos. Um ponto não tem comprimento nem largura. Porém, um intervalo de números na reta real (que representa o conjunto dos números reais) tem comprimento e uma infinidade de números reais. Essas características distinguem o que é *discreto* do que é *contínuo*. Estudaremos a seguir técnicas de contagem para o caso discreto.

A importância da contagem

Vamos iniciar com um exemplo.

EXEMPLO 1 Colocação de três objetos em ordem

De quantas maneiras diferentes podemos organizar três objetos distintos em ordem?

SOLUÇÃO

Não é difícil listar todas as possibilidades. Se representarmos os objetos por *A*, *B* e *C*, então as diferentes ordens são: *ABC*, *ACB*, *BAC*, *BCA*, *CAB* e *CBA*. Uma maneira de visualizar essas seis possibilidades é com um *diagrama em árvore*, como na Figura B.1. Podemos observar, partindo da esquerda, que temos $3 \times 2 \times 1 = 6$ "galhos" ou caminhos levando para resultados com ordens diferentes das letras.

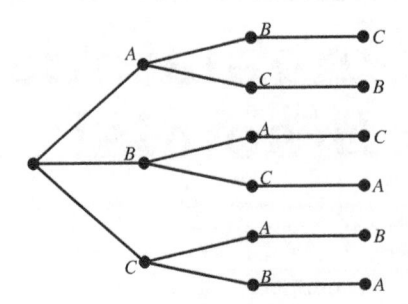

Figura B.1 Um diagrama em árvore para ordenar as letras A, B e C.

Princípio da multiplicação ou princípio fundamental da contagem

Da ideia do diagrama em árvore, apresentada anteriormente, conseguimos imaginar como ficaria um diagrama com as letras $ABCDE$. Não é necessário vê-lo para concluir que terá $5 \times 4 \times 3 \times 2 \times 1 = 120$ caminhos ou "galhos". O diagrama em árvore é uma visualização geométrica de um princípio fundamental da contagem, conhecido também como *princípio da multiplicação*.

Princípio da multiplicação ou princípio fundamental da contagem

Se um procedimento P tem uma sequência de estágios $S_1, S_2, ..., S_n$ e somente se

S_1 ocorre de r_1 maneiras,

S_2 ocorre de r_2 maneiras,

$\vdots$

S_n ocorre de r_n maneiras,

então o número de maneiras nas quais o procedimento P pode ocorrer é o produto:

$$r_1 r_2 \cdots r_n.$$

EXEMPLO 2 **Problema de contagem**

As placas dos veículos têm três letras e quatro dígitos. Encontre o número possível de placas que podemos formar:

(a) caso não haja nenhuma restrição quanto ao uso de letras e números;

(b) caso letras e números não possam ser repetidos.

SOLUÇÃO

(a) Como não há restrição alguma quanto ao uso de letras e números, então temos 26 possíveis letras para cada uma das três escolhas, além de 10 possíveis dígitos para cada uma das quatro posições numéricas. Pelo princípio da multiplicação, podemos obter placas de $26 \times 26 \times 26 \times 10 \times 10 \times 10 \times 10 = 175.760.000$ maneiras.

(b) Caso letras e números não possam ser repetidos, então temos 26 possíveis escolhas para a primeira letra, 25 para a segunda e 24 para a terceira letra, além de 10 possíveis escolhas para o primeiro dígito, 9 para o segundo, 8 para o terceiro e 7 para o quarto. Pelo princípio da multiplicação, podemos obter placas de $26 \times 25 \times 24 \times 10 \times 9 \times 8 \times 7 = 78.624.000$ maneiras.

Permutações

Uma importante aplicação do princípio da multiplicação é contar o número de possibilidades de organizar em ordem um conjunto de n objetos. Cada resultado é chamado **permutação** do conjunto. O Exemplo 1 mostrou que existem $3! = 6$ permutações de um conjunto de três elementos distintos.

> **FATORIAIS**
>
> Se n é um número inteiro positivo, então o símbolo $n!$ (lê-se "n fatorial") representa o produto $n(n-1)(n-2) \cdots 2 \cdot 1$. Também definimos $0! = 1$.

Permutações de um conjunto com n elementos

Existem $n!$ permutações de um conjunto com n elementos.

Usualmente, os elementos de um conjunto são distintos uns dos outros, mas podemos adequar nossa contagem quando eles não o são, como vemos no Exemplo 3.

EXEMPLO 3 Permutações com elementos repetidos

Conte o número de diferentes "palavras" que podem ser formadas com as 9 letras de cada palavra a seguir (colocamos aspas anteriormente para que não haja preocupação caso a palavra formada não tenha sentido).

(a) DRAGONFLY

(b) BUTTERFLY

(c) BUMBLEBEE

SOLUÇÃO

(a) Cada permutação das 9 letras forma uma palavra diferente. Existem $9! = 362.880$ permutações.

(b) Existem também 9! permutações dessas letras, mas uma simples permutação de duas letras T não resulta em uma nova palavra. Corrigimos a contagem dividindo por 2!. Existem, então, $\frac{9!}{2!} = 181.440$ permutações *distintas* das letras da palavra BUTTERFLY.

(c) Novamente, existem 9! permutações, mas uma permutação entre as três letras B ou com as três letras E não resulta em uma nova palavra. Para corrigir, dividimos por 3! duas vezes. Existem, então, $\frac{9!}{3!3!} = 10.080$ permutações distintas das letras da palavra BUMBLEBEE.

Permutações distintas

Existem $n!$ permutações distintas de um conjunto de n elementos distintos. Se o conjunto de n elementos tem n_1 elementos de um primeiro tipo, n_2 elementos de um segundo tipo, e assim por diante, com $n_1 + n_2 + \ldots + n_k = n$, então o número de permutações distintas entre os n elementos é:

$$\frac{n!}{n_1! n_2! n_3! \cdots n_k!}$$

Em muitos problemas de contagem, estamos interessados em usar n objetos para preencher, digamos, r espaços em ordem, onde $r < n$. São as chamadas **permutações de n objetos tomados r a r**, ou, simplesmente, **arranjos**.

O primeiro espaço tem n maneiras, o segundo tem $n - 1$ maneiras, e assim por diante, até o r-ésimo espaço, que tem $n - (r - 1)$ maneiras. Pelo princípio da multiplicação, podemos preencher os r espaços de $n(n-1)(n-2) \cdots (n-r+1)$ maneiras. Essa expressão pode ser escrita de forma mais compacta, como $\frac{n!}{(n-r)!}$.

Fórmula para contagem das permutações ou fórmula do arranjo

O número de arranjos (ou permutações de n objetos tomados r a r) é denotado por $A_{n,r}$ (ou $_nP_r$) e é dado por:

$$_nP_r = A_{n,r} = \frac{n!}{(n-r)!}, \text{ para } 0 \leq r \leq n.$$

Se $r > n$, então $A_{n,r} = 0$.

Note que $\frac{_nP_n = n!}{(n-n)!} = \frac{n!}{0!} = \frac{n!}{1} = n!$, o que coincide com o que já vimos com relação ao número de permutações de um conjunto completo de n objetos.

Essa é a razão de definirmos 0! como 1.

EXEMPLO 4 Cálculo das permutações ou arranjos

Calcule cada expressão sem usar calculadora.

(a) $_6P_4$

(b) $_{11}P_3$

(c) $_nP_3$

SOLUÇÃO

(a) Pela fórmula, $\dfrac{_6P_4 = 6!}{(6-4)!} = \dfrac{6!}{2!} = \dfrac{(6 \cdot 5 \cdot 4 \cdot 3 \cdot 2!)}{2!} = 6 \cdot 5 \cdot 4 \cdot 3 = 360$.

(b) Podemos aplicar o princípio da multiplicação diretamente. Como temos 11 objetos e 3 espaços para preencher, então: $_{11}P_3 = 11 \cdot 10 \cdot 9 = 990$.

(c) Podemos aplicar novamente o princípio da multiplicação. Como temos n objetos e 3 espaços para preencher, então, assumindo $n \geq 3$, $_nP_3 = n(n-1)(n-2)$.

Combinações

Quando contamos as permutações de n objetos tomados r a r, consideramos, na contabilização, diferentes ordenações de um mesmo conjunto de r objetos selecionados como permutações diferentes. Em muitas aplicações, estamos interessados nas maneiras de *selecionar* os r objetos, independentemente da ordem em que estão organizados. Essas seleções em que a ordem não é importante são chamadas **combinações de n objetos tomados r a r**.

Fórmula para contagem das combinações

O número de combinações de n objetos tomados r a r, representado por $_nC_r$, $C_{n,r}$ ou $\binom{n}{r}$, é dado por:

$$_nC_r = \dfrac{n!}{r!(n-r)!}, \text{ para } 0 \leq r \leq n.$$

Se $r > n$, então $_nC_r = 0$.

Podemos verificar a fórmula $_nC_r$ e o princípio da multiplicação. Desde que toda permutação possa ser pensada como uma seleção *desordenada* de r objetos, *seguidos* de uma ordem particular dos objetos selecionados, o princípio da multiplicação resulta em $_nP_r = {_nC_r} \cdot r!$. Portanto:

$$\binom{n}{r} = {_nC_r} = \dfrac{_nP_r}{r!} = \dfrac{1}{r!} \cdot \dfrac{n!}{(n-r)!} = \dfrac{n!}{r!(n-r)!}$$

EXEMPLO 5 Distinção entre combinações e permutações

Em cada uma dessas situações, conclui-se que estão sendo descritas permutações (ordenadas ou simplesmente descritos arranjos) ou combinações (desordenadas).

(a) Um presidente, um vice-presidente e um secretário são escolhidos dentre 25 pessoas.

(b) Uma cozinheira escolhe 5 batatas de uma sacola com 12 para preparar uma salada de batatas.

(c) Um professor organiza seus 22 alunos numa sala com 30 lugares.

SOLUÇÃO

(a) Permutação. A ordem é importante, por causa do cargo de cada pessoa.

(b) Combinação. A salada é a mesma, não importando a ordem em que as batatas são escolhidas.

(c) Permutação. Uma ordem diferente dos estudantes nos mesmos assentos resulta em uma organização diferente na sala.

Sabemos o que está sendo contado. Os números das possíveis escolhas das situações anteriores são: (a) $_{25}P_3 = 13.800$, (b) $_{12}C_5 = 792$, (c) $_{30}P_{22} \cong 6{,}5787 \times 10^{27}$.

Quantidade de subconjuntos de um conjunto

Iniciaremos com um exemplo.

EXEMPLO 6 Aplicação

Uma pizzaria tem 10 tipos de ingredientes para montar pizzas. Quantas pizzas diferentes podem ser montadas em cada caso?

(a) Podemos escolher quaisquer 3 tipos de ingredientes.

(b) Podemos escolher qualquer quantidade de ingredientes.

SOLUÇÃO

(a) Como a ordem dos ingredientes não é importante, afinal, são 3 ingredientes, e qualquer que seja a ordem em que são colocados a pizza é a mesma, então o número de pizzas possíveis é:

$$_{10}C_3 = \binom{10}{3} = 120$$

(b) Um primeiro método é somar todos os valores obtidos a partir de $_{10}C_r = \binom{10}{r}$ para r, de 1 até 10.

Outra forma é pensar que podemos colocar os 10 ingredientes em uma sequência e, para cada um, optar entre sim (colocar na pizza) ou não (não colocar na pizza), isto é, cada ingrediente tem dois possíveis resultados. Pelo princípio da multiplicação, o número de tais sequências diferentes é $2 \cdot 2 \cdot 2 \cdot 2 \cdot 2 \cdot 2 \cdot 2 \cdot 2 \cdot 2 \cdot 2 = 1.024$ pizzas possíveis.

Fórmula para contagem da quantidade de subconjuntos de um conjunto

Existem 2^n subconjuntos de um conjunto com n objetos (incluindo o conjunto vazio e o conjunto com todos os objetos).

EXEMPLO 7 Aplicação

Uma lanchonete divulga que tem 256 maneiras de montar sanduíches, com os ingredientes que o cliente preferir. Quantos ingredientes estão disponíveis?

> SOLUÇÃO
> Precisamos resolver a equação $2^n = 256$ e descobrir o n. Usaremos logaritmo.
>
> $$2^n = 256$$
> $$\log 2^n = \log 256$$
> $$n \log 2 = \log 256$$
> $$n = \frac{\log 256}{\log 2}$$
> $$n = 8$$
>
> Existem, portanto, 8 ingredientes possíveis para escolha.

Coeficiente binomial

Se você expandir $(a + b)^n$ para $n = 0, 1, 2, 3, 4$ e 5, aqui estão os resultados:

$(a + b)^0 = \qquad\qquad\qquad\qquad 1$

$(a + b)^1 = \qquad\qquad\qquad\qquad 1a^1b^0 + 1a^0b^1$

$(a + b)^2 = \qquad\qquad\qquad\qquad 1a^2b^0 + 2a^1b^1 + 1a^0b^2$

$(a + b)^3 = \qquad\qquad\qquad\qquad 1a^3b^0 + 3a^2b^1 + 3a^1b^2 + 1a^0b^3$

$(a + b)^4 = \qquad\qquad\qquad\qquad 1a^4b^0 + 4a^3b^1 + 6a^2b^2 + 4a^1b^3 + 1a^0b^4$

$(a + b)^5 = \qquad\qquad\qquad\qquad 1a^5b^0 + 5a^4b^1 + 10a^3b^2 + 10a^2b^3 + 5a^1b^4 + 1a^0b^5$

Você pode observar os padrões e predizer qual a expansão de $(a + b)^6$? Você pode predizer o seguinte:

1. Os expoentes de a decrescerão de 6 até 0, diminuindo de um em um.
2. Os expoentes de b crescerão de 0 até 6, aumentando de um em um.
3. Os primeiros dois coeficientes serão 1 e 6.
4. Os dois últimos coeficientes serão 6 e 1.

Os coeficientes binomiais na expansão de $(a + b)^n$ são os valores de $_nC_r = C_{n,r} = \binom{n}{r}$ para $r = 0, 1, 2, 3, 4,..., n$.

A expansão de

$$(a + b)^n = \underbrace{(a + b)(a + b)(a + b) \cdots (a + b)}_{n \text{ fatores}}$$

consiste em todos os produtos que podemos formar com as letras, no caso, a e b. O número de maneiras para formar o produto $a^r b^{n-r}$ é exatamente o mesmo número de maneiras para escolher r fatores para serem expoentes de a e, consequentemente, complementá-lo com relação a n, para serem os expoentes de b. Esse número de maneiras é $_nC_r = C_{n,r} = \binom{n}{r}$. A expansão de $(a + b)^n$ será definida quando tratarmos do teorema binomial.

> **DEFINIÇÃO Coeficiente binomial**
>
> O coeficiente binomial que aparece na expansão de $(a + b)^n$ são os valores de $_nC_r = C_{n,r} = \binom{n}{r}$ para $r = 0, 1, 2, 3, 4, ..., n$.
>
> A notação clássica para $_nC_r = C_{n,r}$, especialmente no contexto de coeficiente binomial, é $\binom{n}{r}$.

Triângulo de Pascal

Observe o desenvolvimento que fizemos no início do tópico Coeficiente binomial, colocando as expansões de $(a + b)^n$ para $n = 0, 1, 2, 3, 4$ e 5. Se eliminarmos os símbolos da adição e as potências das variáveis a e b na forma triangular, deixando apenas os coeficientes, é possível montar:

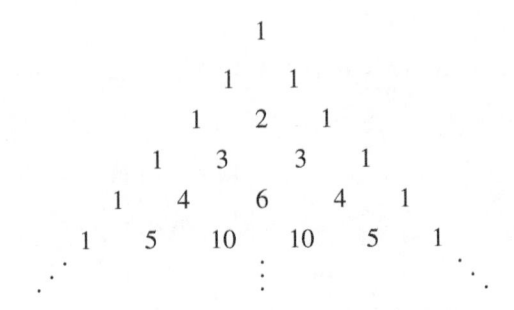

```
                    1
                  1   1
                1   2   1
              1   3   3   1
            1   4   6   4   1
          1   5   10  10  5   1
```

É chamado **triângulo de Pascal** em homenagem a Blaise Pascal (1623-1662), que o usou em seu trabalho, mas não foi quem o descobriu. Esse resultado já havia aparecido em textos chineses, no século XIV.

> **EXEMPLO 8 Triângulo de Pascal**
>
> Mostre como a linha 5 do triângulo de Pascal pode ser usada para obter a linha 6 e escrever a expansão de $(x + y)^6$.
>
> **SOLUÇÃO**
>
> Os números nas extremidades são iguais a 1. Cada número entre eles é a soma dos dois números acima. Assim, a linha 6 pode ser obtida da linha 5, como segue: 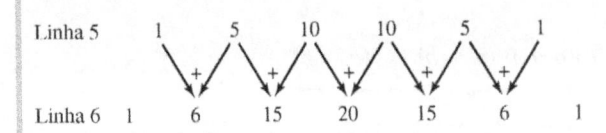
>
> Linha 5   1   5   10   10   5   1
> Linha 6 1   6   15   20   15   6   1
>
> Esses são os coeficientes binomiais para $(x + y)^6$ e, assim,
>
> $$(x + y)^6 = x^6 + 6x^5y + 15x^4y^2 + 20x^3y^3 + 15x^2y^4 + 6xy^5 + y^6.$$

EXEMPLO 9 Cálculo dos coeficientes binomiais

Encontre o coeficiente de x^{10} na expansão de $(x + 2)^{15}$.

SOLUÇÃO

O termo da expansão necessário é $_{15}C_{10}\, x^{10}2^5$, isto é:

$$\frac{15!}{10!5!} \cdot 2^5 \cdot x^{10} = 3.003 \cdot 32 \cdot x^{10} = 96.096 \cdot x^{10}.$$

O coeficiente de x^{10} é 96.096.

O teorema binomial

O teorema binomial

Para qualquer inteiro positivo n,

$$(a + b)^n = \binom{n}{0}a^n + \binom{n}{1}a^{n-1}b + \cdots + \binom{n}{r}a^{n-r}b^r + \cdots + \binom{n}{n}b^n,$$

onde:

$$\binom{n}{r} = {}_nC_r = \frac{n!}{r!(n-r)!}.$$

Esse resultado também é conhecido como binômio de Newton.

EXEMPLO 10 Expansão de um binômio

Expanda $(2x - y^2)^4$.

SOLUÇÃO

Usamos o teorema binomial para expandir $(a + b)^4$, onde $a = 2x$ e $b = -y^2$.

$$(a + b)^4 = a^4 + 4a^3b + 6a^2b^2 + 4ab^3 + b^4$$

$$(2x - y^2)^4 = (2x)^4 + 4(2x)^3(-y^2) + 6(2x)^2(-y^2)^2 + 4(2x)(-y^2)^3 + (-y^2)^4$$

$$= 16x^4 - 32x^3y^2 + 24x^2y^4 - 8xy^6 + y^8$$

EXERCÍCIOS

Nos exercícios de 1 a 4, conte o número de maneiras com as quais cada procedimento pode ser feito.

1. Alinhar 3 pessoas para uma fotografia.
2. Priorizar 4 tarefas pendentes do mais ao menos importante.
3. Organizar 5 livros da esquerda para a direita em uma estante.
4. Premiar do primeiro ao quinto lugar os 5 primeiros cachorros de um concurso.

5. Existem 3 rodovias da cidade A até a cidade B e 4 rodovias da cidade B até a cidade C. Quantos caminhos diferentes existem da cidade A até a C, passando por B?

Desenvolva cada expressão dos exercícios de 6 a 11:

6. $4!$
7. $_6P_2$
8. $_{10}C_7$
9. $(3!)(0!)$
10. $_9P_2$
11. $_{10}C_3$

12. Suponha que dois dados, um vermelho e um verde, são jogados. Quantos resultados são possíveis para esse par de dados?

13. Quantas sequências diferentes de caras e coroas existem se uma moeda é lançada 10 vezes?

14. Uma pessoa tem dinheiro para comprar apenas 3 dos 48 CDs disponíveis. De quantas maneiras diferentes essa pessoa pode fazer sua escolha?

15. Uma moeda é lançada 20 vezes, e as sequências de caras e coroas são registradas. De todas as possíveis sequências, quantas têm exatamente 7 caras?

16. Um recrutador entrevistou 8 pessoas para 3 funções idênticas. Quantos grupos diferentes de 3 funcionários esse recrutador consegue montar?

17. Um professor aplica 20 questões para seus alunos, das quais poderão selecionar 8 para serem respondidas. De quantas maneiras o aluno pode selecionar as questões?

18. Uma cliente pretende comer um prato com salada. Se existem 9 ingredientes para compor uma salada, quantos pratos essa cliente consegue montar?

19. O dono de uma pizzaria pretende divulgar que possui mais de 4.000 diferentes tipos de pizzas com ingredientes a escolher. Qual o número mínimo de ingredientes que esse dono precisa ter disponíveis?

20. Um subconjunto do conjunto A é chamado *próprio* se não é vazio nem o conjunto completo. Quantos subconjuntos próprios um conjunto com n elementos tem?

21. Quantos gabaritos diferentes são possíveis para 10 questões do tipo verdadeiro ou falso?

22. Quantos gabaritos diferentes são possíveis com 10 questões de múltipla escolha, com cinco alternativas cada uma?

23. **Verdadeiro ou falso?** Se a e b são números inteiros positivos, tais que $a + b = n$, então $\binom{n}{a} = \binom{n}{b}$. Justifique sua resposta.

24. **Verdadeiro ou falso?** Se a, b e n são números inteiros, tais que $a < b < n$, então $\binom{n}{a} < \binom{n}{b}$. Justifique sua resposta.

25. Uma opção de refeição é composta de uma entrada, duas saladas e uma sobremesa. Se existem disponíveis quatro entradas, seis saladas e seis sobremesas, então de quantas maneiras diferentes podemos compor uma refeição?

(a) 16 (b) 25 (c) 144
(d) 360 (e) 720

26. Supondo que r e n são números inteiros positivos com $r < n$, qual dos seguintes números *não* é igual a 1?

(a) $(n-n)!$ (b) $_nP_n$ (c) $_nC_n$
(d) $\binom{n}{n}$ (e) $\binom{n}{r} \div \binom{n}{n-r}$

Nos exercícios de 27 a 36, use a propriedade distributiva para expandir o binômio.

27. $(x + y)^2$
28. $(a + b)^2$
29. $(5x - y)^2$
30. $(a - 3b)^2$
31. $(3s + 2t)^2$
32. $(3p - 4q)^2$
33. $(u + v)^3$
34. $(b - c)^3$
35. $(2x - 3y)^3$
36. $(4m + 3n)^3$

Nos exercícios de 37 a 44, expanda o binômio usando o triângulo de Pascal para encontrar os coeficientes.

37. $(a + b)^4$
38. $(a + b)^6$
39. $(x + y)^7$
40. $(x + y)^{10}$
41. $(x + y)^3$
42. $(x + y)^5$
43. $(p + q)^8$
44. $(p + q)^9$

Nos exercícios de 45 a 48, desenvolva a expressão pela definição.

45. $\binom{9}{2}$
46. $\binom{15}{11}$
47. $\binom{166}{166}$
48. $\binom{166}{0}$

Nos exercícios de 49 a 52, encontre o coeficiente do termo dado na expansão binomial.

49. termo $x^{11}y^3$, $(x + y)^{14}$
50. termo x^5y^8, $(x + y)^{13}$

51. termo x^4, $(x-2)^{12}$

52. termo x^7 $(x-3)^{11}$

Nos exercícios de 53 a 56, use o teorema binomial para encontrar a expansão polinomial para a função:

53. $f(x) = (x-2)^5$ **54.** $g(x) = (x+3)^6$

55. $h(x) = (2x-1)^7$ **56.** $f(x) = (3x+4)^5$

Nos exercícios de 57 a 62 use o teorema binomial para expandir cada expressão.

57. $(2x+y)^4$ **58.** $(2y-3x)^5$

59. $(\sqrt{x} - \sqrt{y})^6$ **60.** $(\sqrt{x} + \sqrt{3})^4$

61. $(x^{-2} + 3)^5$ **62.** $(a - b^{-3})^7$

63. Prove que $\binom{n}{1} = \binom{n}{n-1} = n$ para todos os inteiros $n \geq 1$.

64. Prove que $\binom{n}{r} = \binom{n}{n-r}$ para todos os inteiros $n \geq r \geq 0$.

65. Use a fórmula $\binom{n}{r} = \frac{n!}{r!(n-r)!}$ para provar que $\binom{n}{r} = \binom{n-1}{r-1} + \binom{n-1}{r}$.

66. Encontre um contraexemplo para mostrar que cada resultado a seguir é *falso*.

(a) $(n+m)! = n! + m!$

(b) $(nm)! = n!m!$

67. Prove que $\binom{n}{2} + \binom{n+1}{2} = n^2$ para todos os inteiros $n \geq 2$.

68. Prove que $\binom{n}{n-2} + \binom{n+1}{n-1} = n^2$ para todos os inteiros $n \geq 2$.

69. Verdadeiro ou falso? Os coeficientes na expansão polinomial de $(x-y)^{50}$ alternam de sinal. Justifique sua resposta.

70. Verdadeiro ou falso? A soma de qualquer linha do triângulo de Pascal é um número par e inteiro. Justifique sua resposta.

71. Múltipla escolha Qual é o coeficiente de x^4 na expansão de $(2x+1)^8$?

(a) 16   (b) 256   (c) 1.120

(d) 1.680   (e) 26.680

72. Múltipla escolha Qual dos seguintes números *não* aparece na linha 10 do triângulo de Pascal?

(a) 1   (b) 5   (c) 10

(d) 120   (e) 252

73. Múltipla escolha A *soma* dos coeficientes de $(3x - 2y)^{10}$ é:

(a) 1   (b) 1.024   (c) 58.025

(d) 59.049   (e) 9.765.625

74. Múltipla escolha $(x+y)^3 + (x-y)^3 =$

(a) 0   (b) $2x^3$ (c) $2x^3 - 2y^3$

(d) $2x^3 + 6xy^2$ (e) $6x^2y + 2y^3$

Apêndice C

Secções cônicas

Objetivos de aprendizagem
- Secções cônicas.
- Geometria de uma parábola.
- Translações de parábolas.
- Geometria de uma elipse.
- Translações de elipses.
- Geometria de uma hipérbole.
- Translações de hipérboles.

Vale observar que secções cônicas regem percursos de objetos que se movem em um campo gravitacional. Elipses são os caminhos de planetas e cometas ao redor do Sol, ou de luas ao redor de planetas. As hipérboles são as cônicas menos conhecidas, mas são usadas em astronomia, óptica e navegação.

Secções cônicas

Imagine duas retas, que não são perpendiculares, interseccionadas no ponto V. Se fixarmos uma das retas, transformando-a em um *eixo*, e fizermos uma rotação com a outra ao redor desse eixo, então podemos obter um **cone circular reto** com **vértice V**, como ilustrado na Figura C.1. Note que V divide o cone em duas partes, chamadas **folhas**.

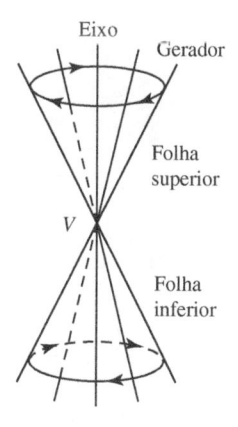

Figura C.1 Um cone circular reto (com duas folhas).

Uma **secção cônica** (ou **cônica**) é a intersecção de um plano com um cone circular reto. As três secções cônicas básicas são a *parábola*, a *elipse* e a *hipérbole*, apresentadas na Figura C.2(a).

Há algumas secções cônicas atípicas, conhecidas como **secções cônicas degeneradas**, mostradas na Figura C.2(b).

As secções cônicas podem ser definidas algebricamente como gráficos de **equações do segundo grau (quadráticas) em duas variáveis**, isto é, equações da forma:

$$Ax^2 + Bxy + Cy^2 + Dx + Ey + F = 0,$$

onde A, B e C não são todos iguais a 0.

Elipse Parábola Hipérbole

(a)

Ponto: plano através do vértice do cone   Reta: o plano é tangente ao cone   Interseccionando com retas

(b)

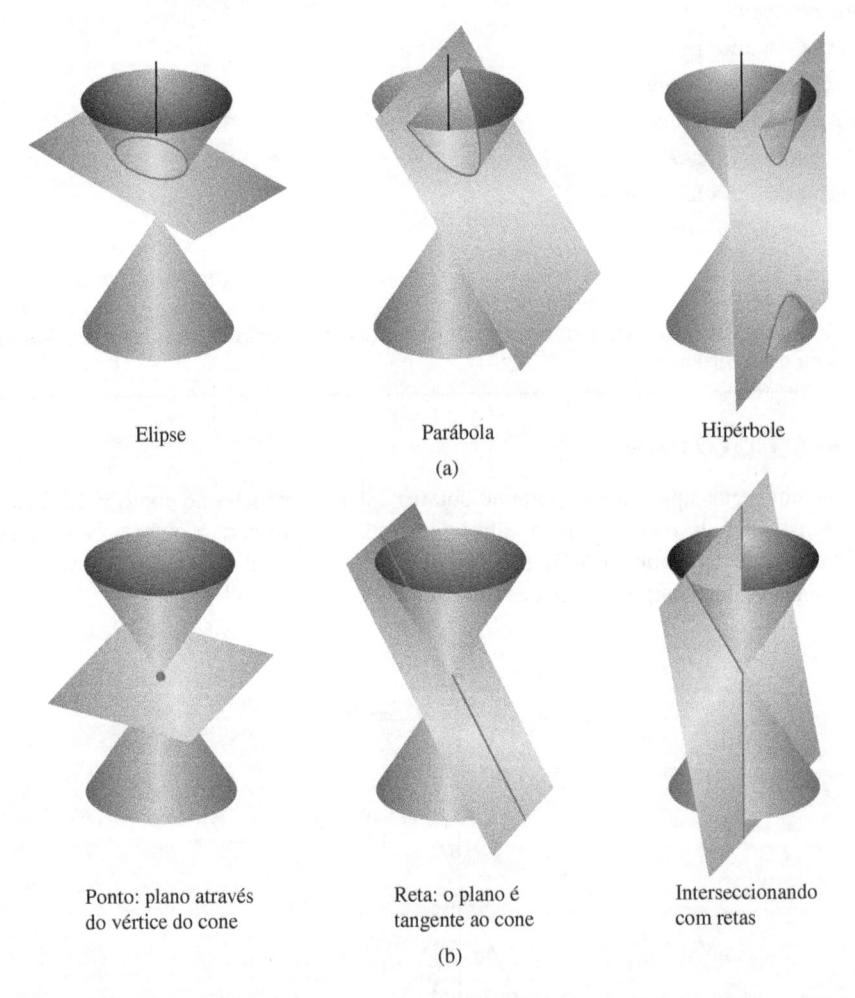

Figura C.2 (a) Três tipos de secções cônicas e (b) três secções cônicas degeneradas.

Vale lembrar que a distância entre os pontos (x_1, y_1) e (x_2, y_2) no plano é dada por $\sqrt{(x_1 - x_2)^2 + (y_1 - y_2)^2}$. Usaremos esse conceito durante este capítulo.

Geometria de uma parábola

Já estudamos que o gráfico de uma função do segundo grau (quadrática) é uma parábola de concavidade para cima ou para baixo. Vamos investigar as propriedades geométricas de parábolas.

APÊNDICE C Secções cônicas

> **DEFINIÇÃO Parábola**
>
> Uma **parábola** é o conjunto de todos os pontos do plano que são equidistantes de uma reta fixa (a **diretriz**) e de um ponto fixo (o **foco**) no plano (Figura C.3).

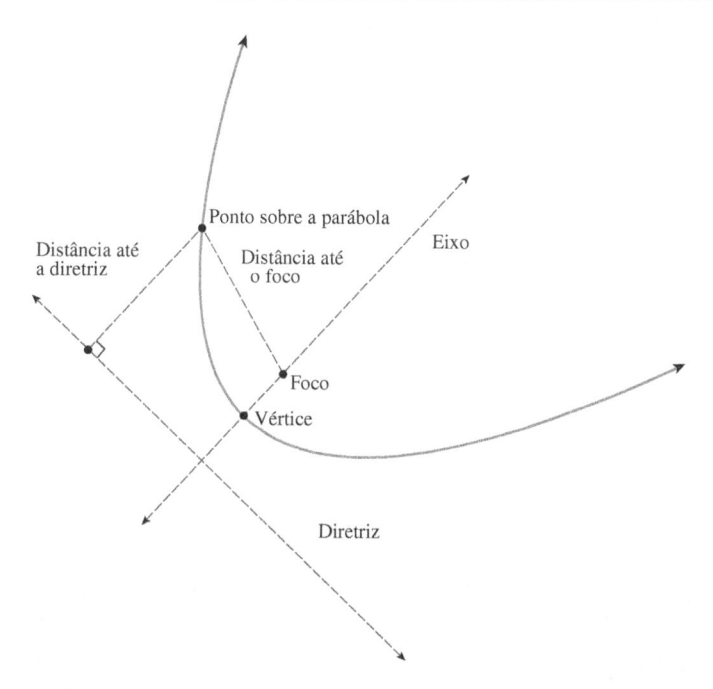

Figura C.3 Estrutura de uma parábola.

Podemos mostrar que uma equação para a parábola com foco $(0, p)$ e diretriz $y = -p$ é $x^2 = 4py$ (veja a Figura C.4).

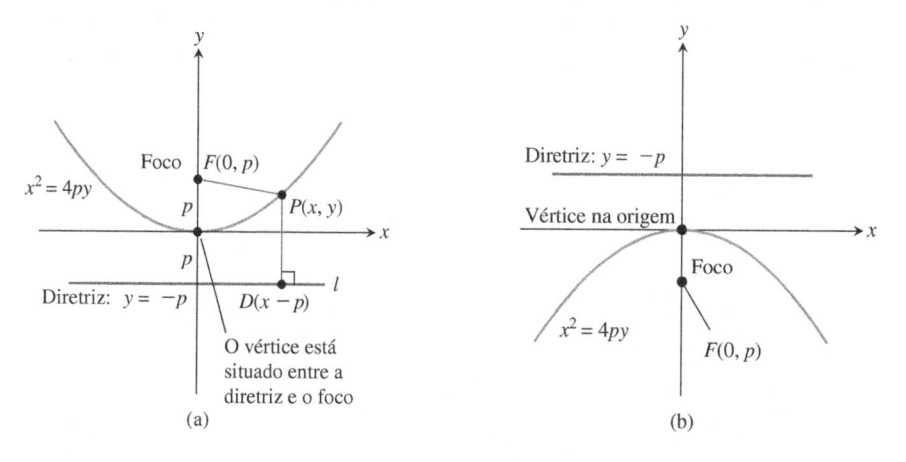

Figura C.4 Gráficos de $x^2 = 4py$, com (a) $p > 0$ e (b) $p < 0$.

Precisamos mostrar que o ponto $P(x, y)$, que é equidistante de $F(0, p)$ e da reta $y = -p$, satisfaz a equação $x^2 = 4py$, e também que um ponto que satisfaz $x^2 = 4py$ é equidistante de $F(0, p)$ e da reta $y = -p$.

Seja $P(x, y)$ um ponto equidistante de $F(0, p)$ e da reta $y = -p$. Note que:

$$\sqrt{(x - 0)^2 + (y - p)^2} = \text{distância de } P(x, y) \text{ até } F(0, p) \text{ e}$$

$$\sqrt{(x - x)^2 + (y - (-p))^2} = \text{distância de } P(x, y) \text{ até } y = -p$$

Igualando essas distâncias e extraindo a raiz quadrada:

$$(x - 0)^2 + (y - p)^2 = (x - x)^2 + (y - (-p))^2$$

$$x^2 + (y - p)^2 = 0 + (y + p)^2$$

$$x^2 + y^2 - 2py + p^2 = y^2 + 2py + p^2$$

$$x^2 = 4py$$

Percorrendo os passos anteriores ao contrário, vemos que uma solução (x, y) de $x^2 = 4py$ é equidistante de $F(0, p)$ e da reta $y = -p$.

A equação $x^2 = 4py$ está na **forma padrão** da equação, que descreve uma parábola de concavidade para cima ou para baixo com vértice na origem. Se $p > 0$, então a parábola tem concavidade para cima; se $p < 0$, então a concavidade é para baixo. Uma forma algébrica alternativa de tal parábola é $y = ax^2$, onde $a = \dfrac{1}{(4p)}$. Assim, o gráfico de $x^2 = 4py$ é também o gráfico da função quadrática $f(x) = ax^2$.

Quando a equação de uma parábola de concavidade para cima ou para baixo é escrita como $x^2 = 4py$, então o valor p é interpretado como o **comprimento do foco** da parábola — a distância *direta* do vértice ao foco da parábola. O valor $|4p|$ é a **largura do foco** da parábola — o comprimento do segmento com extremos na parábola que passa pelo foco e é perpendicular ao eixo.

Parábolas com concavidade para a direita ou para a esquerda são *relações inversas* de parábolas com concavidade para cima ou para baixo. Assim, equações de parábolas com vértice $(0, 0)$ que se abrem para a direita ou para a esquerda têm a forma padrão $y^2 = 4px$. Se $p > 0$, então a parábola se abre para a direita, e, se $p < 0$, então a parábola se abre para a esquerda (veja a Figura C.6).

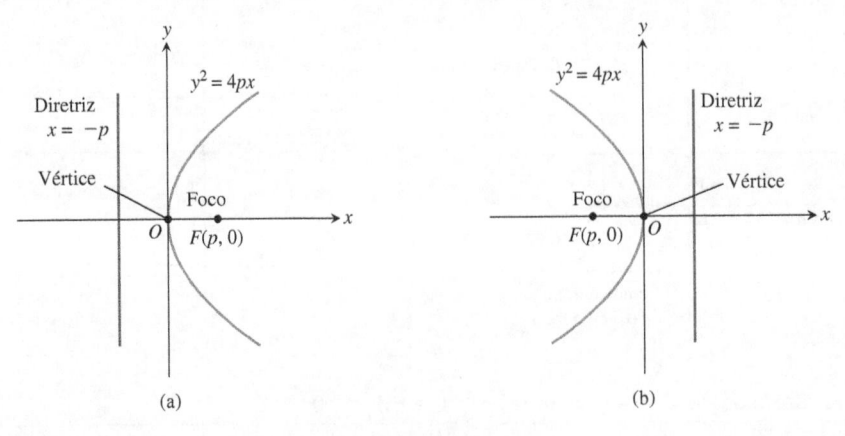

Figura C.5 Gráficos de $y^2 = 4px$, com (a) $p > 0$ e (b) $p < 0$.

Parábolas com vértice (0, 0)

• **Equação padrão**	$x^2 = 4py$	$y^2 = 4px$
• **Concavidade**	para cima ou para baixo	para a direita ou para a esquerda
• **Foco**	$(0, p)$	$(p, 0)$
• **Diretriz**	$y = -p$	$x = -p$
• **Eixo**	eixo y	eixo x
• **Comprimento do foco**	p	p
• **Largura do foco**	$\lvert 4p \rvert$	$\lvert 4p \rvert$

EXEMPLO 1 Verificação do foco, da diretriz e da largura do foco

Encontre o foco, a diretriz e a largura do foco da parábola $y = -\dfrac{x^2}{2}$.

SOLUÇÃO

Multiplicando ambos os lados da equação por -2, temos a forma padrão $x^2 = -2y$. O coeficiente de y é $4p = -2$, logo $p = -\dfrac{1}{2}$. Assim, o foco é $(0, p) = \left(0, -\dfrac{1}{2}\right)$. Como $-p = -\left(-\dfrac{1}{2}\right) = \dfrac{1}{2}$, então a diretriz é a reta $y = \dfrac{1}{2}$. A largura do foco é $|4p| = |-2| = 2$.

EXEMPLO 2 Verificação da equação de uma parábola

Encontre uma equação na forma padrão para a parábola cuja diretriz é a reta $x = 2$ e cujo foco é o ponto $(-2, 0)$.

SOLUÇÃO

Como a diretriz é $x = 2$ e o foco é $(-2, 0)$, então o comprimento do foco é $p = -2$ e a parábola tem concavidade para a esquerda. A equação da parábola na forma padrão é $y^2 = 4px$, ou, mais especificamente, $y^2 = -8x$.

Translações de parábolas

Quando a parábola com a equação $x^2 = 4py$ ou $y^2 = 4px$ é transladada horizontalmente por h unidades e verticalmente por k unidades, então o vértice da parábola se move do ponto $(0, 0)$ para o ponto (h, k) (veja a Figura C.6). Tal translação não muda o comprimento, a largura do foco ou o tipo de concavidade da parábola.

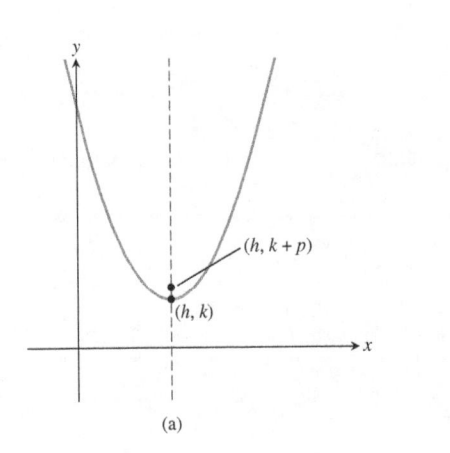

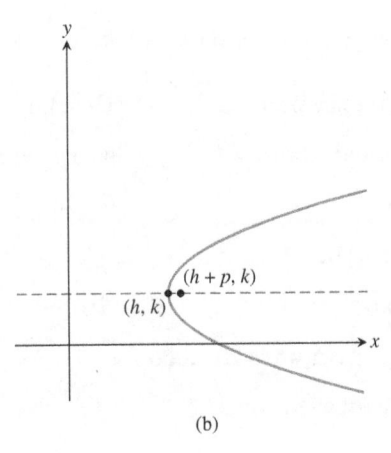

Figura C.6 Parábolas com vértice (h, k) e foco sobre (a) $x = h$ e (b) $y = k$.

Parábolas com vértice (h, k)

• **Equação padrão**	$(x - h)^2 = 4p(y - k)$	$(y - k)^2 = 4p(x - h)$
• **Concavidade**	para cima ou para baixo	para a direita ou para a esquerda
• **Foco**	$(h, k + p)$	$(h + p, k)$
• **Diretriz**	$y = k - p$	$x = h - p$
• **Eixo**	$x = h$	$y = k$
• **Comprimento do foco**	p	p
• **Largura do foco**	$\|4p\|$	$\|4p\|$

EXEMPLO 3 Verificação da equação de uma parábola

Encontrar a forma padrão da equação para a parábola com vértice $(3, 4)$ e foco $(5, 4)$.

SOLUÇÃO

O eixo da parábola é a reta passando pelo vértice $(3, 4)$ e o foco $(5, 4)$. Essa é a reta $y = 4$. Assim, a equação tem a forma:

$$(y - k)^2 = 4p(x - h)$$

com o vértice $(h, k) = (3, 4)$, $h = 3$ e $k = 4$. A distância direta do vértice $(3, 4)$ ao foco $(5, 4)$ é $p = 5 - 3 = 2$; logo, $4p = 8$. A equação é:

$$(y - 4)^2 = 8(x - 3).$$

EXEMPLO 4 A forma padrão de uma parábola e pontos importantes

Prove que o gráfico de $y^2 - 6x + 2y + 13 = 0$ é uma parábola e encontre o vértice, o foco e a diretriz.

SOLUÇÃO

Como essa equação é quadrática para a variável y, completamos o quadrado com relação a y para obter a forma padrão:

$$y^2 - 6x + 2y + 13 = 0$$

$$y^2 + 2y = 6x - 13$$

$$y^2 + 2y + 1 = 6x - 13 + 1$$

$$(y+1)^2 = 6x - 12$$

$$(y+1)^2 = 6(x - 2)$$

Essa equação está na forma padrão $(y - k)^2 = 4p(x - h)$, onde $h = 2$, $k = -1$ e $p = \frac{6}{4} = 1{,}5$. Logo:

- o vértice (h, k) é $(2, -1)$;
- o foco $(h + p, k)$ é $(3{,}5; -1) = \left(\frac{7}{2}, -1\right)$;
- a diretriz $x = h - p$ é $x = 0{,}5$ ou $x = \frac{1}{2}$.

Elipses

Geometria de uma elipse

Quando um plano intersecciona uma folha de um cilindro reto e forma uma curva fechada, essa curva é uma elipse.

DEFINIÇÃO Elipse

Uma **elipse** é o conjunto de todos os pontos do plano cujas distâncias entre dois deles fixados no plano têm uma soma com resultado constante. Os pontos fixados são os **focos** da elipse. A reta que passa pelos focos é o **eixo focal**. O ponto localizado no eixo focal, que é o ponto médio entre os focos, é o **centro**. Os pontos onde a elipse intersecciona seus eixos são os **vértices** da elipse (veja a Figura C.7).

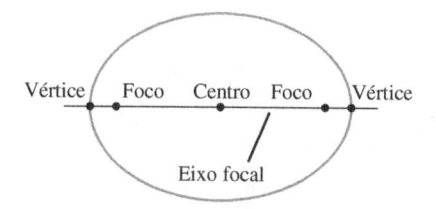

Figura C.7 Pontos sobre o eixo focal de uma elipse.

A Figura C.8 mostra um ponto $P(x, y)$ de uma elipse. Os pontos fixados F_1 e F_2 são os focos da elipse, e as distâncias, cuja soma é constante, são d_1 e d_2.

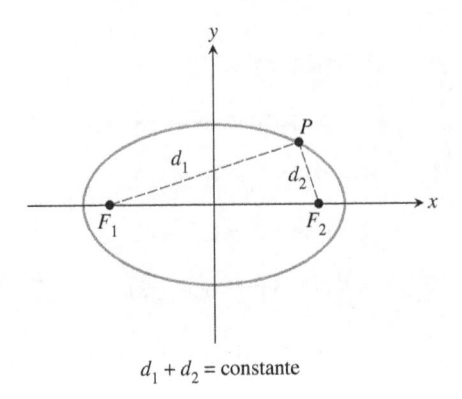

$d_1 + d_2 =$ constante

Figura C.8 Estrutura de uma elipse.

Podemos usar a definição para concluir uma equação para uma elipse. Para algumas constantes a e c, com $a > c \geq 0$, seja $F_1(-c, 0)$ e $F_2(c, 0)$ os focos (veja a Figura C.9). Então, uma elipse é definida pelo conjunto de pontos $P(x, y)$, tais que:

$$PF_1 + PF_2 = 2a$$

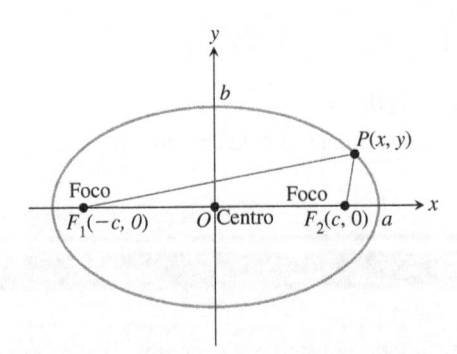

Figura C.9 Elipse definida por $PF_1 + PF_2 = 2a$, que é o gráfico de $\dfrac{x^2}{a^2} + \dfrac{y^2}{b^2} = 1$.

Usando a fórmula da distância, a equação é:

$$\sqrt{(x + c)^2 + (y - 0)^2} + \sqrt{(x - c)^2 + (y - 0)^2} = 2a$$

$$\sqrt{(x - c)^2 + y^2} = 2a - \sqrt{(x + c)^2 + y^2}$$

$$x^2 - 2cx + c^2 + y^2 = 4a^2 - 4a\sqrt{(x + c)^2 + y^2} + x^2 + 2cx + c^2 + y^2$$

$$a\sqrt{(x + c)^2 + y^2} = a^2 + cx$$

$$a^2(x^2 + 2cx + c^2 + y^2) = a^4 + 2a^2cx + c^2x^2$$

$$(a^2 - c^2)x^2 + a^2y^2 = a^2(a^2 - c^2)$$

Considerando $b^2 = a^2 - c^2$, temos:

$$b^2x^2 + a^2y^2 = a^2b^2,$$

que é usualmente escrita como:

$$\frac{x^2}{a^2} + \frac{y^2}{b^2} = 1.$$

Um ponto $P(x, y)$ satisfaz a última equação somente se o ponto pertence a uma elipse definida por $PF_1 + PF_2 = 2a$, desde que $a > c \geq 0$ e $b^2 = a^2 - c^2$.

A equação $\frac{x^2}{a^2} + \frac{y^2}{b^2} = 1$ é a **forma padrão** da equação de uma elipse centralizada na origem dos eixos e com o eixo horizontal x como o eixo focal. Uma elipse centralizada na origem com o eixo vertical y como seu eixo focal é a *inversa* de $\frac{x^2}{a^2} + \frac{y^2}{b^2} = 1$ e, assim, tem uma equação da forma:

$$\frac{y^2}{a^2} + \frac{x^2}{b^2} = 1.$$

O comprimento do eixo maior é $2a$, e o do eixo menor é $2b$. O número a é o **semieixo maior da elipse**, e b é o **semieixo menor da elipse**.

> **OBSERVAÇÃO**
>
> Um comentário sobre a palavra "eixo": o eixo focal é uma reta. Agora, semieixo menor ou semieixo maior são números.

Elipses com centro em (0, 0)

• Equação padrão	$\frac{x^2}{a^2} + \frac{y^2}{b^2} = 1$	$\frac{y^2}{a^2} + \frac{x^2}{b^2} = 1$
• Eixo focal	eixo horizontal x	eixo vertical y
• Focos	$(\pm c, 0)$	$(0, \pm c)$
• Vértices	$(\pm a, 0)$	$(0, \pm a)$
• Semieixo maior	a	a
• Semieixo menor	b	b
• Teorema de Pitágoras	$a^2 = b^2 + c^2$	$a^2 = b^2 + c^2$

Veja a Figura C.10.

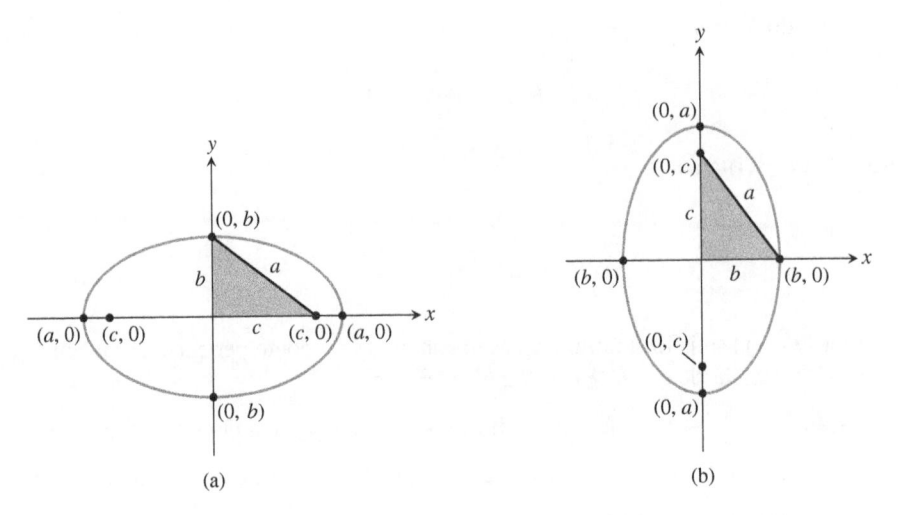

Figura C.10 Elipses centralizadas na origem com focos no (a) eixo x e no (b) eixo y.

EXEMPLO 5 **Verificação dos vértices e dos focos de uma elipse**

Encontre os vértices e os focos da elipse $4x^2 + 9y^2 = 36$.

SOLUÇÃO

Dividindo ambos os lados da equação por 36, temos a forma padrão $\dfrac{x^2}{9} + \dfrac{y^2}{4} = 1$. Como o maior número está no denominador de x^2, então o eixo focal é o eixo horizontal x. Assim, $a^2 = 9$, $b^2 = 4$ e $c^2 = a^2 - b^2 = 9 - 4 = 5$. Assim, os vértices são $(\pm 3, 0)$, e os focos são $(\pm\sqrt{5}, 0)$.

Uma elipse centralizada na origem com seu eixo focal sobre um dos eixos, x ou y, é simétrica com relação à origem em ambos os eixos. Tanto é que ela pode ser esboçada com o desenho de um *retângulo como guia* centralizado na origem e com os lados paralelos aos eixos. Logo, a elipse pode ser desenhada dentro do retângulo, como observamos a seguir.

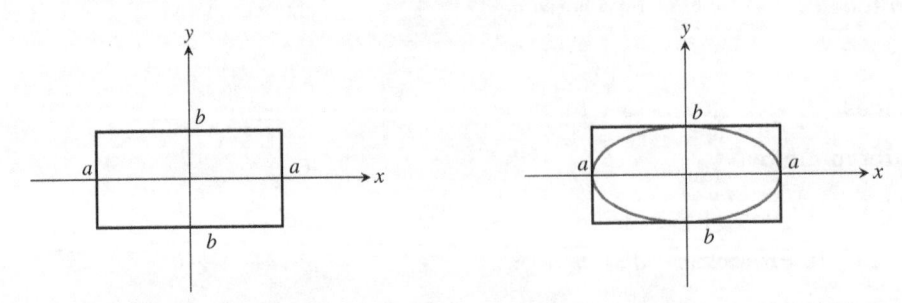

Para esboçar a elipse $\dfrac{x^2}{a^2} + \dfrac{y^2}{b^2} = 1$:

1. Encontre os valores $\pm a$ no eixo x e os valores $\pm b$ no eixo y. Faça o desenho do retângulo.
2. Insira uma elipse que tangencia o retângulo nos pares $(\pm a, 0)$ e $(0, \pm b)$.

APÊNDICE C Secções cônicas 315

Translações de elipses

Quando uma elipse com centro (0, 0) é transladada horizontalmente por *h* unidades e verticalmente por *k* unidades, o seu centro se move de (0, 0) para (*h*, *k*), como mostra a Figura C.11. Tal translação não modifica o comprimento dos eixos, tanto o maior como o menor.

Elipses com centro em (*h*, *k*)

• Equação padrão	$\dfrac{(x-h)^2}{a^2} + \dfrac{(y-k)^2}{b^2} = 1$	$\dfrac{(y-k)^2}{a^2} + \dfrac{(x-h)^2}{b^2} = 1$
• Eixo focal	$y = k$	$x = h$
• Focos	$(h \pm c, k)$	$(h, k \pm c)$
• Vértices	$(h \pm a, k)$	$(h, k \pm a)$
• Semieixo maior	a	a
• Semieixo menor	b	b
• Teorema de Pitágoras	$a^2 = b^2 + c^2$	$a^2 = b^2 + c^2$

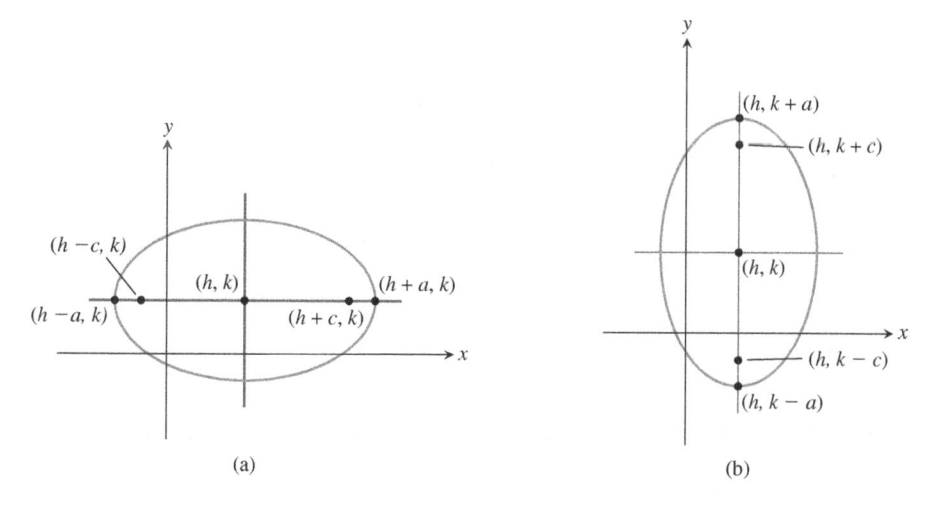

Veja a Figura C.11.

Figura C.11 Elipses com centro em (*h*, *k*) e focos sobre (a) $y = k$ e (b) $x = h$.

EXEMPLO 6 Verificação da equação de uma elipse

Encontre a forma padrão da equação para a elipse cujo eixo maior tem os extremos com coordenadas $(-2, -1)$ e $(8, -1)$ e cujo eixo menor tem comprimento 8.

SOLUÇÃO

A Figura C.12 mostra os extremos do eixo maior, o eixo menor e o centro da elipse. A equação padrão dessa elipse tem a forma:

$$\frac{(x-h)^2}{a^2} + \frac{(y-k)^2}{b^2} = 1,$$

onde o centro (h, k) está no par ordenado $(3, -1)$ do eixo maior. O semieixo maior e o semieixo menor são, respectivamente:

$$a = \frac{8 - (-2)}{2} = 5 \quad e \quad b = \frac{8}{2} = 4$$

Assim, a equação que procuramos é:

$$\frac{(x-3)^2}{5^2} + \frac{(y-(-1))^2}{4^2} = 1$$

$$\frac{(x-3)^2}{25} + \frac{(y+1)^2}{16} = 1$$

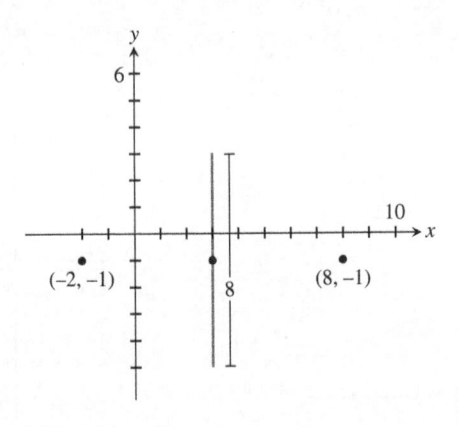

Figura C.12 Dados do Exemplo 6.

EXEMPLO 7 A forma padrão de uma elipse e pontos importantes

Encontre o centro, os vértices e os focos da elipse.

$$\frac{(x+2)^2}{9} + \frac{(y-5)^2}{49} = 1$$

SOLUÇÃO

A equação padrão dessa elipse tem a forma:

$$\frac{(y-5)^2}{49} + \frac{(x+2)^2}{9} = 1.$$

O centro (h, k) é $(-2, 5)$. Como o semieixo maior é $a = \sqrt{49} = 7$, então os vértices $(h, k \pm a)$ são:
$$(h, k + a) = (-2, 5 + 7) = (-2, 12) \text{ e}$$
$$(h, k - a) = (-2, 5 - 7) = (-2, -2).$$

Como:
$$c = \sqrt{a^2 - b^2} = \sqrt{49 - 9} = \sqrt{40},$$

então os focos $(h, k \pm c)$ são $(-2, 5 \pm \sqrt{40})$, ou, aproximadamente, $(-2; 11, 32)$ e $(-2; -1, 32)$.

> **DEFINIÇÃO** Excentricidade de uma elipse
>
> A excentricidade de uma elipse é:
> $$e = \frac{c}{a} = \frac{\sqrt{a^2 - b^2}}{a},$$
>
> onde a é o semieixo maior, b é o semieixo menor e c é a distância do centro da elipse até seus focos. Essa medida verifica o grau de "achatamento" de uma elipse.

Hipérboles

Geometria de uma hipérbole

Quando um plano intersecciona as duas folhas de um cilindro reto, a intersecção é uma hipérbole.

> **DEFINIÇÃO** Hipérbole
>
> Uma **hipérbole** é o conjunto de todos os pontos do plano cujas distâncias entre dois deles fixados no plano têm uma *diferença* com resultado constante. Os pontos fixados são os **focos** da hipérbole. A reta que passa pelos focos é o **eixo focal**. O ponto localizado no eixo focal, que é o ponto médio entre os focos, é o **centro**. Os pontos onde a hipérbole intersecciona seu eixo focal são os **vértices** da hipérbole (veja a Figura C.13).

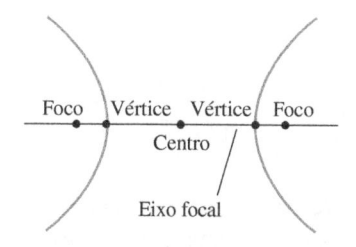

Figura C.13 Pontos sobre o eixo focal de uma hipérbole.

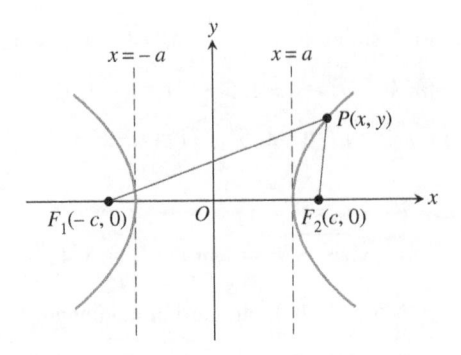

Figura C.14 Estrutura de uma hipérbole.

A Figura C.14 mostra uma hipérbole centralizada na origem, com seu eixo focal sobre o eixo horizontal x. Os vértices estão em $(-a, 0)$ e $(a, 0)$, onde a é alguma constante positiva. Os pontos fixados $F_1(-c, 0)$ e $F_2(c, 0)$ são os focos da hipérbole, com $c > a$.

Note que a hipérbole tem duas curvas separadas, que podemos chamar de *braços*. Para um ponto $P(x, y)$ sobre um dos lados da hipérbole, no caso, o direito, temos $PF_1 - PF_2 = 2a$. Sobre o lado esquerdo, temos $PF_2 - PF_1 = 2a$. Combinando essas duas equações, temos:

$$PF_1 - PF_2 = \pm 2a$$

Usando a fórmula da distância, a equação é:

$$\sqrt{(x+c)^2 + (y-0)^2} - \sqrt{(x-c)^2 + (y-0)^2} = \pm 2a$$

$$\sqrt{(x-c)^2 + y^2} = \pm 2a + \sqrt{(x+c)^2 + y^2}$$

$$x^2 - 2cx + c^2 + y^2 = 4a^2 \pm 4a\sqrt{(x+c)^2 + y^2} + x^2 + 2cx + c^2 + y^2$$

$$\mp a\sqrt{(x+c)^2 + y^2} = a^2 + cx$$

$$a^2(x^2 + 2cx + c^2 + y^2) = a^4 + 2a^2cx + c^2x^2$$

$$(c^2 - a^2)x^2 - a^2y^2 = a^2(c^2 - a^2)$$

Fazendo $b^2 = c^2 - a^2$, temos:

$$b^2x^2 - a^2y^2 = a^2b^2,$$

o qual é normalmente escrito como:

$$\frac{x^2}{a^2} - \frac{y^2}{b^2} = 1$$

Como esses passos podem ser revertidos, um ponto $P(x, y)$ satisfaz essa última equação somente se o ponto pertence a uma hipérbole definida por $PF_1 - PF_2 = \pm 2a$; isso, desde que $c > a > 0$ e $b^2 = c^2 - a^2$.

A equação $\dfrac{x^2}{a^2} - \dfrac{y^2}{b^2} = 1$ é a **forma padrão** da equação de uma hipérbole centralizada na origem com o eixo horizontal x como seu eixo focal. Uma hipérbole centralizada na origem com o eixo vertical y como seu eixo focal é a *relação inversa* de $\dfrac{x^2}{a^2} - \dfrac{y^2}{b^2} = 1$ e tem uma equação da forma:

$$\dfrac{y^2}{a^2} - \dfrac{x^2}{b^2} = 1.$$

Como com outras cônicas, um segmento de reta com extremos na hipérbole é um **raio** da hipérbole. O raio pertencente ao eixo focal conectando os vértices é o **eixo transverso** da hipérbole. O comprimento do eixo transverso é $2a$. O segmento de reta de comprimento $2b$, que é perpendicular ao eixo focal e que tem o centro da hipérbole como seu ponto médio, é o **eixo não transverso** da hipérbole. O número a é o **semieixo transverso**, e b é o **semieixo não transverso**.

A hipérbole:

$$\dfrac{x^2}{a^2} - \dfrac{y^2}{b^2} = 1$$

tem duas *assíntotas*. Essas assíntotas são retas inclinadas que podem ser encontradas trocando-se o valor 1 no lado direito por 0:

$$\underbrace{\dfrac{x^2}{a^2} - \dfrac{y^2}{b^2} = 1}_{\text{hipérbole}} \Rightarrow \underbrace{\dfrac{x^2}{a^2} - \dfrac{y^2}{b^2} = 0}_{\text{trocar 1 por 0}} \Rightarrow \underbrace{y = \pm \dfrac{b}{a} x}_{\text{assíntotas}}$$

Uma hipérbole centralizada na origem, com seu eixo focal sendo um dos eixos coordenados, é simétrica com relação à origem e aos dois eixos coordenados. Tal hipérbole pode ser esboçada com o desenho de um retângulo centralizado na origem com seus lados paralelos aos eixos coordenados, seguido pelos desenhos das assíntotas pelos seus cantos opostos e finalmente com o uso do retângulo central e das assíntotas como guias. Logo, a hipérbole pode ser desenhada como observamos a seguir:

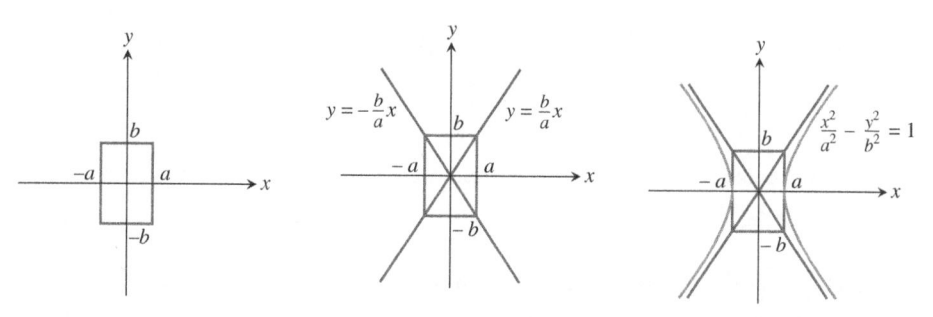

Para esboçar a hipérbole $\dfrac{x^2}{a^2} - \dfrac{y^2}{b^2} = 1$:

1. Esboce os segmentos de reta em $x = \pm a$ e $y = \pm b$ e complete o retângulo que esses segmentos determinam.
2. Esboce as assíntotas fazendo as diagonais do retângulo.
3. Use o retângulo e as assíntotas para guiar seu desenho.

Hipérboles com centro em (0, 0)

• Equação padrão	$\dfrac{x^2}{a^2} - \dfrac{y^2}{b^2} = 1$	$\dfrac{y^2}{a^2} - \dfrac{x^2}{b^2} = 1$
• Eixo focal	eixo horizontal x	eixo vertical y
• Focos	$(\pm c, 0)$	$(0, \pm c)$
• Vértices	$(\pm a, 0)$	$(0, \pm a)$
• Semieixo transverso	a	a
• Semieixo não transverso	b	b
• Teorema de Pitágoras	$c^2 = a^2 + b^2$	$c^2 = a^2 + b^2$
• Assíntotas	$y = \pm\dfrac{b}{a}x$	$y = \pm\dfrac{a}{b}x$

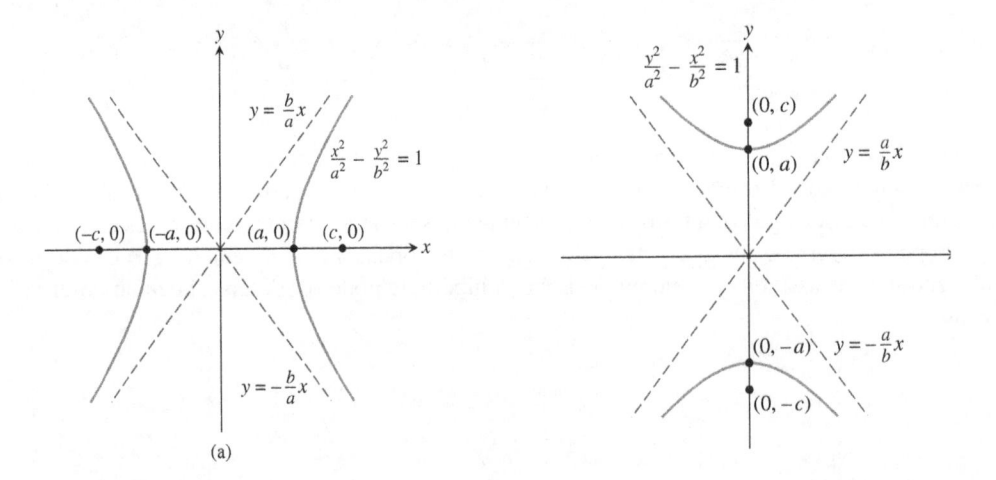

Veja a Figura C.15.

Figura C.15 Hipérboles centralizadas na origem com focos sobre o (a) eixo horizontal x e o (b) eixo vertical y.

EXEMPLO 8 Verificação dos vértices e dos focos de uma hipérbole

Encontre os vértices e os focos da hipérbole $4x^2 - 9y^2 = 36$.

SOLUÇÃO

Dividindo ambos os lados da equação por 36, temos a forma padrão $\dfrac{x^2}{9} - \dfrac{y^2}{4} = 1$. Assim, $a^2 = 9$, $b^2 = 4$ e $c^2 = a^2 + b^2 = 9 + 4 = 13$. Assim, os vértices são $(\pm 3, 0)$, e os focos são $(\pm\sqrt{13}, 0)$.

APÊNDICE C Secções cônicas 321

Translações de hipérboles

Quando uma hipérbole com centro (0, 0) é transladada horizontalmente por h unidades e verticalmente por k unidades, o centro da hipérbole move-se de (0, 0) para (h, k), como mostrado na Figura C.16. Essa translação não modifica o comprimento dos eixos transverso e não transverso.

Hipérboles com centro em (h, k)

- **Equação padrão** $\dfrac{(x-h)^2}{a^2} - \dfrac{(y-k)^2}{b^2} = 1$ $\dfrac{(y-k)^2}{a^2} - \dfrac{(x-h)^2}{b^2} = 1$

- **Eixo focal**   eixo horizontal x eixo vertical y

- **Focos** $(h \pm c, k)$ $(h, k \pm c)$

- **Vértices** $(h \pm a, k)$ $(h, k \pm a)$

- **Semieixo transverso** a a

- **Semieixo não transverso** b b

- **Teorema de Pitágoras** $c^2 = a^2 + b^2$ $c^2 = a^2 + b^2$

- **Assíntotas**
  $y = \pm \dfrac{b}{a}(x - h) + k$ $y = \pm \dfrac{a}{b}(x - h) + k$

Veja a Figura C.16.

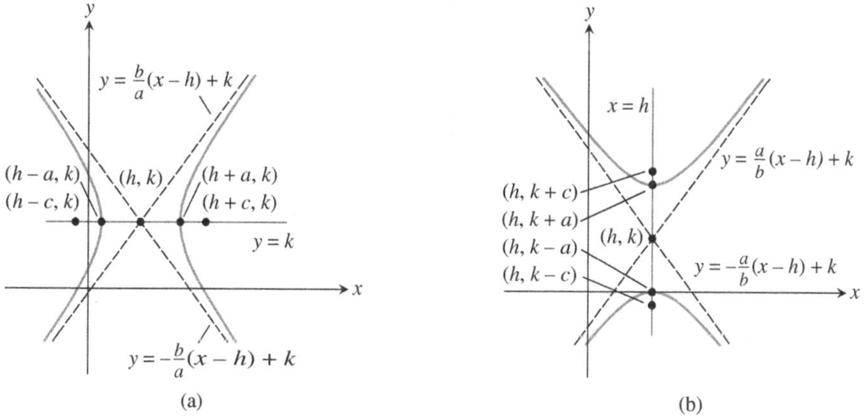

(a)

(b)

Figura C.16 Hipérboles com centro em (h, k) e focos sobre (a) $y = k$ e (b) $x = h$.

EXEMPLO 9 Verificação da equação de uma hipérbole

Encontre a forma padrão da equação para a hipérbole cujo eixo transverso tem os extremos com coordenadas $(-2, -1)$ e $(8, -1)$ e cujo eixo não transverso tem comprimento 8.

SOLUÇÃO

A Figura C.17 mostra os extremos do eixo transverso, do eixo não transverso e o centro da hipérbole. A equação padrão dessa hipérbole tem a forma:

$$\frac{(x-h)^2}{a^2} - \frac{(y-k)^2}{b^2} = 1,$$

onde o centro (h, k) está no par ordenado $(3, -1)$ do eixo transverso. O semieixo transverso e o semieixo não transverso são, respectivamente:

$$a = \frac{8-(-2)}{2} = 5 \quad \text{e} \quad b = \frac{8}{2} = 4.$$

Assim, a equação que procuramos é:

$$\frac{(x-3)^2}{5^2} - \frac{(y-(-1))^2}{4^2} = 1$$

$$\frac{(x-3)^2}{25} - \frac{(y+1)^2}{16} = 1.$$

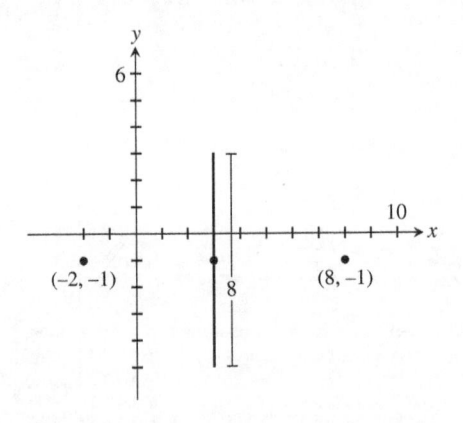

Figura C.17 Dados do Exemplo 9.

EXEMPLO 10 **A forma padrão de uma hipérbole e pontos importantes**

Encontre o centro, os vértices e os focos da hipérbole.

$$\frac{(x+2)^2}{9} - \frac{(y-5)^2}{49} = 1$$

SOLUÇÃO

O centro (h, k) é $(-2, 5)$. Como o semieixo transverso é $a = \sqrt{9} = 3$, então os vértices são
$$(h + a, k) = (-2 + 3, 5) = (1, 5) \text{ e}$$
$$(h - a, k) = (-2 - 3, 5) = (-5, 5).$$
Como $c = \sqrt{a^2 + b^2} = \sqrt{9 + 49} = \sqrt{58}$, então os focos $(h \pm c, k)$ são $(-2 \pm \sqrt{58}, 5)$, ou, aproximadamente, $(5,62; 5)$ e $(-9,62; 5)$.

DEFINIÇÃO Excentricidade de uma hipérbole

A **excentricidade** de uma hipérbole é:

$$e = \frac{c}{a} = \frac{\sqrt{a^2 + b^2}}{a},$$

onde a é o semieixo transverso, b é o semieixo não transverso e c é a distância do centro da hipérbole até seus focos.

REVISÃO RÁPIDA

Nos exercícios de 1 a 6, encontre a distância entre os pontos dados.

1. $(-1, 3)$ e $(2, 5)$ **2.** $(2, -3)$ e (a, b)
3. $(-3, -2)$ e $(2, 4)$ **4.** $(-3, -4)$ e (a, b)
5. $(4, -3)$ e $(-7, -8)$ **6.** $(a, -3)$ e (b, c)

Nos exercícios de 7 a 12, resolva a equação com y em função de x.

7. $2y^2 = 8x$ **8.** $3y^2 = 15x$

9. $\dfrac{y^2}{9} + \dfrac{x^2}{4} = 1$ **10.** $\dfrac{x^2}{36} + \dfrac{y^2}{25} = 1$

11. $\dfrac{y^2}{16} - \dfrac{x^2}{9} = 1$ **12.** $\dfrac{x^2}{36} - \dfrac{y^2}{4} = 1$

Nos exercícios 13 e 14, complete o quadrado para reescrever a equação na forma padrão.

13. $y = -x^2 + 2x - 7$ **14.** $y = 2x^2 + 6x - 5$

Nos exercícios 15 e 16, encontre o vértice e o eixo de simetria do gráfico de f.

15. $f(x) = 3(x - 1)^2 + 5$ **16.** $f(x) = -2x^2 + 12x + 1$

Nos exercícios 17 e 18, escreva uma equação para a função do segundo grau (ou quadrática), cujo gráfico tem os pontos a seguir:

17. Vértice $(-1, 3)$ e ponto $(0, 1)$
18. Vértice $(2, -5)$ e ponto $(5, 13)$

Nos exercícios de 19 a 26, encontre o valor de x algebricamente.

19. $\sqrt{3x + 12} + \sqrt{3x - 8} = 10$
20. $\sqrt{6x + 12} - \sqrt{4x + 9} = 1$
21. $\sqrt{6x^2 + 12} + \sqrt{6x^2 + 1} = 11$
22. $\sqrt{2x^2 + 8} + \sqrt{3x^2 + 4} = 8$
23. $\sqrt{3x + 12} - \sqrt{3x - 8} = 10$
24. $\sqrt{4x + 12} - \sqrt{x + 8} = 1$
25. $\sqrt{6x^2 + 12} - \sqrt{6x^2 + 1} = 1$
26. $\sqrt{2x^2 + 12} - \sqrt{3x^2 + 4} = -8$

Nos exercícios 27 e 28, encontre as soluções exatas, completando o quadrado.

27. $2x^2 - 6x - 3 = 0$ **28.** $2x^2 + 4x - 5 = 0$

Nos exercícios 29 e 30, resolva o sistema de equações.

29. $c - a = 2$ e $c^2 - a^2 = \dfrac{16a}{3}$

30. $c - a = 1$ e $c^2 - a^2 = \dfrac{25a}{12}$

Exercícios

Nos exercícios de 1 a 6, encontre o vértice, o foco, a diretriz e a largura focal da parábola.

1. $x^2 = 6y$
2. $y^2 = -8x$
3. $(y - 2)^2 = 4(x + 3)$
4. $(x + 4)^2 = -6(y + 1)$
5. $3x^2 = -4y$
6. $5y^2 = 16x$

Nos exercícios de 7 a 10, relacione o gráfico com sua equação.

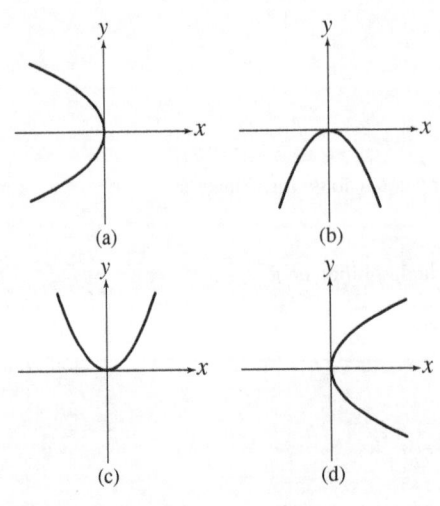

(a) (b) (c) (d)

7. $x^2 = 3y$
8. $x^2 = -4y$
9. $y^2 = -5x$
10. $y^2 = 10x$

Nos exercícios de 11 a 30, encontre uma equação na forma padrão para a parábola que satisfaz as condições dadas.

11. Vértice (0, 0), foco (−3, 0)
12. Vértice (0, 0), foco (0, 2)
13. Vértice (0, 0), diretriz $y = 4$
14. Vértice (0, 0), diretriz $x = -2$
15. Foco (0, 5), diretriz $y = -5$
16. Foco (−4, 0), diretriz $x = 4$
17. Vértice (0, 0), concavidade para a direita, largura focal = 8
18. Vértice (0, 0), concavidade para a esquerda, largura focal = 12
19. Vértice (0, 0), concavidade para baixo, largura focal = 6
20. Vértice (0, 0), concavidade para cima, largura focal = 3
21. Foco (−2, −4), vértice (−4, −4)
22. Foco (−5, 3), vértice (−5, 6)
23. Foco (3, 4), diretriz $y = 1$
24. Foco (2, −3), diretriz $x = 5$
25. Vértice (4, 3), diretriz $x = 6$
26. Vértice (3, 5), diretriz $y = 7$
27. Vértice (2, −1), concavidade para cima, largura focal = 16
28. Vértice (−3, −3), concavidade para baixo, largura focal = 20

29. Vértice $(-1, -4)$, concavidade para a esquerda, largura focal $= 10$

30. Vértice $(2, 3)$, concavidade para a direita, largura focal $= 5$

Nos exercícios de 31 a 36, esboce o gráfico de cada parábola.

31. $y^2 = -4x$
32. $x^2 = 8y$
33. $(x + 4)^2 = -12(y + 1)$
34. $(y + 2)^2 = -16(x + 3)$
35. $(y - 1)^2 = 8(x + 3)$
36. $(x - 5)^2 = 20(y + 2)$

Nos exercícios de 37 a 48, esboce o gráfico de cada parábola, manualmente ou não.

37. $y = 4x^2$
38. $y = -\dfrac{1}{6}x^2$
39. $x = -8y^2$
40. $x = 2y^2$
41. $12(y + 1) = (x - 3)^2$
42. $6(y - 3) = (x + 1)^2$
43. $2 - y = 16(x - 3)^2$
44. $(x + 4)^2 = -6(y - 1)$
45. $(y + 3)^2 = 12(x - 2)$
46. $(y - 1)^2 = -4(x + 5)$
47. $(y + 2)^2 = -8(x + 1)$
48. $(y - 6)^2 = 16(x - 4)$

Nos exercícios de 49 a 52, prove que o gráfico da equação é uma parábola e encontre o vértice, o foco e a diretriz.

49. $x^2 + 2x - y + 3 = 0$
50. $3x^2 - 6x - 6y + 10 = 0$
51. $y^2 - 4y - 8x + 20 = 0$
52. $y^2 - 2y + 4x - 12 = 0$

Nos exercícios de 53 a 56, escreva uma equação para a parábola.

53.

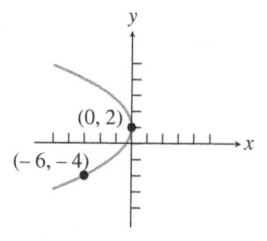

54.

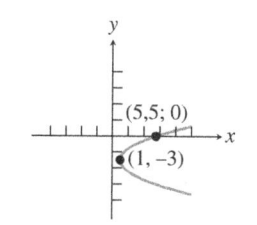

55.

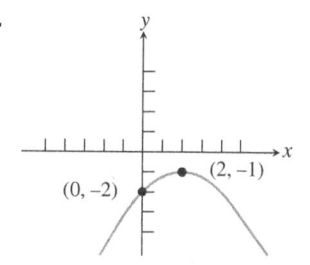

56.

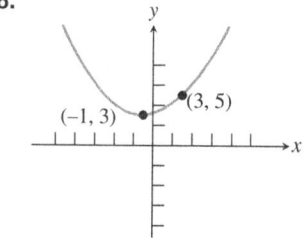

57. Múltipla escolha Qual ponto todas as cônicas da forma $x^2 = 4py$ têm em comum?
(a) $(1, 1)$ **(b)** $(1, 0)$ **(c)** $(0, 1)$
(d) $(0, 0)$ **(e)** $(-1, -1)$

58. Múltipla escolha O foco de $y^2 = 12x$ é:
(a) $(3, 3)$ **(b)** $(3, 0)$ **(c)** $(0, 3)$
(d) $(0, 0)$ **(e)** $(-3, -3)$

59. Múltipla escolha O vértice de $(y - 3)^2 = -8(x + 2)$ é:
(a) $(3, -2)$ **(b)** $(-3, -2)$ **(c)** $(-3, 2)$
(d) $(-2, 3)$ **(e)** $(-2, -3)$

Nos exercícios de 60 a 65, encontre os vértices e os focos da elipse.

60. $\dfrac{x^2}{16} + \dfrac{y^2}{7} = 1$
61. $\dfrac{y^2}{25} + \dfrac{x^2}{21} = 1$
62. $\dfrac{y^2}{36} + \dfrac{x^2}{27} = 1$
63. $\dfrac{x^2}{11} + \dfrac{y^2}{7} = 1$
64. $3x^2 + 4y^2 = 12$
65. $9x^2 + 4y^2 = 36$

Nos exercícios de 66 a 69, relacione o gráfico com sua equação.

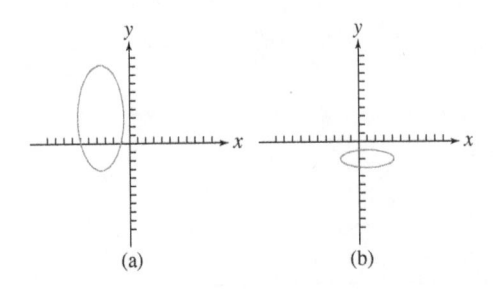

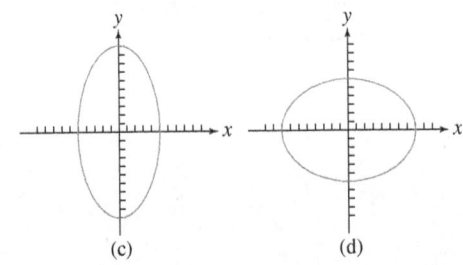

(a) (b) (c) (d)

66. $\dfrac{x^2}{25} + \dfrac{y^2}{16} = 1$ **67.** $\dfrac{y^2}{36} + \dfrac{x^2}{9} = 1$

68. $\dfrac{(y-2)^2}{16} + \dfrac{(x+3)^2}{4} = 1$ **69.** $\dfrac{(x-1)^2}{11} + (y+2)^2 = 1$

Nos exercícios de 70 a 75, esboce o gráfico da elipse.

70. $\dfrac{x^2}{64} + \dfrac{y^2}{36} = 1$ **71.** $\dfrac{x^2}{81} + \dfrac{y^2}{25} = 1$

72. $\dfrac{y^2}{9} + \dfrac{x^2}{4} = 1$ **73.** $\dfrac{y^2}{49} + \dfrac{x^2}{25} = 1$

74. $\dfrac{(x+3)^2}{16} + \dfrac{(y-1)^2}{4} = 1$ **75.** $\dfrac{(x-1)^2}{2} + \dfrac{(y+3)^2}{4} = 1$

Nos exercícios de 76 a 91, encontre uma equação na forma padrão para a elipse que satisfaz as condições dadas.

76. O eixo maior tem comprimento 6 sobre o eixo y, e o eixo menor tem comprimento 4.

77. O eixo maior tem comprimento 14 sobre o eixo x, e o eixo menor tem comprimento 10.

78. Os focos são (± 2, 0), e o eixo maior tem comprimento 10.

79. Os focos são (0, ± 3), e o eixo maior tem comprimento 10.

80. Os pontos nos extremos dos eixos são (± 4, 0) e (0, ± 5).

81. Os pontos nos extremos dos eixos são (± 7, 0) e (0, ± 4).

82. Os pontos nos extremos do eixo maior são (0, ± 6), e o eixo menor tem comprimento 8.

83. Os pontos nos extremos do eixo maior são (± 5, 0), e o eixo menor tem comprimento 4.

84. Os pontos nos extremos do eixo menor são (0, ± 4), e o eixo maior tem comprimento 10.

85. Os pontos nos extremos do eixo menor são (± 12, 0), e o eixo maior tem comprimento 26.

86. O eixo maior tem extremos (1, -4) e (1, 8), e o eixo menor tem comprimento 8.

87. O eixo maior tem extremos (-2, -3) e (-2, 7), e o eixo menor tem comprimento 4.

88. Os focos são (1, -4) e (5, -4); os extremos do eixo maior são (0, -4) e (6, -4).

89. Os focos são (-2, 1) e (-2, 5); os extremos do eixo maior são (-2, -1) e (-2, 7).

90. Os pontos nos extremos do eixo menor são (3, -7) e (3, 3); o eixo menor tem comprimento 6.

91. Os pontos nos extremos do eixo menor são (-5, 2) e (3, 2); o eixo menor tem comprimento 6.

Nos exercícios de 92 a 95, encontre o centro, os vértices e os focos da elipse.

92. $\dfrac{(x+1)^2}{25} + \dfrac{(y-2)^2}{16} = 1$

93. $\dfrac{(x-3)^2}{11} + \dfrac{(y-5)^2}{7} = 1$

94. $\dfrac{(y+3)^2}{81} + \dfrac{(x-7)^2}{64} = 1$

95. $\dfrac{(y-1)^2}{25} + \dfrac{(x+2)^2}{16} = 1$

Nos exercícios de 96 a 99, prove que o gráfico da equação é uma elipse e encontre os vértices, os focos e a excentricidade.

96. $9x^2 + 4y^2 - 18x + 8y - 23 = 0$

97. $3x^2 + 5y^2 - 12x + 30y + 42 = 0$

98. $9x^2 + 16y^2 + 54x - 32y - 47 = 0$

99. $4x^2 + y^2 - 32x + 16y + 124 = 0$

Nos exercícios 100 e 101, escreva uma equação para a elipse.

100.

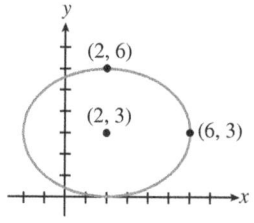

(gráfico com pontos (2,6), (2,3), (6,3))

101.

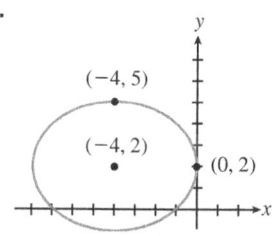

(gráfico com pontos (−4, 5), (−4, 2), (0, 2))

Nos exercícios 102 e 103, resolva o sistema de equações algebricamente e dê suporte gráfico à sua resposta.

102. $\dfrac{x^2}{4} + \dfrac{y^2}{9} = 1$

$x^2 + y^2 = 4$

103. $\dfrac{x^2}{9} + y^2 = 1$

$x - 3y = -3$

104. Verdadeiro ou falso? A distância dos focos de uma elipse até o vértice mais próximo é $a(1 + e)$, onde a é o semieixo maior e e é a excentricidade. Justifique sua resposta.

105. Verdadeiro ou falso? A distância dos focos de uma elipse até os extremos do menor eixo é metade do comprimento do maior eixo. Justifique sua resposta.

106. Múltipla escolha Um foco de $x^2 + 4y^2 = 4$ é:

(a) (4, 0) (b) (2, 0) (c) ($\sqrt{3}$, 0)
(d) ($\sqrt{2}$, 0) (e) (1, 0)

107. Múltipla escolha O eixo focal de $\dfrac{(x-2)^2}{25} + \dfrac{(y-3)^2}{16} = 1$ é:

(a) $y = 1$ (b) $y = 2$ (c) $y = 3$
(d) $y = 4$ (e) $y = 5$

108. Múltipla escolha O centro de $9x^2 + 4y^2 - 72x - 24y + 144 = 0$ é:

(a) (4, 2) (b) (4, 3) (c) (4, 4)
(d) (4, 5) (e) (4, 6)

109. Múltipla escolha O perímetro de um triângulo com um vértice sobre a elipse $\dfrac{x^2}{a^2} + \dfrac{y^2}{b^2} = 1$ e os outros dois vértices sobre os focos da elipse deveriam ser:

(a) $a + b$ (b) $2a + 2b$ (c) $2a + 2c$
(d) $2b + 2c$ (e) $a + b + c$

Nos exercícios de 110 a 115, encontre os vértices e os focos da hipérbole.

110. $\dfrac{x^2}{16} - \dfrac{y^2}{7} = 1$ **111.** $\dfrac{y^2}{25} - \dfrac{x^2}{21} = 1$

112. $\dfrac{y^2}{36} - \dfrac{x^2}{13} = 1$ **113.** $\dfrac{x^2}{9} - \dfrac{y^2}{16} = 1$

114. $3x^2 - 4y^2 = 12$ **115.** $9x^2 - 4y^2 = 36$

Nos exercícios de 116 a 119, relacione o gráfico com sua equação.

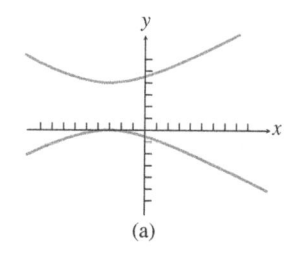

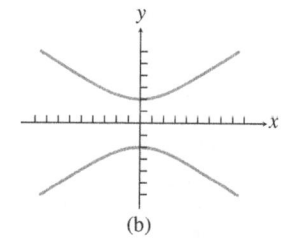

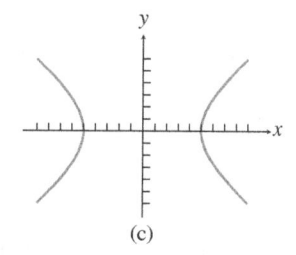

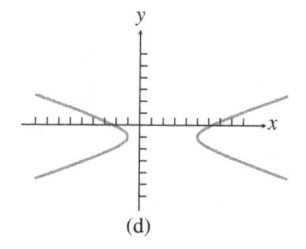

(a) (gráfico de hipérbole)

(b) (gráfico de hipérbole)

(c) (gráfico de hipérbole)

(d) (gráfico de hipérbole)

116. $\dfrac{x^2}{25} - \dfrac{y^2}{16} = 1$

117. $\dfrac{y^2}{4} - \dfrac{x^2}{9} = 1$

118. $\dfrac{(y-2)^2}{4} - \dfrac{(x+3)^2}{16} = 1$

119. $\dfrac{(x-2)^2}{9} - (y+1)^2 = 1$

Nos exercícios de 120 a 125, esboce o gráfico da hipérbole.

120. $\dfrac{x^2}{49} - \dfrac{y^2}{25} = 1$

121. $\dfrac{y^2}{64} - \dfrac{x^2}{25} = 1$

122. $\dfrac{y^2}{25} - \dfrac{x^2}{16} = 1$

123. $\dfrac{x^2}{169} - \dfrac{y^2}{144} = 1$

124. $\dfrac{(x+3)^2}{16} - \dfrac{(y-1)^2}{4} = 1$

125. $\dfrac{(x-1)^2}{2} - \dfrac{(y+3)^2}{4} = 1$

Nos exercícios de 126 a 141, encontre uma equação na forma padrão para a hipérbole que satisfaz as condições dadas.

126. Os focos são (± 3, 0), e o eixo transverso tem comprimento 4.

127. Os focos são (0, ± 3), e o eixo transverso tem comprimento 4.

128. Os focos são (0, ± 15), e o eixo transverso tem comprimento 8.

129. Os focos são (± 5, 0), e o eixo transverso tem comprimento 3.

130. Centro em (0, 0), $a = 5$ e $e = 2$, e o eixo focal é o horizontal.

131. Centro em (0, 0), $a = 4$ e $e = \dfrac{3}{2}$, e o eixo focal é o vertical.

132. Centro em (0, 0), $b = 5$ e $e = \dfrac{13}{12}$, e o eixo focal é o vertical.

133. Centro em (0, 0), $c = 6$ e $e = 2$, e o eixo focal é o horizontal.

134. Os pontos nos extremos do eixo transverso são (2, 3) e (2, -1), e o comprimento do eixo transverso é 6.

135. Os pontos nos extremos do eixo transverso são (5, 3) e (-7, 3), e o comprimento do eixo transverso é 10.

136. Os pontos nos extremos do eixo transverso são (-1, 3) e (5, 3), e a inclinação de uma assíntota é $\dfrac{4}{3}$.

137. Os pontos nos extremos do eixo transverso são (-2, -2) e (-2, 7), e a inclinação de uma assíntota é $\dfrac{4}{3}$.

138. Os focos são (–4, 2) e (2, 2); os extremos do eixo transverso são (-3, 2) e (1, 2).

139. Os focos são (-3, 11) e (-3, 0); os extremos do eixo transverso são (-3, -9) e (-3, -2).

140. Centro em (–3, 6), $a = 5$ e $e = 2$, e o eixo focal é o vertical.

141. Centro em (1, -4), $c = 6$ e $e = 2$, e o eixo focal é o horizontal.

Nos exercícios de 142 a 145, encontre o centro, os vértices e os focos da hipérbole.

142. $\dfrac{(x+1)^2}{144} - \dfrac{(y-2)^2}{25} = 1$

143. $\dfrac{(x+4)^2}{12} - \dfrac{(y+6)^2}{13} = 1$

144. $\dfrac{(y+3)^2}{64} - \dfrac{(x-2)^2}{81} = 1$

145. $\dfrac{(y-1)^2}{25} - \dfrac{(x+5)^2}{11} = 1$

Nos exercícios de 146 a 149, esboce o gráfico da hipérbole e encontre seus vértices, focos e excentricidade.

146. $4(y-1)^2 - 9(x-3)^2 = 36$

147. $4(x-2)^2 - 9(y+4)^2 = 1$

148. $9x^2 - 4y^2 - 36x + 8y - 4 = 0$

149. $25y^2 - 9x^2 - 50y - 54x - 281 = 0$

Nos exercícios 150 e 151, escreva uma equação para a hipérbole.

150.

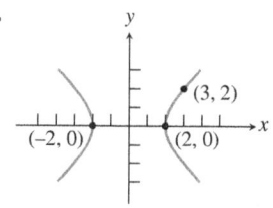

(hyperbola with vertices $(-2, 0)$ and $(2, 0)$, point $(3, 2)$)

151.

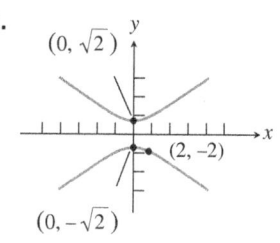

(hyperbola with vertices $(0, \sqrt{2})$ and $(0, -\sqrt{2})$, point $(2, -2)$)

Nos exercícios 152 e 153, resolva o sistema de equações algebricamente e dê suporte à sua resposta graficamente.

152. $\dfrac{x^2}{4} - \dfrac{y^2}{9} = 1$

$x - \dfrac{2\sqrt{3}}{3}y = -2$

153. $\dfrac{x^2}{4} - y^2 = 1$

$x^2 + y^2 = 9$

154. Verdadeiro ou falso? A distância dos focos de uma hipérbole até o vértice mais próximo é $a(e - 1)$, onde a é o semieixo transverso e e é a excentricidade. Justifique sua resposta.

155. Verdadeiro ou falso? O teorema de Pitágoras, $a^2 + b^2 = c^2$, se aplica à hipérbole. Justifique sua resposta.

156. Múltipla escolha Um foco de $x^2 - 4y^2 = 4$ é:

(a) $(4, 0)$ (b) $(\sqrt{5}, 0)$ (c) $(2, 0)$
(d) $(\sqrt{3}, 0)$ (e) $(1, 0)$

157. Múltipla escolha O eixo focal de $\dfrac{(x+5)^2}{9} - \dfrac{(y-6)^2}{16} = 1$ é:

(a) $y = 2$ (b) $y = 3$ (c) $y = 4$
(d) $y = 5$ (e) $y = 6$

158. Múltipla escolha O centro de $4x^2 - 12y^2 - 16x - 72y - 44 = 0$ é:

(a) $(2, -2)$ (b) $(2, -3)$ (c) $(2, -4)$
(d) $(2, -5)$ (e) $(2, -6)$

159. Múltipla escolha As inclinações das assíntotas da hipérbole $\dfrac{x^2}{4} - \dfrac{y^2}{3} = 1$ são:

(a) ± 1 (b) $\pm \dfrac{3}{2}$ (c) $\pm \dfrac{\sqrt{3}}{2}$

(d) $\pm \dfrac{2}{3}$ (e) $\pm \dfrac{4}{3}$

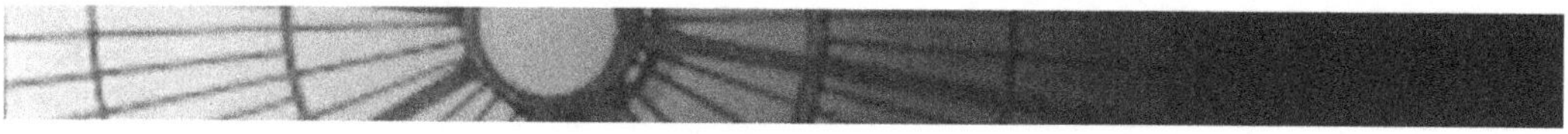

Respostas

CAPÍTULO 1

Revisão rápida

1. {1, 2, 3, 4, 5, 6}
2. {−2, −1, 0, 1, 2, 3, 4, 5, 6}
3. {−3, −2, −1}
4. {1, 2, 3, 4}
5. (a) 1187,75   (b) −4,72
6. (a) 20,65   (b) 0,10
7. $(-2)^3 - 2(-2) + 1 = -3$;
   $(1,5)^3 - 2(1,5) + 1 = 1,375$
8. $(-3)^2 + (-3)(2) + 2^2 = 7$

Exercícios

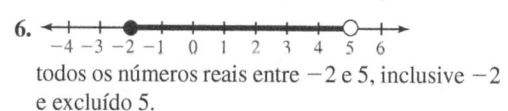

1. −4,625 (finitas)
2. $0,\overline{15}$ (infinitas)
3. $-2,1\overline{6}$ (infinitas)
4. $0,\overline{135}$ (infinitas)
5. 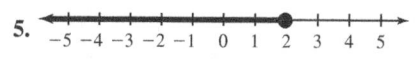 [reta numérica de −5 a 5, marcando valores ≤ 2]
   todos os números reais menores ou iguais a 2.
6. [reta numérica de −4 a 6, marcando valores de −2 a 5]
   todos os números reais entre −2 e 5, inclusive −2 e excluído 5.
7.  [reta numérica de −2 a 8]
   todos os números reais menores que 7.
8. 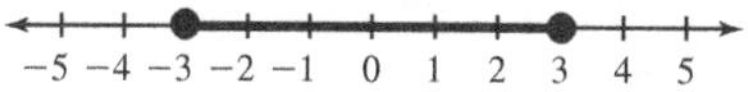 [reta numérica de −5 a 5]
   todos os números reais entre −3 e 3, incluindo −3 e 3.
9.  [reta numérica de −5 a 5]
   todos os números reais menores que 0.
10. [reta numérica de −1 a 9]
    todos os números reais entre 2 e 6, incluindo 2 e 6.
11. $-1 \leq x < 1$; todos os números entre −1 e 1, incluindo −1 e excluindo 1.
12. $-\infty < x \leq 4$, ou $x \leq 4$; todos os números menores ou iguais a 4.
13. $-\infty < x < 5$, ou $x < 5$; todos os números menores que 5.
14. $-2 \leq x < 2$; todos os números entre −2 e 2, incluindo −2 e excluindo 2.
15. $-1 < x < 2$; todos os números entre −1 e 2, excluindo −1 e 2.
16. $5 \leq x < \infty$, ou $x \geq 5$; todos os números maiores ou iguais a 5.
17.]−3, +∞[; todos os números maiores que −3.
18.]−7, −2[; todos os números entre −7 e −2, excluindo −7 e −2.
19.]−2, 1[; todos os números entre −2 e 1, excluindo −2 e 1.
20. [−1, +∞[; todos os números maiores ou iguais a −1.
21.]−3, 4]; todos os números entre −3 e 4, excluindo −3 e incluindo 4.
22.]0, +∞[; todos os números maiores que 0.
23. Os números reais maiores que 4 e menores ou iguais a 9.
24. Os números reais maiores ou iguais a −1, ou os números reais que são pelo menos −1.
25. Os números reais maiores ou iguais a −3, ou os números reais que são pelo menos −3.
26. Os números reais entre −5 e 7, ou os números reais maiores que −5 e menores que 7.
27. Os números reais maiores que −1.
28. Os números reais entre −3 e 0 (inclusive), ou maiores ou iguais a −3 e menores ou iguais a 0.
29. $-3 < x \leq 4$; extremos −3 e 4; limitado; aberto à esquerda e fechado à direita.
30. $-3 < x < -1$; extremos −3 e −1; limitado; aberto.
31. $x < 5$; extremo 5; não limitado; aberto.
32. $x \geq -6$; extremo −6; não limitado; fechado.
33. A idade de Bill deve ser maior ou igual a 29: $x \geq 29$ ou [29, +∞[; x = idade de Bill.
34. Preço entre 0 e 2 (inclusive): $0 \leq x \leq 2$ ou [0, 2]; x = preço de um item.
35. Os preços estão entre R$ 2,20 e R$ 2,90 (inclusive): $2,20 \leq x \leq 2,90$ ou [2,20, 2,90]; x = R$ por litro de gasolina.
36. A taxa ficará entre 0,02 e 0,065: $0,02 < x < 0,065$ ou]0,2, 0,65[; x = taxa de juros.
37. $a(x^2 + b) = a \cdot x^2 + a \cdot b = ax^2 + ab$
38. $(y - z^3)c = y \cdot c - z^3 \cdot c = yc - z^3c$

39. $ax^2 + dx^2 = a \cdot x^2 + d \cdot x^2 = (a + d)x^2$

40. $a^3z + a^3w = a^3 \cdot z + a^3 \cdot w = a^3(z + w)$

41. A inversa de $6 - \pi$, ou $-(6 - \pi) = -6 + \pi = \pi - 6$

42. A inversa de -7, ou $-(-7) = 7$

43. Em -5^2, a base é 5.

44. Em $(-2)^7$, a base é -2.

45. $\dfrac{x^2}{y^2}$

46. $\dfrac{(3x^2)^2 y^4}{3y^2} = \dfrac{3^2(x^2)^2 y^4}{3y^2} = \dfrac{9x^4 y^4}{3y^2} = 3x^4 y^2$

47. $\left(\dfrac{4}{x^2}\right)^2 = \dfrac{4^2}{(x^2)^2} = \dfrac{16}{x^4}$

48. $\left(\dfrac{2}{xy}\right)^{-3} = \left(\dfrac{xy}{2}\right)^3 = \dfrac{x^3 y^3}{2^3} = \dfrac{x^3 y^3}{8}$

49. $\dfrac{(x^{-3}y^2)^{-4}}{(y^6 x^{-4})^{-2}} = \dfrac{x^{12} y^{-8}}{y^{-12} x^8} = \dfrac{x^4}{y^{-4}} = x^4 y^4$

50. $\left(\dfrac{4a^3 b}{a^2 b^3}\right)\left(\dfrac{3b^2}{2a^2 b^4}\right) = \left(\dfrac{4a}{b^2}\right)\left(\dfrac{3}{2a^2 b^2}\right) = \dfrac{12a}{2a^2 b^4} = \dfrac{6}{ab^4}$

51. $7,8 \times 10^8$

52. $-1,6 \times 10^{-19}$

53. $0,000\ 000\ 033\ 3$

54. $673.000.000.000$

55. $9.500.000.000.000$

56. $0,000\ 000\ 000\ 000\ 000\ 000\ 000\ 001\ 674\ 7$ (23 zeros entre o ponto decimal e 1).

57. $\dfrac{(1,35)(2,41) \times 10^{-7+8}}{1,25 \times 10^9} = \dfrac{3,2535 \times 10^1}{1,25 \times 10^9}$

$= \dfrac{3,2535}{1,25} \times 10^{1-9} = 2,6028 \times 10^{-8}$

58. $\dfrac{(3,7)(4,3) \times 10^{-7+6}}{2,5 \times 10^7} = \dfrac{15,91 \times 10^{-1}}{2,5 \times 10^7}$

$= \dfrac{15,91}{2,5} \times 10^{-1-7} = 6,364 \times 10^{-8}$

59. (a) Quando $n = 0$, a equação $a^m a^n = a^{m+n}$ torna-se $a^m a^0 = a^{m+0}$, isto é, $a^m a^0 = a^m$. Como $a \neq 0$, podemos dividir os dois lados da equação por a^m, portanto, $a^0 = 1$.

(b) Quando $n = -m$, a equação $a^m a^n = a^{m+n}$ torna-se $a^m a^{-m} = a^{m+(-m)}$, isto é, $a^{m-m} = a^0$. Sabemos por (a) que $a^0 = 1$, Como $a \neq 0$, podemos dividir os dois lados da equação $a^m a^{-m} = 1$ por a^m. Portanto, $a^{-m} = \dfrac{1}{a^m}$.

60. Falso.

61. Falso.

62. O intervalo $[-2, 1[$ corresponde a $-2 \leq x < 1$. A resposta é E.

63. $(-2)^4 = (-2)(-2)(-2)(-2) = 16$. A resposta é A.

64. Em $-7^2 = -(7^2)$, a base é 7. A resposta é B.

65. $\dfrac{x^6}{x^2} = \dfrac{x^2 \cdot x^4}{x^2} = x^4$ A resposta é D.

66. Os números reais com magnitude menor que 7 são representados pelo intervalo $]-7, 7[$.

67. Os números naturais com magnitude menor que 7 são 0, 1, 2, 3, 4, 5, 6.

68. Os números inteiros com magnitude menor que 7 são $-6, -5, -4, -3, -2, -1, 0, 1, 2, 3, 4, 5, 6$.

CAPÍTULO 2
Exercícios

1. $\sqrt{81} = 9$ ou -9, pois $81 = (\pm 9)^2$

2. $\sqrt[4]{81} = 3$ ou -3, pois $81 = (\pm 3)^4$

3. $\sqrt[3]{64} = 4$, pois $64 = 4^3$

4. $\sqrt[5]{243} = 3$, pois $243 = 3^5$

5. $\sqrt{\dfrac{16}{9}} = \dfrac{\sqrt{16}}{\sqrt{9}} = \dfrac{4}{3}$ ou $-\dfrac{4}{3}$, pois $\dfrac{16}{9} = \left(\pm\dfrac{4}{3}\right)^2$

6. $\sqrt[3]{-\dfrac{27}{8}} = -\dfrac{\sqrt[3]{27}}{\sqrt[3]{8}} = -\dfrac{3}{2}$, pois $\dfrac{-27}{8} = \left(\dfrac{-3}{2}\right)^3$

7. $\sqrt{144} = 12$, pois $12 \cdot 12 = 144$

8. Nenhum número real multiplicado por ele mesmo resulta em -16.

9. $\sqrt[3]{-216} = -6$, pois $(-6)^3 = -216$

10. $\sqrt[3]{216} = 6$, pois $6^3 = 216$

11. $\sqrt[3]{-\dfrac{64}{27}} = -\dfrac{4}{3}$, pois $\left(-\dfrac{4}{3}\right)^3 = -\dfrac{64}{27}$

12. $\sqrt{\dfrac{64}{25}} = \dfrac{8}{5}$, pois $8^2 = 64$ e $5^2 = 25$

13. 4

14. 5

15. $\dfrac{5}{2}$ ou 2,5

16. $\dfrac{7}{2}$ ou 3,5

Respostas

17. 729

18. 32

19. $\dfrac{1}{4}$ ou 0,25

20. $\dfrac{1}{81}$ ou 0,012345679

21. -2

22. $-\dfrac{4}{5}$ ou $-0,8$

23. $\sqrt{288} = \sqrt{12^2 \cdot 2} = \sqrt{12^2} \cdot \sqrt{2} = 12\sqrt{2}$

24. $\sqrt[3]{500} = \sqrt[3]{5^3 \cdot 4} = \sqrt[3]{5^3} \cdot \sqrt[3]{4} = 5\sqrt[3]{4}$

25. $\sqrt[3]{-250} = \sqrt[3]{(-5)^3 \cdot 2}$
   $= \sqrt[3]{(-5)^3} \cdot \sqrt[3]{2} = -5\sqrt[3]{2}$

26. $\sqrt[4]{192} = \sqrt[4]{2^4 \cdot 12} = \sqrt[4]{2^4} \cdot \sqrt[4]{12} = 2\sqrt[4]{12}$

27. $\sqrt{2x^3y^4} = \sqrt{(xy^2)^2 \cdot 2x} =$
   $= \sqrt{(xy^2)^2} \cdot \sqrt{2x} = |x|y^2\sqrt{2x}$

28. $\sqrt[3]{-27x^3y^6} = \sqrt[3]{(-3xy^2)^3} = -3xy^2$

29. $\sqrt[4]{3x^8y^6} = \sqrt[4]{(x^2y)^4 \cdot 3y^2} =$
   $= \sqrt[4]{(x^2y)^4} \cdot \sqrt[4]{3y^2} = |x^2y|\sqrt[4]{3y^2} = x^2|y|\sqrt[4]{3y^2}$

30. $\sqrt[3]{8x^6y^4} = \sqrt[3]{(2x^2y)^3 \cdot y}$
   $= \sqrt[3]{(2x^2y)^3} \cdot \sqrt[3]{y} = 2x^2y\sqrt[3]{y}$

31. $\sqrt[5]{96x^{10}} = \sqrt[5]{(2x^2)^5 \cdot 3} = \sqrt[5]{(2x^2)^5} \cdot \sqrt[5]{3}$
   $= 2x^2\sqrt[5]{3}$

32. $\sqrt{108x^4y^9} = \sqrt{(6x^2y^4)^2 \cdot 3y}$
   $= \sqrt{(6x^2y^4)^2} \cdot \sqrt{3y} = 6x^2y^4\sqrt{3y}$

33. $\dfrac{4}{\sqrt[3]{2}} \cdot \dfrac{\sqrt[3]{4}}{\sqrt[3]{4}} = \dfrac{4\sqrt[3]{4}}{\sqrt[3]{8}} = \dfrac{4\sqrt[3]{4}}{2} = 2\sqrt[3]{4}$

34. $\dfrac{1}{\sqrt{5}} \cdot \dfrac{\sqrt{5}}{\sqrt{5}} = \dfrac{\sqrt{5}}{\sqrt{25}} = \dfrac{\sqrt{5}}{5}$

35. $\dfrac{1}{\sqrt[5]{x^2}} \cdot \dfrac{\sqrt[5]{x^3}}{\sqrt[5]{x^3}} = \dfrac{\sqrt[5]{x^3}}{\sqrt[5]{x^5}} = \dfrac{\sqrt[5]{x^3}}{x}$

36. $\dfrac{2}{\sqrt[4]{y}} \cdot \dfrac{\sqrt[4]{y^3}}{\sqrt[4]{y^3}} = \dfrac{2\sqrt[4]{y^3}}{\sqrt[4]{y^4}} = \dfrac{2\sqrt[4]{y^3}}{y}$

37. $\sqrt[3]{\dfrac{x^2}{y}} = \dfrac{\sqrt[3]{x^2}}{\sqrt[3]{y}} \cdot \dfrac{\sqrt[3]{y^2}}{\sqrt[3]{y^2}} = \dfrac{\sqrt[3]{x^2y^2}}{\sqrt[3]{y^3}} = \dfrac{\sqrt[3]{x^2y^2}}{y}$

38. $\sqrt[5]{\dfrac{a^3}{b^2}} = \dfrac{\sqrt[5]{a^3}}{\sqrt[5]{b^2}} \cdot \dfrac{\sqrt[5]{b^3}}{\sqrt[5]{b^3}} = \dfrac{\sqrt[5]{a^3b^3}}{\sqrt[5]{b^5}} = \dfrac{\sqrt[5]{a^3b^3}}{b}$

39. $[(a + 2b)^2]^{1/3} = (a + 2b)^{2/3}$

40. $(x^2y^3)^{1/5} = (x^2)^{1/5}(y^3)^{1/5} = x^{2/5}y^{3/5}$

41. $2x(x^2y)^{1/3} = 2x(x^2)^{1/3}y^{1/3} = 2x^{3/3}x^{2/3}y^{1/3} = 2x^{5/3}y^{1/3}$

42. $xy(xy^3)^{1/4} = xyx^{1/4}(y^3)^{1/4} = x^{4/4}y^{4/4}x^{1/4}y^{3/4}$
   $= x^{5/4}y^{7/4}$

43. $a^{3/4}b^{1/4} = \sqrt[4]{a^3} \cdot \sqrt[4]{b} = \sqrt[4]{a^3b}$

44. $x^{2/3}y^{1/3} = \sqrt[3]{x^2} \cdot \sqrt[3]{y} = \sqrt[3]{x^2y}$

45. $x^{-5/3} = \sqrt[3]{x^{-5}} = \dfrac{1}{\sqrt[3]{x^5}}$

46. $(xy)^{-3/4} = \sqrt[4]{x^{-3}y^{-3}} = \dfrac{1}{\sqrt[4]{x^3y^3}}$

47. $\sqrt{\sqrt{2x}} = [(2x)^{1/2}]^{1/2} = (2x)^{1/4} = \sqrt[4]{2x}$

48. $\sqrt{\sqrt[3]{3x^2}} = [(3x)^{1/3}]^{1/2} = (3x^2)^{1/6} = \sqrt[6]{3x^2}$

49. $\sqrt[4]{\sqrt{xy}} = [(xy)^{1/2}]^{1/4} = (xy)^{1/8} = \sqrt[8]{xy}$

50. $\sqrt[3]{\sqrt{ab}} = [(ab)^{1/2}]^{1/3} = (ab)^{1/6} = \sqrt[6]{ab}$

51. $\dfrac{\sqrt[5]{a^2}}{\sqrt[3]{a}} = \dfrac{a^{2/5}}{a^{1/3}} = a^{2/5 - 1/3} = a^{1/15} = \sqrt[15]{a}$

52. $\sqrt{a}\sqrt[3]{a^2} = a^{1/2}a^{2/3} = a^{1/2 + 2/3} = a^{7/6}$
   $= \sqrt[6]{a^7} = a\sqrt[6]{a}$

53. $a^{3/5}a^{1/3}a^{-3/2} = a^{3/5 + 1/3 - 3/2} = a^{-17/30} = \dfrac{1}{a^{17/30}}$

54. $\sqrt{x^2y^4} = \sqrt{(xy^2)^2} = |xy^2| = |x|y^2$

55. $(a^{5/3}\,b^{3/4})(3a^{1/3}\,b^{5/4}) = 3 \cdot a^{\,5/3}a^{1/3} \cdot b^{3/4}\,b^{\,5/4} =$
   $3 \cdot a^{\,6/3} \cdot b^{\,8/4} = 3a^2b^2 \ (b \geq 0)$

56. $\left(\dfrac{x^{1/2}}{y^{2/3}}\right)^6 = \dfrac{(x^{1/2})^6}{(y^{2/3})^6} = \dfrac{x^{6/2}}{y^{12/3}} = \dfrac{x^3}{y^4} \ (x \geq 0)$

57. $\left(\dfrac{-8x^6}{y^{-3}}\right)^{2/3} = (-8x^6y^3)^{2/3} = (-8)^{2/3}(x^6)^{2/3}(y^3)^{2/3}$

$= [(-8)^2]^{1/3} x^{12/3} y^{6/3} = 64^{1/3} x^4 y^2 = 4x^4y^2$

58. $\dfrac{(p^2q^4)^{1/2}}{(27q^3p^6)^{1/3}} = \dfrac{\sqrt{p^2q^4}}{\sqrt[3]{27q^3p^6}} = \dfrac{\sqrt{(pq^2)^2}}{\sqrt[3]{(3qp^2)^3}} = \dfrac{|pq^2|}{3qp^2}$

$= \dfrac{|p|q^2}{3qp^2} = \dfrac{q}{3|p|}$

59. $\dfrac{(x^9y^6)^{-1/3}}{(x^6y^2)^{-1/2}} = \dfrac{(x^6y^2)^{1/2}}{(x^9y^6)^{1/3}} = \dfrac{\sqrt{x^6y^2}}{\sqrt[3]{x^9y^2}} = \dfrac{|x^3y|}{x^3y^2}$

$= \dfrac{1}{|y|} \cdot \dfrac{|x|}{x} = \dfrac{|x|}{x|y|}$

60. $\left(\dfrac{2x^{1/2}}{y^{2/3}}\right)\left(\dfrac{3x^{-2/3}}{y^{1/2}}\right) = \dfrac{6x^{1/2-2/3}}{y^{2/3+1/2}} = \dfrac{6x^{-1/6}}{y^{7/6}} = \dfrac{6}{x^{1/6}y^{7/6}}$

61. $\sqrt{9x^{-6}y^4} = |3x^{-3}y^2| = 3y^2|x^{-3}| = \dfrac{3y^2}{|x^3|}$

62. $\sqrt{16y^8z^{-2}} = |4y^4z^{-1}| = 4y^4|z^{-1}| = \dfrac{4y^4}{|z|}$

63. $\sqrt[4]{\dfrac{3x^8y^2}{8x^2}} = \sqrt[4]{\dfrac{2 \cdot 3x^8y^2}{2 \cdot 8x^2}} = \dfrac{\sqrt[4]{6x^6y^2}}{2} = \dfrac{\sqrt[4]{6x^4x^2y^2}}{2}$

$= \dfrac{|x|\sqrt[4]{6x^2y^2}}{2}$

64. $\sqrt[5]{\dfrac{4x^6y}{9x^3}} = \sqrt[5]{\dfrac{27 \cdot 4x^6y}{27 \cdot 9x^3}} = \sqrt[5]{\dfrac{108x^6y}{3^5x^3}} = \dfrac{\sqrt[5]{108x^3y}}{3}$

65. $\sqrt[3]{\dfrac{4x^2}{y^2}} \cdot \sqrt[3]{\dfrac{2x^2}{y}} = \sqrt[3]{\dfrac{(4x^2)(2x^2)}{(y^2)(y)}} = \sqrt[3]{\dfrac{8x^4}{y^3}} = \dfrac{2\sqrt[3]{x^4}}{y}$

$= \dfrac{2x\sqrt[3]{x}}{y}$

66. $\sqrt[5]{9ab^6} \cdot \sqrt[5]{27a^2b^{-1}} = \sqrt[5]{(9ab^6)(27a^2b^{-1})}$

$= \sqrt[5]{243a^3b^5} = 3b\sqrt[5]{a^3}$

67. $3\sqrt{4^2 \cdot 3} - 2\sqrt{6^2 \cdot 3} = 3 \cdot 4\sqrt{3} - 2 \cdot 6\sqrt{3}$

$= 12\sqrt{3} - 12\sqrt{3} = 0$

68. $2\sqrt{5^2 \cdot 7} - 4\sqrt{2^2 \cdot 7} = 2 \cdot 5\sqrt{7} - 4 \cdot 2\sqrt{7}$

$= 10\sqrt{7} - 8\sqrt{7} = 2\sqrt{7}$

69. $\sqrt{x^2 \cdot x} - \sqrt{(2y)^2 \cdot x} = |x|\sqrt{x} - 2|y| \cdot \sqrt{x}$

$= (|x| - 2|y|)\sqrt{x} = (x - 2|y|)\sqrt{x}$ (como a raiz quadrada é indefinida quando $x < 0$).

70. $\sqrt{(3x)^2 \cdot 2y} + \sqrt{y^2 \cdot 2y}$

$= 3|x|\sqrt{2y} + |y| \cdot \sqrt{2y} =$

$(3|x| + |y|)\sqrt{2y} = (3|x| + y)\sqrt{2y}$ (como a raiz quadrada é indefinida quando $y < 0$).

71. $\sqrt{2 + 6} < \sqrt{2} + \sqrt{6}$ (2,828...< 3,863...)

72. $\sqrt{4} + \sqrt{9} > \sqrt{4 + 9}$ (5 > 3,605...)

73. $(3^{-2})^{-1/2} = 3$

74. $(2^{-3})^{1/3} < 2 \left(\dfrac{1}{2} < 2\right)$

75. $\sqrt[4]{(-2)^4} > -2 (2 > -2)$

76. $\sqrt[3]{(-2)^3} = -2$

77. $2^{2/2} < 3^{3/4}$ (1,587... < 2,279...)

78. $4^{-2/3} < 3^{-3/4}$ (0,396... < 0,438...)

79. $t = 0,45\sqrt{200} = 4,5\sqrt{2} \approx 6,36$ s

CAPÍTULO 3

Exercícios

1. $3x^2 + 2x - 1$; grau 2.
2. $-2x^3 + x^2 - 2x + 1$; grau 3.
3. $-x^7 + 1$; grau 7.
4. $-x^4 + x^2 + x - 3$; grau 4.
5. Não, não pode haver um expoente negativo como x^{-1}.
6. Não, não pode haver uma variável no denominador.
7. Sim.
8. Sim.
9. $(x^2 - 3x + 7) + (3x^2 + 5x - 3) = (x^2 + 3x^2) + (-3x + 5x) + (7 - 3) = 4x^2 + 2x + 4$
10. $(-3x^2 - 5) + (-x^2 - 7x - 12) = (-3x^2 - x^2) - 7x + (-5 - 12) = -4x^2 - 7x - 17$
11. $(4x^3 - x^2 + 3x) + (-x^3 - 12x + 3) = (4x^3 - x^3) - x^2 + (3x - 12x) + 3 = 3x^3 - x^2 - 9x + 3$

12. $(-y^2 - 2y + 3) + (5y^2 + 3y + 4) = (-y^2 + 5y^2) + (-2y + 3y) + (3 + 4) = 4y^2 + y + 7$

13. $2x(x^2) - 2x(x) + 2x(3) = 2x^3 - 2x^2 + 6x$

14. $y^2(2y^2) + y^2(3y) - y^2(4) = 2y^4 + 3y^3 - 4y^2$

15. $(-3u)(4u) + (-3u)(-1) = -12u^2 + 3u$

16. $(-4v)(2) + (-4v)(-3v^3) = -8v + 12v^4 = 12v^4 - 8v$

17. $2(5x) - x(5x) - 3x^2(5x) = 10x - 5x^2 - 15x^3 = -15x^3 - 5x^2 + 10x$

18. $1(2x) - x^2(2x) + x^4(2x) = 2x - 2x^3 + 2x^5 = 2x^5 - 2x^3 + 2x$

19. $x(x + 5) - 2(x + 5) = (x)(x) + (x)(5) - (2)(x) - (2)(5) = x^2 + 5x - 2x - 10 = x^2 + 3x - 10$

20. $2x(4x + 1) + 3(4x + 1) = (2x)(4x) + (2x)(1) + (3)(4x) + (3)(1) = 8x^2 + 2x + 12x + 3 = 8x^2 + 14x + 3$

21. $3x(x + 2) - 5(x + 2) = (3x)(x) + (3x)(2) - (5)(x) - (5)(2) = 3x^2 + 6x - 5x - 10 = 3x^2 + x - 10$

22. $(2x)^2 - (3)^2 = 4x^2 - 9$

23. $(3x)^2 - (y)^2 = 9x^2 - y^2$

24. $(3)^2 - 2(3)(5x) + (5x)^2 = 9 - 30x + 25x^2 = 25x^2 - 30x + 9$

25. $(3x)^2 + 2(3x)(4y) + (4y)^2 = 9x^2 + 24xy + 16y^2$

26. $(x)^3 - 3(x)^2(1) + 3(x)(1)^2 - (1)^3 = x^3 - 3x^2 + 3x - 1$

27. $(2u)^3 - 3(2u)^2(v) + 3(2u)(v)^2 - (v)^3 = 8u^3 - 3v(4u^2) + 6uv^2 - v^3 = 8u^3 - 12u^2v + 6uv^2 - v^3$

28. $(u)^3 + 3(u)^2(3v) + 3(u)(3v)^2 + (3v)^3 = u^3 + 9u^2v + 3u(9v^2) + 27v^3 = u^3 + 9u^2v + 27uv^2 + 27v^3$

29. $(2x^3)^2 - (3y)^2 = 4x^6 - 9y^2$

30. $(5x^3)^2 - 2(5x^3)(1) + (1)^2 = 25x^6 - 10x^3 + 1$

31. $x^2(x + 4) - 2x(x + 4) + 3(x + 4) = (x^2)(x) + (x^2)(4) - (2x)(x) - (2x)(4) + (3)(x) + (3)(4) = x^3 + 4x^2 - 2x^2 - 8x + 3x + 12 = x^3 + 2x^2 - 5x + 12$

32. $x^2(x - 3) + 3x(x - 3) - 2(x - 3) = (x^2)(x) + (x^2)(-3) + (3x)(x) + (3x)(-3) - (2)(x) - (2)(-3) = x^3 - 3x^2 + 3x^2 - 9x - 2x + 6 = x^3 - 11x + 6$

33. $x^2(x^2 + x + 1) + x(x^2 + x + 1) - 3(x^2 + x + 1) = (x^2)(x^2) + (x^2)(x) + (x^2)(1) + (x)(x^2) + (x)(x) + (x)(1) - (3)(x^2) - (3)(x) - (3)(1) = x^4 + x^3 + x^2 + x^3 + x^2 + x - 3x^2 - 3x - 3 = x^4 + 2x^3 - x^2 - 2x - 3$

34. $2x^2(x^2 - x + 2) - 3x(x^2 - x + 2) + 1(x^2 - x + 2) = (2x^2)(x^2) + (2x^2)(-x) + (2x^2)(2) - (3x)(x^2) - (3x)(-x) - (3x)(2) + (1)(x^2) + (1)(-x) + (1)(2) = 2x^4 - 2x^3 + 4x^2 - 3x^3 + 3x^2 - 6x + x^2 - x + 2 = 2x^4 - 5x^3 + 8x^2 - 7x + 2$

35. $(x^2) - (\sqrt{2})^2 = x^2 - 2$

36. $(x^{1/2})^2 - (y^{1/2})^2 = x - y, x \geq 0 \text{ e } y \geq 0$

37. $(\sqrt{u})^2 - (\sqrt{v})^2 = u - v, u \geq 0 \text{ e } v \geq 0$

38. $(x^2)^2 - (\sqrt{3})^2 = x^4 - 3$

39. $x(x^2 + 2x + 4) - 2(x^2 + 2x + 4) = (x)(x^2) + (x)(2x) + (x)(4) - (2)(x^2) - (2)(2x) - (2)(4) = x^3 + 2x^2 + 4x - 2x^2 - 4x - 8 = x^3 - 8$

40. $x(x^2 - x + 1) + 1(x^2 - x + 1) = (x)(x^2) + (x)(-x) + (x)(1) + (1)(x^2) + (1)(-x) + (1)(1) = x^3 - x^2 + x + x^2 - x + 1 = x^3 + 1$

41. $5(x - 3)$

42. $5x(x^2 - 4)$

43. $yz(z^2 - 3z + 2)$

44. $(x + 3)(2x - 5)$

45. $z^2 - 7^2 = (z + 7)(z - 7)$

46. $(3y)^2 - 4^2 = (3y + 4)(3y - 4)$

47. $8^2 - (5y)^2 = (8 + 5y)(8 - 5y)$

48. $4^2 - (x + 2)^2 = [4 + (x + 2)][(4 - (x + 2)] = (6 + x)(2 - x)$

49. $y^2 + 2(y)(4) + 4^2 = (y + 4)^2$

50. $(6y)^2 + 2(6y)(1) + 1^2 = (6y + 1)^2$

51. $(2z)^2 - 2(2z)(1) + 1^2 = (2z - 1)^2$

52. $(3z)^2 - 2(3z)(4) + 4^2 = (3z - 4)^2$

53. $y^3 - 2^3 = (y - 2)[y^2 + (y)(2) + 2^2] = (y - 2)(y^2 + 2y + 4)$

54. $z^3 + 4^3 = (z+4)[z^2 - (z)(4) + 4^2] = (z+4)(z^2 - 4z + 16)$

55. $(3y)^3 - 2^3 = (3y-2)[(3y)^2 + (3y)(2) + 2^2] = (3y-2)(9y^2 + 6y + 4)$

56. $(4z)^3 + 3^3 = (4z+3)[(4z)^2 - (4z)(3) + 3^2] = (4z+3)(16z^2 - 12z + 9)$

57. $1^3 - x^3 = (1-x)[1^2 + (1)(x) + x^2] = (1-x)(1+x+x^2) = (1-x)(1+x+x^2)$

58. $3^3 - y^3 = (3-y)[3^2 + (3)(y) + y^2] = (3-y)(9+3y+y^2) = (3-y)(9+3y+y^2)$

59. $(x+2)(x+7)$

60. $(y-5)(y-6)$

61. $(z-8)(z+3)$

62. $(2t+1)(3t+1)$

63. $(2u-5)(7u+1)$

64. $(2v+3)(5v+4)$

65. $(3x+5)(4x-3)$

66. $(x-y)(2x-y)$

67. $(2x+5y)(3x-2y)$

68. $(3x+7y)(5x-2y)$

69. $(x^3 - 4x^2) + (5x - 20) = x^2(x-4) + 5(x-4) = (x-4)(x^2+5)$

70. $(2x^3 - 3x^2) + (2x - 3) = x^2(2x-3) + 1(2x-3) = (2x-3)(x^2+1)$

71. $(x^6 - 3x^4) + (x^2 - 3) = x^4(x^2-3) + 1(x^2-3) = (x^2-3)(x^4+1)$

72. $(x^6 + 2x^4) + (x^2 + 2) = x^4(x^2+2) + 1(x^2+2) = (x^2+2)(x^4+1)$

73. $(2ac + 6ad) - (bc + 3bd) = 2a(c+3d) - b(c+3d) = (c+3d)(2a-b)$

74. $(3uw + 12uz) - (2vw + 8vz) = 3u(w+12z) - 2v(w+4z) = (w+4z)(3u-2v)$

75. $x(x^2+1)$

76. $y(4y^2 - 20y + 25) = y[(2y)^2 - 2(2y)(5) + 5^2] = y(2y-5)^2$

77. $2y(9y^2 + 24y + 16) = 2y[(3y)^2 + 2(3y)(4) + 4^2] = 2y(3y+4)^2$

78. $2x(x^2 - 8x + 7) = 2x(x-1)(x-7)$

79. $y(16 - y^2) = y(4^2 - y^2) = y(4+y)(4-y)$

80. $3x(x^3 + 8) = 3x(x^3 + 2^3) = 3x(x+2)[x^2 - (x)(2) + 2^2] = 3x(x+2)(x^2 - 2x + 4)$

81. $y(5 + 3y - 2y^2) = y(1+y)(5-2y)$

82. $z(1 - 8z^3) = z[1^3 - (2z)^3] = z(1-2z)[1^2 + (1)(2z) + (2z)^2] = z(1-2z)(1 + 2z + 4z^2)$

83. $2[(5x+1)^2 - 9] = 2[(5x+1)^2 - 3^2] = 2[(5x+1)+3][(5x+1)-3] = 2(5x+4)(5x-2)$

84. $5[(2x-3)^2 - 4] = 5[(2x-3)^2 - 2^2] = 5[(2x-3)+2][(2x-3)-2] = 5(2x-1)(2x-5)$

85. $2(6x^2 + 11x - 10) = 2(2x+5)(3x-2)$

86. $(x+5y)(3x-2y)$

87. $(2ac + 4ad) - (2bd + bc) = 2a(c+2d) - b(2d+c) = (c+2d)(2a-b) = (2c-b)(c+2d)$

88. $(6ac + 4bc) - (2bd + 3ad) = 2c(3a+2b) - d(2b+3a) = (3a+2b)(2a-d)$

89. $(x^3 - 3x^2) - (4x - 12) = x^2(x-3) - 4(x-3) = (x-3)(x^2-4) = (x-3)(x+2)(x-2)$

90. $x(x^3 - 4x^2 - x + 4) = x(x-1)(x^2 - 3x - 4) = x(x-1)(x+1)(x-4)$

91. $(2ac + bc) - (2ad + bd) = c(2a+b) - d(2a+b) = (c-d)(2a+b)$.
Nenhum dos agrupamentos $(2ac - bd)$ e $(-2ad + bc)$ tem um fator comum para remover.

CAPÍTULO 4
Exercícios

1. $\dfrac{5}{9} + \dfrac{10}{9} = \dfrac{5+10}{9} = \dfrac{15}{9} = \dfrac{5}{3}$

2. $\dfrac{17}{32} - \dfrac{9}{32} = \dfrac{17-9}{32} = \dfrac{8}{32} = \dfrac{1}{4}$

3. $\dfrac{20}{21} \cdot \dfrac{9}{22} = \dfrac{20 \cdot 9}{21 \cdot 22} = \dfrac{180}{462} = \dfrac{30}{77}$

4. $\dfrac{33}{25} \cdot \dfrac{20}{77} = \dfrac{33 \cdot 20}{25 \cdot 77} = \dfrac{660}{1.925} = \dfrac{12}{35}$

5. $\dfrac{2}{3} \div \dfrac{4}{5} = \dfrac{2}{3} \cdot \dfrac{5}{4} = \dfrac{2 \cdot 5}{3 \cdot 4} = \dfrac{10}{12} = \dfrac{5}{6}$

6. $\dfrac{9}{4} \div \dfrac{15}{10} = \dfrac{9}{4} \div \dfrac{3}{2} = \dfrac{9}{4} \cdot \dfrac{2}{3} = \dfrac{9 \cdot 2}{4 \cdot 3} = \dfrac{18}{12} = \dfrac{3}{2}$

7. O mínimo múltiplo comum dos denominadores é $2 \cdot 7 \cdot 3 \cdot 5 = 210$:

$\dfrac{1}{14} + \dfrac{4}{15} - \dfrac{5}{21} = \dfrac{15}{210} + \dfrac{56}{210} - \dfrac{50}{210}$

$= \dfrac{15 + 56 - 50}{210} = \dfrac{21}{210} = \dfrac{1}{10}$

8. O mínimo múltiplo comum dos denominadores é $2 \cdot 3 \cdot 5 \cdot 7 = 210$:

$\dfrac{1}{6} + \dfrac{6}{35} - \dfrac{4}{15} = \dfrac{35}{210} + \dfrac{36}{210} - \dfrac{56}{210}$

$= \dfrac{35 + 36 - 56}{210} = \dfrac{15}{210} = \dfrac{1}{14}$

9. Nenhum valor é restrito, assim o domínio é o de todos os números reais.

10. Nenhum valor é restrito, assim o domínio é o de todos os números reais.

11. O valor sob o radical deve ser não negativo, assim $x - 4 \geq 0$, ou seja, $x \geq 4$: domínio é $[4, +\infty[$.

12. O valor sob o radical deve ser positivo, assim $x + 3 > 0$, ou seja, $x > -3$: domínio é $]-3, +\infty[$.

13. O denominador não pode ser 0, assim $x^2 + 3x \neq 0$ ou $x(x + 3) \neq 0$. Então, $x \neq 0$ e $x + 3 \neq 0$, ou seja, $x \neq 0$ e $x \neq -3$.

14. O denominador não pode ser 0, assim $x^2 - 4 \neq 0$ ou $(x + 2)(x - 2) \neq 0$. Então, $x + 2 \neq 0$ e $x - 2 \neq 0$, ou seja, $x \neq -2$ e $x \neq 2$.

15. O denominador não pode ser 0, assim $x - 1 \neq 0$ ou $x \neq 1$. Então $x \neq 2$ e $x \neq 1$.

16. O denominador não pode ser 0, assim $x - 2 \neq 0$ ou $x \neq 2$. Então $x \neq 2$ e $x \neq 0$.

17. $x^{-1} = 1/x$ e o denominador não pode ser 0, assim $x \neq 0$.

18. $x(x + 1)^{-2} = \dfrac{x}{(x + 1)^2}$ e o denominador não pode ser 0, assim $(x + 1)^2 \neq 0$ ou $x + 1 \neq 0$, ou seja, $x \neq -1$.

19. O denominador é $12x^3 = (3x)(4x^2)$, assim, o novo numerador é $2(4x^2) = 8x^2$.

20. O numerador é $15y = (5)(3y)$, assim, o novo denominador é $(2y)(3y) = 6y^2$.

21. O numerador é $x^2 - 4x = (x - 4)(x)$, assim, o novo denominador é $(x)(x) = x^2$.

22. O denominador é $x^2 - 4 = (x - 2)(x + 2)$, assim, o novo numerador é $x(x - 2) = x^2 - 2x$.

23. O denominador é $x^2 + 2x - 8 = (x + 4)(x - 2)$, assim, o novo numerador é $(x + 3)(x + 4) = x^2 + 7x + 12$.

24. O numerador é $x^2 - x - 12 = (x - 4)(x + 3)$, assim, o novo denominador é $(x + 5)(x + 3) = x^2 + 8x + 15$.

25. O numerador é $x^2 - 3x = x(x - 3)$, assim, o novo denominador é $x(x^2 + 2x)$ ou $x^3 + 2x^2$.

26. O denominador é $x^2 - 9 = (x + 3)(x - 3)$, assim, o novo numerador é

$(x + 3)(x^2 + x - 6) = x(x^2 + x - 6)$
$+ 3(x^2 + x - 6) = x^3 + x^2 - 6x + 3x^2$
$+ 3x - 18 = x^3 + 4x^2 - 3x - 18$

27. $(x - 2)(x + 7)$ cancela durante a simplificação; a restrição indica que os valores 2 e -7 não são válidos na expressão original.

28. $(x + 1)(x - 2)$ cancela durante a simplificação; a restrição indica que os valores -1 e 2 não são válidos na expressão original.

29. Nenhum fator foi removido da expressão; podemos ver pela inspeção que 2/3 e 5 não são válidos.

30. x cancela durante a simplificação; a restrição indica que 0 não era válido na expressão original.

31. $(x - 3)$ termina no numerador da expressão simplificada; a restrição lembra que começa no denominador, assim, 3 não é permitido.

32. Quando $a = b$ na origem, dividimos por 0; isso não é aparente na expressão simplificada, pois cancelamos um fator de $b - a$.

33. $\dfrac{3x(6x^2)}{3x(5)} = \dfrac{6x^2}{5}, x \neq 0$

34. $\dfrac{3y^2(25)}{3y^2(3y^2)} = \dfrac{25}{3y^2}$

35. $\dfrac{x(x^2)}{x(x - 2)} = \dfrac{x^2}{x - 2}, x \neq 0$

36. $\dfrac{2y(y + 3)}{4(y + 3)} = \dfrac{y}{2}, y \neq -3$

37. $\dfrac{z(z - 3)}{(3 - z)(3 + z)} = -\dfrac{z}{z + 3}, z \neq 3$

38. $\dfrac{(x + 3)^2}{(x + 3)(x - 4)} = \dfrac{x + 3}{x - 4}, x \neq -3$

39. $\dfrac{(y+5)(y-6)}{(y+3)(y-6)} = \dfrac{y+5}{y+3}, y \neq 6$

40. $\dfrac{y(y^2+4y-21)}{(y+7)(y-7)}$

$= \dfrac{y(y+7)(y-3)}{(y+7)(y-7)} = \dfrac{y(y-3)}{y-7}, y \neq -7$

41. $\dfrac{(2z)^3 - 1^3}{(z+3)(2z-1)}$

$= \dfrac{(2z-1)[(2z)^2 + (2z)(1) + 1^2]}{(z+3)(2z-1)}$

$= \dfrac{4z^2 + 2z + 1}{z+3}, z \neq \dfrac{1}{2}$

42. $\dfrac{2z(z^2+3z+9)}{z^3 - 3^3}$

$= \dfrac{2z(z^2+3z+9)}{(z-3)[z^2+(z)(3)+3^2]} =$

$= \dfrac{2z(z^2+3z+9)}{(z-3)(z^2+3z+9)} = \dfrac{2z}{z-3}$

43. $\dfrac{(x^3+2x^2) - (3x+6)}{x^2(x+2)}$

$= \dfrac{x^2(x+2) - 3(x+2)}{x^2(x+2)} = \dfrac{(x+2)(x^2-3)}{x^2(x+2)}$

$= \dfrac{x^2-3}{x^2}, x \neq -2$

44. $\dfrac{y(y+3)}{(y^3+3y^2) - (5y+15)}$

$= \dfrac{y(y+3)}{y^2(y+3) - 5(y+3)} = \dfrac{y(y+3)}{(y+3)(y^2-5)}$

$= \dfrac{y}{y^2-5}, y \neq -3$

45. $\dfrac{1}{x-1} \cdot \dfrac{(x+1)(x-1)}{3} = \dfrac{x+1}{3}, x \neq 1$

46. $\dfrac{x+3}{7} \cdot \dfrac{14}{2(x+3)} = 1, x \neq -3$

47. $\dfrac{x+3}{x-1} \cdot \dfrac{-(x-1)}{(x+3)(x-3)} = \dfrac{1}{x-3}, x \neq 1 \text{ e } x \neq -3$

48. $\dfrac{3x(6x+1)}{3xy} \cdot \dfrac{12y^2}{6x-1} = 12y$

$x \neq 0, y \neq 0 \text{ e } x \neq \dfrac{1}{6}$

49. $\dfrac{(x-1)(x^2+x+1)}{2x^2} \cdot \dfrac{4x}{x^2+x+1} = \dfrac{2(x-1)}{x}$

50. $\dfrac{y(y^2+2y+4)}{y^2(y+2)} \cdot \dfrac{(y+2)(y-2)}{(y-2)(y^2+2y+4)} = \dfrac{1}{y}$,

$y \neq -2 \text{ e } y \neq 2$

51. $\dfrac{(y+5)(2y-1)}{(y+5)(y-5)} \cdot \dfrac{y-5}{y(2y-1)} = \dfrac{1}{y}, y \neq 5, y \neq -5$

e $y \neq \dfrac{1}{2}$

52. $\dfrac{(y+4)^2}{(3y+2)(y-1)} \cdot \dfrac{y(3y+2)}{y+4} = \dfrac{y(y+4)}{y+4}, y \neq -4 \text{ e }$

$y \neq -\dfrac{2}{3}$

53. $\dfrac{1}{2x} \cdot \dfrac{4}{1} = \dfrac{2}{x}$

54. $\dfrac{4x}{y} \cdot \dfrac{x}{8y} = \dfrac{x^2}{2y^2}, x \neq 0$

55. $\dfrac{x(x-3)}{14y} \cdot \dfrac{3y^2}{2xy} = \dfrac{3(x-3)}{28}, x \neq y \text{ e } y \neq 0$

56. $\dfrac{7(x-y)}{14(x-y)} = \dfrac{3}{8}, x \neq y \text{ e } y \neq 0$

57. $\dfrac{2x^2y}{(x+3)^2} \cdot \dfrac{x-3}{8xy} = \dfrac{x}{4(x-3)}, x \neq 0 \text{ e } y \neq 0$

58. $\dfrac{(x+y)(x-y)}{2xy} \cdot \dfrac{4x^2y}{(y+x)(y-x)} = -2x, x \neq 0,$

$y \neq 0, x \neq y \text{ e } x \neq -y$

59. $\dfrac{2x+1-3}{x+5} = \dfrac{2x-2}{x+5}$

60. $\dfrac{3+x+1}{x-2} = \dfrac{x+4}{x-2}$

Respostas 339

61. $\dfrac{3}{x(x+3)} - \dfrac{1}{x} - \dfrac{6}{(x+3)(x-3)}$

$= \dfrac{3(x-3)}{x(x+3)(x-3)} - \dfrac{1(x+3)(x-3)}{x(x+3)(x-3)}$

$- \dfrac{6x}{x(x+3)(x-3)} = \dfrac{(3x-9) - (x^2-9) - (6x)}{x(x+3)(x-3)}$

$= \dfrac{-x^2 - 3x}{x(x+3)(x-3)} = \dfrac{x(x+3)}{x(x+3)(x-3)}$

$= -\dfrac{1}{x-3} = \dfrac{1}{3-x},\ x \neq 0\ \text{e}\ x \neq -3$

62. $\dfrac{5}{(x+3)(x-2)} - \dfrac{2}{x-2} + \dfrac{4}{(x+2)(x-2)}$

$= \dfrac{5(x+2)}{(x+2)(x+3)(x-2)} - \dfrac{2(x+2)(x+3)}{(x+2)(x+3)(x-2)}$

$+ \dfrac{4(x+3)}{(x+2)(x+3)(x-2)}$

$= \dfrac{(5x+10) - (2x^2+10x+12) + (4x+12)}{(x+2)(x+3)(x-2)}$

$= \dfrac{-2x^2 - x + 10}{(x+2)(x+3)(x-2)}$

$= \dfrac{(2x+5)(x-2)}{(x+2)(x+3)(x-2)}$

$= -\dfrac{2x-5}{(x+2)(x+3)}$

$= \dfrac{2x+5}{x^2+5x+6},\ x \neq 2$

63. $\dfrac{\dfrac{x^3-y^3}{x^2y^2}}{\dfrac{x^2-y^2}{x^2y^2}} = \dfrac{x^2-y^3}{x^2y^2} \cdot \dfrac{x^2y^2}{x^2+y^2}$

$= \dfrac{(x-y)(x^2-xy+y^2)}{(x-y)(x+y)} = \dfrac{x^2+xy+y^2}{x+y},$

$x \neq y,\ x \neq 0\ \text{e}\ y \neq 0$

64. $\dfrac{\dfrac{y+x}{xy}}{\dfrac{y^2-x^2}{x^2y^2}} = \dfrac{y+x}{xy} \cdot \dfrac{x^2y^2}{y^2-x^2}$

$= \dfrac{xy(y+x)}{(y-x)(x+y)} = \dfrac{xy}{y-x},\ x \neq -y,\ x \neq 0\ \text{e}\ y \neq 0$

65. $\dfrac{\dfrac{2x(x-4)+13x-3}{x-4}}{\dfrac{2x(x-4)+x+3}{x-4}}$

$= \dfrac{2x^2+5x-3}{x-4} \cdot \dfrac{x-4}{2x^2-7x+3}$

$= \dfrac{(2x-1)(x+3)}{(2x-1)(x-3)}$

$= \dfrac{x+3}{x-3},\ x \neq 4\ \text{e}\ x \neq \dfrac{1}{2}$

66. $\dfrac{\dfrac{2(x+5)-13}{x+5}}{\dfrac{2(x-3)+3}{x-3}} = \dfrac{2x-3}{x+5} \cdot \dfrac{x-3}{2x-3} = \dfrac{x-3}{x+5},$

$x \neq 3,\ \text{e}\ x \neq \dfrac{3}{2}$

67. $\dfrac{\dfrac{x^2-(x+h)^2}{x^2(x+h)^2}}{h} = \dfrac{x^2-(x^2+2xh+h^2)}{x^2(x+h)^2} \cdot \dfrac{1}{h}$

$= \dfrac{-2xh-h^2}{hx^2(x+h)^2} = \dfrac{-h(2x+h)}{hx^2(x+h)^2} = -\dfrac{2x+h}{x^2(x+h)^2},$

$h \neq 0.$

68. $\dfrac{\dfrac{(x+h)(x+2)-x(x+h+2)}{(x+h+2)(x+2)}}{h}$

$= \dfrac{x^2+2x+hx+2h-x^2+hx-2x}{(x+h+2)(x+2)} \cdot \dfrac{1}{h}$

$= \dfrac{2h}{h(x+h+2)(x+2)} = \dfrac{2}{(x+h+2)(x+2)},$

$h \neq 0$

69. $\dfrac{\dfrac{b^2-a^2}{ab}}{\dfrac{b-a}{ab}} = \dfrac{(b+a)(b-a)}{ab} \cdot \dfrac{ab}{b-a} = b+a$

$= a+b,\ a \neq 0\ \text{e}\ b \neq 0.$

70. $\dfrac{\dfrac{b+a}{ab}}{\dfrac{b^2-a^2}{ab}} = \dfrac{b+a}{ab} \cdot \dfrac{ab}{(b+a)(b-a)} = \dfrac{1}{b-a},$

$a \neq 0,\ b \neq 0\ \text{e}\ a \neq -b.$

71. $\left(\dfrac{x+y}{xy}\right)\left(\dfrac{1}{x+y}\right) = \dfrac{1}{xy}$, $x \neq -y$.

72. $\dfrac{x-y}{x+y}$, $x \neq y$.

73. $\dfrac{1}{x} + \dfrac{1}{y} = \dfrac{y}{xy} + \dfrac{x}{xy} = \dfrac{x+y}{xy}$

74. $\dfrac{1}{x^{-1}+y^{-1}} = \dfrac{1}{\dfrac{1}{x}+\dfrac{1}{y}} = \dfrac{1}{\dfrac{y+x}{xy}} = \dfrac{xy}{y+x}$, $x \neq 0$ e $y \neq 0$

CAPÍTULO 5

Revisão rápida

1. $2x + 5x + 7 + y - 3x + 4y + 2 = (2x + 5x - 3x) + (y + 4y) + (7 + 2) = 4x + 5y + 9$

2. $4 + 2x - 3z + 5y - x + 2y - z - 2 = (2x - x) + (5x + 2y) + (-3z - z) + (4 - 2) = x + 7y - 4z + 2$

3. $3(2x - y) + 4(y - x) + x + y = 6x - 3y + 4y - 4x + x + y = 3x + 2y$

4. $5(2x + y - 1) + 4(y - 3x + 2) + 1 = 10x + 5y - 5y - 5 + 4y - 12x + 8 + 1 = -2x + 9y + 4$

5. $\dfrac{2}{y} + \dfrac{3}{y} = \dfrac{5}{y}$

6. $\dfrac{1}{y-1} + \dfrac{3}{y-2} = \dfrac{y-2}{(y-1)(y-2)}$
$+ \dfrac{3(y-1)}{(y-1)(y-2)}$
$= \dfrac{y-2+3y-3}{(y-1)(y-2)} = \dfrac{4y-5}{(y-1)(y-2)}$

7. $2 + \dfrac{1}{x} = \dfrac{2x}{x} + \dfrac{1}{x} = \dfrac{2x+1}{x}$

8. $\dfrac{1}{x} + \dfrac{1}{y} - x = \dfrac{y}{xy} + \dfrac{x}{xy} - \dfrac{x^2y}{xy} = \dfrac{y+x-x^2y}{xy}$

9. $\dfrac{x+4}{2} + \dfrac{3x-1}{5} = \dfrac{5(x+4)}{10} + \dfrac{2(3x-1)}{10}$
$= \dfrac{5x+20+6x-2}{10} = \dfrac{11x+18}{10}$

10. $\dfrac{x}{3} + \dfrac{x}{4} = \dfrac{4x}{12} + \dfrac{3x}{12} = \dfrac{7x}{12}$

11. $(3x - 4)^2 = 9x^2 - 12x - 12x + 16 = 9x^2 - 24x + 16$

12. $(2x + 3)^2 = 4x^2 + 6x + 6x + 9 = 4x^2 + 12x + 9$

13. $(2x + 1)(3x - 5) = 6x^2 - 10x + 3x - 5 = 6x^2 - 7x - 5$

14. $(3y - 1)(5y + 4) = 15y^2 + 12y - 5y - 4 = 15y^2 + 7y - 4$

15. $25x^2 - 20x + 4 = (5x - 2)(5x - 2) = (5x - 2)^2$

16. $15x^3 - 22x^2 + 8x = x(15x^2 - 22x + 8)$
$= x(5x - 4)(3x - 2)$

17. $3x^3 + x^2 - 15x - 5 = x^2(3x + 1) - 5(3x + 1)$
$= (3x + 1)(x^2 - 5)$

18. $y^4 - 13y^2 + 36 = (y^2 - 4)(y^2 - 9) = (y - 2)(y + 2)(y - 3)(y + 3)$

19. $\dfrac{x}{2x+1} - \dfrac{2}{x+3} = \dfrac{x(x+3)}{(2x+1)(x+3)}$
$- \dfrac{2(2x+1)}{(2x+1)(x+3)} = \dfrac{x^2+3x-4x-2}{(2x+1)(x+3)}$
$= \dfrac{x^2-x-2}{(2x+1)(x+3)} = \dfrac{(x-2)(x+1)}{(2x+1)(x+3)}$

20. $\dfrac{x+1}{x^2-5x-6} - \dfrac{3x+11}{x^2-x-6} = \dfrac{x+1}{(x-3)(x-2)}$
$- \dfrac{3x+11}{(x-3)(x+2)} = \dfrac{(x+1)(x+2)}{(x-3)(x-2)(x+2)}$
$- \dfrac{(3x+11)(x-2)}{(x-3)(x-2)(x+2)}$
$= \dfrac{(x^2+3x+2)-(3x^2+5x-22)}{(x-3)(x-2)(x+2)}$
$= \dfrac{-2x^2-2x+24}{(x-3)(x-2)(x+2)}$
$= \dfrac{-2(x^2+x-12)}{(x-3)(x-2)(x+2)}$
$= \dfrac{-2(x+4)(x-3)}{(x-3)(x-2)(x+2)}$
$= \dfrac{-2(x+4)}{(x-2)(x+2)}$, se $x \neq 3$

Respostas 341

Exercícios

1. (a) e (c): $2(-3)^2 + 5(-3) = 2(9) - 15 = 18 - 15 = 3$, e $2(1/2)^2 + 5(1/2) = 2(1/4) + 5/2 = 1/2 + 5/2 = 6/2 = 3$. Substituir $x = -1/2$ resulta -2 e não 3.

2. (a): $-1/2 + 1/6 = -3/6 + 1/6 = -2/6 = -1/3$ e $-1/3 = -1/3$. Ou multiplicando os dois lados por 6: $6(x/2) + 6(1/6) = 6(x/3)$, assim, $3x + 1 = 2x$. Subtraia $2x$ dos dois lados: $x + 1 = 0$. Subtraia 1 dos dois lados: $x = -1$.

3. (b): $\sqrt{1 - 0^2} + 2 = \sqrt{1} + 2 = 1 + 2 = 3$
Substituir $x = -2$ ou $x = 2$ resulta $\sqrt{1 - 4} + 2 = \sqrt{-3} + 2$, que é indefinido.

4. (c): $(10 - 2)^{1/3} = 8^{1/3} = 2$. Substituir $x = -6$ resulta -2, e não 2; substituir $x = 8$ resulta $6^{1/3} \cong 1{,}82$, e não 2.

5. Sim: $-3x + 5 = 0$.

6. Não. Não há variável x na equação.

7. Não. Subtrair x dos dois lados resulta $3 = -5$, que é falso e não contém a variável x.

8. Não. A maior potência de x é 2, assim, a equação é quadrática e não linear.

9. Não. A equação tem $\sqrt{x}$, assim, não é linear.

10. Não. A equação tem $1/x = x^{-1}$, assim não é linear.

11. $3x = 24$
$x = 8$

12. $4x = -16$
$x = -4$

13. $3t = 12$
$t = 4$

14. $2t = 12$
$t = 6$

15. $2x - 3 = 4x - 5$
$2x = 4x - 2$
$-2x = -2$
$x = 1$

16. $4 - 2x = 3x - 6$
$-2x = 3x - 10$
$-5x = -10$
$x = 2$

17. $4 - 3y = 2y + 8$
$-3y = 2y + 4$
$-5y = 4$
$y = -\dfrac{4}{5} = -0{,}8$

18. $4y = 5 + 8$
$-y = 8$
$y = -8$

19. $2\left(\dfrac{1}{2}x\right) = 2\left(\dfrac{7}{8}\right)$
$x = \dfrac{7}{4} = 1{,}75$

20. $3\left(\dfrac{2}{3}x\right) = 3\left(\dfrac{4}{5}\right)$
$2x = \dfrac{12}{5}$
$x = \dfrac{12}{10}$
$x = \dfrac{6}{5} = 1{,}2$

21. $2\left(\dfrac{1}{2}x + \dfrac{1}{3}\right) = 2(1)$
$x + \dfrac{2}{3} = 2$
$x = \dfrac{4}{3}$

22. $3\left(\dfrac{1}{3}x + \dfrac{1}{4}\right) = 3(1)$
$x + \dfrac{3}{4} = 3$
$x = \dfrac{9}{4} = 2{,}25$

23. $6 - 8z - 10z - 15 = z - 17$
$-18z - 9 = z - 17$
$-18z = z - 8$
$-19z = -8$
$z = \dfrac{8}{19}$

24. $15z - 9 - 8z - 4 = 5z - 2$
$7z - 13 = 5z - 2$
$7z = 5z + 11$
$2z = 11$
$z = \dfrac{11}{2} = 5{,}5$

25. $4\left(\dfrac{2x - 3}{4} + 5\right) = 4(3x)$
$2x - 3 + 20 = 12x$
$2x + 17 = 12x$
$17 = 10x$
$x = \dfrac{17}{10} = 1{,}7$

26. $3(2x - 4) = 3\left(\dfrac{4x - 5}{3}\right)$

$6x - 12 = 4x - 5$

$6x = 4x + 7$

$2x = 7$

$x = \dfrac{7}{2} = 3{,}5$

27. $24\left(\dfrac{t + 5}{8} - \dfrac{t - 2}{2}\right) = 24\left(\dfrac{1}{3}\right)$

$3(t + 5) - 12(t - 2) = 8$

$3t + 15 - 12t + 24 = 8$

$-9t + 39 = 8$

$-9t = -31$

$t = \dfrac{31}{9}$

28. $12\left(\dfrac{t - 1}{3} + \dfrac{t + 5}{4}\right) = 12\left(\dfrac{1}{2}\right)$

$4(t - 1) + 3(t + 5) = 6$

$4t - 4 + 3t + 15 = 6$

$7t + 11 = 6$

$7t = -5$

$t = -\dfrac{5}{7}$

29. Multiplicar ambos os lados da primeira equação por 2.

30. Divida ambos os lados da primeira equação por 2.

31. (a) Não, elas têm soluções diferentes.

$3x = 6x + 9 \qquad x = 2x + 9$
$-3x = 9 \qquad\quad -x = 9$
$x = -3 \qquad\qquad x = -9$

(b) Sim, a solução de ambas as equações é $x = 4$.

$6x + 2 = 4x + 10 \qquad 3x + 1 = 3x + 5$
$6x = 4x + 8 \qquad\qquad 3x = 2x + 4$
$2x = 8 \qquad\qquad\qquad x = 4$
$x = 4$

32. (a) Sim, a solução de ambas as equações é
$x = 9/2$.

$3x + 2 = 5x - 7 \qquad -2x + 2 = -7$
$3x = 5x - 9 \qquad\quad\; -2x = -9$

$-2x = -9 \qquad\qquad x = \dfrac{9}{2}$

$x = \dfrac{9}{2}$

(b) Não, elas têm soluções diferentes.

$2x + 5 = x - 7 \qquad 2x = x - 7$
$2x = x - 12 \qquad\quad\; x = -7$
$x = -12$

33. $3x + 5 = 2x + 1$

Subtraindo 5 de cada lado resulta $3x = 2x - 4$.
A resposta é E.

34. $x(x + 1) = 0$

$x = 0$ ou $x + 1 = 0$

$x = -1$

A resposta é A.

35. $\dfrac{2x}{3} + \dfrac{1}{2} = \dfrac{x}{4} - \dfrac{1}{3}$

Multiplicando cada lado por 12 resulta $8x + 6 = 3x - 4$.
A resposta é B.

36. $P = 2(b + h)$

$\dfrac{1}{2}P = b + h$

$\dfrac{1}{2}P - b = h$

$h = \dfrac{1}{2}P - b = \dfrac{P - 2b}{2}$

37. $A = \dfrac{1}{2}h(b_1 + b_2)$

$h(b_1 + b_2) = 2A$

$b_1 + b_2 = \dfrac{2A}{h}$

$b_1 = \dfrac{2A}{h} - b_2$

38. $V = \dfrac{4}{3}\pi r^3$

$\dfrac{3}{4\pi}V = r^3$

$\sqrt[3]{\dfrac{3V}{4\pi}} = r$

$r = \sqrt[3]{\dfrac{3V}{4\pi}}$

39. $C = \dfrac{5}{9}(F - 32)$

$\dfrac{9}{5}C = F - 32$

$\dfrac{9}{5}C + 32 = F$

$F = \dfrac{9}{5}C + 32$

40.

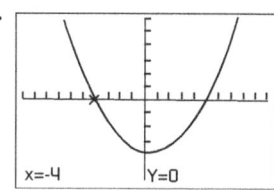

$x = -4$ ou $x = 5$
Os fatores do lado esquerdo para $(x + 4)(x - 5) = 0$:
$x + 4 = 0$ ou $x - 5 = 0$
$x = -4$ $x = 5$

41.

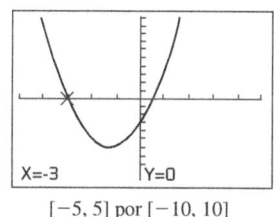

$[-5, 5]$ por $[-10, 10]$

$x = -3$ ou $x = 0,5$.
Os fatores do lado esquerdo para $(x + 3)(2x - 1) = 0$:
$x + 3 = 3$ ou $2x - 1 = 0$
$x = -3$ $2x = 1$
$x = 0,5$

42.

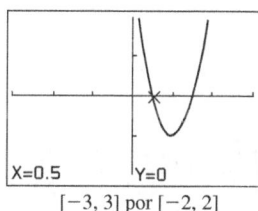

$[-3, 3]$ por $[-2, 2]$

$x = 0,5$ ou $x = 1,5$.
Os fatores do lado esquerdo para $(2x - 1)(2x - 3) = 0$:
$2x - 1 = 0$ ou $2x - 3 = 0$
$2x = 1$ $2x = 3$
$x = 0,5$ $x = 1,5$

43.

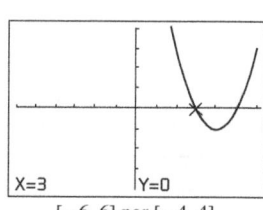

$[-6, 6]$ por $[-4, 4]$

$x = 3$ ou $x = 5$
Reescreva como $x^2 - 8x + 15 = 0$; os fatores do lado esquerdo para $(x - 3)(x - 5) = 0$:
$x - 3 = 0$ ou $x - 5 = 0$
$x = 3$ $x = 5$

44.

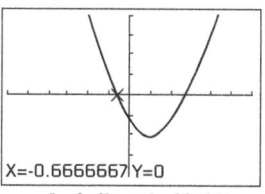

$[-6, 6]$ por $[-20, 20]$

$x = -2/3$ ou $x = 3$.
Reescreva como $3x^2 - 7x - 6 = 0$; os fatores do lado esquerdo para $(3x + 2)(x - 3) = 0$:
$3x + 2 = 0$ ou $x - 3 = 0$
$x = -\dfrac{2}{3}$ $x = 3$

45.

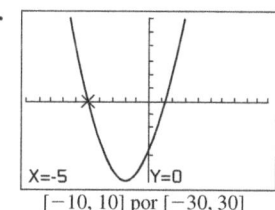

$[-10, 10]$ por $[-30, 30]$

$x = -5$ ou $x = 4/3$
Reescreva como $3x^2 + 11x - 20 = 0$; os fatores do lado esquerdo para $(3x - 4)(x + 5) = 0$:
$3x - 4 = 0$ ou $x + 5 = 0$
$x = \dfrac{4}{3}$ $x = -5$

46. Reescreva como $(2x)^2 = 5^2$; então $2x = \pm 5$, ou $x = \pm 5/2$.

47. Divida ambos os lados por 2 para obter $(x - 5)^2 = 8,5$. Então, $x - 5 = \pm\sqrt{8,5}$ e $x = 5 \pm \sqrt{8,5}$

48. Divida ambos os lados por 3 para obter $(x + 4)^2 = 8/3$. Então, $x + 4 = \pm\sqrt{\dfrac{8}{3}}$ e $x = -4 \pm \sqrt{\dfrac{8}{3}}$.

49. Divida ambos os lados por 4 para obter $(u + 1)^2 = 4,5$. Então, $u + 1 = \pm\sqrt{4,5}$ e $u = -1 \pm \sqrt{4,5}$.

50. Adicionar $2y^2 + 8$ a ambos os lados resulta $4y^2 = 14$. Divida ambos os lados por 4 para obter $y^2 = 7/2$, assim $y = \pm\sqrt{\dfrac{7}{2}}$.

51. $2x + 3 = \pm 13$, assim $x = \dfrac{1}{2}(-3 \pm 13)$, resulta $x = -8$ ou $x = 5$.

52. $x^2 + 6x + 3^2 = 7 + 3^2$
$(x + 3)^2 = 16$
$x + 3 = \pm\sqrt{16}$
$x = -3 \pm 4$
$x = -7$ ou $x = 1$

53. $x^2 + 5x = 9$

$x^2 + 5x + \left(\dfrac{5}{2}\right)^2 = 9 + \left(\dfrac{5}{2}\right)^2$

$(x + 2,5)^2 = 9 + 6,25$

$x + 2,5 = \pm \sqrt{15,25}$

$x = -2,5 - \sqrt{15,25} \cong -6,41$ ou $x = -2,5 + \sqrt{15,25} \cong 1,41$

54. $x^2 - 7 = -\dfrac{5}{4}$

$x^2 - 7x + \left(-\dfrac{7}{2}\right)^2 = -\dfrac{5}{4} + \left(-\dfrac{7}{2}\right)^2$

$\left(x - \dfrac{7}{2}\right)^2 = 11$

$x - \dfrac{7}{2} = \pm\sqrt{11}$

$x = \dfrac{7}{2} \pm \sqrt{11}$

$x = \dfrac{7}{2} \pm \sqrt{11} \cong 0,18$ ou $x = \dfrac{7}{2} + \sqrt{11} \cong 6,82$

55. $x^2 + 6x = 4$

$x^2 + 6x + \left(\dfrac{6}{2}\right)^2 = 4 + \left(\dfrac{6}{2}\right)^2$

$(x + 3)^2 = 4 + 9$

$x + 3 = \pm\sqrt{13}$

$x = -3 \pm \sqrt{13}$

$x = -3 - \sqrt{13} \cong -6,61$ ou $x = -3 + \sqrt{13} \cong 0,61$

56. $2x^2 - 7x + 9 = x^2 - 2x - 3 + 3x$

$2x^2 - 7x + 9 = x^2 + x - 3$

$x^2 - 8x = -12$

$x^2 - 8x + (-4)^2 = -12 + (-4)^2$

$(x - 4)^2 = 4$

$x - 4 = \pm 2$

$x = 4 \pm 2$

$x = 2$ ou $x = 6$

57. $3x^2 - 6x - 7 = x^2 + 3x - x^2 - x + 3$

$3x^2 - 8x = 10$

$x^2 - \dfrac{8}{3}x = \dfrac{10}{3}$

$x^2 - \dfrac{8}{3}x + \left(-\dfrac{4}{3}\right)^2 = \dfrac{10}{3} + \left(-\dfrac{4}{3}\right)^2$

$\left(x - \dfrac{4}{3}\right)^2 = \dfrac{10}{3} + \dfrac{16}{9}$

$x - \dfrac{4}{3} = \pm\sqrt{\dfrac{46}{9}}$

$x = \dfrac{4}{3} \pm \dfrac{1}{3}\sqrt{46}$

$x = \dfrac{4}{3} - \dfrac{1}{3}\sqrt{46} \cong -0,93$ ou

$x = \dfrac{4}{3} + \dfrac{1}{3}\sqrt{46} \cong 3,59$

58. $a = 1$, $b = 8$, e $c = -2$:

$x = \dfrac{-8 \pm \sqrt{8^2 - 4(1)(-2)}}{2(1)} = \dfrac{-8 \pm \sqrt{72}}{2}$

$= \dfrac{-8 \pm 6\sqrt{2}}{2} = -4 \pm 3\sqrt{2}$

$x \cong -8,24$ ou $x \cong 0,24$

59. $a = 2$, $b = -3$, e $c = 1$:

$x = \dfrac{3 \pm \sqrt{(-3)^2 - 4(2)(1)}}{2(2)} = \dfrac{3 \pm \sqrt{1}}{4} = \dfrac{3}{4} \pm \dfrac{1}{4}$

$x = \dfrac{1}{2}$ ou $x = 1$

60. $x^2 - 3x - 4 = 0$, assim, $a = 1$, $b = -3$, e $c = -4$:

$x = \dfrac{3 \pm \sqrt{(-3)^2 - 4(1)(-4)}}{2(1)} = \dfrac{3 \pm \sqrt{25}}{2} = \dfrac{3}{2} \pm \dfrac{5}{2}$

$x = -1$ ou $x = 4$

61. $x^2 - \sqrt{3}x - 5 = 0$, assim, $a = 1$, $b = -\sqrt{3}$ e $c = -5$:

$x = \dfrac{\sqrt{3} \pm \sqrt{(-\sqrt{3})^2 - 4(1)(-5)}}{2(1)}$

$= \dfrac{\sqrt{3} \pm \sqrt{23}}{2} = \dfrac{1}{2}\sqrt{3} \pm \dfrac{1}{2}\sqrt{23}$

$x \cong -1,53$ ou $x \cong 3,26$

62. $x^2 + 5x - 12 = 0$, assim, $a = 1$, $b = 5$ e $c = -12$:

$x = \dfrac{-5 \pm \sqrt{(5)^2 - 4(1)(-12)}}{2(1)}$

$= \dfrac{-5 \pm \sqrt{73}}{2} = -\dfrac{5}{2} \pm \dfrac{\sqrt{73}}{2}$

$x \cong -6,77$ ou $x \cong 1,77$

63. $x^2 - 4x - 32 = 0$, assim, $a = 1$, $b = -4$, $c = -32$:

$$x = \frac{-(-4) \pm \sqrt{(-4)^2 - 4(1)(-32)}}{2(1)}$$

$$= \frac{4 \pm \sqrt{144}}{2} = 2 \pm 6$$

$x = -4$ ou $x = 8$

64. Intercepta o eixo $x = 3$ e o eixo $y = -2$.

65. Intercepta o eixo $x = 1$ e 3, o eixo $y = 3$.

66. Intercepta o eixo $x = -2, 0, 2$ e o eixo $y = 0$.

67. Não intercepta o eixo x nem o eixo y.

68. Gráfico de $y = |x - 8|$ e $y = 2$, com soluções $t = 6$ ou $t = 10$.

69. Gráfico de $y = |x + 1|$ e $y = 4$, com soluções $x = -5$ ou $x = 3$.

70. Gráfico de $y = |2x + 5|$ e $y = 7$, com soluções $x = 1$ ou $x = -6$.

71. Gráfico de $y = |3 - 5x|$ e $y = 4$, com soluções $x = -1/5$ ou $x = 7/5$.

72. Gráfico de $y = |2x - 3|$ e $y = x^2$, com soluções $x = -3$ ou $x = 1$.

73. Gráfico de $y = |x + 1|$ e $y = 2x - 3$, com soluções $x = 4$.

74. (a) As duas funções são $y_1 = 3\sqrt{x + 4}$ (começando no eixo x) e $y_2 = x^2 - 1$.
(b) Este é o gráfico de $y = 3\sqrt{x + 4} - x^2 + 1$.
(c) As coordenadas de x das intersecções na primeira figura são as mesmas das coordenadas de x onde o segundo gráfico cruza o eixo x.

75. Os fatores do lado esquerdo para $(x + 2)$ $(x - 1) = 0$:
$x + 2 = 0$ ou $x - 1 = 0$
$x = -2$ $x = 1$

76. O gráfico de $y = x^2 - 18$ intercepta o eixo x em $x \cong -4,24$ ou $x \cong 4,24$. Temos a contar
$x^2 - 3x = 12 - 3x + 6$
$x^2 - 18 = 0$

77. $2x - 1 = 5$ ou $2x - 1 = -5$
$2x = 6$ $2x = -4$
$x = 3$ $x = -2$

78. $x + 2 = 2\sqrt{x + 3}$
$x^2 + 4x + 4 = 4(x + 3)$
$x^2 = 8$
$x = -\sqrt{8}$ ou $x = \sqrt{8}$

$-\sqrt{8}$ é uma solução estranha, $x = \sqrt{8} \cong 2,83$.

79. Do gráfico de $y = x^3 + 4x^2 - 3x - 2$, as soluções da equação (que interceptam o x no gráfico) são $x \cong -4,56$, $x \cong -0,44$, $x = 1$.

80. Do gráfico de $y = x^3 - 4x + 2$, as soluções da equação (que interceptam x no gráfico) são $x \cong -2,21$, $x \cong -0,54$, $x \cong 1,68$.

81. $x^2 + 4x - 1 = 7$ ou $x^2 + 4x - 1 = -7$
$x^2 + 4x - 8 = 0$ $x^2 + 4x + 6 = 0$

$$x = \frac{-4 \pm \sqrt{16 + 32}}{2} \qquad x = \frac{-4 \pm \sqrt{16 - 24}}{2}$$

$x = -2 \pm 2\sqrt{3}$

sem soluções reais para estas equações.

82. Do gráfico de $y = |x + 5| - |x - 3|$, $y = 0$ quando $x = -1$.

83. Do gráfico de $y = |0,5x + 3|$ e $y = x^2 - 4$, temos $x \cong -2,41$ ou $x \cong 2,91$.

84. Do gráfico de $y = \sqrt{x + 7}$ e $y = -x^2 + 5$, temos $x \cong -1,64$ ou $x \cong 1,45$.

85. (a) Existem duas raízes distintas, pois $b^2 - 4ac > 0$ implica que $\pm\sqrt{b^2 - 4ac}$ são 2 números reais distintos.
(b) Existe exatamente uma raiz, pois implica que $\pm\sqrt{b^2 - 4ac} = 0$, assim a raiz deve ser

$$x = -\frac{b}{a}.$$

(c) Não existe raiz real, pois $b^2 - 4ac < 0$ implica que $\pm\sqrt{b^2 - 4ac}$ não são números reais.

86. As respostas podem variar.
(a) $x^2 + 2x - 3$ tem discriminante $(2)^2 - 4(1)(-3) = 16$, assim tem duas raízes distintas. O gráfico (ou fatoração) mostra que as raízes estão em $x = -3$ e $x = 1$.
(b) $x^2 + 2x + 1$ tem discriminante $(2)^2 - 4(1)(1) = 0$, assim tem uma raiz. O gráfico (ou fatoração) mostra que a raiz está em $x = -1$.
(c) $x^2 + 2x + 2$ tem discriminante $(2)^2 - 4(1)(2) = -4$, assim, não tem raiz real. O gráfico está totalmente acima do eixo x.

87. Seja x a largura do campo (em yd), o comprimento é $x + 30$. Então, a área do campo tem largura de 80 yd e $80 + 30 = 110$ yd de comprimento.
$8800 = x(x + 30)$
$0 = x^2 + 30x - 8800$
$0 = (x + 110)(x - 80)$
$0 = x + 110$ ou $0 = x - 80$
$x = -110$ ou $x = 80$

88. Resolvendo $x^2 + (x+5)^2 = 18^2$, ou $2x^2 + 10x - 299 = 0$, resulta $x \cong 9,98$ ou $x \cong -14,98$. A escada está cerca de $x + 5 \cong 14,98$ ft de altura na parede.

89. A área do quadrado é x^2. A área do semicírculo é $1/2\pi r^2 = 1/2\pi(1/2x)^2$, como o raio do semicírculo é $1/2x$. Então, $200 = x^2 + 1/2\pi(1/2x)^2$. Resolvendo (graficamente é mais fácil) resulta $x \cong 11,98$ ft (x deve ser positivo).

90. Verdadeiro.
91. Falso.
92. A resposta é D.
93. A resposta é B.
94. A resposta é B.
95. A resposta é E.

96. (a) $ax^2 + bx + c = 0$
$$ax^2 + bx = -c$$
$$x^2 + \frac{b}{a}x = -\frac{c}{a}$$

(b) $x^2 + \frac{b}{a}x + \left(\frac{1}{2} \cdot \frac{b}{a}\right)^2 = -\frac{c}{a} + \left(\frac{1}{2} \cdot \frac{b}{a}\right)^2$

$$x^2 + \frac{b}{a}x + \left(\frac{b}{2a}\right)^2 = -\frac{c}{a} + \frac{b^2}{4a^2}$$

$$\left(x + \frac{b}{2a}\right)\left(x + \frac{b}{2a}\right) = -\frac{4ac}{4a^2} + \frac{b^2}{4a^2}$$

$$\left(x + \frac{b}{2a}\right)^2 = \frac{b^2 - 4ac}{4a^2}$$

(c) $x + \frac{b}{2a} = \pm\sqrt{\frac{b^2 - 4ac}{4a^2}}$

$$x + \frac{b}{2a} = \frac{\pm\sqrt{b^2 - 4ac}}{2a}$$

$$x = -\frac{b}{2a} \pm \frac{\sqrt{b^2 - 4ac}}{2a}$$

$$x = \frac{-b \pm \sqrt{b^2 - 4ac}}{2a}$$

97. (a) $c = 2$
$$|x^2 - 4| = 2 \Rightarrow x^2 - 4 = 2 \text{ ou } x^2 - 4 = -2$$
$$x^2 = 6 \qquad x^2 = 2$$
$$x = \pm\sqrt{6} \qquad x = \pm\sqrt{2}$$
$|x^2 - 4| = 2, \{\pm\sqrt{2}, \pm\sqrt{6}\}$.

(b) $c = 4$
$$|x^2 - 4| = 4 \Rightarrow x^2 - 4 = 4 \text{ ou } x^2 - 4 = -4$$
$$x^2 = 8 \qquad x^2 = 0$$
$$x = \pm\sqrt{8} \qquad x = 0$$

(c) $c = 5$
$$|x^2 - 4| = 5 \Rightarrow x^2 - 4 = 5 \text{ ou } x^2 - 4 = -5$$
$$x^2 = 9 \qquad x^2 = -1$$
$$x = \pm 3 \qquad \text{sem solução}$$
$|x^2 - 4| = 5, \{\pm 3\}$

(d) $c = -1$. O gráfico sugere $y = -1$ não intersecciona $y = |x^2 - 4|$. Como o valor absoluto nunca é negativo, $|x^2 - 4| = -1$ não tem soluções.

(e) Não existem outros números possíveis de soluções desta equação. Para todos, a solução envolve duas equações quadráticas, cada um pode ter nenhuma, uma ou duas soluções.

98. (a) $\dfrac{-b + \sqrt{D}}{2a} + \dfrac{-b - \sqrt{D}}{2a}$

$$= \frac{-2b + \sqrt{D} - \sqrt{D}}{2a}$$

$$\frac{-2b}{2a} = -\frac{b}{a}$$

(b) $\dfrac{(-b + \sqrt{D})}{2a} \cdot \dfrac{(-b - \sqrt{D})}{2a}$

$$= \frac{(-b)^2 - (\sqrt{D})^2}{4a^2}$$

$$= \frac{b^2 - (b^2 - 4ac)}{4a^2} = \frac{c}{a}$$

99. $x_1 + x_2 = -\dfrac{b}{a} = 5$. Como $a = 2$, isso significa que $b = -10$.

$x_1 \times x_2 = \dfrac{c}{a} = 3$, como $a = 2$, isso significa que $c = 6$. As soluções são

$\dfrac{10 \pm \sqrt{100 - 48}}{4}$, que se reduz

a $2,5 \pm \dfrac{1}{2}\sqrt{13}$, ou aproximadamente $0,697$ e $4,303$.

CAPÍTULO 6

Revisão rápida

1. $-7 < 2x - 3 < 7$
$-4 < 2x < 10$
$-2 < x < 5$

2. $5x - 2 \geq 7x + 4$
   $-2x \geq 6$
   $x \leq -3$

3. $|x + 2| = 3$
   $x + 2 = 3$ ou $x + 2 = -3$
   $x = 1$ ou $x = -5$

4. $4x^2 - 9 = (2x - 3)(2x + 3)$

5. $x^3 - 4x = x(x^2 - 4) = x(x - 2)(x + 2)$

6. $9x^2 - 16y^2 = (3x - 4y)(3x + 4y)$

7. $\dfrac{z^2 - 25}{z^2 - 5z} = \dfrac{(z - 5)(z + 5)}{z(z - 5)} = \dfrac{z + 5}{z}$

8. $\dfrac{x^2 + 2x - 35}{x^2 - 10x + 25} = \dfrac{(x + 7)(x - 5)}{(x - 5)(x - 5)} = \dfrac{x + 7}{x - 5}$

9. $\dfrac{x}{x - 1} + \dfrac{x + 1}{3x - 4}$

   $= \dfrac{x(3x - 4)}{(x - 1)(3x - 4)} + \dfrac{(x + 1)(x - 1)}{(x - 1)(3x - 4)}$

   $= \dfrac{4x^2 - 4x - 1}{(x - 1)(3x - 4)}$

10. $\dfrac{2x - 1}{(x - 2)(x + 1)} + \dfrac{x - 3}{(x - 2)(x - 1)}$

    $= \dfrac{(2x - 1)(x - 1) + (x - 3)(x + 1)}{(x - 2)(x + 1)(x - 1)}$

    $= \dfrac{(2x^2 - 3x + 1) + (x^2 - 2x - 3)}{(x - 2)(x + 1)(x - 1)}$

    $= \dfrac{3x^2 - 5x - 2}{(x - 2)(x + 1)(x - 1)}$

    $= \dfrac{(3x + 1)(x - 2)}{(x - 2)(x + 1)(x - 1)}$

    $= \dfrac{(3x + 1)}{(x + 1)(x - 1)}$, se $x \neq 2$.

Exercícios

1. (a): $2(0) - 3 = 0 - 3 = -3 < 7$. No entanto, substituindo $x = 5$ resulta 7 (não é menor que 7); substituindo $x = 6$ resulta 9.

2. (b) e (c): $3(3) - 4 = 9 - 4 = 5 \geq 5$ e $3(4) - 4 = 12 - 4 = 8 \geq 5$

3. (b) e (c): $4(2) - 1 = 8 - 1 = 7$ e $-1 < 7 \leq 11$, e também $4(3) - 1 = 12 - 1 = 11$ e $-1 < 11 \leq 11$. No entanto, substituindo $x = 0$ resulta -1 (não é maior que -1).

4. (a), (b) e (c): $1 - 2(-1) = 1 + 2 = 3$ e $-3 \leq 3$; $1 - 2(0) = 1 - 0 = 1$ e $-3 \leq 1 \leq 3$; $1 - 2(2) = 1 - 4 = -3$ e $-3 \leq -3 \leq 3$.

5. [number line from −1 to 9, open circle at 5]

6. [number line from −1 to 9, open circle at 2]

7. [number line from −5 to 5, closed circle at −2]

   $2x - 1 \leq 4x + 3$
   $2x \leq 4x + 4$
   $-2x \leq 4$
   $x \geq -2$

8. [number line from −5 to 5, closed circle at −3]

   $3x - 1 \geq 6x + 8$
   $3x \geq 6x + 9$
   $-3x \geq 9$
   $x \leq -3$

9. [number line from −5 to 5, closed circle at −4, open circle at 3]

   $2 \leq x + 6 < 9$
   $-4 \leq x < 3$

10. [number line from −5 to 5, closed circle at 1/3, open circle at 3]

    $-1 \leq 3x - 2 < 7$
    $1 \leq 3x < 9$
    $\dfrac{1}{3} \leq x < 3$

11. [number line from −2 to 8, closed circle at 3]

    $10 - 6x + 6x - 3 \leq 2x + 1$
    $7 \leq 2x + 1$
    $6 \leq 2x$
    $3 \leq x$
    $x \geq 3$

12. [number line from −1 to 9, open circle at 5]

    $4 - 4x + 5 + 5x > 3x - 1$
    $9 + x > 3x - 1$
    $10 + x > 3x$
    $10 > 2x$
    $5 > x$
    $x < 5$

13. $4\left(\dfrac{5x + 7}{4}\right) \leq 4(-3)$

    $5x + 7 \leq -12$
    $5x \leq -19$
    $x \leq -\dfrac{19}{5}$

14. $5\left(\dfrac{3x-2}{5}\right) > 5(-1)$

$3x - 2 > -5$
$3x > -3$
$x > -1$

15. $3(4) \geq 3\left(\dfrac{2y-5}{3}\right) \geq 3(-2)$

$12 \geq 2y - 5 \geq -6$
$17 \geq 2y \geq -1$
$\dfrac{17}{2} \geq y \geq -\dfrac{1}{2}$
$-\dfrac{1}{2} \leq y \leq \dfrac{17}{2}$

16. $4(1) > 4\left(\dfrac{3y-1}{4}\right) > 4(-1)$

$4 > 3y - 1 > -4$
$5 > 3y > -3$
$\dfrac{5}{3} > y > -1$
$-1 < y < \dfrac{5}{3}$

17. $0 \leq 2z + 5 < 8$
$-5 \leq 2z < 3$
$-\dfrac{5}{2} \leq z < \dfrac{3}{2}$

18. $-6 < 5t - 1 < 0$
$-5 < 5t < 1$
$-1 < t < \dfrac{1}{5}$

19. $12\left(\dfrac{x-5}{4} + \dfrac{3+2x}{3}\right) < 12\,(-2)$

$3(x - 5) + 4(3 - 2x) < -24$
$3x - 15 + 12 - 8x < -24$
$-5x - 3 < -24$
$-5x < -21$
$x > \dfrac{21}{5}$

20. $6\left(\dfrac{3-x}{2} + \dfrac{5x-2}{3}\right) < 6(-1)$

$3(3 - x) + 2(5x - 2) < -6$
$9 - 3x + 10x - 4 < -6$
$7x + 5 < -6$
$7x < -11$
$x < -\dfrac{11}{7}$

21. $10\left(\dfrac{2y-3}{2} + \dfrac{3y-1}{5}\right) < 10(y-1)$

$5(2y - 3) + 2(3y - 1) < 10y - 10$
$10y - 15 + 6y - 2 < 10y - 10$
$16y - 17 < 10y - 10$
$16y < 10y + 7$
$6y < 7$
$y < \dfrac{7}{6}$

22. $24\left(\dfrac{3-4y}{6} - \dfrac{2y-3}{8}\right) \geq 24(2-y)$

$4(3 - 4y) - 3(2y - 3) \geq 48 - 24y$
$12 - 16y - 6y + 9 \geq 48 - 24y$
$-22y + 21 \geq 48 - 24y$
$-22 \geq 27 - 24y$
$2y \geq 27$
$y \geq \dfrac{27}{2}$

23. $2\left[\dfrac{1}{2}(x-4) - 2x\right] \leq 2[5(3-x)]$

$x - 4 - 4x \leq 10(3 - x)$
$-3x - 4 \leq 30 - 10x$
$-3x \leq 34 - 10x$
$7x \leq 34$
$x \leq \dfrac{34}{7}$

24. $6\left[\dfrac{1}{2}(x+3) + 2(x-4)\right] < 6\left[\dfrac{1}{3}(x-3)\right]$

$3(x + 3) + 12(x - 4) < 2(x - 3)$
$3x + 9 + 12x - 48 < 2x - 6$
$15x - 39 < 2x - 6$
$15x < 2x + 33$
$13x < 33$
$x < \dfrac{33}{13}$

25. Falso.

26. Verdadeiro.

27. $(-\infty, -9] \cup [1, +\infty)$:

$x + 4 \geq 5 \quad$ ou $\quad x + 4 \leq -5$
$x \geq 1 \qquad\qquad\quad x \leq -9$

28. $]-\infty, -1,3[\cup]2,3, \infty[$:

    $2x - 1 > 3,6$ ou $2x - 1 < -3,6$

    $2x > 4,6$ $2x < -2,6$

    $x > 2,3$ $x < -1,3$

29. $]1, 5[$

    $-2 < x - 3 < 2$ $1 < x < 5$

30. $[-8, 2]$

    $-5 \leq x + 3 < 5$ $-8 \leq x \leq 2$

31. $\left]-\dfrac{2}{3}, \dfrac{10}{3}\right[$

    $|4 - 3x| < 6$

    $-6 < 4 - 3x < 6$

    $-10 < -3x < 2$

    $\dfrac{10}{3} > x > -\dfrac{2}{3}$

32. $]-\infty, 0[\cup]3, +\infty[$

    $|3 - 2x| > 3$

    $3 - 2x > 3$ ou $3 - 2x < 3$

    $-2x > 0$ $-2x < -6$

    $x < 0$ $x > 3$

33. $]-\infty, -11] \cup [7, +\infty[$

    $\dfrac{x + 2}{3} \leq -3$ ou $\dfrac{x + 2}{3} \geq 3$

    $x + 2 \leq -9$ $x + 2 \geq 9$

    $x \leq -11$ $x \geq 7$

34. $[-19, 29]$

    $\left|\dfrac{x - 5}{4}\right| \leq 6$

    $-6 \leq \dfrac{x - 5}{4} \leq 6$

    $-24 \leq x - 5 \leq 24$

    $-19 \leq x \leq 29$

35. $2x^2 + 17x + 21 = 0$

    $(2x + 3)(x + 7) = 0$

    $2x + 3 = 0$ ou $x + 7 = 0$

    $x = -\dfrac{3}{2}$ ou $x = -7$

O gráfico de $y = 2x^2 + 17x + 21$ está abaixo do eixo x para $-7 < x < -3/2$. Portanto, $[-7, -3/2]$ é a solução pois os extremos estão incluídos.

36. $6x^2 - 13x + 6 = 0$

    $(2x - 3)(3x - 2) = 0$

    $2x - 3 = 0$ ou $3x - 2 = 0$

    $x = \dfrac{3}{2}$ ou $x = \dfrac{2}{3}$

O gráfico de $y = 6x^2 - 13x + 6$ está acima do eixo x para $x < 2/3$ e para $x > 3/2$. Portanto, $]-\infty, 2/3] \cup [3/2, +\infty[$ é a solução pois os extremos estão incluídos.

37. $2x^2 + 7x - 15 = 0$

    $(2x - 3)(x + 5) = 0$

    $2x - 3 = 0$ ou $x + 5 = 0$

    $x = \dfrac{3}{2}$ ou $x = -5$

O gráfico de $y = 2x^2 + 7x - 15$ está acima do eixo x para $x < -5$ e para $x > 3/2$. Portanto, $]-\infty, -5[\cup]3/2, +\infty[$ é a solução.

38. $4x^2 - 9x + 2 = 0$

    $(4x - 1)(x - 2) = 0$

    $4x - 1 = 0$ ou $x - 2 = 0$

    $x = \dfrac{1}{4}$ ou $x = 2$

O gráfico de $y = 4x^2 - 9x + 2$ está abaixo do eixo x para $1/4 < x < 2$. Portanto, $]1/4, 2[$ é a solução.

39. $2 - 5x - 3x^2 = 0$

    $(2 + x)(1 - 3x) = 0$

    $2 + x = 0$ ou $1 - 3x = 0$

    $x = -2$ ou $x = \dfrac{1}{3}$

O gráfico de $y = 2 - 5x - 3x^2$ está abaixo do eixo x para $x < -2$ e para $x > 1/3$. Portanto, $]-\infty, -2[\cup]1/3, +\infty[$ é a solução.

40. $21 + 4x - x^2 = 0$
$(7 - x)(3 + x) = 0$
$7 - x = 0$ ou $3 + x = 0$
$x = 7$ ou $x = -3$
O gráfico de $y = 21 + 4x - x^2$ está acima do eixo x para $-3 < x < 7$. Portanto, $]-3, +7[$ é a solução, pois os extremos estão incluídos.

41. $x^3 - x = 0$
$x(x^2 - 1) = 0$
$x(x + 1)(x - 1) = 0$
$x = 0$ ou $x + 1 = 0$ ou $x - 1 = 0$
$x = 0$ ou $x = -1$ ou $x = 1$
O gráfico de $y = x^3 - x$ está acima do eixo x para $x > 1$ e para $-1 < x < 0$. Portanto, $[-1, 0] \cup [1, +\infty[$ é a solução, pois os extremos estão incluídos.

42. $x^3 - x^2 - 30x = 0$
$x(x^2 - x - 30) = 0$
$x(x - 6)(x + 5) = 0$
$x = 0$ ou $x - 6 = 0$ ou $x + 5 = 0$
$x = 0$ ou $x = 6$ ou $x = -5$
O gráfico de $y = x^3 - x^2 - 30x$ está abaixo do eixo x para $x < -5$ e para $0 < x < 6$. Portanto, $]-\infty, -5] \cup [0, 6]$ é a solução, pois os extremos estão incluídos.

43. O gráfico de $y = x^2 - 4x - 1$ é zero para $x \cong -0,24$ e $x \cong 4,24$ e está abaixo do eixo x para $-0,24 < x < 4,24$. Portanto, $]-0,24; 4,24[$ é a solução aproximada.

44. O gráfico de $y = 12x^2 - 25x + 12$ é zero para $x = 4/3$ e $x = 3/4$ e está acima do eixo x para $x < 3/4$ e para $x > 4/3$. Portanto, $]-\infty, 3/4] \cup [4/3, +\infty[$ é a solução.

45. $6x^2 - 5x - 4 = 0$
$(3x - 4)(2x + 1) = 0$
$3x - 4 = 0$ ou $2x + 1 = 0$
$x = \dfrac{4}{3}$ ou $x = -\dfrac{1}{2}$
O gráfico de $y = 6x^2 - 5x - 4$ está acima do eixo x para $x < -1/2$ e para $x > 4/3$. Portanto, $]-\infty, -1/2[\cup]4/3, +\infty[$ é a solução.

46. $4x^2 - 1 = 0$
$(2x + 1)(2x - 1) = 0$
$2x + 1 = 0$ ou $2x - 1 = 0$
$x = -\dfrac{1}{2}$ ou $x = \dfrac{1}{2}$
O gráfico de $y = 4x^2 - 1$ está abaixo do eixo x para $-1/2 < x < 1/2$. Portanto, $[-1/2, 1/2]$ é a solução, pois os extremos estão incluídos.

47. O gráfico de $y = 9x^2 + 12x - 1$ parece ser zero para $x \cong -1,41$ e $x \cong 0,08$ e está acima do eixo x para $x < -1,41$ e $x > 0,08$. Portanto, $]-\infty, -1,41] \cup [0,08, +\infty[$ é a solução aproximada, e os extremos estão incluídos.

48. O gráfico de $y = 4x^2 - 12x + 7$ parece ser zero para $x \cong 0,79$ e $x \cong 2,21$ e está abaixo do eixo x para $0,79 < x < 2,21$. Portanto, $]0,79, 2,21[$ é a solução aproximada.

49. $4x^2 - 4x + 1 = 0$
$(2x - 1)(2x - 1) = 0$
$(2x - 1)^2 = 0$
$2x - 1 = 0$
$x = \dfrac{1}{2}$
O gráfico de $y = 4x^2 - 4x + 1$ está totalmente acima do eixo x, exceto em $x = 1/2$. Portanto, $]-\infty, 1/2[\cup]1/2, +\infty[$ é a solução estabelecida.

50. $x^2 - 6x + 9 = 0$
$(x - 3)(x - 3) = 0$
$(x - 3)^2 = 0$
$x - 3 = 0$
$x = 3$
O gráfico de $y = x^2 - 6x + 9$ está totalmente acima do eixo x, exceto em $x = 3$. Portanto, $\{3\}$ é a solução estabelecida.

51. $x^2 - 8x + 16 = 0$
$(x - 4)(x - 4) = 0$
$(x - 4)^2 = 0$
$x - 4 = 0$
$x = 4$
O gráfico de $y = x^2 - 8x + 16$ está totalmente acima do eixo x, exceto em $x = 4$. Portanto, não há solução, isto é, a solução é dada por ϕ.

52. $9x^2 + 12x + 4 = 0$
$(3x + 2)(3x + 2) = 0$
$(3x + 2)^2 = 0$
$3x + 2 = 0$
$x = -\dfrac{2}{3}$
O gráfico de $y = 9x^2 + 12x + 4$ está totalmente acima do eixo x, exceto em $x = -2/3$. Portanto, todo número real satisfaz a inequação. A solução é $]-\infty, +\infty[$.

53. O gráfico de $y = 3x^3 - 12x + 2$ é zero para $x \cong -2,08$, $x \cong 0,17$ e $x \cong 1,91$ e está acima do eixo x para $-2,08 < x < 0,17$ e $x > 1,91$. Portanto, $[-2,08, 0,17] \cup [1,91, +\infty[$ é a solução aproximada.

54. O gráfico de $y = 8x - 2x^3 - 1$ é zero para $x \cong -2,06$, $x \cong 0,13$ e $x \cong 1,93$ e está abaixo do eixo x para $-2,06 < x < 0,13$ e $x > 1,93$. Portanto, $]-2,06; 0,13[\cup [1,93, +\infty[$ é a solução aproximada.

55. $2x^3 + 2x > 5$ é equivalente a $2x^3 + 2x - 5 > 0$. O gráfico de $y = 2x^3 + 2x - 5$ é zero para $x \cong 1,11$ e está acima do eixo x para $x > 1,11$. Assim, $]1,11; +\infty[$ é a solução aproximada.

56. $4 \leq 2x^3 + 8x$ é equivalente a $2x^3 + 8x - 4 \geq 0$. O gráfico de $y = 2x^3 + 8x - 4$ é zero para $x \cong 0,47$ e está acima do eixo x para $x > 0,47$. Assim, $[0,47, +\infty[$ é a solução aproximada.

57. As respostas podem variar. Algumas possibilidades são:
  (a) $x^2 > 0$
  (b) $x^2 + 1 < 0$
  (c) $x^2 \leq 0$
  (d) $(x + 2)(x - 5) \leq 0$
  (e) $(x + 1)(x - 4) > 0$
  (f) $x(x - 4) \geq 0$

58. Seja x a velocidade média; então $105 < 2x$. Resolvendo a equação resulta $x > 52,5$, assim, a menor velocidade média é 52,5 km/h.

59. (a) Seja $x > 0$ a largura de um retângulo então a altura é $2x - 2$ e o perímetro é $P = 2[x + (2x - 2)]$. Resolvendo $P < 200$ e $2x - 2 > 0$ resulta 1 cm $< x <$ 34 cm.

$2[x + (2x - 2)] < 200$ e $2x - 2 > 0$
$2(3x - 2) < 200$ $2x < 2$
$6x - 4 < 200$ $x > 1$
$6x < 204$
$x < 34$

(b) A área é $A = x(2x - 2)$. Já sabemos que $x > 1$ da parte (a). Resolver $A \leq 1200$.
$x(2x - 2) = 1200$
$2x^2 - 2x - 1200 = 0$
$x^2 - x - 600 = 0$
$(x - 25)(x + 24) = 0$
$x - 25 = 0$ ou $x + 24 = 0$
$x = 25$ ou $x = -24$
O gráfico de $y = 2x^2 - 2x - 1200$ está abaixo do eixo x para $1 < x < 25$. Assim, $A \leq 1200$ quando x está no intervalo $]1, 25[$.

60. Substitua 20 e 40 na equação $P = 400/V$ para encontrar a imagem P: $P = 400/20$ e $P = 400/40 = 10$. A pressão pode variar de 10 a 20, ou $10 \leq P \leq 20$. De maneira alternativa, resolva graficamente: gráfico $y = 400/x$ em $[20, 40] \times [0, 30]$ e observe que todos os valores de y estão entre 10 e 20.

61. Falso.

62. Verdadeiro.

63. $|x - 2| < 3$
$-3 < x - 2 < 3$
$-1 < x < 5$
$]-1,5[$
A resposta é E.

64. O gráfico de $y = x^2 - 2x + 2$ está totalmente acima do eixo x, assim, $x^2 - 2x + 2 \geq 0$ para todos os números reais de x. A resposta é D.

65. $x^2 > x$ é verdadeira para todo x negativo ou para $x > 1$. Assim, a solução é $]-\infty, 0[\cup]1, +\infty[$. A resposta é A.

66. $x^2 \leq 1$ implica $-1 \leq x \leq 1$, assim, a solução é $[-1, 1]$. A resposta é D.

67. (a) Os comprimentos dos lados da caixa são x, $12 - 2x$ e $15 - 2x$, assim o volume é $x(12 - 2x)(15 - 2x)$. Resolver $x(12 - 2x)(15 - 2x) = 125$, gráfico $y = x(12 - 2x)(15 - 2x)$ e $y = 125$ e encontrar onde os gráficos se interseccionam: $x \cong 0,94$ polegadas ou $x \cong 3,78$ polegadas.

(b) O gráfico de $y = x(12 - 2x)(15 - 2x)$ está acima do gráfico de $y = 125$ para $0,94 < y < 3,78$ (aproximadamente). Assim, escolhendo x no intervalo $]0,94; 3,78[$ resultará em uma caixa com o volume maior que 125 centímetros cúbicos.

68. $2x^2 + 7x - 15 = 10$ ou $2x^2 + 7x - 15 = -10$
$2x^2 + 7x - 25 = 0$ $2x^2 + 7x - 5 = 0$
O gráfico de $y = 2x^2$ O gráfico de $y = 2x^2$
$+ 7x - 25$ parece $+ 7x - 5$ parece ser
ser zero para $x \cong$ zero para $x \cong -4,11$
$-5,69$ e $x \cong 2,19$ e $x \cong 0,61$

Olhe para os gráficos de $y = |2x^2 + 7x - 15|$ e $y = 10$. O gráfico de $y = |2x^2 + 7x - 15|$ está abaixo do gráfico de $y = 10$ quando $-5,69 < x < -4,11$ e quando $0,61 < x < 2,19$. Portanto, $]-5,69, -4,11[\cup]0,61; 2,19[$ é a solução aproximada.

69. $2x^2 + 3x - 20 = 10$ ou $2x^2 + 3x - 20 = -10$
$2x^2 + 3x - 30 = 0$ $2x^2 + 3x - 10 = 0$

O gráfico de $y = 2x^2 + 3x - 30$ parece ser zero para $x \cong -4,69$ e $x \cong 3,19$

O gráfico de $y = 2x^2 + 3x - 10$ parece ser zero para $x \cong -3,11$ e $x \cong 1,61$

Olhe para os gráficos de $y = |2x^2 + 3x - 20|$ e $y = 10$. O gráfico de $y = |2x^2 + 7x - 20|$ está acima do gráfico de $y = 10$ quando $x < -4,69$; $-3,11 < x < 1,61$ e $x > 3,19$. Portanto, $]-\infty, -4,69] \cup [-3,11, 1,61] \cup [3,19; +\infty[$ é a solução aproximada, com os extremos incluídos.

CAPÍTULO 7

Revisão rápida

1. $x^2 - 16 = 0$
$x^2 = 16$
$x = \pm 4$

2. $9 - x^2 = 0$
$9 = x^2$
$\pm 3 = x$

3. $x - 10 < 0$
$x < 10$

4. $5 - x \leq 0$
$-x \leq -5$
$x \geq 5$

5. Como vimos, o denominador de uma função não pode ser zero. Veremos quando isso ocorre.
$x - 16 = 0$
$x = 16$

6. $x^2 - 16 = 0$
$x^2 = 16$
$x = \pm 4$

7. $x - 16 < 0$
$x < 16$

8. $x^2 - 1 = 0$
$x^2 = 1$
$x = \pm 1$

9. $3 - x \leq 0$ e $x + 2 < 0$
$3 \leq x$ $x < -2$
$x < -2$ e $x \geq 3$

10. $x^2 - 4 = 0$
$x^2 = 4$
$x = \pm 2$

Exercícios

1. Sim, $y = \sqrt{x - 4}$ é uma função de x, pois, quando o número é substituído por x, há no máximo um valor produzido para $\sqrt{x - 4}$.

2. Não, $y = x^2 \pm 3$ não é uma função de x, pois quando o número é substituído por x, y pode ser tanto 3 maior ou 3 menor que x^2.

3. Não, $x = 2y^2$ não determina y como uma função de x, pois, quando um número positivo é substituído por x, y pode ser $\sqrt{\dfrac{x}{2}}$ ou $-\sqrt{\dfrac{x}{2}}$.

4. Sim, $x = 12 - y$ determina y como uma função de x, pois, quando um número é substituído por x, há exatamente um número y que produz x quando subtraído por 12.

5. Sim.
6. Não.
7. Não.
8. Sim.
9.
Domínio: $]-\infty, +\infty[$.

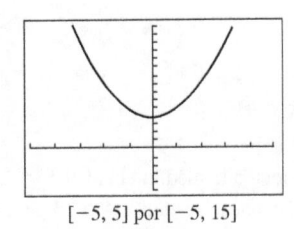

[−5, 5] por [−5, 15]

10. Precisamos $x - 3 \neq 0$.
Domínio: $]-\infty, 3[\cup]3, +\infty[$.

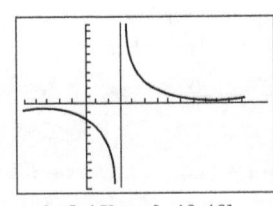

[−5, 15] por [−10, 10]

11. Precisamos $x + 3 \neq 0$ e $x - 1 \neq 0$.
Domínio: $]-\infty, -3[\cup]-3, 1[\cup]1, +\infty[$.

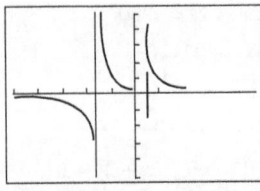

[−10, 10] por [−10, 10]

12. Precisamos $x \neq 0$ e $x - 3 \neq 0$.
Domínio: $]-\infty, 0[\cup]0, 3[\cup]3, +\infty[$.

[−10, 10] por [−10, 10]

13. Note que $g(x) = \dfrac{x}{x^2 - 5x} = \dfrac{x}{x(x-5)}$.

Como resultado, $x - 5 \neq 0$ e $x \neq 0$.
Domínio: $]-\infty, 0[\cup]0, 5[\cup]5, +\infty[$.

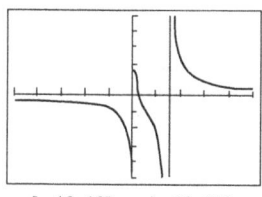

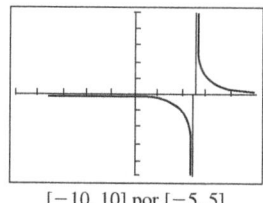

[−10, 10] por [−5, 5]

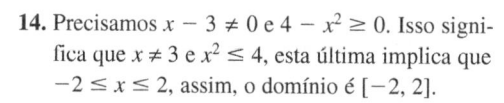

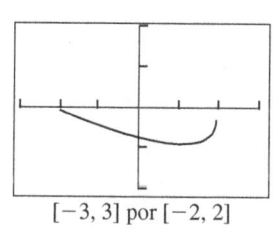

14. Precisamos $x - 3 \neq 0$ e $4 - x^2 \geq 0$. Isso significa que $x \neq 3$ e $x^2 \leq 4$, esta última implica que $-2 \leq x \leq 2$, assim, o domínio é $[-2, 2]$.

[−3, 3] por [−2, 2]

15. Precisamos $x + 1 \neq 0$, $x^2 + 1 \neq 0$ e $4 - x \geq 0$. O primeiro requisito significa $x \neq -1$, o segundo é verdadeiro para todo x, e o último significa $x \leq 4$. O domínio é $]-\infty, -1[\cup]-1, 4]$.

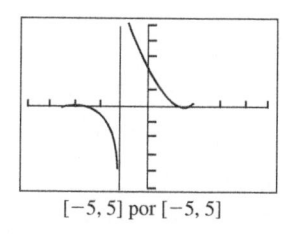

[−5, 5] por [−5, 5]

16. Precisamos
$$x^4 - 16x^2 \geq 0$$
$$x^2(x^2 - 16) \geq 0$$
$$x^2 = 0 \quad \text{ou} \quad x^2 - 16 \geq 0$$
$$x^2 \geq 16$$
$$x = 0 \quad \text{ou} \quad x \geq 4, x \leq -4$$

Domínio: $]-\infty, -4] \cup \{0\} \cup [4, +\infty[$.

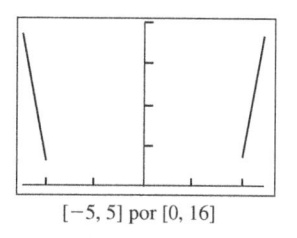

[−5, 5] por [0, 16]

17. $f(x) = 10 - x^2$ pode tomar qualquer valor negativo, pois x^2 é não negativo, $f(x)$ não pode ser maior que 10. A variação é $]-\infty, 10]$.

18. $g(x) = 5 + \sqrt{4 - x}$ pode tomar qualquer valor ≥ 5, mas como $\sqrt{4 - x}$ é não negativo, $g(x)$ não pode ser menor que 5. A variação é $[5, +\infty[$.

19. A variação de uma função é encontrada mais facilmente pelo seu gráfico. Como mostra nosso gráfico, a variação de $f(x)$ é $]-\infty, -1[\cup [0, +\infty[$.

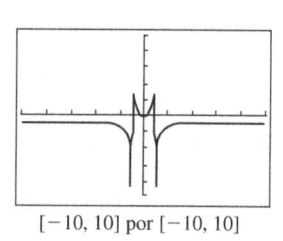

[−10, 10] por [−10, 10]

20. Como mostra nosso gráfico, a variação de $g(x)$ é $]-\infty, -1[\cup [0{,}75, +\infty[$.

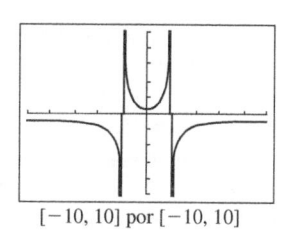

[−10, 10] por [−10, 10]

21. Sim, é não removível.

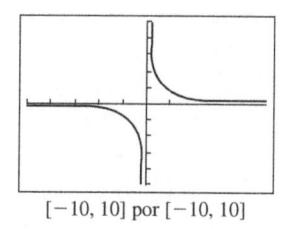

[−10, 10] por [−10, 10]

22. Sim, é removível.

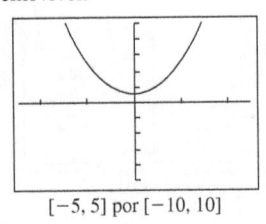

[−5, 5] por [−10, 10]

23. Sim, é não removível.

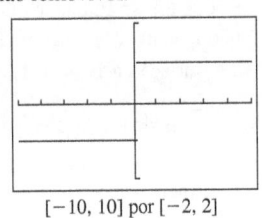

[−10, 10] por [−2, 2]

24. Sim, é não removível.

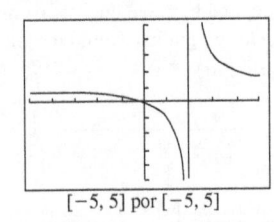

[−5, 5] por [−5, 5]

25. Máximo local em (−1, 4) e (5, 5), mínimo local em (2, 2). Função crescente em]−∞, −1], decrescente em (1, 2), crescente em [2, 5] e decrescente em [5, +∞[.

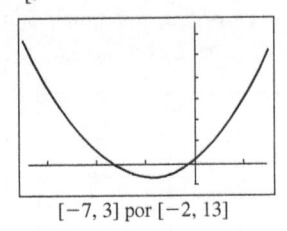

26. Mínimo local em (1, 2), (3, 3) não é nenhum dos dois casos e (5, 7) é um máximo local. Função decrescente em]−∞, 1], crescente em [1, 5] e decrescente em [5, +∞[.

27. (−1, 3) e (3, 3) são nenhum dos dois casos.]1, 5[é o máximo local, e]5, 1[é um mínimo local. Função crescente em]−∞, 1], decrescente em [1, 5] e crescente em [5, +∞[.

28. (−1, 1) e (3, 1) são mínimos locais, enquanto (1, 6) e (5, 4) são máximos locais. Função decrescente em]−∞, −1], crescente em [−1, 1], decrescente em]1, 3] e crescente em [3, 5] e decrescente em [5, +∞[.

29. Função decrescente em]−∞, −2], crescente em [−2, +∞[.

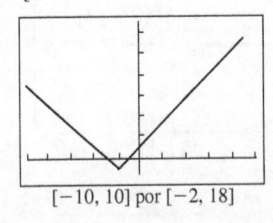

[−10, 10] por [−2, 18]

30. Função decrescente em]−∞, −1]; constante em [−1, 1]; crescente em [1, +∞[.

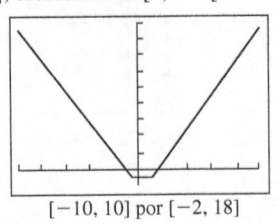

[−10, 10] por [−2, 18]

31. Função decrescente em]−∞, −2]; constante em [−2, 1]; crescente em [1, +∞[.

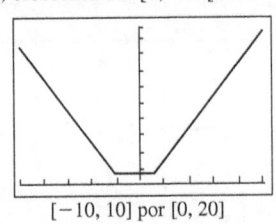

[−10, 10] por [0, 20]

32. Função decrescente em]−∞, −2]; crescente em [−2, +∞[.

[−7, 3] por [−2, 13]

33. Função crescente em]−∞, −2]; decrescente em [1, +∞[.

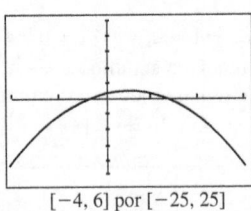

[−4, 6] por [−25, 25]

34. Função crescente em]−∞, −0,5]; decrescente em [−0,5, 1,2], crescente em [1,2, +∞[. Os valores médios são aproximados − de fato estão entre −0,549 e 1,215. Os valores dados podem ser observados na janela decimal.

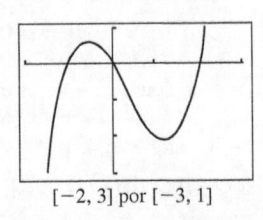

[−2, 3] por [−3, 1]

35. Funções constantes são sempre limitadas.

36. $x^2 > 0$
$-x^2 < 0$
$2 - x^2 < 2$
y é limitada superiormente por $y = 2$.

37. $2^x > 0$ para todo x, assim, y limitada inferiormente por $y = 0$.

38. $2^{-x} = 1/2^x$ para todo x, assim, y é limitada inferiormente por $y = 0$.

39. Como $y = \sqrt{1 - x^2}$ é sempre positivo, sabemos $y \geq 0$ para todo x. Precisamos verificar para uma função limitada superiormente:
$x^2 > 0$
$-x^2 < 0$
$1 - x^2 < 1$
$\sqrt{1 - x^2} < \sqrt{1}$
$\sqrt{1 - x^2} < 1$

Assim, y é limitada por $y = 1$.

40. Não há restrições em x nem em x^3, assim, y não é limitada superior nem inferiormente.

41. f tem um mínimo local quando $x = 0,5$ e $y = 3,75$. Não tem máximo.

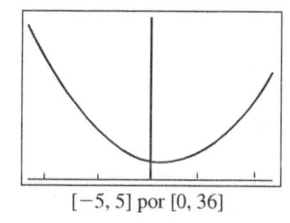

[−5, 5] por [0, 36]

42. Máximo local: $y \cong 4,08$ em $x \cong -1,15$.
Mínimo local: $y \cong -2,08$ em $x \cong 1,15$.

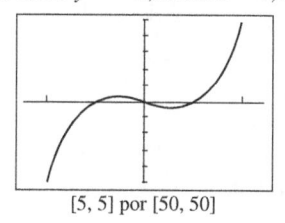

[5, 5] por [50, 50]

43. Mínimo local: $y \cong -4,09$ em $x \cong -0,82$.
Máximo local: $y \cong -1,91$ em $x \cong 0,82$.

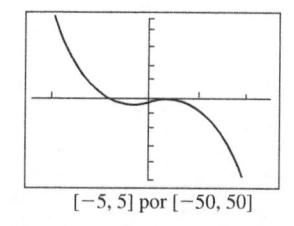

[−5, 5] por [−50, 50]

44. Máximo local: $y \cong 9,48$ em $x \cong -1,67$. Mínimo local: $y = 0$ quando $x = 1$.

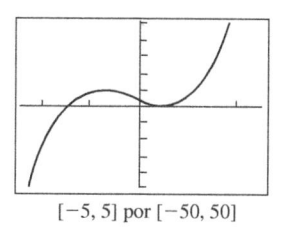

[−5, 5] por [−50, 50]

45. Máximo local: $y \cong 9,168$ em $x \cong -3,20$.
Mínimo local: $y = 0$ em $x = 0$ e $y = 0$ em $x = -4$.

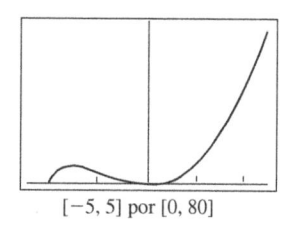

[−5, 5] por [0, 80]

46. Máximo local: $y = 0$ em $x \cong -2,5$. Mínimo local: $y \cong -3,13$ em $x = -1,25$.

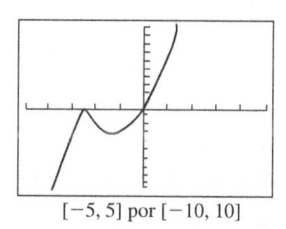

[−5, 5] por [−10, 10]

47. A função é par: $f(-x) = 2(-x)^4 = 2x^4 = f(x)$
48. A função é ímpar: $g(-x) = (-x)^3 = -x^3 = -g(x)$
49. A função é par: $f(-x) = \sqrt{(-x)^2 + 2}$
$= \sqrt{x^2 + 2} = f(x)$

50. A função é par: $g(-x) = \dfrac{3}{1 + (-x)^2}$
$= \dfrac{3}{1 + x^2} = g(x)$

51. Nenhum dos dois casos: $f(-x) = -(-x)^2 + 0,03(-x) + 5 = -x^2 - 0,03x + 5$, que não é nem $f(x)$ nem $-f(x)$.

52. Nenhum dos dois casos: $f(-x) = (-x)^3 + 0,04(-x)^2 + 3 = -x^3 + 0,04x^2 + 3$, que não é nem $f(x)$ nem $-f(x)$.

53. A função é ímpar: $g(-x) = 2(-x)^3 - 3(-x) = -2x^3 + 3x = -g(x)$

54. A função é ímpar: $h(-x) = \dfrac{1}{-x} = -\dfrac{1}{x} = -h(x)$

55. O quociente $\dfrac{x}{x-1}$ é indefinido em $x = 1$, indicando que $x = 1$ é uma assíntota vertical. De maneira similar, $\lim\limits_{x \to +\infty} \dfrac{x}{x-1} = \lim\limits_{x \to -\infty} \dfrac{x}{x-1} = 1$, indicando uma assíntota horizontal em $y = 1$. O gráfico confirma essas assíntotas.

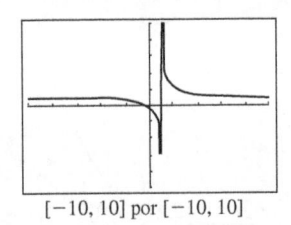

[−10, 10] por [−10, 10]

56. O quociente $\dfrac{x-1}{x}$ é indefinido em $x = 0$, indicando uma possível assíntota vertical em $x = 0$. De maneira similar,

$$\lim_{x \to +\infty} \dfrac{x-1}{x} = \lim_{x \to -\infty} \dfrac{x-1}{x} = 1,$$

indicando uma possível assíntota horizontal em $y = 1$. O gráfico confirma essas assíntotas.

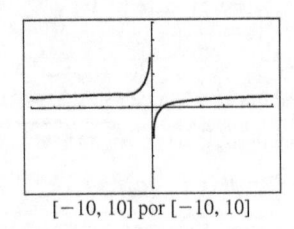

[−10, 10] por [−10, 10]

57. O quociente $\dfrac{x+2}{3-x}$ é indefinido em $x = 3$, indicando uma possível assíntota vertical em $x = 3$. De maneira similar,

$$\lim_{x \to +\infty} \dfrac{x+2}{3-x} = \lim_{x \to -\infty} \dfrac{x+2}{3-x} = -1,$$

indicando uma possível assíntota horizontal em $y = -1$. O gráfico confirma essas assíntotas.

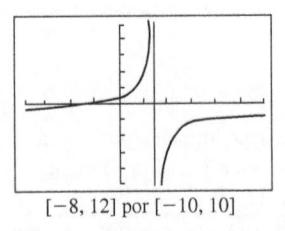

[−8, 12] por [−10, 10]

58. Como $g(x)$ é contínua em $-\infty < x < +\infty$, não esperamos uma assíntota vertical. Entretando,

$$\lim_{x \to -\infty} 1{,}5^x = \lim_{x \to +\infty} 1{,}5^{-x} = \lim_{x \to +\infty} \dfrac{1}{1{,}5^x} = 0,$$

assim esperamos uma assíntota horizontal em $y = 0$. O gráfico confirma esta assíntota.

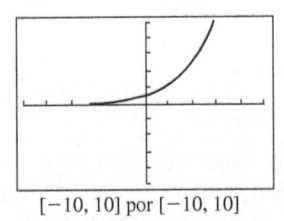

[−10, 10] por [−10, 10]

59. O quociente $\dfrac{x^2+2}{x^2-1}$ é indefinido em $x = 1$ e $x = -1$. Esperamos duas assíntotas verticais. De maneira similar, $\lim\limits_{x \to +\infty} \dfrac{x^2+2}{x^2-1} = \lim\limits_{x \to -\infty} \dfrac{x^2+2}{x^2-1} = 1$, assim esperamos uma assíntota horizontal em $y = 1$. O gráfico confirma essas assíntotas.

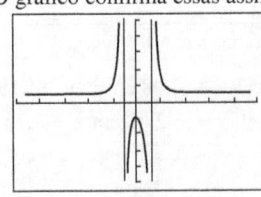

[−10, 10] por [−10, 10]

60. Notamos que $x^2 + 1 > 0$ para $-\infty < x < +\infty$, assim não esperamos uma assíntota vertical. Entretanto, $\lim\limits_{x \to -\infty} \dfrac{4}{x^2+1} = \lim\limits_{x \to +\infty} \dfrac{4}{x^2+1} = 0$, assim esperamos uma assíntota horizontal em $y = 0$. O gráfico confirma essa assíntota.

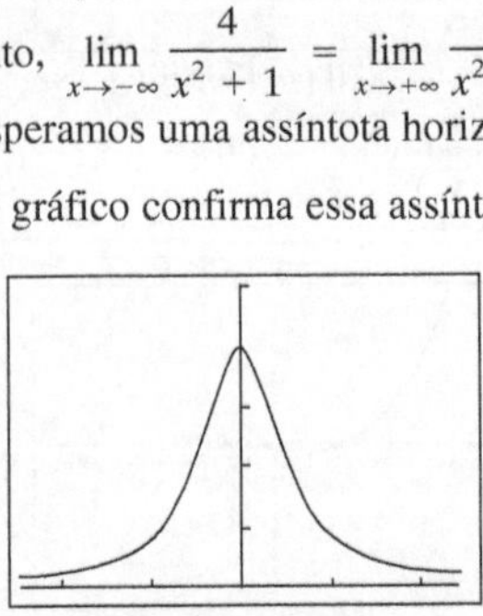

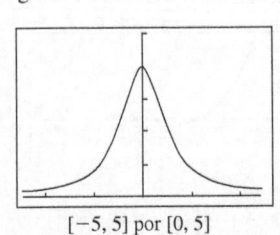

[−5, 5] por [0, 5]

61. O quociente $\dfrac{4x-4}{x^3-8}$ não existe em $x=2$, esperamos uma assíntota vertical. De maneira similar,
$\lim\limits_{x \to -\infty} \dfrac{4x-4}{x^3+8} = \lim\limits_{x \to +\infty} \dfrac{4x-4}{x^3+8} = 0$, assim, esperamos uma assíntota horizontal em $y = 0$. O gráfico confirma essas assíntotas.

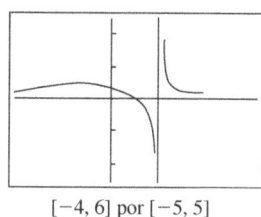

[−4, 6] por [−5, 5]

62. O quociente $\dfrac{2x-4}{x^2-4} = \dfrac{2(x-2)}{(x-2)(x+2)}$
$= \dfrac{2}{x+2}$

Como $x = 2$ é uma descontinuidade removível, esperamos uma assíntota vertical apenas em $x = -2$. De maneira similar,
$\lim\limits_{x \to -\infty} \dfrac{2}{x-2} = \lim\limits_{x \to +\infty} \dfrac{2}{x-2} = 0$,
assim, esperamos uma assíntota horizontal em $y = 0$. O gráfico confirma essas assíntotas.

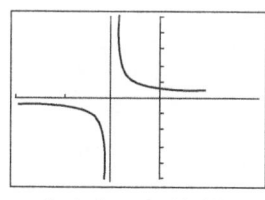

[−6, 4] por [−10, 10]

63. O denominador é zero quando $x = -1/2$, assim, há uma assíntota vertical em $x = -1/2$. Quando tende a $+\infty$ ou a $-\infty$, $\dfrac{x+2}{2x+1}$ se comporta mais como $\dfrac{x}{2x} = \dfrac{1}{2}$, assim, há uma assíntota horizontal em $y = 1/2$. O gráfico correspondente é (b).

64. O denominador é zero quando $x = -1/2$, assim, há uma assíntota vertical em $x = -1/2$. Quando tende a $+\infty$ ou a $-\infty$, $\dfrac{x^2+2}{2x+1}$ se comporta mais como $\dfrac{x^2}{2x} = \dfrac{x}{2}$, assim, $y = x/2$ é uma assíntota inclinada. O gráfico correspondente é (c).

65. O denominador não é zero, qualquer que seja o valor real de x; assim, não há uma assíntota vertical. Quando x é muito maior, $\dfrac{x+2}{2x^2+1}$ se comporta mais como $\dfrac{x}{2x^2} = \dfrac{1}{2x}$, que para x tendendo a $+\infty$ ou a $-\infty$, $\dfrac{1}{2x}$ está perto de zero. Assim, há assíntota horizontal em $y = 0$. O gráfico correspondente é (a).

66. O denominador não é zero, qualquer que seja o valor real de x; assim, não há uma assíntota vertical. Quando x tende a $+\infty$ ou a $-\infty$, $\dfrac{x^3+2}{2x^2+1}$ se comporta mais como $\dfrac{x^3}{2x^2} = \dfrac{x}{2}$, assim, $y = x/2$ é uma assíntota inclinada. O gráfico correspondente é (d).

67. (a) Como $\lim\limits_{x \to -\infty} \dfrac{x}{x^2-1} = \lim\limits_{x \to +\infty} \dfrac{x}{x^2-1} = 0$, esperamos uma assíntota horizontal em $y = 0$. Para encontrar onde a função cruza $y = 0$, resolvemos a equação, com $x \neq \pm 1$.
$\dfrac{x}{x^2-1} = 0$
$x = 0 \cdot (x^2 - 1)$
$x = 0$
O gráfico confirma que $f(x)$ intersecciona a assíntota horizontal em]0, 0[.

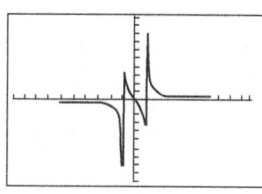

[−10, 10] por [−10, 10]

(b) Como $\lim\limits_{x \to -\infty} \dfrac{x}{x^2+1} = \lim\limits_{x \to +\infty} \dfrac{x}{x^2+1} = 0$, esperamos uma assíntota horizontal em $y = 0$. Para encontrar onde a função intersecciona $y = 0$, resolvemos a equação:
$\dfrac{x}{x^2+1} = 0$
$x = 0 \cdot (x^2+1)$
$x = 0$

O gráfico confirma que g(x) intersecciona a assíntota horizontal em (0, 0).

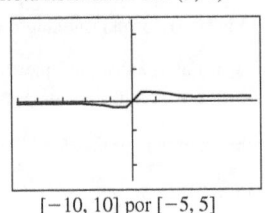

[−10, 10] por [−5, 5]

(c) Como $\lim_{x \to -\infty} \dfrac{x^2}{x^3 + 1} = \lim_{x \to +\infty} \dfrac{x^2}{x^3 + 1} = 0$,

esperamos uma assíntota horizontal em $y = 0$. Para encontrar onde $h(x)$ cruza $y = 0$, resolvemos a equação, com $x \neq -1$:

$$\dfrac{x^2}{x^3 + 1} = 0$$

$x^2 = 0 \cdot (x^3 + 1)$
$x^2 = 0$
$x = 0$

O gráfico confirma que $h(x)$ intersecciona a assíntota horizontal em]0, 0[.

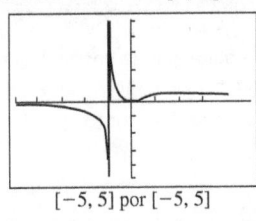

[−5, 5] por [−5, 5]

68. Encontramos que (a) e (c) têm gráficos com mais de uma assíntota horizontal, como se segue:

(a) Para encontrar assíntotas horizontais, verificamos os limites para $x \to +\infty$ e $x \to -\infty$. Sabemos também que o numerador $|x^3 + 1|$ é positivo para todo x, e que o denominador $8 - x^3$ é positivo para $x < 2$ e negativo para $x > 2$. Considerando essas duas afirmações, encontramos

$\lim_{x \to +\infty} \dfrac{|x^3 + 1|}{8 - x^3} = -1$ e $\lim_{x \to -\infty} \dfrac{|x^3 + 1|}{8 - x^3} = 1$

O gráfico confirma que temos assíntotas horizontais em $y = 1$ e $y = -1$.

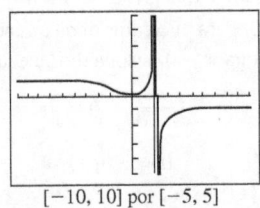

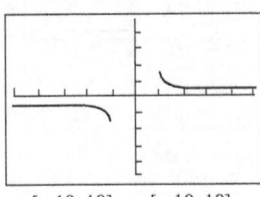

[−10, 10] por [−5, 5]

(b) Novamente, vemos que o numerador $|x - 1|$ é positivo para todo x. O denominador $x^2 - 4$ pode ser negativo somente quando $-2 < x < 2$; se $x < -2$ ou $x > 2$, $x^2 - 4$ será positivo. Como o denominador tem grau maior que o numerador:

$\lim_{x \to -\infty} \dfrac{|x - 1|}{x^2 - 4} = \lim_{x \to +\infty} \dfrac{|x - 1|}{x^2 - 4} = 0$, dando apenas

uma assíntota horizontal em $y = 0$. O gráfico confirma essa assíntota.

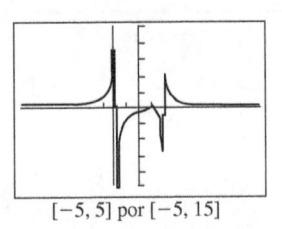

[−5, 5] por [−5, 15]

(c) Como já demonstramos, precisamos de $x^2 - 4 > 0$, do contrário, a função não está definida dentro dos números reais. Como resultado, sabemos que o denominador $\sqrt{x^2 - 4}$ é sempre positivo, e que $h(x)$ está definido apenas no domínio]−∞, −2[∪]2, +∞[.
Verificando os limites, encontramos

$\lim_{x \to -\infty} \dfrac{x}{\sqrt{x^2 - 4}} = 1$ e $\lim_{x \to +\infty} \dfrac{x}{\sqrt{x^2 - 4}} = -1$.

O gráfico confirma que temos assíntotas horizontais em $y = 1$ e $y = -1$.

[−10, 10] por [−10, 10]

69. (a) A assíntota vertical é em $x = 0$ e essa função é indefinida em $x = 0$ (pois o denominador não pode ser zero).

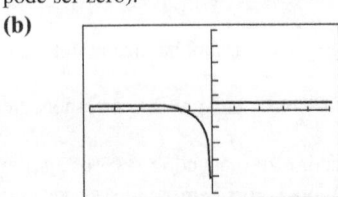

(b)

[−10, 10] por [−10, 10]

Acrescentar o ponto (0, 0).

(c) Sim.

70. As assíntotas horizontais são determinadas por dois limites, $\lim\limits_{x\to-\infty} f(x)$ e $\lim\limits_{x\to+\infty} f(x)$. Há no máximo dois números diferentes.

71. Verdadeiro.

72. Verdadeiro.

73. A resposta é B.

74. A resposta é C.

75. A resposta é C.

76. A resposta é E.

77. (a)

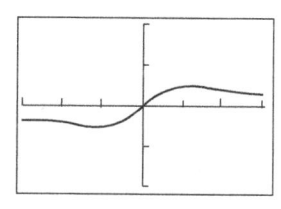

[−3, 3] por [−2, 2]

(b) $\dfrac{x}{1+x^2} < 1 \Leftrightarrow x < 1+x^2 \Leftrightarrow x^2 - x + 1 > 0$

Mas o discriminante de $x^2 - x + 1$ é negativo (−3), assim, o gráfico nunca cruza o eixo x no intervalo $]0, +\infty[$.

(c) $k = -1$

(d) $\dfrac{x}{1+x^2} > -1 \Leftrightarrow x > -1 - x^2 \Leftrightarrow x^2 + x + 1 > 0$

Mas o discriminante de $x^2 + x + 1$ é negativo (−3), assim, o gráfico nunca cruza o eixo x no intervalo $]-\infty, 0[$.

78. Crescente.

79. Um gráfico possível:

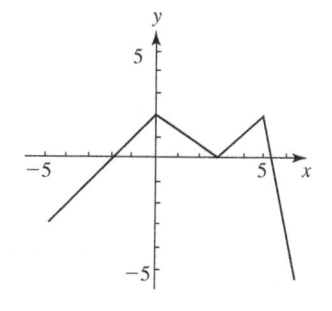

80. Um gráfico possível:

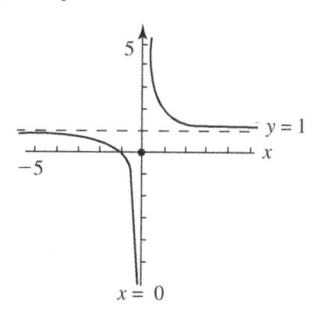

81. Um gráfico possível:

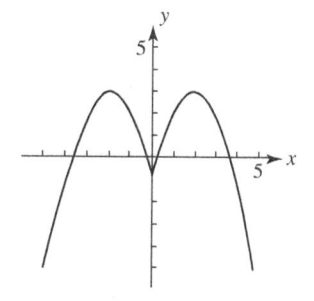

82. (a) $x^2 > 0$

$-0{,}8x^2 < 0$

$2 - 0{,}8x^2 < 2$

$f(x)$ é limitada superiormente por $y = 2$. Para determinar se $y = 2$ está no intervalo, devemos resolver a equação para x: $2 = 2 - 0{,}8x^2$
Como $f(x)$ existe em $x = 0$, então $y = 2$ está na imagem da função.

(b) $\lim\limits_{x\to\pm\infty} \dfrac{3x^2}{3+x^2} = \lim\limits_{x\to\pm\infty} \dfrac{3x^2}{x^2} = \lim\limits_{x\to\pm\infty} 3 = 3$

Assim, $g(x)$ é limitada por $y = 3$. No entanto, quando resolvemos para x, temos

$3 = \dfrac{3x^2}{3+x^2}$

$3(3 + x^2) = 3x^2$

$9 + 3x^2 = 3x^2$

$9 = 0$

Como $9 \neq 0$ então $y = 3$ não está na imagem da função $g(x)$.

(c) $h(x)$ não é limitada superiormente pois

$\lim\limits_{x\to 0_-} h(x) = \lim\limits_{x\to 0_+} h(x) = +\infty$.

(d) $\lim\limits_{x\to+\infty} \dfrac{4x}{x^2 + 2x + 1} = \lim\limits_{x\to-\infty} \dfrac{4x}{x^2 + 2x + 1} = 0$

Assim: $g(x)$ é limitado por $y = 0$ quando x vai para $+\infty$ e $-\infty$.

(e) Sabemos que $(x + 1)^2 > 0$ para todo $x \neq -1$.

Assim, para $x > 0$ temos $\dfrac{4x}{x^2 + 2x + 1} > 0$

e para $x < 0$ (e $x \neq -1$) temos

$$\dfrac{4x}{x^2 + 2x + 1} < 0$$

Essa segunda conclusão pode ser ignorada, pois estamos interessados no limite superior de $q(x)$.
Examinando o gráfico, vemos que $q(x)$ tem um limite superior em $y = 1$, que ocorre quando $x = 1$. O menor dos limites superiores de $q(x)$ é 1 e está na imagem.

83. Como o gráfico desce continuamente do ponto $]-1, 5[$ para o ponto $]1, -5[$, ele deve cruzar o eixo x em algum ponto no caminho. O ponto de intersecção de x será uma raiz da função no intervalo $[-1, 1]$.

84. Como f é ímpar, $f(-x) = -f(x)$ para todo x. Em particular, $f(-0) = -f(0)$. Isto equivale a dizer que $f(0) = -f(0)$ e o único número igual a seu oposto é 0. Portanto, $f(0) = 0$, que significa que o gráfico deve passar pela origem.

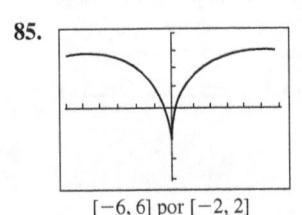

85.

$[-6, 6]$ por $[-2, 2]$

(a) $y = 1{,}5$

(b) $[-1; 1{,}5]$

(c) $-1 \leq \dfrac{3x^2 - 1}{2x^2 + 1} \leq 1{,}5$

$0 \leq 1 + \dfrac{3x^2 - 1}{2x^2 + 1} \leq 2{,}5$

$0 \leq 2x^2 + 1 + 3x^2 - 1 \leq 5x^2 + 2{,}5$

$0 \leq 5x^2 \leq 5x^2 + 2{,}5$

Verdadeiro para todo x.

CAPÍTULO 8

Revisão rápida

1. $y = 8x + 3{,}6$
2. $y = -1{,}8x - 2$
3. $y - 4 = -\dfrac{3}{5}(x + 2)$ ou $y = -0{,}6x + 2{,}8$

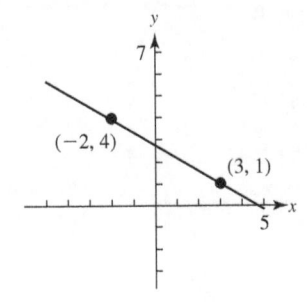

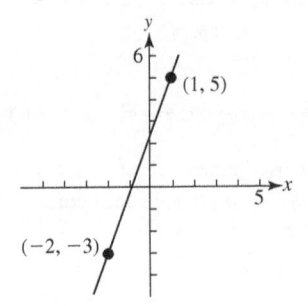

4. $y - 5 = \dfrac{8}{3}(x - 1)$ ou $y = \dfrac{8}{3}x + \dfrac{7}{3}$

5. $(x + 3)^2 = (x + 3)(x + 3) = x^2 + 3x + 3x + 9$
   $= x^2 + 6x + 9$

6. $(x - 4)^2 = (x - 4)(x - 4) = x^2 - 4x - 4x + 16$
   $= x^2 - 8x + 16$

7. $3(x - 6)^2 = 3(x - 6)(x - 6) = (3x - 18)(x - 6)$
   $= 3x^2 - 18x - 18x + 108 = 3x^2 - 36x + 108$

8. $-3(x + 7)^2 = -3(x + 7)(x + 7)$
   $= (-3x - 21)(x + 7)$
   $= -3x^2 - 21x - 21x - 147$
   $= -3x^2 - 42x - 147$

9. $2x^2 - 4x + 2 = 2(x^2 - 2x + 1)$
   $= 2(x - 1)(x - 1) = 2(x - 1)^2$

10. $3x^2 + 12x + 12 = 3(x^2 + 4x + 4)$
    $= 3(x + 2)(x + 2) = 3(x + 2)^2$

Exercícios

1. Não é uma função polinomial, por causa do expoente -5.
2. Polinomial de grau 1 com coeficiente principal 2.
3. Polinomial de grau 5 com coeficiente principal 2.

Respostas

4. Polinomial de grau 0 com coeficiente principal 13.
5. Não é uma função polinomial, por causa da raiz cúbica.
6. Polinomial de grau 2 com coeficiente principal −5.
7. $m = \frac{5}{7}$, então $y - 4 = \frac{5}{7}(x - 2)$

   $\Rightarrow f(x) = \frac{5}{7}x + \frac{18}{7}$

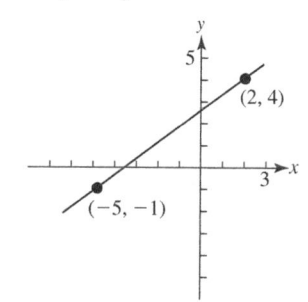

8. $m = -\frac{7}{9}$, então $y - 5 = -\frac{7}{9}(x + 3)$

   $\Rightarrow f(x) = -\frac{7}{9}x + \frac{8}{3}$

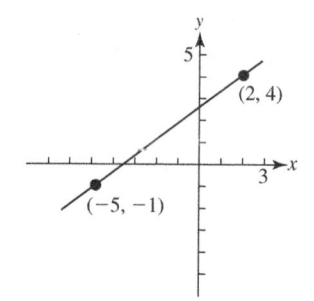

9. $m = -\frac{4}{3}$, então $y - 6 = -\frac{4}{3}(x + 4)$

   $\Rightarrow f(x) = -\frac{4}{3}x + \frac{2}{3}$

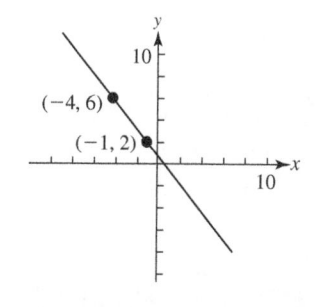

10. $m = \frac{5}{4}$, então $y - 2 = \frac{5}{4}(x - 1)$

    $\Rightarrow f(x) = \frac{5}{4}x + \frac{3}{4}$

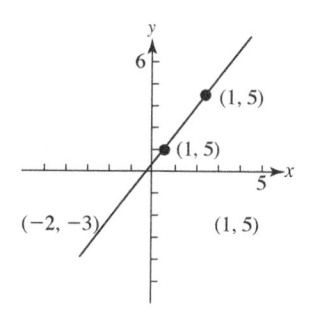

11. $m = -1$, então $y - 3 = -1(x - 0) \Rightarrow f(x) = -x + 3$

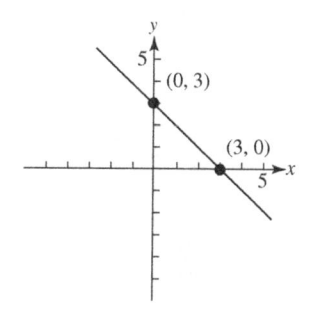

12. $m = \frac{1}{2}$, então $y - 2 = \frac{1}{2}(x - 0)$

    $\Rightarrow f(x) = \frac{1}{2}x + 2$

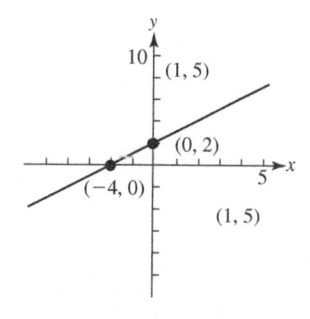

13. (a) — o vértice está em $(-1, -3)$, no quadrante III, eliminando tudo menos (a) e (d). Como $f(0) = -1$, deve ser (a).
14. (d) — o vértice está em $(-2, -7)$, no quadrante III, eliminando tudo menos (a) e (d). Como $f(0) = 5$, deve ser (d).

15. (b) — o vértice está no quadrante I, em (1, 4), significando que deve ser ou (b) ou (f). Como $f(0)=1$, não pode ser (f): se o vértice em (f) é (1, 4), então a intersecção com o eixo y seria entre (0, 3). Deve ser (b).

16. (f) — o vértice está no quadrante I, em (1, 12), significando que deve ser ou (b) ou (f). Como $f(0)=10$, não pode ser (b): se o vértice em (b) é (1, 12), então a intersecção com o eixo y ocorre consideravelmente abaixo de (0, 10). Deve ser (f).

17. (e) — o vértice está em $(1, -3)$ no quadrante IV, assim, deve ser (e).

18. (c) — o vértice está em $(-1, 12)$ no quadrante II, e a parábola, com concavidade para baixo, assim, deve ser (c).

19. Translade o gráfico de $f(x) = x^2$ três unidades para a direita para obter o gráfico de $h(x) = (x - 3)^2$, e translade este gráfico duas unidades para baixo para obter o gráfico de $g(x) = (x - 3)^2 - 2$.

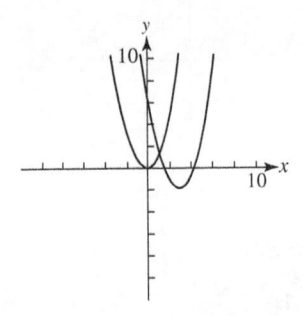

20. "Encolha" verticalmente o gráfico de $f(x) = x^2$ com o fator $\dfrac{1}{4}$ para obter o gráfico de $g(x) = \dfrac{1}{4}x^2$ e translade este gráfico uma unidade abaixo para obter o gráfico de $h(x) = \dfrac{1}{4}x^2 - 1$.

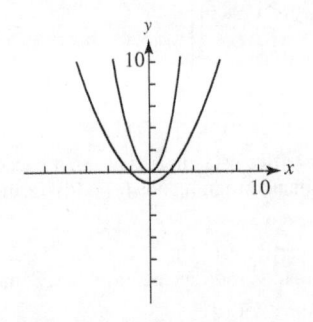

21. Translade o gráfico de $f(x) = x^2$ duas unidades para a esquerda para obter o gráfico de $h(x) = (x + 2)^2$ "encolha" verticalmente este gráfico com o fator $\dfrac{1}{2}$ para obter o gráfico de $k(x) = \dfrac{1}{2}(x + 2)^2$; translade este gráfico três unidades para baixo para obter o gráfico de $g(x) = \dfrac{1}{2}(x + 2)^2 - 3$.

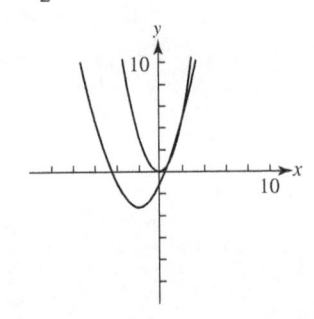

22. "Estique" verticalmente o gráfico de $f(x) = x^2$ com o fator 3 para obter o gráfico de $g(x) = 3x^2$, considere-o simétrico com relação ao eixo x para obter o gráfico de $k(x) = -3x^2$, e translade este gráfico 2 unidades para cima para obter o gráfico de $h(x) = -3x^2 + 2$.

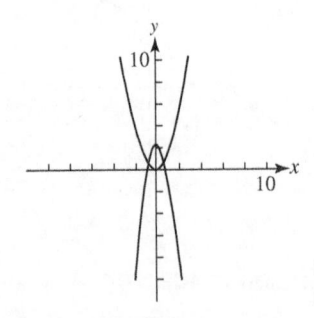

23. Vértice: $(1, 5)$; eixo: $x = 1$.
24. Vértice: $(-2, -1)$; eixo: $x = -2$.
25. Vértice: $(1, -7)$; eixo: $x = 1$.
26. Vértice: $(\sqrt{3}, 4)$; eixo: $x = \sqrt{3}$.
27. $f(x) = 3\left(x^2 + \dfrac{5}{3}x\right) - 4$

$= 3\left(x^2 + 2 \cdot \dfrac{5}{6}x + \dfrac{25}{36}\right) - 4 - \dfrac{25}{12}$

$= 3\left(x + \dfrac{5}{6}\right)^2 - \dfrac{73}{12}$

Vértice: $\left(-\dfrac{5}{6}, -\dfrac{73}{12}\right)$; eixo: $x = -\dfrac{5}{6}$

28. $f(x) = -2\left(x^2 + \dfrac{7}{2}x\right) - 3$

$= -2\left(x^2 - 2 \cdot \dfrac{7}{4}x + \dfrac{49}{16}\right) - 3 + \dfrac{49}{8}$

$= -2\left(x - \dfrac{7}{4}\right)^2 + \dfrac{25}{8}x$

Vértice: $\left(\dfrac{7}{4}, \dfrac{25}{8}\right)$; eixo: $x = \dfrac{7}{4}$

29. $f(x) = -(x^2 - 8x) + 3$
$= -(x^2 - 2 \cdot 4x + 16) + 3 + 16$
$= -(x - 4)^2 + 19$
Vértice: $(4, 19)$; eixo: $x = 4$

30. $f(x) = 4\left(x^2 - \dfrac{1}{2}x\right) + 6$

$= 4\left(x^2 - 2 \cdot \dfrac{1}{4}x + \dfrac{1}{16}\right) + 6 - \dfrac{1}{4}$

$= 4\left(x - \dfrac{1}{4}\right)^2 + \dfrac{23}{4}$

Vértice: $\left(\dfrac{1}{4}, \dfrac{23}{4}\right)$; eixo: $x = \dfrac{1}{4}$

31. $g(x) = 5\left(x^2 - \dfrac{6}{5}x\right) + 4$

$= 5\left(x^2 - 2 \cdot \dfrac{3}{5}x + \dfrac{9}{25}\right) + 4 - \dfrac{9}{5}$

$= 5\left(x - \dfrac{3}{5}\right)^2 + \dfrac{11}{5}$

Vértice: $\left(\dfrac{3}{5}, \dfrac{11}{5}\right)$; eixo: $x = \dfrac{3}{5}$

32. $h(x) = -2\left(x^2 + \dfrac{7}{2}x\right) - 4$

$= -2\left(x^2 + 2 \cdot \dfrac{7}{4}x + \dfrac{49}{16}\right) - 4 + \dfrac{49}{8}$

$= -2\left(x + \dfrac{7}{4}\right)^2 + \dfrac{17}{8}$

Vértice: $\left(-\dfrac{7}{4}, \dfrac{17}{8}\right)$; eixo: $x = -\dfrac{7}{4}$

33. $f(x) = (x^2 - 4x + 4) + 6 - 4 = (x - 2)^2 + 2$.
Vértice: $(2, 2)$; eixo: $x = 2$; concavidade para cima; não intersecciona o eixo x.

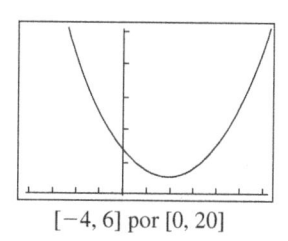

$[-4, 6]$ por $[0, 20]$

34. $g(x) = (x^2 - 6x + 9) + 12 - 9 = (x - 3)^2 + 3$.
Vértice: $(3, 3)$; eixo: $x = 3$; concavidade para cima; não intersecciona o eixo x.

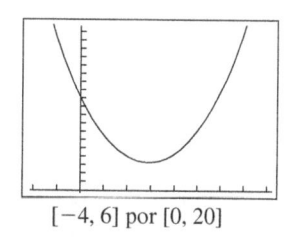

$[-4, 6]$ por $[0, 20]$

35. $f(x) = -(x^2 + 16x) + 10 = -(x^2 + 16x + 64) + 10 + 64 = -(x + 8)^2 + 74$.
Vértice: $(-8, 74)$; eixo: $x = -8$; concavidade para baixo; intersecciona o eixo x entre $-16{,}602$ e $0{,}602$ ($-8 \pm \sqrt{74}$).

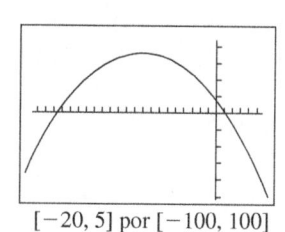

$[-20, 5]$ por $[-100, 100]$

36. $h(x) = -(x^2 - 2x) + 8 = -(x^2 - 2x + 1) + 8 + 1 = -(x - 1)^2 + 9$.
Vértice: $(1, 9)$; eixo: $x = 1$; concavidade para baixo; intersecciona o eixo x em -2 e 4.

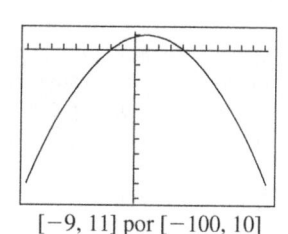

$[-9, 11]$ por $[-100, 10]$

37. $f(x) = 2(x^2 + 3x) + 7$.

$= 2\left(x^2 + 3x + \dfrac{9}{4}\right) + 7 - \dfrac{9}{2}$

$= 2\left(x + \dfrac{3}{2}\right)^2 + \dfrac{5}{2}$

Vértice: $\left(-\dfrac{3}{2}, \dfrac{5}{2}\right)$; eixo: $x = -\dfrac{3}{2}$; concavidade para cima; não intersecciona o eixo x e é "esticada" verticalmente pelo fator 2.

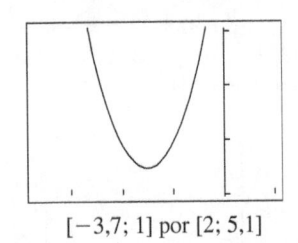

[−3,7; 1] por [2; 5,1]

38. $g(x) = 5(x^2 - 5x) + 12$

$= 5\left(x^2 - 5x + \dfrac{25}{4}\right) + 12 - \dfrac{125}{4}$

$= 5\left(x - \dfrac{5}{2}\right)^2 - \dfrac{77}{4}$

Vértice: $\left(\dfrac{5}{2}, -\dfrac{77}{4}\right)$; eixo: $x = \dfrac{5}{2}$; concavidade para cima; intersecciona o eixo x entre 0,538 e 4,462 $\left(\text{ou } \dfrac{5}{2} \pm \dfrac{1}{10}\sqrt{385}\right)$ e é "esticada" verticalmente pelo fator 5.

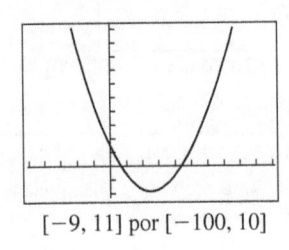

[−9, 11] por [−100, 10]

39. $h = -1$ e $k = -3$, assim $y = a(x + 1)^2 - 3$. Agora substitua $x = 1$, $y = 5$ para obter $5 = 4a - 3$, assim $a = 2$. A equação é: $y = 2(x + 1)^2 - 3$.

40. $h = 2$ e $k = -7$, assim $y = a(x - 2)^2 - 7$. Agora substitua $x = 0$, $y = 5$ para obter $5 = 4a - 7$, assim $a = 3$. A equação é: $y = 3(x - 2)^2 - 7$.

41. $h = 1$ e $k = 11$, assim $y = a(x - 1)^2 + 11$. Agora substitua $x = 4$, $y = -7$ para obter $-7 = 9a + 11$, assim $a = -2$. A equação é: $y = -2(x - 1)^2 + 11$.

42. $h = -1$ e $k = 5$, assim $y = a(x + 1)^2 + 5$. Agora substitua $x = 2$, $y = -13$ para obter $-13 = 9a + 5$, assim $a = -2$. A equação é: $y = -2(x + 1)^2 + 5$.

43. $h = 1$ e $k = 3$, assim $y = a(x - 1)^2 + 3$. Agora substitua $x = 0$, $y = 5$ para obter $5 = a + 3$, assim $a = 2$. A equação é: $y = 2(x - 1)^2 + 3$.

44. $h = -2$ e $k = -5$, assim $y = a(x + 2)^2 - 5$. Agora substitua $x = -4$, $y = -27$ para obter $-27 = 4a - 5$, assim $a = -\dfrac{11}{2}$. A equação é: $y = -\dfrac{11}{2}(x + 2)^2 - 5$.

45. Seja x o número de bonecas produzidas semanalmente e y o custo médio semanal. Então $m = 4,70$, e $b = 350$, assim $y = 4,70x + 350$ para que tenhamos $500 = 4,70x + 350$ então $x = 32$; 32 bonecas são produzidas por semana.

46. Se o comprimento é x, então a largura é $50 - x$, assim $A(x) = x(50 - x)$; a área máxima de 625 metros quadrados é obtida quando $x = 25$ (as dimensões são 25 metros × 25 metros).

47. (a) [0, 100] por [0, 1000] é uma possibilidade.
(b) Quando $x \cong 107,335$ ou $x \cong 372,665$ ou seja aproximadamente 107.335 unidades ou 372.665 unidades.

48. (a) $R(x) = (800 + 20x)(300 - 5x)$.
(b) [0, 25] por [200.000, 260.000] é uma possibilidade (mostrada).

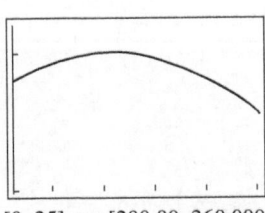

[0, 25] por [200,00, 260,000]

(c) A receita mensal máxima — R$ 250.000 — é atingida quando $x = 10$, correspondendo ao aluguel de R$ 250 por mês.

49. A função identidade $f(x) = x$

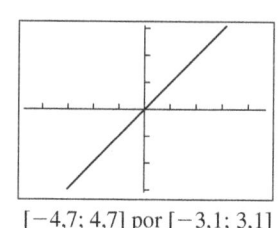

[−4,7; 4,7] por [−3,1; 3,1]

Domínio: $(-\infty, +\infty)$
Imagem: $(-\infty, +\infty)$
Continuidade: a função é contínua neste domínio
Comportamento crescente/decrescente:
É crescente para todo x
Simetria: é simétrica perto da origem
Limite: não é limitada
Extremo local: nenhum
Assíntotas horizontais: nenhuma
Assíntotas verticais: nenhuma
Comportamento nos extremos do domínio:
$\lim_{x \to +\infty} f(x) = +\infty$ e $\lim_{x \to -\infty} f(x) = -\infty$.

50. A função do segundo grau $f(x) = x^2$

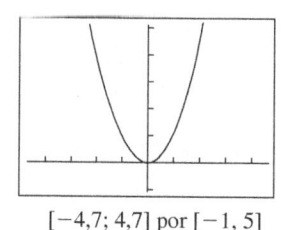

[−4,7; 4,7] por [−1, 5]

Domínio: $]-\infty, +\infty[$
Imagem: $[0, +\infty[$
Continuidade: a função é contínua neste domínio
Comportamento crescente/decrescente:
É crescente em $[0, +\infty[$, decrescente em $]-\infty, 0]$
Simetria: é simétrica perto do eixo y
Limite: é limitada inferiormente, mas não superiormente
Extremo local: valor mínimo de 0 em $x = 0$
Assíntotas horizontais: nenhuma

Assíntotas verticais: nenhuma
Comportamento nos extremos do domínio:
$\lim_{x \to -\infty} f(x) = \lim_{x \to +\infty} f(x) = +\infty$

51. Falso. Para $f(x) = 3x^2 + 2x - 3$, o valor inicial é $f(0) = -3$.

52. Verdadeiro. Completando o quadrado, podemos reescrever $f(x)$ de modo que

$$f(x) = \left(x^2 - x + \frac{1}{4}\right) + 1 - \frac{1}{4} = \left(x - \frac{1}{2}\right)^2 + \frac{3}{4}$$

Como $f(x) \geq \frac{3}{4}$, então $f(x) > 0$ para todo x.

53. $m = \dfrac{1-3}{4-(-2)} = \dfrac{-2}{6} = -\dfrac{1}{3}$.

A resposta é E.

54. $f(x) = mx + b$

$3 = -\dfrac{1}{3}(-2) + b$

$3 = \dfrac{2}{3} + b$

$b = 3 - \dfrac{2}{3} = \dfrac{7}{3}$

A resposta é C.

55. O eixo de simetria ocorre verticalmente pelo vértice quando $x = -3$. A resposta é B.

56. O vértice é $(h, k) = (-3, -5)$. A resposta é E.

57. (a) Os gráficos (i), (iii) e (iv), (v) e (vi) sendo que (iv) e (vi) são gráficos de funções constantes
(b) As que citamos no item anterior.
(c) (ii) não é uma função, pois um único valor de x (por exemplo, $x = -2$) resulta em muitos valores de y. De fato, há infinitos valores de y que são válidos para a equação $x = -2$.

58. (a) $\dfrac{f(3) - f(1)}{3 - 1} = \dfrac{9 - 1}{2} = 4$

(b) $\dfrac{f(5) - f(2)}{5 - 2} = \dfrac{25 - 4}{3} = 7$

(c) $\dfrac{f(c) - f(a)}{c - a} = \dfrac{c^2 - a^2}{c - a}$

$= \dfrac{(c - a)(c + a)}{c - a} = c + a$

(d) $\dfrac{g(3) - g(1)}{3 - 1} = \dfrac{11 - 5}{2} = 3$

(e) $\dfrac{g(4) - g(1)}{4 - 1} = \dfrac{14 - 5}{3} = 3$

(f) $\dfrac{g(c) - g(a)}{c - a} = \dfrac{(3c + 2) - (3a + 2)}{c - a}$

$= \dfrac{3c - 3a}{c - a} = 3$

(g) $\dfrac{h(c) - h(a)}{c - a} = \dfrac{(7c - 3) - (7a - 3)}{c - a}$

$= \dfrac{7c - 7a}{c - a} = 7$

(h) $\dfrac{k(c) - k(a)}{c - a} = \dfrac{(mc + b) - (ma + b)}{c - a}$

$= \dfrac{mc - ma}{c - a} = m$

(i) $\dfrac{l(c) - l(a)}{c - a} = \dfrac{c^3 - a^3}{c - a} = \dfrac{-2b}{2a} = \dfrac{-b}{a} = -\dfrac{b}{a}$

$= \dfrac{(c - a)(c^2 + ac + a^2)}{(c - a)} = c^2 + ac + a^2$

59. (a) Se $ax^2 + bx + c = 0$, então

$x = \dfrac{-b \pm \sqrt{b^2 - 4ac}}{2a}$ pela fórmula

quadrática. Assim, $x_1 = \dfrac{-b + \sqrt{b^2 - 4ac}}{2a}$

e $x_2 = \dfrac{-b - \sqrt{b^2 - 4ac}}{2a}$ e

e $x_1 + x_2 =$

$\dfrac{-b + \sqrt{b^2 - 4ac} - b - \sqrt{b^2 - 4ac}}{2a}$

$= \dfrac{-2b}{2a} = \dfrac{-b}{a} = -\dfrac{b}{a}$

(b) De maneira similar,

$x_1 \cdot x_2 = \left(\dfrac{-b + \sqrt{b^2 - 4ac}}{2a}\right)$

$\left(\dfrac{-b - \sqrt{b^2 - 4ac}}{2a}\right)$

$= \dfrac{b^2 - (b^2 - 4ac)}{4a^2} = \dfrac{4ac}{4a^2} = \dfrac{c}{a}$

60. $f(x) = (x-a)(x-b) = x^2 - bx - ax + ab$
$= x^2 + (-a-b)x + ab$. Se usarmos a forma vértice da função quadrática, temos

$h = -\left(\dfrac{-a - b}{2}\right) = \dfrac{a + b}{2}$

O eixo é $x = h = \dfrac{a + b}{2}$

CAPÍTULO 9

Revisão rápida

1. $\sqrt[3]{x^2}$
2. $\sqrt{p^5}$
3. $\dfrac{1}{d^2}$
4. $\dfrac{1}{x^7}$
5. $\dfrac{1}{\sqrt[5]{q^4}}$
6. $\dfrac{1}{\sqrt{m^3}}$
7. $3x^{3/2}$
8. $2x^{5/3}$
9. $\cong 1{,}71x^{-4/3}$
10. $\cong 0{,}71x^{-1/2}$

Exercícios

1. potência = 5, constante = $-\dfrac{1}{2}$.
2. potência = $\dfrac{5}{3}$, constante = 9.
3. não é uma função potência.
4. potência = 0, constante = 13.
5. potência = 1, constante = c^2.
6. potência = 5, constante = $\dfrac{k}{2}$.
7. potência = 2, constante = $\dfrac{g}{2}$.
8. potência = 3, constante = $\dfrac{4\pi}{3}$.
9. potência = -2, constante = k.
10. potência = 1, constante = m.
11. grau = 0, coeficiente = -4.

12. não é uma função monomial; expoente negativo.

13. grau = 7, coeficiente = −6.

14. não é uma função monomial; a variável está no expoente.

15. grau = 2, coeficiente = 4π.

16. grau = 1, coeficiente = *l*.

17. $A = ks^2$

18. $V = kr^2$

19. $I = V/R$

20. $V = kT$

21. $E = mc^2$

22. $p = \sqrt{2gd}$

23. O peso *w* de um objeto varia diretamente com sua massa *m*, com a constante de variação *g*.

24. A circunferência *C* de um círculo é proporcional ao seu diâmetro *D*, com a constante de variação π.

25. A distância *d* percorrida de um objeto lançado em queda livre varia diretamente com o quadrado de sua velocidade *p*, com a constante de variação $\frac{1}{2g}$.

26.

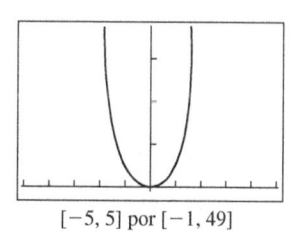

[−5, 5] por [−1, 49]

potência = 4, constante = 2
Domínio:]−∞, +∞[
Imagem: [0, +∞[
Continuidade: a função é contínua
Comportamento crescente/decrescente: É decrescente em]−∞, 0[. Crescente em]0, +∞[
Simetria: par. É simétrica com relação ao eixo *y*
Limite: é limitada inferiormente, mas não superiormente
Extremo local: valor mínimo é $y = 0$ em $x = 0$
Assíntotas: nenhuma
Comportamento nos extremos do domínio:

$$\lim_{x \to -\infty} 2x^4 = +\infty; \lim_{x \to +\infty} 2x^4 = +\infty.$$

27.

[−5,5] por [−20,20]

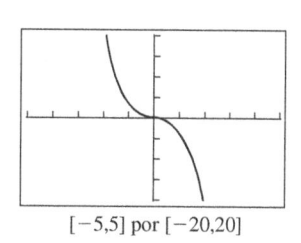

potência = 3, constante = −3
Domínio:]−∞, +∞[
Imagem:]−∞, +∞[
Continuidade: a função é contínua
Comportamento crescente/decrescente: é decrescente para todo *x*
Simetria: ímpar. É simétrica com relação à origem
Limite: não é limitada inferiormente, nem superiormente
Extremo local: nenhum
Assíntotas: nenhuma
Comportamento nos extremos do domínio:

$$\lim_{x \to -\infty} -3x^3 = +\infty, \lim_{x \to +\infty} -3x^3 = -\infty.$$

28.

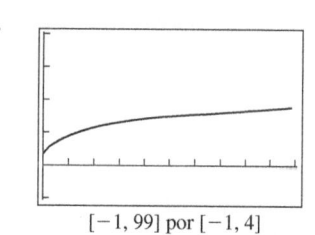

[−1, 99] por [−1, 4]

potência = $\frac{1}{4}$, constante = $\frac{1}{2}$

Domínio: [0, +∞[
Imagem: [0, +∞[
Continuidade: a função é contínua
Comportamento crescente/decrescente: é crescente em [0, +∞[
Limite: é limitada inferiormente
Simetria: nem par nem ímpar
Extremo local: mínimo local em (0, 0)
Assíntotas: nenhuma
Comportamento nos extremos do domínio:

$$\lim_{x \to +\infty} \frac{1}{2} \sqrt[4]{x} = +\infty$$

29.

[−5, 5] por [−5, 5]

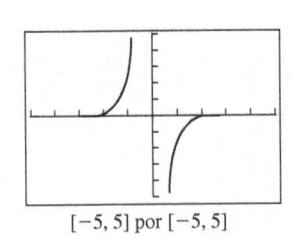

potência = −3, constante = −2
Domínio:]−∞, 0[∪]0, +∞[
Imagem:]−∞, 0[∪]0, +∞[
Continuidade: a função é descontínua em $x = 0$
Comportamento crescente/decrescente: é crescente em]−∞, 0[. É crescente em]0, +∞[.
Simetria: ímpar. É simétrica com relação à origem
Limite: não é limitada superiormente, nem inferiormente
Extremo local: nenhum
Assíntotas: em $x = 0$ e $y = 0$
Comportamento nos extremos do domínio:

$$\lim_{x \to -\infty} -2x^3 = 0, \quad \lim_{x \to +\infty} -2x^{-3} = 0$$

30. "Encolher" $y = x^4$ verticalmente através do fator $\frac{2}{3}$. Como $f(-x) = \frac{2}{3}(-x)^4 = \frac{2}{3}x^4$, então f é par.

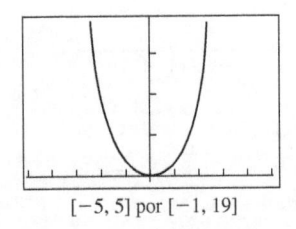

[−5, 5] por [−1, 19]

31. "Esticar" $y = x^3$ verticalmente através do fator 5. Como $f(-x) = 5(-x)^3 = -5x^3 = -f(x)$, então f é ímpar.

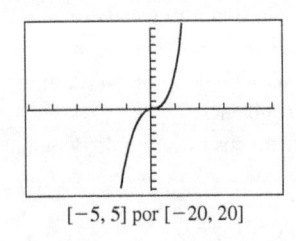

[−5, 5] por [−20, 20]

32. "Esticar" $y = x^5$ verticalmente através do fator 1,5. Encontrar o gráfico simétrico com relação ao eixo x. Como $f(-x) = -1,5(-x)^5 = 1,5x^5 = -f(x)$, então f é ímpar.

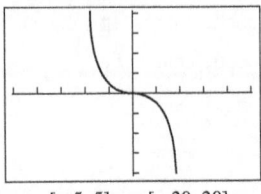

[−5, 5] por [−20, 20]

33. "Esticar" $y = x^6$ verticalmente através do fator 2. Encontrar o gráfico simétrico com relação ao eixo x. Como $f(-x) = -2(-x)^6 = -2x^6 = f(x)$ então f é par.

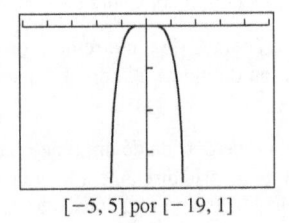

[−5, 5] por [−19, 1]

34. "Encolher" $y = x^8$ verticalmente através do fator $\frac{1}{4}$. Como $f(-x) = \frac{1}{4}(-x)^8 = \frac{1}{4}x^8 = f(x)$, então f é par.

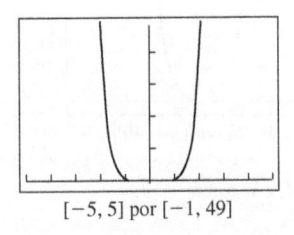

[−5, 5] por [−1, 49]

35. "Encolher" $y = x^7$ verticalmente através do fator $\frac{1}{8}$. Como $f(-x) = \frac{1}{8}(-x)^7 = -\frac{1}{8}x^7 = -f(x)$, então f é ímpar.

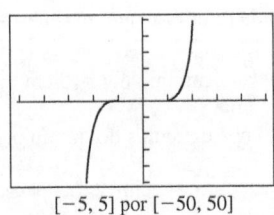

[−5, 5] por [−50, 50]

36. (g)

37. (a)

38. (d)

39. (g)

40. (h)

41. (d)

42. $k = 3$, $a = \dfrac{1}{4}$. No primeiro quadrante, a função é crescente e com a concavidade para baixo. A função é indefinida para $x < 0$.

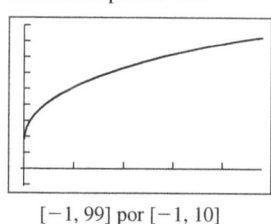

[−1, 99] por [−1, 10]

43. $k = -4$, $a = \dfrac{2}{3}$. No quarto quadrante, a função é decrescente e com a concavidade para cima.
$f(-x) = -4(\sqrt[3]{(-x)^2}) = -4\sqrt[3]{x^2} = f(x)$, assim f é par.

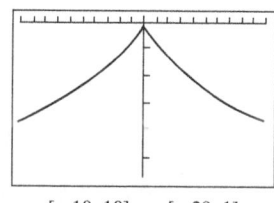

[−10, 10] por [−29, 1]

44. $k = -2$, $a = \dfrac{4}{3}$. No quarto quadrante, a função é decrescente e com a concavidade para baixo.
$f(-x) = -2(\sqrt[3]{(-x)^4} = -2(\sqrt[3]{x^4}) = -2x^{4/3} = f(x)$, assim f é par.

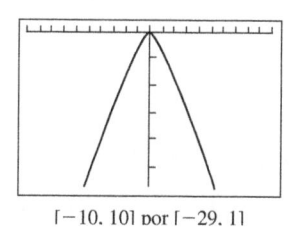

[−10, 10] por [−29, 1]

45. $k = \dfrac{2}{5}$, $a = \dfrac{5}{2}$. No primeiro quadrante, a função é crescente e com a concavidade para cima. A função é indefinida para $x < 0$.

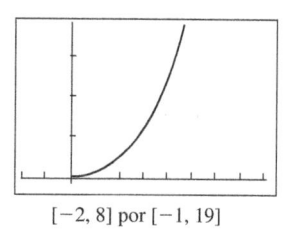

[−2, 8] por [−1, 19]

46. $k = \dfrac{1}{2}$, $a = -3$. No primeiro quadrante, a função é decrescente e com a concavidade para cima.

$f(-x) = \dfrac{1}{2}(-x) = \dfrac{1}{2(-x)^3} = -\dfrac{1}{2}x^{-3} = -f(x)$, assim f é ímpar.

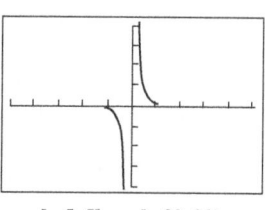

[−5, 5] por [−20, 20]

47. $k = -1$, $a = -4$. No quarto quadrante, a função é crescente e com a concavidade para baixo.
$f(-x) = -(-x)^{-4} = -\dfrac{1}{(-x)^4} = -\dfrac{1}{x^4} = x^{-4} = f(x)$, assim f é par.

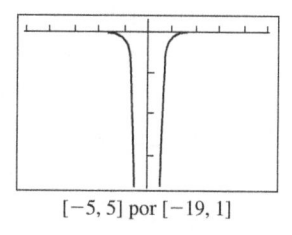

[−5, 5] por [−19, 1]

48. $y = \dfrac{8}{x^2}$, potência $= -2$, constante $= 8$.

49. $y = -2\sqrt{x}$, potência $= \dfrac{1}{2}$, constante $= -2$.

50. Dado que n é um número inteiro, $n \geq 1$:
Se n é ímpar, então $f(-x) = (-x)^n = -(x^n) = -f(x)$ e, assim, $f(x)$ é ímpar.
Se n é par, então $f(-x) = (-x)^n = x^n = f(x)$ e, assim, $f(x)$ é par.

51. Verdadeiro. Porque $f(-x) = (-x)^{-2/3}$
$= [(-x)^2]^{-1/3} = (x^2)^{-1/3} = x^{-2/3} = f(x)$

52. Falso. $f(-x) = (-x)^{-1/3} = -(x^{1/3}) = -f(x)$, e assim, a função é ímpar. Ela é simétrica com relação à origem, e não com relação ao eixo y.

53. $f(4) = 2(4)^{-1/2} = \dfrac{2}{4^{1/2}} = \dfrac{2}{\sqrt{4}} = \dfrac{2}{2} = 1$.
A resposta é A.

54. $f(0) = -3(0)^{-1/3} = -3 \cdot \dfrac{1}{0^{1/3}} = 3 \cdot \dfrac{1}{0}$
é indefinido. Vejamos: $f(-1) = -3(-1)^{-1/3} = -3(-1) = 3$, $f(1) = -3(1)^{-1/3} = -3(1) = -3$ e $f(3) = -3(3)^{-1/3} \cong 2{,}08$. A resposta é E.

55. $f(-x) = (-x)^{2/3} = [(-x)^2]^{1/3} = (x^2)^{1/3} = x^{2/3} = f(x)$. A função é par. A resposta é B.

56. $f(x) = x^{3/2} = (\sqrt{x})^3$ é definida para $x \geq 0$. A resposta é B.

57. Se f é par, então
$f(x) = f(-x)$; portanto $\dfrac{1}{f(x)} = \dfrac{1}{f(-x)}$, $(f(x) \neq 0)$.

Como $g(x) = \dfrac{1}{f(x)} = \dfrac{1}{f(-x)} = g(-x)$, então g também é par.

Se g é par, então $g(x) = g(-x)$;

portanto $g(-x) = \dfrac{1}{f(-x)} = g(x) = \dfrac{1}{f(x)}$.

Como $\dfrac{1}{f(-x)} = \dfrac{1}{f(x)}$ então $f(-x) = f(x)$ e f também é par.

Se f é ímpar, então
$f(x) = -f(x)$; portanto $\dfrac{1}{f(x)} = -\dfrac{1}{f(x)}$, $f(x) \neq 0$.

Como $g(x) = \dfrac{1}{f(x)} = -\dfrac{1}{f(x)} = -g(x)$, então g também é ímpar.

Se g é ímpar, então
$g(x) = g(-x)$;

portanto $g(-x) = \dfrac{1}{f(-x)} = -g(x) = -\dfrac{1}{f(x)}$.

Como $\dfrac{1}{f(-x)} = -\dfrac{1}{f(x)}$ então $f(-x) = -f(x)$ e f é ímpar.

58. Seja $g(x) = x^{-a}$ e $f(x) = x^a$. Então $g(x) = \dfrac{1}{x^a}$
$= 1/f(x)$. O exercício 57 mostra que $g(x) = 1/f(x)$ é par se e somente se $f(x)$ é par e $g(x) = 1/f(x)$ é ímpar se e somente se $f(x)$ é ímpar. Portanto, $g(x) = x^a$ é par se e somente se $f(x) = x^a$ é par, e $g(x) = x^{-a}$ é ímpar se e somente se $f(x) = x^a$ é ímpar.

CAPÍTULO 10
Revisão rápida

1. $x^2 - 4x + 7$

2. $x^2 - \dfrac{5}{2}x - 3$

3. $7x^3 + x^2 - 3$

4. $2x^2 - \dfrac{2}{3}x + \dfrac{7}{3}$

5. $x(x^2 - 4) = x(x^2 - 2^2) = x(x + 2)(x - 2)$

6. $6(x^2 - 9) = 6(x^2 - 3^2) = 6(x + 3)(x - 3)$

7. $4(x^2 + 2x - 15) = 4(x + 5)(x - 3)$

8. $x(15x^2 - 22x + 8) = x(3x - 2)(5x - 4)$

9. $(x^3 + 2x^2) - (x + 2) = x^2(x + 2) - 1(x + 2)$
$= (x + 2)(x^2 - 1) = (x + 2)(x + 1)(x - 1)$

10. $x(x^3 + x^2 - 9x - 9)$
$= x[(x^3 + x^2) - (9x + 9)]$
$= x([x^2(x + 1) - 9(x + 1)]$
$= x(x + 1)(x^2 - 9) = x(x + 1)(x^2 - 3^2)$
$= x(x + 1)(x + 3)(x - 3)$

Exercícios

1. A partir de $y = x^3$, translade para a direita em 3 unidades e então "estique" verticalmente pelo fator 2. Intersecção com o eixo y: $(0, -54)$

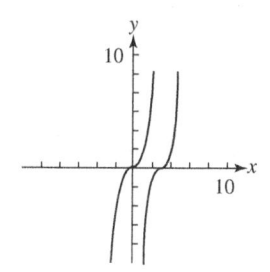

2. A partir de $y = x^3$, translade para a esquerda em 5 unidades e então encontre o gráfico simétrico com relação ao eixo x. Intersecção com o eixo y: $(0, -125)$

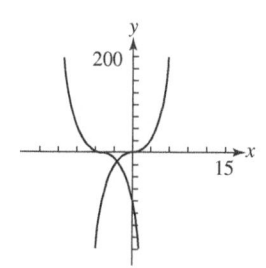

3. A partir de $y = x^3$, translade para a esquerda em 1 unidade, "encolha" verticalmente pelo fator $\frac{1}{2}$, encontre o gráfico simétrico com relação ao eixo x e então translade verticalmente para cima em 2 unidades. Intersecção com o eixo y: $\left(0, \frac{3}{2}\right)$

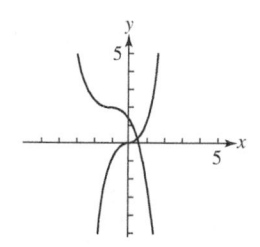

4. A partir de $y = x^3$, translade para a direita em 3 unidades, "encolha" verticalmente pelo fator $\frac{2}{3}$, translade verticalmente para cima em 1 unidade. Intersecção com o eixo y: $(0, -17)$

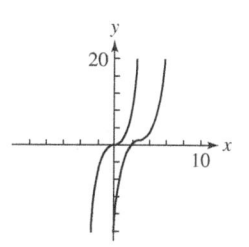

5. A partir de $y = x^4$, translade para a esquerda em 2 unidades, "estique" verticalmente pelo fator 2 e encontre o gráfico simétrico com relação ao eixo x e então translade verticalmente para baixo em 3 unidades. Intersecção com o eixo y: $(0, -35)$

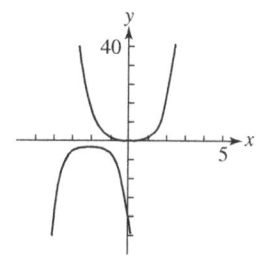

6. A partir de $y = x^4$, translade para a direita em 1 unidade, "estique" verticalmente em 3 unidades e translade verticalmente para baixo em 2 unidades. Intersecção com o eixo y: $(0, 1)$

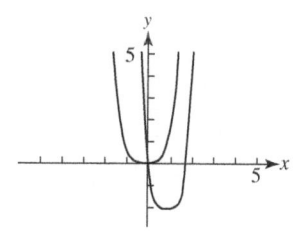

7. Máximo local: $\cong (0{,}79,\ 1{,}119)$, raízes: $x = 0$ e $x \cong 1{,}26$.

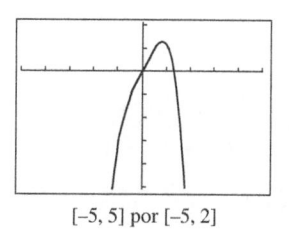

[–5, 5] por [–5, 2]

8. Máximo local em $(0, 0)$, mínimo local em $(1{,}12, -3{,}13)$ e $(-1{,}12, -3{,}13)$, raízes: $x = 0$ e $x \cong 1{,}58$, $x \cong -1{,}58$.

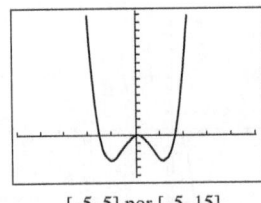

[-5, 5] por [-5, 15]

9. Função cúbica, coeficiente principal positivo. A resposta é (c).
10. Função cúbica, coeficiente principal negativo. A resposta é (b).
11. Maior do que cúbica, coeficiente principal positivo. A resposta é (a).
12. Maior do que cúbica, coeficiente principal negativo. A resposta é (d).
13.

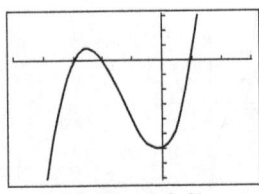

[-5, 3] por [-8, 3]

$$\lim_{x \to +\infty} f(x) = +\infty$$

$$\lim_{x \to -\infty} f(x) = -\infty$$

14. $\lim_{x \to +\infty} f(x) = -\infty$

$\lim_{x \to -\infty} f(x) = +\infty$

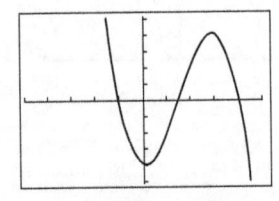

[-5, 5] por [-15, 15]

15.

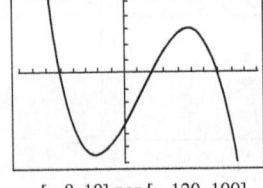

[-8, 10] por [-120, 100]

$$\lim_{x \to \infty} f(x) = -\infty$$

$$\lim_{x \to -\infty} f(x) = +\infty$$

16.

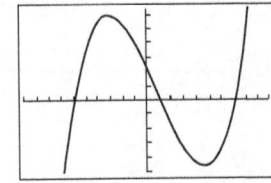

[-10, 10] por [-100, 130]

$\lim_{x \to +\infty} f(x) = +\infty$

$\lim_{x \to -\infty} f(x) = -\infty$

17.

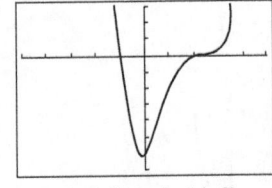

[-5, 5] por [-14, 6]

$\lim_{x \to +\infty} f(x) = +\infty$

$\lim_{x \to -\infty} f(x) = +\infty$

18.

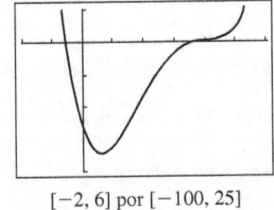

[-2, 6] por [-100, 25]

$\lim_{x \to +\infty} f(x) = +\infty$

$\lim_{x \to -\infty} f(x) = +\infty$

19.

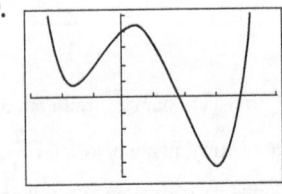

[-3, 5] por [-50, 50]

Respostas 373

$\lim_{x \to +\infty} f(x) = +\infty$

$\lim_{x \to -\infty} f(x) = +\infty$

20.

[−4, 3] por [−20, 90]

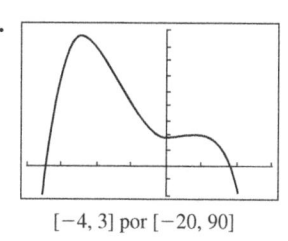

$\lim_{x \to +\infty} f(x) = -\infty$

$\lim_{x \to -\infty} f(x) = -\infty$

Para os números de 21 a 24, o comportamento nos extremos de um polinômio é regido pelo termo de grau mais elevado.

21. $\lim_{x \to +\infty} f(x) = +\infty$, $\lim_{x \to -\infty} f(x) = +\infty$

22. $\lim_{x \to +\infty} f(x) = -\infty$, $\lim_{x \to -\infty} f(x) = +\infty$

23. $\lim_{x \to +\infty} f(x) = -\infty$, $\lim_{x \to -\infty} f(x) = +\infty$

24. $\lim_{x \to +\infty} f(x) = -\infty$, $\lim_{x \to -\infty} f(x) = -\infty$

25. (a); Há 3 raízes: −2,5, 1 e 1,1.

26. (b); Há 3 raízes: 0,4, aproximadamente 0,429 (de fato, 3/7) e 3.

27. (c); Há 3 raízes: aproximadamente −0,273 (de fato, −3/11), −0,25 e 1.

28. (d); Há 3 raízes: −2, 0,5 e 3.

29. −4 e 2

30. −2 e 2/3

31. 2/3 e −1/3

32. 0, −5 e 5

33. 0, −2/3 e 1

34. 0, −1 e 2

35. Grau 3; raízes: $x = 0$ (multiplicidade 1, gráfico intercepta o eixo x), $x = 3$ (multiplicidade 2, gráfico é uma tangente, isto é, apenas encosta em um ponto de com $x = 3$).

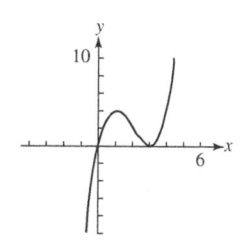

36. Grau 4; raízes: $x = 0$ (multiplicidade 3, gráfico intercepta o eixo x), $x = 2$ (multiplicidade 1, gráfico intercepta o eixo x).

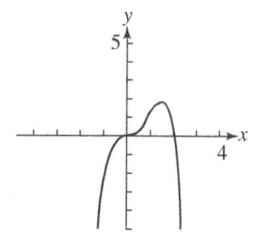

37. Grau 5; raízes: $x = 1$ (multiplicidade 3, gráfico intercepta o eixo x), $x = -2$ (multiplicidade 2, gráfico é uma tangente).

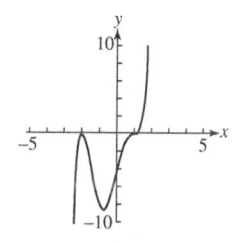

38. Grau 6; raízes: $x = 3$ (multiplicidade 2, gráfico é uma tangente), $x = -5$ (multiplicidade 4, gráfico é uma tangente).

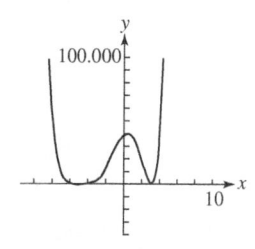

39. 0, −6 e 6. Algebricamente — fatorar x primeiro.

40. −11, −1 e 10. Graficamente. Equações cúbicas *podem* ser resolvidas algebricamente, mas os métodos são mais complicados do que com a fórmula quadrática.

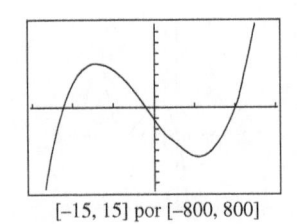

41. −5, −1 e 11. Graficamente.

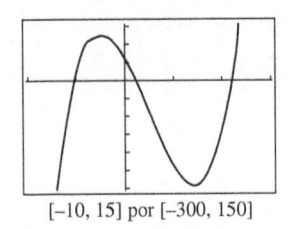

[−15, 15] por [−800, 800]

42. −6, 2 e 8. Graficamente.

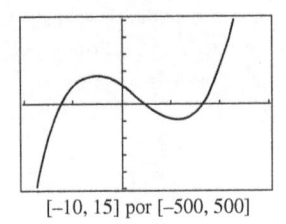

[−10, 15] por [−300, 150]

[−10, 15] por [−500, 500]

43. $f(x) = (x - 3)(x + 4)(x - 6)$
$= x^3 - 5x^2 - 18x + 72$

44. $f(x) = (x + 2)(x - 3)(x + 5)$
$= x^3 + 4x^2 - 11x - 30$

45. $f(x) = (x - \sqrt{3})(x + \sqrt{3})(x - 4)$
$= (x^2 - 3)(x - 4) = x^3 - 4x^2 - 3x + 12$

46. $f(x) = (x - 1)(x - 1 - \sqrt{2})(x - 1 + \sqrt{2})$
$= (x - 1)[(x - 1)^2 - 2] = x^3 - 3x^2 + x + 1$

47. $f(x) = x^7 + x + 100$ tem termo principal ímpar, o que significa que em seu comportamento de extremos ele tende para $-\infty$ em um extremo, e para $+\infty$, em outro. Assim o gráfico deve interceptar o eixo x pelo menos uma vez, isto é, $f(x)$ assume ambos os valores, positivos e negativos, e pelo Teorema do Valor Intermediário, $f(x) = 0$ para algum x.

48. $f(x) = x^9 - x + 50$ tem termo principal ímpar, o que significa que em seu comportamento de extremos ele tende para $-\infty$ em um extremo, e para $+\infty$, em outro. Assim o gráfico deve interceptar o eixo x pelo menos uma vez, isto é, $f(x)$ assume ambos os valores, positivos e negativos, e pelo Teorema do Valor Intermediário, $f(x) = 0$ para algum x.

49. (a) $L(x) = R(x) - C(x)$ é positivo se $29,73 < x < 541,74$ (aprox.), assim são necessaários entre 30 e 541 clientes.

(b) $L(x) = 60.000$ quando $x = 200,49$ ou $x = 429,73$. O número de 201 ou 429 clientes é necessário para um lucro anual um pouco acima de R$ 60.000; 200 ou 430 clientes para um rendimento um pouco menor que R$ 60.000.

50. (a) A altura da caixa será x, a largura será $15 - 2x$ e o comprimento será $60 - 2x$.

(b) Qualquer valor de x entre aproximadamente 0,550 e 6,786 cm.

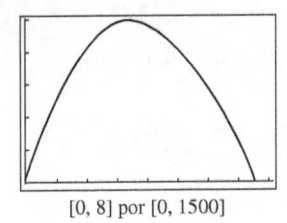

[0, 8] por [0, 1500]

51. O volume é $V(x) = x(10 - 2x)(25 - 2x)$; use qualquer x com $0 < x \leq 0,929$ ou $3,644 \leq x < 5$.

[0, 5] por [0, 300]

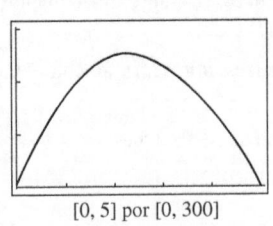

52. A função é positiva para $0 < x < 21,5$. (As dimensões dos lados do retângulo são de 43 e 62 unidades.)

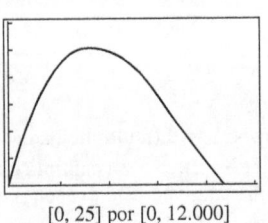

[0, 25] por [0, 12.000]

53. Verdadeiro. Como f é contínua,
$f(1) = (1)^3 - (1)^2 - 2 = -2 < 0$ e
$f(2) = (2)^3 - (2)^2 - 2 = 2 > 0$, o Teorema do Valor Intermediário garante que o gráfico de f intercepta o eixo em algum ponto entre $x = 1$ e $x = 2$.

54. Falso. Se $a > 0$, o gráfico de $f(x) = (x + a)^2$ é obtido ao transferir o gráfico de $f(x) = x^2$ para a esquerda em a unidades. A transferência para direita corresponde a $a < 0$.

55. Quando $x = 0$, $f(x) = 2(x - 1)^3 + 5 = 2(-1)^3 + 5 = 3$. A resposta é C.

56. Em $f(x) = (x - 2)^2(x + 2)^3(x + 3)^7$, o fator $x - 2$ ocorre duas vezes. Assim $x = 2$ é uma raiz de multiplicidade 2 e a resposta é B.

57. O gráfico indica 3 raízes, cada uma de multiplicidade 1: $x = -2$, $x = 0$ e $x = 2$. O comportamento no extremo indica um coeficiente principal negativo. Assim $f(x) = -x(x + 2)(x - 2)$, e a resposta é B.

58. O gráfico indica 4 raízes: $x = -2$ (multiplicidade 2), $x = 0$ (multiplicidade 1) e $x = 2$ (multiplicidade 2). O comportamento no extremo indica um coeficiente principal positivo. Assim $f(x) = x(x + 2)^2(x - 2)$, e a resposta é A.

59. A representação (a) mostra o comportamento no extremo da função, mas não mostra o fato de que há 2 máximos locais e 1 mínimo local (e 4 intersecções no eixo x) entre -3 e 4. Eles são visíveis na representação (b), mas está faltando o mínimo próximo a $x = 7$, além da intersecção no eixo x próximo a $x = 9$. A representação (b) sugere um grau polinomial 4, e não 5.

60. O comportamento no extremo é visível na representação (a), mas não os detalhes do comportamento próximo a $x = 1$. A representação (b) mostra esses detalhes, mas há perda da informação do comportamento nos extremos.

61. $f(x) = (x - 1)^2 + 2$; $\dfrac{f(x)}{x - 1} = x - 1 + \dfrac{2}{x - 1}$

62. $f(x) = (x^2 - x + 1)(x + 1) - 2$;
$\dfrac{f(x)}{x + 1} = x^2 - x + 1 - \dfrac{2}{x + 1}$

63. $f(x) = (x^2 + x + 4)(x + 3) - 21$;
$\dfrac{f(x)}{x + 3} = x^2 + x + 4 - \dfrac{21}{x + 3}$

64. $f(x) = \left(2x^2 - 5x + \dfrac{7}{2}\right)(2x + 1) - \dfrac{9}{2}$;
$\dfrac{f(x)}{2x + 1} = 2x^2 - 5x + \dfrac{7}{2} - \dfrac{9/2}{2x + 1}$

65. $f(x) = (x^2 - 4x + 12)(x^2 + 2x - 1) - 32x + 18$;
$\dfrac{f(x)}{x^2 + 2x - 1} = x^2 - 4x + 12 + \dfrac{-32x + 18}{x^2 + 2x - 1}$

66. $f(x) = (x^2 - 3x + 5)(x^2 + 1)$;
$\dfrac{f(x)}{x^2 + 1} = x^2 - 3x + 5$

67. $\dfrac{x^3 - 5x^2 + 3x - 2}{x + 1} = x^2 - 6x + 9 + \dfrac{-11}{x + 1}$

68. $\dfrac{2x^4 - 5x^3 + 7x^2 - 3x + 1}{x - 3}$
$= 2x^3 + x^2 + 10x + 27 + \dfrac{82}{x - 3}$

69. $\dfrac{9x^3 + 7x^2 - 3x}{x - 10} = 9x^2 + 97x + 967 + \dfrac{9.670}{x - 10}$

70. $\dfrac{3x^4 + x^3 - 4x^2 + 9x - 3}{x + 5}$
$= 3x^3 - 14x^2 + 66x - 321 + \dfrac{1.602}{x + 5}$

71. $\dfrac{5x^4 - 3x + 1}{4 - x}$
$= -5x^3 - 20x^2 - 80x - 317 + \dfrac{-1.269}{4 - x}$

72. $\dfrac{x^8 - 1}{x + 2}$
$= x^7 - 2x^6 + 4x^5 - 8x^4 + 16x^3 - 32x^2 + 64x - 128$
$+ \dfrac{255}{x + 2}$

73. O resto é $f(2) = 3$.
74. O resto é $f(1) = -4$.
75. O resto é $f(-3) = -43$.
76. O resto é $f(-2) = 2$.
77. O resto é $f(2) = 5$.
78. O resto é $f(-1) = 23$.

79. Sim: 1 é um zero do segundo polinômio.
80. Sim: 3 é um zero do segundo polinômio.
81. Não: quando $x = 2$, o segundo polinômio resulta em 10.
82. Sim: 2 é um zero do segundo polinômio.
83. Sim: -2 é um zero do segundo polinômio.
84. Não: quando $x - 1$, o segundo polinômio resulta em 2.
85. A partir do gráfico parece que $(x + 3)$ e $(x - 1)$ são fatores.
$$f(x) = (x + 3)(x - 1)(5x - 17)$$
86. A partir do gráfico parece que $(x + 2)$ e $(x - 3)$ são fatores.
$$f(x) = (x + 2)(x - 3)(5x - 7)$$
87.
$$2(x + 2)(x - 1)(x - 4) = 2x^3 - 6x^2 - 12x + 16$$
88.
$$2(x + 1)(x - 3)(x + 5) = 2x^3 + 6x^2 - 26x - 30$$
89. $2(x - 2)\left(x - \dfrac{1}{2}\right)\left(x - \dfrac{3}{2}\right)$

$= \dfrac{1}{2}(x - 2)(2x - 1)(2x - 3)$

$= 2x^3 - 8x^2 + \dfrac{19}{2}x - 3$

90. $2(x + 3)(x + 1)(x)\left(x - \dfrac{5}{2}\right)$

$= x(x + 3)(x + 1)(2x - 5)$

$= 2x^4 + 3x^3 - 14x^2 - 15x$

91. Como $f(-4) = f(3) = f(5) = 0$, então $(x + 4)$, $(x - 3)$ e $(x - 5)$ são fatores de f. Assim $f(x) = k(x + 4)(x - 3)(x - 5)$ para alguma constante k. Como $f(0) = 180$, devemos ter $k = 3$. Assim $f(x) = 3(x + 4)(x - 3)(x - 5)$.

92. Como $f(-2) = f(1) = f(5) = 0$ então $(x + 2)$, $(x - 1)$ e $(x - 5)$ são fatores de f. Assim $f(x) = k(x + 2)(x - 1)(x - 5)$ para alguma constante k.
Como $f(-1) = 24$, devemos ter $k = 2$, assim $f(x) = 2(x + 2)(x - 1)(x - 5)$.

93. Raízes racionais possíveis:
$$\dfrac{\pm 1}{\pm 1, \ \pm 2, \ \pm 3, \ \pm 6}, \text{ ou seja:}$$
$$\pm 1, \ \pm \dfrac{1}{2}, \ \pm \dfrac{1}{3}, \ \pm \dfrac{1}{6}$$

94. Raízes racionais possíveis:
$$\dfrac{\pm 1, \ \pm 2, \ \pm 7, \ \pm 14}{\pm 1, \ \pm 3}, \text{ ou seja: } \pm 1, \ \pm 2, \ \pm 7,$$
$$\pm 14, \ \pm \dfrac{1}{3}, \ \pm \dfrac{2}{3}, \ \pm \dfrac{7}{3} \ \pm \dfrac{14}{3}$$

95. Raízes racionais possíveis: $\dfrac{\pm 1, \ \pm 3, \ \pm 9}{\pm 1, \ \pm 2}$,

ou seja: $\pm 1, \ \pm 3, \ \pm 9, \ \pm \dfrac{1}{2}, \ \pm \dfrac{3}{2}, \ \pm \dfrac{9}{2}$

96. Raízes racionais possíveis:
$$\dfrac{\pm 1, \ \pm 2, \ \pm 3, \ \pm 4, \ \pm 6, \ \pm 12}{\pm 1, \ \pm 2, \ \pm 3, \ \pm 6}, \text{ ou seja:}$$
$$\pm 1, \ \pm 2, \ \pm 3, \ \pm 4, \ \pm 6, \ \pm 12, \ \pm \dfrac{1}{2},$$
$$\pm \dfrac{3}{2}, \ \pm \dfrac{1}{3}, \ \pm \dfrac{2}{3}, \ \pm \dfrac{4}{3}, \ \pm \dfrac{1}{6}$$

97. Última linha: 2   2   7   19
Como todos os números na última linha são ≥ 0 então 3 é um limite superior para raízes de f.

98. Última linha: 2   5   20   99
Como todos os números na última linha são ≥ 0, então 5 é um limite superior para raízes de $f(x)$.

99. Última linha: 1   1   3   7   2
Como todos os números na última linha são ≥ 0, então 2 é um limite superior para raízes de f.

100. Última linha: 4   6   11   42   128
Como todos os números na última linha são ≥ 0, então 3 é um limite superior para raízes de f.

101. Última linha: 3 -7 8 -5
Como todos os números na última linha alternam os sinais, então -1 é um limite inferior para raízes de f.

102. Última linha: 1 -1 5 -10
Como todos os números na última linha alternam os sinais, então -3 é um limite inferior para raízes de f.

103. Última linha: 1 -4 7 -2
Como todos os números na última linha alternam os sinais, então 0 é um limite inferior para raízes de f.

104. Última linha: 3   213   47   2191
Como todos os números na última linha alternam os sinais, então -4 é um limite inferior para raízes de f.

105. Pelo teste dos limites superior e inferior das raízes, -5 é um limite inferior e 5 é um limite superior. Para -5 a última linha é:

Para -5 a última linha é:
   6   -41 198 -982 4.876

Para 5 a última linha é:
   6   19   88   448   2.206

106. Pelo teste dos limites superior e inferior das raízes, -5 é um limite inferior e 5 é um limite superior. Para -5 a última linha é:
   -6 30 -129 664 -3.323

Para 5 a última linha é:
   1, -6, 30, 429, 664, -3.324

107. Há raízes que não *são* mostradas (aprox. $-11{,}002$ e $12{,}003$), pois -5 e 5 não são limites para raízes de f.

Para -5 a última linha é:
1   -9 -84 816 -4.088 -20.443

Para 5 a última linha é:
1   1 -124 -224 -1.128 -5.637

108. Há raízes que não *são* mostradas (aprox. $-8{,}036$ e $9{,}038$), pois -5 e 5 não são limites para raízes de f.

Para -5 a última linha é:
   2   -15 -66 546 -2.821 -14.130

Para 5 a última linha é:
   2   5 -116 -364 -1.911 -9.530

109. Raízes racionais possíveis:

$$\frac{\pm 1,\ \pm 2,\ \pm 3,\ \pm 6}{\pm 1,\ \pm 2},\ \text{ou}$$

$\pm 1,\ \pm 2,\ \pm 3,\ \pm 6,\ \pm \frac{1}{2},\ \pm \frac{3}{2}$. A única raiz racional é $\frac{3}{2}$. As raízes racionais são $\pm\sqrt{2}$

Pois para $x = 3/2$, a última linha por Briot Ruffini é
   2   0 -4 0

110. Raízes racionais possíveis: ± 1, ± 3, ± 9. A única raiz racional é -3. As raízes irracionais são $\pm\sqrt{3}$. Pois para $x = -3$, a última linha por Briot Ruffini é
   1   0 -3 0

111. Raiz racional: -3. Raízes irracionais: $1 \pm \sqrt{3}$.
Para $x = -3$, a última linha por Briot Ruffini é
   1   -2 -1 0

112. Raiz racional: 4. Raízes irracionais: $1 \pm \sqrt{2}$.
Para $x = 4$, a última linha por Briot Ruffini é
   1   -2 -1 0

113. Raízes racionais: -1 e 4.
Raiz irracional: $\pm\sqrt{2}$.
Para $x = -1$, a última linha por Briot Ruffini é
   1   -4 -2 8   0

Para $x = 4$, a última linha por Briot Ruffini é
   1   0 -2 0

114. Raízes racionais: -1 e 2.
Raiz irracional: $\pm\sqrt{5}$.
Para $x = -1$, a última linha por Briot Ruffini é
   1   -2 -5 10   0

Para $x = 2$, a última linha por Briot Ruffini é
   1   0 -5 0

115. Raízes racionais: $-\dfrac{1}{2}$ e 4.
Raiz irracional: nenhuma.
Para $x = 4$ e $x = -1/2$, as últimas linhas por Briot Ruffini são, respectivamente:
   2   1   2   1   0   e   2   0   2   0

116. Raiz racional: $\dfrac{2}{3}$. Raiz irracional: aproximadamente $-0{,}6823$.
Para $x = 2/3$, a última linha por Briot Ruffini é
   3   0   3   3   0

117. $(-1)^{40} - 3 = -2$

118. $1^{63} - 17 = -16$

119. (a) Limite inferior: para $x = -5$, a última linha por Briot Ruffini é
   1   -3 4 -33 203

Limite superior: para $x = 4$, a última linha por Briot Ruffini é

1   6   13   39   194

O teste dos limites superior e inferior das raízes é provado, assim todas as raízes reais de f pertencem ao intervalo $[-5, 4]$.

(b) Raízes racionais de f possíveis:

$$\frac{\text{Fatores de } 38}{\text{Fatores de } 1} : \frac{\pm 1, \ \pm 2, \ \pm 19, \ \pm 38}{\pm 1}$$

O gráfico mostra que 2 é mais promissor, assim verificamos por Briot Ruffini e obtemos na última linha:

1   4   −3   −19   0

Usando o resto:

$f(-2) = 20 \neq 0$ $\qquad f(-38) = 1.960.040$

$f(-1) = 39 \neq 0$ $\qquad f(-38) = 2.178.540$

$f(1) = 17 \neq 0$ $\qquad f(-19) = 112.917$

$\qquad\qquad\qquad\qquad f(19) = 139.859$

Como todas as raízes racionais possíveis além de 2 resultam em valores de função não zero, não há outras raízes racionais.

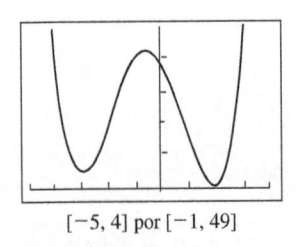

$[-5, 4]$ por $[-1, 49]$

(c) $f(x) \ (x - 2) \ (x^3 + 4x^2 - 3x - 19)$

(d) A partir do gráfico, descobrimos que uma raiz irracional de x é $x \cong 2{,}04$.

(e)
$f(x) \approx (x - 2)(x - 2{,}04)(x^2 + 6{,}04x + 9{,}3216)$

120. Falso. $x - a$ é um fator, se, e somente se, $f(a) = 0$. Assim, $(x + 2)$ é um fator, se, e somente se, $f(-2) = 0$.

121. Verdadeiro. Pelo teorema do resto, quando $f(x)$ é dividido por $x - 1$, o resto é $f(1)$, que é igual a 3.

122. A afirmação $f(3) = 0$ significa que $x + 3$ é uma raiz de $f(x)$ e que 3 é onde corta o eixo x do gráfico de $f(x)$. Assim $x - 3$ é um fator de $f(x)$, e quando $f(x)$ é dividido por $x - 3$ o resto é zero. A resposta é A.

123. Cada possível raiz racional, cada possível raiz racional de $f(x)$ deve ser um dos valores

$$\pm 1, \ \pm 3, \ \pm\frac{1}{2}, \ \pm\frac{3}{2}. \text{ A resposta é E.}$$

124. $f(x) = (x + 2)(x^2 + x - 1) - 3$ resulta em um resto de -3, quando é dividida por $x - 2$ ou $x^2 + x - 1$. Segue que $x + 2$ não é um fator de $f(x)$ e que $f(x)$ não é completamente divisível por $x + 2$. A resposta é B.

125. As respostas A a D podem ser verificadas como verdadeiras. Como $f(x)$ é uma função polinomial de grau ímpar, seu gráfico deve cruzar o eixo x em algum lugar. A resposta é E.

CAPÍTULO 11

Revisão rápida

1. $\sqrt[3]{-216} = -6$, pois $(-6)^3 = -216$

2. $\sqrt[3]{\dfrac{125}{8}} = \dfrac{5}{2}$, pois $5^3 = 125$ e $2^3 = 8$

3. $27^{2/3} = (3^3)^{2/3} = 3^2 = 9$

4. $4^{5/2} = (2^2)^{5/2} = 2^5 = 32$

5. $\dfrac{1}{2^{12}}$

6. $\dfrac{1}{3^8}$

7. $\dfrac{1}{a^6}$

8. b^{15}

9. 0,15

10. 4%

11. (1,07)(23)

12. (0,96)(52)

13. $b^2 = \dfrac{160}{40} = 4$, portanto, $b = \pm\sqrt{4} = \pm 2$

14. $b^3 = \dfrac{9}{243}$, portanto, $b = \sqrt[3]{\dfrac{9}{243}} = \sqrt[3]{\dfrac{1}{27}} = \dfrac{1}{3}$

15. $b = \sqrt[6]{\dfrac{838}{782}} \cong 1{,}01$

16. $b = \sqrt[5]{\dfrac{521}{93}} \cong 1{,}41$

17. $b = \sqrt[4]{\dfrac{91}{672}} \cong 0{,}61$

18. $b = \sqrt[7]{\dfrac{56}{127}} \cong 0{,}89$

Exercícios

1. Não é uma função exponencial, pois a base é variável e o expoente é constante. É uma função potência.

2. Função exponencial, com valor de a igual a 1 e valor da base igual a 3.

3. Função exponencial, com valor de a igual a 1 e valor da base igual a 5.

4. Não é uma função exponencial, pois o expoente é constante. É uma função constante.

5. Não é uma função exponencial, pois a base é variável.

6. Não é uma função exponencial, pois a base é variável. É uma função potência.

7. $f(0) = 3 \cdot 5^0 = 3 \cdot 1 = 3$

8. $f(-2) = 6 \cdot 3^{-2} = \dfrac{6}{9} = \dfrac{2}{3}$

9. $f\left(\dfrac{1}{3}\right) = -2 \cdot 3^{1/3} = -2\sqrt[3]{3}$

10. $f\left(-\dfrac{3}{2}\right) = 8 \cdot 4^{-3/2} = \dfrac{8}{(2^2)^{3/2}} = \dfrac{8}{2^3} = \dfrac{8}{8} = 1$

11. $f(x) = \dfrac{3}{2} \cdot \left(\dfrac{1}{2}\right)^x$

12. $g(x) = 12 \cdot \left(\dfrac{1}{3}\right)^x$

13. $f(x) = 3 \cdot (\sqrt{2})^x = 3 \cdot 2^{x/2}$

14. $g(x) = 2 \cdot \left(\dfrac{1}{e}\right)^x = 2e^{-x}$

15. Translade $f(x) = 2^x$ por 3 unidades para a direita. De maneira alternativa, $g(x) = 2^{x-3} = 2^{-3} \cdot 2^x = \dfrac{1}{8} \cdot 2^x = \dfrac{1}{8} \cdot f(x)$. Pode ser obtida de $f(x)$ "encolhendo" verticalmente pelo fator $\dfrac{1}{8}$.

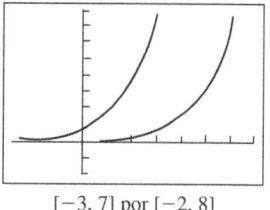

[−3, 7] por [−2, 8]

16. Translade $f(x) = 3^x$ por 4 unidades para a esquerda. De maneira alternativa, $g(x) = 3^{x+4} = 3^4 \cdot 3^x = 81 \cdot 3^x = 81 \cdot f(x)$. Pode ser obtida "esticando" verticalmente $f(x)$ pelo fator 81.

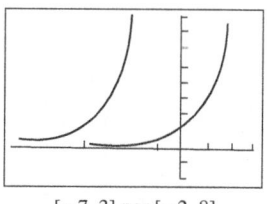

[−7, 3] por [−2, 8]

17. O gráfico de $g(x)$ é o simétrico de $f(x) = 4^x$ com relação ao eixo y.

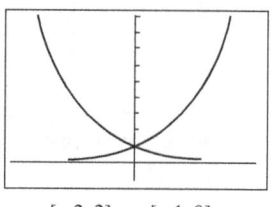

[−2, 2] por [−1, 9]

18. O gráfico de $g(x)$ é o simétrico de $f(x) = 2^x$ com relação ao eixo y e transladado 5 unidades para a direita.

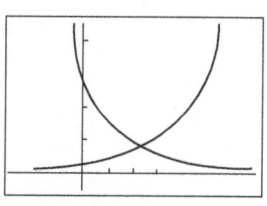

[−3, 7] por [−5, 45]

19. "Estique" verticalmente $f(x) = 0,5^x$ por um fator de 3 e translade 4 unidades para cima.

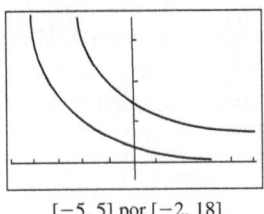

[−5, 5] por [−2, 18]

20. "Estique" verticalmente $f(x) = 0,6^x$ por um fator de 2 e "encolha" horizontalmente por um fator de 3.

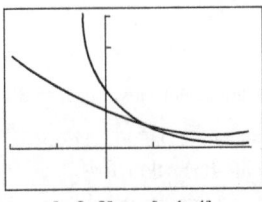

[−2, 3] por [−1, 4]

21. O gráfico de $g(x)$ é o simétrico de $f(x) = e^x$ com relação ao eixo y e "encolhido" horizontalmente por um fator de 2.

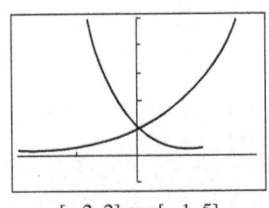

[−2, 2] por [−1, 5]

22. O gráfico de $g(x)$ é o simétrico de $f(x) = e^x$ com relação aos eixos x e y e "encolhido" horizontalmente por um fator de 3.

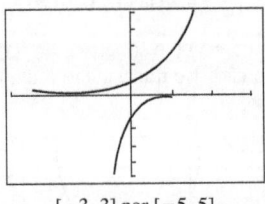

[−3, 3] por [−5, 5]

23. O gráfico de $g(x)$ é o simétrico de $f(x) = e^x$ com relação ao eixo y e "encolhido" horizontalmente por um fator de 3; translade 1 unidade para a direita e "estique" verticalmente por um fator de 2.

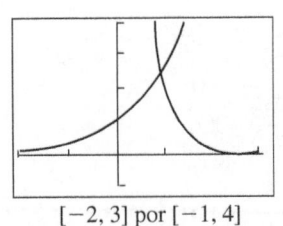

[−2, 3] por [−1, 4]

24. "Encolha" horizontalmente $f(x) = e^x$ por um fator de 2, "estique" verticalmente por um fator de 3 e translade para baixo 1 unidade.

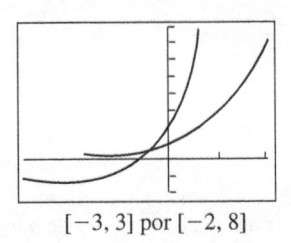

[−3, 3] por [−2, 8]

25. O gráfico (a) é o único gráfico formado e posicionado como o gráfico de $y = b^x, b > 1$.

26. O gráfico (d) é o simétrico de $y = 2^x$ com relação ao eixo y.

27. O gráfico (c) é o simétrico de $y = 2^x$ com relação ao eixo x.

28. O gráfico (e) é o simétrico de $y = 0,5^x$ com relação ao eixo x.

29. O gráfico (b) é o gráfico de $y = 3^{-x}$ transladado para baixo em 2 unidades.

30. O gráfico (f) é o gráfico de $y = 1,5^x$ transladado para baixo em 2 unidades.

31. Decaimento exponencial;
$$\lim_{x \to +\infty} f(x) = 0; \lim_{x \to -\infty} f(x) = +\infty$$

32. Decaimento exponencial;
$$\lim_{x \to +\infty} f(x) = 0; \lim_{x \to -\infty} f(x) = +\infty$$

33. Decaimento exponencial;
$$\lim_{x \to +\infty} f(x) = 0; \lim_{x \to -\infty} f(x) = +\infty$$

34. Crescimento exponencial;
$$\lim_{x \to +\infty} f(x) = +\infty; \lim_{x \to -\infty} f(x) = 0$$

35. $x < 0$

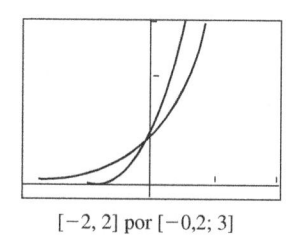

36. $x > 0$

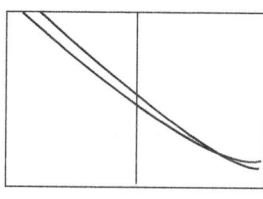

[−2, 2] por [−0,2; 3]

37. $x < 0$

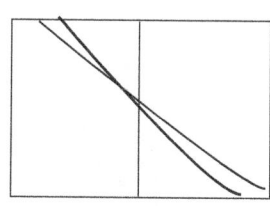

[−0,25; 0,25] por [0,5; 1,5]

[−0,25; 0,25] por [0,75; 1,25]

38. $x > 0$

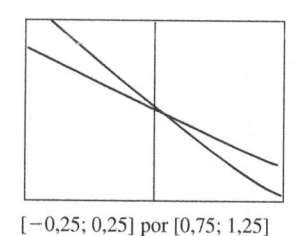

[−0,25; 0,25] por [0,75; 1,25]

39. $y_1 = y_3$, como $3^{2x+4} = 3^{2(x+2)} = (3^2)^{x+2} = 9^{x+2}$

40. $y_2 = y_3$, como $2 \cdot 2^{3x-2} = 2^1 2^{3x-2} = 2^{1+3x-2}$
$= 2^{3x-1}$

41. Passa no eixo vertical y no par (0, 4). Assíntotas horizontais: $y = 0$, $y = 12$.

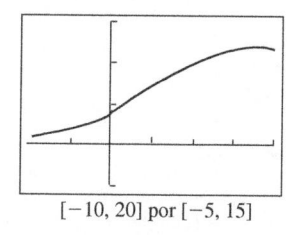

[−10, 20] por [−5, 15]

42. Passa no eixo vertical y no par (0, 3). Assíntotas horizontais: $y = 0$, $y = 18$.

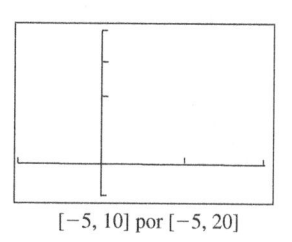

[−5, 10] por [−5, 20]

43. Passa no eixo vertical y no par (0, 4). Assíntotas horizontais: $y = 0$, $y = 16$.

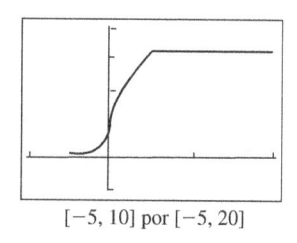

[−5, 10] por [−5, 20]

44. Passa no eixo vertical y no par (0, 3). Assíntotas horizontais: $y = 0$, $y = 9$.

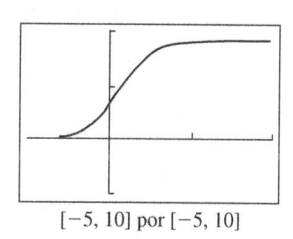

[−5, 10] por [−5, 10]

45.

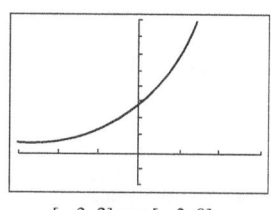

[−3, 3] por [−2, 8]

Domínio:]−∞, +∞[
Imagem:]0, +∞[
Continuidade: a função é contínua
Comportamento crescente/decrescente: sempre crescente
Simetria: não é simétrica
Limite: limitada inferiormente por $y = 0$, que é também a única assíntota
Extremo local: nenhum

Assíntotas: $y = 0$
Comportamento nos extremos do domínio:

$$\lim_{x \to +\infty} f(x) = +\infty, \lim_{x \to -\infty} f(x) = 0$$

46.

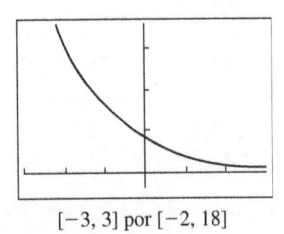

[−3, 3] por [−2, 18]

Domínio: $]-\infty, +\infty[$
Imagem: $]0, +\infty[$
Continuidade: a função é contínua
Comportamento crescente/decrescente: sempre decrescente
Simetria: não é simétrica
Limite: limitada inferiormente por $y = 0$, que é também a única assíntota
Extremo local: nenhum
Assíntotas: $y = 0$
Comportamento nos extremos do domínio:

$$\lim_{x \to +\infty} f(x) = 0, \lim_{x \to -\infty} f(x) = +\infty$$

47.

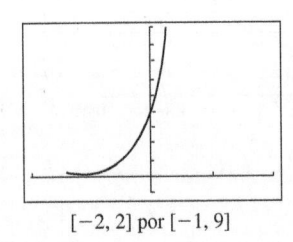

[−2, 2] por [−1, 9]

Domínio: $]-\infty, +\infty[$
Imagem: $]0, +\infty[$
Continuidade: a função é contínua
Comportamento crescente/decrescente: sempre crescente
Simetria: não é simétrica
Limite: limitada inferiormente por $y = 0$, que é também a única assíntota
Extremo local: nenhum
Assíntotas: $y = 0$
Comportamento nos extremos do domínio:

$$\lim_{x \to +\infty} f(x) = +\infty, \lim_{x \to -\infty} f(x) = 0$$

48.

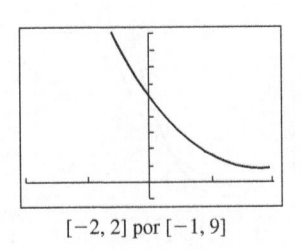

[−2, 2] por [−1, 9]

Domínio: $]-\infty, +\infty[$
Imagem: $]0, +\infty[$
Continuidade: a função é contínua
Comportamento crescente/decrescente: sempre decrescente
Simetria: não é simétrica
Limite: limitada inferiormente por $y = 0$, que é também a única assíntota
Extremo local: nenhum
Assíntotas: $y = 0$
Comportamento nos extremos do domínio:

$$\lim_{x \to +\infty} f(x) = 0, \lim_{x \to -\infty} f(x) = +\infty$$

49.

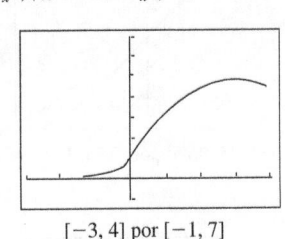

[−3, 4] por [−1, 7]

Domínio: $]-\infty, +\infty[$
Imagem: $]0, 5[$
Continuidade: a função é contínua
Comportamento crescente/decrescente: sempre crescente
Simetria: com relação ao par (0,69; 2,5)
Limite: limitada inferiormente por $y = 0$ e superiormente por $y = 5$; ambas são assíntotas
Extremo local: nenhum
Assíntotas: $y = 0$ e $y = 5$
Comportamento nos extremos do domínio:

$$\lim_{x \to +\infty} f(x) = 5, \lim_{x \to -\infty} f(x) = 0$$

50.

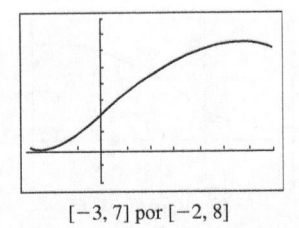

[−3, 7] por [−2, 8]

Domínio: $]-\infty, +\infty[$
Imagem: $]0, 6[$
Continuidade: a função é contínua
Comportamento crescente/decrescente: sempre crescente
Simetria: com relação ao par (0,69; 3)
Limite: limitada inferiormente por $y = 0$ e superiormente por $y = 6$; ambas são assíntotas
Extremo local: nenhum
Assíntotas: $y = 0$ e $y = 6$
Comportamento nos extremos do domínio:

$$\lim_{x \to +\infty} f(x) = 6, \lim_{x \to -\infty} f(x) = 0$$

51. Resolvendo graficamente, encontramos que a curva $y = \dfrac{12,79}{(1 + 2,402e^{-0,0309x})}$ intersecciona a linha $y = 10$ quando $t \cong 69,67$. A população de Ohio foi de 10 milhões em 1969.

52. (a) $P(50) = \dfrac{19,875}{1 + 57,993e^{-0,035005(50)}} \cong 1,794558$

ou 1.794.558 pessoas.

(b) $P(210) = \dfrac{19,875}{1 + 57,993e^{-0,035005(210)}}$

$\cong 19,161673$ ou 19.161.673 pessoas.

(c) $\lim_{x \to +\infty} P(t) = 19,875$ ou 19.875.000 pessoas.

53. (a) Quando $t = 0, B = 100$.
(b) Quando $t = 6, B \cong 6.394$.

54. Falso.

55. Apenas 8^x tem a forma $a \cdot b^x$. A resposta é E.

56. Para $b > 0, f(0) = b^0 = 1$. A resposta é C.

57. O fator de crescimento de $f(x) = a \cdot b^x$ é a base b. A resposta é A.

58. Com $x > 0$, $a^x > b^x$ requer $a > b$ (independentemente se $x < 1$ ou $x > 1$). A resposta é B.

59. $r = 0,09$, assim, $P(t)$ é uma função de crescimento exponencial de 9%.

60. $r = 0,018$, assim, $P(t)$ é uma função de crescimento exponencial de 1,8%.

61. $r = -0,032$, assim, $f(x)$ é uma função de decaimento exponencial de 3,2%.

62. $r = -0,0032$, assim, $f(x)$ é uma função de decaimento exponencial de 0,32%.

63. $r = 1$, assim, $g(t)$ é uma função de crescimento exponencial de 100%.

64. $r = -0,95$, assim, $g(t)$ é uma função de decaimento exponencial de 95%.

65. $f(x) = 5 \cdot (1 + 0,17)^x = 5 \cdot 1,17^x (x = \text{anos})$.

66. $f(x) = 52 \cdot (1 + 0,023)^x = 52 \cdot 1,023^x$
$(x = \text{dias})$.

67. $f(x) = 16 \cdot (1 - 0,5)^x = 16 \cdot 0,5^x (x = \text{meses})$.

68. $f(x) = 5 \cdot (1 - 0,0059) = 5 \cdot 0,9941^x$
$(x = \text{semanas})$.

69. $f(x) = 28.900 \cdot (1 - 0,026)^x = 28.900 \cdot 0,974^x$
$(x = \text{anos})$.

70. $f(x) = 502.000 \cdot (1 + 0,017)x = 502.000 \cdot 1,017^x$ $(x = \text{anos})$.

71. $f(x) = 18 \cdot (1 + 0,052)^x = 18 \cdot 1,052^x$
$(x = \text{semanas})$.

72. $f(x) = 15 \cdot (1 - 0,046)^x = 15 \cdot 0,954^x (x = \text{dias})$.

73. $f(x) = 0,6 \cdot 2^{x/3} (x = \text{dias})$.

74. $f(x) = 250 \cdot 2^{x/7,5} = 250 \cdot 2^{x/15}$ $(x = \text{horas})$.

75. $f(x) = 592 \cdot 2^{-x/6}$ $(x = \text{anos})$.

76. $f(x) = 17 \cdot 2^{-x/32} (x = \text{horas})$.

77. $f(0) = 2,3 \cdot \dfrac{2,875}{2,3} = 1,25 = r + 1$, assim,

$f(x) = 2,3 \cdot 1,25^x$ (modelo de crescimento).

78. $g(0) = -5,8, \dfrac{-4,64}{-5,8} = 0,8 = r + 1$, assim

$g(x) = -5,8 \cdot (0,8)^x$ (modelo de decrescimento).

79. $f(0) = 4$, assim, $f(x) = 4 \cdot b^x$. Como $f(5) = 4 \cdot b^5 = 8,05$, $b^5 = \dfrac{8,05}{4}, b = \sqrt[5]{\dfrac{8,05}{4}} \cong 1,15$

$f(x) \cong 4 \cdot 1,15^x$.

80. $f(0) = 3$, assim, $f(x) = 3 \cdot b^x$. Como $f(4) = 3 \cdot b^4 = 1,49, b^4 = \dfrac{1,49}{3}, b = \sqrt[4]{\dfrac{1,49}{3}} \cong 0,84 \cdot f(x) \cong 3 \cdot 0,84^x$

81. $c = 40, a = 3$, assim, $f(1) = \dfrac{40}{1 + 3b} = 20 \Rightarrow$

$\Rightarrow 20 + 60b = 40 \Rightarrow 60b = 20 \Rightarrow b = \dfrac{1}{3}$, assim,

$f(x) = \dfrac{40}{1 + 3 \cdot \left(\dfrac{1}{3}\right)^x}$

82. $c = 60$, $a = 4$, assim, $f(1) = \dfrac{60}{1 + 4b} = 24 \Rightarrow$

$\Rightarrow 60 = 24 + 96b \Rightarrow 96b = 36 \Rightarrow b = \dfrac{3}{8}$, assim,

$f(x) = \dfrac{60}{1 + 4 \cdot \left(\dfrac{3}{8}\right)^x}$

83. $c = 128$, $a = 7$, assim, $f(5) = \dfrac{128}{1 + 7b^5} = 32 \Rightarrow$

$\Rightarrow 128 = 32 + 224b^5 \Rightarrow 224b^5 = 96 \Rightarrow b^5 =$

$\dfrac{96}{224} \Rightarrow b = \sqrt[5]{\dfrac{96}{224}} \cong 0{,}844$, assim,

$f(x) \cong \dfrac{128}{1 + 7 \cdot 0{,}844^x}$

84. $c = 30$, $a = 5$, assim, $f(3) = \dfrac{30}{1 + 5b^3} = 15 \Rightarrow$

$\Rightarrow 30 = 15 + 75b^3 \Rightarrow 75b^3 = 15 \Rightarrow$

$b^3 = \dfrac{15}{75} = \dfrac{1}{5} \Rightarrow b = \sqrt[3]{\dfrac{1}{5}} \cong 0{,}585$, assim,

$f(x) \cong \dfrac{30}{1 + 5 \cdot 0{,}585^x}$

85. $c = 20$, $a = 3$, assim, $f(2) = \dfrac{20}{1 + 3b^2} = 10 \Rightarrow$

$\Rightarrow 20 = 10 + 30b^2 \Rightarrow 30b^2 = 10 \Rightarrow b^2 = \dfrac{1}{3} \Rightarrow$

$\Rightarrow b = \sqrt{\dfrac{1}{3}} \cong 0{,}58$, assim, $f(x) = \dfrac{20}{1 + 3 \cdot 0{,}58^x}$

86. $c = 60$, $a = 3$, assim, $f(8) = \dfrac{60}{1 + 3b^8} = 30 \Rightarrow$

$\Rightarrow 60 = 30 + 90b^8 \Rightarrow 90b^8 = 30 \Rightarrow b^8 = \dfrac{1}{3} \Rightarrow$

$\Rightarrow b = \sqrt[8]{\dfrac{1}{3}} \cong 0{,}87$, assim, $f(x) = \dfrac{60}{1 + 3 \cdot 0{,}87^x}$

87. $P(t) = 736.000(1{,}0149)^t$; $P(t) = 1.000.000$ quando $t \cong 20{,}73$ anos, ou o ano de 2020.

88. $P(t) = 478.000(1{,}0628)^t$; $P(t) = 1.000.000$ quando $t \cong 12{,}12$ anos, ou o ano de 2012.

89. O modelo é $P(t) = 6.250(1{,}0275)^t$.

   (a) Em 1915: cerca de $P(25) \cong 12.315$. Em 1940: cerca de $P(50) \cong 24.265$.

   (b) $P(t) = 50.000$ quando $t \cong 76{,}65$ anos após 1980 — em 1966.

90. O modelo é $P(t) = 4.200(1{,}0225)^t$.

   (a) Em 1930: cerca de $P(20) \cong 6.554$. Em 1945: cerca de $P(35) \cong 9.151$.

   (b) $P(t) = 20.000$ quando $t \cong 70{,}14$ anos após 1910 — em 1980.

91. (a) $y = 6{,}6 \left(\dfrac{1}{2}\right)^{t/14}$, onde t é o tempo em dias.

   (b) Após 38,11 dias.

92. (a) $y = 3{,}5 \left(\dfrac{1}{2}\right)^{t/65}$, onde t é o tempo em dias.

   (b) Após 117,48 dias.

93. Quando $t = 1$, $B \cong 200$ — a população duplica a cada hora.

94. Falso.

95. A base é $1{,}049 = 1 + 0{,}049$, assim, a taxa percentual de crescimento constante é $0{,}049 = 4{,}9\%$. A resposta é C.

96. A base é $0{,}834 = 1 - 0{,}166$, assim, a taxa percentual de decrescimento constante é $0{,}166 = 16{,}6\%$. A resposta é B.

97. O crescimento pode ser modelado como $P(t) = 1 \cdot 2^{t/4}$. Resolva $P(t) = 1.000$ para encontrar $t \cong 39{,}86$. A resposta é D.

CAPÍTULO 12

Revisão rápida

1. $\dfrac{1}{25} = 0{,}04$

2. $\dfrac{1}{1.000} = 0{,}001$

3. $\dfrac{1}{5} = 0{,}2$

4. $\dfrac{1}{2} = 0{,}5$

5. $\dfrac{2^{33}}{2^{28}} = 2^5 = 32$

6. $\dfrac{3^{26}}{3^{24}} = 3^2 = 9$

7. $\log 10^2 = 2$

8. $\ln e^3 = 3$

9. $\ln e^{-2} = -2$

10. $\log 10^{-3} = -3$

Respostas

11. $5^{1/2}$

12. $10^{1/3}$

13. $\left(\dfrac{1}{e}\right)^{1/2} = e^{-1/2}$

14. $\left(\dfrac{1}{e^2}\right)^{1/3} = e^{-2/3}$

15. $\dfrac{x^5 y^{-2}}{x^2 y^{-4}} = x^{5-2} y^{-2-(-4)} = x^3 y^2$

16. $\dfrac{u^{-3} v^7}{u^{-2} v^2} = \dfrac{v^{7-2}}{u^{-2-(-3)}} = \dfrac{v^5}{u}$

17. $(x^6 y^{-2})^{1/2} = (x^6)^{1/2}(y^{-2})^{1/2} = \dfrac{|x|^3}{|y|}$

18. $(x^{-8} y^{12})^{3/4} = (x^{-8})^{3/4}(y^{12})^{3/4} = \dfrac{|y|^9}{x^6}$

19. $\dfrac{(u^2 v^{-4})^{1/2}}{(27 u^6 v^{-6})^{1/3}} = \dfrac{|u||v|^{-2}}{3 u^2 v^{-2}} = \dfrac{1}{3|u|}$

20. $\dfrac{(x^{-2} y^3)^{-2}}{(x^3 y^{-2})^{-3}} = \dfrac{x^4 y^{-6}}{x^{-9} y^6} = \dfrac{x^{13}}{y^{12}}$

21. $7{,}783 \times 10^8$ km

22. 1×10^{-15} m

23. 602.000.000.000.000.000.000.000

24. 0,000 000 000 000 000 000 000 001 66

25. $(1{,}86 \times 10^5)(3{,}1 \times 10^7) = (1{,}86)(3{,}1) \times 10^{5+7}$
$= 5{,}766 \times 10^{12}$

26. $\dfrac{8 \times 10^{-7}}{5 \times 10^{-6}} = \dfrac{8}{5} \times 10^{-7-(-6)} = 1{,}6 \times 10^{-1}$

Exercícios

1. $\log_4 4 = 1$, porque $4^1 = 4$

2. $\log_6 1 = 0$, porque $6^0 = 1$

3. $\log_2 32 = 5$, porque $2^5 = 32$

4. $\log_3 81 = 4$, porque $3^4 = 81$

5. $\log_5 \sqrt[3]{25} = \dfrac{2}{3}$, porque $5^{2/3} = \sqrt[3]{25}$

6. $\log_6 \dfrac{1}{\sqrt[5]{36}} = -\dfrac{2}{5}$ porque $6^{-2/5} = \dfrac{1}{6^{2/5}} = \dfrac{1}{\sqrt[5]{36}}$

7. $\log 10^3 = 3$

8. $\log 10.000 = \log 10^4 = 4$

9. $\log 100.000 = \log 10^5 = 5$

10. $\log 10^{-4} = -4$

11. $\log \sqrt[3]{10} = \log 10^{1/3} = \dfrac{1}{3}$

12. $\log \dfrac{1}{\sqrt{1.000}} = \log 10^{-3/2} = \dfrac{-3}{2}$

13. $\ln e^3 = 3$

14. $\ln e^{-4} = -4$

15. $\ln \dfrac{1}{e} = \ln e^{-1} = -1$

16. $\ln 1 = \ln e^0 = 0$

17. $\ln \sqrt[4]{e} = \ln e^{1/4} = \dfrac{1}{4}$

18. $\ln \dfrac{1}{\sqrt{e^7}} = \ln e^{-7/2} = \dfrac{-7}{2}$

19. 3, porque $b^{\log_b 3} = 3$, para qualquer $b > 0$.

20. 8, porque $b^{\log_b 8} = 8$, para qualquer $b > 0$.

21. $10^{\log (0,5)} = 10^{\log_{10} (0,5)} = 0{,}5$

22. $10^{\log 14} = 10^{\log_{10} 14} = 14$

23. $e^{\ln 6} = e^{\log_e 6} = 6$

24. $e^{\ln(1/5)} = e^{\log_e(1/5)} = 1/5$

25. $\log 9{,}43 \cong 0{,}9745 \cong 0{,}975$ e $10^{0,09745} \cong 9{,}43$

26. $\log 0{,}908 \cong -0{,}042$ e $10^{-0,042} \cong 0{,}908$

27. $\log(-14)$ é indefinido porque $-14 < 0$

28. $\log(-5{,}14)$ é indefinido porque $-5{,}14 < 0$

29. $\ln 4{,}05 \cong 1{,}399$ e $e^{1,399} \cong 4{,}05$

30. $\ln 0{,}733 \cong -0{,}311$ e $e^{-0,311} \cong 0{,}733$

31. ln (−0,49) é indefinido porque −0,49 < 0

32. ln (−3,3) é indefinido porque −3,3 < 0

33. $x = 10^2 = 100$

34. $x = 10^4 = 10.000$

35. $x = 10^{-1} = \dfrac{1}{10} = 0{,}1$

36. $x = 10^{-3} = \dfrac{1}{1.000} = 0{,}001$

37. $f(x)$ é indefinida para $x > 1$. A resposta é (d).

38. $f(x)$ é indefinida para $x < -1$. A resposta é (b).

39. $f(x)$ é indefinida para $x < 3$. A resposta é (a).

40. $f(x)$ é indefinida para $x > 4$. A resposta é (c).

41. Começar de $y = \ln x$: translade à esquerda 3 unidades.

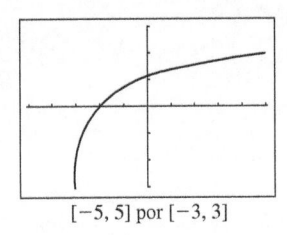

[−5, 5] por [−3, 3]

42. Começar de $y = \ln x$: translade para cima 2 unidades.

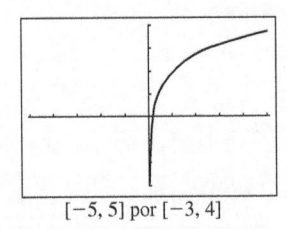

[−5, 5] por [−3, 4]

43. Começar de $y = \ln x$: ache o gráfico simétrico com relação ao eixo y e translade para cima 3 unidades.

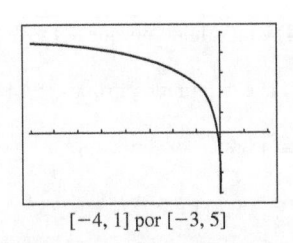

[−4, 1] por [−3, 5]

44. Começar de $y = \ln x$: ache o gráfico simétrico com relação ao eixo y e translade à esquerda 2 unidades.

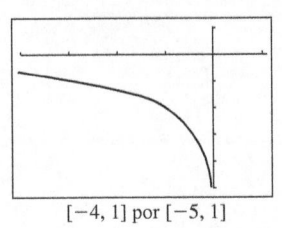

[−4, 1] por [−5, 1]

45. Começar de $y = \ln x$: ache o gráfico simétrico com relação ao eixo y e translade à direita 2 unidades.

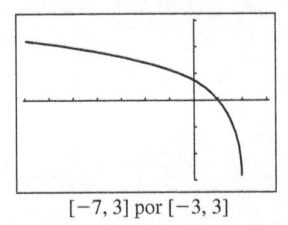

[−7, 3] por [−3, 3]

46. Começar de $y = \ln x$: ache o gráfico simétrico com relação ao eixo y e translade à direita 5 unidades.

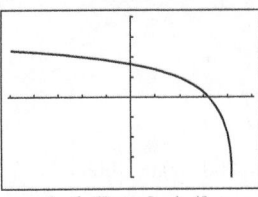

[−6, 6] por [−4, 4]

47. Começar de $y = \log x$: translade para baixo 1 unidade.

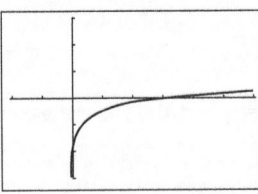

[−5, 15] por [−3, 3]

48. Começar de $y = \log x$: translade à direita 3 unidades.

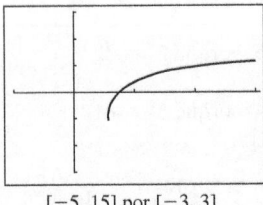

[−5, 15] por [−3, 3]

49. Começar de $y = \log x$: ache o gráfico simétrico com relação aos eixos e "estique" verticalmente utilizando o fator 2.

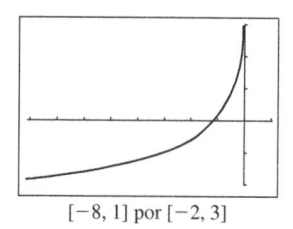

[−8, 1] por [−2, 3]

50. Começar de $y = \log x$: ache o gráfico simétrico com relação aos eixos e "estique" verticalmente utilizando o fator 3.

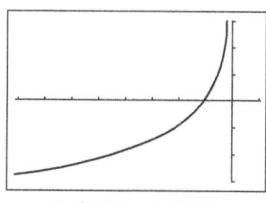

[−8, 7] por [−3, 3]

51. Começar de $y = \log x$: ache o gráfico simétrico com relação ao eixo y, translade à direita 3 unidades, "estique" verticalmente utilizando o fator 2, translade para baixo 1 unidade.

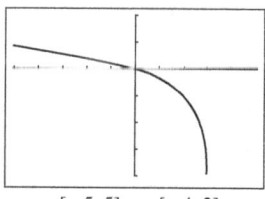

[−5, 5] por [−4, 2]

52. Começar de $y = \log x$: ache o gráfico simétrico com relação aos eixos, translade à direita 1 unidade, "estique" verticalmente utilizando o fator 3, translade para cima 1 unidade.

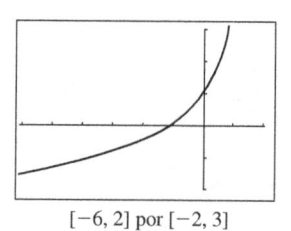

[−6, 2] por [−2, 3]

53.

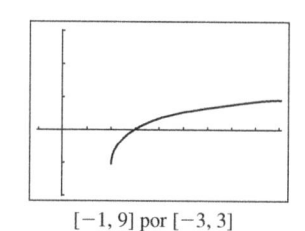

[−1, 9] por [−3, 3]

Domínio:]2, +∞[
Imagem:]−∞, +∞[
Continuidade: a função é contínua
Comportamento crescente/decrescente: sempre crescente
Simetria: não é simétrica
Limite: não é limitada
Extremo local: nenhum
Assíntotas: em $x = 2$
Comportamento nos extremos do domínio:
$$\lim_{x \to +\infty} f(x) = +\infty$$

54.

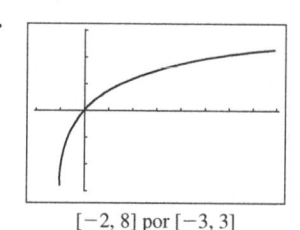

[−2, 8] por [−3, 3]

Domínio:]−1, +∞[
Imagem:]−∞, +∞[
Continuidade: a função é contínua
Comportamento crescente/decrescente: sempre crescente
Simetria: não é simétrica
Limite: não é limitada
Extremo local: nenhum
Assíntotas: em $x = -1$
Comportamento nos extremos do domínio:
$$\lim_{x \to +\infty} f(x) = +\infty$$

55.

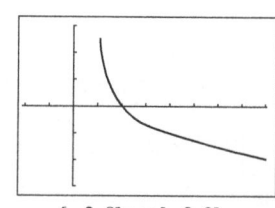

[−2, 8] por [−3, 3]

Domínio:]1, +∞[
Imagem:]−∞, +∞[

Continuidade: a função é contínua
Comportamento crescente/decrescente: decrescente neste domínio
Simetria: não é simétrica
Limite: não é limitada
Extremo local: nenhum
Assíntotas: em $x = 1$
Comportamento nos extremos do domínio:
$$\lim_{x \to +\infty} f(x) = -\infty$$

56.

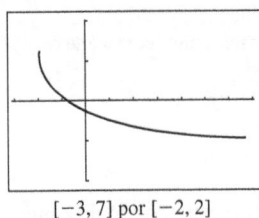

[−3, 7] por [−2, 2]

Domínio:]−2, +∞[
Imagem:]−∞, +∞[
Continuidade: a função é contínua
Comportamento crescente/decrescente: decrescente neste domínio
Simetria: não é simétrica
Limite: não é limitada
Extremo local: nenhum
Assíntotas: em $x = -2$
Comportamento nos extremos do domínio:
$$\lim_{x \to +\infty} f(x) = -\infty$$

57.

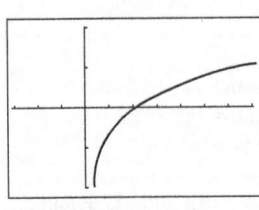

[−3, 7] por [−3, 3]

Domínio:]0, +∞[
Imagem:]−∞, +∞[
Continuidade: a função é contínua
Comportamento crescente/decrescente:
Crescente neste domínio
Simetria: não é simétrica
Limite: não é limitada
Extremo local: nenhum
Assíntotas: em $x = 0$
Comportamento nos extremos do domínio:
$$\lim_{x \to +\infty} f(x) = +\infty$$

58.

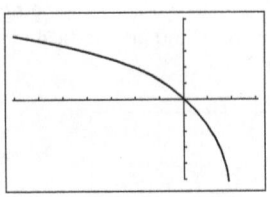

[−7; 3,1] por [−10; 10,2]

Domínio:]−∞, 2[
Imagem:]−∞, +∞[
Continuidade: a função é contínua
Comportamento crescente/decrescente: decrescente neste domínio
Simetria: não é simétrica
Limite: não é limitada
Extremo local: nenhum
Assíntotas: em $x = 2$
Comportamento nos extremos do domínio:
$$\lim_{x \to -\infty} f(x) = +\infty$$

59. $\log 2 \cong 0{,}30103$. A resposta é C.

60. $\log 5 \cong 0{,}699$ mas $2{,}5 \log 2 \cong 0{,}753$. A resposta é A.

61. O gráfico de $f(x) = \ln x$ está inteiramente à direita da origem. A resposta é B.

62. Para $f(x) = 2 \cdot 3^x$, $f^{-1}(x) = \log_3(x/2)$

Porque $f^{-1}(f(x)) = \log_3(2 \cdot 3^x/2)$
$= \log_3 3^x$
$= x$

A resposta é A.

63.

$f(x)$	3^x	$\log_3 x$
Domínio	]−∞, +∞[	]0, +∞[
Imagem	]0, +∞[	]−∞, +∞[
Intercepto	(0, 1)	(1, 0)
Assíntotas	$y = 0$	$x = 0$

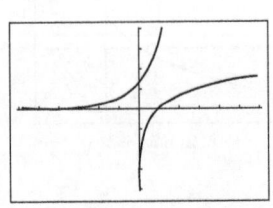

[−6, 6] por [−4, 4]

64.

$f(x)$	5^x	$\log_5 x$
Domínio	$]-\infty, +\infty[$	$]0, +\infty[$
Imagem	$]0, +\infty[$	$]-\infty, +\infty[$
Intercepto	$(0, 1)$	$(1, 0)$
Assíntotas	$y = 0$	$x = 0$

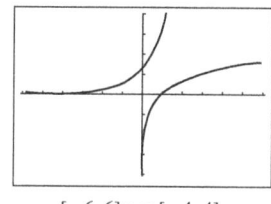

$[-6, 6]$ por $[-4, 4]$

65. $b = \sqrt[e]{e}$. O ponto que é comum a ambos os gráficos é (e, e).

66. Basta refletir com relação ao eixo x.

67. Basta refletir com relação ao eixo x.

68. $\ln 8x = \ln 8 + \ln x = 3 \ln 2 + \ln x$

69. $\ln 9y = \ln 9 + \ln y = 2 \ln 3 + \ln y$

70. $\log \dfrac{3}{x} = \log 3 - \log x$

71. $\log \dfrac{2}{y} = \log 2 - \log y$

72. $\log_2 y^5 = 5 \log_2 y$

73. $\log_2 x^{-2} = -2 \log_2 x$

74. $\log x^3 y^2 = \log x^3 + \log y^2 = 3 \log x + 2 \log y$

75. $\log xy^3 = \log x + \log y^3 = \log x + 3 \log y$

76. $\ln \dfrac{x^2}{y^3} = \ln x^2 - \ln y^3 = 2 \ln x - 3 \ln y$

77. $\log 1.000 x^4 = \log 1.000 + \log x^4 = 3 + 4 \log x$

78. $\log \sqrt[4]{\dfrac{x}{y}} = \dfrac{1}{4}(\log x - \log y) = \dfrac{1}{4} \log x - \dfrac{1}{4} \log y$

79. $\ln \dfrac{\sqrt[3]{x}}{\sqrt[3]{y}} = \dfrac{1}{3}(\ln x - \ln y) = \dfrac{1}{3} \ln x - \dfrac{1}{3} \ln y$

80. $\log x + \log y = \log xy$

81. $\log x + \log 5 = \log 5x$

82. $\ln y - \ln 3 = \ln (y/3)$

83. $\ln x - \ln y = \ln (x/y)$

84. $\dfrac{1}{3} \log x = \log x^{1/3} = \log \sqrt[3]{x}$

85. $\dfrac{1}{5} \log z = \log z^{1/5} = \log \sqrt[5]{z}$

86. $2 \ln x + 3 \ln y = \ln x^2 + \ln y^3 = \ln (x^2 y^3)$

87. $4 \log y - \log z = \log y^4 - \log z = \log \left(\dfrac{y^4}{z}\right)$

88. $4 \log (xy) - 3 \log (yz) = \log (x^4 y^4) - \log (y^3 z^3)$

$= \log \left(\dfrac{x^4 y^4}{y^3 z^3}\right) = \log \left(\dfrac{x^4 y}{z^3}\right)$

89. $3 \ln (x^3 y) + 2 \ln(yz^2) = \ln (x^9 y^3) + \ln(y^2 z^4)$

$= \ln (x^9 y^5 z^4)$

90. $\dfrac{\ln 7}{\ln 2} \cong 2{,}8074$

91. $\dfrac{\ln 19}{\ln 5} \cong 1{,}8295$

92. $\dfrac{\ln 175}{\ln 8} \cong 2{,}4837$

93. $\dfrac{\ln 259}{\ln 12} \cong 2{,}2362$

94. $\dfrac{\ln 12}{\ln 0{,}5} = \dfrac{\ln 12}{\ln 2} \cong -3{,}5850$

95. $\dfrac{\ln 29}{\ln 0{,}2} = \dfrac{\ln 29}{\ln 5} \cong -2{,}0922$

96. $\log_3 x = \dfrac{\ln x}{\ln 3}$

97. $\log_7 x = \dfrac{\ln x}{\ln 7}$

98. $\log_2(a + b) = \dfrac{\ln (a + b)}{\ln 2}$

99. $\log_5(c - d) = \dfrac{\ln (c - d)}{\ln 5}$

100. $\log_2 x = \dfrac{\log x}{\log 2}$

101. $\log_4 x = \dfrac{\log x}{\log 4}$

102. $\log_{1/2}(x+y) = \dfrac{\log(x+y)}{\log(1/2)} = -\dfrac{\log(x+y)}{\log 2}$

103. $\log_{1/3}(x-y) = \dfrac{\log(x-y)}{\log(1/3)} = -\dfrac{\log(x-y)}{\log 3}$

104. $\dfrac{R}{S} = \dfrac{b^x}{b^y} = b^{x-y}$

$\log_b\left(\dfrac{R}{S}\right) = \log_b b^{x-y} = x - y = \log_b R - \log_b S$

105. Seja $x = \log_b R$. Então $b^x = R$, assim

$R^c = (b^x)^c = b^{c\cdot x}$

$\log_b R^c = \log_b b^{c\cdot x} = c\cdot x = c\log_b R$

106. Começar de $g(x) = \ln x$: "encolhe" verticalmente por um fator $1/\ln 4 \cong 0{,}72$.

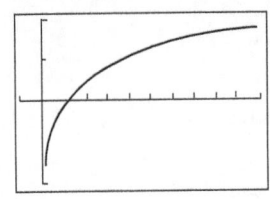

$[-1, 10]$ por $[-2, 2]$

107. Começar de $g(x) = \ln x$: "encolha" verticalmente por um fator $1/\ln 7 \cong 0{,}51$.

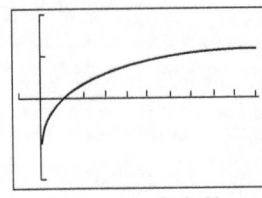

$[-1, 10]$ por $[-2, 2]$

108. Começar de $g(x) = \ln x$: ache o simétrico com relação ao eixo x, "encolha" verticalmente por um fator $1/\ln 3 \cong 0{,}91$.

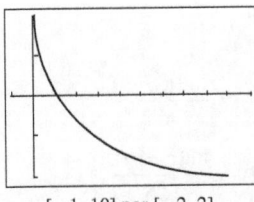

$[-1, 10]$ por $[-2, 2]$

109. Começar de $g(x) = \ln x$: "encolha" verticalmente por um fator $1/\ln 5 \cong 0{,}62$.

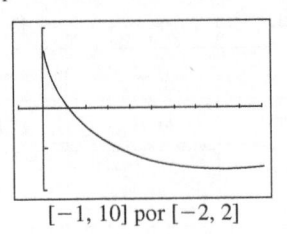

$[-1, 10]$ por $[-2, 2]$

110. (b)
111. (c)
112. (d)
113. (a)

114.

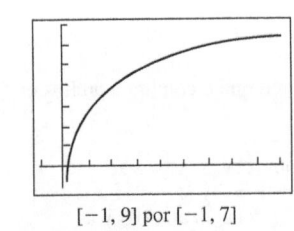

$[-1, 9]$ por $[-1, 7]$

Domínio: $]0, +\infty[$
Imagem: $]-\infty, +\infty[$
Continuidade: a função é contínua
Comportamento crescente/decrescente: sempre crescente
Assíntotas: em $x = 0$
Comportamento nos extremos do domínio:
$\lim\limits_{x \to +\infty} f(x) = +\infty$

$f(x) = \log_2(8x) = \dfrac{\ln(8x)}{\ln(2)}$

115.

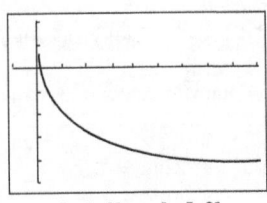

$[-1, 9]$ por $[-5, 2]$

Domínio: $]0, +\infty[$
Imagem: $]-\infty, +\infty[$
Continuidade: a função é contínua
Comportamento crescente/decrescente: sempre decrescente
Assíntotas: em $x = 0$

Comportamento nos extremos do domínio:
$$\lim_{x \to +\infty} f(x) = -\infty$$

$$f(x) = \log_{1/3}(9x) = \frac{\ln(9x)}{\ln\left(\frac{1}{3}\right)}$$

116.

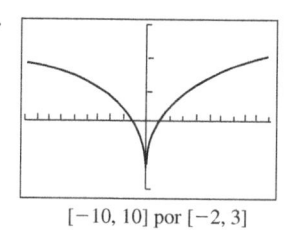

[−10, 10] por [−2, 3]

Domínio:]−∞, 0[∪]0, +∞[
Imagem:]−∞, +∞[
Continuidade: a função é descontínua em $x = 0$
Comportamento crescente/decrescente: decrescente no intervalo]−∞, 0[; crescente no intervalo]0, +∞[
Assíntotas: em $x = 0$
Comportamento nos extremos do domínio:
$$\lim_{x \to +\infty} f(x) = +\infty, \quad \lim_{x \to -\infty} f(x) = +\infty$$

117.

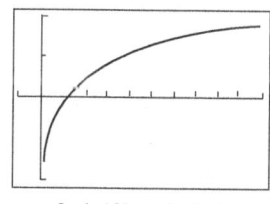

[−1, 10] por [−2, 2]

Domínio:]0, +∞[
Imagem:]−∞, +∞[
Continuidade: a função é contínua
Comportamento crescente/decrescente: sempre crescente
Assíntotas: em $x = 0$
Comportamento nos extremos do domínio:
$$\lim_{x \to +\infty} f(x) = +\infty$$

118. Verdadeiro.

119. Falso.

120. $\log 12 = \log(3 \cdot 4) = \log 3 + \log 4$ pela regra do produto. A resposta é B.

121. $\log_9 64 = (\ln 64)/(\ln 9)$ pela fórmula da mudança de base. A resposta é C.

122. $\ln x^5 = 5 \ln x$ pela regra da potência. A resposta é A.

123. $\log_{1/2} x^2 = 2 \log_{1/2} |x|$

$$= 2 \frac{\ln |x|}{\ln(1/2)}$$

$$= 2 \frac{\ln |x|}{\ln 1 - \ln 2}$$

$$= -2 \frac{\ln |x|}{\ln 2}$$

$$= -2 \log_2 |x|$$

A resposta é E.

124. $\log 4 = \log 2^2 = 2 \log 2$

$\log 6 = \log 2 + \log 3$

$\log 8 = \log 2^3 = 3 \log 2$

$\log 9 = \log 3^2 = 2 \log 3$

$\log 12 = \log 3 + \log 4 = \log 3 + 2 \log 2$

$\log 16 = \log 2^4 = 4 \log 2$

$\log 18 = \log 2 + \log 9 = \log 2 + 2 \log 3$

$\log 24 = \log 2 + \log 12 = 3 \log 2 + \log 3$

$\log 27 = \log 3^3 = 3 \log 3$

$\log 32 = \log 2^5 = 5 \log 2$

$\log 36 = \log 6 + \log 6 = 2 \log 2 + 2 \log 3$

$\log 48 = \log 4 + \log 12 = 4 \log 2 + \log 3$

$\log 54 = \log 2 + \log 27 = \log 2 + 3 \log 3$

$\log 72 = \log 8 + \log 9 = 3 \log 2 + 2 \log 3$

$\log 81 = \log 3^4 = 4 \log 3$

$\log 96 = \log(3 \cdot 32)$

$= \log 3 + \log 32 = \log 3 + 5 \log 2$

125. $\cong 6{,}41 < x < 93{,}35$

126. $\cong 1{,}26 \leq x \leq 14{,}77$

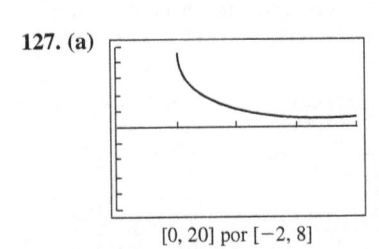

127. (a)

[0, 20] por [−2, 8]

Domínio de f e g: $]3, +\infty[$

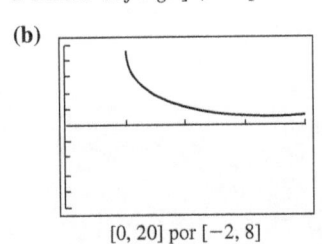

(b)

[0, 20] por [−2, 8]

Domínio de f e g: $]5, +\infty[$

(c)

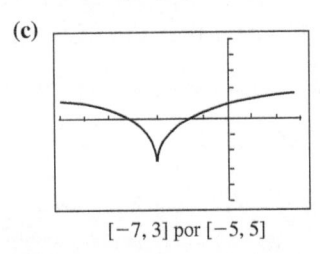

[−7, 3] por [−5, 5]

Domínio de f: $]-\infty, -3[\cup]-3, +\infty[$
Domínio de g: $]-3, +\infty[$

128. Lembre que $y = \log_a x$ pode ser escrito como
$x = a^y$.

$y = \log_a b$

$a^y = b$

$\log a^y = \log b$

$y \log a = \log b$

$y = \dfrac{\log b}{\log a} = \log_a b$

129. (a) $\log (2 \cdot 4) \cong 0{,}90309$,

$\log 2 + \log 4 \cong 0{,}30103 + 0{,}60206 \cong 0{,}90309$

(b) $\log\left(\dfrac{8}{2}\right) \cong 0{,}60206$,

$\log 8 - \log 2 \cong 0{,}90309 - 0{,}30103$

$\cong 0{,}60206$

(c) $\log 2^3 \cong 0{,}90309$,

$3 \log 2 \cong 3(0{,}30103) \cong 0{,}90309$

(d) $\log 5 = \log\left(\dfrac{10}{2}\right) \cong \log 10 - \log 2 \cong 1 - 0{,}30103$

$= 0{,}69897$

(e) $\log 16 = \log 2^4 = 4 \log 2 \approx 1{,}20412$

(f) $\log 40 = \log (4 \cdot 10) = \log 4 + \log 10 \approx 1{,}60206$

130.

(a) Falso

(b) Falso; $\log_3 (7x) = \log_3 7 + \log_3 x$

(c) Verdadeiro

(d) Verdadeiro

(e) Falso; $\dfrac{x}{4} = \log x - \log 4$

(f) Verdadeiro

(g) Falso; $\log_5 x^2 = \log_5 x + \log_5 x = 2 \log_5 x$

(h) Verdadeiro

131. $36\left(\dfrac{1}{3}\right)^{x/5} = 4$

$\left(\dfrac{1}{3}\right)^{x/5} = \dfrac{1}{9}$

$\left(\dfrac{1}{3}\right)^{x/5} = \left(\dfrac{1}{3}\right)^2$

$\dfrac{x}{5} = 2$

$x = 10$

132. $32\left(\dfrac{1}{4}\right)^{x/3} = 2$

$\left(\dfrac{1}{4}\right)^{x/3} = \dfrac{1}{16}$

$\left(\dfrac{1}{4}\right)^{x/3} = \left(\dfrac{1}{4}\right)^2$

$\dfrac{x}{3} = 2$

$x = 6$

133. $2 \cdot 5^{x/4} = 250$

$5^{x/4} = 125$

$5^{x/4} = 5^3$

$\dfrac{x}{4} = 3$

$x = 12$

134. $3 \cdot 4^{x/2} = 96$

$4^{x/2} = 32$

$4^{x/2} = 4^{5/2}$

$\dfrac{x}{2} = \dfrac{5}{2}$

$x = 5$

135. $10^{-x/3} = 10$, assim, $-x/3 = 1$,

e, portanto, $x = -3$.

136. $5^{-x/4} = 5$, assim, $-x/4 = 1$,

e, portanto, $x = -4$.

137. $x = 10^4 = 10.000$

138. $x = 2^5 = 32$

139. $x - 5 = 4^{-1}$, assim, $x = 5 + 4^{-1} = 5{,}25$.

140. $1 - x = 4^{-1}$, assim, $x = -3$.

141. $x = \dfrac{\ln 4{,}1}{\ln 1{,}06} = \log_{1{,}06} 4{,}1 \cong 24{,}2151$

142. $x = \dfrac{\ln 1{,}6}{\ln 0{,}98} = \log_{0{,}98} 1{,}6 \cong -23{,}2644$

143. $e^{0{,}035x} = 4$, assim, $0{,}035x = \ln 4$, e, portanto,

$x = \dfrac{1}{0{,}035} \ln 4 \cong 39{,}6084$.

144. $e^{0{,}045x} = 3$, assim, $0{,}045x = \ln 3$, e, portanto,

$x = \dfrac{1}{0{,}045} \ln 3 \cong 24{,}4136$.

145. $e^{-x} = \dfrac{3}{2}$, assim, $-x = \ln \dfrac{3}{2}$, e, portanto,

$x = -\ln \dfrac{3}{2} \cong -0{,}4055$.

146. $e^{-x} = \dfrac{5}{3}$, assim, $-x = \ln \dfrac{5}{3}$, e, portanto,

$x = -\ln \dfrac{5}{3} \cong -0{,}5108$.

147. $\ln(x - 3) = \dfrac{1}{3}$, assim, $x - 3 = e^{1/3}$,

e, portanto, $x = 3 + e^{1/3} \cong 4{,}3956$.

148. $\log(x + 2) = -2$, assim, $x + 2 = 10^{-2}$,

e, portanto, $x = -2 + 10^{-2} = -1{,}99$.

149. Devemos ter $x(x + 1) > 0$, assim,

$x < -1$ ou $x > 0$.

Domínio: $]-\infty, -1[\cup]0, +\infty[$; gráfico (e).

150. Devemos ter $x > 0$ e $x + 1 > 0$, assim, $x > 0$.

Domínio: $]0, +\infty[$; gráfico (f).

151. Devemos ter $\dfrac{x}{x+1} > 0$, assim,

$x < -1$ ou $x > 0$.

Domínio: $]-\infty, -1[\cup]0, +\infty[$; gráfico (d).

152. Devemos ter $x > 0$ e $x + 1 > 0$, assim,
$x > 0$.

Domínio: $]0, +\infty[$; gráfico (c).

153. Devemos ter $x > 0$. Domínio: $]0, +\infty[$; gráfico (a).

154. Devemos ter $x^2 > 0$, assim, $x \neq 0$.

Domínio: $\mathbb{R} - \{0\}$. Gráfico (b).

155. Escreva ambos os lados como potências de 10, deixando $10^{\log x^2} = 10^6$, ou $x^2 = 1.000.000$. Então, $x = 1.000$ ou $x = -1.000$.

156. Escreva ambos os lados como potências de e, deixando $e^{\ln x^2} = e^4$, ou $x^2 = e^4$. Então, $x = e^2 \cong 7{,}389$ ou $x = -e^2 \cong -7{,}389$.

157. Escreva ambos os lados como potências de 10, deixando $10^{\log x^4} = 10^2$, ou $x^4 = 100$. Então, $x^2 = 10$ e $x = \pm\sqrt{10}$.

158. Multiplique ambos os lados por $3 \cdot 2^x$, deixando $(2^x)^2 - 1 = 12 \cdot 2^x$, ou $(2^x)^2 - 12 \cdot 2^x - 1 = 0$. Esta é quadrática em 2^x, deixando para

$$2^x = \frac{12 \pm \sqrt{144 + 4}}{2} = 6 \pm \sqrt{37}$$

Apenas $6 + \sqrt{37}$ é positivo, assim a única resposta é $x = \dfrac{\ln(6 + \sqrt{37})}{\ln 2}$

$= \log_2(6 + \sqrt{37}) \cong 3{,}5949$.

159. Multiplique ambos os lados por $2 \cdot 2^x$, deixando $(2^x)^2 + 1 = 6 \cdot 2^x$, ou $(2^x)^2 - 6 \cdot 2^x + 1 = 0$. Esta é quadrática em 2^x, assim, $2^x = \dfrac{6 \pm \sqrt{36 - 4}}{2} = 3 \pm 2\sqrt{2}$.

Então $x = \dfrac{\ln(3 \pm 2\sqrt{2})}{\ln 2} =$

$\log_2(3 \pm 2\sqrt{2}) \cong \pm 2{,}5431$.

160. Multiplique ambos os lados por $2e^x$, deixando $(e^x)^2 + 1 = 8e^x$, ou $(e^x)^2 - 8e^x + 1 = 0$. Esta é quadrática em e^x; assim:

$$e^x = \frac{8 \pm \sqrt{64 - 4}}{2} = 4 \pm \sqrt{15}$$

Então $x = \ln(4 \pm \sqrt{15}) \cong \pm 2{,}0634$.

161. Esta é quadrática em e^x, deixando para

$$e^x = \frac{-5 \pm \sqrt{25 + 24}}{4} = \frac{-5 \pm 7}{4}$$

Desses dois números, apenas $\dfrac{-5 + 7}{4} = \dfrac{1}{2}$ é positiva, assim $x = \ln \dfrac{1}{2} \cong -0{,}6931$.

162. $\dfrac{500}{200} = 1 + 25e^{0{,}3x}$, assim, $e^{0{,}3x} = \dfrac{3}{50} = 0{,}06$,

e, portanto, $x = \dfrac{1}{0{,}3} \ln 0{,}06 \cong -9{,}3780$.

163. $\dfrac{400}{150} = 1 + 95e^{-0{,}6x}$, assim $e^{-0{,}6x} = \dfrac{1}{57}$,

e, portanto, $x = \dfrac{1}{-0{,}6} \ln \dfrac{1}{57} \cong 6{,}7384$.

164. Multiplique por 2, então combine os logaritmos para obter $\ln \dfrac{x+3}{x^2} = 0$.

Então, $\dfrac{x+3}{x^2} = e^0 = 1$, assim, $x + 3 = x^2$.

As soluções nesta equação quadrática são

$$x = \frac{1 \pm \sqrt{1+12}}{2} = \frac{1}{2} \pm \frac{1}{2}\sqrt{13} \cong 2{,}3028.$$

165. Multiplique por 2, então combine os logaritmos para obter $\log \dfrac{x^2}{x+4} = 2$. Então

$\dfrac{x^2}{x+4} = 10^2 = 100$, assim $x^2 = 100(x + 4)$.

As soluções nesta equação quadrática são

$$x = \frac{100 \pm \sqrt{10000 + 1600}}{2} = 50 \pm 10\sqrt{29}.$$

A equação original requer $x > 0$, assim $50 - 10\sqrt{29}$ não é válida, a única solução atual é $x = 50 + 10\sqrt{29} \cong 103{,}852$.

166. $\ln[(x-3)(x+4)] = 3\ln 2$, assim $(x-3)(x+4) = 8$, ou seja, $x^2 + x - 20 = 0$. Fatorando $(x-4)(x+5) = 0$, assim $x = 4$ (uma solução real) ou $x = -5$ (não válida, visto que $x - 3$ e $x + 4$ devem ser positivos).

167. $\log[(x-2)(x+5)] = 2 \log 3$, assim $(x-2)(x+5) = 9$, ou $x^2 + 3x - 19 = 0$.

Então, $x = \dfrac{-3 \pm \sqrt{9 + 76}}{2} = -\dfrac{3}{2} \pm \dfrac{1}{2}\sqrt{85}$.

A solução real é $x = -\dfrac{3}{2} + \dfrac{1}{2}\sqrt{85} \approx 3{,}1098$; visto que $x - 2$ deve ser positivo, a outra solução algébrica, $x = -\dfrac{3}{2} - \dfrac{1}{2}\sqrt{85}$, é estranha.

168. R\$ 100.000.000.000,00 é igual a $0{,}1 \cdot 10^{12}$. Os valores diferem por uma ordem de magnitude igual a 12.

169. Uma galinha pesando 2 quilos pesa 2.000, ou $2 \cdot 10^3$ gramas enquanto um canário pesando 20 gramas pesa $2 \cdot 10$ gramas. Eles diferem por uma ordem de magnitude de 2.

Respostas 395

170. $7 - 5{,}5 = 1{,}5$. Eles diferem por um ordem de magnitude de 1,5.

171. $4{,}1 - 2{,}3 = 1{,}8$. Eles diferem por um ordem de magnitude de 1,8.

172. Supondo que T e B são os mesmos para os dois terremotos, temos que $7{,}9 = \log a_1 - \log T + B$ e $6{,}6 = \log a_2 - \log T + B$, assim $7{,}9 - 6{,}6 = 1{,}3 = \log(a_1/a_2)$. Então $a_1/a_2 = 10^{1,3}$, assim $a_1 \cong 19{,}95 a_2$ — a amplitude na Cidade do México foi quase 20 vezes maior.

173. Se T e B são os mesmos, temos que $7{,}2 = \log a_1 - \log T + B$ e $6{,}6 = \log a_2 - \log T + B$, assim $7{,}2 - 6{,}6 = 0{,}6 = \log(a_1/a_2)$. Então $a_1/a_2 = 10^{0,6}$, assim $a_1 \cong 3{,}98 a_2$ — a amplitude em Kobe foi quase 4 vezes maior.

174. O pH da água com gás é 3,9 e o pH do amoníaco é 11,9.

(a) Água com gás: $-\log[H^+] = 3{,}9$

$\log[H^+] = -3{,}9$

$[H^+] = 10^{-3,9} \cong 1{,}26 \times 10^{-4}$

Amoníaco: $-\log[H^+] = 11{,}9$

$\log[H^+] = -11{,}9$

$[H^+] = 10^{-11,9} \cong 1{,}26 \times 10^{-12}$

(b) $\dfrac{[H^+] \text{ da água com gás}}{[H^+] \text{ do amoníaco}} = \dfrac{10^{-3,9}}{10^{-11,9}} = 10^8$

(c) Eles diferem por um ordem de magnitude de 8.

175. O pH do ácido do estômago é aproximadamente 2 e o pH do sangue é 7,4.

(a) Ácido do estômago: $-\log[H^+] = 2{,}0$

$\log[H^+] = -2{,}0$

$[H^+] = 10^{-2,0} \approx 1 \times 10^{-2}$

Sangue: $-\log[H^+] = 7{,}4$

$\log[H^+] = -7{,}4$

$[H^+] = 10^{-7,4} \cong 3{,}98 \times 10^{-8}$

(b) $\dfrac{[H^+] \text{ ácido do estômago}}{[H^+] \text{ sangue}} = \dfrac{10^{-2}}{10^{-7,4}} \cong 2{,}51 \times 10^5$

(c) Eles diferem por um ordem de magnitude de 5,4.

176. Falso.

177. $2^{3x-1} = 32$

$2^{3x-1} = 2^5$

$3x - 1 = 5$

$x = 2$

A resposta é B.

178. $\ln x = -1$

$e^{\ln x} = e^{-1}$

$x = \dfrac{1}{e}$

A resposta é B.

179. $R_1 = \log \dfrac{a_1}{T} + B = 8{,}1$

$R_2 = \log \dfrac{a_2}{T} + B = 6{,}1$

Procuramos a relação amplitudes a_1/a_2.

$\left(\log \dfrac{a_1}{T} + B\right) - \left(\log \dfrac{a_2}{T} + B\right) = R_1 - R_2$

$\log \dfrac{a_1}{T} - \log \dfrac{a_2}{T} = 8{,}1 - 6{,}1$

$\log \dfrac{a_1}{a_2} = 2$

$\dfrac{a_1}{a_2} = 10^2 = 100$

A resposta é E.

180. Seja $\dfrac{u}{v} = 10^n, u, v > 0$

$\log \dfrac{u}{v} = \log 10^n$

$\log u - \log v = n$

Para que a expressão inicial seja verdadeira, tanto u quanto v devem ser potências de 10, ou são escritas com a mesma constante a multiplicada pelas potências de 10 (i.e., ou $u = 10^k$ e $v = 10^m$ ou $u = a \cdot 10^k$ e $v = a \cdot 10^m$, onde a, k e m são constantes). Como resultado, u e v variam por uma ordem de magnitude n, isto é, u é n ordens de magnitude maior que v.

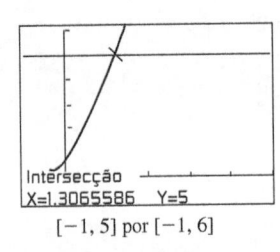

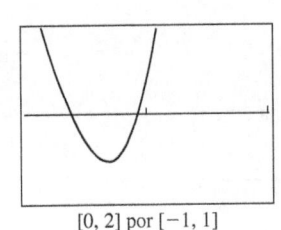

181. $x \cong 1{,}3066$

[gráfico: Intersecção X=1.3065586 Y=5]
[−1, 5] por [−1, 6]

182. $x \cong 0{,}4073$ ou $x \cong 0{,}9333$

[gráfico]
[0, 2] por [−1, 1]

183. $0 < x < 1{,}7115$

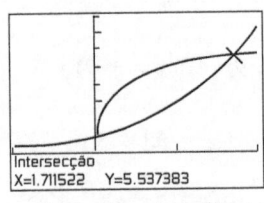

[gráfico: Intersecção X=1.71522 Y=5.537383]
[−1, 2] por [−2, 8]

184. $x \leq -20{,}0855$

185. $\log x - 2 \log 3 > 0$, assim, $\log(x/9) > 0$.

Então, $\dfrac{x}{9} > 10^0 = 1$, assim, $x > 9$

186. $\log(x+1) - \log 6 < 0$, assim, $\log \dfrac{x+1}{6} < 0$

Então, $\dfrac{x+1}{6} < 10^0 = 1$, assim, $x + 1 < 6$,

ou $x < 5$

CAPÍTULO 13

Revisão rápida

1. $]-\infty, -3[\ \cup\ ]-3, +\infty[$

2. $]1, +\infty[$

3. $]-\infty, 5[$

4. $]1/2, +\infty[$

5. $]1, +\infty[$

6. $(-1, 1[$

7. $]-\infty, +\infty[$

8. $]-\infty, 0[\ \cup\ ]0, +\infty[$

9. $]-1, 1[$

10. $]-\infty, +\infty[$

Exercícios

1. $(f+g)(x) = 2x - 1 + x^2$;
$(f-g)(x) = 2x - 1 - x^2$;
$(fg)(x) = (2x - 1)(x^2) = 2x^3 - x^2$
Não há restrições em qualquer dos domínios; assim, todos os 3 domínios são dados por $[-\infty, +\infty]$.

2. $(f+g)(x) = (x-1)^2 + 3 - x$
$= x^2 - 2x + 1 + 3 - x = x^2 - 3x + 4$;
$(f-g)(x) = (x-1)^2 - 3 + x$
$= x^2 - 2x + 1 - 3 + x = x^2 - x - 2$;
$(fg)(x) = (x-1)^2(3-x) = (x^2 - 2x + 1)(3 - x)$
$= 3x^2 - x^3 - 6x + 2x^2 + 3 - x$
$= -x^3 + 5x^2 - 7x + 3$
Não há restrições em qualquer dos domínios; assim, todos os 3 domínios são $]-\infty, +\infty[$.

3. $(f+g)(x) = \sqrt{x+5} + |x+3|$

$(f-g)(x) = \sqrt{x+5} - |x+3|$

$(fg)(x) = \sqrt{x+5}\ |x+3|$

Todas as 3 expressões contêm $\sqrt{x+5}$. Devemos ter $x + 5 \geq 0$, isto é, e $x \geq -5$; todos os 3 domínios são $[-5, +\infty[$. Para $|x+3|$, não existem restrições pois o valor de x pode ser qualquer número real.

4. $(f/g)(x) = \dfrac{\sqrt{x+3}}{x^2}$; $x + 3 \geq 0$ e $x \neq 0$, assim, o domínio é $[-3, 0[\ \cup\ ]0, +\infty[$.

$(g/f)(x) = \dfrac{x^2}{\sqrt{x+3}}$; $x + 3 > 0$, assim, o domínio é $]-3, +\infty[$.

Respostas

5. $(f/g)(x) = \dfrac{\sqrt{x-2}}{\sqrt{x+4}} = \sqrt{\dfrac{x-2}{x+4}}$. Devemos ter
$x - 2 \geq 0$ e $x + 4 > 0$, assim, $x \geq 2$ e $x > -4$, ou seja, o domínio é $[2, +\infty[$.

$(g/f)(x) = \dfrac{\sqrt{x+4}}{\sqrt{x-2}} = \sqrt{\dfrac{x+4}{x-2}}$. Devemos ter
$x + 4 \geq 0$ e $x - 2 > 0$, assim, $x \geq -4$ e $x > 2$, ou seja, o domínio é $]2, +\infty[$.

6. $(f/g)(x) = \dfrac{x^2}{\sqrt{1-x^2}}$. O denominador não pode ser zero e o termo dentro da raiz quadrada deve ser positivo, assim, $1 - x^2 > 0$. Portanto, $x^2 < 1$, o que significa que $-1 < x < 1$. O domínio é $]-1, 1[$.

$(g/f)(x) = \dfrac{\sqrt{1-x^2}}{x^2}$. O termo sob a raiz quadrada deve ser não negativo, assim, $1 - x^2 \geq 0$ (ou $x^2 \leq 1$). O denominador não pode ser zero, assim, $x \neq 0$. Portanto $-1 \leq x < 0$ ou $0 < x \leq 1$. O domínio é $[-1, 0[\cup]0, 1]$.

7. $(f/g)(x) = \dfrac{x^3}{\sqrt[3]{1-x^3}}$. O denominador não pode ser zero, assim, $1 - x^3 \neq 0$ e $x^3 \neq 1$. Isso significa que $x \neq 1$. Não há restrições em x no numerador. O domínio é $]-\infty, 1[\cup]1, +\infty[$.

$(g/f)(x) = \dfrac{\sqrt[3]{1-x^3}}{x^3}$. O denominador não pode ser zero, assim, $x^3 \neq 0$ e $x \neq 0$. Não há restrições em x no numerador. O domínio é $]-\infty, 0[\cup]0, +\infty[$.

8.

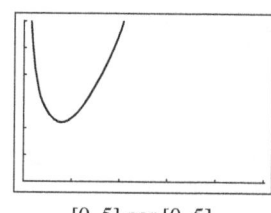

[0, 5] por [0, 5]

9.

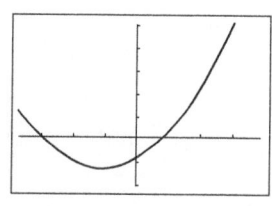

[−5, 5] por [−10, 25]

10. $(f \circ g)(3) = f(g(3)) = f(4) = 5$;
$(g \circ f)(-2) = g(f(-2)) = g(-7) = -6$

11. $(f \circ g)(3) = f(g(3)) = f(3) = 8$;
$(g \circ f)(-2) = g(f(-2)) = g(3) = 3$

12. $(f \circ g)(3) = f(g(3)) = f(\sqrt{3+1}) = f(2) = 2^2 + 4 = 8$;
$(g \circ f)(-2) = g(f(-2)) = g((-2)^2 + 4) = g(8) = \sqrt{8+1} = 3$

13. $(f \circ g)(3) = f(g(3)) = f(9 - 3^2) = f(0) = f(0)$
$= \dfrac{0}{0+1} = 0$;

$(g \circ f)(-2) = g(f(-2)) = g\left(\dfrac{-2}{-2+1}\right) = g(2)$
$= 9 - 2^2 = 5$

14. $f(g(x)) = 3(x - 1) + 2 = 3x - 3 + 2 = 3x - 1$.
Como tanto f quanto g têm domínios $]-\infty, +\infty[$, o domínio de $f(g(x))$ é $]-\infty, +\infty[$.
$g(f(x)) = (3x + 2) - 1 = 3x + 1$; novamente, o domínio é $]-\infty, +\infty[$.

15. $f(g(x)) = \left(\dfrac{1}{x-1}\right)^2 - 1 = \dfrac{1}{(x-1)^2} - 1$

O domínio de g é $]-\infty, [1 \cup]1, +\infty[$, enquanto o domínio de f é $]-\infty, +\infty[$; o domínio de $f(g(x))$ é $]-\infty, 1[\cup]1, +\infty[$.

$g(f(x)) = \dfrac{1}{(x^2-1)-1} = \dfrac{1}{x^2-2}$

O domínio de f é $]-\infty, +\infty[$, enquanto o domínio g é $]-\infty, 1[\cup]1, +\infty[$, assim, $f(g(x))$ requer $f(x) \neq 1$. Isso significa que $x^2 - 1 \neq 1$, ou $x^2 \neq 2$, assim, o domínio de $g(f(x))$
$]-\infty, -\sqrt{2}[\cup]-\sqrt{2}, \sqrt{2}[\cup]\sqrt{2}, +\infty[$.

16. $f(g(x)) = (\sqrt{x+1})^2 - 2 = x + 1 - 2 = x - 1$.

O domínio de g é $[-1 +\infty[$, enquanto o domínio de f é $]-\infty, +\infty[$, o domínio de $f(g(x))$ é, $[-1, +\infty[$.

$g(f(x)) = \sqrt{(x^2-2)+1} = \sqrt{x^2-1}$.

O domínio de f é $]-\infty, +\infty[$, enquanto o domínio de g é $[-1, +\infty)$, assim, $g(f(x))$ requer $f(x) \geq 1$.
Isso significa que $x^2 - 2 \geq -1$, ou $x^2 \geq 1$, que significa que $x \leq -1$ ou $x \geq 1$. Portanto, o domínio de $g(f(x))$ é $]-\infty, -1] \cup [1, +\infty[$.

17. $f(g(x)) = \dfrac{1}{\sqrt{x-1}}$. O domínio de g é $[0, +\infty[$ enquanto o domínio de f é $]-\infty, 1[\cup]1, +\infty[$, assim, $f(g(x))$ requer $x \geq 0$ e $g(x) \neq 1$, isto é, $x \geq 0$ e $x \neq 1$. O domínio de $f(g(x))$ é $[0, 1[\cup]1, +\infty[$.

$g(f(x)) = \sqrt{\dfrac{1}{x-1}} = \dfrac{1}{\sqrt{x-1}}$. O domínio de f é $]-\infty, 1[\cup]1, +\infty[$, enquanto o domínio g é $[0, +\infty[$, assim $g(f(x))$ requer $x \neq 1$ e $f(x) \geq 0$, ou seja, $x \neq 1$ e $\dfrac{1}{x-1} \geq 0$. Este último ocorre se $x - 1 > 0$, assim, o domínio de $g(f(x))$ é $]1, +\infty[$.

18. $f(g(x)) = f(\sqrt{1-x^2}) = (\sqrt{1-x^2})^2 = 1 - x^2$; o domínio é $[-1, 1]$.
$g(f(x)) = g(x^2) = \sqrt{1-(x^2)^2} = \sqrt{1-x^4}$; o domínio é $[-1, 1]$.

19. $f(g(x)) = f(\sqrt[3]{1-x^3}) = (\sqrt[3]{1-x^3})^3 = 1 - x^3$; o domínio é $]-\infty, +\infty[$.
$g(f(x)) = g(x^3) = \sqrt[3]{1-(x^3)^3} = \sqrt[3]{1-x^9}$; o domínio é $]-\infty, +\infty[$.

20. $f(g(x)) = f\left(\dfrac{1}{3x}\right) = \dfrac{1}{2(1/3x)} = \dfrac{1}{2/3x} = \dfrac{3x}{2}$;
o domínio é $]-\infty, 0[\cup]0, +\infty[$.
$g(f(x)) = g\left(\dfrac{1}{2x}\right) = \dfrac{1}{3(1/2x)} = \dfrac{1}{3/2x} = \dfrac{2x}{3}$;
o domínio é $]-\infty, 0[\cup]0, +\infty[$.

21. $f(g(x)) = f\left(\dfrac{1}{x-1}\right) = \dfrac{1}{(1/(x-1))+1} =$
$\dfrac{1}{(1+(x-1))/(x-1)} = \dfrac{1}{x/(x-1)} = \dfrac{x-1}{x}$;
o domínio são todos os reais exceto 0 e 1, ou seja, $]-\infty, 0[\cup]0, 1[\cup]1, +\infty[$.
$g(f(x)) = g\left(\dfrac{1}{x+1}\right) = \dfrac{1}{(1/(x+1))-1} =$
$\dfrac{1}{(1+(x-1))/(x1)} = \dfrac{1}{x/(x+1)} = \dfrac{x+1}{x}$;
o domínio são todos os reais exceto 0 e 1, ou seja, $]-\infty, 0[\cup]0, 1[\cup]1, +\infty[$.

22. Uma possibilidade: $f(x) = \sqrt{x}$ e $g(x) = x^2 - 5x$.
23. Uma possibilidade: $f(x) = (x+1)^2$ e $g(x) = x^3$.
24. Uma possibilidade: $f(x) = |x|$ e $g(x) = 3x - 2$.
25. Uma possibilidade: $f(x) = 1/x$ e $g(x) = x^3 - 5x + 3$.
26. Uma possibilidade: $f(x) = x^5 - 2$ e $g(x) = x - 3$.
27. $3(1) + 4(1) = 3 + 4 = 7 \neq 5$
$3(4) + 4(-2) = 12 - 8 = 4 \neq 5$
$3(3) + 4(-1) = 9 - 4 = 5$
A resposta é $(3, -1)$.
28. $(5)^2 + (1)^2 = 25 + 1 = 26 \neq 25$
$(3)^2 + (4)^2 = 9 + 16 = 25$
$(0)^2 + (-5)^2 = 0 + 25 = 25$
A resposta é $(3,4)$ e $(0,-5)$.
29. $y^2 = 25 - x^2$, $y = \sqrt{25-x^2}$ e $y = -\sqrt{25-x^2}$
30. $y^2 = 25 - x$, $y = \sqrt{25-x}$ e $y = -\sqrt{25-x}$
31. $y^2 = x^2 - 25$, $y = \sqrt{x^2-25}$ e $y = -\sqrt{x^2-25}$
32. $y^2 = 3x^2 - 25$, $y = \sqrt{3x^2-25}$ e $y = -\sqrt{3x^2-25}$
33. $x + |y| = 1 \Rightarrow |y| = -x + 1 \Rightarrow y = -x + 1$ ou $y = -(-x+1) \cdot y = 1 - x$ e $y = x - 1$
34. $x - |y| = 1 \Rightarrow |y| = x - 1 \Rightarrow y = x - 1$ ou $y = -(x-1) = x + 1 \cdot y = x - 1$ e $y = 1 - x$
35. $y^2 = x^2 \Rightarrow y = x$ e $y = -x$ ou $y = |x|$ e $y = -|x|$
36. $y^2 = x \Rightarrow y = \sqrt{x}$ e $y = -\sqrt{x}$
37. Falso.
38. Falso.
39. A composição das funções não é necessariamente comutativa. A resposta é C.
40. $g(x) = \sqrt{4-x}$ não pode ser igual a zero e o termo dentro da raiz quadrada deve ser positivo, assim, x pode ser qualquer número real menor que 4. A resposta é A.
41. $(f \circ f)(x) = f(x^2 + 1) = (x^2+1)^2 + 1 = (x^4 + 2x^2 + 1) + 1 = x^4 + 2x^2 + 2$. A resposta é E.
42. $y = |x| \Rightarrow y = x$, $y = -x \Rightarrow x = -y$ ou $x = y$ $\Rightarrow x^2 = y^2$. A resposta é B.

43. Se $f(x) = e^x$ e $g(x) = 2 \ln x$, então $f(g(x)) = f(2 \ln x) = e^{2 \ln x} = (e^{\ln x})^2 = x^2$. O domínio é $]0, +\infty[$. Se $f(x) = (x^2 + 2)^2$ e $g(x) = \sqrt{x-2}$, então,

$f(g(x)) = f(\sqrt{x-2}) = ((\sqrt{x-2})^2 + 2)^2$
$= (x - 2 + 2)^2 = x^2$. O domínio é $[2, +\infty[$.

Se $f(x) = (x^2 - 2)^2$ e $g(x) = \sqrt{2-x}$, então,
$f(g(x)) = f(\sqrt{2-x}) = ((\sqrt{2-x})^2 - 2^2$
$= (2 - x - 2)^2 = x^2$. O domínio é $]-\infty, 2]$.

Se $f(x) = \dfrac{1}{(x-1)^2}$ e $g(x) = \dfrac{x+1}{x}$,

então, $f(g(x)) = f\left(\dfrac{x+1}{x}\right) = \dfrac{1}{\left(\dfrac{x+1}{x} - 1\right)^2}$

$= \dfrac{1}{\left(\dfrac{x+1-x}{x}\right)^2} = \dfrac{1}{\dfrac{1}{x^2}} = x^2$.

O domínio é $]-\infty, 0[\cup]0, +\infty[$.

Se $f(x) = x^2 - 2x + 1$ e $g(x) = x + 1$, então,
$f(g(x)) = f(x+1) = (x+1)^2 - 2(x+1) + 1$
$= ((x+1) - 1)^2$. O domínio é $]-\infty, +\infty[$.

Se $f(x) = \left(\dfrac{x+1}{x}\right)^2$ e $g(x) = \dfrac{1}{x-1}$, então

$f(g(x)) = f\left(\dfrac{1}{x-1}\right) = \left(\dfrac{\dfrac{1}{x-1} + 1}{\dfrac{1}{x-1}}\right)^2 =$

$\left(\dfrac{\dfrac{1+x-1}{x-1}}{\dfrac{1}{x-1}}\right)^2 = x^2$.

O domínio é $]-\infty, 1[\cup]1, +\infty[$.

f	g	D
e^x	$2 \ln x$	$]0, +\infty[$
$(x^2 + 2)^2$	$\sqrt{x-2}$	$[2, +\infty]$
$(x^2 - 2)^2$	$\sqrt{2-x}$	$]-\infty, 2]$
$\dfrac{1}{(x-1)^2}$	$\dfrac{x+1}{x}$	$]-\infty, 0[\cup]0, +\infty[$
$x^2 - 2x + 1$	$x + 1$	$]-\infty, +\infty[$
$\left(\dfrac{x+1}{x}\right)^2$	$\dfrac{1}{x-1}$	$]-\infty, 1[\cup]1, +\infty[$

44. (a) $(fg)(x) = x^4 - 1 = (x^2 + 1)(x^2 - 1) = f(x) \cdot (x^2 - 1)$, portanto, $g(x) = x^2 - 1$.

(b) $(f + g)(x) = 3x^2 \Rightarrow 3x^2 - (x^2 + 1) = 2x^2 - 1 = g(x)$.

(c) $(f/g)(x) = 1 \Rightarrow f(x) = g(x)$. Portanto, $g(x) = x^2 + 1$.

(d) $f(g(x)) = 9x^4 + 1$ e $f(x) = x^2 + 1$. Se $g(x) = 3x^2$, então $f(g(x)) = f(3x^2) = (3x^2)^2 + 1 = 9x^4 + 1$.

(e) $g(f(x)) = 9x^4 + 1$ e $f(x) = x^2 + 1$. Então $g(x^2 + 1) = 9x^4 + 1 = 9((x^2 + 1) - 1)^2 + 1$, portanto, $g(x) = 9(x-1)^2 + 1$.

CAPÍTULO 14

Revisão rápida

1. $3y = x + 6$, assim, $y = \dfrac{x+6}{3} = \dfrac{1}{3}x + 2$

2. $0{,}5y = x - 1$, assim, $y = \dfrac{x-1}{0{,}5} 2x - 2$

3. $y^2 = x - 4$, assim, $y = \pm \sqrt{x-4}$

4. $y^2 = x - 6$, assim, $y = \pm \sqrt{x+6}$

5. $x(y + 3) = y - 2$
$xy + 3x = y - 2$
$xy - y = -3x - 2$
$y(x - 1) = -(3x + 2)$
$y = -\dfrac{3x+2}{x-1} = \dfrac{3x+2}{1-x}$

6. $x(y + 2) = 3y - 1$
$xy + 2x = 3y - 1$
$xy - 3y = -2x - 1$
$y(x - 3) = -(2x + 1)$
$y = -\dfrac{2x+1}{x-3} = \dfrac{2x+1}{3-x}$

7. $x(y - 4) = 2y + 1$
$xy - 4x = 2y + 1$
$xy - 2y = 4x + 1$
$y(x - 2) = 4x + 1$
$y = \dfrac{4x+1}{x-2}$

8. $x(3y - 1) = 4y + 3$
$3xy - x = 4y + 3$
$3xy - 4y = x + 3$
$y(3x - 4) = x + 3$
$y = \dfrac{x + 3}{3x - 4}$

9. $x = \sqrt{y + 3}, y \geq -3 \; [e \; x \geq 0]$
$x^2 = y + 3, y \geq -3 \; e \; x \geq 0$
$y = x^2 - 3, y \geq -3 \; e \; x \geq 0$

10. $x = \sqrt{y - 2}, y \geq 2 \; [e \; x \geq 0]$
$x^2 = y - 2, y \geq 2 \; e \; x \geq 0$
$y = x^2 + 2, y \geq 2 \; e \; x \geq 0$

Exercícios

1. $x = 3(2) = 6, y = 2^2 + 5 = 9$. A resposta é (6, 9).
2. $x = 5(-2) - 7 = -17, y = 17 - 3(-2) = 23$. A resposta é (−17, 23).
3. $x = 3^3 - 4(3) = 15, y = \sqrt{3 + 1} = 2$. A resposta é (15, 2).
4. $x = |-8 + 3| = 5, y = \dfrac{1}{-8} = -\dfrac{1}{8}$. A resposta é $\left(5, -\dfrac{1}{8}\right)$.

5. (a)

t	$(x, y) = (2t, 3t - 1)$
−3	(−6, −10)
−2	(−4, −7)
−1	(−2, −4)
0	(0, −1)
1	(2, 2)
2	(4, 5)
3	(6, 8)

(b) $t = \dfrac{x}{2}, y = 3\left(\dfrac{x}{2}\right) - 1 = 1{,}5x - 1$. Essa é uma função.

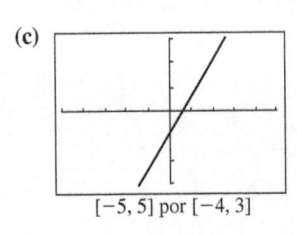

(c)

[−5, 5] por [−4, 3]

6. (a)

t	$(x, y) = (t + 1, t^2 - 2t)$
−3	(−2, −15)
−2	(−1, −8)
−1	(0, 3)
0	(1, 0)
1	(2, −1)
2	(3, 0)
3	(4, 3)

(b) $t = x - 1, y = (x - 1)^2 - 2(x - 1) =$
$x^2 - 2x + 1 - 2x + 2 = x^2 - 4x + 3$
Essa é uma função.

(c)

[−1, 5] por [−2, 6]

7. (a)

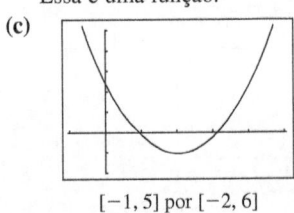

t	$(x, y) = (t^2, t - 2)$
−3	(9, −5)
−2	(4, −4)
−1	(1, −3)
0	(0, −2)
1	(1, −1)
2	(4, 0)
3	(9, 1)

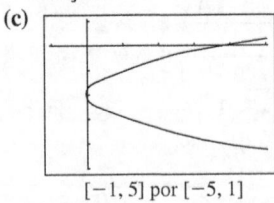

(b) $t = y + 2, x = (y + 2)^2$. Essa não é uma função.

(c)

[−1, 5] por [−5, 1]

8. (a)

t	$(x, y) = (\sqrt{t}, 2t - 5)$
−3	$\sqrt{-3}$ não está definida
−2	$\sqrt{-2}$ não está definida
−1	$\sqrt{-1}$ não está definida
0	(0, −5)
1	(1, −3)
2	($\sqrt{2}$, −1)
3	($\sqrt{3}$, 1)

(b) $t = x^2$, $y = 2x^2 - 5$. Essa é uma função.
(c)

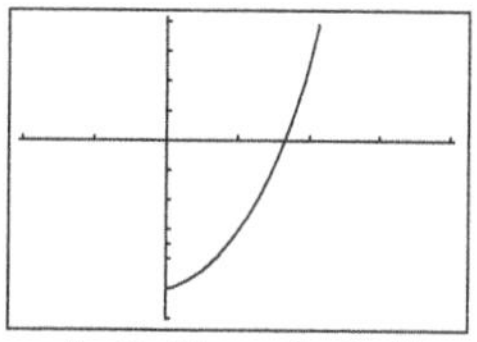

[−2, 4] por [−6, 4]

9. (a) Pelo teste da linha vertical, a relação não é uma função.
   (b) Pelo teste da linha horizontal, a inversa da relação é uma função.
10. (a) Pelo teste da linha vertical, a relação é uma função.
    (b) Pelo teste da linha horizontal, a inversa da relação não é uma função.
11. (a) Pelo teste da linha vertical, a relação é uma função.
    (b) Pelo teste da linha horizontal, a inversa da relação é uma função.
12. (a) Pelo teste da linha vertical, a relação não é uma função.
    (b) Pelo teste da linha horizontal, a inversa da relação é uma função.
13. $y = 3x - 6 \Rightarrow x = 3y - 6$
    $3y = x + 6$
    $f^{-1}(x) = y = \dfrac{x + 6}{3} = \dfrac{1}{3}x + 2$; $]-\infty, +\infty[$
14. $y = 2x + 5 \Rightarrow x = 2y + 5$
    $2y = x - 5$
    $f^{-1}(x) = y = \dfrac{x + 5}{2} = \dfrac{1}{2}x - \dfrac{5}{2}$; $]-\infty, +\infty[$
15. $y = \dfrac{2x - 3}{x + 1} \Rightarrow x = \dfrac{2y - 3}{y + 1}$
    $x(y + 1) = 2y - 3$
    $xy + x = 2y - 3$
    $xy - 2y = -x - 3$
    $y(x + 2) = -(x + 3)$
    $f^{-1}(x) = y = -\dfrac{(x + 3)}{x - 2} = \dfrac{x + 3}{2 - x}$; $]-\infty, 2[\cup]2, +\infty[$
16. $y = \dfrac{x + 3}{x - 2} \Rightarrow x = \dfrac{y + 3}{y - 2}$
    $x(y - 2) = y + 3$
    $xy - 2x = y + 3$
    $xy - y = 2x + 3$
    $y(x - 1) = 2x + 3$
    $f^{-1}(x) = y = \dfrac{2x + 3}{x - 1}$; $]-\infty, 1[\cup]1, +\infty[$

17. $y = \sqrt{x - 3}$, $x \geq 3$, $y \geq 0 \Rightarrow$
    $x = \sqrt{y - 3}$, $x \geq 0$, $y \geq 3$
    $x^2 = y - 3$, $x \geq 0$, $y \geq 3$
    $f^{-1}(x) = y = x^2 + 3$; $[0, +\infty[$
18. $y = \sqrt{x + 2}$, $x \geq -2$, $y \geq 0 \Rightarrow$
    $x = \sqrt{y + 2}$, $x \geq 0$, $y \geq -2$
    $x^2 = y + 2$, $x \geq 0$, $y \geq -2$
    $f^{-1}(x) = y = x^2 - 2$; $[0, +\infty[$
19. $y = x^3 \Rightarrow x = y^3$
    $f^{-1}(x) = y = \sqrt[3]{x}$; $]-\infty, +\infty[$
20. $y = x^3 + 5 \Rightarrow x = y^3 + 5$
    $x - 5 = y^3$
    $f^{-1}(x) = y = \sqrt[3]{x - 5}$; $]-\infty, +\infty[$
21. $y = \sqrt[3]{x + 5} \Rightarrow x = \sqrt[3]{y + 5}$
    $x^3 = y + 5$
    $f^{-1}(x) = y = x^3 - 5$; $]-\infty, +\infty[$
22. $y = \sqrt[3]{x - 2} \Rightarrow x = \sqrt[3]{y - 2}$
    $x^3 = y - 2$
    $f^{-1}(x) = y = x^3 + 2$; $]-\infty, +\infty[$
23. Bijetora

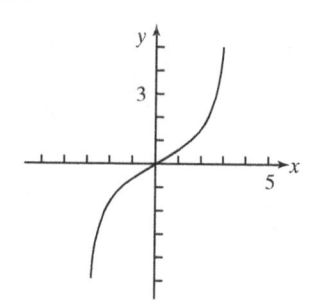

24. Não é bijetora
25. Bijetora

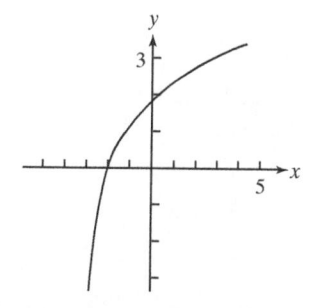

26. Não é bijetora

27. $f(g(x)) = 3\left[\dfrac{1}{3}(x+2)\right] - 2 = x + 2 - 2 = x$

$g(f(x)) = \dfrac{1}{3}[(3x-2)+2] = \dfrac{1}{3}(3x) = x$

28. $f(g(x)) = \dfrac{1}{4}[(4x-3)+3] = \dfrac{1}{4}(4x) = x$

$g(f(x)) = 4\left[\dfrac{1}{4}(x+3)\right] - 3 = x + 3 - 3 = x$

29. $f(g(x)) = [(x-1)^{1/3}]^3 + 1 = (x-1)^1 + 1$
$= x - 1 + 1 = x$

$g(f(x)) = [(x^3+1)-1]^{1/3} = (x^3)^{1/3} = x^1 = x$

30. $f(g(x)) = \dfrac{7}{\frac{7}{x}} = \dfrac{7}{1} \cdot \dfrac{x}{7} = x$

$g(f(x)) = \dfrac{7}{\frac{7}{x}} = \dfrac{7}{1} \cdot \dfrac{x}{7} = x$

31. $f(g(x)) = \dfrac{\frac{1}{x-1} + 1}{\frac{1}{x-1}} = (x-1)\left(\dfrac{1}{x-1} + 1\right)$

$= 1 + x - 1 = x;$

$g(f(x)) = \dfrac{1}{\frac{x+1}{x} - 1} = \left(\dfrac{1}{\frac{x+1}{x} - 1}\right) \cdot \dfrac{x}{x}$

$= \dfrac{x}{x+1-x} = \dfrac{x}{1} = x$

32. $f(g(x)) = \dfrac{\frac{2x+3}{x-1} + 3}{\frac{2x+3}{x-1} - 2}$

$= \left(\dfrac{\frac{2x+3}{x-1} + 3}{\frac{2x+3}{x-1} - 2}\right) \cdot \left(\dfrac{x-1}{x-1}\right)$

$= \dfrac{2x+3+3(x-1)}{2x+3-2(x-1)} = \dfrac{5x}{5} = x$

$g(f(x)) = \dfrac{2\left(\frac{x+3}{x-2}\right) + 3}{\frac{x+3}{x-2} - 1}$

$= \left[\dfrac{2\left(\frac{x+3}{x-2}\right) + 3}{\frac{x+3}{x-2} - 1}\right] \cdot \left(\dfrac{x-2}{x-2}\right)$

$= \dfrac{2(x+3) + 3(x-2)}{x+3 - (x-2)} = \dfrac{5x}{5} = x$

33. (a) $9c(x) = 5(x - 32)$

$\dfrac{9}{5}c(x) = x - 32$

$\dfrac{9}{5}c(x) + 32 = x$

Nesse caso, $c(x)$ torna-se x, e x torna-se $c^{-1}(x)$ para a inversa. Assim, $c^{-1}(x) = \dfrac{9}{5}x + 32$.

Isto converte a temperatura Celsius para temperatura Fahrenheit.

(b) $(k \circ c)(x) = k(c(x)) = k\left(\left(\dfrac{5}{9}(x-32)\right)\right)$

$\dfrac{5}{9}(x-32) + 273,16$

$= \dfrac{5}{9}x + 255,38$. Isso converte a temperatura Fahrenheit para temperatura Kelvin.

34. Verdadeiro.

35. A inversa da relação dada por $x^2y + 5y = 9$ é a relação dada por $y^2x + 5x = 9$.
$(1)^2(2) + 5(2) = 2 + 10 = 12 \neq 9$
$(1)^2(-2) + 5(-2) = -2 - 10 = -12 \neq 9$
$(2)^2(-1) + 5(-1) = -4 - 5 = -9 \neq 9$
$(-1)^2(2) + 5(2) = 2 + 10 = 12 \neq 9$
$(-2)^2(1) + 5(1) = 4 + 5 = 9$
A resposta é E.

36. A inversa da relação dada por $xy^2 - 3x = 12$ é a relação dada por $yx^2 - 3y = 12$.
$(-4)(0)^2 - 3(-4) = 0 + 12 = 12$
$(1)(4)^2 - 3(1) = 16 - 3 = 13 \neq 12$
$(2)(3)^2 - 3(2) = 18 - 6 = 12$
$(12)(2)^2 - 3(12) = 48 - 36 = 12$

$(-6)(1)^2 - 3(-6) = -6 + 18 = 12$
A resposta é B.

37. $f(x) = 3x - 2$
$y = 3x - 2$
A inversa da relação é
$x = 3y - 2$
$x + 2 = 3y$
$\dfrac{x+2}{3} = y$

$f^{-1}(x) = \dfrac{x+2}{3}$

A resposta é C.

38. $f(x) = x^3 + 1$
$y = x^3 + 1$
A inversa da relação é
$x = y^3 + 1$
$x - 1 = y^3$
$\sqrt[3]{x-1} = y$
$f^{-1}(x) = \sqrt[3]{x-1}$
A resposta é A.

CAPÍTULO 15

Exercícios

1. $\dfrac{\pi}{6} \cdot \dfrac{180°}{\pi} = 30°$

2. $\dfrac{\pi}{4} \cdot \dfrac{180°}{\pi} = 45°$

3. $\dfrac{\pi}{10} \cdot \dfrac{180°}{\pi} = 18°$

4. $\dfrac{3\pi}{5} \cdot \dfrac{180°}{\pi} = 108°$

5. $\dfrac{7\pi}{9} \cdot \dfrac{180°}{\pi} = 140°$

6. $\dfrac{13\pi}{20} \cdot \dfrac{180°}{\pi} = 117°$

7. $2 \cdot \dfrac{180°}{\pi} \cong 114{,}59°$

8. $1{,}3 \cdot \dfrac{180°}{\pi} \cong 74{,}48°$

9. $s = 70$ cm

10. $r = 7{,}5/\pi$ cm

11. $\theta = 3$ radianos

12. $r = \dfrac{360}{\pi}$ cm

13. $x° = x° \left(\dfrac{\pi \text{ rad}}{180°}\right) = \dfrac{\pi x}{180°}$. A resposta é C.

14. Se o perímetro é 4 vezes o raio, então o comprimento do arco é de 2 raios, o que implica um ângulo de 2 radianos. A resposta é A.

15. $x = \sqrt{5^2 + 5^2} = \sqrt{50} = 5\sqrt{2}$

16. $x = \sqrt{8^2 + 12^2} = \sqrt{208} = 4\sqrt{13}$

17. $x = \sqrt{10^2 - 8^2} = 6$

18. $x = \sqrt{4^2 - 2^2} = \sqrt{12} = 2\sqrt{3}$

19. $\operatorname{sen}\theta = \dfrac{4}{5}$, $\cos\theta = \dfrac{3}{5}$, $\operatorname{tg}\theta = \dfrac{4}{3}$

20. $\operatorname{sen}\theta = \dfrac{8}{\sqrt{113}}$, $\cos\theta = \dfrac{7}{\sqrt{113}}$, $\operatorname{tg}\theta = \dfrac{8}{7}$

21. $\operatorname{sen}\theta = \dfrac{12}{13}$, $\cos\theta = \dfrac{5}{13}$, $\operatorname{tg}\theta = \dfrac{12}{5}$

22. $\operatorname{sen}\theta = \dfrac{8}{17}$, $\cos\theta = \dfrac{15}{17}$, $\operatorname{tg}\theta = \dfrac{8}{15}$

23. O comprimento da hipotenusa é
$\sqrt{7^2 + 11^2} = \sqrt{170}$, logo
$\operatorname{sen}\theta = \dfrac{7}{\sqrt{170}}$, $\cos\theta = \dfrac{11}{\sqrt{170}}$, $\operatorname{tg}\theta = \dfrac{7}{11}$

24. O comprimento do lado adjacente é
$\sqrt{8^2 - 6^2} = \sqrt{28} = 2\sqrt{7}$, logo
$\operatorname{sen}\theta = \dfrac{3}{4}$, $\cos\theta = \dfrac{\sqrt{7}}{4}$, $\operatorname{tg}\theta = \dfrac{3}{\sqrt{7}}$

25. O comprimento do lado oposto é
$\sqrt{11^2 - 8^2} = \sqrt{57}$, logo
$\operatorname{sen}\theta = \dfrac{\sqrt{57}}{11}$, $\cos\theta = \dfrac{8}{11}$, $\operatorname{tg}\theta = \dfrac{\sqrt{57}}{8}$

26. O comprimento do lado adjacente é
$\sqrt{13^2 - 9^2} = \sqrt{88} = 2\sqrt{22}$, logo
$\operatorname{sen}\theta = \dfrac{9}{13}$, $\cos\theta = \dfrac{2\sqrt{22}}{13}$, $\operatorname{tg}\theta = \dfrac{9}{2\sqrt{22}}$

404   Pré-cálculo

27. O triângulo retângulo tem hipotenusa com medida 7 e cateto oposto ao ângulo θ com medida 3. Assim, o cateto adjacente é $\sqrt{7^2-3^2} = \sqrt{40} = 2\sqrt{10}$. As outras medidas são:
$$\cos\theta = \frac{2\sqrt{10}}{7} \text{ e } \text{tg}\,\theta = \frac{3}{2\sqrt{10}}$$

28. O triângulo retângulo tem hipotenusa com medida 3 e cateto oposto ao ângulo θ com medida 2. Assim, o cateto adjacente é $\sqrt{3^2-2^2} = \sqrt{5}$. As outras medidas são:
$$\cos\theta = \frac{\sqrt{5}}{3} \text{ e } \text{tg}\,\theta = \frac{2}{\sqrt{5}}$$

29. O triângulo retângulo tem hipotenusa com medida 11 e cateto adjacente ao ângulo θ com medida 5. Assim, o cateto oposto é $\sqrt{11^2-5^2} = \sqrt{96} = 4\sqrt{6}$. As outras medidas são: $\text{sen}\,\theta = \frac{4\sqrt{6}}{11}$ e $\text{tg}\,\theta = \frac{4\sqrt{6}}{5}$

30. O triângulo retângulo tem hipotenusa com medida 8 e cateto adjacente ao ângulo θ com medida 5. Assim, o cateto oposto é $\sqrt{8^2-5^2} = \sqrt{39}$. As outras medidas são:
$$\text{sen}\,\theta = \frac{\sqrt{39}}{8} \text{ e } \text{tg}\,\theta = \frac{\sqrt{39}}{5}$$

31. O triângulo retângulo tem cateto oposto ao ângulo θ igual a 5 e cateto adjacente igual a 9. Assim, a medida da hipotenusa é $\sqrt{5^2+9^2} = \sqrt{106}$. As outras medidas são:
$$\text{sen}\,\theta = \frac{5}{\sqrt{106}} \text{ e } \cos\theta = \frac{9}{\sqrt{106}}$$

32. O triângulo retângulo tem cateto oposto ao ângulo θ igual a 12 e cateto adjacente igual a 13. Assim, a medida da hipotenusa é $\sqrt{12^2+13^2} = \sqrt{313}$. As outras medidas são:
$$\text{sen}\,\theta = \frac{12}{\sqrt{313}} \text{ e } \cos\theta = \frac{13}{\sqrt{313}}$$

33. $x = \dfrac{15}{\text{sen}\,34°} \cong 26{,}82$

34. $z = \dfrac{23}{\cos 39°} \cong 29{,}60$

35. $y = \dfrac{32}{\text{tg}\,57°} \cong 20{,}78$

36. $x = 14\,\text{sen}\,43° \cong 9{,}55$

37. $y = 6/\text{sen}\,35° \cong 10{,}46$

38. $x = 50\cos 66° \cong 20{,}34$

39. $-30°$

40. $-150°$

41. $45°$

42. $240°$

43. $r = \sqrt{(-1)^2+2^2} = \sqrt{5}$
$$\text{sen}\,\theta = \frac{2}{\sqrt{5}},\ \cos\theta = -\frac{1}{\sqrt{5}},\ \text{tg}\,\theta = -2$$

44. $r = \sqrt{4^2+(-3)^2} = 5$
$$\text{sen}\,\theta = -\frac{3}{5},\ \cos\theta = \frac{4}{5},\ \text{tg}\,\theta = -\frac{3}{4}$$

45. $r = \sqrt{(-1)^2+(-1)^2} = \sqrt{2}$
$$\text{sen}\,\theta = -\frac{1}{\sqrt{2}},\ \cos\theta = -\frac{1}{\sqrt{2}},\ \text{tg}\,\theta = 1$$

46. $r = \sqrt{3^2+(-5)^2} = \sqrt{34}$
$$\text{sen}\,\theta = -\frac{5}{\sqrt{34}},\ \cos\theta = \frac{3}{\sqrt{34}},\ \text{tg}\,\theta = -\frac{5}{3}$$

47. $r = \sqrt{3^2+4^2} = 5$
$$\text{sen}\,\theta = \frac{4}{5},\ \cos\theta = \frac{3}{5},\ \text{tg}\,\theta = \frac{4}{3}$$

48. $r = \sqrt{(-4)^2+(-6)^2} = \sqrt{52} = 2\sqrt{13}$
$$\text{sen}\,\theta = -\frac{3}{\sqrt{13}},\ \cos\theta = -\frac{2}{\sqrt{13}},\ \text{tg}\,\theta = \frac{3}{2}$$

49. $r = \sqrt{0^2+5^2} = 5$
$\text{sen}\,\theta = 1,\ \cos\theta = 0,\ \text{tg}\,\theta = $ indefinido, (pois $x = 0$).

50. $r = \sqrt{(-3)^2+0^2} = 3$
$\text{sen}\,\theta = 0,\ \cos\theta = -1,\ \text{tg}\,\theta = 0$

51. $r = \sqrt{5^2+(-2)^2} = \sqrt{29}$
$$\text{sen}\,\theta = -\frac{2}{\sqrt{29}},\ \cos\theta = \frac{5}{\sqrt{29}},\ \text{tg}\,\theta = -\frac{2}{5}$$

52. $r = \sqrt{22^2 + (-22)^2} = 22\sqrt{2}$

$\operatorname{sen}\theta = -\dfrac{1}{\sqrt{2}}, \cos\theta = \dfrac{1}{\sqrt{2}}, \operatorname{tg}\theta = -1$

53. O lado que determina a abertura do ângulo de $-450°$ é o mesmo do ângulo de $270°$.
sen $\theta = -1$
cos $\theta = 0$
tg θ indefinida

54. O lado que determina a abertura de $-270°$ é o mesmo do ângulo de $90°$.
sen $\theta = 1$
cos $\theta = 0$
tg θ indefinida

55. O lado que determina a abertura do ângulo de 7π é o mesmo do ângulo π.
sen $\theta = 0$
cos $\theta = -1$
tg $\theta = 0$

56. O lado que determina a abertura do ângulo de $11\pi/2$ é o mesmo do ângulo $3\pi/2$.
sen $\theta = -1$
cos $\theta = 0$
tg θ indefinida

57. O lado que determina a abertura do ângulo $-7\pi/2$ é o mesmo do ângulo $\pi/2$.
sen $\theta = 1$
cos $\theta = 0$
tg θ indefinida

58. O lado que determina a abertura do ângulo -4π é o mesmo do ângulo 0 radianos.
sen $\theta = 0$
cos $\theta = 1$
tg $\theta = 0$

59. Como tg $\theta < 0$, sen θ e cos θ têm sinais contrários.

Assim: $\cos\theta = -\sqrt{1 - \operatorname{sen}^2\theta} = -\dfrac{\sqrt{15}}{4}$.

60. $\cos\theta = +\sqrt{1 - \operatorname{sen}^2\theta} = \dfrac{\sqrt{21}}{5}$.

Assim: $\operatorname{tg}\theta = \dfrac{\operatorname{sen}\theta}{\cos\theta} = -\dfrac{2}{\sqrt{21}}$

61. Verdadeiro.

62. sen $\theta = -\sqrt{1 - \cos^2\theta}$, porque tg θ
$= (\operatorname{sen}\theta)/(\cos\theta) > 0$. Logo

sen $\theta = -\sqrt{1 - \dfrac{25}{169}} = -\dfrac{12}{13}$. A resposta é A.

63. O gráfico de $y = 5 \cdot \operatorname{tg} x$ deve ser estendido verticalmente por 10 em comparação com $y = 0{,}5 \operatorname{tg} x$, assim $y_1 = 5 \operatorname{tg} x$ e $y_2 = 0{,}5 \operatorname{tg} x$.

64. Domínio: todos os números reais exceto múltiplos ímpares de π.
Imagem: $]-\infty, +\infty[$
Continuidade: a função é contínua neste domínio
Comportamento crescente/decrescente: é crescente em cada intervalo neste domínio
Simetria: é simétrica com relação à origem (ímpar)
Limite: não é limitada superiormente nem inferiormente
Extremo local: nenhum
Assíntotas horizontais: nenhuma
Assíntotas verticais: $x = k\pi$ para todos os inteiros ímpares k
Comportamento nos extremos do domínio: não existe.

65. $\dfrac{\sqrt{3}}{2}$

66. $\sqrt{3}$

67. $\dfrac{\sqrt{2}}{2}$

68. $-\dfrac{1}{2}$

69. 2

70. $\dfrac{1}{2}$

71. -1

72. $\dfrac{\sqrt{3}}{2}$

73. $-\dfrac{\sqrt{3}}{2}$

74. $\dfrac{\pi}{3}$

75. 0

76. $\dfrac{\pi}{3}$

77. $-\dfrac{\pi}{4}$

78. $-\dfrac{\pi}{4}$

79. $\dfrac{\pi}{2}$

80. 0,45

81. –0,73

82. sen x

83. 1

84. tg² x

85. cos x sen² x

86. –1

87. –1

88. 1

89. $\dfrac{(\sqrt{6}-\sqrt{2})}{4}$

90. $\dfrac{(\sqrt{6}+\sqrt{2})}{4}$

91. $\dfrac{(\sqrt{2}+\sqrt{6})}{4}$

92. $2+\sqrt{3}$

93. $\dfrac{(\sqrt{2}-\sqrt{6})}{4}$

94. sen 25°

95. sen 7π/10

96. tg 66°

97. 0, π

98. $0, \dfrac{\pi}{4}, \dfrac{3\pi}{4}, \pi, \dfrac{5\pi}{4}, \dfrac{7\pi}{4}$

99. $\left(\dfrac{1}{2}\right)\sqrt{2-\sqrt{3}}$

100. $\left(\dfrac{1}{2}\right)\sqrt{2-\sqrt{3}}$

101. $-2-\sqrt{3}$

CAPÍTULO 16

Exercícios

1. $85 \dfrac{\text{km}}{\text{h}} \cdot 4\text{ h} = 340\text{ km}$

2. $\left(\dfrac{5\text{gal}}{\text{mi}}\right)(120\text{mi}) = 600$ galões

3. $v_m = \dfrac{\Delta s}{\Delta t} = \dfrac{21\text{ km}}{1{,}75\text{ h}} = 12\text{ km/h}$

4. $v_m = \dfrac{\Delta s}{\Delta t} = \dfrac{540\text{ km}}{4{,}5\text{ h}} = 120\text{ km/h}$

5. $v = \lim\limits_{t \to 4} \dfrac{3t-5-7}{t-4}$

$= \lim\limits_{t \to 4} \dfrac{3t-12}{t-4}$

$= \lim\limits_{t \to 4} \dfrac{3(t-4)}{t-4}$

$= \lim\limits_{t \to 4} 3 = 3$

6. $v = \lim\limits_{t \to 2} \dfrac{\dfrac{2}{t+1}-\dfrac{2}{3}}{t-2}$

$= \lim\limits_{t \to 2} \dfrac{\dfrac{6-2(t+1)}{3(t+1)}}{t-2}$

$= \lim\limits_{t \to 2} \dfrac{\dfrac{-2(t+4)}{3(t+1)}}{t-2}$

$= \lim\limits_{t \to 2} \dfrac{-2(t-2)}{3(t+1)} \cdot \dfrac{1}{(t-2)}$

$= \lim\limits_{t \to 2} \dfrac{-2}{3(t+1)} = -\dfrac{2}{9}$

7. $v = \lim\limits_{t \to 2} \dfrac{at^2+5-(4a+5)}{t-2}$

$= \lim\limits_{t \to 2} \dfrac{at^2-4a}{t-2}$

$= \lim\limits_{t \to 2} \dfrac{a(t+2)(t-2)}{(t-2)}$

$= \lim\limits_{t \to 2} a(t+2) = 4a$

8. $v = \lim\limits_{t \to 1} \dfrac{\sqrt{t+1}-\sqrt{2}}{t-1}$

$= \lim\limits_{t \to 1} \dfrac{(\sqrt{t+1}-\sqrt{2})}{(t-1)} \dfrac{(\sqrt{t+1}+\sqrt{2})}{\sqrt{t+1}+\sqrt{2}}$

$$= \lim_{t \to 1} \frac{t+1-2}{(t-1)(\sqrt{t+1}+\sqrt{2})}$$

$$= \lim_{t \to 1} \frac{(t-1)}{(t-1)(\sqrt{t+1}+\sqrt{2})}$$

$$= \lim_{t \to 1} \frac{1}{\sqrt{t+1}+\sqrt{2}} = \frac{1}{2\sqrt{2}}$$

9. −4

10. 14

11. $\sqrt{7}$

12. 0

13. $a^2 - 2$

14. (a) Divisão por zero (b) $-\frac{1}{6}$

15. (a) Divisão por zero (b) 3

16. (a) Divisão por zero (b) −4

17. (a) Divisão por zero. (b) 0

18. −1

19. 0

20. 2

21. ln (π)

22. (a) 3 (b) 1 (c) não existe

23. (a) 4 (b) 4 (c) 4

24. (a) verdadeiro (b) verdadeiro (c) falso (d) falso (e) falso (f) falso (g) falso (h) verdadeiro (i) falso (j) verdadeiro

25. (a) ≈ 2,72 (b) ≈ 2,72 (c) ≈ 2,72

26. (a) 6 (b) −4 (c) 16 (d) −2

27. (a)

(b) 0; 0

(c) 0

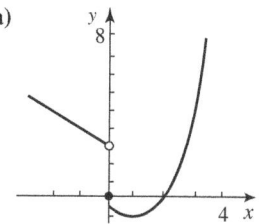

28. (a)

(b) 0; 3

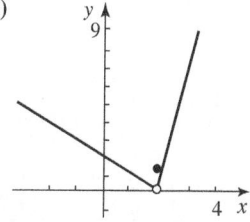

(c) não existe, $\lim_{x \to 0^-} f(x) \neq \lim_{x \to 0^+} f(x)$

29. 2

30. 0

31. 1

32. (a) 0; (b) 0

33. (a) ∞; (b) 1

34. (a) ∞ (b) −∞

35. (a) indefinido (b) 0

36. −∞ ; $x = 3$

37. ∞ ; $x = -2$

38. ∞ ; $x = 5$

39. 3

40. 1

41. ∞

42. 0

43. Não existe.

44. 1/2

45. Falso. $\lim_{x \to 3} f(x) = 5$

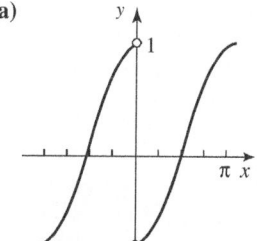

46. (a)

(b) $(-\pi, 0) \cup (0, \pi)$

(c) $x = \pi$

(d) $x = -\pi$

47. (a)

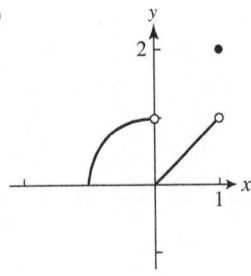

(b) $(-1, 0) \cup (0, 1)$
(c) $x = 1$
(d) $x = -1$

48. (a)

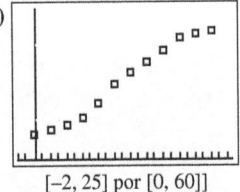

[−2, 25] por [0, 60]]

(b) $f(x) \approx \dfrac{57{,}71}{1+6{,}39e^{-0{,}19x}}$ onde x = o número de meses; $\lim\limits_{x\to\infty} f(x) \approx 57{,}71$.

(c) Aproximadamente 58.000.

49.

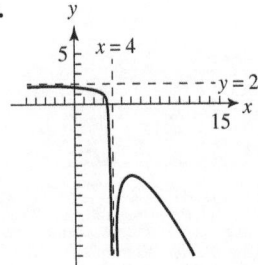

50.

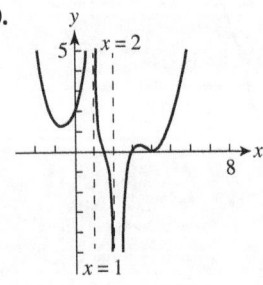

CAPÍTULO 17

Revisão rápida

1. $m = \dfrac{-1-3}{5-(-2)} = \dfrac{-4}{7} = -\dfrac{4}{7}$

2. $m = \dfrac{3-(-1)}{3-(-3)} = \dfrac{4}{6} = \dfrac{2}{3}$

3. $y - 3 = \dfrac{3}{2}(x+2)$ ou $y = \dfrac{3}{2}x + 6$

4. $m = \dfrac{-1-6}{4-1} = \dfrac{-7}{3} = -\dfrac{7}{3},\ y - 6 = -\dfrac{7}{3}(x-1)$

5. $y - 4 = \dfrac{3}{4}(x-1)$

6. $\dfrac{4 + 4h + h^2 - 4}{h} = \dfrac{4h + h^2}{h} = h + 4$

7. $\dfrac{9 + 6h + h^2 + 3 + h - 12}{h} = \dfrac{h^2 + 7h}{h} = h + 7$

8. $\dfrac{\dfrac{1}{2+h} - \dfrac{1}{2}}{h} = \dfrac{2 - (2+h)}{2(2+h)} \cdot \dfrac{1}{h}$
$= \dfrac{-h}{h} \cdot \dfrac{1}{2(2+h)} = -\dfrac{1}{2(h+2)}$

9. $\dfrac{\dfrac{1}{x+h} - \dfrac{1}{x}}{h} = \dfrac{x - (x+h)}{x(x+h)} \cdot \dfrac{1}{h}$
$= \dfrac{-h}{h} \cdot \dfrac{1}{x(x+h)} = -\dfrac{1}{x(x+h)}$

10. $\dfrac{1}{8}, \dfrac{1}{2}, \dfrac{9}{8}, 2, \dfrac{25}{8}, \dfrac{9}{2}, \dfrac{49}{8}, 8, \dfrac{81}{8}, \dfrac{25}{2}$

11. $\dfrac{81}{64}, \dfrac{25}{16}, \dfrac{121}{64}, \dfrac{9}{4}, \dfrac{169}{64}, \dfrac{49}{16}, \dfrac{225}{64}, 4, \dfrac{289}{64}, \dfrac{81}{16}$

12. $\dfrac{1}{2}[2 + 3 + 4 + 5 + 6 + 7 + 8 + 9 + 10 + 11] = \dfrac{65}{2}$

13. $\dfrac{2 + 3 + (n+1) + (n) + 4 + \ldots + n + (n-1) + \ldots + 3 + (n+1) + 2}{(n+3) + (n+3) + (n+3) + \ldots + (n+3) + (n+3)}$

Portanto, $2\sum_{k=1}^{n}(k+1) = n(n+3)$ e

$\sum_{k=1}^{n}(k+1) = \frac{1}{2}n(n+3)$

14. $\frac{1}{2}[4 + 9 + \ldots + 121] = \frac{505}{2}$

15. $\frac{1}{2}[1 + 4 + 9 + \ldots + (n-1)^2 + n^2]$

$= \frac{1}{2}\left[\frac{n(n+1)(2n+1)}{6}\right] = \frac{n(n+1)(2n+1)}{12}$

16. $\left(\frac{560 \text{ pessoas}}{\text{km}^2}\right)(90.000 \text{ km}^2)$

$= 50.400.000$ pessoas

Exercícios

1. $\frac{f(1) - f(0)}{1 - 0} = \frac{3 - 2}{1} = 1$

2. $\frac{f(2) - f(1)}{2 - 1} = \frac{1 - 2}{1} = -1$

3. Reta tangente não definida.

4. Reta tangente não definida.

5. (a) $m = \lim_{h \to 0} \frac{f(-1+h) - f(-1)}{h}$

$= \lim_{h \to 0} \frac{2(h-1)^2 - 2}{h} = \lim_{h \to 0} \frac{2h^2 - 4h + 2 - 2}{h}$

$= \lim_{h \to 0} (2h - 4) = -4$

(b) Como $(-1, f(-1)) = (-1, 2)$ a equação da reta tangente é $y = 2 - 4(x + 1)$, ou $y = -4x - 2$.

(c)

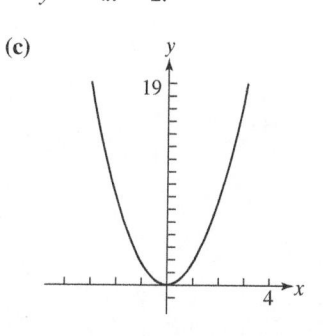

6. (a) $m = \lim_{h \to 0} \frac{f(2+h) - f(2)}{h}$

$= \lim_{h \to 0} \frac{2(h+2) - (h+2)^2 - 0}{h}$

$= \lim_{h \to 0} \frac{2h + 4 - h^2 - 4h - 4}{h} = \lim_{h \to 0} (-h - 2)$

$= -2$

(b) Como $(2, f(2)) = (2, 0)$ a equação da reta tangente é $y = -2(x - 2)$.

(c)

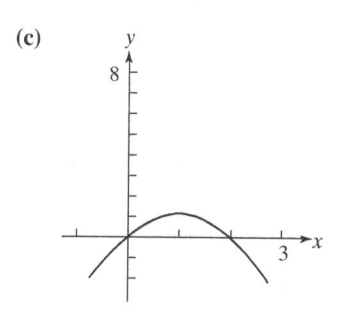

7. (a) $m = \lim_{h \to 0} \frac{f(2+h) - f(2)}{h}$

$= \lim_{h \to 0} \frac{2(h+2)^2 - 7(h+2) + 3 - (-3)}{h}$

$= \lim_{h \to 0} \frac{2h^2 + 8h + 8 - 7h - 14 + 6}{h}$

$= \lim_{h \to 0} (2h + 1) = 1$

(b) Como $(2, f(2)) = (2, -3)$ a equação da reta tangente é $y + 3 = 1(x - 2)$, ou $y = x - 5$.

(c)

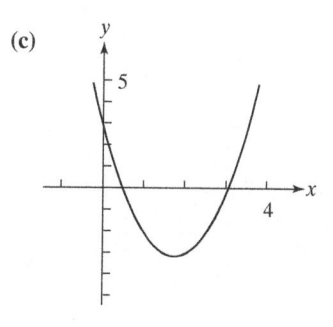

8. (a) $m = \lim_{h\to 0}\dfrac{f(1+h) - f(1)}{h}$

$= \lim_{h\to 0}\dfrac{\dfrac{1}{h+1+2} - \dfrac{1}{3}}{h} = \lim_{h\to 0}\dfrac{3-(h+3)}{3(h+3)} \cdot \dfrac{1}{h}$

$= \lim_{h\to 0}\dfrac{-h}{h} \cdot \dfrac{1}{3(h+3)} = \lim_{h\to 0}\dfrac{-1}{3(h+3)} = -\dfrac{1}{9}$

(b) Como $(1, f(1)) = (1, 1/3)$ a equação da reta tangente é $y - 1/3 = -1/9(x-1)$.

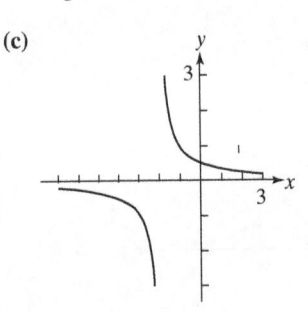

(c)

9. $\lim_{h\to 0}\dfrac{f(2+h) - f(2)}{h}$

$= \lim_{h\to 0}\dfrac{1 - (2+h)^2 - (1-4)}{h}$

$= \lim_{h\to 0}\dfrac{-h^2 - 4h - 4 + 4}{h}$

$= \lim_{h\to 0}(-h - 4) = -4$

10. $\lim_{h\to 0}\dfrac{f(2+h) - f(2)}{h}$

$= \lim_{h\to 0}\dfrac{2(2+h) + \dfrac{1}{2}(2+h)^2 - 4 - 2}{h}$

$= \lim_{h\to 0}\dfrac{4 + 2h + \dfrac{1}{2}h^2 + 2h + 2 - 6}{h}$

$= \lim_{h\to 0}\left(\dfrac{1}{2}h + 4\right) = 4$

11. $\lim_{h\to 0}\dfrac{f(-2+h) - f(-2)}{h}$

$= \lim_{h\to 0}\dfrac{3(h-2)^2 + 2 - (14)}{h}$

$= \lim_{h\to 0}\dfrac{3h^2 - 12h + 12 - 12}{h}$

$= \lim_{h\to 0}(3h - 12) = -12$

12. $\lim_{h\to 0}\dfrac{f(1+h) - f(1)}{h}$

$= \lim_{h\to 0}\dfrac{(h+1)^2 - 3(h+1) + 1 - (-1)}{h}$

$= \lim_{h\to 0}\dfrac{h^2 + 2h + 1 - 3h - 3 + 2}{h} = \lim_{h\to 0}(h-1)$

$= -1$

13. $\lim_{h\to 0}\dfrac{f(-2+h) - f(-2)}{h} = \lim_{h\to 0}\dfrac{|h-2+2| - 0}{h}$

$= \lim_{h\to 0}\dfrac{|h|}{h}$. Quando $h > 0$, $\dfrac{|h|}{h} = 1$ enquanto

para $h < 0$, $\dfrac{|h|}{h} = -1$, ou seja, não existe derivada

14. $\lim_{h\to 0}\dfrac{f(-1+h) - f(-1)}{h}$

$= \lim_{h\to 0}\dfrac{\dfrac{1}{h-1+2} - \dfrac{1}{1}}{h}$

$= \lim_{h\to 0}\dfrac{1-(h+1)}{h+1} \cdot \dfrac{1}{h} = \lim_{h\to 0}\dfrac{-h}{h} \cdot \dfrac{1}{h+1}$

$= \lim_{h\to 0} -\dfrac{1}{h+1} = -1$

15. $f'(x) = \lim_{h\to 0}\dfrac{2 - 3(x+h) - (2-3x)}{h}$

$= \lim_{h\to 0}\dfrac{2 - 3x - 3h - 2 + 3x}{h} = \lim_{h\to 0}\dfrac{-3h}{h} = -3$

16. $f'(x) = \lim\limits_{h \to 0} \dfrac{(2 - 3(x+h)^2) - (2 - 3x^2)}{h}$

$= \lim\limits_{h \to 0} \dfrac{2 - 3x^2 - 6xh - 3h^2 - 2 + 3x^2}{h}$

$= \lim\limits_{h \to 0} \dfrac{-6xh - 3h^2}{h} = \lim\limits_{h \to 0} (-6x - 3h) = -6x$

17. $f'(x)$

$= \lim\limits_{h \to 0} \dfrac{3(x+h)^2 + 2(x+h) - 1 - (3x^2 + 2x - 1)}{h}$

$= \lim\limits_{h \to 0} \dfrac{3x^2 + 6xh + 3h^2 + 2x + 2h - 1 - 3x^2 - 2x + 1}{h}$

$= \lim\limits_{h \to 0} \dfrac{6xh + 3h^2 + 2h}{h}$

$= \lim\limits_{h \to 0} (6x + 3h + 2) = 6x + 2$

18. $f'(x) = \lim\limits_{h \to 0} \dfrac{\dfrac{1}{(x+h)+2} - \dfrac{1}{x+2}}{h}$

$= \lim\limits_{h \to 0} \dfrac{(x+2) - (x+h+2)}{(x+h+2)(x+2)} \cdot \dfrac{1}{h}$

$= \lim\limits_{h \to 0} \dfrac{-h}{h} \cdot \dfrac{1}{(x+h+2)(x+2)}$

$= \lim\limits_{h \to 0} \dfrac{-1}{(x+h+2)(x+2)} = \dfrac{-1}{(x+2)^2}$

19. As respostas variarão. Uma possibilidade:

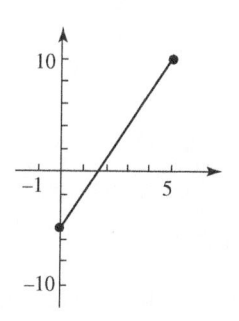

20. As respostas variarão. Uma possibilidade:

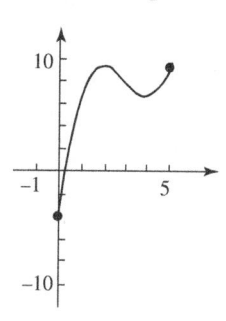

21. As respostas variarão. Uma possibilidade:

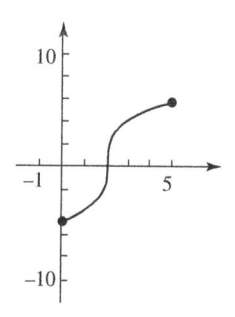

22. As respostas variarão. Uma possibilidade:

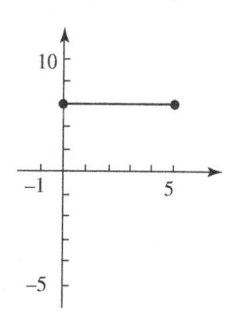

23. Como $f(x) = ax + b$ é uma função linear, a taxa de variação de qualquer x é exatamente a inclinação da reta. Não é necessário cálculo, visto que é conhecido que a inclinação $a = f'(x)$.

24. $f'(0) = \lim\limits_{h \to 0} \dfrac{f(x) - f(0)}{x - 0} = \lim\limits_{h \to 0} \dfrac{|x| - |0|}{x} = \lim\limits_{h \to 0} \dfrac{|x|}{x}$

O limite não existe. Para valores de x à esquerda de zero, o resultado do limite é -1, enquanto à direita é 1. Em $x = 0$, o gráfico da função não tem uma inclinação definida.

25. Verdadeiro. $\lim_{h \to 0} \dfrac{f(x) - f(a)}{x - a}$

26. $f'(x) = 2x + 3$. A resposta é D.

27. $f'(x) = 5 - 6x$. A resposta é A.

28. $f'(2) = 3 \cdot 2^2 = 12$. A resposta é C.

29. $f'(1) = \dfrac{-1}{(1-3)^2} = -\dfrac{1}{4}$. A resposta é A.

30. $f'(x) = 1$

31. $f'(x) = 5x^4$

32. $f'(x) = \dfrac{1}{2\sqrt{x}}$

33. $f'(x) = \dfrac{3}{4\sqrt[4]{x}}$

34. $f'(x) = \dfrac{1}{6\sqrt[6]{x^5}}$

35. $f'(x) = \dfrac{-3}{x^4}$

36. $f'(x) = \dfrac{-1}{x^2}$

37. $f'(x) = 6x$

38. $f'(x) = \dfrac{5}{2\sqrt{x}}$

39. $f'(x) = \dfrac{-8}{x^3}$

40. $f'(x) = \dfrac{45}{x^{10}}$

41. $f'(x) = -35x^6$

42. $f'(x) = \dfrac{4}{5\sqrt[5]{x}}$

43. $f'(x) = 40x^3 - 10x$

44. $f'(x) = 12x^2 + 5$

45. $f'(x) = 12x^2 + 6$

46. $f'(x) = x^2 - 12x$

47. $f'(x) = \dfrac{3x^2}{8} - x$

48. $f'(x) = \dfrac{5x^4}{4}$

49. $f'(x) = 2x + \dfrac{20}{x^3}$

50. $f'(x) = 3x^2 - \dfrac{15}{x^2}$

51. $f'(x) = 140x^6 - 72x^2$

52. $f'(x) = \dfrac{45x^3}{2}\sqrt{x} - \dfrac{3}{\sqrt{x}}$

53. $f'(x) = 20x^4 + 72x^2 - 10x$

54. $f'(x) = \dfrac{16}{5}x^2\sqrt[5]{x} + \dfrac{6}{5}\sqrt[5]{x}$

55. $f'(x) = -2x$

56. $f'(x) = \dfrac{x^4 + 6x^2}{(2 + x^2)^2}$

57. $f'(x) = \dfrac{3x^4 + 3x^2 - 2x}{(3x^2 + 1)^2}$

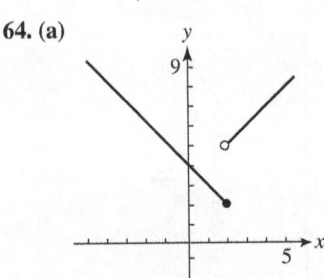

58. $f'(x) = \dfrac{10}{(x + 4)^2}$

59. $f'(x) = \dfrac{20}{(x + 10)^2}$

60. $f'(x) = \dfrac{1}{(1 + 2x)^2}$

61. $f'(x) = \dfrac{-2}{(x - 1)^2}$

62. $f'(x) = \dfrac{24}{(4x + 3)^2}$

63. $f'(x) = \dfrac{10}{(2 - x)^2}$

64. (a)

(b) Visto que o gráfico da função não tem uma inclinação definível em $x = 2$, a derivada de f não existe em $x = 2$.

Respostas   413

(c) Derivadas não existem em pontos onde as funções apresentam descontinuidade.

65. (a)

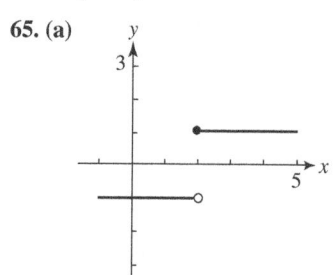

y
3
       •────────
  ─────┼─────── x
       5
  ○────

(b) Visto que o gráfico da função não tem uma inclinação definível em $x = 2$, a derivada de f não existe em $x = 2$.

(c) Derivadas não existem em pontos onde as funções apresentam descontinuidade.

66. Seja a reta $y = 120$ representando a situação. A área sob a reta é a distância percorrida, a área de um retângulo, dada por $(120)(3) = 360$ quilômetros.

67. Seja a reta $y = 15$ representando a situação. A área sob a reta é a quantidade de galões, a área de um retângulo dada por $15 \cdot 90 = 1.350$ galões.

68. Seja a reta $y = 650$ representando a situação. A área sob a reta é a população total, a área de um retângulo dada por $650 \cdot 49 = 31.850$ pessoas.

69. Seja a reta $y = 640$. A área sob a reta é a distância percorrida, é a área do retângulo dada por $640 \cdot 3,4 = 2.176$ km.

70. Seja a reta $y = 38$. A área sob a reta é a distância percorrida, é a área do retângulo dada por
$$38 \cdot \left(4 + \frac{5}{6}\right) \cong 184 \text{ km.}$$

71. Falso. A velocidade instantânea é um limite de velocidades médias, sendo diferente de zero quando a bola está se movendo.

72. (a) 48 pés/segundo **(b)** 96 pés/segundo

73. $\sum_{K=1}^{5} 1 \cdot f(k) = f(1) + f(2) + f(3) + f(4) + f(5)$

$= 3\frac{1}{2} + 4\frac{1}{4} + 3\frac{1}{2} + 1\frac{3}{4} + 0 = 13$

74. $\sum_{K=1}^{5} 1 \cdot f(k) = f(1) + f(2) + f(3) + f(4) + f(5)$

$= 1 + 3 + 4\frac{1}{2} + 4 + 0 = 12\frac{1}{2}$

75. $\sum_{K=1}^{5} 1 \cdot f(k) = f(0,5) + f(1,5) + f(2,5) + f(3,5)$

$+ f(4,5) = 3,5 + 5,25 + 2,75 + 0,25 + 1,25 = 13$

(as respostas variarão)

76. $\sum_{K=1}^{5} 1 \cdot f(k) = f(0,5) + f(1,5) + f(2,5) + f(3,5)$

$+ f(4,5) = 3 + 1,5 + 1,75 + 3,25 + 5 = 14,5$

(as respostas variarão)

77. $\sum_{i=1}^{8} (10 - x_i^2) \Delta x_i$

$= (9 + 9,75 + 10 + 9,75 + 9 + 7,75 + 6 + 3,75)(0,5)$

$= 32,5$ unidades quadráticas

78. $\sum_{i=1}^{8} (10 - x_i^2) \Delta x_i$

$= (9,75 + 10 + 9,75 + 9 + 7,75 + 6 + 3,75 + 1)(0,5)$

$= 28,5$ unidades quadráticas

79. $\left[0, \frac{1}{2}\right], \left[\frac{1}{2}, 1\right], \left[1, \frac{3}{2}\right], \left[\frac{3}{2}, 2\right]$

80. $\left[0, \frac{1}{4}\right], \left[\frac{1}{4}, \frac{1}{2}\right], \left[\frac{1}{2}, \frac{3}{4}\right], \left[\frac{3}{4}, 1\right],$
$\left[1, \frac{5}{4}\right], \left[\frac{5}{4}, \frac{3}{2}\right], \left[\frac{3}{2}, \frac{7}{4}\right], \left[\frac{7}{4}, 2\right]$

81. $\left[1, \frac{3}{2}\right], \left[\frac{3}{2}, 2\right], \left[2, \frac{5}{2}\right], \left[\frac{5}{2}, 3\right], \left[3, \frac{7}{2}\right], \left[\frac{7}{2}, 4\right]$

82. $\left[1, \frac{3}{2}\right], \left[\frac{3}{2}, 2\right], \left[2, \frac{5}{2}\right], \left[\frac{5}{2}, 2\right], \left[3, \frac{7}{2}\right], \left[\frac{7}{2}, 4\right], \left[4, \frac{9}{2}\right], \left[\frac{9}{2}, 5\right]$

83. $\int_{-3}^{7} 5 \, dx = 20$ (Retângulo com base 4 e altura 5).

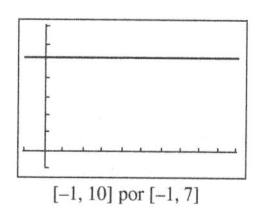

[−1, 10] por [−1, 7]

84. $\int_{-1}^{4} 6\,dx = 30$ (Retângulo com base 5 e altura 6).

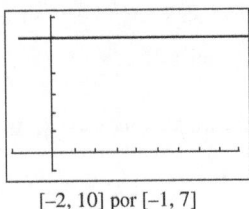

[−2, 10] por [−1, 7]

85. $\int_{0}^{5} 3x\,dx = 37{,}5$ (Triângulo com base 5 e altura 15).

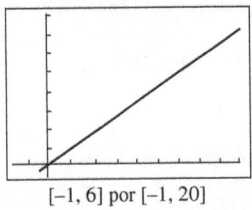

[−1, 6] por [−1, 20]

86. $\int_{1}^{7} 0{,}5x\,dx = 12$ (Trapézio com bases de 0,5 e 3,5 e altura 6).

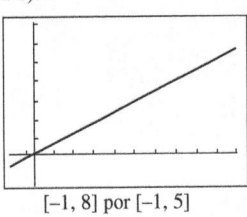

[−1, 8] por [−1, 5]

87. $\int_{1}^{4} (x+3)\,dx = 16{,}5$ (Trapézio com bases 4 e 7 e altura 3).

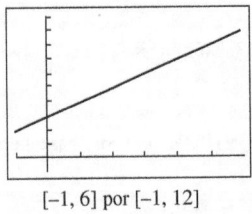

[−1, 6] por [−1, 12]

88. $\int_{1}^{4} (3x-2)\,dx = 16{,}5$ (Trapézio com bases 1 e 10 e altura 3).

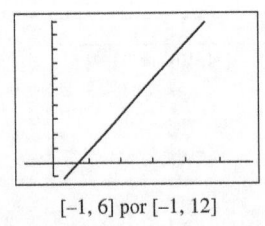

[−1, 6] por [−1, 12]

89. A distância percorrida será a mesma que a área sob o gráfico da velocidade, $v(t) = 32t$, sobre o intervalo [0, 2]. A região triangular tem uma área de $A = 1/2(2)(64) = 64$. A bola cairá a 64 centímetros nos primeiros 2 segundos.

90. Falso. $\lim_{x \to +\infty} f(x) = L$

91. Como $y = 2\sqrt{x}$ representa uma extensão vertical por um fator de 2, a área sob a curva entre $x = 0$ e $x = 9$ é duplicada. A resposta é A.

92. Como $y = \sqrt{x} + 5$ representa uma extensão vertical por 5 unidades para cima, a área é aumentada pela contribuição de um retângulo 9 por 5 — uma área de 45 unidades quadráticas. A resposta é E.

93. $y = \sqrt{x-5}$ é mudado 5 unidades à direita comparado com $y = \sqrt{x}$, mas os limites da integração são mudados 5 unidades à direita também, assim a área não muda. A resposta é C.

94. $y = \sqrt{3x}$ representa um "encolhimento" horizontal por um fator de $\frac{1}{3}$, e o intervalo de integração é 'encolhido' da mesma maneira. Assim, a nova área é $\frac{1}{3}$ da área antiga. A resposta é D.

95. (a)

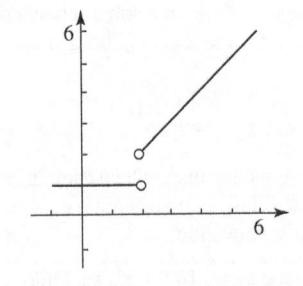

Domínio: $]-\infty, 2[\,\cup\,]2, +\infty[$

Imagem: $\{1\} \cup\,]2, +\infty[$

(b) A área sob f de $x = 0$ para $x = 4$ é um retângulo de comprimento 2 e altura 1 e um trapezoide com bases 4 e 2 e altura 2. Não faz qualquer diferença que a função não tenha valor em $x = 2$.

96.

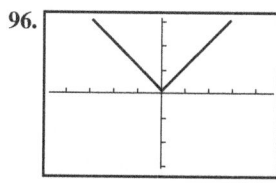

[−4,7; 4,7] por [−3,1; 3,1]

(a) Não, não há nenhuma derivada porque o gráfico não tem inclinação definida em $x = 0$.
(b) Não.

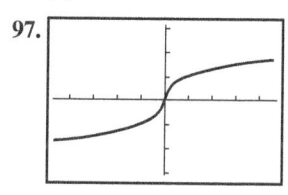

97.

[−4,7; 4,7] por [−3,1; 3,1]

(a) Não, não há nenhuma derivada porque o gráfico tem uma tangente vertical em $x = 0$.
(b) Sim, $x = 0$

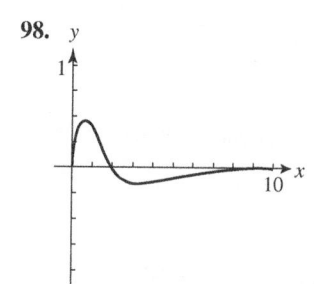

98.

99. (a) $\dfrac{x^4}{2} + c$ (b) $\dfrac{4x^3}{3} - \dfrac{3x^2}{2} + 5x + c$

(c) $\dfrac{x^4}{4} + 5 \cdot \ln|x| + c$ (d) $\dfrac{x^6}{6} - x^2 + c$

(e) $7x - \dfrac{x^2}{2} + c$

(f) $\dfrac{x^4}{2} - \dfrac{5x^3}{3} - 3x^2 + 7x + c$

(g) $\dfrac{2}{3}x\sqrt{x} + c$ (h) $\dfrac{-1}{2x^2} + c$

(i) $\dfrac{5x^2}{2} + \dfrac{2}{3}x\sqrt{x} + c$ (j) $4e^x - \dfrac{x^2}{2} + 3x + c$

(k) $\dfrac{4^x}{\ln 4} + c$ (l) $\dfrac{3^x}{\ln 3} - e^x + c$

APÊNDICE A

Exercícios

1. $3y = 5 - 2x$

$$y = \dfrac{5}{3} - \dfrac{2}{3}x$$

2. $x(y + 1) = 4$

$$y + 1 = \dfrac{4}{x}, x \neq 0$$

$$y = \dfrac{4}{x} - 1$$

3. $(3x + 2)(x - 1) = 0$

$3x + 2 = 0$ ou $x - 1 = 0$

$3x = -2$ $x = 1$

$x = -\dfrac{2}{3}$

4. $x = \dfrac{-5 \pm \sqrt{5^2 - 4(2)(-10)}}{4}$

$= \dfrac{-5 \pm \sqrt{105}}{4}$

$x = \dfrac{-5 + \sqrt{105}}{4}$ ou $\dfrac{-5 - \sqrt{105}}{4}$

5. $x^3 - 4x = 0$

$x(x^2 - 4) = 0$

$x(x - 2)(x + 2) = 0$

$x = 0, x = 2, x = -2$

6. $x^3 + x^2 - 6x = 0$

$x(x^2 + x - 6) = 0$

$x(x + 3)(x - 2) = 0$

$x = 0, x = -3, x = 2$

7. $m = -\dfrac{4}{5}$

$y - 2 = -\dfrac{4}{5}(x + 1)$

$y = -\dfrac{4}{5}x - \dfrac{4}{5} + 2$

$y = \dfrac{-4x + 6}{5}$

8. $-2(2x + 3y) = -2(5)$
$-4x - 6y = -10$

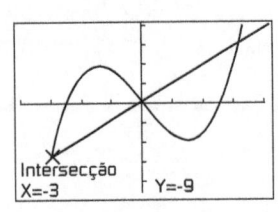

9.

[−4, 4] por [−15, 12]

Intersecção X=−3   Y=−9

10. (a) Não: $5(0) - 2(4) \neq 8$

(b) Sim: $5(2) - 2(1) = 8$ e $2(2) - 3(1) = 1$

(c) Não: $2(-2) - 3(-9) \neq 1$

11. (a) Sim: $-3 = 2^2 - 6(2) + 5$ e $-3 = 2(2) - 7$

(b) Não: $-5 \neq 1^2 - 6(1) + 5$

(c) Sim: $5 = 6^2 - 6(6) + 5$ e $5 = 2(6) - 7$

12. $(x, y) = (9, -2)$: como $y = -2$, temos $x - 4 = 5$, portanto, $x = 9$.

13. $(x, y) = (3, -17)$: como $x = 3$, temos $3 - y = 20$, portanto, $y = -17$.

14. $(x, y) = \left(\dfrac{50}{7}, -\dfrac{10}{7}\right)$: $y = 20 - 3x$, assim,

$x - 2(20 - 3x) = 10$,

$7x = 50$

$x = \dfrac{50}{7}$.

15. $(x, y) = \left(-\dfrac{23}{5}, \dfrac{23}{5}\right)$: $y = -x$,

assim, $2x + 3x = -23$, ou $x = -\dfrac{23}{5}$.

16. $(x, y) = \left(-\dfrac{1}{2}, 2\right)$: $x = (3y - 7)/2$, assim,

$2(3y - 7) + 5y = 8$
$11y = 22$, assim, $y = 2$.

17. $(x, y) = (-3, 2)$: $x = (5y - 16)/2$,
assim, $1,5(5y - 16) + 2y = -5$
$9,5y = 19$,
assim, $y = 2$.

18. Sem solução: $x = 3y + 6$, assim $-2(3y + 6) + 6y = 4$, ou $-12 = 4$. Isso não é verdadeiro.

19. Há infinitas soluções:
$y = 3x + 2$,
assim, $-9x + 3(3x + 2) = 6$,
$6 = 6$ que é sempre verdadeiro.

20. $(x, y) = (\pm 3, 9)$; a segunda equação resulta $y =$ ⁹
assim, $x^2 = 9$, ou $x \pm 3$.

21. $(x, y) = (0, -3)$ ou $(x, y) = (4, 1)$: Como
$x = y + 3$, temos $y + 3 - y^2 = 3y$, ou
$y^2 + 2y - 3 = 0$. Portanto, $y = -3$ ou $y = 1$.

22. $(x, y) = \left(-\dfrac{3}{2}, \dfrac{27}{2}\right)$

ou $(x, y) = \left(\dfrac{1}{3}, \dfrac{2}{3}\right)$:

$6x^2 + 7x - 3 = 0$

$x = -\dfrac{3}{2}$ ou $x = \dfrac{1}{3}$.

Substitua esses valores em $y = 6x^2$.

23. $(x, y) = (-4, 28)$ ou $(x, y) = \left(\dfrac{5}{2}, 15\right)$:

$2x^2 + 3x - 20 = 0$

$x = -4$ ou $x = \dfrac{5}{2}$.

Substitua esses valores em $y = 2x^2 + x$.

24. $(x, y) = (0, 0)$ ou $(x, y) = (3, 18)$:
$3x^2 = x^3$,
$x = 0$ ou $x = 3$.
Substitua esses valores em $y = 2x^2$.

25. $(x, y) = (0, 0)$ ou $(x, y) = (-2, -4)$:
$x^3 + 2x^2 = 0$,
$x = 0$ ou $x = -2$.
Substitua esses valores em $y = -x^2$.

26. $(x, y) = \left(\dfrac{-1 + 3\sqrt{89}}{10}, \dfrac{3 + \sqrt{89}}{10}\right)$ e

$\left(\dfrac{-1 - 3\sqrt{89}}{10}, \dfrac{3 - \sqrt{89}}{10}\right)$:

$x - 3y = -1$,
$x = 3y + 1$.
Substitua $x = 3y + 1$ em
$x^2 + y^2 = 9$:
$(3y - 1)^2 + y^2 = 9$
$\Rightarrow 10y^2 - 6y - 8 = 0$.
Usando a fórmula quadrática,

encontramos que $y = \dfrac{3 \pm \sqrt{89}}{10}$.

27. $(x, y) = \left(\dfrac{52 + 7\sqrt{871}}{65}, \dfrac{91 - 4\sqrt{871}}{65}\right) \cong$

$(3{,}98, -0{,}42)$ ou

$(x, y) = \left(\dfrac{52 - 7\sqrt{871}}{65}, \dfrac{91 + 4\sqrt{871}}{65}\right)$

$\cong (-2{,}38; 3{,}22):$

$\dfrac{1}{16}(13 - 7y)^2 + y^2 = 16,$

$65y^2 - 182y - 87 = 0.$

$y = \dfrac{1}{65}(91 \pm 4\sqrt{871}).$

Substitua em $x = \dfrac{1}{4}(13 - 7y)$ para obter

$x = \dfrac{1}{65}(52 \pm 7\sqrt{871}).$

28. $(x, y) = (8, -2)$: somando as equações obtemos $2x = 16$, assim, $x = 8$. Substituir esse valor em qualquer equação para achar y.

29. $(x, y) = (3, 4)$: somando a primeira equação multiplicada por 2 com a segunda obtemos: $5x = 15$, assim, $x = 3$. Substituir esse valor em qualquer equação para achar y.

30. $(x, y) = (4, 2)$: somando a primeira equação multiplicada por 2 com a segunda obtemos: $11x = 44$, assim, $x = 44$. Substituir esse valor em qualquer equação para achar y.

31. $(x, y) = (-2, 3)$: somando a primeira equação multiplicada por 4 com a segunda multiplicada por 5 obtemos: $31x = -62$, assim, $x = -2$. Substituir esse valor em qualquer equação para achar y.

32. Sem solução: somando a primeira equação multiplicada por 3 com a segunda multiplicada por 2 obtemos $0 = -72$, o que é falso.

33. Há infinitas soluções, qualquer par:

$\left(x, \dfrac{1}{2}x - 2\right).$

Ao somar a primeira equação com a segunda multiplicada por 2 obtemos $0 = 0$, que sempre é verdadeiro. Enquanto (x, y) satisfaz uma equação, também satisfaz a outra.

34. Há infinitas soluções, qualquer par:

$\left(x, \dfrac{2}{3}x - \dfrac{5}{3}\right).$

Somando a primeira equação multiplicada por 3 com a segunda obtemos $0 = 0$, que sempre é verdadeiro. Enquanto (x, y) satisfaz um equação, também satisfaz a outra.

35. Sem solução: somando a primeira equação multiplicada por 2 com a segunda obtemos $0 = 11$, o que é falso.

36. $(x, y) = (0, 1)$ ou $(x, y) = (3, -2)$

37. $(x, y) = (1{,}5; 1)$

38. Sem solução.

39. $(x, y) = (0, -4)$ ou $(x, y) = (\pm\sqrt{7}, 3) = (\pm 2{,}65; 3)$

40. Uma solução.

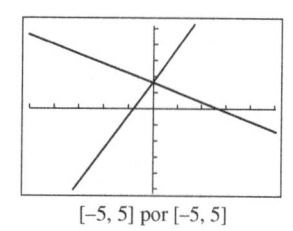

[−5, 5] por [−5, 5]

41. Sem solução.

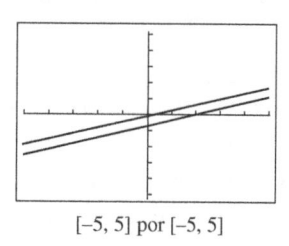

[−5, 5] por [−5, 5]

42. Infinitas soluções.

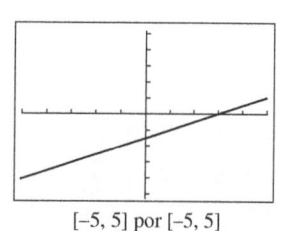

[−5, 5] por [−5, 5]

43. Uma solução.

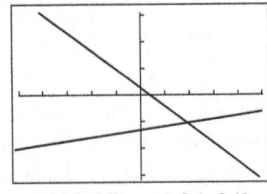

[–4,7, 4,7] por [–3,1, 3,1]

44. $(x, p) = (3{,}75; 143{,}75)$: $200 - 15x = 50 + 25x$, assim $40x = 150$, ou seja, $x = 3{,}75$. Substituir esse valor em qualquer das duas equações para achar p.

45. $(x, p) = (130; 5{,}9)$: $15 - 0{,}07x = 2 + 0{,}03x$, assim $0{,}10x = 13$, ou seja, $x = 130$. Substituir esse valor em qualquer das duas equações para achar p.

46. $200 = 2(x + y)$ e $500 = xy$. Então, $y = 100 - x$, assim, $500 = x(100 - x)$, portanto, $x = 50 \pm 20\sqrt{5}$ e $y = 50 \pm 20\sqrt{5}$. Ambas as respostas correspondem a um retângulo com dimensões aproximadas de 5,28 m × 94,72 m.

47. $4 = -a + b$ e $6 = 2a + b$, assim, $b = a + 4$ e $6 = 3a + 4$. Então, $a = \dfrac{2}{3}$ e $b = \dfrac{14}{3}$.

48. $2a - b = 8$ e $-4a - 6b = 8$, assim, $b = 2a - 8$ e $8 = -4a - 6(2a - 8) = -16a + 48$. Então, $a = \dfrac{40}{16} = \dfrac{5}{2}$ e $b = -3$.

49. Seja $S(x)$ a renda da vendedora e x o total de unidades monetárias vendidas por semana:

Plano A: $S(x) = 300 + 0{,}05x$

Plano B: $S(x) = 600 + 0{,}01x$

Resolvendo essa equação, temos:

$300 + 0{,}05x = 600 + 0{,}01x$

$+ 0{,}04x = 300$

$x = 7.500$

50. Falso.

51. Usando $(x, y) = (3, -2)$,

$2(3) - 3(-2) = 12$

$3 + 2(-2) = -1$

A resposta é C.

52. Uma parábola e um círculo podem interseccionar em pelo menos 4 lugares. A resposta é E.

53. Duas parábolas podem interseccionar em 0, 1, 2, 3 ou 4 lugares, ou infinitos lugares se as parábolas coincidem completamente. A resposta é D.

54. Quando o processo de solução leva a uma identidade (uma equação que é verdadeira para todo (x, y)), o sistema original tem infinitas soluções. A resposta é E.

55. 2 × 3; não é quadrada.

56. 2 × 2; quadrada.

57. 3 × 2; não é quadrada

58. 1 × 3; não é quadrada.

59. 3 × 1; não é quadrada.

60. 1 × 1; quadrada.

61. $a_{13} = 3$

62. $a_{24} = -1$

63. $a_{32} = 4$

64. $a_{33} = -1$

65. (a) $\begin{bmatrix} 3 & 0 \\ -3 & 1 \end{bmatrix}$

(b) $\begin{bmatrix} 1 & 6 \\ 1 & 9 \end{bmatrix}$

(c) $\begin{bmatrix} 6 & 9 \\ -3 & 15 \end{bmatrix}$

(d) $2A - 3B = 2\begin{bmatrix} 2 & 3 \\ -1 & 5 \end{bmatrix} - 3\begin{bmatrix} 1 & -3 \\ -2 & -4 \end{bmatrix} =$

$\begin{bmatrix} 4 & 6 \\ -2 & 10 \end{bmatrix} - \begin{bmatrix} 3 & -9 \\ -6 & -12 \end{bmatrix} = \begin{bmatrix} 1 & 15 \\ 4 & 22 \end{bmatrix}$

66. (a) $\begin{bmatrix} 1 & 1 & 2 \\ 3 & 1 & 1 \\ 6 & -3 & 0 \end{bmatrix}$

(b) $\begin{bmatrix} -3 & -1 & 2 \\ 5 & 1 & -3 \\ -2 & 3 & 2 \end{bmatrix}$

(c) $\begin{bmatrix} -3 & 0 & 6 \\ 12 & 3 & -3 \\ 6 & 0 & 3 \end{bmatrix}$

Respostas 419

67. (a) $\begin{bmatrix} 11 \\ -20 \\ -10 \end{bmatrix}$

(b) $\begin{bmatrix} -7 & 1 \\ 2 & -2 \\ 5 & 2 \end{bmatrix}$

(c) $\begin{bmatrix} -9 & 3 \\ 0 & -3 \\ 6 & 3 \end{bmatrix}$

(d) $2A - 3B = 2\begin{bmatrix} -3 & 1 \\ 0 & -1 \\ 2 & 1 \end{bmatrix} - 3\begin{bmatrix} 4 & 0 \\ -2 & 1 \\ -3 & -1 \end{bmatrix}$

$= \begin{bmatrix} -6 & 2 \\ 0 & -2 \\ 4 & 2 \end{bmatrix} - \begin{bmatrix} 12 & 0 \\ -6 & 3 \\ -9 & -3 \end{bmatrix} = \begin{bmatrix} -12 & 2 \\ 6 & -5 \\ 13 & 5 \end{bmatrix}$

68. (a) $\begin{bmatrix} 3 & 1 & 4 & 1 \\ 3 & 0 & 1 & 0 \end{bmatrix}$

(b) $\begin{bmatrix} 7 & -5 & 2 & 1 \\ -5 & 0 & 3 & 4 \end{bmatrix}$

(c) $\begin{bmatrix} 15 & -6 & 9 & 3 \\ -3 & 0 & 6 & 6 \end{bmatrix}$

(d) $2A - 3B = 2\begin{bmatrix} 5 & -2 & 3 & 1 \\ -1 & 0 & 2 & 2 \end{bmatrix} -$

$3\begin{bmatrix} -2 & 3 & 1 & 0 \\ 4 & 0 & -1 & -2 \end{bmatrix}$

$= \begin{bmatrix} 10 & -4 & 6 & 2 \\ -2 & 0 & 4 & 4 \end{bmatrix} -$

$\begin{bmatrix} -6 & 9 & 3 & 0 \\ 12 & 0 & -3 & -6 \end{bmatrix}$

$= \begin{bmatrix} 16 & -13 & 3 & 2 \\ -14 & 0 & 71 & 10 \end{bmatrix}$

69. (a) $\begin{bmatrix} -3 \\ 1 \\ 4 \end{bmatrix}$

(b) $\begin{bmatrix} -1 \\ 1 \\ -4 \end{bmatrix}$

(c) $\begin{bmatrix} -6 \\ 3 \\ 0 \end{bmatrix}$

(d) $2A - 3B = 2\begin{bmatrix} -2 \\ 1 \\ 0 \end{bmatrix} - 3\begin{bmatrix} -1 \\ 0 \\ 4 \end{bmatrix}$

$= \begin{bmatrix} -4 \\ 2 \\ 0 \end{bmatrix} - \begin{bmatrix} -3 \\ 0 \\ 12 \end{bmatrix} = \begin{bmatrix} -1 \\ 2 \\ -12 \end{bmatrix}$

70. (a) $[0 \quad 0 \quad -2 \quad 3]$

(b) $[-2 \quad -4 \quad 2 \quad 3]$

(c) $[-3 \quad -6 \quad 0 \quad 9]$

(d) $2A - 3B =$

$2[-1 \quad -2 \quad 0 \quad 3]$

$- 3[1 \quad 2 \quad -2 \quad 0]$

$= [-2 \quad -4 \quad 0 \quad 6]$

$- [3 \quad 6 \quad -6 \quad 0]$

$= [-5 \quad -10 \quad 6 \quad 6]$

71. (a) $AB = \begin{bmatrix} (2)(1) + (3)(-2) & (2)(-3) + (3)(-4) \\ (-1)(1) + (5)(-2) & (-1)(-3) + (5)(-4) \end{bmatrix} = \begin{bmatrix} -4 & -18 \\ -11 & -17 \end{bmatrix}$

(b) $BA = \begin{bmatrix} (1)(2) + (-3)(-1) & (1)(3) + (-3)(5) \\ (-2)(2) + (-4)(-1) & (-2)(3) + (-4)(5) \end{bmatrix} = \begin{bmatrix} 5 & -12 \\ 0 & -26 \end{bmatrix}$

72. (a) $AB = \begin{bmatrix} (1)(5) + (-4)(-2) & (1)(1) + (-4)(-3) \\ (2)(5) + (6)(-2) & (2)(1) + (6)(-3) \end{bmatrix} = \begin{bmatrix} 13 & 13 \\ -2 & -16 \end{bmatrix}$

(b) $BA = \begin{bmatrix} (5)(1) + (1)(2) & (5)(-4) + (1)(6) \\ (-2)(1) + (-3)(2) & (-2)(-4) + (-3)(6) \end{bmatrix} = \begin{bmatrix} 7 & -14 \\ -8 & -10 \end{bmatrix}$

420   Pré-cálculo

73. (a) $AB = \begin{bmatrix} (2)(1) + (0)(-3) + (1)(0) & (2)(2) + (0)(1) + (1)(-2) \\ (1)(1) + (4)(-3) + (-3)(0) & (1)(2) + (4)(1) + (-3)(-2) \end{bmatrix} = \begin{bmatrix} 2 & 2 \\ -11 & 12 \end{bmatrix}$

(b) $BA = \begin{bmatrix} (1)(2) + (2)(1) & (1)(0) + (2)(4) & (1)(1) + (2)(-3) \\ (-3)(2) + (1)(1) & (-3)(0) + (1)(4) & (-3)(1) + (1)(-3) \\ (0)(2) + (-2)(1) & (0)(0) + (-2)(4) & (0)(1) + (-2)(-3) \end{bmatrix} = \begin{bmatrix} 4 & 8 & -5 \\ -5 & 4 & -6 \\ -2 & -8 & 6 \end{bmatrix}$

74. (a) $AB =$

$\begin{bmatrix} (1)(5) + (0)(0) + (-2)(-1) + (3)(4) & (1)(-1) + (0)(2) + (-2)(3) + (3)(2) \\ (2)(5) + (1)(0) + (4)(-1) + (-1)(4) & (2)(-1) + (1)(2) + (4)(3) + (-1)(2) \end{bmatrix}$

$= \begin{bmatrix} 19 & -1 \\ 2 & 10 \end{bmatrix}$

(b) $BA =$

$\begin{bmatrix} (5)(1) + (-1)(2) & (5)(0) + (-1)(1) & (5)(-2) + (-1)(4) & (5)(3) + (-1)(-1) \\ (0)(1) + (2)(2) & (0)(0) + (2)(1) & (0)(-2) + (2)(4) & (0)(3) + (2)(-1) \\ (-1)(1) + (3)(2) & (-1)(0) + (3)(1) & (-1)(-2) + (3)(4) & (-1)(3) + (3)(-1) \\ (4)(1) + (2)(2) & (4)(0) + (2)(1) & (4)(-2) + (2)(4) & (4)(3) + (2)(-1) \end{bmatrix}$

$= \begin{bmatrix} 3 & -1 & -14 & 16 \\ 4 & 2 & 8 & -2 \\ 5 & 3 & 14 & -6 \\ 8 & 2 & 0 & 10 \end{bmatrix}$

75. (a) $AB =$

$\begin{bmatrix} (-1)(2) + (0)(-1) + (2)(4) & (-1)(1) + (0)(0) + (2)(-3) & (-1)(0) + (0)(2) + (2)(-1) \\ (4)(2) + (1)(-1) + (-1)(4) & (4)(1) + (1)(0) + (-1)(-3) & (4)(0) + (1)(2) + (-1)(-1) \\ (2)(2) + (0)(-1) + (1)(4) & (2)(1) + (0)(0) + (1)(-3) & (2)(0) + (0)(2) + (1)(-1) \end{bmatrix}$

$= \begin{bmatrix} 6 & -7 & -2 \\ 3 & 7 & 3 \\ 8 & -1 & -1 \end{bmatrix}$

(b) $BA =$

$\begin{bmatrix} (2)(-1) + (1)(4) + (0)(2) & (2)(0) + (1)(1) + (0)(0) & (2)(2) + (1)(-1) + (0)(1) \\ (-1)(-1) + (0)(4) + (2)(2) & (-1)(0) + (0)(1) + (2)(0) & (-1)(2) + (0)(-1) + (2)(1) \\ (4)(-1) + (-3)(4) + (-1)(2) & (4)(0) + (-3)(1) + (-1)(0) & (4)(2) + (-3)(-1) + (-1)(1) \end{bmatrix}$

$= \begin{bmatrix} 2 & 1 & 3 \\ 5 & 0 & 0 \\ -18 & -3 & 10 \end{bmatrix}$

76. (a) $AB =$

$$\begin{bmatrix} (-2)(4) + (3)(0) + (0)(-1) & (-2)(-1) + (3)(2) + (0)(3) & (-2)(2) + (3)(3) + (0)(-1) \\ (1)(4) + (-2)(0) + (4)(-1) & (1)(-1) + (-2)(2) + (4)(3) & (1)(2) + (-2)(3) + (4)(-1) \\ (3)(4) + (2)(0) + (1)(-1) & (3)(-1) + (2)(2) + (1)(3) & (3)(2) + (2)(3) + (1)(-1) \end{bmatrix}$$

$$= \begin{bmatrix} -8 & 8 & 5 \\ 0 & 7 & -8 \\ 11 & 4 & 11 \end{bmatrix}$$

(b) $BA =$

$$\begin{bmatrix} (4)(-2) + (-1)(1) + (2)(3) & (4)(3) + (-1)(-2) + (2)(2) & (4)(0) + (-1)(4) + (2)(1) \\ (0)(-2) + (2)(1) + (3)(3) & (0)(3) + (2)(-2) + (3)(2) & (0)(0) + (2)(4) + (3)(1) \\ (-1)(-2) + (3)(1) + (-1)(3) & (-1)(3) + (3)(-2) + (-1)(2) & (-1)(0) + (3)(4) + (-1)(1) \end{bmatrix}$$

$$= \begin{bmatrix} -3 & 18 & -2 \\ 11 & 2 & 11 \\ 2 & -11 & 11 \end{bmatrix}$$

77. (a) $AB =$

$[(2)(-5) + (-1)(4) + (3)(2)] = [-8]$

(b) $BA =$

$$\begin{bmatrix} (-5)(2) & (-5)(-1) & (-5)(3) \\ (4)(2) & (4)(-1) & (4)(3) \\ (2)(2) & (2)(-1) & (2)(3) \end{bmatrix} = \begin{bmatrix} -10 & 5 & -15 \\ 8 & -4 & 12 \\ 4 & -2 & 6 \end{bmatrix}$$

78. (a) $AB =$

$$\begin{bmatrix} (-2)(-1) & (-2)(2) & (-2)(4) \\ (3)(-1) & (3)(2) & (3)(4) \\ (-4)(-1) & (-4)(2) & (-4)(4) \end{bmatrix} = \begin{bmatrix} 2 & -4 & -8 \\ -3 & 6 & 12 \\ 4 & -8 & -16 \end{bmatrix}$$

(b) $BA = [(-1)(-2) + (2)(3) + (4)(-4)] = [-8]$

79. (a) AB não é possível.

(b) $BA = [(-3)(-1) + (5)(3) \quad (-3)(2) + (5)(4)] = [18 \ 14]$

80. (a) $AB =$

$$\begin{bmatrix} (-1)(5) + (3)(2) & (-1)(-6) + (3)(3) \\ (0)(5) + (1)(2) & (0)(-6) + (1)(3) \\ (1)(5) + (0)(2) & (1)(-6) + (0)(3) \\ (-3)(5) + (-1)(2) & (-3)(-6) + (-1)(3) \end{bmatrix} = \begin{bmatrix} 1 & 15 \\ 2 & 3 \\ 5 & -6 \\ -17 & 15 \end{bmatrix}$$

(b) $BA =$ não é possível.

81. (a) $AB =$

$\begin{bmatrix} (-2)(4) + (3)(0) + (0)(-1) & (-2)(-1) + (3)(2) + (0)(3) & (-2)(2) + (3)(3) + (0)(-1) \\ (1)(4) + (-2)(0) + (4)(-1) & (1)(-1) + (-2)(2) + (4)(3) & (1)(2) + (-2)(3) + (4)(-1) \\ (3)(4) + (2)(0) + (1)(-1) & (3)(-1) + (2)(2) + (1)(3) & (3)(2) + (2)(3) + (1)(-1) \end{bmatrix}$

$= \begin{bmatrix} 1 & 2 & 1 \\ 1 & 0 & 2 \\ 4 & 3 & -1 \end{bmatrix}$

(b) $BA =$

$\begin{bmatrix} (1)(0) + (2)(0) + (1)(1) & (1)(0) + (2)(1) + (1)(0) & (1)(1) + (2)(0) + (1)(0) \\ (2)(0) + (0)(0) + (1)(1) & (2)(0) + (0)(1) + (1)(0) & (2)(1) + (0)(0) + (1)(0) \\ (-1)(0) + (3)(0) + (4)(1) & (-1)(0) + (3)(1) + (4)(0) & (-1)(1) + (3)(0) + (4)(0) \end{bmatrix}$

$= \begin{bmatrix} 1 & 2 & 1 \\ 1 & 0 & 2 \\ 4 & 3 & -1 \end{bmatrix}$

82. (a) $AB =$

$\begin{bmatrix} 0+0-3+0 & 0+0+2+0 & 0+0+1+0 & 0+0+3+0 \\ 0+2+0+0 & 0+1+0+0 & 0+0+0+0 & 0-1+0+0 \\ -1+0+0+0 & 2+0+0+0 & 3+0+0+0 & -4+0+0+0 \\ 0+0+0+4 & 0+0+0+0 & 0+0+0+2 & 0+0+0-1 \end{bmatrix} = \begin{bmatrix} -3 & 2 & 1 & 3 \\ 2 & 1 & 0 & -1 \\ -1 & 2 & 3 & -4 \\ 4 & 0 & 2 & -1 \end{bmatrix}$

(b) $BA =$

$\begin{bmatrix} 0+0+3+0 & 0+2+0+0 & -1+0+0+0 & 0+0+0-4 \\ 0+0+0+0 & 0+1+0+0 & 2+0+0+0 & 0+0+0-1 \\ 0+0+1+0 & 0+2+0+0 & -3+0+0+0 & 0+0+0+3 \\ 0+0+2+0 & 0+0+0+0 & 4+0+0+0 & 0+0+0-1 \end{bmatrix} = \begin{bmatrix} 3 & 2 & -1 & -4 \\ 0 & 1 & 2 & -1 \\ 1 & 2 & -3 & 3 \\ 2 & 0 & 4 & -1 \end{bmatrix}$

83. $a = 5, b = 2$

84. $a = 3, b = -1$

85. $a = -2, b = 0$

86. $a = 1, b = 6$

87. $AB = \begin{bmatrix} (2)(0,8) + (1)(-0,6) & (2)(-0,2) + (1)(0,4) \\ (3)(0,8) + (4)(-0,6) & (3)(-0,2) + (4)(0,4) \end{bmatrix} = \begin{bmatrix} 1 & 0 \\ 0 & 1 \end{bmatrix}$

$BA = \begin{bmatrix} (0,8)(2) + (-0,2)(3) & (0,8)(1) + (-0,2)(4) \\ (-0,2)(2) + (0,4)(3) & (0,6)(1) + (-0,4)(4) \end{bmatrix} = \begin{bmatrix} 1 & 0 \\ 0 & 1 \end{bmatrix}$, assim A e B são inversas.

88. $AB =$

$\begin{bmatrix} (-2)(0) + (1)(0,25) + 3(0,25) & (-2)(1) + (1)(0,5) + (3)(0,5) & (-2)(-2) + (1)(-0,25) + (3)(-1,25) \\ (1)(0) + (2)(0,25) + (-2)(0,25) & (1)(1) + (2)(0,5) + (-2)(0,5) & (1)(-2) + (2)(-0,25) + (-2)(-1,25) \\ (0)(0) + (1)(0,25) + (-1)(0,25) & (0)(1) + (1)(0,5) + (-1)(0,5) & (0)(-2) + (1)(-0,25) + (-1)(-1,25) \end{bmatrix}$

$= \begin{bmatrix} 1 & 0 & 0 \\ 0 & 1 & 0 \\ 0 & 0 & 1 \end{bmatrix}$

$$BA =$$
$$\begin{bmatrix} (0)(-2) + (1)(1) + (-2)(0) & (0)(1) + (1)(2) + (-2)(1) & (0)(3) + (1)(-2) + (-2)(-1) \\ (0,25)(-2) + (0,5)(1) + (-0,25)(0) & (0,25)(1) + (0,5)(2) + (-0,25)(1) & (0,25)(3) + (0,5)(-2) + (-0,25)(-1) \\ (0,25)(-2) + (0,5)(1) + (-1,25)(0) & (0,25)(1) + (0,5)(2) + (-1,25)(1) & (0,25)(3) + (0,5)(-2) + (-1,25)(-1) \end{bmatrix}$$

$$= \begin{bmatrix} 1 & 0 & 0 \\ 0 & 1 & 0 \\ 0 & 0 & 1 \end{bmatrix}, \text{ assim } A \text{ e } B \text{ são inversas.}$$

89.
$$\begin{bmatrix} 2 & 3 \\ 2 & 2 \end{bmatrix}^{-1} = \frac{1}{(2)(2) - (2)(3)} \begin{bmatrix} 2 & -3 \\ -2 & 2 \end{bmatrix}$$

$$= -\frac{1}{2} \begin{bmatrix} 2 & -3 \\ -2 & 2 \end{bmatrix} = \begin{bmatrix} -1 & 1,5 \\ 1 & -1 \end{bmatrix}$$

90. Não existe inversa: o determinante é $(6)(5) - (10)(3) = 0$.

91. Não existe inversa: o determinante (encontrado com calculadora) é 0.

92. Usando calculadora:
$$\begin{bmatrix} 2 & 3 & -1 \\ -1 & 0 & 4 \\ 0 & 1 & 1 \end{bmatrix}^{-1}$$

$$= \begin{bmatrix} 1 & 1 & -3 \\ -0,25 & -0,5 & 1,75 \\ 0,25 & 0,5 & -0,75 \end{bmatrix}$$

Para confirmar, faça a multiplicação.

93. Use a linha 2 ou coluna 2 como possuem os maiores números de zeros. Usando a coluna 2:

$$\begin{vmatrix} 2 & 1 & 1 \\ -1 & 0 & 2 \\ 1 & 3 & -1 \end{vmatrix} = (1)(-1)^3 \begin{vmatrix} -1 & 2 \\ 1 & -1 \end{vmatrix}$$

$$+ (0)(-1)^4 \begin{vmatrix} 2 & 1 \\ 1 & -1 \end{vmatrix} + (3)(-1)^5 \begin{vmatrix} 2 & 1 \\ -1 & 2 \end{vmatrix}$$

$$= (-1)(1 - 2) + 0 + (-3)(4 + 1)$$
$$= 1 + 0 - 15$$
$$= -14$$

94. Use a linha 1 ou 4 ou coluna 2 ou 3 como possuem os maiores números de zeros. Usando a coluna 3:

$$\begin{vmatrix} 1 & 0 & 2 & 0 \\ 0 & 1 & 2 & 3 \\ 1 & -1 & 0 & 2 \\ 1 & 0 & 0 & 3 \end{vmatrix} = (2)(-1)^4 \begin{vmatrix} 0 & 1 & 3 \\ 1 & -1 & 2 \\ 1 & 0 & 3 \end{vmatrix}$$

$$+ (2)(-1)^5 \begin{vmatrix} 1 & 0 & 0 \\ 1 & -1 & 2 \\ 1 & 0 & 3 \end{vmatrix} + 0 + 0$$

$$= 2 \cdot \left[0 + 1(-1)^3 \begin{vmatrix} 1 & 3 \\ 0 & 3 \end{vmatrix} + 1(-1)^4 \begin{vmatrix} 1 & 3 \\ -1 & 2 \end{vmatrix} \right]$$

$$-2 \left[1(-1)^2 \begin{vmatrix} -1 & 2 \\ 0 & 3 \end{vmatrix} + 0 + 0 \right]$$

$$= 2((-1)(3 - 0) + (1)(2 + 3)) - 2((1)(-3 - 0))$$
$$= 2(-3 + 5) - 2(-3)$$
$$= 4 + 6$$
$$= 10$$

95. $3X = B - A$

$$X = \frac{B - A}{3} = \frac{1}{3}\left(\begin{bmatrix} 4 \\ 2 \end{bmatrix} - \begin{bmatrix} 1 \\ 3 \end{bmatrix}\right) = \frac{1}{3}\begin{bmatrix} 3 \\ -1 \end{bmatrix} = \begin{bmatrix} 1 \\ -\frac{1}{3} \end{bmatrix}$$

96. $2X = B - A$

$$X = \frac{B - A}{2} = \frac{1}{2}\left(\begin{bmatrix} 1 & 4 \\ 1 & -1 \end{bmatrix} - \begin{bmatrix} -1 & 2 \\ 0 & 3 \end{bmatrix}\right)$$

$$= \frac{1}{2}\begin{bmatrix} 2 & 2 \\ 1 & -4 \end{bmatrix} = \begin{bmatrix} 1 & 1 \\ \frac{1}{2} & -2 \end{bmatrix}$$

97.
$$B = \begin{bmatrix} 1,1\cdot 120 & 1,1\cdot 70 \\ 1,1\cdot 150 & 1,1\cdot 110 \\ 1,1\cdot 80 & 1,1\cdot 160 \end{bmatrix} = \begin{bmatrix} 132 & 77 \\ 165 & 121 \\ 88 & 176 \end{bmatrix}$$

$B = 1,1A.$

98. (a)
$$SP = \begin{bmatrix} 16 & 10 & 8 & 12 \\ 12 & 0 & 10 & 14 \\ 4 & 12 & 0 & 8 \end{bmatrix} \begin{bmatrix} \$180 & \$269,99 \\ \$275 & \$399,99 \\ \$355 & \$499,99 \\ \$590 & \$799,99 \end{bmatrix}$$

$$= \begin{bmatrix} \$15.550 & \$21.919,54 \\ \$13.970 & \$11.439,74 \\ \$8.740 & \$12.279,76 \end{bmatrix}$$

(b) Os valores no atacado e no varejo de todo o estoque na loja i estão representados por a_{i1} e a_{i2}, respectivamente, na matriz SP.

99. (a) Receita total = soma de (preço cobrado)(número vendido)
$= AB^T$ ou BA^T

(b) Lucro = receita total − custo total
$= AB^T - CB^T$
$= (A - C)B^T$

100. Respostas variarão. Uma resposta possível é dada.

(a) $A + B = [a_{ij} + b_{ij}] = [b_{ij} + a_{ij}]$
$= B + A$

(b) $(A + B) + C = [a_{ij} + b_{ij}] + C$
$= [a_{ij} + b_{ij} + c_{ij}]$
$= [a_{ij} + (b_{ij} + c_{ij})] = A + [b_{ij} + c_{ij}]$
$= A + (B + C)$

(c) $A(B + C) = A[b_{ij} + c_{ij}] = = [\sum_k a_{ik}(b_{kj} + c_{kj})]$
(seguindo as regras da multiplicação de matriz)

$= [\sum_k (a_{ik}b_{kj} + a_{ik}c_{kj})]$

$= [\sum_k a_{ik}b_{kj} + \sum_k a_{ik}c_{kj}]$

$= [\sum_k a_{ik}b_{kj}] + [\sum_k a_{ik}c_{kj}] = AB + AC$

(d) $(A - B)C = [a_{ij} - b_{ij}]C = [\sum_k (a_{ik} - b_{ik})c_{ki}]$

$= [\sum_k (a_{ik}c_{ki} + b_{ik}c_{ki})]$

$= [\sum_k a_{ik}c_{ki} - \sum_k b_{ik}c_{ki}]$

$= [\sum_k a_{ik}c_{ki}] - [\sum_k b_{ik}c_{ki}] = AC - BC$

101. Respostas variarão. Uma resposta possível é dada.
(a) $c(A + B) = c[a_{ij} + b_{ij}] = [ca_{ij} + cb_{ij}] = cA + cB$
(b) $(c + d)A = (c + d)[a_{ij}] = c[a_{ij}] + d[a_{ij}]$
$= cA + dA$
(c) $c(dA) = c[da_{ij}] = [cda_{ij}] = cd[a_{ij}] = cdA$
(d) $1 \cdot A = 1 \cdot [a_{ij}] = [a_{ij}] = A$

102.
$$AI_n = \begin{bmatrix} a_{11} & a_{12} & \cdots & a_{1n} \\ a_{21} & a_{22} & \cdots & a_{2n} \\ \vdots & \vdots & & \vdots \\ a_{n1} & a_{n2} & \cdots & a_{nn} \end{bmatrix} \begin{bmatrix} 1 & 0 & \cdots & 0 \\ 0 & 1 & \cdots & 0 \\ \vdots & \vdots & \ddots & \vdots \\ 0 & 0 & \cdots & 1 \end{bmatrix}$$

$$= \begin{bmatrix} a_{11} + 0\cdot a_{12} + \ldots + 0\cdot a_{1n} & 0\cdot a_{11} + a_{12} + 0\cdot a_{13} + \ldots + 0\cdot a_{1n} & \cdots & 0\cdot a_{11} + 0\cdot a_{12} + \ldots + a_{1n} \\ a_{21} + 0\cdot a_{22} + \ldots + 0\cdot a_{2n} & 0\cdot a_{21} + a_{22} + 0\cdot a_{23} + \ldots + 0\cdot a_{2n} & \cdots & 0\cdot a_{21} + 0\cdot a_{22} + \ldots + a_{2n} \\ \vdots & \vdots & & \vdots \\ a_{n1} + 0\cdot a_{n2} + \ldots + 0\cdot a_{nn} & 0\cdot a_{n1} + a_{n2} + 0\cdot a_{n3} + \ldots + 0\cdot a_{nn} & \cdots & 0\cdot a_{n1} + 0\cdot a_{n2} + \ldots + a_{nn} \end{bmatrix}$$

$$= \begin{bmatrix} a_{11} & a_{12} & \cdots & a_{1n} \\ a_{21} & a_{22} & \cdots & a_{2n} \\ \vdots & \vdots & & \vdots \\ a_{n1} & a_{n2} & \cdots & a_{nn} \end{bmatrix} = A.$$ Podemos fazer o mesmo para $I_n A = A$.

103. $2(-1) - (-3)(4) = 10$. A resposta é C.

104. A matriz AB tem o mesmo número de linhas que A e o mesmo número de colunas que B. A resposta é B.

105. $\begin{bmatrix} 2 & 7 \\ 1 & 4 \end{bmatrix}^{-1} = \dfrac{1}{2(4) - 1(7)} \begin{bmatrix} 4 & -7 \\ -1 & 2 \end{bmatrix} = \begin{bmatrix} 4 & -7 \\ -1 & 2 \end{bmatrix}$

A resposta é E.

106. O valor na linha 1, coluna 3 é 3. A resposta é D.

APÊNDICE B

Exercícios

1. Há 3 possibilidades para quem fica à esquerda e 2 possibilidades restantes para quem fica no meio, e uma possibilidade restante para quem fica à direita: $3 \cdot 2 \cdot 1 = 6$.

2. Qualquer uma das 4 tarefas pode ser priorizada como a mais importante, e qualquer das 3 tarefas restantes pode ser como a menos; continuando com essa ideia: $4 \cdot 3 \cdot 2 \cdot 1 = 24$.

3. Qualquer um dos 5 livros pode ser colocado à esquerda, e qualquer dos 4 livros restantes pode ser próximo a ele; continuando com essa ideia: $5 \cdot 4 \cdot 3 \cdot 2 \cdot 1 = 120$.

4. Qualquer um dos 5 cachorros pode receber o primeiro prêmio, e qualquer dos 4 cachorros restantes pode receber o segundo lugar: $5 \cdot 4 \cdot 3 \cdot 2 \cdot 1 = 120$.

5. Há $3 \cdot 4 = 12$ possibilidades de caminhos. Nos 3 diagramas, $B1$ representa a primeira rodovia da cidade A para a cidade B etc.

6. $4 \cdot 3 \cdot 2 \cdot 1 = 24$

7. $\dfrac{6!}{(6-2)!} = \dfrac{6 \cdot 5 \cdot 4!}{4!} = 30$

8. $\dfrac{10!}{7!(10-7)!} = \dfrac{10 \cdot 9 \cdot 8 \cdot 7!}{7! \cdot 3 \cdot 2 \cdot 1} = 120$

9. $(3 \cdot 2 \cdot 1)(1) = 6$

10. $\dfrac{9!}{(9-2)!} = \dfrac{9 \cdot 8 \cdot 7!}{7!} = 72$

11. $\dfrac{10!}{3!(10-3)!} = \dfrac{10 \cdot 9 \cdot 8 \cdot 7!}{3! \cdot 7!} = \dfrac{10 \cdot 9 \cdot 8}{3 \cdot 2 \cdot 1} = 120$

12. Há 6 possibilidades para o dado vermelho e 6 para o dado verde: $6 \cdot 6 = 36$.

13. Há 2 possibilidades para cada vez que a moeda for lançada: $2^{10} = 1.024$.

14. $_{48}C_3 = \dfrac{48!}{3!(48-3)!} = \dfrac{48!}{3!45!} = 17.296$

15. Escolhidas 7 seqüências de 20:

    $_{20}C_7 = \dfrac{20!}{7!(20-7)!} = \dfrac{20!}{7!13!} = 77.520$

16. $_8C_3 = \dfrac{8!}{3!(8-3)!} = \dfrac{8!}{3!5!} = 56$

17. $_{20}C_8 = \dfrac{20!}{8!(20-8)!} = \dfrac{20!}{8!12!} = 125.970$

18. $2^9 - 1 = 511$ (excluímos aqui o resultado possível de um conjunto vazio)

19. Como cada ingrediente pode ser incluído ou não, o número total de possibilidades com n ingredientes é 2^n. Como $2^{11} = 2.048$ é menor que 4.000, mas $2^{12} = 4.096$ é maior que 4.000, o dono da pizzaria oferece pelo menos 12 ingredientes.

20. Há 2^n subconjunto, dos quais $2^n - 2$ são subconjuntos próprios.

21. $2^{10} = 1.024$

22. $5^{10} = 9.765.625$

23. Verdadeiro.

24. Falso.

25. Há $\binom{6}{2} = 15$ combinações diferentes de vegetais.

O número total é $4 \cdot 15 \cdot 6 = 360$. A resposta é D.

26. $_nP_n = \dfrac{n!}{(n-n)!} = n!$ A resposta é B.

27. $x^2 + 2xy + y^2$

28. $a^2 + 2ab + b^2$

29. $25x^2 - 10xy + y^2$

30. $a^2 - 6ab + 9b^2$

31. $9s^2 + 12st + 4t^2$

32. $9p^2 - 24pq + 16q^2$

33. $u^3 + 3u^2v + 3uv^2 + v^3$

34. $b^3 - 3b^2c + 3bc^2 - c^3$

35. $8x^3 - 36x^2y + 54xy^2 - 27y^3$

36. $64m^3 + 144m^2n + 108mn^2 + 27n^3$

37. $(a + b)^4 = \binom{4}{0}a^4b^0 + \binom{4}{1}a^3b^1 + \binom{4}{2}a^2b^2$
$+ \binom{4}{3}a^1b^3 + \binom{4}{4}a^0b^4$
$= a^4 + 4a^3b + 6a^2b^2 + 4ab^3 + b^4$

38. $(a + b)^6 = \binom{6}{0}a^6b^0 + \binom{6}{1}a^5b^1 + \binom{6}{2}a^4b^2$
$+ \binom{6}{3}a^3b^3 + \binom{6}{4}a^2b^4 + \binom{6}{5}a^1b^5 + \binom{6}{6}a^0b^6$
$= a^6 + 6a^5b + 15a^4b^2 + 20a^3b^3 + 15a^2b^4$
$+ 6ab^5 + b^6$

39. $(x + y)^7 = \binom{7}{0}x^7y^0 + \binom{7}{1}x^6y^1 + \binom{7}{2}x^5y^2$
$+ \binom{7}{3}x^4y^3 + \binom{7}{4}x^3y^4 + \binom{7}{5}x^2y^5 + \binom{7}{6}x^1y^6$
$+ \binom{7}{7}x^0y^7$
$= x^7 + 7x^6y + 21x^5y^2 + 35x^4y^3$
$+ 35x^3y^4 + 21x^2y^5 + 7xy^6 + y^7$

40. $(x + y)^{10} = \binom{10}{0}x^{10}y^0 + \binom{10}{1}x^9y^1 + \binom{10}{2}x^8y^2$
$+ \binom{10}{3}x^7y^3 + \binom{10}{4}x^6y^4$
$+ \binom{10}{5}x^5y^5 + \binom{10}{6}x^4y^6$
$+ \binom{10}{7}x^3y^7 + \binom{10}{8}x^2y^8$
$+ \binom{10}{9}x^1y^9 + \binom{10}{10}x^0y^{10}$
$= x^{10} + 10x^9y + 45x^8y^2 + 120x^7y^3 + 210x^6y^4$
$+ 252x^5y^5 + 210x^4y^6 + 120x^3y^7$
$+ 45x^2y^8 + 10xy^9 + y^{10}$

41. Use as entradas na linha 3 como coeficientes:
$(x + y)^3 = x^3 + 3x^2y + 3xy^2 + y^3$

42. Use as entradas na linha 5 como coeficientes:
$(x + y)^5 = x^5 + 5x^4y + 10x^3y^2 + 10x^2y^3$
$+ 5xy^4 + y^5$

43. Use as entradas na linha 8 como coeficientes:
$(p + q)^8 = p^8 + 8p^7q + 28p^6q^2 + 56p^5q^3$
$+ 70p^4q^4 + 56p^3q^5 + 28p^2q^6 + 8pq^7 + q^8$

44. Use as entradas na linha 9 como coeficientes:
$(p + q)^9 = p^9 + 9p^8q + 36p^7q^2 + 84p^6q^3$
$+ 126p^5q^4 + 126p^4q^5 + 84p^3q^6 + 36p^2q^7$
$+ 9pq^8 + q^9$

45. $\binom{9}{2} = \dfrac{9!}{2!7!} = \dfrac{9 \cdot 8}{2 \cdot 1} = 36$

46. $\binom{15}{11} = \dfrac{15!}{11!4!} = \dfrac{15 \cdot 14 \cdot 13 \cdot 12}{4 \cdot 3 \cdot 2 \cdot 1} = 1365$

47. $\binom{166}{166} = \dfrac{166!}{166!0!} = 1$

48. $\binom{166}{0} = \dfrac{166!}{0!166!} = 1$

49. $\binom{14}{3} = \binom{14}{11} = 364$

50. $\binom{13}{8} = \binom{13}{5} = 1287$

51. $(-2)^8\binom{12}{8} = (-2)^8\binom{12}{4} = 126.720$

52. $(-3)^4 \binom{11}{4} = (-3)^4 \binom{11}{7} = 26.730$

53. $f(x) = (x-2)^5$
$= x^5 + 5x^4(-2) + 10x^3(-2)^2 + 10x^2(-2)^3$
$+ 5x(-2)^4 + (-2)^5$
$= x^5 - 10x^4 + 40x^3 - 80x^2 + 80x - 32$

54. $g(x) = (x+3)^6$
$= x^6 + 6x^5 \cdot 3 + 15x^4 \cdot 3^2 + 20x^3 \cdot 3^3$
$+ 15x^2 \cdot 3^4 + 6x \cdot 3^5 + 3^6$
$= x^6 + 18x^5 + 135x^4 + 540x^3 + 1215x^2$
$+ 1458x + 729$

55. $h(x) = (2x-1)^7$
$= (2x)^7 + 7(2x)^6(-1) + 21(2x)^5(-1)^2$
$+ 35(2x)^4(-1)^3 + 35(2x)^3(-1)^4$
$+ 21(2x)^2(-1)^5 + 7(2x)(-1)^6 + (-1)^7$
$= 128x^7 - 448x^6 + 672x^5 - 560x^4 + 280x^3$
$- 84x^2 + 14x - 1$

56. $f(x) = (3x+4)^5$
$= (3x)^5 + 5(3x)^4 \cdot 4 + 10(3x)^3 \cdot 4^2$
$+ 10(3x)^2 \cdot 4^3 + 5(3x) \cdot 4^4 + 4^5$
$= 243x^5 + 1620x^4 + 4320x^3 + 5760x^2 + 3840x$
$+ 1024$

57. $(2x+y)^4 = (2x)^4 + 4(2x)^3 y + 6(2x)^2 y^2$
$+ 4(2x)y^3 + y^4$
$= 16x^4 + 32x^3 y + 24x^2 y^2 + 8xy^3 + y^4$

58. $(2y - 3x)^5 = (2y)^5 + 5(2y)^4(-3x)$
$+ 10(2y)^3(-3x)^2 + 10(2y)^2(-3x)^3$
$+ 5(2y)(-3x)^4 + (-3x)^5$
$= 32y^5 - 240y^4 x + 720y^3 x^2 - 1080y^2 x^3$
$+ 810yx^4 - 243x^5$

59. $(\sqrt{x} - \sqrt{y})^6 = (\sqrt{x})^6 + 6(\sqrt{x})^5(-\sqrt{y})$
$+ 15(\sqrt{x})^4 \cdot (-\sqrt{y})^2 + 20(\sqrt{x})^3(-\sqrt{y})^3$
$+ 15(\sqrt{x})^2(-\sqrt{y})^4$
$+ 6(\sqrt{x})(-\sqrt{y})^5 + (-\sqrt{y})^6$
$= x^3 - 6x^{5/2} y^{1/2} + 15x^2 y - 20x^{3/2} y^{3/2}$
$+ 15xy^2 - 6x^{1/2} y^{5/2} + y^3$

60. $(\sqrt{x} + \sqrt{3})^4 = (\sqrt{x})^4 + 4(\sqrt{x})^3(\sqrt{3})$
$+ 6(\sqrt{x})^2 \cdot (\sqrt{3})^2$
$+ 4(\sqrt{x})(\sqrt{3})^3 + (\sqrt{3})^4$
$= x^2 + 4x\sqrt{3x} + 18x + 12\sqrt{3x} + 9$

61. $(x^{-2} + 3)^5 = (x^{-2})^5 + 5(x^{-2})^4 \cdot 3 + 10(x^{-2})^3 \cdot 3^2$
$+ 10(x^{-2})^2 \cdot 3^3 + 5(x^{-2}) \cdot 3^4 + 3^5$
$= x^{-10} + 15x^{-8} + 90x^{-6} + 270x^{-4}$
$+ 405x^{-2} + 243$

62. $(a - b^{-3})^7 = a^7 + 7a^6(-b^{-3}) + 21a^5(-b^{-3})^2$
$+ 35a^4(-b^{-3})^3 + 35a^3(-b^{-3})^4$
$+ 21a^2(-b^{-3})^5 + 7a(-b^{-3})^6 + (-b^{-3})^7$
$= a^7 - 7a^6 b^{-3} + 21a^5 b^{-6} - 35a^4 b^{-9}$
$+ 35a^3 b^{-12} - 21a^2 b^{-15} + 7ab^{-18} - b^{-21}$.

63. $\binom{n}{1} = \dfrac{n!}{1!(n-1)!} = n = \dfrac{n!}{(n-1)!1!}$

$= \dfrac{n!}{(n-1)![n-(n-1)]!} = \binom{n}{n-1}$

64. $\binom{n}{r} = \dfrac{n!}{r!(n-r)!} = \dfrac{n!}{(n-r)!r!}$

$= \dfrac{n!}{(n-r)![n-(n-r)]!} = \binom{n}{n-r}$

65. $\binom{n-1}{r-1} + \binom{n-1}{r}$

$= \dfrac{(n-1)!}{(r-1)![(n-1)-(r-1)]!} + \dfrac{(n-1)!}{r!(n-1-r)!}$

$= \dfrac{r(n-1)!}{r(r-1)!(n-r)!} + \dfrac{(n-1)!(n-1)}{r!(n-r)(n-r-1)!}$

$= \dfrac{r(n-1)!}{r!(n-r)!} + \dfrac{(n-r)(n-1)!}{r!(n-r)!}$

$= \dfrac{(r+n-r)(n-1)!}{r!(n-r)!}$

$= \dfrac{n!}{r!(n-r)!} = \binom{n}{r}$

66. (a) Qualquer par (n, m) de inteiros não negativos — com exceção de $(1, 1)$ — fornece um contraexemplo. Por exemplo, $n = 2$ e $m = 3$: $(2 + 3)! = 5! = 120$, mas $2! + 3! = 2 + 6 = 8$.

(b) Qualquer par (n, m) de inteiros não negativos — com exceção de $(0, 0)$ ou qualquer par $(1, m)$ ou $(n, 1)$ — fornece um contraexemplo. Por exemplo, $n = 2$ e $m = 3$: $(2 \cdot 3)! = 6! = 720$, mas $2! \cdot 3! = 2 \cdot 6 = 12$.

67. $\binom{n}{2} + \binom{n+1}{2} = \dfrac{n!}{2!(n-2)!} + \dfrac{(n+1)!}{2!(n-1)!}$

$= \dfrac{n(n-1)}{2} + \dfrac{(n+1)(n)}{2}$

$= \dfrac{n^2 - n + n^2 + n}{2} = n^2$

68. $\binom{n}{n-2} + \binom{n+1}{n-1} = \dfrac{n!}{(n-2)![n-(n-2)]!}$

$+ \dfrac{(n+1)!}{(n-1)![(n+1)-(n-1)]!}$

$= \dfrac{n!}{(n-2)!\,2!} + \dfrac{(n+1)!}{(n-1)!\,2!}$

$= \dfrac{n(n-1)}{2} + \dfrac{(n+1)n}{2}$

$= \dfrac{n^2 - n + n^2 + n}{2} = n^2$

69. Verdadeiro.
70. Verdadeiro.
71. O quinto termo da expansão $\binom{8}{4}(2x)^4(1)^4$
= $1.120x^4$. A resposta é C.
72. Os dois menores números na linha 10 são 1 e 10. A resposta é B.
73. A soma dos coeficientes de $(3x - 2y)^{10}$ é a mesma que o valor de $(3x - 2y)^{10}$ quando $x = 1$ e $y = 1$. A resposta é A.
74. Os termos pares nas duas expressões são com sinais contrários e cancelados, enquanto os termos ímpares são idênticos e são somados. A resposta é D.

APÊNDICE C

Revisão rápida

1. $\sqrt{(2-(-1))^2 + (5-3)^2} = \sqrt{9+4} = \sqrt{13}$
2. $\sqrt{(a-2)^2 + (b+3)^2}$
3. $\sqrt{(2-(-3))^2 + (4-(-2))^2} = \sqrt{5^2 + 6^2} = \sqrt{61}$
4. $\sqrt{(a-(-3))^2 + (b-(-4))^2}$
$= \sqrt{(a+3)^2 + (b+4)^2}$

5. $\sqrt{(-7-4)^2 + (-8-(-3))^2}$
$= \sqrt{(-11)^2 + (-5)^2} = \sqrt{146}$

6. $\sqrt{(b-a)^2 + (c-(-3))^2}$
$= \sqrt{(b-a)^2 + (c+3)^2}$

7. $y^2 = 4x$

$y = \pm 2\sqrt{x}$

8. $y^2 = 5x$

$y = \pm\sqrt{5x}$

9. $4y^2 + 9x^2 = 36$

$4y^2 = 36 - 9x^2$

$y = \pm\sqrt{\dfrac{36 - 9x^2}{4}} = \pm\dfrac{3}{2}\sqrt{4 - x^2}$

10. $25x^2 + 36y^2 = 900$

$36y^2 = 900 - 25x^2$

$y = \pm\sqrt{\dfrac{900 - 25x^2}{36}} = \pm\dfrac{5}{6}\sqrt{36 - x^2}$

11. $9y^2 - 16x^2 = 144$

$9y^2 = 144 + 16x^2$

$y = \pm\dfrac{4}{3}\sqrt{9 + x^2}$

12. $4x^2 - 36y^2 = 144$

$36y^2 = 4x^2 - 144$

$y = \pm\dfrac{2}{6}\sqrt{x^2 - 36}$

$y = \pm\dfrac{1}{3}\sqrt{x^2 - 36}$

13. $y + 7 = -(x^2 - 2x)$

$y + 7 - 1 = -(x-1)^2$

$y + 6 = -(x-1)^2$

14. $y + 5 = 2(x^2 + 3x)$

$y + 5 + \dfrac{9}{2} = 2\left(x + \dfrac{3}{2}\right)^2$

$y + \dfrac{19}{2} = 2\left(x + \dfrac{3}{2}\right)^2$

15. Vértice: (1, 5). Eixo de simetria $x = 1$.
16. Vértice: (3, 19), pois $f(x) = -2(x - 3)^2 + 19$.
Eixo de simetria $x = 3$.
17. $f(x) = a(x + 1)^2 + 3$, logo:
$1 = a + 3$, $a = -2$, $f(x) = -2(x + 1)^2 + 3$.
18. $f(x) = a(x - 2)^2 - 5$, logo: $13 = 9a - 5$, $a = 2$,
$f(x) = 2(x - 2)^2 - 5$
19. $3x + 12 = (10 - \sqrt{3x - 8})^2$

$3x + 12 = 100 - 20\sqrt{3x - 8} + 3x - 8$

$-80 = -20\sqrt{3x - 8}$

$4 = \sqrt{3x - 8}$

$16 = 3x - 8$

$3x = 24$

$x = 8$

20. $6x + 12 = (1 + \sqrt{4x + 9})^2$

$6x + 12 = (1 + 2\sqrt{4x + 9} + 4x + 9)$

$2x + 2 = 2\sqrt{4x + 9}$

$x + 1 = \sqrt{4x + 9}$

$x^2 + 2x + 1 = 4x + 9$

$x^2 - 2x - 8 = 0$

$(x - 4)(x + 2) = 0$

$x = 4$

21. $6x^2 + 12 = (11 - \sqrt{6x^2 + 1})^2$

$6x^2 + 12 = 121 - 22\sqrt{6x^2 + 1} + 6x^2 + 1$

$-110 = -22\sqrt{6x^2 + 1}$

$6x^2 + 1 = 25$

$6x^2 - 24 = 0$

$x^2 - 4 = 0$

$x = 2, x = -2$

22. $2x^2 + 8 = (8 - \sqrt{3x^2 + 4})^2$

$2x^2 + 8 = 64 - 16\sqrt{3x^2 + 4} + 3x^2 + 4$

$0 = x^2 - 16\sqrt{3x^2 + 4} + 60$

$x^2 + 60 = (16\sqrt{3x^2 + 4})^2$

$x^4 + 120x^2 + 3.600 = 256(3x^2 + 4)$

$x^4 - 648x^2 + 2.576 = 0$

$x = 2, x = -2$

23. $\sqrt{3x + 12} = 10 + \sqrt{3x - 8}$

$3x + 12 = 100 + 20\sqrt{3x - 8} + 3x - 8$

$-80 = 20\sqrt{3x - 8}$

$-4 = \sqrt{3x - 8}$ sem solução

24. $\sqrt{4x + 12} = 1 + \sqrt{x + 8}$

$4x + 12 = 1 + 2\sqrt{x + 8} + x + 8$

$3x + 3 = 2\sqrt{x + 8}$

$9x^2 + 18x + 9 = 4x + 32$

$9x^2 + 14x - 23 = 0$

$x = \dfrac{-14 + \sqrt{196 - 4(9)(-23)}}{18}$

$x = \dfrac{-14 \pm 32}{18}$

$x = 1$ ou $x = -\dfrac{23}{9}$

Quando $x = -\dfrac{23}{9}$,

$\sqrt{4x + 12} - \sqrt{x + 8}$

$= \sqrt{\dfrac{16}{9}} - \sqrt{\dfrac{49}{9}} = \dfrac{4}{3} - \dfrac{7}{3} = -1$

A única solução é $x = 1$.

25. $\sqrt{6x^2 + 12} = 1 + \sqrt{6x^2 + 1}$

$6x^2 + 12 = 1 + 2\sqrt{6x^2 + 1} + 6x^2 + 1$

$10 = 2\sqrt{6x^2 + 1}$

$25 = 6x^2 + 1$

$6x^2 - 24 = 0$

$x^2 - 4 = 0$

$x = 2, x = -2$

26. $\sqrt{2x^2 + 12} = -8 + \sqrt{3x^2 + 4}$

$2x^2 + 12 = 64 - 16\sqrt{3x^2 + 4} + 3x^2 + 4$

$x^2 + 56 = 16\sqrt{3x^2 + 4}$

$x^4 + 112x^2 + 3.136 = 768x^2 + 1024$

$x^4 - 656x^2 + 2.112 = 0$

$x = 25,55;$

$x = -25,55$ (as outras soluções são estranhas)

27. $2\left(x - \dfrac{3}{2}\right)^2 - \dfrac{15}{2} = 0$, assim, $x = \dfrac{3 \pm \sqrt{15}}{2}$

28. $2(x + 1)^2 - 7 = 0$, assim, $x = -1 \pm \sqrt{\dfrac{7}{2}}$

29. $c = a + 2$

$(a + 2)^2 - a^2 = \dfrac{16a}{3}$

$a^2 + 4a + 4 - a^2 = \dfrac{16a}{3}$

$4a = 12$:

$a = 3,$

$c = 5$

30. $c = a + 1$

$(a + 1)^2 - a^2 = \dfrac{25a}{12}$

$a^2 + 2a + 1 - a^2 = \dfrac{25a}{12}$

$a = 12,$

$c = 13$

Exercícios

1. $k = 0, h = 0, p = \dfrac{6}{4} = \dfrac{3}{2}$

Vértice: $(0, 0)$;

foco: $\left(0, \dfrac{3}{2}\right)$;

diretriz: $y = -\dfrac{3}{2}$;

largura focal: $|4p| = \left|4 \cdot \dfrac{3}{2}\right| = 6$.

2. $k = 0, h = 0, p = \dfrac{-8}{4} = -2$

Vértice: $(0, 0)$;

foco: $(-2, 0)$, diretriz: $x = 2$;

largura focal: $|4p| = |4(-2)| = 8$.

3. $k = 2, h = -3, p = \dfrac{4}{4} = 1$

Vértice: $(-3, 2)$;

foco: $(-2, 2)$,

diretriz: $x = -3 - 1 = -4$;

largura focal: $|4p| = |4(1)| = 4$.

4. $k = -1, h = -4, \dfrac{-6}{4} = \dfrac{-3}{2}$

Vértice: $(-4, -1)$;

foco: $\left(-4, \dfrac{-5}{2}\right)$;

diretriz: $y = -1 - \left(\dfrac{-3}{2}\right) = \dfrac{1}{2}$;

largura focal: $|4p| = \left|4\left(\dfrac{-3}{2}\right)\right| = 6$.

5. $k = 0, h = 0, 4p = \dfrac{-4}{3}$, assim, $p = \dfrac{1}{3}$

Vértice: $(0, 0)$;

foco: $\left(0, -\dfrac{1}{3}\right)$;

diretriz: $y = -\left(-\dfrac{1}{3}\right) = \dfrac{1}{3}$;

largura focal: $|4p| = \left|\left(\dfrac{-4}{3}\right)\right| = \dfrac{4}{3}$;

6. $k = 0, h = 0, 4p = \dfrac{16}{5}$, assim,

$p = \dfrac{4}{5}$

Vértice: $(0, 0)$;

foco: $\left(\dfrac{4}{5}, 0\right)$;

diretriz: $x = \dfrac{-4}{5}$;

largura focal: $|4p| = \left|4\left(\dfrac{4}{5}\right)\right| = \dfrac{16}{5}$.

7. (c)
8. (b)
9. (a)
10. (d)
11. $p = -3$ e a parábola aberta para a esquerda, assim, $y^2 = -12x$.
12. $p = 2$ e a parábola é de concavidade para cima, assim, $x^2 = 8y$.
13. $-p = 4$ (assim, $p = -4$) e a parábola é de concavidade para baixo, assim, $x^2 = -16y$.
14. $-p = -2$ (assim, $p = 2$) e a parábola se abre para a direita, assim, $y^2 = 8x$.
15. $p = 5$ e a parábola de concavidade para cima, assim, $x^2 = 20y$.
16. $p = -4$ e a parábola aberta para a esquerda, assim, $y^2 = -16x$.
17. $h = 0, k = 0, |4p| = 8$, ou seja, $p = 2$. Como abre para a direita: $(y - 0)^2 = 8(x - 0)$ e $y^2 = 8x$.
18. $h = 0, k = 0, |4p| = 12$, ou seja, $p = -3$. Como abre para a esquerda: $(y - 0)^2 = -12(x - 0)$ e $y^2 = -12x$.
19. $h = 0, k = 0, |4p| = 6$, ou seja, $p = \dfrac{-3}{2}$

Como a concavidade é para baixo:
$(x - 0)^2 = -6(y - 0)$ e $x^2 = -6y$.
20. $h = 0, k = 0, |4p| = 3$, ou seja, $p = \dfrac{3}{4}$

Como a concavidade é para cima:
$(x - 0)^2 = 3(y - 0)$ e $x^2 = 3y$.
21. $h = -4, k = -4, -2 = -4 + p$, assim, $p = 2$. Como a parábola se abre para a direita, então $(y + 4)^2 = 8(x + 4)$.
22. $h = -5, k = 6, 6 + p = 3$, assim, $p = -3$. Como a parábola é de concavidade para baixo, então $(x + 5)^2 = -12(y - 6)$.
23. A parábola de concavidade para cima e o vértice está na metade entre o foco e a diretriz em x = eixo h. Assim, $h = 3$ e

$$k = \frac{4 + 1}{2} = \frac{5}{2}$$

$$1 = \frac{5}{2} - p, \text{ assim,}$$

$$p = \frac{3}{2},$$

$$(x - 3)^2 = 6\left(y - \frac{5}{2}\right)$$

24. A parábola abre para a esquerda e o vértice está na metade entre o foco e a diretriz em y = eixo k, assim $k = -3$ e

$$h = \frac{2 + 5}{2} = \frac{7}{2}$$

$$5 = \frac{7}{2} - p, \text{ assim,}$$

$$p = -\frac{3}{2}$$

$$(y + 3)^2 = -6\left(x - \frac{7}{2}\right)$$

25. $h = 4, k = 3$
$6 = 4 - p$, assim, $p = -2$. A parábola se abre para a esquerda: $(y - 3)^2 = -8(x - 4)$.
26. $h = 3, k = 5$
$7 = 5 - p$, assim, $p = -2$. A parábola de concavidade para baixo: $(x - 3)^2 = -8(y - 5)$.
27. $h = 2, k = -1$
$|4p| = 16$. Assim, $p = 4$. Como a concavidade é para cima: $(x - 2)^2 = 16(y + 1)$.
28. $h = -3, k = 3$
$|4p| = 20$, ou seja, $p = -5$. Como a concavidade é para baixo: $(x + 3)^2 = -20(y - 3)$.
29. $h = -1, k = -4$
$|4p| = 10$, ou seja, $p = -\dfrac{5}{2}$. Como a parábola se abre para esquerda:
$(y + 4)^2 = -10(x + 1)$.
30. $h = 2, k = 3$
$|4p| = 5$, ou seja, $p = \dfrac{5}{4}$

Como a parábola se abre para a direita:
$(y - 3)^2 = 5(x - 2)$.

31.

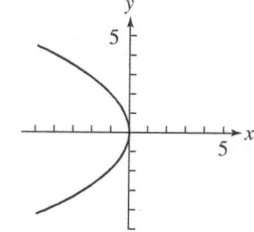

32.

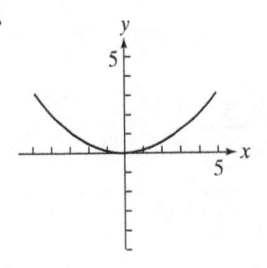

33.

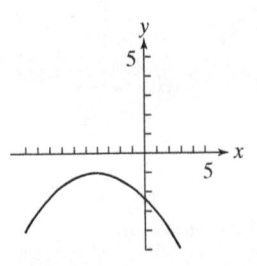

34.

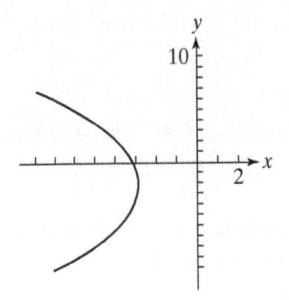

35.

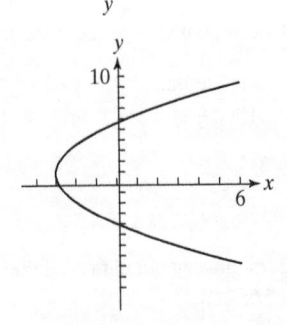

36.

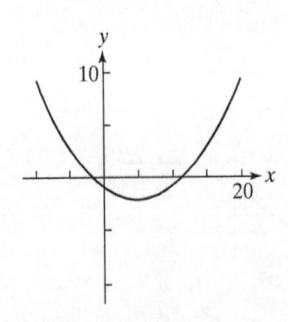

37.

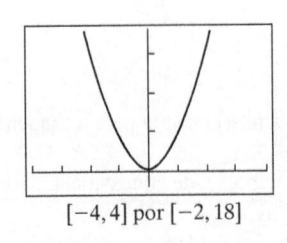

[−4, 4] por [−2, 18]

38.

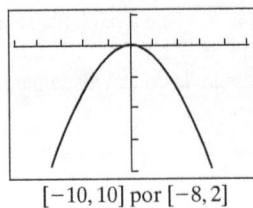

[−10, 10] por [−8, 2]

39.

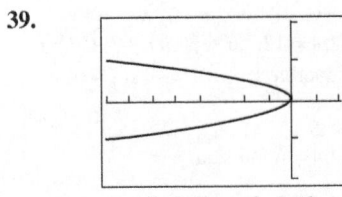

[−8, 2] por [−2, 2]

40.

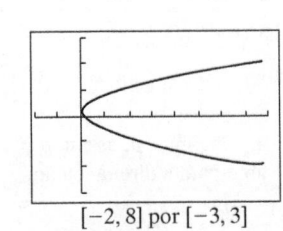

[−2, 8] por [−3, 3]

41.

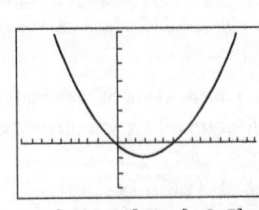

[−10, 15] por [−3, 7]

42.

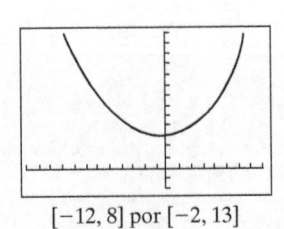

[−12, 8] por [−2, 13]

43. [−2, 6] por [−40, 5]

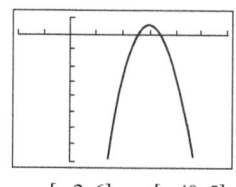

44. [−15, 5] por [−15, 5]

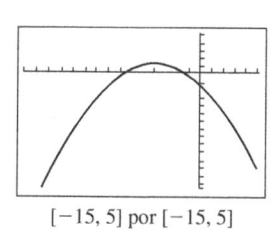

45. [−22, 26] por [−19, 13]

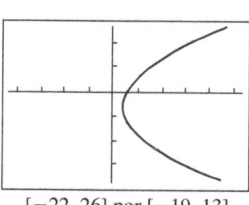

46. [−17, 7] por [−7, 9]

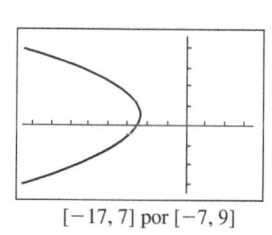

47. [−13, 11] por [−10, 6]

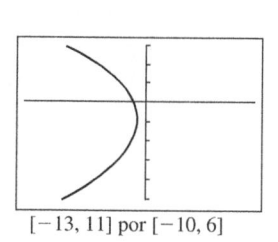

48. [−20, 28] por [−10, 22]

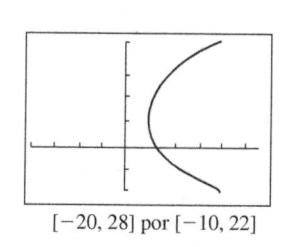

49. Completando o quadrado produz $y - 2 = (x + 1)^2$.
O vértice é $(h, k) = (-1, 2)$. O foco é

$$(h, k + p) = \left(-1, 2 + \frac{1}{4}\right) = \left(-1, \frac{9}{4}\right)$$

A diretriz é $y = k - p = 2 - \frac{1}{4} = \frac{7}{4}$.

50. Completando o quadrado produz

$$2\left(y - \frac{7}{6}\right) = (x - 1)^2.$$

O vértice é $(h, k) = \left(1, \frac{7}{6}\right)$.

O foco é $(h, k + p) = \left(1, \frac{7}{6} + \frac{1}{2}\right) = \left(1, \frac{5}{3}\right)$

A diretriz é $y = k - p = \frac{7}{6} - \frac{1}{2} = \frac{2}{3}$.

51. Completando o quadrado produz
$8(x - 2) = (y - 2)^2$. O vértice é $(h, k) = (2, 2)$. O foco é $(h + p, k) = (2 + 2, 2) = (4, 2)$. A diretriz é $x = h - p = 2 - 2 = 0$.

52. Completando o quadrado produz

$$-4(x - \frac{13}{4}) = (y - 1)^2$$

O vértice é $(h, k) = (13/4, 1)$. O foco é

$$(h + p, k) = \left(\frac{13}{4} - 1, 1\right) = \left(\frac{9}{4}, 1\right)$$

A diretriz é $x = h - p = \frac{13}{4} + 1 = \frac{17}{4}$.

53. $h = 0$, $k = 2$, e a parábola se abre para a esquerda. Assim, $(y - 2)^2 = 4p(x)$. Usando $(-6, -4)$, encontramos $(-4 - 2)^2 = 4p(-6)$, ou seja,

$$4p = -\frac{36}{6}.$$

A equação para a parábola é: $(y - 2)^2 = -6x$.

54. $h = 1$, $k = -3$, e a parábola se abre para a direita.
Assim, $(y + 3)^2 = 4p(x - 1)$. Usando $\left(\frac{11}{2}, 0\right)$,

encontramos $(0 - 3)^2 = 4p\left(\frac{11}{2} - 1\right)$, ou seja,

$4p = 9 \cdot \dfrac{2}{9} = 2$.

A equação para a parábola é: $(y + 3)^2 = 2(x - 1)$.

55. $h = 2$, $k = -1$ e a parábola é de concavidade para baixo. Assim $(x - 2)^2 = 4p(y + 1)$.
Usando $(0, -2)$, encontramos $(0 - 2)^2 = 4p(-2 + 1)$, assim, $4 = -4p$ e $p = -1$. A equação para a parábola é: $(x - 2)^2 = -4(y + 1)$.

56. $h = -1$, $k = 3$ e a parábola é de concavidade para cima. Assim, $(x + 1)^2 = 4p(y - 3)$.
Usando $(3, 5)$, encontramos $(3 + 1)^2 = 4p(5 - 3)$, assim, $16 = 8p$ e $p = 2$. A equação para a parábola é $(x + 1)^2 = 8(y - 3)$.

57. $(0)^2 = 4p(0)$ é verdade qualquer que seja p. A resposta é D.

58. O foco de $y^2 = 4px$ é $(p, 0)$. Aqui, $p = 3$, assim, a resposta é B.

59. O vértice da parábola com equação $(y - k)^2 = 4p(x - h)$ é (h, k). Aqui, $k = 3$ e $h = -2$. A resposta é D.

60. $h = 0$, $k = 0$, $a = 4$, $b = \sqrt{7}$,

assim, $c = \sqrt{16 - 7} = 3$

Vértices: $(4, 0)$, $(-4, 0)$;

focos: $(3, 0)$, $(-3, 0)$

61. $h = 0$, $k = 0$, $a = 5$, $b = \sqrt{21}$,

assim, $c = \sqrt{25 - 21} = 2$

Vértices: $(0, 5)$, $(0, -5)$;

focos: $(0, 2)$, $(0, -2)$

62. $h = 0$, $k = 0$, $a = 6$, $b = 3\sqrt{3}$,

assim, $c = \sqrt{36 - 27} = 3$

Vértices: $(0, 6)$, $(0, -6)$;

focos: $(0, 3)$, $(0, -3)$

63. $h = 0$, $k = 0$, $a = \sqrt{11}$, $b = \sqrt{7}$,

assim, $c = \sqrt{11 - 7} = 2$

Vértices: $(\sqrt{11}, 0)$, $(-\sqrt{11}, 0)$;

focos: $(2, 0)$, $(-2, 0)$

64. $\dfrac{x^2}{4} + \dfrac{y^2}{3} = 1 \cdot h = 0$, $k = 0$, $a = 2$, $b = \sqrt{3}$, assim,

$c = \sqrt{4 - 3} = 1$

Vértices: $(2, 0)$, $(-2, 0)$;

focos: $(1, 0)$, $(-1, 0)$

65. $\dfrac{y^2}{9} + \dfrac{x^2}{4} = 1 \cdot h = 0$, $k = 0$, $a = 3$, $b = 2$, assim,

$c = \sqrt{9 - 4} = \sqrt{5}$

Vértices: $(0, 3)$, $(0, -3)$;

focos: $(0, \sqrt{5})$, $(0, -\sqrt{5})$

66. (d)

67. (c)

68. (a)

69. (b)

70.

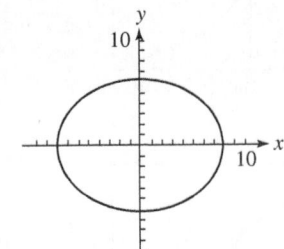

71.

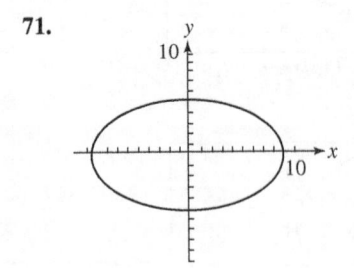

72.

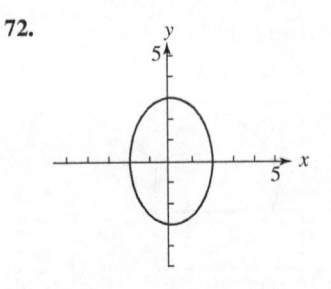

73.

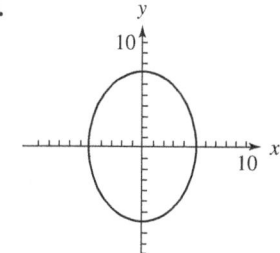

[Gráfico de elipse vertical centrada na origem, com semi-eixo vertical 10 e semi-eixo horizontal menor]

74.

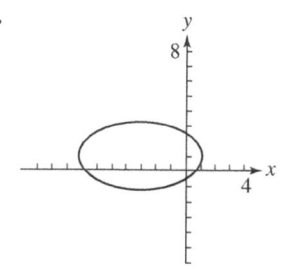

[Gráfico de elipse horizontal centrada na origem, com semi-eixo vertical 8 e semi-eixo horizontal 4]

75.

[Gráfico de elipse centrada abaixo do eixo x, passando pelo eixo x em 6]

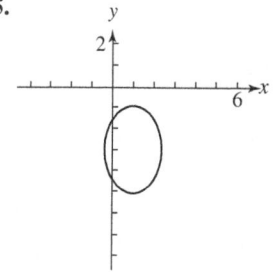

76. $\dfrac{x^2}{4} + \dfrac{y^2}{9} = 1$

77. $\dfrac{x^2}{49} + \dfrac{y^2}{25} = 1$

78. $c = 2$ e $a = \dfrac{10}{2} = 5,$

assim, $b = \sqrt{a^2 - c^2} = \sqrt{21},$

$\dfrac{x^2}{25} + \dfrac{y^2}{21} = 1$

79. $c = 3$ e $b = \dfrac{10}{2} = 5,$

assim, $a = \sqrt{b^2 - c^2} = \sqrt{16} = 4:$

$\dfrac{x^2}{16} + \dfrac{y^2}{25} = 1$

80. $\dfrac{x^2}{16} + \dfrac{y^2}{25} = 1$

81. $\dfrac{x^2}{49} + \dfrac{y^2}{16} = 1$

82. $b = 4;$

$\dfrac{x^2}{16} + \dfrac{y^2}{36} = 1$

83. $b = 2;$

$\dfrac{x^2}{25} + \dfrac{y^2}{4} = 1$

84. $b = 5;$

$\dfrac{x^2}{25} + \dfrac{y^2}{16} = 1$

85. $a = 13;$

$\dfrac{x^2}{144} + \dfrac{y^2}{169} = 1$

86. O centro (h, k) é $(1, 2)$ (o ponto médio dos eixos); a e b representam metade dos comprimentos dos eixos (4 e 6, respectivamente):

$\dfrac{(x-1)^2}{16} + \dfrac{(y-2)^2}{36} = 1$

87. O centro (h, k) é $(-2, 2)$ (o ponto médio dos eixos); a e b representam metade dos comprimentos dos eixos (2 e 5, respectivamente):

$\dfrac{(x-2)^2}{4} + \dfrac{(y-2)^2}{25} = 1$

88. O centro (h, k) é $(3, -4)$ (o ponto médio do eixo maior); $a = 3$, metade do comprimento do eixo maior. Como $c = 2$ (metade da distância entre os focos), então

$b = \sqrt{a^2 - c^2} = \sqrt{5}$

$\dfrac{(x+3)^2}{9} + \dfrac{(y+4)^2}{5} = 1$

89. O centro (h, k) é $(-2, 3)$ (o ponto médio do eixo maior); $b = 4$, metade do comprimento do eixo maior. Como $c = 2$ (metade da distância entre os focos), então

$$a = \sqrt{b^2 - c^2} = \sqrt{12}$$

$$\frac{(x+2)^2}{12} + \frac{(y-3)^2}{16} = 1$$

90. O centro (h, k) é $(3, -2)$ (o ponto médio do eixo maior); a e b representam metade dos comprimentos dos eixos (3 e 5, respectivamente), então

$$\frac{(x-3)^2}{9} + \frac{(y+2)^2}{25} = 1$$

91. O centro (h, k) é $(-1, 2)$ (o ponto médio do eixo maior); a e b representam metade dos comprimentos dos eixos (4 e 3, respectivamente), então

$$\frac{(x+1)^2}{16} + \frac{(y-2)^2}{9} = 1$$

92. Centro: $(-1, 2)$;

vértices: $(-1 \pm 5, 2) = (-6, 2), (4, 2)$;

focos: $(-1 \pm 3, 2) = (-4, 2), (2, 2)$

93. Centro: $(3, 5)$;

vértices: $(3 \pm \sqrt{11}, 5) \approx (6{,}32; 5), (-0{,}32; 5)$;

focos: $(3 \pm 2, 5) = (5, 5), (1, 5)$

94. Centro: $(7, -3)$;

vértices: $(7, -3 \pm 9) = (7, 6), (7, -12)$;

focos: $(7, -3 \pm \sqrt{17}) \approx (7; 1{,}12), (7; -7{,}12)$

95. Centro: $(-2, 1)$;

vértices: $(-2, 1 \pm 5) = (-2, -4), (-2, 6)$;

focos: $(-2, 1 \pm 3) = (-2, -2), (-2, 4)$

96. $9x^2 + 4y^2 - 18x + 8y - 23 = 0$ pode ser reescrita como $9(x^2 - 2x) + 4(y^2 + 2y) = 23$. Isso equivale a $9(x^2 - 2x + 1) + 4(y^2 + 2y + 1) = 23 + 9 + 4$, ou $9(x - 1)^2 + 4(y + 1)^2 = 36$. Dividir ambos os lados por 36 para obter $\frac{(x-1)^2}{4} + \frac{(y+1)^2}{9} = 1$.

Vértices: $(1, -4)$ e $(1, 2)$;

focos: $(1, -1 \pm \sqrt{5})$;

excentricidade: $\frac{\sqrt{5}}{3}$.

97. $\frac{(x-2)^2}{5} + \frac{(y+3)^2}{3} = 1$.

Vértices: $(2 \pm \sqrt{5}, -3)$;

focos: $(2 \pm \sqrt{2}, -3)$;

excentricidade: $\frac{\sqrt{2}}{\sqrt{5}} = \sqrt{\frac{2}{5}}$.

98. $\frac{(x-3)^2}{16} + \frac{(y-1)^2}{9} = 1$.

Vértices: $(-7, 1)$ e $(1, 1)$;

focos: $(-3 \pm \sqrt{7}, 1)$;

excentricidade: $\frac{\sqrt{7}}{4}$.

99. $(x - 4)^2 + \frac{(y+8)^2}{4} = 1$.

Vértices: $(4, -10)$ e $(4, -6)$;

focos: $(4, -8 \pm \sqrt{3})$;

excentricidade: $\frac{\sqrt{3}}{2}$.

100. O centro (h, k) é $(2, 3)$ (dados); a e b representam metade dos comprimentos dos eixos (4 e 3, respectivamente):

$$\frac{(x-2)^2}{16} + \frac{(y-3)^2}{9} = 1$$

101. O centro (h, k) é $(24, 2)$ (dados); a e b representam metade dos comprimentos dos eixos (4 e 3, respectivamente):

$$\frac{(x+4)^2}{16} + \frac{(y-2)^2}{9} = 1$$

102. Substituir $y^2 = 4 - x^2$ na primeira equação:

$$\frac{x^2}{4} + \frac{4-x^2}{9} = 1$$

$$9x^2 + 4(4 - x^2) = 36$$

$$5x^2 = 20$$

$$x^2 = 4$$

$$x = \pm 2, y = 0$$

Solução: $(-2, 0), (2, 0)$

103. Substituir $x = 3y - 3$ na primeira equação:

$$\frac{(3y-3)^2}{9} + y^2 = 1$$

$$y^2 - 2y + 1 + y^2 = 1$$

$$2y^2 - 2y = 0$$

$$2y(y-1) = 0$$

$$y = 0 \text{ ou } y = 1$$

$$x = -3 \quad x = 0$$

Solução: $(-3, 0), (0, 1)$

104. Falso.

105. Verdadeiro.

106. $\dfrac{x^2}{4} + \dfrac{y^2}{1} = 1$, assim,

$c = \sqrt{a^2 - b^2} = \sqrt{2^2 - 1^2} = \sqrt{3}$

A resposta é C.

107. O eixo focal é horizontal e passa por (2, 3). A resposta é C.

108. Completando o quadrado produz

$$\frac{(x-4)^2}{4} + \frac{(y-3)^2}{9} = 1$$

A resposta é B.

109. Os dois focos têm a distância $2c$, a soma das distâncias de cada foco a um ponto na elipse é $2a$. A resposta é C.

110. $a = 4, b = \sqrt{7}, c = \sqrt{16+7} = \sqrt{23}$

Vértices: $(\pm 4, 0)$;

focos: $(\pm\sqrt{23}, 0)$.

111. $a = 5, b = \sqrt{21}, c = \sqrt{25+21} = \sqrt{46}$

Vértices: $(0, \pm 5)$;

focos: $(0, \pm\sqrt{46})$.

112. $a = 6, b = \sqrt{13}, c = \sqrt{36+13} = 7$

Vértices: $(0, \pm 6)$;

focos: $(0, \pm 7)$.

113. $a = 3, b = 4, c = \sqrt{9+16} = 5$

Vértices: $(\pm 3, 0)$;

focos: $(\pm 5, 0)$.

114. $\dfrac{x^2}{4} - \dfrac{y^2}{3} = 1; a = 2, b = \sqrt{3}, c = \sqrt{7}$

Vértices: $(\pm 2, 0)$;

focos: $(\pm\sqrt{7}, 0)$.

115. $\dfrac{x^2}{4} - \dfrac{y^2}{9} = 1$

$a = 2, b = 3, c = \sqrt{13}$

Vértices: $(\pm 2, 0)$;

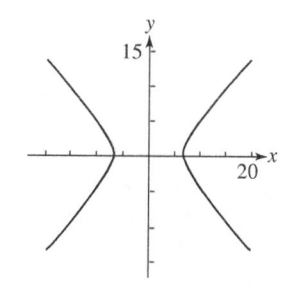

focos: $(\pm\sqrt{13}, 0)$.

116. (c)

117. (b)

118. (a)

119. (d)

120. Eixo transversal de $(-7, 0)$ a $(7, 0)$; assíntotas:

$$y = \pm\frac{5}{7}x,$$

$$y = \pm\frac{5}{7}\sqrt{x^2 - 49}$$

121. Eixo transversal de (0, −8) a (0, 8); assíntotas:
$$y = \pm \frac{8}{5}x,$$
$$y = \pm \frac{8}{5}\sqrt{x^2 + 25}$$

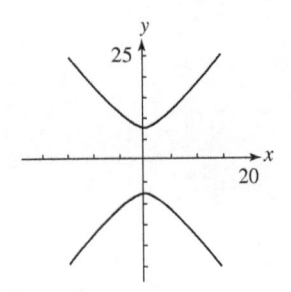

122. Eixo transversal de (0, −5) a (0, 5); assíntotas:
$$y = \pm \frac{5}{4}x,$$
$$y = \pm \frac{5}{4}\sqrt{x^2 + 16}$$

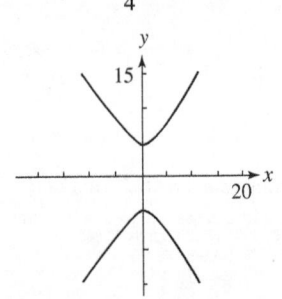

123. Eixo transversal de (−13, 0) a (13, 0); assíntotas:
$$y = \pm \frac{12}{13}x,$$
$$y = \pm \frac{12}{13}\sqrt{x^2 - 169}$$

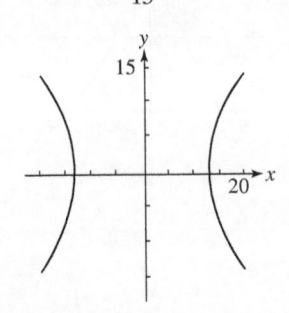

124. O centro (h, k) é (−3, 1). Como $a^2 = 16$ e $b^2 = 4$, temos $a = 4$ e $b = 2$. Os vértices são (−3 ± 4, 1) ou (−7, 1) e (1, 1).

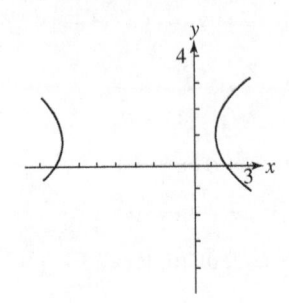

125. O centro (h, k) é (1, −3). Como $a^2 = 2$ e $b^2 = 4$ temos $a = \sqrt{2}$ e $b = 2$. Os vértices são $(1 \pm \sqrt{2}, -3)$.

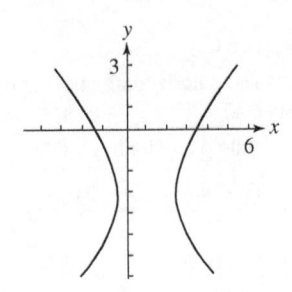

126. $c = 3$ e $a = 2$, assim, $b = \sqrt{c^2 - a^2} = \sqrt{5}$
$$\frac{x^2}{4} - \frac{y^2}{5} = 1$$

127. $c = 3$ e $b = 2$, assim,
$$a = \sqrt{c^2 - b^2} = \sqrt{5}$$
$$\frac{y^2}{4} - \frac{x^2}{5} = 1$$

128. $c = 15$ e $b = 4$, assim,
$$a = \sqrt{c^2 - b^2} = \sqrt{209}$$
$$\frac{y^2}{16} - \frac{x^2}{209} = 1$$

129. $c = 5$ e $a = \dfrac{3}{2}$, assim,

$$b = \sqrt{c^2 - a^2} = \dfrac{1}{2}\sqrt{91}$$

$$\dfrac{x^2}{2{,}25} - \dfrac{y^2}{22{,}75} = 1 \text{ ou } \dfrac{x^2}{\dfrac{9}{4}} - \dfrac{y^2}{\dfrac{91}{4}} = 1$$

130. $a = 5$ e $c = ea = 10$, assim,

$$b = \sqrt{100 - 25} = 5\sqrt{5}$$

$$\dfrac{x^2}{25} - \dfrac{y^2}{75} = 1$$

131. $a = 4$ e $c = ea = 6$, assim,

$$b = \sqrt{36 - 16} = 2\sqrt{5}$$

$$\dfrac{y^2}{16} - \dfrac{x^2}{20} = 1$$

132. $b = 5$, $a = \sqrt{c^2 - b^2} = \sqrt{169 - 25} = 12$

$$\dfrac{y^2}{144} - \dfrac{x^2}{25} = 1$$

133. $c = 6$, $a = \dfrac{c}{e} = 3$,

$$b = \sqrt{c^2 - a^2} = \sqrt{36 - 9} = 3\sqrt{3}$$

$$\dfrac{x^2}{9} - \dfrac{y^2}{27} = 1$$

134. O centro (h, k) é $(2, 1)$; $a = 2$, metade do comprimento do eixo transverso. E $b = 3$, metade do eixo não transverso.

$$\dfrac{(y - 1)^2}{4} - \dfrac{(x - 2)^2}{9} = 1$$

135. O centro (h, k) é $(-1, 3)$; $a = 6$, metade do comprimento do eixo transverso. E $b = 5$, metade do eixo não transverso.

$$\dfrac{(x + 1)^2}{36} - \dfrac{(y - 3)^2}{25} = 1$$

136. O centro (h, k) é $(2, 3)$; $a = 3$, metade do comprimento do eixo transverso.

Como $|b/a| = \dfrac{4}{3}$, então, $b = 4$:

$$\dfrac{(x - 2)^2}{9} - \dfrac{(y - 3)^2}{16} = 1$$

137. O centro (h, k) é $\left(-2, \dfrac{5}{2}\right)$, $a = \dfrac{9}{2}$, metade do comprimento do eixo transverso. Como $|a/b| = \dfrac{4}{3}$, então $b = \dfrac{27}{8}$

$$\dfrac{\left(x - \dfrac{5}{2}\right)^2}{\dfrac{81}{4}} - \dfrac{(x + 2)^2}{\dfrac{729}{64}} = 1$$

138. O centro (h, k) é $(-1, 2)$, $a = 2$, metade do comprimento do eixo transverso.
A distância do centro ao foco é $c = 3$, assim,

$$b = \sqrt{c^2 - a^2} = \sqrt{5}$$

$$\dfrac{(x + 1)^2}{4} - \dfrac{(y - 2)^2}{5} = 1$$

139. O centro (h, k) é $\left(-3, -\dfrac{11}{2}\right)$, $b = \dfrac{7}{2}$, metade do comprimento do eixo transverso. A distância do centro ao foco é $c = \dfrac{11}{2}$, assim,

$$a = \sqrt{c^2 - b^2} = \sqrt{18}$$

$$\dfrac{(y + 5{,}5)^2}{\dfrac{49}{4}} - \dfrac{(x + 3)^2}{18} = 1$$

140. O centro (h, k) é $(-3, 6)$, $a = 5$, metade do comprimento do eixo transverso. A distância do centro ao foco é $c = ea = 2 \cdot 5 = 10$, assim,

$$b = \sqrt{c^2 - a^2} = \sqrt{100 - 25} = 5\sqrt{5}$$

$$\dfrac{(y - 6)^2}{25} - \dfrac{(x + 3)^2}{75} = 1$$

141. O centro (h, k) é $(1, -4)$, $c = 6$, a distância do centro ao foco é

$$a = \dfrac{c}{e} = \dfrac{6}{2} = 3$$

$$b = \sqrt{c^2 - a^2} = \sqrt{36 - 9} = \sqrt{27}$$

$$\dfrac{(x - 1)^2}{9} - \dfrac{(y + 4)^2}{27} = 1$$

142. Centro $(-1, 2)$; vértices: $(-1 \pm 12, 2) = (11, 2)$, $(-13, 2)$; focos: $(-1 \pm 13, 2) = (12, 2)$, $(-14, 2)$

143. Centro $(-4,-6)$; vértices: $(-4 \pm \sqrt{12}, -6)$; focos: $(-4 \pm 5, -6) = (1,-6), (-9,-6)$

144. Centro $(2, -3)$; vértices: $(2, -3 \pm 8) = (2, 5)$, $(2, -11)$; focos: $(2, -3 \pm \sqrt{145})$

145. Centro $(-5, 1)$; vértices: $(-5, 1 \pm 5) = (-5, -4)$, $(-5, 6)$; focos: $(-5, 1 \pm 6) = (-5, -5), (-5, 7)$

146.

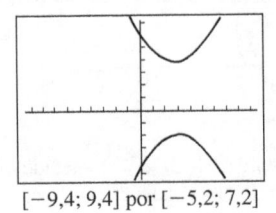

[−9,4; 9,4] por [−5,2; 7,2]

Dividir toda a equação por 36.
Vértices: $(3, -2)$ e $(3, 4)$;
focos: $(3, 1 \pm \sqrt{13})$;
$e = \dfrac{\sqrt{13}}{3}$.

147.

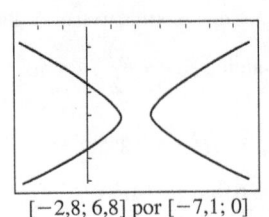

[−2,8; 6,8] por [−7,1; 0]

Vértices: $\left(\dfrac{3}{2}, -4\right)$ e $\left(\dfrac{5}{2}, -4\right)$;

focos: $\left(2 \pm \dfrac{\sqrt{13}}{6}, -4\right)$,

$e = \dfrac{\sqrt{\left(\frac{1}{4}\right) + \left(\frac{1}{9}\right)}}{\frac{1}{2}} = 2\sqrt{\dfrac{9+4}{36}} = \dfrac{\sqrt{13}}{3}$.

148.

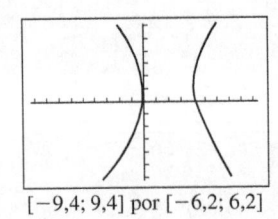

[−9,4; 9,4] por [−6,2; 6,2]

$9x^2 - 4y^2 - 36x + 8y - 4 = 0$ pode ser reescrita como $9(x^2 - 4x) - 4(y^2 - 2y) = 4$. É equivalente a $9(x^2 - 4x + 4) - 4(y^2 - 2y + 1) = 4 + 36 - 4$,

ou $9(x - 2)^2 - 4(y - 1)^2 = 36$. Dividir ambos os lados da equação por 36 para obter

$$\dfrac{(x-2)^2}{4} - \dfrac{(y-1)^2}{9} = 1$$

Vértices: $(0, 1)$ e $(4, 1)$;
focos: $(2 \pm \sqrt{13}, 1)$;
$e = \dfrac{\sqrt{13}}{2}$.

149.

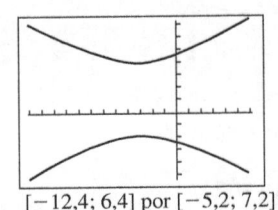

[−12,4; 6,4] por [−5,2; 7,2]

$$\dfrac{(y-1)^2}{9} - \dfrac{(x+3)^2}{25} = 1$$

Vértices: $(-3, -2)$ e $(-3, 4)$;
focos: $(-3, 1 \pm \sqrt{34})$;
$e = \dfrac{\sqrt{34}}{3}$.

150. $a = 2$, $(h, k) = (0, 0)$ e a hipérbole abre para a esquerda e para a direita. Assim, $\dfrac{x^2}{4} - \dfrac{y^2}{b^2} = 1$.

Usando $(3, 2)$: $\dfrac{9}{4} - \dfrac{4}{b^2} = 1$,

$9b^2 - 16 = 4b^2$,

$5b^2 = 16$,

$b^2 = \dfrac{16}{5}$; Assim:

$$\dfrac{x^2}{4} - \dfrac{5y^2}{16} = 1$$

151. $a = \sqrt{2}$, $(h, k) = (0, 0)$ e a hipérbole tem concavidade para cima e para baixo.

Assim $\dfrac{y^2}{2} - \dfrac{x^2}{b^2} = 1$

Usando $(2, -2)$:

$\dfrac{4}{2} - \dfrac{4}{b^2} = 1$,

$$\frac{4}{b^2} = 1,$$

$$b^2 = 4;$$

Assim $\dfrac{y^2}{2} - \dfrac{x^2}{4} = 1$.

152. $\dfrac{x^2}{4} - \dfrac{y^2}{9} = 1$

$$x - \frac{2\sqrt{3}}{3}y = -2$$

Resolva a segunda equação para x e substitua na primeira equação.

$$x = \frac{2\sqrt{3}}{3}y = -2$$

$$\frac{1}{4}\left(\frac{2\sqrt{3}}{3}y - 2\right)^2 - \frac{y^2}{9} = 1$$

$$\frac{1}{4}\left(\frac{4}{3}y^2 - \frac{8\sqrt{3}}{3}y + 4\right) - \frac{y^2}{9} = 1$$

$$\frac{2}{9}y^2 - \frac{2\sqrt{3}}{3}y = 0$$

$$\frac{2}{9}y(y - 3\sqrt{3}) = 0$$

$y = 0$ ou $y = 3\sqrt{3}$

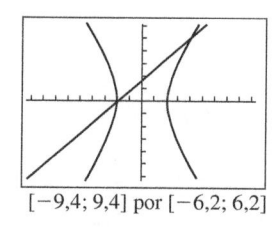

[−9,4; 9,4] por [−6,2; 6,2]

Soluções: (−2, 0), (4, $3\sqrt{3}$)

153. Adicionar:

$$\frac{x^2}{4} - y^2 = 1$$

$$x^2 + y^2 = 9$$

$$\frac{5x^2}{4} = 10$$

$$x^2 = 8$$

$$x = \pm 2\sqrt{2}$$

$$x^2 + y^2 = 9$$

$$8 + y^2 = 9$$

$$y = \pm 1$$

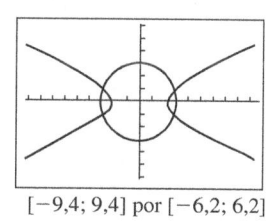

[−9,4; 9,4] por [−6,2; 6,2]

Há 4 soluções: $(\pm 2\sqrt{2}), \pm 1)$

154. Verdadeiro. A distância é

$$c - a = a(c/a - 1) = a(e - 1)$$

155. Verdadeiro. Para uma elipse, $b^2 + c^2 = a^2$

156. $\dfrac{x^2}{4} - \dfrac{y^2}{1} = 1$, assim $c = \sqrt{4 + 1}$ e os focos estão $\sqrt{5}$ unidades distantes horizontalmente de (0, 0). A resposta é B.

157. Os eixos focais passam horizontalmente pelo centro (−5, 6). A resposta é E.

158. Completando o quadrado duas vezes e dividindo para obter 1 no lado direito, a equação fica assim:

$$\frac{(y + 3)^2}{4} - \frac{(x - 2)^2}{12} = 1$$

A resposta é B.

159. $a = 2$, $b = \sqrt{3}$, e as inclinações são $\pm b/a$. A resposta é C.

Índice remissivo

A

A base natural e, definição, 144
A inversa da função, 211
    cosseno, 212
    seno, 211
    tangente, 213
A regra da composição para função inversa, 194
Algoritmo da divisão para polinômios, 124
    dividendo, 125
    divisor, 125
    quociente, 124
    resto, 124
Algumas medidas trigonométricas, 203-204
    cosseno, 203
    seno, 203
    tangente, 203
Alguns produtos notáveis, 24-25
Análise das funções polinomiais nos extremos do domínio, 120-121
Análise das raízes da função, 128
Análise de formas decimais de números racionais, 4
Análise de funções pela simetria, 83
Análise do comportamento de uma função crescente/decrescente, 78
Ângulos, 201
    complementares, 215
    equivalentes, 206
    negativos, 205
    positivos, 205
Arcos múltiplos, 218-221
Arcos trigonométricos inversos, 211-212
Área do triângulo, 228
Assíntotas, 85-86
    definição, 86
    horizontais, 86
    identificação em um gráfico, 86
    verticais, 86

B

Base da função dada pelo número e, 144
    função exponencial $f(x) = e^x$, 144

C

Calculando as permutações ou arranjos, 296-297
Cálculo aproximado da área com retângulos, 260-261
Cálculo da derivada de uma função (com apresentação de outra notação), 259
Cálculo da distância percorrida (com uma velocidade constante), 260
Cálculo da distância percorrida (com uma velocidade média), 261
Cálculo da função derivada em um ponto, 258
Cálculo da inclinação de uma reta tangente, 256
Cálculo das raízes reais de uma função polinomial, 131
Cálculo de logaritmos, 158-159
Cálculo de medidas trigonométricas para ângulo de 30°, 204-205
    triângulo equilátero de lado 2, 206
Cálculo de medidas trigonométricas para ângulo de 45°, 204
    triângulo retângulo isósceles, 204
Cálculo de uma integral, 264-265
Cálculo do preço de equilíbrio, 279
Cálculo do seno, do cosseno e da tangente para 315°, 207
Cálculo dos valores de uma função exponencial para alguns números racionais, 140
Características do discreto e do contínuo, 293
Caso de aplicação, 279
    função demanda, 279
    função oferta, 279
    ponto de equilíbrio, 279
    preço de equilíbrio, 279
Caso de uma matriz que não tem inversa, 284
Círculo trigonométrico, 207-208

Coeficiente binomial, 299-300
    cálculo do, 301
    coeficientes, 115
    definição, 300
Colocação de três objetos em ordem, 293-294
Colocação dos fatores comuns em evidência, 26
Combinações, 297
    de n objetos tomados r a r, 297
    distinção entre combinações de permutações, 297-298
    fórmula para contagem das, 297
Combinações de gráficos de funções monomiais, 117-118
Como encontrar uma função inversa algebricamente, 192
Comparação da acidez química, 170-171
Comparação das intensidades de terremotos, 170
Completar o quadrado, resolução, 46-47
Comportamento da função nas extremidades do eixo horizontal, 87
    análise de funções por meio do, 87
Comportamento das funções polinomiais nos extremos do domínio, 119-121
    teste do termo principal para, 120
Composição de funções, 181-182
Comprimento de arco, 202-203
    fórmula do (medida em radianos), 203
Conjunto, 3
    números naturais, 3
    números inteiros, 33
    números irracionais, 33
    números racionais, 33
Conjunto domínio (ou simplesmente domínio), 69
    definição de, 69
Conjunto imagem (ou simplesmente imagem), 69
    definição de, 69
Continuidade de uma função, 74-76
    descontinuidade de pulo, 75
    descontinuidade infinita, 76
    descontinuidade removível, 75
Conversão da notação científica, 10
Conversão de grau-radiano, 202
Conversão de radicais para potências, e vice-versa, 20
Coordenada do ponto, 4
Crescimento e decrescimento exponencial, 142
    de um conjunto com n elementos, 295

distintas, 296
fator de crescimento, 142
fator de decaimento, 142
fatoriais, 295
fórmula para contagem ou fórmula do arranjo, 296
função de crescimento, 142
função de decaimento exponencial, 142

D

Decomposição de funções, 182
Definição e propriedades de equações, 41
    adição, 41
    multiplicação, 41
    reflexiva, 41
    simétrica, 41
    transitiva, 41
Definições algébricas de novas funções, 179-180
Derivada de uma função $f(x)$, 258
    definição, 258
Derivada em um ponto, definição, 257
    derivada da função f em $x = a$, 257
Desenvolvimento do logaritmo por meio da mudança de base, 162-163
Desigualdade descrição, 5
Determinação da ordem de uma matriz, 280
Determinante de uma matriz quadrada, 284-285
    definição, 285
Diferença de funções, definição, 179
Divisão longa e o algoritmo da divisão, 124-125
Divisão por 0, 235-236
Domínio, 71-73
    valores no eixo horizontal x, 73
Domínio de uma expressão algébrica, 33
    expressão fracionária, 33
    expressão racional, 33

E

Eixo, 311
    coordenado, 319
    focal, 311, 317
    geometria de, 317
    não transverso, 319
    raio, 319
    semieixo não transverso, 319
    semieixo transverso, 319

translações de, 321
transverso, 319
Elipse, 311
  definição de, 311
  forma padrão da equação de, 311
  geometria de, 311
  semieixo maior, 313
  semieixo menor, 313
  translações de, 315
Elipses com centro em (0, 0), 313
  equação padrão, 313
  eixo focal, 313
  focos, 313
  semieixo maior, 313
  semieixo menor, 313
  teorema de Pitágoras, 313
Elipses com centro em (h, k), 315
  eixo focal, 315
  equação padrão, 315
  focos, 315
  semieixo maior, 315
  semieixo menor, 315
  teorema de Pitágoras, 315
  vértices, 315
Encontrando inversa de matrizes, 286
Encontrando uma função inversa algebricamente, 192-193
Equação linear em x, definição, 42
Equação quadrática em x, definição, 45
Equações, critério sobre soluções aproximadas, 48-49
  equivalentes, 56
  pontos de intersecção, 49
  resolução pelo encontro das intersecções (em gráficos), 49
  soluções aproximadas por meio de gráfico, 43, 48
Equações do segundo grau em duas variáveis, 306
Equações equivalentes, 42
  operações para, 42
Esboço do gráfico das funções logarítmicas, 166-167
Esboço do gráfico de um polinômio fatorado, 123
Escalares, 281
Excentricidade de uma hipérbole, definição, 323
Expansão de um binômio, 301
Expansão do logaritmo de um produto, 162

Expansão do logaritmo de um quociente, 162
Expoente de potência, 158
Expoente irracional, 140
Expoentes racionais, definição, 20
Expressões racionais compostas, 36-37
  conversão entre intervalos e desigualdades, 7
  extremos de cada, 6
  fechado à esquerda e aberto à direita, 6
  notação de, 6
  notação de intervalo com $\pm\infty$, 6
  simplificação de uma fração composta, 37
Extremos locais e raízes de funções polinomiais
  teorema, 118
Extremos local e absoluto, 80-81
  definição de, 81
  identificação de, 81

F

Fatoração da diferença de dois quadrados, 26
Fatoração da soma e diferença de dois cubos, 27
Fatoração de polinômios, orientações, 29
  usando produtos notáveis, 25-26
Fatoração de trinômios, 27-28
Fatoração de trinômios em x e y, 28
Fatoração de trinômios quadrados perfeitos, 26
Fatoração de um trinômio com coeficiente principal diferente de 1, 28
Fatoração dc um trinômio com coeficiente principal igual a 1, 27
Fatoração por agrupamento, 28
  exemplo, 29
Forma padrão de equação, 308
  comprimento do foco, 308
  largura do foco, 308
Forma padrão de uma elipse e pontos importantes, 316-317
Forma quadrática padrão, 97
Fórmula de Herão, 229
Fórmula do comprimento do arco (medida em graus), 202
Fórmula para contagem da quantidade de subconjuntos de um conjunto, 298
Fórmula quadrática ou fórmula de Bhaskara, 47
  resolução algébrica de equações quadráticas, 47
Fórmula recursiva, 142
Fórmulas importantes da álgebra, 29
  potências, 29

produtos notáveis e fatoração de polinômios, 29
radicais e expoentes racionais, 29
Frações, complexa ou composta, 36
Função arco-cosseno, 213
Função arco-seno, 212
Função arco-tangente, 213
Função bijetora, 191-192
Função cossecante, 211
Função cosseno inverso, 213
Função cotangente, 210
Função, definição de, 69
Função do primeiro grau, 94
    características, 96
    gráficos, 94
    reta inclinada, 94
    verificação da lei de uma, 95
Função exponencial natural, 144
Função f limitada inferiormente, definição, 79
Função f limitada superiormente, definição, 79
Função injetora, 191
Função inversa, definição, 191
Função polinomial de grau n, 93
    coeficiente principal, 93
Função potência, 105-113
    análise de, 106
    definição, 107
    gráficos, 107-108
    variação direta, 106
    variação inversa, 106
Função quadrática completa, 195
Função secante, 210
Função sobrejetora, 192
Função tangente inversa, 213
Funções, constantes, 78
    crescentes, 78
    decrescentes, 78
    definição, 78
    limitadas, 79-80
Funções, operações com, 179-180
    definição, 307
    geometria de uma, 306-309
Funções de crescimento logístico, 146-147
    definição, 146
Funções de decaimento logístico, 147
Funções do segundo grau, 96-100
    características de uma, 96
    eixo de simetria, 97
    forma canônica, 98
    gráficos, 96-97
    verificação do vértice e do eixo de simetria de uma, 99
Funções exponenciais, definição, 139
Funções exponenciais e a base e, teorema, 145
Funções exponenciais $f(x) = b^x$, 142
Funções ímpares, 83
Funções monomiais e seus gráficos, 107-108
    definição, 107
    representação gráfica, 108
Funções pares, 82
Funções polinomiais, 115-138
    funções cúbicas, 115
    funções quárticas, 115
Funções polinomiais de grau indefinido ou de grau baixo, 94
Funções trigonométricas, 208-209
    de qualquer ângulo, 207
    função cosseno, 208-209
    função seno, 208
    função tangente, 209

G

Gráfico de uma parábola no modo paramétrico, 189
Gráficos de exponenciais, 139-143
    função exponencial, 139
    função potência, 139
Gráficos de funções logarítmicas, 163-167
Graus e radianos, 201
    exemplo, 201

H

Hipérbole, assíntotas, 319
    centralizada na origem, 319
    definição, 317
    forma padrão da equação de uma, 319
    forma padrão de uma e pontos importantes, 322
Hipérboles com centro em (0, 0), 320
    assíntotas, 320
    equação padrão, 320
    eixo focal, 320
    focos, 320
    semieixo não transverso, 320
    semieixo transverso, 320

teorema de Pitágoras, 320
vértices, 320
verificação dos vértices e dos focos de uma, 320

I

Identidade aditiva, 281
Identidade fundamental da trigonometria, 214
Identidades
    de metade de ângulo, 220
    trigonométricas básicas, 214
Identificação da lei de uma função exponencial a partir de alguns valores tabelados, 140-141
Identificação de funções exponenciais, 140
Imagem, 73-74
    valores no eixo vertical y, 73
Importância da contagem, 293
Inequação dupla, 57
Inequação linear em x, 55
    definição, 55
Inequação quadrática sem solução, 62
Inequações, 55-66
    duplas, 57
Inequações equivalentes, 56
Inequações lineares com uma variável, 55-57
Integral definida e indefinida, 263-265
Integral definida, definição, 264
Integral indefinida, definição, 265
Interpretação das desigualdades, 5
Intervalo aberto, 6
    aberto à esquerda e fechado à direita, 6
Intervalos de números reais, 5
    fechados, 6
    limitados de números reais, 6
    não limitados de números reais, 6
Introdução à integral de uma função, 260-263
Inversa de matrizes $n \times n$, 285
    teorema, 285
Inversa de uma matriz 2 x 2, 285
Inversa de uma matriz quadrada, 283
    definição, 283
Inversas das funções exponenciais, 157-159
    função logarítmica de base b, 157

L

Lei da tricotomia, 4
Lei dos cossenos, 225

Lei dos senos, 221
Limitação da função para x em um intervalo, 79
Limite do lado esquerdo, 243
Limite do lado direito, 243
Limite em a, definição, 234
Limite no infinito, definição, 238, 246, 247, 264
Limites de funções contínuas, 242-243
Limites superior e inferior das raízes de uma função polinomial, 129-132
    limite superior para raízes reais, 129-130
    limite inferior para raízes reais, 129-130
    teste dos, 130
Limites unilaterais e bilaterais, 243-246
Logaritmos com base 10, 159
    cálculo de, 160
    propriedades básicas para, 159
Logaritmos com base e, 160
    cálculo de logaritmos, 161
    logaritmos naturais, 160
    propriedades básicas para, 160

M

Matriz identidade e matriz inversa, 283
    identidade multiplicativa, 283
Matriz nula, 281
Matriz oposta, 281
Matrizes, 279-281
    coluna, 280
    definição, 280
    elemento ou entrada, 280
    iguais, 280
    linha, 280
    ordem de uma matriz $m \times n$, 280
    quadrada, 280
Medida de um ângulo, 205
Método da adição (ou do cancelamento), 277-278
    caso com infinitas soluções, 278
    caso sem solução, 277-278
    exemplo, 277
Método da substituição, 274-276
Mínimo múltiplo comum, 36
Modelagem do crescimento de bactérias, 148-149
Modelagem do decaimento radioativo, 149-150
Modelo de crescimento exponencial de uma população, 147

Modelos de crescimento e decaimento exponencial, 148-150
Mudança de base, 162-163
   fórmula para logaritmos, 163
Multiplicação de matrizes, 281-283
   produto, 282
Multiplicação de uma matriz por um escalar, 281
Multiplicidade de uma raiz de uma função polinomial, definição, 122

N

Notação científica, 10
   identificação da base, 9
Notação da integral definida, 264
Notação de função de Euler, 69
Notação de logaritmo, 162
Números negativos, 4, 55
Números positivos, 4, 18, 55
Números reais, 3
   intervalos limitados, 6
   intervalos não limitados, 6
   representação, 1-5

O

O círculo trigonométrico, 207
   eixo horizontal x, 207
   eixo vertical y, 207
Operações com expressões racionais, 34-36
Operações com frações, 35
   multiplicação e divisão de, 35
   soma, 35
Ordem dos números reais, 4
Ordens de grandeza (ou magnitude) e modelos logarítmicos, 169-171
Origem, 4

P

Parábola, equação de uma, 306-307
   estrutura de uma, 307
   forma padrão, 308
Parábolas com vértice (0, 0), 308
   comprimento do foco, 309
   concavidade, 309
   diretriz, 309
   equação padrão, 309
   eixo, 309
   foco, 309
   largura do foco, 309
Parábolas com vértice (h, k), 310
   concavidade, 310
   comprimento do foco, 310
   diretriz, 310
   eixo, 310
   equação padrão, 310
   largura do foco, 310
Perímetro de uma fatia de pizza, 203
Permutações, 295
   arranjos, 296
   com elementos repetidos, 295-296
   com n elementos, 295
Polinômios, adição e subtração de, 23
   calcular o produto de dois, 24
   fatoração usando produtos notáveis, 25-26
   grau dos, 23
   multiplicação na forma vertical, 24
   termos semelhantes, 23
Polinômios, divisão pelo método de Briot Ruffini, 127
Polinômios, vocabulário dos, 115
Ponto de descontinuidade, 245
Posição padrão, 206
Potenciação com expoentes inteiros, 9-10
Potenciação, 9
   propriedades, 9
Princípio da multiplicação ou princípio fundamental da contagem, 294
Problema de contagem, 295-296
Produto de funções, definição, 179
Propriedade do fator zero, 45
Propriedades básicas da álgebra, 7-8
   associativa, 8
   comutativa, 8
   distributiva, 8
   elemento neutro, 8
   elemento inverso, 8
   inversa aditiva, 8
   propriedades, 8
Propriedades básicas de logaritmos, 158
Propriedades das inequações, 55
   adição, 55
   multiplicação, 55
   transitiva, 55

Propriedades de matrizes, 286
    associativa, 286
    comutativa, 286
    distributiva, 287
    elemento neutro, 287
    elemento oposto, 287
Propriedades de limites, 240-242
Propriedades de potenciação, 9
Propriedades dos logaritmos, 161
    regra da potência, 161
    regra do produto, 161
    regra do quociente, 161
    demonstração da regra do produto para logaritmos, 161
Propriedades dos radicais, 18

Q

Quantidade de subconjuntos de um conjunto, 298-300
    aplicação, 298-299
Quociente de funções, definição, 179

R

Racionalização, 19
    exemplo, 19
Radiano, 201
Radicais, 17-18
    raiz quadrada, 17
Raiz n-ésima de um número real, definição, 17
Raízes das funções polinomiais, exemplo, 121-122
Raízes de multiplicidade ímpar e par, 122
Redução ao menor denominador, 36
Regras de derivação, 260
    função constante, 260
    função diferença, 260
    função exponencial, 260
    função logarítmica, 260
    função potência, 260
    função produto, 260
    função produto com um dos fatores constante, 260
    função quociente, 260
    função soma, 260
Regras de integração, 266

Relações definidas parametricamente, 187-189
    definição de uma função parametricamente, 187, 188
Relações e funções definidas implicitamente, 182-184
Relações inversas e funções inversas, 189-194
    definição de relação inversa, 190
Resolução somente gráfica de uma inequação quadrática, 61
Resolução algébrica de um sistema não linear, 276
Resolução de equações exponenciais, 167-168
Resolução de equações logarítmicas, 160, 168-169
Resolução de triângulos, 221-222
    caso ambíguo (LLA), 222
Resolução de um sistema não linear pelo método de substituição, 273-274
Resolução de uma equação linear, 42
Resolução de uma inequação cúbica, 63
Resolução de uma inequação linear, 56
    e representação gráfica de conjunto solução, 56
Retas tangentes a um gráfico, 255-256

S

Secções cônicas, 305
    degeneradas, 305
    clipsc, 306
    hipérbole, 306
    parábola, 306
Símbolos de desigualdade, 4
Simetria, 81-85
    análise de funções pela, 83
    com relação à origem, 83
    com relação ao eixo vertical y, 82
    com relação ao eixo horizontal x, 82
Simplificação de expressões com radicais, 19
    remoção de fatores dos radicandos, 19
Simplificação de expressões com potências, 20
Simplificação de expressões com radicais, 21
Simplificação de expressões racionais, 34
    expressões racionais equivalentes, 34
    forma reduzida, 34
Sistemas de equações, solução de um sistema, 23-264
Solução de equações por meio de gráficos, 43-48

Solução de equações quadráticas, 45
Solução de inequações com valor absoluto, 57-59
Solução de inequações quadráticas, 60-62
Solução de uma equação em x, 42
Solução de uma inequação em x, 55
    conjunto solução, 55
Soma de funções, definição, 179
Soma de Riemann, 264
Soma e diferença de arcos, 216-218
Soma e subtração de matrizes, 280, 281
    definição, 281

T

Taxa média de variação, definição, 257
Taxa média de variação de uma função $y = -x + 1$, 95
Taxa percentual constante e funções exponenciais, 147-148
    taxa percentual constante r, 147
Teorema binomial, 301
Teorema D'Alembert, 125-126
    resultados para funções polinomiais, 126
Teorema das raízes racionais, 127-129
Teorema de Pitágoras, 207, 225, 313, 315, 320, 321
Teorema do resto, 125-126
    uso do, 126
Teorema do valor intermediário, 123
    termo principal, 119
    uso do, 124
Teste da linha horizontal, 190
    aplicação do, 190
Teste da linha vertical, 71
Transformação de funções exponenciais, 143, 146
Transformação entre a forma logarítmica e a forma exponencial, 158
Transformações dos gráficos de funções logarítmicas, 165-167
Transformações no gráfico das funções monomiais, 116
Translações de parábolas, 309-310
Triângulo de Pascal, 300

U

União de dois conjuntos A e B, 59
Uso da divisão longa com polinômios, 125
Uso da notação científica, 10
Uso das funções definidas implicitamente, 184
Uso dos produtos notáveis, 25

V

Variável dependente, 70
Variável independente, 70
Velocidade média, cálculo,
    da equação de uma parábola, 309
    da imagem de uma função, 73-74
    das raízes n-ésimas principais, 18
    de funções inversas, 194, 195
    de matrizes inversas, 283-284
    de pares ordenados de uma relação, 182-183
    de pontos de descontinuidade, 76
    de uma função inversa graficamente, 193
    do domínio de expressões algébricas, 33
    do domínio de funções compostas, 181-182
    do domínio de uma função, 72-73
    do foco, diretriz e largura do foco, 309
    do limite de função, 9-80
    dos limites das raízes reais de uma função, 130
    dos vértices e dos focos de uma elipse, 314
    se as funções são polinomiais, 94
Verificação da equação de uma elipse, 315-316
    das taxas de crescimento e decaimento, 148
    se é ou não uma função, 71

Sobre os autores

Franklin D. Demana

Franklin D. Demana tem mestrado em matemática e Ph.D. pela Michigan State University. Atualmente é professor emérito de matemática na The Ohio State University. Como um ativo defensor da utilização da tecnologia para ensinar e aprender matemática, ele é cofundador do programa de desenvolvimento profissional Teachers Teaching with Technology (T3). Ele foi um dos responsáveis por conseguir mais de US$ 10 milhões em financiamento da National Science Foundation (NSF) e por atividades de doação da fundação. Ele é um dos principais pesquisadores da atualidade trabalhando com uma doação de US$ 3 milhões do U.S. Department of Education Mathematics and Science Educational Research a um programa da The Ohio State University. Além de dar várias palestras, ele publicou uma série de artigos nas áreas de ensino de matemática com o uso de recursos como calculadora e computador. O dr. Demana também é cofundador (com Bert Waits) da International Conference on Technology in Collegiate Mathematics (ICTCM). Ele foi um dos agraciados, em 1997, com o prêmio Glenn Gilbert National Leadership Award, da National Council of Supervisors of Mathematics, e, em 1998, um dos ganhadores do prêmio Christofferson-Fawcett Mathematics Education Award, da Ohio Council of Teachers of Mathematics.

O dr. Demana é coautor das obras *Calculus: graphical, numerical, algebraic*; *Essential algebra: a calculator approach*; *Transition to college mathematics*; *College algebra and trigonometry: a graphing approach*; *College algebra: a graphing approach*; *Precalculus: functions and graphs*; e *Intermediate algebra: a graphing approach*.

Bert K. Waits

Bert Waits tem Ph.D. pela The Ohio State University, da qual é professor emérito de matemática. O dr. Waits é cofundador do programa nacional de desenvolvimento profissional Teachers Teaching with Technology (T3) e tem atuado como corresponsável ou principal pesquisador de vários grandes projetos da National Science Foundation. O dr. Waits publicou artigos em mais de 50 periódicos profissionais reconhecidos nacionalmente nos Estados Unidos. Ele é frequentemente convidado para conduzir palestras, workshops e minicursos em encontros nacionais da Mathematical Association of America (MAA) e do National Council of Teachers of Mathematics (NCTM) sobre como utilizar a tecnologia da computação para melhorar o ensino e o aprendizado da matemática. Ele foi convidado para palestrar no International Congress on Mathematical Education (ICME-6, -7 e -8) em Budapeste (1988), Quebec (1992) e Sevilha (1996). O dr. Waits foi um dos agraciados, em 1997, com o prêmio Glenn Gilbert National Leadership Award, concedido pelo National Council of Supervisors of Mathematics, e é cofundador (com Frank Demana) da International Conference on Technology in Collegiate Mathematics (ICTCM). Ele também foi um dos ganhadores do prêmio Christofferson-Fawcett Mathematics Education Award, concedido em 1998 pelo Ohio Council of Teachers of Mathematics.

O dr. Waits é coautor de *Calculus: graphical, numerical, algebraic*; *College algebra and trigonometry: a graphing approach*; *College algebra: a graphing approach*; *Precalculus: functions and graphs*; e *Intermediate algebra: a graphing approach*.

Gregory D. Foley

Greg Foley tem mestrado em matemática e é Ph.D. em ensino de matemática pela The University of Texas, em Austin. Ele é diretor da Liberal Arts and Science Academy of Austin, o programa acadêmico avançado de ensino médio da Austin Independent School District no Texas. O dr. Foley lecionou aritmética básica em cursos de matemática no nível de graduação e também deu aulas de ensino de matemática no nível de graduação e pós-graduação. De 1977 a 2004, ele manteve cargos em período integral no corpo docente da North Harris County College, Austin Community College, The Ohio State University, Sam Houston State University e Appalachian State University, onde foi professor de ensino de matemática no Departamento de Ciências Matemáticas e dirigiu o programa Mathematics Education Leadership Training (MELT). O dr. Foley ministrou mais de 200 palestras e workshops nos Estados Unidos e internacionalmente, dirigiu uma série de projetos e publicou artigos em vários periódicos. Ativo em várias sociedades acadêmicas, ele é membro do Committee on the Mathematical Education of Teachers, da Mathematical Association of America (MAA). Em 1998, o dr. Foley recebeu o prêmio bienal Award for Mathematics Excellence da American Mathematical Association of Two-Year Colleges (AMATYC) e, em 2005, recebeu o prêmio anual Leadership Award da Teachers Teaching with Technology (T3).

Daniel Kennedy

Dan Kennedy se formou na College of the Holy Cross, tem mestrado e é Ph.D. em matemática pela University of North Carolina, em Chapel Hill. Desde 1973 ele leciona matemática na Baylor School em Chattanooga, Tennessee, onde detém a cátedra de professor emérito Cartter Lupton. O dr. Kennedy se tornou um colaborador do Advanced Placement Calculus em 1978, o que o levou a um maior envolvimento no programa como consultor de workshops e condutor de apresentações e de exames. Ele se uniu ao Advanced Placement Calculus Test Development Committee em 1986 e, em 1990, se tornou o primeiro professor de Ensino Médio em 35 anos a presidir o comitê. Foi durante seu exercício do cargo de presidente que o programa passou a requerer calculadoras gráficas e estabeleceu as primeiras bases para a reforma de 1998 do currículo do Advanced Placement Calculus. Autor do *Teacher's guide—AP* calculus*, de 1997, o dr. Kennedy conduziu mais de 50 workshops para professores de cálculo do Ensino Médio. Seus artigos sobre ensino da matemática foram publicados na *Mathematics Teacher* e *American Mathematical Monthly*, e ele é um requisitado palestrante sobre reforma educacional em encontros profissionais e comunitários. O dr. Kennedy foi nomeado um Tandy Technology Scholar, em 1992, e recebeu o prêmio Presidential Award, em 1995.

O dr. Kennedy é coautor de *Calculus: graphical, numerical, algebraic*; *Prentice Hall algebra 1*; *Prentice Hall geometry*; e *Prentice Hall algebra 2*.